अंक-कथा
(गणना-पद्धतियों एवं अंक-संकेतों का इतिहास)

अंक-कथा

(गणना-पद्धतियों एवं अंक-संकेतों का इतिहास)

गुणाकर मुळे

संपादन

शांति गुणाकर मुळे

राजकमल प्रकाशन

ISBN : 978-81-267-2806-0

मूल्य : ₹995

पहला संस्करण : 2016
दूसरा संस्करण : 2019

प्रकाशक : राजकमल प्रकाशन प्रा. लि.
1-बी, नेताजी सुभाष मार्ग, दरियागंज
नई दिल्ली-110 002

शाखाएँ : अशोक राजपथ, साइंस कॉलेज के सामने, पटना-800 006
पहली मंजिल, दरबारी बिल्डिंग, महात्मा गांधी मार्ग, इलाहाबाद-211 001
36 ए, शेक्सपियर सरणी, कोलकाता-700 017

वेबसाइट : www.rajkamalprakashan.com
ई-मेल : info@rajkamalprakashan.com

मुद्रक : बी.के. ऑफसेट
नवीन शाहदरा, दिल्ली-110 032

ANK-KATHA
by Gunakar Muley
Edited by Shanti Gunakar Muley

मेरे शुभचिंतक और हितैषी
मुकेश कुमार को
सस्नेह

प्राक्कथन

बाह्य-सृष्टि के साथ तादात्म्य स्थापित करके मानव-मस्तिष्क किस प्रकार प्रकृति के रहस्योद्‌घाटन में समर्थ सिद्ध हुआ, और मानव संस्कृति अपनी गति-स्थिति में किस प्रकार मानव-अस्तित्व को चित्रित करती रही है, यह दर्शाने के लिए उन्होंने 'अंक' को इस कृति का विषय बनाया है। अंक (संख्यान्) की आधारशिला पर ही गणित की गगनचुंबी अट्टालिका खड़ी है। आधारशिला के अन्वेषण को ही उन्होंने इसलिए भी चुना कि गणितशास्त्र, जो अपनी परिष्कृत अवस्था में केवल कुछ विशेषज्ञों के लिए ही उपलब्ध है, मानव-मस्तिष्क की एक महान सृष्टि है। गणितशास्त्र, तर्कशास्त्र से अधिक तार्किक और अधिक सुगठित होने पर भी, काव्य और संगीत की तरह एक कला है। यह एक उच्चस्तरीय आधि-भौतिक शास्त्र है। गणितशास्त्र की छत्रच्छाया में ही दार्शनिक-चिंतन का सृजन होता रहा है—दर्शन का। इतिहास इस तथ्य का साक्षी है। अंक-प्रतीक प्रकृति के प्रतीक हैं; उन्हीं में ब्रह्मांड के रहस्य निहित हैं।

अक्सर ऐसा होता है कि जिस चीज का हम बहुत अधिक इस्तेमाल करते हैं, जो चीज हमारे जीवन का एक अभिन्न अंग बन जाती है, उसके महत्त्व के बारे में हम ठीक से सोच ही नहीं पाते। ऐसी ही एक चीज है—हमारी अंक-कथा। शून्य सहित केवल दस अंक-संकेतों पर आधारित इस दाशमिक स्थानमान अंक-पद्धति का जन्म कहां और कैसे हुआ, और इसने मानव के बौद्धिक विकास में कितना बड़ा सहयोग दिया है, इसकी जानकारी बहुत कम लोगों को है।

यह अंक-पद्धति मानव-प्रतिभा की एक महान उपलब्धि है। शून्य स्पष्टतः भौतिक अभाव का द्योतक है। परंतु इस अंक-पद्धति में यही शून्य एक समर्थ शक्ति का रूप धारण कर लेता है। यही स्थिति शेष नौ अंक-संकेतों की है। इनमें से प्रत्येक अंक का एक निजी मान है। साथ ही, प्रत्येक अंक के अनगिनत स्थानमान हैं, यानी संख्या में स्थान के अनुसार इनके मान बदलते रहते हैं। यही कारण है कि इन संकेतों की सहायता से बड़ी-से-बड़ी संख्या को लिखा जा सकता है। दरअसल, 1, 2, 3,...11,...54... के क्रम को हम 'अनंत' तक लिखते चले जा सकते हैं। और, मजेदार बात यह है कि शून्य की तरह इस 'अनंत' का भी कोई भौतिक अस्तित्व नहीं। ब्रह्मांड के अणु-परमाणुओं की संख्या भी 'अनंत' नहीं है। परंतु ब्रह्मांड के परिमाणों को व्यक्त करने वाली इस अंक-पद्धति की यहां दो-शून्य और अनंत—बुनियादी धारणाएं हैं।

हम सोचते हैं कि आदिम काल से ही मनुष्य इस अंक-पद्धति का इस्तेमाल करता आ रहा होगा। परंतु बात ऐसी नहीं है। इस अंक-पद्धति की खोज करीब दो हजार वर्ष पहले हुई। वैदिक काल की अंक-पद्धति यह नहीं थी। अशोक के जमाने में भी लोगों को इस वैज्ञानिक अंक-पद्धति की जानकारी नहीं थी। प्राचीन मिस्र, सुमेर-बेबीलोन तथा यूनानी सभ्यता में भी दूसरी ही, अधिक

दुरूह, अंक-पद्धतियों का इस्तेमाल होता था। लेकिन आज सारे संसार में हमारी दाशमिक स्थानमान अंक-पद्धति का ही उपयोग होता है।

इस दाशमिक स्थानमान अंक-पद्धति की खोज भारत में हुई। यह भारत की विश्व-संस्कृति को सबसे बड़ी देन है। भारत की किसी भी अन्य देन का संसार में इतने अधिक व्यापक स्तर पर इस्तेमाल नहीं होता। और, भारत की किसी भी अन्य उपलब्धि ने जागतिक स्तर पर मानव की बुद्धि को इतना अधिक प्रभावित नहीं किया है। विज्ञान के, विशेषतः गणित के, विकास में तो इसने बहुत ही बड़ा योग दिया है।

यह अद्वितीय अंक-पद्धति तो भारत की खोज है ही, 1, 2, 3, ...8, 9 अंक-संकेत भी भारतीय मूल के हैं। संसार की अनेक भाषाओं के साथ आज इन अंक-संकेतों का इस्तेमाल होता है। कुछ लोग इन्हें 'अंग्रेजी अंक' कहते हैं, परंतु 'अंग्रेजी अंक' जैसी कोई चीज है ही नहीं। कुछ लोग इन्हें अरबी अंक कहते हैं, क्योंकि यूरोप वालों ने इन्हें अरबों से प्राप्त किया था। दरअसल, ये भारतीय उत्पत्ति के अंक हैं। इन अंकों का भी विकास उन्हीं प्राचीन ब्राह्मी अंकों से हुआ है, जिनसे हमारे देवनागरी के और अन्य भारतीय भाषाओं के अंकों का हुआ है। ये अंक पहले अरब देशों में पहुंचे और वहां से यूरोप के देशों में। विदेशों का चक्कर लगाकर अंग्रेजी के साथ पुनः ये अंक भारत में पहुंचे हैं। अतः इन्होंने अब अंतर्राष्ट्रीय अंकों का रूप धारण कर लिया है। इसीलिए अब हम इन्हें 'भारतीय अंतर्राष्ट्रीय अंक' कहते हैं।

इस पुस्तक में भारतीय अंक-पद्धति और भारतीय अंकों के उद्गम तथा विकास का विवरण दिया गया है। वर्तमान अंक-पद्धति के महत्त्व को समझने के लिए प्राचीन काल की लुप्त अंक-पद्धतियों को समझना भी जरूरी है। इसलिए एक प्रकरण में उन्होंने प्राचीन सभ्यताओं की विभिन्न अंक-पद्धतियों की जानकारी दी है। हमारे देश में भी ईसा की पांचवीं सदी तक पुरानी अंक-पद्धतियों का ही प्रचलन रहा है। गणित व ज्योतिष के पद्यबद्ध ग्रंथों में कई प्रकार की **अक्षरांक** तथा **शब्दांक** पद्धतियों का उपयोग हुआ है।

इस नई दाशमिक स्थानमान अंक-पद्धति के आविष्कारक का नाम हमें मालूम नहीं। यह भी पता नहीं चलता कि ठीक किस समय और किस स्थान पर इस अंक-पद्धति की खोज हुई है। पहली बार 595 ई. के एक अभिलेख में हमें इस नई अंक-पद्धति के दर्शन होते हैं। इसके करीब सौ साल के बाद ही इसकी ख्याति दक्षिण-पूर्व एशिया और पश्चिमी एशिया के देशों में फैल गई थी। पहले अरब देशों में और बाद में अरबों के माध्यम से यूरोप में भारतीय अंक-पद्धति तथा अंक-संकेतों का कैसे प्रचार-प्रसार हुआ है, इसका विस्तृत परिचय इस पुस्तक में आ गया है। इस विवरण के साथ-साथ पाठकों को भारतीय गणितशास्त्र के विकास का भी कुछ परिचय मिल जाता है।

अंत में उन्होंने आधुनिक इलेक्ट्रॉनिक गणक-यंत्रों में प्रयुक्त होने वाली **द्वि-आधारी**-1 और 0 पर आधारित अंक-पद्धति का भी परिचय दिया है। यह द्वि-आधारी अंक-पद्धति जब काफी हद तक हमारी वर्तमान दशाधारी अंक-पद्धति का स्थान ले चुकी हैं : तो भी उसमें भारतीय शून्य रहेगा ही। यदि सब कुछ ठीक-ठाक रहता तो उनकी पहली पुस्तक इसी विषय पर प्रकाशित होती। परंतु अंक-संकेतों से आगे बढ़कर वह पुरालिपियों के अध्ययन में अधिक गहरा उतर गए। बड़े आकार का 'अक्षर-कथा' ग्रंथ भी छप गया है। उतनी ही बड़ी 'अंक-कथा', जिसमें उन्होंने संसार की सभी अंक-पद्धतियों का विशद विवेचन किया है, पिछले करीब दस वर्षों से पांडुलिपि के रूप में तैयार थी। फिर भी उसमें कई अध्याय नहीं लिखे गए थे।

हमें गर्व है कि इस वैज्ञानिक अंक-पद्धति की खोज भारत में हुई। सारे संसार में आज भी इसी भारतीय अंक-पद्धति का इस्तेमाल होता है। लेकिन यह अंक-पद्धति मुश्किल से दो हजार साल पुरानी है। उससे पहले हमारे देश में और संसार के अन्य देशों में भिन्न-भिन्न अंक-पद्धतियों का इस्तेमाल होता था।

उन्होंने तीन अध्याय ही अपनी परिकल्पना के अनुसार पूरे किए थे। विषय-सूची तैयार थी लेकिन बाकी अध्यायों की समाग्री मेज पर रखी हुई थी और एक रजिस्टर में कुछ अध्याय लिखे हुए थे। अलग से एक पुरानी पांडुलिपि भी थी जिसमें विदेशी अंक-पद्धतियों के बारे में अलग से अध्याय लिखे हुए थे। विषय-सूची के अनुसार पुस्तक के कई अध्याय नहीं लिखे थे।

अध्याय : अफ्रीका की गणना पद्धतियां, अंगुली गणना, गणित की संकेतावली, भारत की विभिन्न भाषाओं के अंक-संकेत; गणना के यांत्रिक साधन और संदर्भ और टिपणियां, परिशिष्ट, फोटो और नक्शे मैंने (शांति गुणाकर मुळे) तैयार किए। इस पुस्तक को करने में बहुत ज्यादा कठिनाई हुई। क्योंकि उनके पुस्तकालय से पुस्तक ढूंढ़ना बड़ा कठिन काम था। फिर भी मैंने किया। इस पुस्तक का संपादन और प्रूफ देखने का काम मेरे बेटे अंशुमान मुळे ने भी किया। प्रूफ देखने में ऐसी गलतियां निकालता है जो अच्छे विद्वान भी नहीं कर पाते।

इस विषय से संबंधित सभी पुस्तकें हमारे पुस्तकालय में हैं। जहां तक उनकी जानकारी है, किसी भी भारतीय भाषा में इस प्रकार का ग्रंथ उपलब्ध नहीं है। विदेशी भाषाओं में भी किसी भी एक ग्रंथ में अंक-पद्धतियों के बारे में, विशेषतः भारतीय अंक-पद्धति के बारे में इतना सर्वांगीण विवेचन नहीं मिलता।

अक्षर-कथा सारे भारत : तिब्बत, दक्षिण-पूर्व एशिया, श्रीलंका आदि देशों को एक सूत्र में बांधती है, तो **अंक-कथा** न केवल भारत को, अपितु सारे संसार को एकसूत्र में बांधती है। भारतीय अंक-पद्धति आज अंतर्राष्ट्रीय अंक-पद्धति है।

मुझे आशा है कि इनकी दूसरी कृतियों की तरह इस कृति को उपयोगी पाएंगे। अगर इसमें, कोई कमी रह गई हो, या त्रुटियां हों तो मुझे आवश्य सूचित करेंगे। इस विषय में मैं अनभिज्ञ ही थी। लेकिन मेहनत और लगन से इस कृति को मैंने पूरा किया है।

मुझे आशा है कि सभी पाठक और विद्वान इस पुस्तक 'अंक-कथा' से व्यापक ज्ञान हासिल करेंगे। यह पुस्तक भी हमारी दूसरी पुस्तकों की तरह उपयोगी सिद्ध होगी।

—शांति गुणाकर मुळे

'अमरावती', सी-210, पांडव नगर
दिल्ली-110092
03 जनवरी, 2016
फोन : 01122485168

विषय-सूची

शून्य नामक एक भारतीय द्वीप के राष्ट्रपति का भाषण

प्रिय सुन्नू! तुम्हारे जन्म-दिवस के सुअवसर पर द्वीप के निवासी तुम्हारा अभिनंदन कर रहे हैं। हमें खुशी है कि इस उत्सव को तुमने भारत की भूमि पर मनाने का निश्चय किया। उसी भूमि पर जहां शून्य का जन्म हुआ था। यह घोषणा करने में मुझे खुशी है कि सारे अंकों में शून्य सबसे आवश्यक अंक है। प्राचीन रोमवासी व्यर्थ ही कहते थे कि जिसमें कुछ न हो, उससे कुछ भी निकल नहीं सकता। तुमसे परिचय करना ही काफी है, शून्य, यह सिद्ध करने के लिए कि जिसमें कुछ न हो उसमें से भी कुछ निकल सकता है!

सैकड़ों ने कोशिश की तुम्हारे मान को पाने की, पर उनके सारे प्रयास विफल रहे। दूर जाने की जरूरत नहीं, अनंत सूक्ष्म को ही लें : कितना भी वे घट क्यों न जाएं, कितना भी तुम्हारे समीप क्यों न आएं, पर कभी भी नहीं!–कभी भी नहीं–शून्य तक नहीं पहुंच सकते।

शून्य, तुम न्याय और बहादुरी के सागर हो! अगर शून्य न होता तो ऋण और धन संख्याएं कब की एक-दूसरे को नष्ट कर चुकी होतीं। वह तो शुक्र है कि तुम शांति के सच्चे रखवाले की तरह उनके बीचोबीच डटकर खड़े रहते हो और उनकी वीरता से अलग करके रखते हो। तुम्हारी समझदारी और चतुरता की कोई सीमा नहीं, शून्य! तुम्हारे बिना इन तेज कंप्यूटरों का क्या हाल होता? वे तो कभी के निष्क्रिय हो चुके होते। क्योंकि इनका नियंत्रण केवल दो अंक ही करते हैं। इन दो में से एक है अंक 'एक', और दूसरा–'शून्य'। एक का अर्थ होता है 'हां', और शून्य का–'नहीं'। और इतना ही पर्याप्त होता है जटिल से जटिल समस्या को हल करने के लिए।

चतुर, वीर, दयालु और सबकी पहुंच से दूर हमारे शून्य की जय! पर तुम, शून्य, न केवल दयालु हो, तुम कभी तो भयानक रूप भी ले लेते हो। गुणन चिह्न को लेकर तुम्हारा किसी संख्या के समीप आना ही काफी है उस संख्या का अस्तित्व मिटाने के लिए। तुम्हारे हाथों में गुणन चिह्न–बड़ा भयानक हथियार है। यह तुम याद रखना और कभी भी इस हथियार को जल्दीबाजी में इस्तेमाल मत करना। और, उस संख्या का क्या होता है जिसके पास तुम विभाजन का चिह्न लेकर पहुंचते हो? वह भीमकाय रूप लेकर अनंत में जा बसती है! इसीलिए शून्य से भाग देने पर कड़ा प्रतिबंध है! पर मेरा भाषण अभी समाप्त नहीं हुआ है। दयालु, शक्तिशाली, भयानक शून्य मज़ाक़ करने में भी कसर नहीं छोड़ता।

इसका अनुमान लगाना कठिन है कि क्या हो, अगर शून्य अपने आपको शून्य से भाग देने की ठान ले। ऐसी हालत में कोई भी–ध्यान दीजिए!–कोई भी संख्या उत्तर में आ सकती है! जिन सज्जनों को इस पर शक है वे कभी न कभी जान जाएंगे कि मैं सच कह रहा हूं।

मैं घंटों शून्य का गुणगान कर सकता हूं, पर मुझे दिया हुआ समय अब समाप्त हो चला है। बस, अंत में एक बार फिर से दोहराना चाहता हूं : हमारे प्रिय शून्य की जय! हुर्रा!!!

–व्लादीमिर ल्योवशिन

कप्तान एकक का फ्रिगेटश रादुगा प्रकाशन, मास्को, 1989

विषय-प्रवेश

संसार को भारत की सबसे बड़ी देन

भारतविद्या के प्रख्यात ऑस्ट्रियाई-जर्मन विद्वान **मॉरिस विंटरनिट्ज़** (1863-1937 ई.) ने तीन खंडों में 'भारतीय साहित्य का इतिहास' लिखा है। भारत के प्राचीन साहित्य के इतिहास के बारे में अनेक ग्रंथ लिखे गए हैं, परंतु डॉ. विंटरनिट्ज़ के इस ग्रंथ को अधिक प्रामाणिक माना जाता है।[1]

एक समय की बात है। एक भारतीय पंडित ने डॉ. विंटरनिट्ज़ से पूछा : "वह कौन-सी चीज है, जो आपकी दृष्टि में भारत की संसार को सबसे बड़ी देन है?" डॉ. विंटरनिट्ज़ ने बेखटके तुरंत उत्तर दिया : "पशु-पक्षियों को आधार बनाकर लिखा गया भारतीय कथा-साहित्य ही संसार को भारत की सबसे बड़ी देन है।"

पशु-पक्षियों की ऐसी कथाएं हमें बौद्धों के **जातक** ग्रंथों में देखने को मिलती हैं। फिर, ईसा की पांचवीं सदी में विष्णु शर्मा नामक पंडित ने इन पुरानी कहानियों को नए ढंग से लिखकर **पंचतंत्र** की रचना की। प्राचीन काल में ही विदेशों की अनेक भाषाओं में पंचतंत्र के अनुवाद हो चुके थे। सबसे पहले ईसा की छठी सदी में पहलवी तथा सीरियाई भाषाओं में पंचतंत्र के अनुवाद हुए। आठवीं सदी में इस ग्रंथ का अरबी में अनुवाद हुआ। ईसा की ग्यारहवीं सदी से पंचतंत्र के अनुवाद यूरोप की भाषाओं में होने लगे। 1600 ई. के पहले ही यूनानी, लैटिन, इतालवी, स्पेनिश, जर्मन, अंग्रेजी आदि अनेक भाषाओं में पंचतंत्र के अनुवाद हो चुके थे।

चित्र 1 : मॉरिस विंटरनिट्ज़ (1863-1937 ई.)

सचमुच ही, भारत में अंग्रेजी सत्ता स्थापित होने के पहले जिस एक भारतीय ग्रंथ का पश्चिम एशिया तथा यूरोप के देशों में सर्वाधिक पठन-पाठन हुआ, वह है पंचतंत्र। उपनिषद, भगवद्गीता या कालिदास के शाकुंतलम् नाटक का नाम सुनने के सदियों पहले यूरोप के लोग पंचतंत्र की कहानियों पर फ़िदा हो चुके थे। डॉ. विंटरनिट्ज़ ने ठीक ही कहा है कि भारतीय कथा-साहित्य संसार को भारत की सबसे बड़ी देन है।

लेकिन विंटरनिट्ज के इस कथन में मैं थोड़ा सुधार करना चाहता हूं। उनकी बात को मैं यूं कहना चाहूंगा : "साहित्य के क्षेत्र में संसार को भारत की सबसे बड़ी देन है—पशु-पक्षियों को आधार बनाकर लिखा गया उसका **कथा-साहित्य**। और, विज्ञान के क्षेत्र में संसार को भारत की सबसे बड़ी देन है—**भारतीय अंक-पद्धति** और **भारतीय अंक-संकेत**।"

ऑक्सफोर्ड में दो साल तक डॉ. विंटरनिट्ज का सहयोग प्राप्त करने वाले विख्यात वेदविद्याविद् **मैक्स मूलर** (1823-1900 ई.) का भी यही मत था : "संसार को भारतीयों की यदि दाशमिक स्थानमान अंक-पद्धति की सिर्फ एक ही देन होती, अन्य कुछ नहीं होता, तो भी यूरोप भारत का असीम ऋणी होता।... भारतीय प्रतिभा के द्वारा शून्य का आविष्कार कर लिए जाने से हमें गणित के क्षेत्र में विकास करने में अनुपम सहायता मिली है।"[2]

चित्र 2 : मैक्स मूलर (1823-1900 ई.)

आज हम अपनी सभी गणनाओं में सिर्फ दस अंक-संकेतों का इस्तेमाल करते हैं। ये दस अंक-संकेत हैं : 1, 2, 3, 4, 5, 6, 7, 8, 9, 0 । केवल दस चिह्न। इन दस अंक-संकेतों से हम किसी भी संख्या को व्यक्त कर सकते हैं। इन दस अंक-संकेतों से हम बड़ी-से-बड़ी संख्या लिख सकते हैं।

हम इन दस अंक-संकेतों के इतने अधिक अभ्यस्त हो चुके हैं कि इनके असली महत्व को ठीक से समझ नहीं पाते। इन अंक-संकेतों में अद्‌भुत शक्ति है। इन अंक-संकेतों के दोहरे मान हैं। एक, प्रत्येक अंक-संकेत का अपना एक निजी मूल्य है। दो, संख्या में स्थान-स्थान के अनुसार प्रत्येक अंक-संकेत का मूल्य बदल जाता है। जैसे, संख्या 12321 पर विचार कीजिए। यहां अंतिम 1 का मूल्य सिर्फ 'एक' है; परंतु प्रथम 1 का मूल्य 'दस हजार' है। दाईं ओर से दूसरे 2 का मूल्य 20 है, परंतु बाईं ओर से दूसरे 2 का मूल्य 2000 है। इन दस अंक-संकेतों का संख्या में स्थान-स्थान के अनुसार मूल्य या मान बदलता रहता है,[3] इसलिए इन दस अंक-संकेतों पर आधारित इस अंक-पद्धति को हम **दाशमिक स्थानमान अंक-पद्धति** (Decimal Place-value Notation) कहते हैं।

इन दस अंक-संकेतों में सबसे अद्‌भुत संकेत है **शून्य** (0)। शून्य का अर्थ है 'रिक्त' या 'कुछ नहीं'।[4] दुकान में जाकर आप कोई 'शून्य वस्तु' नहीं खरीद सकते। इस भौतिक-जगत में 'शून्य' जैसी कोई चीज नहीं है। परंतु इसी शून्य का जब संख्याओं में इस्तेमाल होता है, तब यह 'करिश्मे' करके दिखाता है। किसी संख्या के अंत में एक शून्य (0) रख दीजिए, वह संख्या दस गुना हो जाएगी। दो शून्य (00) रख दीजिए, वह संख्या सौ गुना हो जाएगी। है न चमत्कार! संसार के किसी भी योगी, महात्मा या पैग़ंबर ने ऐसा चमत्कार करके नहीं दिखाया होगा।

चित्र 3 : शून्य का जादू

ऐसी है दस संकेतों पर आधारित हमारी यह अंक-पद्धति। आज सारे संसार में इसी दाशमिक स्थानमान अंक-पद्धति का इस्तेमाल होता है। लेकिन हम जानते हैं कि इस अंक-पद्धति की खोज भारत में हुई है। यह अंक-पद्धति भारत का अपना मौलिक आविष्कार है।

बचपन में हमें बारहखड़ी के साथ ये दस अंक-संकेत भी पढ़ाए जाते हैं और इनसे गणनाएं करने के तरीके सिखाए जाते हैं। इन दस संकेतों पर आधारित अंक-पद्धति हमारे रोजमर्रा के जीवन का अंग बन गई है। इसलिए इस अंक-पद्धति की विशेषताओं पर हम विचार ही नहीं करते। हम नहीं जानते कि इस भारतीय अंक-पद्धति ने आधुनिक विज्ञान को, विशेषतः गणितशास्त्र को, कितनी तेजी से आगे बढ़ाया है। लेकिन गणितज्ञ इस अंक-पद्धति का महत्व समझते हैं। इसीलिए संसार के अनेक महान वैज्ञानिकों और गणित के इतिहासकारों ने इस भारतीय अंक-पद्धति की भूरि-भूरि स्तुति की है।

अंकगणित की आधारशिला का विवेचन करते हुए **प्रो. जॉर्ज ब्रूस हॉलस्टेड** लिखते हैं : "शून्य के आविष्कार तथा इसके महत्व की जितनी भी स्तुति की जाए, कम है। 'कुछ नहीं' वाले इस शून्य को, न केवल एक स्थान, नाम, चिह्न या संकेत प्रदान करना, बल्कि इसमें उपयोगी शक्ति भरना, उस भारतीय मस्तिष्क की एक विशेषता है जिसने इसे जन्म दिया है। यह 'निर्वाण' को विद्युत-शक्ति में बदलने जैसा है। गणित के किसी भी अन्य आविष्कार ने मानव की बुद्धि एवं शक्ति को इतना अधिक बलशाली नहीं बनाया है।"[5]

संसार के बीस महान गणितज्ञों की यदि एक सूची बनानी पड़े, तो उसमें फ्रांस के प्रख्यात गणितज्ञ-खगोलविद् **प्योर-सिमां लाप्लास** (1749-1827 ई.) के नाम का समावेश अवश्य करना होगा। आइजेक न्यूटन (1642-1727 ई.) के गुरुत्वाकर्षण संबंधी गणितीय सिद्धांत का परिष्कार करके उन्होंने विश्व-यांत्रिकी के बारे में एक ग्रंथ की रचना की थी। लाप्लास ने अपना यह ग्रंथ नेपोलियन को भेंट किया। ग्रंथ को थोड़ा उलट-पुलटकर देखने के बाद नेपोलियन ने लाप्लास से कहा था : "विश्व के पिंडों की गतिविधियों के बारे में आपने इतना बड़ा ग्रंथ लिखा, किंतु इसमें तो उस 'विश्वकर्त्ता' का एक बार भी जिक्र नहीं आया है!" लाप्लास ने स्पष्ट उत्तर दिया : "ग्रंथ में प्रस्तुत विषय के प्रतिपादन के लिए उस 'परिकल्पना' की जरूरत नहीं थी।"

चित्र 4 : प्योर-सिमां लाप्लास (1749-1827 ई.)

ऐसे थे लाप्लास। भारतीय अंक-पद्धति के बारे में उन्होंने लिखा है : "केवल दस संकेतों से सभी संख्याओं को व्यक्त करने की यह अद्भुत विधि हमें भारत से प्राप्त हुई है। इसमें प्रत्येक संकेत का निरपेक्ष मान के अलावा स्थानमान भी होता है। यह गहन धारणा आज हमें इतनी सरल प्रतीत होती है कि हम इसके महत्व पर विचार ही नहीं करते हैं। परंतु इसकी सरलता, सभी प्रकार की गणनाओं को सुगम बनाने की इसकी क्षमता, हमारे अंकगणित को प्रथम श्रेणी का उपयोगी आविष्कार बना देती है। जब हम स्मरण करते हैं कि प्राचीन जगत के दो महान गणितज्ञों–आर्किमीदीज व एपोलोनियम–की प्रतिभाएं भी इस धारणा के बारे में नहीं सोच पाईं, तब हमारी दृष्टि में इस आविष्कार का महत्व और भी अधिक बढ़ जाता है।"[6]

लाप्लास की तरह का आश्चर्य **डी. डांटझिग** ने भी अपने ग्रंथ **नंबर** में व्यक्त किया है : "हमारे लिए यह एक आश्चर्यचकित कर देने वाला तथ्य है कि यूनान के महान गणितज्ञ दस संकेतों वाली

इस अंक-पद्धति के बारे में नहीं सोच पाए। क्या इसका कारण यह है कि यूनानी लोग व्यावहारिक विज्ञान से इतनी ज्यादा नफरत करते थे कि वे अपनी संतान की शिक्षा अपने दासों के जिम्मे डाल देते थे? लेकिन यदि ऐसा है, तो क्या वजह है कि जिस जाति ने ज्यामिति को इतना अधिक आगे बढ़ाया वह प्राथमिक बीजगणित तक का सृजन नहीं कर पाई? क्या यह भी उतनी ही आश्चर्यजनक बात नहीं है कि बीजगणित, जो कि आधुनिक गणित का आधारस्तंभ है, भारत में विकसित हुआ, और लगभग उसी समय जब वहां स्थानमान अंक-पद्धति ने जन्म लिया?"[7]

लाप्लास से भी लगभग ढाई सौ साल पहले यूरोप के महान खगोलविद् **निकोलस कोपर्निकस** (1473-1543 ई.) भारतीय अंक-पद्धति की श्रेष्ठता को पहचान गए थे। अपनी युगांतरकारी कृति **खगोलीय पिंडों के परिक्रमण** (1543 ई.) में भारतीय अंकों की स्तुति करते हुए उन्होंने लिखा है : "सभी गणितज्ञों की आम परिपाटी के अनुरूप मैंने वृत्त को CCCLX (360) अंशों में विभाजित किया है। प्राचीन गणितज्ञ व्यास के CXX (120) भाग करते थे (उदाहरणार्थ, टॉलमी)। किंतु ... बाद के गणितज्ञों ने 'बारह सौ हजार' (12,00,000) या 'बीस सौ हजार' (20,00,000) भागों वाले परिमेय व्यास की कल्पना की है। यह सब भारतीय अंकों के व्यापक प्रचलन के बाद किया गया है। यह अंक-पद्धति, तेज गणनाओं के मामले में, यूनानी या लैटिन किसी भी अन्य पद्धति की अपेक्षा श्रेष्ठ है। इसलिए मैंने भी व्यास को 200,000 भागों में विभाजित किया है, ताकि किसी भी त्रुटि से बचा जा सके।"[8]

चित्र 5 : निकोलस कोपर्निकस (1473-1543 ई.)

यहां महत्व की एक बात पर ध्यान देना जरूरी है। यूरोपवासियों को भारतीय अंक-संकेत और अंक-पद्धति की प्राप्ति अरबों से हुई थी, इसलिए वे इन्हें अक्सर 'अरबी अंक' कहते हैं; कभी-कभी 'इंदो-अरबी अंक' भी कहते हैं। मगर कोपर्निकस भलीभांति जानते थे कि ये भारतीय मूल के अंक हैं, इसलिए लैटिन भाषा में लिखे गए अपने ग्रंथ (De Revolutionibus Orbium Coelestitum, 1943) में उन्होंने इन अंक-संकेतों को 'इंडिके न्यूमरोरम फिगुरे' (भारत के अंक-संकेत) कहा है। कोपर्निकस के ग्रंथ के जब अंग्रेजी में अनुवाद हुए, तो कुछ अनुवादकों ने इन्हें 'हिंदू अंक' या 'भारतीय अंक' कहा, तो कुछ ने अकारण ही 'अरबी अंक'। कोपर्निकस के ग्रंथ का चार्ल्स ग्लेन वालिस ने अंग्रेजी में जो अनुवाद किया है, उसमें इन अंकों को 'अरबी अंक' ही कहा गया है। इस अंग्रेजी अनुवाद का जब हिंदी में अनुवाद हुआ, तो उसमें भी 'अरबी अंक' को ही कायम रखा गया।[9]

महत्व की एक बात और : उपर्युक्त उद्धरण में कोपर्निकस ने सिर्फ तीन ही संख्याएं लिखी हैं : CCCLX, CXX और 200,000; शेष दो संख्याएं (12,00,000 और 20,00,000) लैटिन शब्दों में लिखी गई हैं। अन्य स्थानों पर वर्ष, दिन और तारीख को सूचित करने के लिए कोपर्निकस ने रोमन अक्षरांकों का उपयोग किया है। मगर बड़ी-बड़ी संख्याएं लिखने के लिए उन्होंने भारतीय

अंकों का ही प्रयोग किया है। जान पड़ता है कि कोपर्निकस गणनाओं के लिए सदैव भारतीय अंकों का इस्तेमाल करते थे और अंतिम परिणाम को वे प्रचलित रोमन अक्षरांकों में प्रस्तुत कर देते थे। उनके ग्रंथ की सारी सारणियां भारतीय अंकों में हैं।

अरबों (मूरों) ने उत्तरी अफ्रीका से आगे बढ़कर 711 ई. में स्पेन पर हमला बोला और कुछ समय बाद वहां अपना शासन स्थापित किया। स्पेन में अरबी विद्याकेंद्रों की स्थापना होने लगी। यूनानी और संस्कृत से अरबी में अनूदित हो रहे ग्रंथ स्पेन के उन विद्याकेंद्रों में पहुंचने लगे। उन्हीं अरबी ग्रंथों से यूरोप के विद्वानों को यूनानी और प्राच्य ज्ञान-विज्ञान की पहली बार जानकारी मिली। उसी समय यूरोपवासियों को भारतीय अंक-पद्धति एवं गणित की अनेक विधियों की भी जानकारी मिली।

यूरोप के बौद्धिक जागरण में अरबों के महान योगदान की चर्चा करने के बाद गणित के इतिहासकार **अल्फ्रेड हूपर** आगे लिखते हैं : "अरबों ने ही सबसे पहले स्पेन में भारतीय अंक-पद्धति का प्रचार किया। यह एक नई और क्रांतिकारी अंक-पद्धति थी। इसी अंक-पद्धति ने आधुनिक विज्ञान, इंजीनियरी एवं वैमानिकी का पथ प्रशस्त किया है।"[10]

भारत ने यूरोप को, न केवल एक वैज्ञानिक अंक-पद्धति दी, बल्कि गणित की कई विधियां भी दी हैं। आधुनिक त्रिकोणमिति **आर्यभट**-प्रथम (जन्म : 476 ई.) की विधि पर आधारित है, न कि यूनानी गणितज्ञों की विधि पर। आधुनिक गणित की आधारशिला का यदि हम विश्लेषण करें, तो स्पष्ट होता है कि इसमें भारतीय विधियों का विपुल योगदान है। **फ्लोरियन काजोरी** ने अपने प्रसिद्ध ग्रंथ 'गणित का इतिहास' में लिखा है : "भारतीयों की सबसे बड़ी उपलब्धि है, वस्तुतः मानव के बहुमुखी बौद्धिक विकास में सर्वाधिक योग देने वाली गणितीय उपलब्धि है–संख्याओं को स्थानमान की पद्धति से लिखने का आविष्कार।" काजोरी आगे लिखते हैं : "भारतीय गणित ने आधुनिक विज्ञान में किस हद तक प्रवेश किया है, यह जानना अत्यंत जरूरी है। आधुनिक अंकगणित तथा बीजगणित के भाव एवं तरीके भारतीय हैं, यूनानी नहीं। भारतीय अंक-पद्धति के उन परिपूर्ण एवं शुद्ध चिह्नों पर विचार करो, बीजगणित की उनकी विधियों पर विचार करो और उनके गणित की उन क्रियाओं पर भी विचार करो जो वर्तमान क्रियाओं की तरह परिपूर्ण हैं, और फिर सोचो कि गंगा के तट पर रहने वाले भारतीय पंडित किस श्रेय के भागी हैं। दुभाग्य से भारत के कई अमूल्य आविष्कार यूरोप में काफी बाद में पहुंचे। यदि वे दो-तीन सदियों पहले पहुंचते, तो उनका प्रभाव निश्चय ही अधिक पड़ता।"[11]

गणित के जर्मन इतिहासकार **हेरमान हांकेल** ने भी लिखा है : "यदि बीजगणित का मतलब अंकगणित की क्रियाओं को सभी प्रकार के परिमाणों–परिमेय या अपरिमेय संख्याओं अथवा आकाशीय विमाओं–पर प्रयुक्त करना है, तो हिंदुस्तान के पंडित ही बीजगणित के सच्चे आविष्कारक हैं।"[12]

इस प्रकार, यूरोप के अनेक वैज्ञानिकों ने भारतीय गणित तथा अंक-पद्धति का यथोचित मूल्यांकन किया है। आठवीं से ग्यारहवीं सदी तक के अनेक अरबी गणितज्ञों ने भी भारतीय अंक-पद्धति की मुक्तकंठ से स्तुति की है। दरअसल, गणित के अध्येता ही भारतीय अंक-पद्धति का सही मूल्यांकन कर सकते हैं। जिन्हें इस बात की जानकारी है कि देश-विदेश की पुरानी अंक-पद्धतियों में कितनी दिक्कतें थीं, वे ही भारतीय अंक-पद्धति के वास्तविक महत्व को समझ सकते हैं।

पश्चिमी एशिया के पंडितों को जब पहली बार इस भारतीय अंक-पद्धति की जानकारी मिली, तो वे खुशी से नाच उठे होंगे। ईरान के सासानी शासनकाल (224-641 ई.) में भारत मिस्र और पश्चिम एशिया के देशों के साथ व्यापारी संपर्क में था। इस बात के सबूत मिलते हैं कि व्यापारियों के माध्यम से ईसा की पांचवीं सदी के अंत तक भारतीय अंक-पद्धति का ज्ञान सिकंदरिया (मिस्र) के बंदरगाह तक पहुंच चुका था। फिर वहां से दक्षिणी यूरोप और पश्चिमी एशिया के देशों को भी भारतीय अंक-पद्धति की जानकारी मिली। ये इस्लाम के उदय (622 ई.) के पहले की बातें हैं।

उस समय पश्चिमी एशिया की सीरियाई भाषा का साहित्य काफी उन्नत था। अनेक यूनानी ग्रंथों के, अरबी से भी पहले, सीरियाई भाषा में अनुवाद हो चुके थे। हमने देखा है कि अरबी के भी पहले सीरियाई भाषा में **पंचतंत्र** का अनुवाद हुआ था। उसी समय सीरियाई पंडितों को भारतीय अंक-पद्धति की जानकारी मिल गई हो, तो आश्चर्य की बात नहीं है। और, इसके कुछ सबूत भी मिलते हैं।

ईसा की सातवीं सदी में फरात नदी के तट पर स्थित केन्नेश्रे के ईसाई मठ में **सेवेरुस सेबोख़्त** नामक एक सीरियाई बिशप रहते थे। सेबोख़्त के कुछ साथी यूनानी ज्ञान का ज्यादा बखान करते होंगे और सीरियाई पांडित्य को कम आंकते होंगे, इसलिए सेबोख़्त बड़े नाराज थे। झुंझलाकर वह लिखते हैं कि किसी समय खल्दिया (मेसोपोटामिया, आधुनिक इराक) वालों से ही यूनानियों ने ज्ञान-विज्ञान की बातें सीखी थीं और सीरियाई लोग उन्हीं खल्दियाइयों के वंशज हैं।

सेवेरुस सेबोख़्त आगे कहते हैं कि दुनिया में और भी लोग हैं, जो यूनानियों से बढ़े-चढ़े हैं। इसी संदर्भ में सेवेरुस सेबोख़्त भारतीयों के ज्ञान के बारे में लिखते हैं : "हिंद के निवासी सीरियाई लोगों से भिन्न हैं। मैं हिंद वालों की ज्योतिष के क्षेत्र की उन विलक्षण खोजों का जिक्र नहीं करूंगा जो यूनानियों तथा बेबीलोनियों से अधिक सूक्ष्म हैं। मैं उनकी वर्णनातीत गणना-पद्धतियों का भी जिक्र नहीं करूंगा। मैं सिर्फ इतना ही कहना चाहता हूं कि ये गणनाएं केवल नौ चिह्नों से की जाती हैं। जो लोग, यूनानी भाषा के ज्ञाता होने के कारण, यह समझते हैं कि वे विज्ञान के शिखर पर पहुंच चुके हैं, वे यदि हिंद वालों की इस अंक-पद्धति को जानें, तो उन्हें यकीन हो जाएगा कि उन लोगों के अलावा दुनिया में और भी लोग हैं जो कुछ जानते हैं।"[13]

सेवेरुस सेबोख़्त का यह कथन 662 ई. का है। सेबोख़्त ने यहां भारतीय अंक-पद्धति के नौ चिह्नों का उल्लेख किया है, दस का नहीं। दरअसल, शून्य (0) को अंक-संकेत मानने की परंपरा हमारे यहां भी नहीं रही है। प्राचीन भारत में प्रचलित शब्दांक-पद्धति में 'अंक' शब्द 'नौ' का द्योतक रहा है। अनेक अरबी गणितज्ञ भी भारतीय अंक-पद्धति के केवल नौ चिह्नों का ही उल्लेख करते हैं। लेकिन नौ संकेतों का अर्थ ही होता है–शून्य-सहित दस अंक-संकेतों पर आधारित नई भारतीय अंक-पद्धति। देश-विदेश की पुरानी अंक-पद्धतियों में ढेर-सारे चिह्न थे। आगे के अध्यायों की विस्तृत जानकारी से यह बात स्पष्ट हो जाएगी।

कई अरबी गणितज्ञों ने भारतीय अंक-पद्धति एवं अंक-संकेतों की स्तुति करके इनके बारे में पुस्तकें लिखी हैं। सन् 772-73 में बग़दाद में ब्रह्मगुप्त (जन्म : 598 ई.) के **ब्राह्मस्फुट-सिद्धांत** (सिंदहिंद) और **खंड-खाद्यक** (अल्-अरकंद) ग्रंथों का अरबी में अनुवाद हुआ था। अरबी जगत

में इन अनुवादों की बड़ी ख्याति रही है, मगर आज ये उपलब्ध नहीं हैं। इनसे अरबी पंडितों को भारतीय गणित की विधियों और ज्योतिष के सिद्धांतों की पहली बार जानकारी मिली थी। भारतीय अंकों की जानकारी अरबों को शायद पहले ही मिल गई थी। ब्रह्मगुप्त के ग्रंथों के साथ उन्होंने भारतीय अंक-पद्धति और अंकों को पूरी तरह अपना लिया।

चित्र 6 : मुहम्मद अल्-ख़्वारेज्मी (जन्म : 783-850 ई.)

फिर जल्दी ही बग़दाद के महान गणितज्ञ **मुहम्मद अल्-ख़्वारेज्मी** (जन्म : 783 ई.) ने भारतीय अंकगणित के बारे में एक पुस्तक लिखी, जिसका अरबी नाम था–**हिसाब अल्-हिंद** (हिंद का हिसाब) या **किताब अल्-जामः व तफरीक बि हिसाब अल्-हिंद** (हिंद के हिसाब में जोड़ और घटा की पुस्तक)। अल्-ख़्वारेज्मी की यह पुस्तक मूल अरबी में आज उपलब्ध नहीं है, परंतु स्पेन में 1126 ई. के आसपास हुआ इसका लैटिन अनुवाद (Liber Algorismi de numero Indorum यानी 'हिंद के अंकों के बारे में अल्-ख़्वारेज्मी की पुस्तक') उपलब्ध है। इस पुस्तक में शून्य पर आधारित नई दाशमिक स्थानमान अंक-पद्धति में अंकगणित को समझाया गया है। इस अंक-पद्धति का आविष्कार भारत में हुआ था, इसलिए अल्-ख़्वारेज्मी और अन्य अनेक अरबी गणितज्ञों ने इसे 'हिंद का हिसाब' कहा है। अल्-ख़्वारेज्मी की इस पुस्तक से भारत की अंक-पद्धति के बारे में पहले इस्लामी देशों को और बाद में यूरोप को व्यापक जानकारी मिली। इस पुस्तक ने यूरोप के गणितज्ञों को इतना अधिक प्रभावित किया कि वहां नई भारतीय अंक-पद्धति से की जाने वाली गणनाओं के लिए अल्-ख़्वारेज्मी का ही लैटिन अपभ्रंश नाम अलगोरिद्मुस् (algorithmus) प्रचलित हो गया! गणित के इतिहासकार **डर्क जे. स्त्रुइक** ने लिखा है : "गणित के इतिहास में अल्-ख़्वारेज्मी की कृतियां महत्वपूर्ण भूमिका अदा करती हैं, क्योंकि यही वह मुख्य स्रोत है जिसके जरिए भारतीय अंकों और अरबी बीजगणित को पश्चिमी यूरोप में प्रवेश मिला।"[14]

अल्-ख़्वारेज्मी ने अपनी पुस्तक में जिन भारतीय अंकों का इस्तेमाल किया है उन्हें उन्होंने **गुबार अंक** ('हरूफ़ अल्-गुबार' या 'इल्म अल्-गुबार') कहा है। भारत में तख़्ती या जमीन पर धूल बिछाकर उस पर अंक लिखने का रिवाज था, इसलिए अंकगणित को 'पाटीगणित' और 'धूलिकर्म' भी कहा जाता था। ब्रह्मगुप्त (628 ई.) और भास्कराचार्य (1150 ई.) ने अंकगणित के लिए 'पाटीगणित' तथा धूलिकर्म' शब्दों का प्रयोग किया है।[15] 'धूल' का ही अरबी अनुवाद 'गुबार' है। इसी प्रकार, 'पाटीगणित' अरबी में 'इल्म हिसाब अल्-तख़्त' हो गया।

अल्-ख़्वारेज्मी का जन्म मध्य-एशिया के ख़्वारेज्म प्रदेश (वर्तमान उज़बेकिस्तान) में हुआ था। कुछ ही दशक पहले उस प्रदेश पर ख़लीफ़ाओं का शासन स्थापित हुआ था। अल्-ख़्वारेज्मी के दादा या परदादा संभवतः बौद्ध रहे होंगे। इस्लाम के पहले पश्चिमी मध्य-एशिया में बौद्धों का भौतिकवादी वैभाषिक संप्रदाय काफी फैला हुआ था। अल्-ख़्वारेज्मी को भारतीय अंक-पद्धति

की जानकारी संभवतः ख़्वारेज्म में ही मिल गई थी। ख़लीफ़ा अल्-मामू (813-33 ई.) को मेर्व (मध्य-एशिया) के अपने निवास के दौरन अल्-ख़्वारेज्मी की प्रतिभा का परिचय मिला होगा। मामू 819 ई. में जब बगदाद लौटने लगे, तो 36 वर्षीय अल्-ख़्वारेज्मी को अपने साथ ले गए।

अल्-ख़्वारेज्मी के करीब दो सौ साल बाद अल्बेरूनी (973-1048 ई.) भी ख़्वारेज्म में ही पैदा हुए थे। वह भारत में तेरह वर्ष रहे, संस्कृत सीखी और ज्ञान-विज्ञान के अनेक भारतीय ग्रंथों का गहन अध्ययन किया। अल्बेरूनी को भारतीय अंकों की प्रत्यक्ष जानकारी थी। उन्होंने भारतीय अंकों के बारे में दो पुस्तकें भी लिखी थीं–**किताब अल्-अरकाम** (अंकविद्या की पुस्तक) और **तस्किरा फी अल्-हिसाब व'अल-मद बि अल्-अरकाम अल्-सिंद व'अल्-हिंद** (अंकगणित तथा सिंध और हिंद की अंकगणना पद्धति का विवेचन)। अपने प्रसिद्ध ग्रंथ **तारीख उल-हिंद** (भारत) में अल्बेरूनी ने लिखा है : "हिंदू अपने अक्षरों का प्रयोग संख्यांकन के लिए नहीं करते, जैसा कि हम इब्रानी (हिब्रू) अक्षरों के क्रम में अरबी अक्षरों का प्रयोग करते हैं। चूंकि भारत के विभिन्न भागों में अक्षरों के आकार भिन्न हैं, उसी प्रकार संख्या-संकेत भी, जिन्हें 'अंक' कहते हैं, अलग-अलग हैं। जिन अंकों का हम प्रयोग करते हैं वे हिंदुओं के श्रेष्ठतम चिह्नों से ही लिए गए हैं। ...अंकगणित के मामले में सभी देश सहमत हैं कि अंकों के सभी घातों (जैसे, इकाई, दहाई, सैकड़ा, हजार) का इस दहाई से विशेष संबंध है, और प्रत्येक घात आगामी घात का $\frac{1}{10}$ वां भाग और गत भाग दस गुना होता है। मैं जिन सभी लोगों के संपर्क में रहा हूं उनकी भाषाओं के अंकों के घातों के नाम जानने की कोशिश की है और मैंने देखा है कि किसी भी देश की संख्या हजार से आगे नहीं जाती। अरब भी हजार से आगे नहीं जाते...। मैंने इस विषय पर अलग से एक पुस्तिका लिखी है। जिनके यहां हजार से अधिक की गिनती है, वे हिंदू हैं, कम-से-कम अंकगणित की शब्दावली में तो ऐसा ही है। उनके यहां हजार से आगे जो अंक-पद्धति है उसका या तो उन्होंने स्वतंत्र रूप से आविष्कार किया है या उनका आधार कुछ विशेष प्रकार की व्युत्पत्तियां रही होंगी। ... वे अपने अंकों के घातों के नाम 18वें घात तक ले जाते हैं जिसके धार्मिक कारण हैं। जहां तक व्युत्पत्ति का प्रश्न है, गणितज्ञों की सहायता वैयाकरणों ने की है। अठारहवां घात 'परार्ध' कहलाता है, जिसका अर्थ है स्वर्ग का अर्धांश, या अधिक सही होगा 'ऊपर जो कुछ है उसका अर्धांश' ...।[16]

चित्र 7 : अल्बेरूनी
(973-1048 ई.)

जैसा कि हमने पीछे बताया है, लगभग 500 ई. तक भारतीय अंकों की ख्याति सिकंदरिया और आगे दक्षिण यूरोप के देशों तक पहुंच चुकी थी। सेवाइल (स्पेन) का आइसीडोरस (Isidorus of Seville : लगभग 570-670 ई.) अपनी पुस्तक **ऑरिजिनेस** (Origines) में भारतीय अंकों के बारे में लिखता है : "ऐसा ही अंकगणित के चिह्नों के बारे में है। यहां पर देखने योग्य है कि भारतीयों की बुद्धि अत्यंत प्रखर है। अन्य राष्ट्र अंकगणित, क्षेत्रगणित तथा संस्कारी

कलाओं में उनसे हीन हैं। उनके नौ अंक-चिह्नों से तो यह स्पष्ट ही है, जिनका प्रयोग करके वे किसी भी बड़ी-से-बड़ी संख्या को व्यक्त कर सकते हैं। इन अंकों के आकार ये हैं :[17]

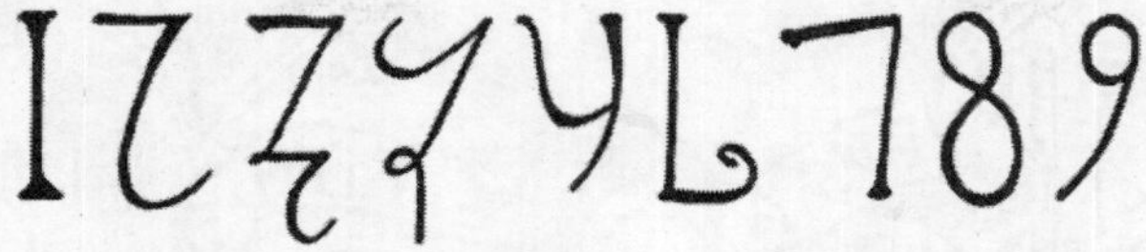

चित्र 8 : स्पेन में 976 ई. में लिखी गई एक यूरोपीय हस्तलिपि में भारतीय मूल के अंक-संकेत (इन अंक-संकेतों के स्रोत नासिक के पास के सातवाहनकालीन गुफालेखों के ब्राह्मी अंक-संकेतों में हैं)

यूरोप में भारतीय अंकों के आरंभिक प्रचार में सबसे बड़ा योगदान इतालवी गणितज्ञ लियोनार्दो 'फिबोनाकी' (Leonardo Fibonacci : लगभग 1170-1245 ई.) का रहा है। 'फिबोनाकी' का अर्थ है 'बोनाकी' का पुत्र। बोनाकी पीसा (इटली) का एक सम्पन्न व्यापारी था। बुगिया (अफ्रीका के उत्तरी तट) में उसकी कोठी थी। वहीं पर एक मूर (अरब) अध्यापक की देखरेख में बालक लियोनार्दो की शिक्षा हुई। तरुणाई में उन्होंने मिस्र, यूनान, सीरिया, सिसिली आदि देशों की यात्रा की और विद्वानों तथा व्यापारियों से मिलकर विभिन्न संख्या-पद्धतियों की जानकारी हासिल की। लियोनार्दो 'फिबोनाकी' ने भारतीय अंक-पद्धति को सबसे बेहतर पाया। उन्होंने 1202 ई.(पुनर्लेखन 1228 ई.) में **लिबेर ऐबकी** (Liber Abaci) नामक पुस्तक लिखी, जिसमें 15 अध्याय हैं। प्रथम अध्याय है–'हिंद के अंकों का लेखन और पठन' (Nouem figure indorum ...)।

चित्र 9 : लियोनार्दो 'फिबोनाकी' (लगभग 1170-1245 ई.)

यूरोप में भारतीय अंक-पद्धति और अंक-संकेतों का व्यापारियों और गणितज्ञों द्वारा स्वागत होने पर भी वहां इसे पूर्ण रूप से अंगीकार करने में चार-पांच सदियों का समय लगा। तेरहवीं सदी में इटली के व्यापारी भारतीय अंकों के इस्तेमाल में बड़ी सुविधा महसूस कर रहे थे। अंत में इन्हें यूरोप में सर्वत्र अपना लिया गया। लेकिन यह सहजता से नहीं हुआ। आरंभ में ईसाई धर्म के साथ संलग्न रोमन अक्षरांकों के समर्थकों और परंपरावादियों ने भारतीय अंकों का काफी विरोध किया। सन् 1259 में एक राजाज्ञा जारी की गई थी कि फ्लोरेंस (इटली) के बैंकर अपने बही-खातों में विधर्मियों के अंक-संकेतों का इस्तेमाल न करें। और, इटली के ही पादुआ विश्वविद्यालय के ईसाई धर्माधिकारियों ने 1348 ई. में आदेश जारी किया था कि पुस्तकों की मूल्य-सूची अंकों में नहीं, अक्षरों में तैयार की जाए।[18]

संसार के अनेक देशों में आज जिन अंक-संकेतों का इस्तेमाल होता है, वे ये हैं : 1, 2, 3, 4, 5, 6, 7, 8, 9, 0 । अंग्रेजी भाषा के साथ इन अंकों का भारत में प्रवेश एवं प्रचार-प्रसार हुआ, इसलिए कई लोग इन्हें भ्रमवश 'अंग्रेजी अंक' कहते हैं। दरअसल, 'अंग्रेजी अंक' या 'अंग्रेजी लिपि'

चित्र 10 : सन् 1503 में फ्राइबुर्ग (जर्मनी) से प्रकाशित **मार्गरिता फिलोसोफिका** नामक 'विश्वकोश' का चित्र। यहां दाईं ओर का व्यक्ति एबैकस (गिनतारे) से गणना कर रहा है और बाईं ओर का व्यक्ति भारतीय अंक-संकेतों से। एबैकस से गणना करने वाला व्यक्ति परेशान है, परंतु भारतीय अंकों से गणना करने वाला व्यक्ति प्रसन्नचित्त है। भारतीय अंकों से कागज पर गणनाएं करने में सुविधा हुई।[19]

नाम की कोई चीज नहीं है। जिस लिपि में अंग्रेजी भाषा लिखी जाती है, वह 'रोमन लिपि' (या 'लैटिन लिपि') है; और, **रोमन अंक-संकेत** ये हैं : I, II, III, IV, V, ... X, L, D, ... इत्यादि।

यूरोप की भाषाओं के साथ 1, 2, 3, 4, 5, ... जैसे जिन अंक-संकेतों का इस्तेमाल होता है, उन्हें यूरोप के लोग (उनकी देखा-देखी कई भारतीय भी) अक्सर 'अरबी अंक' कहते हैं। अधिक उदारता का परिचय देना हो, तो यूरोप के कुछ लोग इन्हें 'इंदो-अरबी अंक' कहते हैं। परंतु हम

जानते हैं कि ये अरबी अंक-संकेत नहीं हैं, क्योंकि अरबी अंक-संकेत दूसरे हैं। प्राचीन अरबी गणितज्ञों ने इन अंक-संकेतों को **हिंदिसा, अल्-अरकाम अल्-हिंद** (हिंद के अंक) या **गुबार अंक** कहा है। अतः ये भारतीय मूल के अंक-संकेत हैं।

इस बात को और अधिक स्पष्ट करना जरूरी है। आज संसार के अनेक देशों में जिन अंक-संकतों (1, 2, 3, 4, 5, 6, 7, 8, 0) का इस्तेमाल होता है, वे भारतीय उत्पत्ति के अंक-संकेत हैं। ये अंक-चिह्न मूलतः भारत के हैं। इन अंक-चिह्नों का मूल भारत के प्राचीन ब्राह्मी अंक-संकेतों में है। ब्राह्मी अंक-संकेतों से ही इन अंतर्राष्ट्रीय अंक-संकेतों का विकास हुआ है। जिस प्रकार हमारे आज के देवनागरी अंक-संकेतों (१, २, ३, ४, ५, ६, ७, ८, ९, ०) का और अन्य भारतीय भाषाओं के साथ प्रयुक्त होने वाले अंक-संकेतों का विकास 1 से 9 तक के पुराने ब्राह्मी अंक-संकेतों से हुआ है, उसी प्रकार 1, 2, 3, 4, 5,...जैसे अंक-संकेतों का विकास भी पुराने ब्राह्मी अंक-संकेतों से ही हुआ है।

भारतीय अंक-पद्धति के साथ पहले ये अंक-संकेत पश्चिमी एशिया के देशों में पहुंचे। अरबों ने इन्हीं अंक-संकेतों को 'हिंदिसा' या 'गुबार अंक' कहा है। फिर, ईसा की आठवीं-नौवीं सदी में ये अंक-संकेत स्पेन में पहुंचे। यूरोप के देशों ने जब भारतीय अंक-पद्धति को अपनाया, तो साथ में इन भारतीय अंक-चिह्नों को भी अपना लिया। ये अंक-संकेत उन्हें अरबी ग्रंथों से मिले थे, इसलिए वे अब भी इन्हें 'अरबी अंक' कहते हैं। दरअसल, ये भारतीय मूल के अंक-संकेत हैं।

हमारे देश के शासन ने अंतर्राष्ट्रीय-स्वरूप प्राप्त इन अंक-संकेतों को सारे भारत के लिए पुनः अपना लिया है, इसीलिए अब इन्हें हम **भारतीय अंतर्राष्ट्रीय अंक** कहते हैं।[20]

इस प्रकार, हम देखते हैं कि आज सारे संसार में जिस अंक-पद्धति का इस्तेमाल होता है, वह भारतीय अंक-पद्धति है। और, आज संसार के अनेक देशों में जिन अंक-संकेतों का इस्तेमाल होता है, वे भी भारतीय मूल के अंक-संकेत हैं। अंक-पद्धति भी भारतीय और अंक-संकेत भी भारतीय! यही है विज्ञान के क्षेत्र में संसार को भारत की सबसे बड़ी देन।

यहां इस बात पर गौर करना जरूरी है कि भारतीय दाशमिक स्थानमान अंक-पद्धति, आरंभ में काफी विरोध किए जाने के बावजूद, अपने अद्वितीय गुणों के कारण ही सारी दुनिया में स्थापित हुई है, न कि किसी प्रकार की जोर-जबरी से। हमें भी विदेश की श्रेष्ठ उपलब्धियों को खुले दिल से अपनाते रहना चाहिए। विज्ञान और टेक्नोलॉजी की प्रकृति ही अंतर्राष्ट्रीय है।

प्राचीन काल में हमारे देश में, और संसार के अन्य देशों में, किस प्रकार की अंक-पद्धतियों का प्रचलन था, यह जानकारी प्राप्त करने के बाद ही हम ठीक-ठीक समझ सकते हैं कि ज्ञान-विज्ञान के विकास में भारतीय मूल की इस नई दाशमिक स्थानमान अंक-पद्धति का कितना बड़ा योगदान रहा है।

सबसे पहले हम देखेंगे कि गणना तथा अंक-संकेतों की शुरुआत कैसे हुई। फिर हम दूसरे देशों की उन पुरानी अंक-पद्धतियों की विस्तृत जानकारी प्राप्त करेंगे, जिनके स्थान पर नई भारतीय अंक-पद्धति को अपनाया गया।

संदर्भ और टिप्पणियां

1. मॉरिस विंटरनिट्ज का जन्म 23 दिसंबर, 1863 को दक्षिण ऑस्ट्रिया के हॉर्न नगर में हुआ था। विएना में भाषा-विज्ञान का अध्ययन करने के बाद वे ऑक्सफोर्ड में दो साल तक मैक्स मूलर (1823-1900 ई.) के सहायक रहे और तदनंतर प्राग में भारतीय आर्य-भाषाओं के प्राध्यापक

नियुक्त हुए। सन् 1921 में रवींद्रनाथ ठाकुर के निमंत्रण पर शांतिनिकेतन आए और एक साल तक वहां रहे। भारत-भूमि की विस्तृत यात्रा करके प्राग वापस लौटे और वहीं पर 1937 ई. में विंटरनिट्ज का निधन हुआ।

विंटरनिट्ज का प्रमुख कृतित्व है–तीन खंडों में प्रकाशित (1905-20) उनका *Geschichte der Indischen Literatur* ग्रंथ, जो अंग्रेजी में अनूदित (*History of Indian Literature*) होकर पहले कोलकाता से छपा और फिर दिल्ली से पुनर्मुद्रित हुआ (1983-87)।

2. मैक्स मूलर, **भारत की विश्व को देन** (India : What Can It Teach Us का अनुवाद; अनुवादक : भवानीशंकर त्रिवेदी), नई दिल्ली, 1984, पृ. 25.
3. दाशमिक स्थानमान अंक-पद्धति को पहली बार अपनी नई अक्षरांक-पद्धति में प्रयुक्त करने वाले महान गणितज्ञ-खगोलविद् आर्यभट (जन्म 476 ई.) ने अपने **आर्यभटीय** ग्रंथ में इसी बात को सूत्र रूप में व्यक्त किया है : **स्थानात् स्थानं दशगुणं स्यात्** (गणितपाद, 2); अर्थात्, (क्रमशः दाईं ओर से बाईं ओर को) अगला स्थान पिछले स्थान से दस गुना है।
4. **अमरकोश** के अनुसार : **शून्यं तु वशिकं तुच्छरिक्तके** (अर्थात्, रिक्त अर्थ वाले शून्य शब्द के चार पर्याय हैं–शून्य, वशिक, तुच्छ व रिक्त)। संस्कृत का 'शून्य' शब्द अरबी में अनूदित होकर 'सिफ्र' (Sifr = खाली, बिंदु) बना। अंग्रेजी का 'साइफर' (cipher) शब्द अरबी के 'सिफ्र' से ही बना है। अरबी का यही 'सिफ्र' शब्द पहले इतालवी भाषा में जेपिरो (zepiro) बनकर अंत में अंग्रेजी में जिरो (zero) हुआ।
5. G. B. Halsted, *On the foundation and technique of Arithmetic*, Chicago, 1912, p. 20, जिसे Datt and Singh, **History of Hindu Mathematics**, Asia Publishing House, Bombay, 1962, Part 1, pp. 38-39 में उद्धृत किया गया है।
6. Lanlelot Hogben, **Mathematics for the Million**, London, 1945, p. 284 से उद्धृत।
7. T. Dantzig, *Number*, *The Language of Science*, London, 1943, जिसे Lanlelot Hogben, **Mathematics for the Million**, London, 1945, p. 284 में उद्धृत किया गया है।
8. रामकृष्ण भट्टाचार्य का लेख : *भारतीय अंक और कॉपर्निकस*, **स्रोत**, एकलव्य, भोपाल, जून 2001; और निकोलस कोपर्निकस : **खगोलीय पिंडों के परिक्रमण** (अनुवादक : श्रवण कुमार तिवारी और रमाकांत पांडेय), काशी हिंदू विश्वविद्यालय, वाराणसी, 1972, पृ. 33.
9. कोपर्निकस, **खगोलीय पिंडों के परिक्रमण,** पृ. 33, जहां 'यह सब भारतीय अंकों के व्यापक प्रचलन के बाद किया गया है' के स्थान पर अनुवाद है : 'यह सब अरबी अंकों के व्यापक प्रचलन के बाद किया गया है।'
10. Hooper, Alfred, **Makers of Mathematics**, New York, 1948, p. 25.
11. F. Cajori, *A History of Mathematic*, New York, 1897, जिसे Robert Edouard Moritz, **On Mathematics and Mathematicians**, Dover Publications, New York, pp. 263-64 & p. 284 में उद्धृत किया है।
12. Hermann Hankel, जिन्हें Robert Edouard Moritz, **On Mathematics and Mathematicians**, Dover Publications, New York, p. 282 में उद्धृत किया है।
13. Severus Sebokht (662 AD), जिसे Datt and Singh, **History of Hindu Mathematics**, Asia Publishing House, Bombay, 1962, Part 1, pp. 95-96 में उद्धृत किया गया है।
14. Struik, Dirk J., **A Concise History of Mathematics**, London, 1959, p. 92.

15. भास्कराचार्य **सिद्धांत-शिरोमणि** के 'चंद्रग्रहणाधिकार' के श्लोक 4 के अपने 'वासना-भाष्य' में लिखते हैं : **अत्र धूलीकर्मणा प्रत्यक्षप्रतीतिः**; और, **लीलावती** के प्रथम श्लोक में ही वे कहते हैं : **पाटीं सद्गणितस्य वच्मि** (मैं लीलावती नामक पाटीगणित को प्रकाशित करता हूं)। श्रीधराचार्य (991 ई.) की अंकगणित की पुस्तक का नाम **पाटीगणित** है।

पं. सुधाकर द्विवेदी (1860-1922 ई.) बताते हैं : "पटरे पर धूल या अबीर फैलाकर उस पर हिसाब करना, यह रीति मेरे पढ़ने के समय तक बनारस संस्कृत कालिज (अब विश्वविद्यालय) में थी। पीछे से महामहोपाध्याय पं. बापूदेव शास्त्री (1821-90 ई.) ने अंग्रेजी स्लेट चलाई।"

16. **INDIA** by Al-Biruni (Abridged edition of Dr. Sachau's English translation by Qeyamuddin Ahmad), NBT, New Delhi, 1999, p. 82. और, इसी का हिंदी अनुवाद (नूर नबी अब्बासी), नई दिल्ली, 2003, पृ. 77.

17. लैटिन मूल के लिए देखिए : दत्त व सिंह के ग्रंथ **History of Hindu Mathematics**, Asia Publishing House, Bombay, 1962, के प्रथम भाग का पृ. 102-03 और हिंदी अनुवाद के लिए **हिंदू गणितशास्त्र का इतिहास** (अनुवादक : कृपाशंकर शुक्ल), प्रकाशन ब्यूरो, लखनऊ, पृ. 97.

18. Lanlelot Hogben, **Mathematics for the Million**, London, 1945, p. 288.

19. **Margarita Phylosophica** नामक इस विश्वकोश के लेखक थे, ग्रगोरियस राइश्च (Gregorius Reisch, मृत्यु 1523 ई.)। इस विश्वकोश में बारह पुस्तकें हैं, और इनमें अंकगणित, ज्यामिति और खगोल-विज्ञान से संबंधित काफी सामग्री का समावेश किया गया है। इस विश्वकोश की प्रसिद्धि का इसी से पता चलता है कि एक सदी के दौरान इसके सोलह संस्करण प्रकाशित हुए थे।

मार्गरिता फिलोसोफिका के इस चित्र में आज से पांच सौ साल पहले यूरोप में प्रचलित गणना के दो तरीकों को प्रदर्शित किया गया है–दाईं ओर एबैकस से की जाने वाली परंपरागत गणना-पद्धति और बाईं ओर भारतीय अंकों से की जाने वाली नई गणना-पद्धति। एबैकस पर दाईं ओर की संख्या 1241 है। बाईं ओर भारतीय अंकों में संख्या 1234 को 93 से विभाजित करने के प्रयास को दिखाया गया है। इन दोनों गणना-पद्धतियों के मध्य में ऊपर देवी 'अरिथमेटिका' (Arithmetica) का चित्रांकन है।

20. *संघ की राजभाषा हिंदी और लिपि देवनागरी होगी।*
संघ के राजकीय प्रयोजनों के लिए प्रयोग होने वाले अंकों का रूप भारतीय अंकों का अंतर्राष्ट्रीय रूप होगा। –**भारत का संविधान**, *343 (1)*

भारतविद्या के विद्वान प्रो. ए.एल. बाशाम शून्य और दाशमिक स्थानमान अंक-पद्धति के बारे में लिखते हैं :

"लंबे समय तक यह माना जाता रहा कि दाशमिक (स्थानमान) अंक-पद्धति की खोज अरबों ने की है, किंतु इसमें कोई सचाई नहीं है। खुद अरबों ने गणित को 'हिंदसः'[1] कहा है। इसमें अब कोई संदेह नहीं है कि मुस्लिम जगत ने दाशमिक अंक-पद्धति, साथ ही गणित की अन्य अनेक विधियां, या तो उन व्यापारियों से सीखी हैं जो भारत के पश्चिमी तट के साथ तिज़ारत करते थे, या उन अरबों से सीखी हैं जिन्होंने 712 ई. में सिंध को जीता था।

---

1. फारसी शब्द 'हिंद' का अर्थ है–भारत या हिंदुस्तान। इसी से हिंदसः या हिंदसा (गणित, संख्या) शब्द बने हैं। हिंदसः-दां या हिंदसा-दां का अर्थ है–गणितज्ञ।

इस मामले में भारत का पश्चिमी जगत पर जो ऋण है उसे जितना भी महत्व दिया जाए, कम है। यूरोप को अपने जिन अधिकांश महान आविष्कारों का अभिमान है वे एक विकसित गणित-पद्धति के बिना असंभव होते, और इस गणित-पद्धति को विकसित करना असंभव होता यदि यूरोप अपनी भोंडी रोमन अंक-पद्धति की बेड़ियों में जकड़ा रहता। जिस अज्ञात व्यक्ति ने इस नई अंक-पद्धति की खोज की है वह, विश्व के नज़रिए से देखें तो, बुद्ध के बाद भारत का सबसे बड़ा महापुरुष था। उसका यह आविष्कार, जिसे आज हम सहजता से ग्रहण कर लेते हैं, एक श्रेष्ठतम विश्लेषणपरक मस्तिष्क का कार्य था, और इसके लिए उसका जितना सम्मान होता है, उससे कहीं ज्यादा होना चाहिए।"

A.L. Basham,s article *Positive Sciences* (Mathematics) in **Indian Inheritance** (Science and Society), Bharatiya Vidya Bhavan, Bombay,1956, p. 4.

प्रथम भाग

विदेशी अंक-पद्धतियां

''प्रकृति की महान पुस्तक गणितीय प्रतीकों में ही प्रणीत है।''

गैलीलियो गैलेली (1564-1642 ई.)

परंतु–

''यहां और अन्यत्र भी, किसी भी वस्तु या विषय की यथार्थता का ज्ञान हमें तब तक नहीं हो सकता जब तक हम उसे शुरू से बढ़ते हुए न देख लें। जो व्यक्ति वस्तुओं को उनके आरंभ से ही बढ़ते हुए देखता है, वह उनके सबसे सुंदर रूप का दर्शन कर लेगा।''

अरस्तू (384-322 ई.पू.)

''मैं जानना चाहता हूं कि वे कौन-कौन से कदम थे जिन्हें रखते हुए मानव बर्बरता से सभ्यता में पहुंचा है।''

वाल्तेयर (1694-1778 ई.)

1

गणना एवं अंक-संकेतों का आरंभ

पशु-पक्षियों की गणना-क्षमता, आदिकालीन गणनाएं, गणना के विभिन्न आधार

गणना-पद्धति एवं अंक-संकेतों के विकास की कथा मानव के बौद्धिक विकास की कथा है। सोचिए तो, यदि हमने गिनती करना और संख्याओं को अंक-संकेतों में व्यक्त करना न सीखा होता, तो आज इस संसार का क्या हाल होता? संख्या-संकेतों के प्रयोग के आज हम इतने अधिक अभ्यस्त हो गए हैं कि मानव-जीवन में उनके महत्व के बारे में शायद ही कभी गंभीरता से सोचते हों।

सुबह उठकर हम घड़ी में कितने बजे हैं, देखते हैं। हमारा सारा जीवन घड़ी की गति के साथ बंधा हुआ है। यदि हमने गिनती तथा अंक-संकेतों को न सीखा होता तो आज की ये सारी घड़ियां हमें देखने को न मिलतीं। हम अच्छे-से-अच्छे वस्त्र पहनने की इच्छा रखते हैं, परंतु हम यह भूल जाते हैं कि मिलों की मशीनों से लेकर दर्जी की मशीन तक, अनेक प्रकार की गिनतियों के बाद ही, पहनने योग्य कपड़ा हम तक पहुंचता है। साइकिल, मोटर, रेल, हवाई-जहाज आदि आवागमन के साधन, बड़ी-बड़ी फैक्टरियों का संचालन, प्रयोगशालाओं में होने वाले अनुसंधान, ये सब मानव-प्रयास सूक्ष्म-गणना-ज्ञान के अभाव में संभव न होते। इतना ही नहीं, हमारा वर्तमान जीवन गणनाओं पर इतना अधिक अवलंबित है कि सूक्ष्म-गणनाओं में यदि थोड़ी-सी भी गलती हो जाय तो जीवन ही संकट में पड़ने की संभावना रहती है!

यह मानव की विकसित गणना-शक्ति का ही परिणाम है कि आज वह अतिसूक्ष्म तथा अतिविशाल जगत का अन्वेषण करने में समर्थ है। विकसित गणित-गणनाओं के बिना, न तो हमारे वैज्ञानिक परमाणु-शक्ति की खोज कर पाते और न हम अंतरिक्ष-यात्रा के सपने देख सकते। गणितज्ञों ने जब देखा कि उनकी मस्तिष्क-गणना-गति वैज्ञानिक प्रगति का साथ नहीं दे रही है, तो उन्होंने अब **विद्युत-गणकों** का आविष्कार कर लिया है। जिन गणनाओं के लिए कई गणितज्ञों को कई वर्ष लग सकते हैं, उन्हें ये विद्युत-गणक चंद मिनटों में हल कर देते हैं। अब विद्युत-गणक स्कूल-कॉलेजों में पढ़ने वाले विद्यार्थियों की मेजों पर गणक-यंत्र लगे हुए देखने को मिलते हैं। जिस किसी सवाल को सूत्र से हल करना संभव है, उसे गणक-यंत्र के सुपुर्द कर दिया जाता है और फौरन उत्तर हाजिर हो जाता है।

वैज्ञानिकों ने प्रयोग करके जाना है कि कुछ पशु और पक्षी एक से चार-पांच तक की संख्याओं के अंतर को समझते हैं।[1] इसलिए यह निश्चित है कि पांच लाख साल पहले के आदिम मानव भी एक से पांच या दस तक की संख्याओं के अंतर को अवश्य समझते होंगे।

बोली के पहले संकेतों का युग रहा होगा। आदिम काल से लेकर आज तक गणना की अनेक पद्धतियां अस्तित्व में रही हैं। परंतु इन सबमें प्रमुख स्थान अंगुली-गणना का ही रहा है। आज भी बालक जब गिनती आरंभ करता है तो मस्तिष्क में गणना की क्रिया करने के लिए अंगुलियों का सहारा लेता है। अंगुली-गणना की यह विधि इतनी स्वाभाविक और इतनी प्रत्यक्ष है कि इस बात में तनिक भी संदेह नहीं कि आदिम काल में आदिम मानवों ने भी इसे उपयोग में लाया होगा। वर्तमान तथा सभी आदिम जातियों में यही अंगुली-गणना की पद्धति देखने को मिलती है।[2] हां, अपवाद रूप में कुछ जातियों में कंकड़-पत्थरों, कौड़ियों, डंडों के कटाव, रस्सी की गांठें आदि का भी प्रयोग देखने को मिलता है। परंतु अंगुली-गणना को ही हमें सार्वभौमिक और सार्वकालिक मानना चाहिए। साथ ही, हमें प्रायः देखने को मिलेगा कि यह अंगुली-गणना बाएं हाथ की छोटी अंगुली से ही शुरू होती है। क्योंकि आदिम-जातियों का संख्या ज्ञान सीमित होता है, इसलिए हाथ की अंगुलियों से ही उनका काम चल जाता है।

पांच लाख साल पहले के मानव पत्थरों के हथियार बनाते थे, पशुओं का शिकार करते थे, आग की खोज कर चुके थे और भाषा को भी जन्म दे चुके थे। उस जमाने के मानव इस बात का अवश्य ही 'हिसाब' रखते होंगे कि उनके पास पत्थर के कितने औजार हैं, एक दिन में उन्होंने कितने पशुओं का शिकार किया है या उनके गिरोह में कितने व्यक्ति हैं।

किसी वस्तु-समूह का हिसाब किसी अन्य वस्तु-समूह के साथ **एक-एक का संबंध** स्थापित करके ही रखा जा सकता है। जैसे, एक हाथ की पांच अंगुलियों के साथ पांच पशुओं का संबंध स्थापित करके हिसाब रखा जा सकता है। पांच रेखाएं खींचकर भी यह हिसाब रखा जा सकता है। यदि किसी वस्तु-समूह में दस चीजें हों, तो दोनों हाथों की दस अंगुलियों के साथ उनका संबंध स्थापित किया जा सकता है या उनके लिए दस रेखाएं खींची जा सकती हैं।

इस बात के स्पष्ट प्रमाण मिलते हैं कि पुरातन मानव अपने शरीर के विभिन्न अवयवों के साथ वस्तुओं का 'एक-एक का संबंध' (एकैकी संबंध) स्थापित करके उनका हिसाब रखता था या उनकी गिनती करता था। कुछ आदिवासियों की बोलियों में आज भी 'आंखें' शब्द 'दो' के अर्थ में इस्तेमाल होता है। यूनानी भाषा का 'पेंते' और जर्मन का 'फीम्फ़' शब्द, जो संख्या 5 के द्योतक हैं, मूलतः 'पंजे' से संबंधित हैं। पांच (पंच) और पंजा का संबंध स्पष्ट ही है। संस्कृत के 'पंच' शब्द का मूल अर्थ है 'फैला हुआ हाथ'।

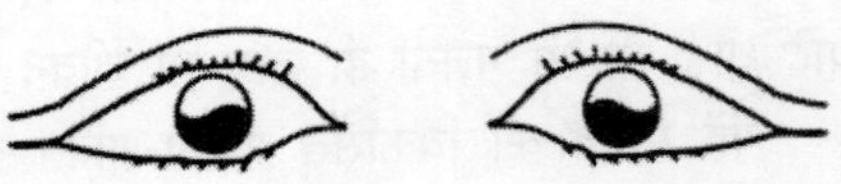

चित्र 1.1 : 1 + 1 = 2 के लिए आंखों का प्रयोग

रूसी वैज्ञानिक मिकलुको-मकलाई (1846-88 ई.) ने 1871 ई. में न्यूगिनी की यात्रा की थी। उन्होंने वहां की पापुआ आदिवासियों की गणना-पद्धति के बारे में जानकारी दी है। पापुआ लोग एक के बाद एक अपनी अंगुलियों को मोड़ते जाते हैं और एक निश्चित ध्वनि, जैसे–'बे-बे-बे...', निकालते जाते हैं। पांच की गणना करते समय वे कहते हैं 'इबोन-बे' (पंजा)। फिर वे दूसरे हाथ की अंगुलियों से गणना शुरू करते हैं; 'बे-बे...' से शुरू करके 'इबोन-आली' (दो पंजे) पर समाप्त करते हैं। तदनंतर, वे पुनः 'बे-बे...' से शुरू करते हैं और 'संबा-बे' तथा 'संबा-आली' (एक पैर, दो पैर) पर समाप्त करते हैं। यदि उन्हें इससे बड़ी गणनाएं करनी हों, तो वे दूसरे आदमी के हाथ तथा पैर की अंगुलियों का इस्तेमाल करते हैं।

चित्र 1.2 : एक-एक का संबंध

पापुआ भाषा के लोग पहले अपने सीधे हाथ की अंगुलियों से एक के बाद एक गिनते हुए कलाई, कोहनी, मूंछें, गला फिर दूसरी तरफ बाएं की गिनती करते हैं 20 तक और अगर ज्यादा गणना की आवश्यकता पड़ती है तो पैर के अंगूठे, घुटने, एड़ी, कूल्हे (दोनों तरफ के) गणना के लिए प्रयोग करते हैं। इस तरह मानव शरीर के अवयवों को गणना करने में प्रयोग करते हैं।

इस प्रकार, हम देखते हैं कि मुख्यतः हाथ-पैर की अंगुलियों के साथ एक-एक का संबंध स्थापित करके ही पुरातन काल में गिनती की जाती थी। अंग्रेजी का 'डिजिट' शब्द लैटिन के 'डिजिटुस' शब्द से बना है और इसका मूल अर्थ है 'अंगुली'। लेकिन अब 'डिजिट' शब्द का अर्थ 'अंक-संकेत' भी होता है। अतः हम कह सकते हैं कि हमारी अंगुलियां सबसे पुराने अंक-संकेत हैं। बच्चे अब भी अंगुलियों से गिनती करते हैं। बच्चे ही क्यों, पढ़े-लिखे लोग गिनती के लिए अक्सर अंगुलियों की शरण में जाते हैं।

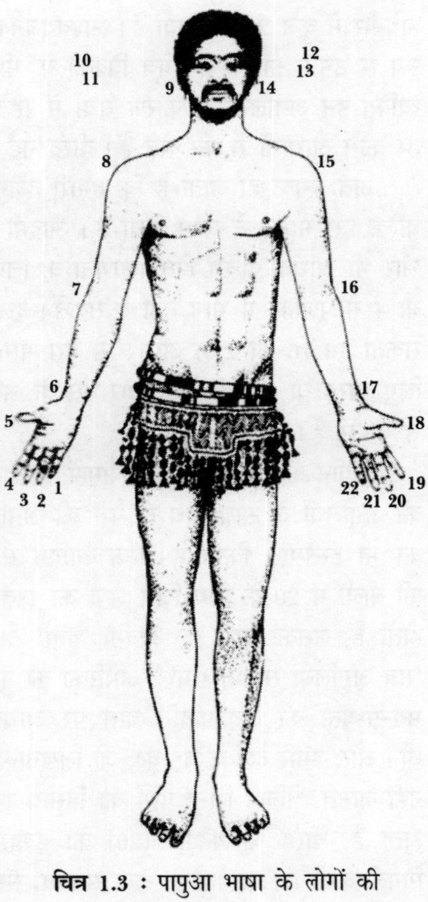

चित्र 1.3 : पापुआ भाषा के लोगों की गणना

मानव-शरीर के अवयवों में गिनती के लिए सबसे सुविधाजनक अवयव हैं—दोनों हाथों की

दस अंगुलियां। पुरातन काल में इन्हीं दस अंगुलियों की सहायता से गणना का आरंभ हुआ है, इसीलिए हमारी वर्तमान गणना-पद्धति का आधार दस है; अर्थात्, हमारी गणना-पद्धति **दशगुणोत्तर** है। हमारे दोनों हाथों में 12 या 16 अंगुलियां होतीं, तो हमारी गणनाएं भी 12 या 16 पर आधारित होतीं।

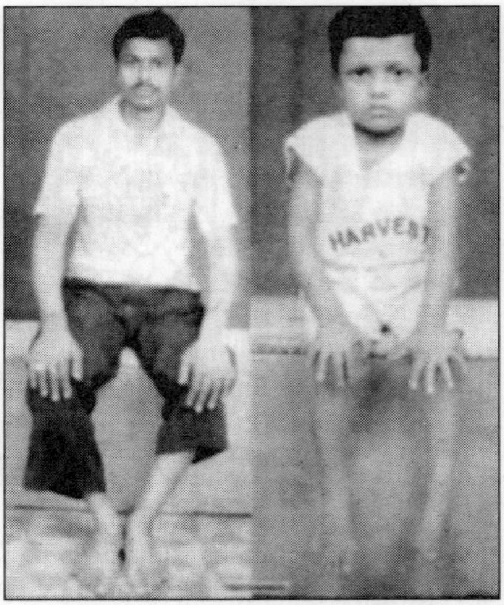

चित्र 1.4 : ब्रह्मपुर (गोरखपुर) पिता-पुत्र की 24-24 अंगुलियां

छह अंगुली वाले व्यक्ति अधिकतर देखे जाते हैं लेकिन चौबीस अंगुली वाले व्यक्ति कम ही नजर आते हैं। ब्रह्मपुर विकास खंड में एक ऐसा परिवार है जिसमें पिता एवं पुत्र दोनों की हाथ व पैर में मिलाकर 24-24 अंगुलियां हैं। विकास खंड ब्रह्मपुर, नई बाजार निवासी (30) वीरेंद्र कुमार पुत्र हरी प्रसाद के हाथ-पैर में कुल 24 अंगुलियां हैं। आश्चर्यजनक रूप से उनके सात वर्षीय पुत्र विक्की के भी हाथ-पैर में मिलाकर कुल 24 अंगुलियां हैं। दोनों व्यक्ति इन अंगुलियों के कारण चर्चा में रहते हैं। वैसे उन्हें इससे कोई परेशानी नहीं होती। वे हर काम आसानी से कर लेते हैं। वीरेंद्र नई बाजार में इलेक्ट्रॉनिक्स पार्ट की दुकान चलाते हैं।

अतः स्पष्ट हो जाता है कि हमारी दशगुणोत्तर गणना-पद्धति 'आसमान' से नहीं टपकी है, बल्कि इसे मानव ने जन्म दिया है। आदमी के दोनों हाथों में 12 या 16 अंगुलियां होतीं, तो और भी अधिक अच्छा होता। गणना के लिए दस का आधार सर्वोत्तम नहीं है। 10 को हम 3 या 4 से पूर्णांकों में भाग नहीं दे सकते। दूसरी ओर, 12 का 2, 3 व 4 से पूरा भाग दिया जा सकता है। 16 को 2, 4 और 8 से पूरा भाग दिया जा सकता है। अतः स्पष्ट है कि गणना के लिए बारह या सोलह का आधार दस के आधार से बेहतर है।

प्राचीन काल के कुछ मानव-समूहों ने दो हाथों की अंगुलियों के साथ-साथ दो पैरों की अंगुलियों का भी इस्तेमाल किया है। एक आदिम समाज की बोली में 20 के लिए जिस शब्द का इस्तेमाल होता है, उसका अर्थ है 'आदमी खत्म' अर्थात् 'सब अंगुलियां समाप्त'! मध्य अमेरिका की पुरानी **मय-सभ्यता** की अंक-पद्धति बीस पर आधारित थी। और, हमारे देश के बड़े-बूढ़े, जो लिखना-पढ़ना नहीं जानते, लेकिन जिन्हें पैसों का हिसाब रखना होता है, **बीसा** या **कौड़ी**[3] (20) की इकाई से गिनती करते हैं। यह 'कौड़ी' शब्द संभवतः संस्कृत का नहीं है।

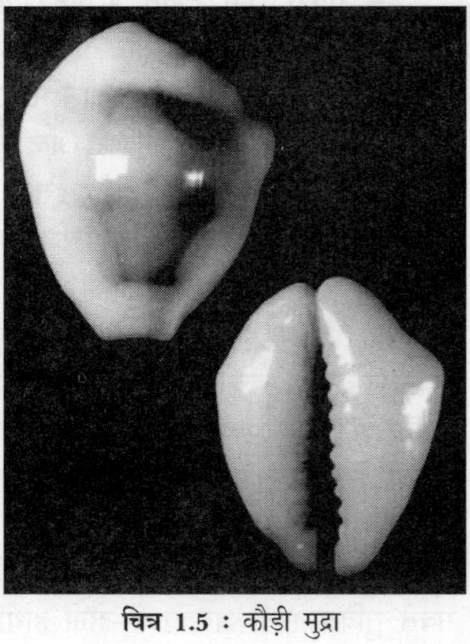

चित्र 1.5 : कौड़ी मुद्रा

प्राचीन सुमेर-बेबीलोन की अंक-पद्धति 60 पर आधारित थी। उन्होंने वृत्त की परिधि को 360 हिस्सों में बांटा था। यह उन्हीं की देन है कि हम आज भी वृत्त को 360 डिग्रियों में, एक डिग्री को 60 मिनटों में और एक मिनट को 60 सेकंडों में बांटते हैं।

सभ्य यूनानी और रोमन भी गणना के लिए अंगुलियों का उपयोग करते थे। बाएं हाथ की अंगुलियों पर वे 100 तक की संख्याओं की गणना करते थे और दाएं हाथ की अंगुलियों पर 100 से ऊपर की संख्याओं की। मध्यकाल में अंगुली-संख्याएं अंगुली-परिकर्मों में विकसित हो गईं। गुणन (×) की क्रिया में, विशेषतः 10 × 10 से कम के गुणन के लिए अंगुली गणनाओं का प्रयोग होता था। तात्पर्य यह कि, हमारी वर्तमान गणना-पद्धति के दस के आधार में कोई खास बात नहीं है। हमारे दोनों हाथों की अंगुलियां दस हैं, इसीलिए यह **दशगुणोत्तर अंक-पद्धति** अस्तित्व में आई है। उदाहरणार्थ : यदि 8 को 6 से गुना करना हो, तो बाएं हाथ पर 8-5 अंगुलियां नीचे कर लीजिए और दाएं हाथ पर 6-5 नीचे कर लीजिए। अब बाएं हाथ पर 3 अंगुलियां नीचे हैं और 2 खड़ी हैं और दाएं हाथ पर 1 नीचे है और 4 खड़ी हैं। अब जो अंगुलियां (दोनों हाथों की) नीचे हैं उन्हें जोड़िए, अर्थात् $3 + 1 = 4$; और जो खड़ी हैं उन्हें गुणा कीजिए, अर्थात् $2 \times 4 = 8$। इस प्रकार परिणाम होगा, 4 दस 4×10 और 8 या $40 + 8 = 48$, उत्तर। गणितीय भाषा में कहें तो :

$$\text{अ} \times \text{ब} = [(\text{अ} - 5)] + [(\text{ब} - 5)] \times 10 + (10 - \text{अ})\ (10 - \text{ब})$$

लेकिन, जैसे आज का शरीर वाला मानव इसी रूप में आसमान से नहीं टपका है, उसी तरह उसके द्वारा प्रयुक्त वर्तमान अंक एवं अंक-पद्धति भी एक ही दिन का 'दैविक दान' नहीं है। मानव का केवल आंगिक विकास ही नहीं हुआ है, बौद्धिक विकास भी हुआ है, हो रहा है। आज की विकसित अंक-पद्धति तक पहुंचने के लिए उसे हजारों वर्षों का समय लगा है।

हम ठीक-ठीक नहीं ही जानते कि कब और किस स्थान पर वानर पहला मानव बना। दस लाख से पचास लाख वर्ष पूर्व के मध्यकाल में किसी समय यह पार्थिव 'चमत्कार' घटित हुआ है। दुःख-सुख जैसे मनोभावों को प्रकट करने के लिए पशु एवं पक्षी जगत् में भी ध्वनि-संकेतों का साम्राज्य है। परीक्षणों के आधार पर कुछ वैज्ञानिकों ने सिद्ध किया है कि कुछ पक्षी 1-2, 2-3 आदि सरल संख्याओं के भेद को समझते हैं।[4]

आदिम-मानव की आदिम-बोलियों में जो शब्द रहे हैं, उनमें 'एक', 'दो' तथा 'बहुत' के लिए भी शब्द अवश्य रहे होंगे। आज भी संसार के विभिन्न प्रदेशों में पाई जाने वाली आदिम-जातियों की बोलियों का अध्ययन करने से इस विषय पर प्रकाश पड़ता है। ऑस्ट्रेलिया की चालीस बोलियों का अध्ययन करने से ज्ञात हुआ है कि उनमें 'चार' से अधिक के लिए संख्या-संज्ञा नहीं है। बहुत-सी बोलियों में तो केवल 'एक' और 'दो' के लिए ही संज्ञाएं मिली हैं। 'दो' से अधिक के लिए 'बहुत' या 'अनेक' वाचक संज्ञाएं मिली हैं। 'दो' से अधिक के लिए 'बहुत' या 'अनेक' वाचक संज्ञाएं मिलती हैं। तस्मानिया-द्वीप के आदिवासी केवल दो तक ही गिनती जानते थे। उनकी बोली में गिनती के लिए केवल 'पारमेरी' (एक), 'कालाबावा' (दो) और 'कार्डिया' (अनेक) संज्ञाएं ही मिलती हैं। ब्राझील के गुआरानिस लोगों की बोली में 'एक', 'दो', 'तीन', 'चार' तथा 'अनेक' के लिए ही संज्ञाएं मिलती हैं। **न्यू-हॉलैंड के निवासियों** की बोली में 'तीन' तथा 'चार' के लिए स्वतंत्र शब्द नहीं थे। वे 'तीन' तथा 'चार' को

'दो-एक' तथा 'दो-दो' से व्यक्त करते थे। **दमारा आदिवासी** अपनी वस्तु-विनिमय-प्रणाली में 'चार' वस्तुओं के बदले में 2 भेड़ नहीं खरीदते थे; वे प्रथम दो वस्तुओं के लिए एक भेड़ और फिर दूसरी बार दो वस्तुओं के बदले में दूसरी भेड़ खरीदते थे।[5] **अंदमान निवासी** केवल दो शब्दों–उबातुल (एक) और इकपोर (दो)–से ही दस तक की गिनती करते थे। हाथ की अंगुलियों से वे $5 + 5 = 10$ तक की गिनती कर लेते थे। यही स्थिति भारत की बहुत-सी आदिम-जातियों में देखने को मिलती है।

बहुत-सी आदिम-जातियों की बोलियों में 'आंखें' शब्द 'दो' के अर्थ में भी प्रयुक्त होता है। इसी प्रकार, मानव शरीर की अवयव-संख्याओं से दूसरी संख्या-संज्ञा जो बनी है, वह है, 'पांच'। क्योंकि, एक हाथ की पांच अंगुलियां होती हैं, इसलिए आदिम बोली में 'पंजे' का अर्थ हुआ पांच। जर्मन के फ़ीम्फ़ (fimf) और ग्रीक के पेंटे (pente) शब्द, जो संख्या 5 के लिए प्रयुक्त होते हैं, मूलतः 'पंजे' से व्युत्पन्न हैं। दस तक की गिनती के लिए दोनों हाथों की 10 अंगुलियों से गिनती करने का प्रचलन बहुत प्राचीन काल से रहा है और आज भी बच्चे अंगुलियों पर गिनती करते हुए देखने को मिलते हैं। अंग्रेजी भाषा में अंक के लिए **डिजिट** (digit) शब्द है। यह लैटिन भाषा के **डिजिट्स** (digits) शब्द, जिसका अर्थ होता है 'अंगुली', से व्युत्पन्न है। इस प्रकार हम देखते हैं कि अंकों तथा अंगुलियों का संबंध बहुत पुराना है। हमारी वर्तमान गणना-पद्धति का आधार 'दशगुणोत्तर' है, इसका एकमात्र कारण हमारे हाथों की दस अंगुलियां ही हैं।

परंतु कुछ जातियों ने गणना के लिए हाथों की दस अंगुलियों के साथ पैरों की दस अंगुलियां भी जोड़ ली थीं। प्राचीन माया-सभ्यता (मय-सभ्यता) की गणना-पद्धति में, जिसका विवेचन हम आगे करेंगे, गणना का आधार 20 रहा है। इसका कारण हाथों और पैरों की ये कुल 20 अंगुलियां ही हैं। एक आदिम-जाति में तो 20 के लिए 'आदमी खत्म' (सब अंगुलियां समाप्त) शब्दावली भी मिलती है। यूरोप के कई देशों में आज भी यदा-कदा विंशतिमान पद्धति का प्रयोग देखने को मिलता है। फ्रेंच में 'चार बीस और दस' (quartre vingt dix) और अंग्रेजी में 'तीन बीस और दस' (Three twenty and ten) जैसे प्रयोग आज भी देखने को मिलते हैं। हमारे देश में भी अनपढ़ लोग प्रायः 'बीस' को आधार मानकर ही गिनती करते हैं। इन पंक्तियों के लेखक की मां न लिखना जानती थीं और न पढ़ना। उन्हें 'सैंतालीस' रुपए कितने होते हैं, पता नहीं; परंतु 'दोन बीसा आणि सात' वे फौरन समझ जाती हैं।

आदिवासियों की बोलियों में बड़ी संख्याओं के लिए संज्ञाएं भले ही न हों; बड़ी संख्याओं को, एक विशिष्ट योजना से, वे समझ लेते हैं। किसी आदिवासी प्रदेश में जाकर यदि आप किन्हीं 21 वस्तुओं की मांग करते हैं, तो 'इक्कीस' कह देने से काम नहीं चलेगा। उन आवश्यक वस्तुओं का 21 अंगुलियों या कंकड़ों या किन्हीं अन्य वस्तुओं से संबंध जोड़कर यदि आप उन्हें समझा दें तो वे समझ जाएंगे।

हमने देखा है कि अधिकांश आदिवासियों के लिए 'एक' और 'दो' के बाद सीधे 'अनेक' का ही अस्तित्व है। **टेलर**[6] ने अंक-गणना की इस आदिम स्थिति का व्याकरण के इतिहास से संबंध जोड़ा है। मिस्री, अरबी, हिब्रू, संस्कृत, ग्रीक आदि प्राचीन भाषाओं में हमें 'एक वचन', 'द्वि-वचन' तथा 'बहु-वचन' का विभाजन देखने को मिलता है। प्राचीन भाषाओं का यह व्याकरण विभाजन उस काल का द्योतक है जब 'एक' और 'दो' के बाद 'तीन' 'अनेक' के

अर्थ में लिया जाता था। मिस्री चित्रलिपि (Hieroglyphies) में भी किसी वस्तु का, जैसे एक घोड़े का चित्र एक खड़ी लकीर (।) से दरशाया जाएगा, यदि दो घोड़े हों तो दो खड़ी लकीरों (॥) से दरशाया जाएगा, यदि तीन घोड़े हों या अधिक घोड़े तो तीन या उससे अधिक खड़ी लकीरों से दरशाया जाएगा। डॉ. **विल्सन** के शब्दों में प्राचीन भाषाओं के ये तीन वचन भेद उस काल के स्मृति-अवशेष हैं जब कि 'दो' से बड़े सभी मान 'असंख्य' थे।

गिनती की इस योजना में एक समूह की वस्तुओं का दूसरे समूह की वस्तुओं के साथ एक-एक करके संबंध जोड़ा जाता है। गणना के इसी 'एकैकी संगति (one to one correspondence) को आधार बनाकर महान जर्मन गणितज्ञ कैंटर (1845-1918 ई.) ने अनंत (infinity) संबंधी नए गणित-उपांग की सृष्टि की। आगे हम इसकी चर्चा करेंगे।

मानव ने जब बोलना शुरू किया तो उसके प्रारंभिक शब्द-भंडार में संख्या-संज्ञाएं भी रही हैं। दिन चौपाए तथा आदिम जीवन की विभिन्न वस्तुओं की गिनती के लिए उन संख्या-संज्ञाओं का प्रयोग होता था। प्राचीन काल में गढ़ी गई ये संख्या-संज्ञाएं हजारों वर्षों के बाद भी बहुत अधिक नहीं बदली हैं। संस्कृत, ग्रीक, हिब्रू जैसी प्राचीन भाषाओं के अध्ययन से यह बात स्पष्ट हो जाती है। 1 के लिए संस्कृत में 'एक', अवेस्ता में 'एव', ग्रीक में (oinos) और लैटिन में (unus) शब्द हैं। ग्रीक (oi) सस्कृत 'ए' का प्रतिरूप है; क्योंकि अ + इ = ए। वस्तुतः इन सभी शब्दों में 'ए' बीजाक्षर है और 'नह', 'व' और 'क' प्रत्यय रूप में जोड़े गए हैं। 2 के लिए संस्कृत में 'द्वि' शब्द है, तो ग्रीक तथा लैटिन में (duo) इसी से अंग्रेजी का 'टू' (two = टो पुराना उच्चारण) बना है। संस्कृत के त्रि या त्रय (3) के लिए अवेस्ता में थ्रि या थ्रय शब्द हैं तो ग्रीक तथा लैटिन में treis तथा tres शब्द। r के लिए संस्कृत शब्द है 'चतुर'। एक अन्य शब्द 'तुर्य' या 'तुरीय' भी संस्कृत के प्राचीन साहित्य में मिलता है। ग्रीक भाषा में 'तुरीय' का समानार्थी शब्द है–'तैत्तारस'। अंग्रेजी का 'फोर' (4) शब्द लैटिन शब्द, 'पेदवर' से बना है, जैसे कि ग्रीक 'पेंटा' (पंच) से अंग्रेजी का 'फाइवे' (5) बना है। 6, 7, 8, 9 तथा 10 की संज्ञाओं में तो और भी अधिक समानता है; जैसे :

संस्कृत	**ग्रीक**	**लैटिन**	**अंग्रेजी**
षट्	हेक्स	सेक्स	सिक्स
सप्त	हेप्ता	सेप्टेम	सेवन
अष्ट	ओक्टो	ओक्टो	एट
नव	एन्नेस	नोवेम	नाइन
दश	डेका	डेसेम	टेन

वस्तुतः भारत-यूरोपीय परिवार की सभी भाषाओं में प्रारंभिक संख्याओं के लिए प्रायः समान उच्चारण की संज्ञाएं मिलती हैं। इन सबका मूल प्राचीन संस्कृत, ग्रीक तथा हिब्रू भाषाओं में मिल जाता है। अंक-संज्ञाओं की इन समानताओं से भी यह सिद्ध होता है कि भारत-यूरोपीय परिवार की भाषाएं बोलने वाली आज की सभी जातियां प्राचीन काल में किसी समय एक ही स्थान पर सम्मिलित रूप से रहती थीं।

हम नहीं ही जानते कि अतीत में किस समय मनुष्य ने अपने विचारों को भाषा में व्यक्त करना शुरू किया। किंतु यह स्पष्ट है कि शब्दों द्वारा अपने भाव प्रकट करने के सहस्रों वर्षों

बाद ही वह उन्हें लिखित रूप दे सका है। उसी प्रकार, 'दो' का गणनामूल्य समझने के सहस्रों वर्षों बाद ही वह 'दो' को '2' अंक-संकेत में प्रकट कर सका है।

हम कल्पना करते हैं, आज से लगभग एक लाख वर्ष पहले की। तब मानव गुफाओं में रहता था। शायद उसने अग्नि की भी खोज कर ली थी। वन्य-पशुओं के बीच उसे विचरना पड़ता था। उनके शिकार पर उसका जीवन निर्भर था। एक दिन की बात दस आदमियों ने मिलकर दो बड़े हाथियों का शिकार किया। शिकार को वे गुफा में ले आए। मांस को आग पर भूनकर पेट की आग शांत की। परंतु उनमें से एक आदमी के दिमाग में विचित्र विचार चक्कर काट रहे थे—केवल दस आदमियों ने दो दिग्गजों का शिकार किया। हमारे इस कमाल को हमारे बच्चे और हमारे बच्चों के बच्चे कैसे जानेंगे? हां, एक उपाय है। वह दीवार के पास गया और वहां उसके कुछ चित्र बनाए—'दो' हाथी और उन पर भाले चलाते हुए 'दस' आदमी।

आज से करीब छह हजार साल पहले ताम्रयुग की शुरुआत हुई। तब से आदमी तांबे और कांसे के औजार बनाने लगा। धातुओं के इन औजारों से उत्पादन बढ़ा। कृषि-कर्म का विस्तार हुआ। अनेक लोग कृषि-कर्म की आवश्यकता से मुक्त हुए। उन्होंने नए धंधों को जन्म दिया। नदियों के किनारे नगरों की स्थापना होने लगी। पुरानी कबीलाई व्यवस्थाएं टूटने लगीं और राज-व्यवस्था अस्तित्व में आई। इस राज-व्यवस्था के लिए अब लिपि की जरूरत थी और अधिक विकसित अंक-पद्धति की।

इसलिए लेखन-क्रिया की शुरुआत थी; यह हमारी वर्तमान लिपियों का आदिम स्वरूप था। यह मानव के जीवन में एक नए युग का प्रारंभ था। बोलने और लिखने में बहुत बड़ा अंतर है। बोली द्वारा हम अपने समीप के व्यक्तियों से ही विचारों का आदान-प्रदान कर सकते हैं। (रेडियो जैसे साधन बीसवीं शताब्दी के आविष्कार हैं)। परंतु लेखन या अंकन दिक् तथा काल में अधिक चिरस्थाई होता है। मनुष्य की एक पीढ़ी द्वारा अंकित या लिखित विचार दूसरी पीढ़ियों के लिए धरोहर बनते जाते हैं। इस प्रकार, लेखन-कला से ही मनुष्य के ज्ञान धरोहर बनते जाते हैं। इस प्रकार, लेखन-कला से ही मनुष्य के ज्ञान में चक्रवृद्धि-व्याज की तरह वृद्धि होती रही है।

संभवतः अंक ही सबसे प्रथम लिखित संकेत थे।

और यहीं से हमारी अंक-कथा का आरंभ होता है। आज से लगभग पांच हजार वर्षों पूर्व सिंधु, नील, दजला-फरात आदि नदियों के काठे में 'प्राचीन' सिंधु, मिस्री, सुमेरियन-बेबीलोनियन आदि सभ्यताओं की स्थापनाएं हुईं। इन सभी प्राचीन सभ्यताओं की स्थापनाएं हुईं। इन सभी प्राचीन सभ्यताओं में 1, 2, 3........ के लिए I, II, III......... या –, =, III......... जैसी खड़ी या आड़ी लकीरों का प्रयोग देखने को मिलता है। आगे के प्रकरणों में हम देखेंगे कि इन विभिन्न सभ्यताओं में विभिन्न अंक-संकेतों तथा अंक-पद्धतियों का विकास किस प्रकार हुआ।

अंक-संकेतों का जन्म निश्चय ही लिपि-संकेतों के पहले हुआ है। आज से करीब दस हजार साल पहले, नवपाषाण-युग के आरंभकाल में, चित्र-संकेत या कुछ भाव-संकेत अवश्य अस्तित्व में आ गए होंगे। परंतु खड़ी या आड़ी रेखाओं वाले सरल-से अंक-संकेत उनके भी हजारों साल पहले जन्म ले चुके होंगे। पाठशाला में बारहखड़ी के साथ अंक-संकेत सीखने से पहले ही बच्चे खड़ी रेखाओं वाले अंक-संकेत सीख लेते हैं और इनसे कुछ खेल भी खेलते हैं।

प्रायः सभी प्राचीन सभ्यताओं की अंक-पद्धतियों में 1, 2 व 3 के लिए इतनी ही खड़ी या आड़ी लकीरें देखने को मिलती हैं। प्राचीन ब्राह्मी लेखों में 1, 2 व 3 के लिए क्रमशः इतनी ही आड़ी लकीरें हैं। हमारे आज के 1, 2 व 3 के ये अंक-संकेत उन्हीं आड़ी लकीरों से बने हैं।

मानव की भौतिक अवस्था में जैसे-जैसे उन्नति होती गई, वैसे-वैसे उसकी गणना-पद्धतियां भी विकसित होती गईं। पाषाण-युग के मानव को विकसित अंक-पद्धति की जरूरत नहीं थी। अभी वह संग्रह के लालच में नहीं पड़ा था। इसलिए उसे बड़े हिसाब रखने की जरूरत नहीं थी। लिपि की तो बिलकुल ही जरूरत नहीं थी। आज के आदिवासियों को या खानाबदोश लोगों को लिपि की जरूरत नहीं होती।

आज से करीब दस हजार साल पहले नवपाषाण युग की शुरुआत हुई। आदमी ने पत्थर के अधिक सूक्ष्म और सुघड़ औजार बना लिए। कृषि-कर्म का आरंभ हुआ। आदमी गांव बसाने लगा। उसने अनेक पशुओं को पालतू बनाया। तब से आदमी को अपने पशुधन तथा खेत की उपज का हिसाब रखने के लिए कुछ अधिक विकसित अंक-पद्धति की ज़रूरत पड़ने लगी।

इसलिए हम देखते हैं कि आज से पांच-छह हजार साल पहले मिस्र, सुमेर-बेबीलोन, भारत तथा चीन की प्राचीन सभ्यताओं में काफी विकसित अंक-पद्धतियां अस्तित्व में आ चुकी थीं। सर्वप्रथम इन्हीं पुरानी अंक-पद्धतियों की हमें जानकारी प्राप्त करनी है।

संदर्भ और टिप्पणियां

1. कोयलर और कोनांट ने पक्षी तथा पशु जगत से गणना के कुछ उदाहरण दिए हैं। कोनांट का मत है कि गणना प्रक्रिया की उत्पत्ति का प्रश्न अपनी मूलभूत स्थिति में इतना जटिल है कि उसके स्रोत को जानना असंभव है। संख्या-उत्पत्ति की धारणा गवेषणा से परे है और संख्या की आदिम धारणा मानव चिंतन के साथ ही संलग्न है। वस्तुतः विकसित पशु तथा पक्षियों में भी संख्या-गणना की धारणा के दर्शन होते हैं।
2. E.B. Taylor कृत Primiline Culture ग्रंथ, भाग 1 के 'Art of Counting' (Chap. VIII) No. 240-72 edi 1913 में आदिवासियों की गणना-पद्धति का विस्तृत विवेचन किया है।
3. कौड़ी (Cypraea), मोलस्का (Mollusca) वर्ग का अपृष्ठवंशी समुद्री प्राणी है; शंख व सीपी का समावेश भी इसी वर्ग के अंतर्गत होता है। इस जीव को मारने के लिए कौड़ी को धीमी आंच पर उबालकर गर्म किया जाता है। कौड़ियां गर्म जल में, विशेषकर दक्षिणी प्रशांत महासागर व हिंद महासागर में पाई जाती हैं। विशेषज्ञों के अनुसार 150 से भी अधिक किस्म की, छोटे-बड़े आकार की कौड़ियां उपलब्ध हैं। मगर मुद्रा के रूप में जिस कौड़ी का इस्तेमाल होता रहा है, वह पीली कौड़ी है। यह वजन में भारी और आकार में डेढ़ से ढाई सेंमी. तक होती है। इसे 'मुद्रा कौड़ी' (Cypraea moneta) भी कहते हैं।

   भारत में कौड़ियां लक्षद्वीप, मालद्वीप, रामेश्वरम् व कन्याकुमारी जैसी जगहों पर अधिक मिलती हैं। हिंद महासागर के उथले जल में कौड़ियां बहुतायत में प्राप्त होती हैं। दक्षिण भारत में इनके मिलने के कारण वहां कौड़ियां कुछ सस्ती होती थीं और उत्तर भारत में कुछ ज्यादा कीमती। चीनी पर्यटक फाहियान (भारत-यात्रा : 401-410 ई.) ने पाटलिपुत्र के बाजार में कौड़ियों का व्यवहार होते देखा था। युवान्-च्वाङ (भारत-यात्रा : 630-643 ई.) ने भी अपने

यात्रा-विवरण में लिखा है : "(भारत में) लेन-देन के समय स्वर्णमुद्राओं, रजतमुद्राओं, कौड़ियों और मोतियों का प्रयोग किया जाता था। अभी एक-डेढ़ सदी पहले तक भारत के विभिन्न प्रदेशों में मुद्रा के रूप में कौड़ियों का प्रचलन रहा है।

गणितज्ञ-ज्योतिषी भास्कराचार्य (जन्म 1114 ई.) के समय में देश के कई भागों में सबसे छोटी मुद्रा के रूप में कौड़ियों का काफी इस्तेमाल होता था। भास्कराचार्य ने **लीलावती** में एक पण को 80 कौड़ियों (वराटका) के बराबर बताया गया है। आज लेन-देन में भले ही कौड़ियों का इस्तेमाल न होता हो, किंतु हमारे समाज में कौड़ियों से संबंधित वाक्-प्रचारों का आज भी प्रयोग होता है; जैसे—'कौड़ी के मोल', 'दो कौड़ी का होना', 'कौड़ी-कौड़ी को तरसना', आदि। संतवाणी भी है :

रात गंवाई सोय के, दिवस गंवायो खाय।
हीरा जनम अमोल था, कौड़ी बदले जाय ॥

यादव शासनकाल (बारहवीं-तेरहवीं सदी) में 'पण' और 'द्रम्म' का खूब चलन था। भास्कराचार्य ने 16 पण को एक द्रम्म के बराबर और 16 द्रम्म को एक निष्क के बराबर बताया है। 'द्रम्म' शब्द यूनानी के 'द्रख़्म' (drachma) से बना है। भारत में जिन मुद्राओं के लिए द्रख़्म के मानक भार को अपनाया गया उन्हें 'द्रम्म' नाम दिया गया था। यादव काल में 'द्रम्म' चांदी का सिक्का था, और भास्कराचार्य बताते हैं कि 16 द्रम्म एक निष्क (स्वर्णमुद्रा) के बराबर होता है। यदि द्रम्म और निष्क का तौल समान था, तो निष्कर्ष निकलता है कि भास्कर के समय में सोना चांदी से 16 गुना कीमती था।

4. O. Koehler : The Ability of Biros$ to Count : Article from : The World of Mathematics; Vol. I, Simonond Schmster, New York, pp. 489-96.
5. Will Durant : Our Cultural Heritage : Simon and Schuster, New York, P. 79
6. E.B. Taylor : Primilive Culture. Edi. 1913, p. 265.

2

प्राचीन मिस्र की अंक-पद्धति

ऐतिहासिक पृष्ठभूमि

प्राचीन मिस्र का इतिहास लगभग 3000 ई.पू. से शुरू होता है, जब मेनेस नामक एक अर्ध-पौराणिक पुरुष ने उत्तर (निचले) और दक्षिण (ऊपरी) मिस्र का एकीकरण करके प्रथम राजवंश की स्थापना की। तब से सिकंदर के आक्रमण (332 ई.पू.) तक मिस्र पर 30 राजवंशों ने शासन किया। वस्तुतः प्राचीन मिस्र की तिथियों के बारे में पुराविदों में काफी मतभेद है। इसलिए प्रायः राजवंशों का ही उल्लेख करना पर्याप्त समझा जाता है।[1] मिस्र का प्रथम ऐतिहासिक राजा नारमेर था और अधिकांश पुराविद् अब मानते हैं कि मेनेस ही नारमेर था। सुविधा के लिए मिस्र के राजवंशीय काल को हम निम्न प्रकार से विभाजित कर सकते हैं :

पहला और दूसरा राजवंश	लगभग 3200-2780 ई.पू.
प्राचीन साम्राज्य : तीसरे से छठे राजवंश तक	2780-2270 ई.पू.
सातवें से दसवें राजवंश तक (अस्थिरता का काल)	2270-2100 ई.पू.
मध्य साम्राज्य : ग्यारहवें से तेरहवें राजवंश तक	2100-1700 ई.पू.
हाइक्सोस काल : चौदहवें से सत्रहवें राजवंश तक	1700-1555 ई.पू.
नूतन साम्राज्य : अठारहवें से चौबीसवें राजवंश तक	1555-712 ई.पू.
अर्वाचीन साम्राज्य : पच्चीसवें से तीसवें राजवंश तक	712-332 ई.पू.
सिकंदर तथा टॉलमी राजाओं का काल	332-30 ई.पू.
रोमन काल	30-395 ई.पू.
बाइजेंतीन काल	395-638 ई.पू.

इनमें ज्ञान-विज्ञान, कला-कौशल और वास्तु-स्थापत्य की दृष्टि से प्राचीन साम्राज्य का काल (2780-2270 ई.पू.) विशेष महत्व का है। इसी काल में सक्कारा व गिज़ा के भव्य पिरामिड बने, और आरंभिक मिस्री वैज्ञानिकों का काल भी यही है। प्राचीन मिस्र की गणित, ज्योतिष तथा चिकित्सा के क्षेत्रों की महत्वपूर्ण उपलब्धियां इसी काल की हैं। विद्वानों का मत है कि गणित से संबंधित प्रसिद्ध **रिहंड पेपीरस (आह्मोस पेपीरस)** प्राचीन साम्राज्य काल की मूल रचना है और उपलब्ध पुस्तक हाइक्सोस शासक आहुस्सेर के समय (ई.पू. 17वीं सदी) में लिखी गई उसकी प्रतिलिपि है।

अंक-पद्धति

प्रथम राजवंश के समय में ही मिस्र में लिखित भाषा अस्तित्व में आ चुकी थी। संख्या-संकेत भी जन्म ले चुके थे। प्राक्-राजवंशीय काल में मिस्र की लिपि तथा संख्या-संकेतों का क्या

स्वरूप रहा है, इसके बारे में हमें कोई जानकारी नहीं मिलती। इसलिए यह कहना कठिन है कि मिस्र में लिपि तथा अंक-संकेतों का उद्भव ठीक किस समय और किस प्रकार हुआ है।

मिस्र की प्राचीन लिपि को 'हाइरोग्लिफिक' नाम यूनानियों ने दिया था। यूनानी भाषा के अनुसार, हाइरो = पवित्र, और ग्लिफिक = अंकन। प्रथम तथा द्वितीय राजवंशों के प्राप्त पुरावशेषों के अध्ययन से पता चलता है कि चित्रों तथा भावचित्रों की स्थिति से गुजरकर हाइरोग्लिफिक लिपि के 203 संकेत 3000 ई.पू. के आसपास अस्तित्व में आ चुके थे।[2] इसी काल में बड़ी संख्याओं को व्यक्त करने वाले संख्या-संकेत भी अस्तित्व में आ चुके थे। प्रथम राजवंश के राजा नारमेर का एक राजदंड-शीर्ष मिला है, जिस पर 4,00,000 वृषभ, 14,22,000 बकरे तथा 1,20,000 पुरुषों के लिए संख्या-संकेत उत्कीर्ण हैं।

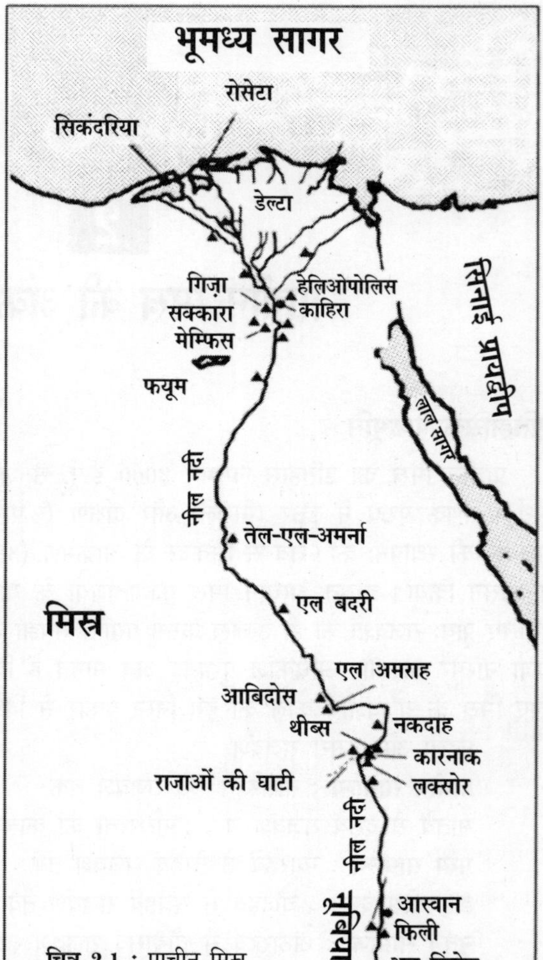

चित्र 2.1 : प्राचीन मिस्र

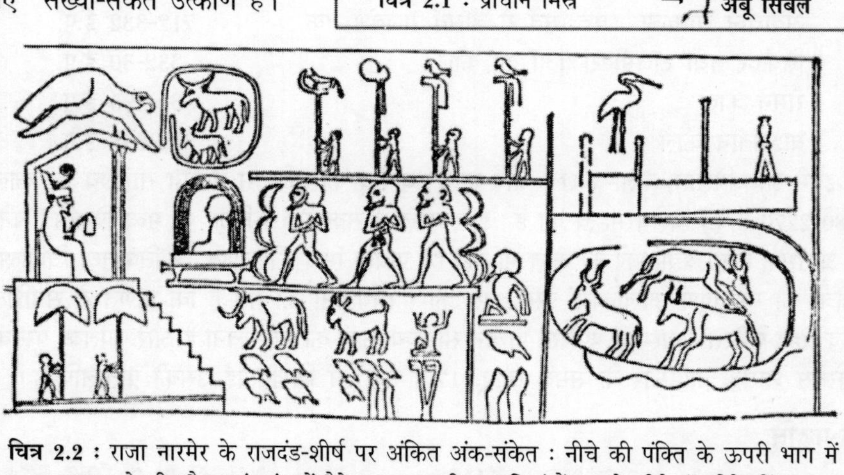

चित्र 2.2 : राजा नारमेर के राजदंड-शीर्ष पर अंकित अंक-संकेत : नीचे की पंक्ति के ऊपरी भाग में वृषभ तथा बकरे की और दाएं स्तंभ में बैठे हुए पुरुष की आकृतियां हैं। उनके नीचे (व पीछे भी) क्रमशः 4,00,000, 14,22,000 और 1,20,000 के संख्या-संकेत हैं।

दूसरे राजवंश के काल का एक और अभिलेख है, जिसमें 47,209 संख्या मिलती है। नीचे के चित्र में यह संख्या दाईं ओर से बाईं ओर को पढ़ी जाएगी :

चित्र 2.3 : संख्या 47,209 = (40000 + 7000 + 200 + 9)

नकदाह की विशाल क्रब में से प्रथम राजवंश के प्रथम राजा होर्-आहा की माता निथोटेप के कुछ आभूषण मिले हैं। इनमें हारों के साथ जुड़े हुए हाथीदांत के कुछ अंकपत्र हैं, जिन पर हार के मणियों की संख्या अंकित है।

चित्र 2.4 : हाथीदांत के अंकपत्र

इन सब प्रमाणों से सिद्ध हो जाता है कि आज से लगभग 5000 वर्ष पहले मिस्र में, न केवल छोटी संख्याओं के लिए, बल्कि बड़ी-बड़ी संख्याओं को व्यक्त करने के लिए भी अंक-संकेत अस्तित्व में आ चुके थे। 1 से 9 तक के अंक इतनी ही खड़ी लकीरों से व्यक्त किए जाते थे; जैसे, 9 = ।।।।।।।।।; 10 के लिए एक स्वतंत्र चिह्न था, ∩ । इसी प्रकार, 100, 1000, 10,000 और 1,00,000 के लिए भी स्वतंत्र चिह्न थे।[3] राजा नारमेर के दंडशीर्ष के संख्या-संकेतों को देखने से पता चलेगा कि 1000 के लिए एक कमल-दल का चित्र है, 10,000 के लिए एक अंगुली का, 1,00,000 के लिए एक पक्षी (अबाबील) का और 10,00,000 के लिए हाथ उठाए हुए एक पुरुष का–मानो कह रहा हो कि यही सबसे बड़ी संख्या है!

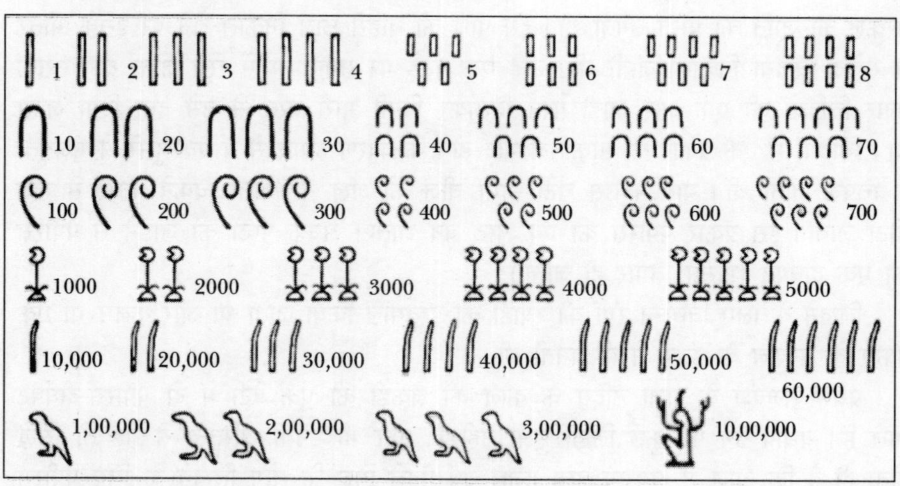

चित्र 2.5 : हाइरोग्लिफिक अंक-संकेत

इन अंक-संकेतों के उपयोग का एक उदाहरण :

20000 + 7000 + 500 + 20 + 9 = 27,529

चित्र 2.6

हाइरोग्लिफिक लिपि पत्थरों पर अंकित की जाती थी। यह लिपि प्रायः ऊपर से नीचे और कालांतर में कभी दाएं से बाएं और कभी बाएं से दाएं भी अंकित की जाती थी। जहां हाइरोग्लिफिक संकेत पत्थरों पर उत्कीर्ण किए जाते थे, वहां 'हाइरैटिक' संकेत पेपीरस काग़ज़ पर अस्तित्व में आने लगे। हाइरोग्लिफिक संकेतों को जल्दी-जल्दी लिखने के कारण ही हाइरैटिक लिपि अस्तित्व में आई थी। बाद में इस हाइरैटिक लिपि को और जल्दी-जल्दी लिखने के कारण 'देमोतिक' लिपि अस्तित्व में आई। हम हाइरोग्लिफिक की तुलना आजकल की मुद्रित लिपि से करें, तो हाइरैटिक की तुलना हाथ से लिखे जाने वाले अक्षरों से और देमोतिक की तुलना आशुलिपि से की जाएगी। प्रथम राजवंश के काल से ही हाइरैटिक लिपि के अस्तित्व में आने के प्रमाण मिलते हैं। यह लिपि पेपीरस काग़ज़ पर प्रायः दाईं ओर से बाईं ओर को लिखी जाती थी।

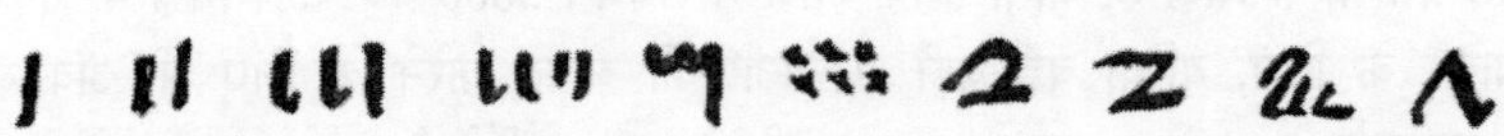

1 2 3 4 5 6 7 8 9 10

चित्र 2.7 : हाइरैटिक अंक-संकेत

लेखन-सामग्री

एक विकसित सभ्यता का काम केवल शिलालेखों से कब तक चल सकता था? सुविधाजनक लेखन-सामग्री की खोज हुई। प्राचीन काल में नील नदी के दलदलों में दो-ढाई मीटर ऊंचा नरकुल की जाति का पौधा उगता था। इस पौधे की बाहरी छाल निकाल लेने पर इसके भीतर से सफेद चिंदियां निकाली जाती थीं। उन्हें एक पटड़े पर समानांतर में रखा जाता था। उसके ऊपर चिंदियों की एक और आड़ी परत बिछाकर किसी भारी वस्तु से उसे दबा दिया जाता था। चिंदियों में एक प्रकार का प्राकृतिक गोंद होने के कारण दवाब से वे एक-दूसरे से मजबूती से चिपक जाती थीं। बाद में उस चटाई-नुमा चीज को शंख या किसी चिकने पत्थर से खूब घोटा जाता। इस प्रकार पेपीरस का एक पृष्ठ बन जाता। अनेक पृष्ठों को जोड़ने से पेपीरस का एक दीर्घपट (खरड़ा) तैयार हो जाता।

लिखने के लिए विभिन्न रंगों की स्याही का इस्तेमाल किया जाता था और कलम भी एक प्रकार के नरकुल के डंठल से ही बनती थी।

प्रथम राजवंश के राजा उदिमू के काल की लकड़ी की एक पेटी में दो पेपीरस-दीर्घपट मिले हैं। यद्यपि इन पर कुछ लिखा हुआ नहीं है, फिर भी इनके अस्तित्व से यह तो सिद्ध होता ही है कि आज से लगभग पांच हजार वर्ष पहले मिस्र के लोग लिखने के लिए पेपीरस काग़ज़ का निर्माण कर चुके थे। चीन का काग़ज़ यूरोप में ग्यारहवीं शताब्दी के बाद पहुंचा।

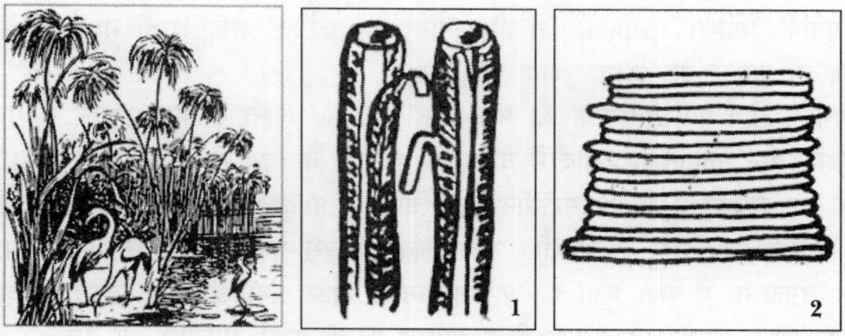

चित्र 2.8 : पेपीरस के पौधे

चित्र 2.9 : पेपीरस कागज बनाने के विविध स्तर

तब तक न केवल मिस्र, बल्कि कालांतर में यूनान तथा रोमन साहित्य के लिए भी इसी पेपीरस काग़ज़ का इस्तेमाल होता रहा है। इस प्रकार, हम देखते हैं कि जहां आधुनिक काग़ज़ ने अभी केवल डेढ़ हजार वर्ष तक ही मानवता की खिदमत की है, वहां मिस्र के पेपीरस काग़ज़ ने लगभग साढ़े तीन हजार वर्षों तक तीन महान सभ्यताओं की सेवा की है। आधुनिक काग़ज़ चीन का आविष्कार होने पर भी यूरोप की भाषाओं में काग़ज़ के लिए प्रयुक्त 'पेपर' (paper)

चित्र 2.10 : मिस्री लिपिक

चित्र 2.11 : मिस्री कलम व दवात

शब्द यूनानी 'पेपीरस' (papyrus) से ही व्युत्पन्न है। 'काग़ज़' शब्द अरबी भाषा का है। इसी 'काग़ज़' से फारसी का 'कागद' शब्द बना है।

यूनानी लोग पेपीरस-पुस्तक को 'बाइब्लोस' (biblos) कहते थे और पेपीरस के एक पृष्ठ को 'बिब्लिओन' (biblion)। बाद में यह शब्द 'पुस्तक' के अर्थ में प्रयुक्त होने लगा। पेपीरस पुस्तकों का दीर्घपट 8 से 28 सेंटीमीटर तक चौड़ा होता था। दीर्घपट की लंबाई लिखी जाने वाली सामग्री पर निर्भर करती थी। सबसे लंबी पेपीरस पुस्तक है **पेपीरस हेरिस नं.1**, जो ब्रिटिश संग्रहालय में रखा हुआ है। यह लगभग 4 मीटर लंबा और 21 सेंटीमीटर चौड़ा है। मिस्र की शुष्क जलवायु के कारण ही ये पेपीरस पुस्तकें इतने दीर्घकाल तक सुरक्षित रह पाई हैं। अधिकांश पेपीरस पुस्तकें मिस्री राजाओं की कब्रों में मिली हैं।

पेपीरस का पौधा मिस्र में आज कहीं भी नहीं मिलता। कुछ विद्वानों का अनुमान है कि अत्यधिक मात्रा में उपयोग में लाने के कारण ही मिस्र से पेपीरस का पौधा लुप्त हो गया है।

गणित के अभिलेख

मिस्री पुरातत्ववेत्ता रेमांड आर्चिबाल्ड ने मिस्र के गणित से संबंधित लगभग 36 अभिलेखों का उल्लेख किया है। ये मिस्री, कॉप्टिक[4] तथा यूनानी भाषा में हैं। भव्य पिरामिडों के निर्माताओं को गणित का पर्याप्त ज्ञान रहा होगा, फिर भी प्राचीन साम्राज्य-काल (2780-2270 ई.पू.) की हमें गणित से संबंधित कोई मौलिक पुस्तक नहीं मिलती, न ही बारहवें राजवंश काल (2000-1788 ई.पू.) की ही कोई गणित-पुस्तक प्राप्त हुई है। परंतु बौद्धिक उपलब्धियों की दृष्टि से इस बारहवें राजवंश का विशेष महत्व है। लगभग 1850 ई.पू. के आसपास इस राजवंश का एक शक्तिशाली राजा आमेनेमहेत-तृतीय (अन्य नाम : ने-मात्-रे) सिंहासनारूढ़ हुआ। इस राजा के काल में मिस्री विज्ञान ने बहुत उन्नति की। बाद में नकल की गई गणित की जो दो महत्वपूर्ण पेपीरस-पुस्तकें मिली हैं, वे इसी सम्राट के शासनकाल में लिखी गई थीं। मिस्र का जो सबसे पुराना ज्योतिष-यंत्र मिला है, वह भी इसी काल का है।

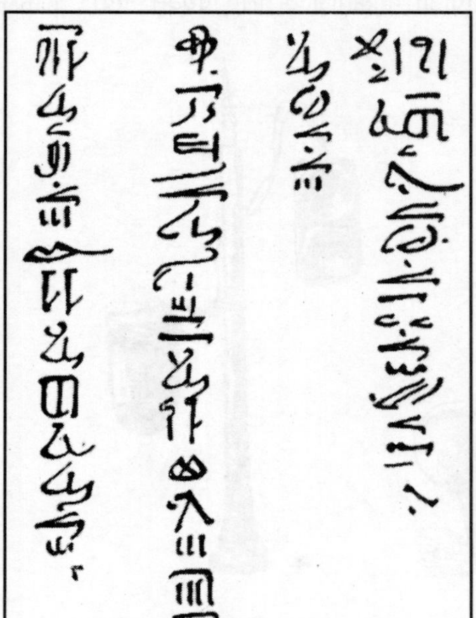

चित्र 2.12 : रिहंड पेपीरस का मुखपृष्ठ-लेख

प्राचीन मिस्र के गणित से संबंधित जो दो महत्वपूर्ण पेपीरस-पुस्तकें मिली हैं उनमें से एक–तथाकथित **रिहंड पेपीरस**–आज ब्रिटिश संग्रहालय में रखी हुई है, और दूसरी–**गोलेनिशेव पेपीरस**–मास्को के संग्रहालय में सुरक्षित है। पहली पेपीरस-पुस्तक मिस्र के हाइक्सोस राज्यकाल (ई.पू. 17वीं शताब्दी) में **आह्मोस** नामक एक लिपिक ने तैयार की थी। आह्मोस स्वयं इस पुस्तक का लेखक

नहीं था; उसने बारहवें राजवंश की एक मौलिक कृति से इसकी नकल उतारी थी। पुस्तक के आरंभ (मुखपृष्ठ) में ही आह्मोस ईमानदारी से स्वीकार करता है कि यह कृति एक पुराने 'संस्करण' का अपरिवर्धित 'नया संस्करण' है :

"यह पुस्तक उत्तर और दक्षिण के सम्राट आ-उसेर-रे के राज्यकाल में 33वें वर्ष में और बाढ़ के मौसम के चौथे महीने में लिखी गई है। यह उत्तर और दक्षिण के सम्राट ने-मा एत-रे के शासनकाल में लिखी गई एक पुस्तक की सत्य प्रतिलिपि है। इस प्रतिलिपि को तैयार करनेवाला मैं आह्मोस लिपिक हूं।"

उन्नीसवीं शताब्दी के मध्यकाल में रिहंड नाम के एक अंग्रेज पुराविद् ने इस 'आह्मोस पेपीरस' को मिस्र में किसी से खरीदा था, इसलिए इसे 'रिहंड पेपीरस' भी कहा जाता है।[5] गोलेनिशेव तथा रिहंड, दोनों पेपीरसों की लंबाई 544 सेंटीमीटर है; परंतु जहां पहले पेपीरस की चौड़ाई केवल 8 सेंटीमीटर है, वहां दूसरे की चौड़ाई पूरी 33 सेंटीमीटर है। गोलेनिशेव पेपीरस रिहंड पेपीरस से कुछ अधिक प्राचीन है।

अंकगणित

प्राचीन मिस्र के गणित के बारे में प्रमुख स्रोत-पुस्तक 'आह्मोस पेपीरस' गणित को 'सभी वस्तुओं का पूर्ण अध्ययन, जो कुछ अस्तित्व में है उस सबकी खोज तथा सभी रहस्यों का ज्ञान' मानता है। परंतु आह्मोस पेपीरस का विषय प्रमुखतः अंकगणित तक ही सीमित है।

मिस्र का गणित वस्तुतः जोड़ (योग) के परिकर्म पर आधारित था। उनकी अंक-पद्धति में जोड़ की क्रिया बहुत आसान थी। जोड़ की एक विशेष क्रिया है, द्विगुणित करना। दुगुना करने की इसी क्रिया पर उनकी अन्य कठिन गणनाएं आधारित थीं। गुणन की क्रिया दुगुना करने की इसी क्रिया को दोहराते जाने से संपन्न होती थी। एक उदाहरण लीजिए :

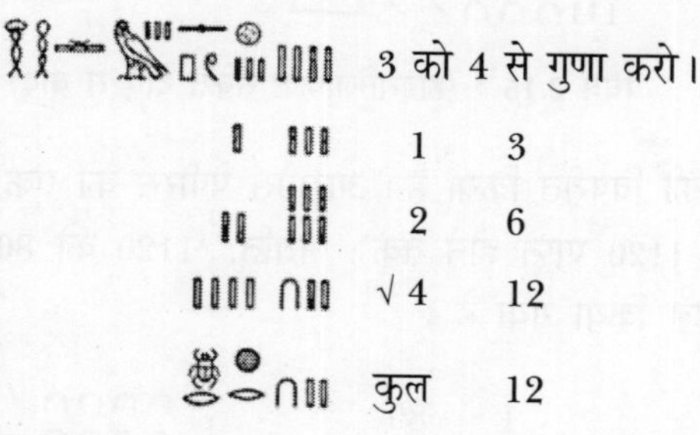

चित्र 2.13 : (हाइरोग्लिफिक संकेत बाएं से दाएं)

इसी प्रकार, 12 × 12 का उत्तर निम्न रीति से प्राप्त किया जाता था :

1	12
2	24
√4	48
√8	96
कुल	144

चूंकि, 4 + 8 = 12, इसलिए 4 × 12 और 8 × 12 से प्राप्त संख्याएं जोड़ दी गई हैं। और, इसीलिए पेपीरस में बाईं ओर के स्तंभ के 4 तथा 8 के अंकों के बाईं ओर हमने एक विशेष चिह्न (√) लगाया है। इन चिह्नांकित अंकों के सामने जो संख्याएं हैं–48 और 96–उन्हें जोड़कर 144 उत्तर प्राप्त किया गया है। 'अंतिम उत्तर' को व्यक्त करने के लिए एक विशेष हाइरोग्लिफ (𓀀) अंत में जोड़ दिया जाता था (देखिए चित्र 2.13 में 'कुल' का हाइरोग्लिफिक)।

चूंकि मिस्री गणक दाशमिक पद्धति का प्रयोग करते थे, इसलिए 10, 100, तथा 1000 से गुणा करने के लिए सिर्फ संकेतों को ही बदलना पड़ता था। उदाहरणार्थ :

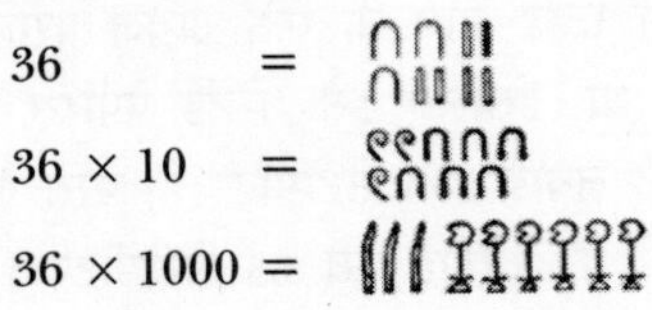

चित्र 2.14 : (संकेत बाएं से दाएं)

काहुन पेपीरस (बर्लिन संग्रहालय) के एक उदाहरण से पता चलता है कि 10 से गुणा करने के साथ-साथ (फल को आधा करके) 5 से भी गुणा किया जा सकता है। इस प्रकार, 16 × 16 का गुणनफल प्राप्त किया गया है :

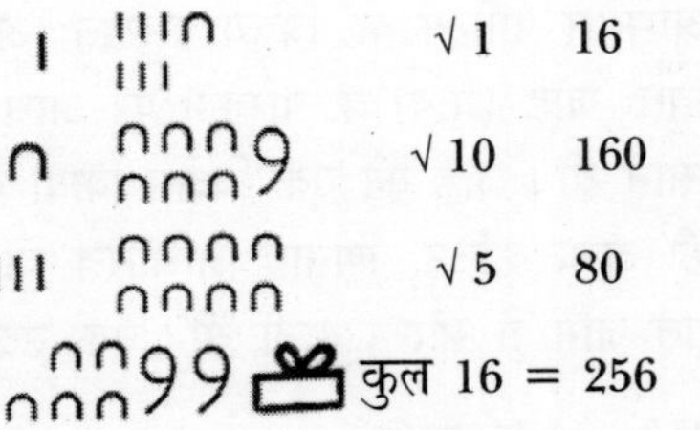

चित्र 2.15 : (हाइरोग्लिफिक संकेत दाएं से बाएं)

विभाजन गुणन की विपरीत क्रिया है। आह्मोस पेपीरस का एक प्रश्न है : '80 से आरंभ करके, जोड़ते जाओ, 1120 प्राप्त होने तक'; अर्थात्, '1120 को 80 से भाग दो'। इस प्रश्न को निम्न प्रकार से हल किया गया है :

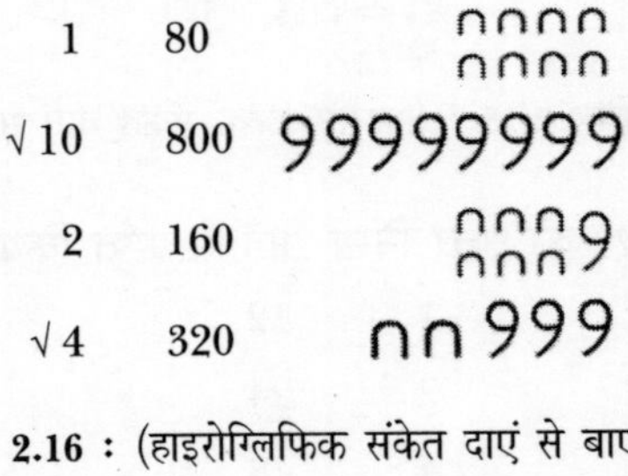

चित्र 2.16 : (हाइरोग्लिफिक संकेत दाएं से बाएं)

यहां, 80 को 10 और 4 से गुणा करने से प्राप्त संख्याओं का योग 1120 होता है, इसलिए 10 + 4 = 14 उत्तर हुआ।

विभाजन का एक और उदाहरण : '168 को 8 से विभाजित करो।' मिस्री गणक इसे इस तरह करता था मानो गुणन की क्रिया कर रहा है। यथा :

√ 1	8*
2	16
√ 4	32*
8	64
√ 16	128*

इतना करने पर गणक दाएं स्तंभ में उन संख्याओं (* चिह्नित) का चयन करेगा जिनका जोड़ 168 (= 8 + 32 + 128) होता है। फिर वह बाएं स्तंभ से तदनुरूप संख्याओं (1, 4, 16) का चयन करके उनका जोड़ प्राप्त करेगा = 21, जो प्रश्न का उत्तर होगा।

गणना का यह मिस्री तरीका आज हमें बहुत धीमा और कष्टप्रद प्रतीत हो सकता है, क्योंकि ऐसी गणनाएं हम पहाड़ों की मदद से बड़े मजे में अपने दिमाग़ में कर लेते हैं। परंतु मिस्री गणकों ने पहाड़े तैयार करके अपने दिमाग़ का बोझ नहीं बढ़ाया। प्राचीन मिस्र में पहाड़े तैयार नहीं हुए; पहाड़ों के बिना ही मिस्री गणक काफी जटिल गणनाएं करने में समर्थ थे।

भिन्न

खाद्य-सामग्री के वितरण तथा आयतनों के विभाजनों से संबंधित सवालों को हल करने के लिए मिस्र के गणकों को भिन्नों का बहुतायत में उपयोग करना पड़ता था। इसीलिए आह्मोस पेपीरस भिन्नों की चर्चा से ही आरंभ होता है। मिस्र के लोग आज की तरह अंश-हर युक्त मिश्र भिन्नों को लिखना नहीं जानते थे। वे मिश्र भिन्नों को एकांश भिन्नों (जिनके अंश स्थान में 1 हो) के योग से व्यक्त करते थे। उदाहरण के रूप में, आह्मोस पेपीरस में $\frac{2}{43}$ को, आधुनिक संकेतों में, निम्न प्रकार से व्यक्त किया गया है :

$$\frac{2}{43}=\frac{1}{42}+\frac{1}{86}+\frac{1}{129}+\frac{1}{301}$$

आह्मोस पेपीरस (हाइरैटिक लिपि) में भिन्न $\frac{1}{42}$ को 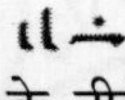 के रूप में लिखा गया है। इसमें जो बिंदु है, वह एकांश भिन्न का संकेत है। इस बिंदु के नीचे जो एक आड़ी लकीर है, वह हाइरैटिक में 40 का संकेत है और इसके बाईं ओर की दो खड़ी लकीरें 2 की द्योतक हैं। यह सचमुच ही आश्चर्य की बात है कि यूरोप में 18वीं शताब्दी तक कुछ ग्रंथों में भिन्न के संकेत के रूप में बिंदु का ही इस्तेमाल देखने को मिलता है; जैसे–$\frac{1}{2}$ और $\frac{1}{4}$ के लिए $\dot{2}$ और $\dot{4}$ ।

किसी भी मिश्र भिन्न को एकांश भिन्नों के योग के रूप में कई तरह से लिखा जा सकता है, जैसे–$\frac{2}{43}$ को एकांश भिन्नों के निम्न समूहों में भी व्यक्त किया जा सकता है :

$$\frac{2}{43}=\frac{1}{24}+\frac{1}{258}+\frac{1}{1032}$$
$$\frac{2}{43}=\frac{1}{30}+\frac{1}{86}+\frac{1}{645}$$
$$\frac{2}{43}=\frac{1}{42}+\frac{1}{86}+\frac{1}{129}+\frac{1}{301}, \text{ इत्यादि।}$$

मिश्र भिन्न को एकांश भिन्नों के रूप में खंडित करने के लिए कोई खास नियम नहीं है। शताब्दियों की गणनाओं के बाद ही मिस्र के गणक इस प्रकार के एकांश भिन्नों की अवस्था तक पहुंचे थे।

हाइरैटिक में एकांश भिन्न को व्यक्त करने के लिए एक बिंदु का प्रयोग होता था, परंतु हाइरोग्लिफिक में इकाई के भिन्न के लिए एक अन्य संकेत था (चिह्न ⬭)। हाइरोग्लिफिक में भिन्न $\frac{1}{40}$ को किस प्रकार से लिखा जाता था, इसके लिए देखिए नीचे चित्र 2.17। $\frac{1}{2}$, $\frac{1}{3}$, $\frac{1}{4}$ और $\frac{2}{3}$ जैसे भिन्नों का बहुत अधिक उपयोग होने के कारण इनके लिए स्वतंत्र संज्ञाएं तथा स्वतंत्र संकेत थे। $\frac{2}{3}$ के संकेत के लिए देखिए नीचे चित्र 2.18। हाइरोग्लिफिक में चिह्न ⬭ का 'बराबर' के चिह्न (=) के रूप में भी इस्तेमाल होता था। एक उदाहरण :

अर्थात्	$\frac{2}{3}$	$\frac{1}{5}$	$\frac{1}{10}$	$\frac{1}{30}$	'एर्'	1
या	$\frac{2}{3}$ +	$\frac{1}{5}$ +	$\frac{1}{10}$ +	$\frac{1}{30}$	=	1

चित्र 2.17

मिस्री एकांश भिन्न को हर के स्थान के ऊपर चिह्न ⬭ को लिखकर व्यक्त किया जाता था। जैसे :

चित्र 2.18

मिस्र के गणितीय अभिलेखों में अधिकतर इसी तरह के भिन्न देखने को मिलते हैं। परंतु अनाज के मापन और दूसरी कृषि-उपज की मात्रा को जानने के लिए वे एक अधिक प्राचीन पद्धति के भिन्नों का उपयोग करते थे। इसमें भिन्न $\frac{1}{2}$ को छोटे भिन्नों में किस तरह विभाजित किया गया था, इसे नीचे की आकृति से जाना जा सकता है :

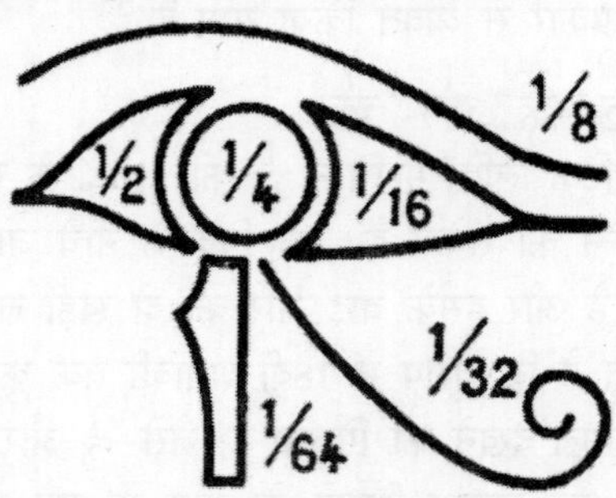

चित्र 2.19 होरस की आंख के भिन्न

यह मिस्र के मिथकीय बाज़-देवता होरस की एक आंख है, जिसे सेथ ने टुकड़ों में काट डाला था।[6] होरस की यह आंख, जिसे *उज़त्* (= संपूर्ण) कहा जाता था, मानव की आंख और बाज़ की आंख के मेल से बनी थी। इस जादुई आंख का प्रत्येक भाग एक खास भिन्न का द्योतक था। यथा :

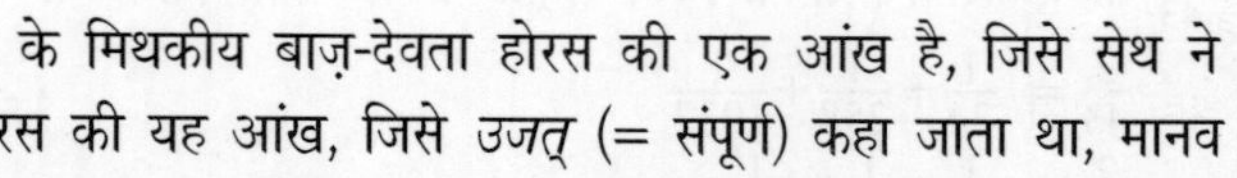

चित्र 2.20

इन सब भिन्नों का योग $\frac{63}{64}$ होता है। मिस्रियों का विश्वास था कि शेष $\frac{1}{64}$ हिस्सा होरस की आंख को पुनः जीवित करने वाले बुज्जा-देवता थॉथ द्वारा जोड़ा जाता है। इन विशिष्ट भिन्नों के उपयोग का एक उदाहरण :

 $1+\frac{1}{2}+\frac{1}{8}+\frac{1}{32}\left(=1\frac{21}{32}\right)$ गेहूं के बोरे।

चित्र 2.21

प्राचीन मिस्र में भूमि-मापन के लिए एक अन्य प्रकार के भिन्नों की व्यवस्था थी। परंतु व्यवस्था जो भी हो, मिस्रवासी सदैव एकांश भिन्नों का ही इस्तेमाल करते थे।

बीजगणित

आह्मोस पेपीरस में 'अव्यक्त राशि' के लिए *अहे* या *हाउ* शब्द मिलता है, जिसका अर्थ है 'राशि'। उदाहरण के लिए, नीचे के समीकरण को देखिए :

हाइरोग्लिफिक

हाइरैटिक

$$क्ष \left(\frac{2}{3}+\frac{1}{2}+\frac{1}{7}+1\right) = 97$$

चित्र 2.22

ऊपर के हाइरोग्लिफिक समीकरण में बाईं ओर के चार संकेत *हाउ* (अव्यक्त राशि) के द्योतक हैं। पेपीरस पुस्तकों में + (जोड़) तथा–(घटा) के लिए भी चिह्न मिलते हैं। + के लिए दो पैरों का चिह्न था। – के लिए + के चिह्न को उलटकर लिखा जाता था। चूंकि, आह्मोस दाईं ओर से बाईं ओर को लिखता था, इसलिए इन चिह्नों को वह उलटकर लिखता था; अर्थात्,–का चिह्न + के लिए और + का चिह्न–के लिए।

आह्मोस पेपीरस में कुल 84 प्रश्न हैं। भिन्नों से संबंधित सवालों के बाद रोटियों के विभाजन से संबंधित समांतर श्रेढी (A.P) तथा गुणोत्तर श्रेढी (G.P.) के भी कुछ सवाल हैं। आह्मोस पेपीरस में गुणोत्तर श्रेढी के एक सवाल को चित्रों तथा संख्याओं द्वारा इस प्रकार व्यक्त किया गया है : 7 व्यक्तियों में से प्रत्येक के पास 7 बिल्लियां हैं; प्रत्येक बिल्ली 7 चूहे पकड़ती है; प्रत्येक चूहा जौ की 7 बालियां खाता है और प्रत्येक बाली में जौ के 7 दाने हैं। संख्याएं क्या हैं और उनका कुल जोड़ क्या है? अन्य शब्दों में, प्रथम पद 7 और गुणक 7 वाली गुणोत्तर श्रेढी के पांच पदों का योग निकालो।

अर्थात्, $7 + 49 + 343 + 2401 + 16807 = 19{,}607.$

आज इस सवाल को हम निम्न प्रकार से प्रस्तुत करेंगे :

$$7 + 7^2 + 7^3 + 7^4 + 7^5 = 7^{15} = 19{,}607.$$

आह्मोस पेपीरस में एक घात वाली अज्ञात राशि के सरल तथा युगपत समीकरण भी मिलते हैं। बर्लिन संग्रहालय के काहुन पेपीरस में एक ऐसा सवाल है जो दो समीकरणों का

सूचक है। इनमें से एक वर्ग समीकरण है। इस सवाल को आधुनिक संकेतों में निम्न प्रकार से व्यक्त किया जाएगा :

$$क्ष^2 + य^2 = 100,$$
$$य = \frac{3}{4} क्ष$$

इस सवाल का सही उत्तर दिया हुआ है : क्ष = 8 और य = 6 । अतः $8^2 + 6^2 = 100$ या $8^2 + 6^2 = 10^2$। इस समीकरण में तथाकथित 'पाइथेगोर के प्रमेय' के संख्या-संबंधों का दर्शन होता है। तो क्या पाइथेगोर (लगभग 582-500 ई.पू.) के भी लगभग एक हजार वर्ष पहले मिस्र वालों को इस प्रसिद्ध प्रमेय का ज्ञान हो चुका था? न केवल मिस्र के पुरोहित-पंडितों को बल्कि बेबीलोन, चीन तथा भारत के गणितज्ञों को भी, पाइथेगोर के सैकड़ों वर्ष पहले, इस प्रमेय का पता चल चुका था। हां, यह सही है कि इस प्रमेय से संबंधित मिस्रवासियों का ज्ञान उपयोगिता तक ही सीमित रहा होगा।

ज्यामिति

प्रसिद्ध यूनानी इतिहासकार हेरोडोटस (ई.पू. 5वीं शताब्दी) ने अपने इतिहास-ग्रंथ की दूसरी पुस्तक में मिस्र की ज्यामिति के बारे में लिखा है :

"इस राजा (सेसोत्रिस) ने जमीन का बंटवारा करके प्रत्येक को समान टुकड़े प्रदान किए, जिसके बदले में वह उन (कृषकों) से वार्षिक कर वसूल करता था। यदि किसी आदमी की जमीन (नील) नदी की बाढ़ से पट जाती, तो वह आदमी राजदरबार में जाकर राजा के सामने अपनी क्षति की सूचना देता था। कृषक को कर का केवल उचित अंश ही देना पड़े, इसलिए राजा क्षति का सर्वेक्षण करने के लिए पटवारियों को भेज देता था।...संभवतः इसी तरह मिस्र में ज्यामिति का उद्भव हुआ और बाद में यूनान में इसका प्रवेश हुआ।"[7]

ई.पू. तीसरी सहस्राब्दी के आरंभकाल में ही भव्य पिरामिडों का निर्माण करने वाली जाति ज्यामिति (क्षेत्रमिति या भूमिति) के कुछ महत्वपूर्ण नियमों का आविष्कार कर ले, तो कोई आश्चर्य की बात नहीं है। पेपीरस पुस्तकों में वृत्त तथा त्रिभुज के क्षेत्रफल और सिलिंडर तथा

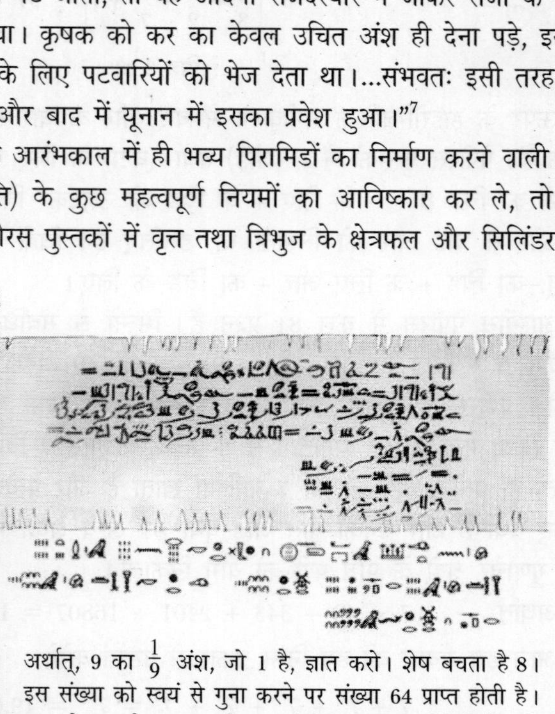

अर्थात्, 9 का $\frac{1}{9}$ अंश, जो 1 है, ज्ञात करो। शेष बचता है 8। इस संख्या को स्वयं से गुना करने पर संख्या 64 प्राप्त होती है। 64 को 10 से गुना करने पर संख्या 640 प्राप्त होती है, जो उत्तर है।

चित्र 2.23

पिरामिड के आयतन के बारे में नियम देखने को मिलते हैं। **ब** आधार तथा **थ** ऊंचाई वाले समद्विबाहु त्रिभुज के क्षेत्रफल के लिए $\frac{1}{2}$ **बथ** सूत्र प्राप्त होता है। आह्मोस पेपीरस का एक सवाल है : "9 इकाइयां व्यास तथा 10 इकाइयां ऊंचाई वाले एक सिलिंडर-नुमा धान्य-कोठार का आयतन ज्ञात करो।" इस प्रश्न के मूल हाइरैटिक और हाइरोग्लिफिक तथा हिंदी में अनूदित रूप चित्र 2.23 में दिए गए हैं।

इस प्रश्न को हल करते समय आह्मोस ने वृत्त के क्षेत्रफल ($= \pi$ **त**^{2}, जहां $\pi = \frac{\text{परिधि}}{\text{व्यास}}$ है और **त** वृत्त का अर्धव्यास है) के लिए सूत्र $\left(\frac{16\text{त}}{9}\right)^2$ या $\left(\frac{256}{81}\right)\text{त}^2$ या 3.1605 **त**^{2} का उपयोग किया है। इस प्रकार, हम देखते हैं कि आह्मोस पेपीरस के अनुसार $\pi = 3.1605$ (आधुनिक सन्निकट मान है $\pi = 3.1416$)।

मास्को संग्रहालय के गोलेनिशेव पेपीरस में बास्केट के आयतन से संबंधित एक प्रश्न है। इस प्रश्न में $\pi = \left(\frac{16}{9}\right)^2$ सूत्र का उपयोग किया गया है। परंतु मास्को पेपीरस का वर्ग पिरामिड के छिन्नक (frustum of a square pyramid) के आयतन से संबंधित सवाल तो बड़ा ही अद्भुत है। मिस्र के वास्तुविदों के लिए पिरामिड या इसके छिन्नक की त्रुटिहीन जानकारी का बड़ा महत्व था। इसलिए उन्होंने वर्ग पिरामिड के छिन्नक का आयतन जानने के लिए एक सही नियम का आविष्कार कर लिया था।[8] मास्को पेपीरस में दिए गए नियम के अनुसार वर्ग पिरामिड के छिन्नक के आयनत के लिए सूत्र प्राप्त होता है :

आयतन $= \frac{\text{य}}{3}$ (अ^2 + अब + ब^2), जहां अ = तल-भूमि की लंबाई, ब = ऊपर की भूमि की लंबाई और य = ऊंचाई है।

इस पेपीरस में दिए गए वर्ग पिरामिड के छिन्नक के आयतन से संबंधित एक सवाल को लीजिए : "ऊपर का अंश काटा गया है, इस प्रकार के एक पिरामिड (छिन्नक) का आयतन निकालना होगा। तुम्हें कहा जाता है कि इस कटे हुए पिरामिड की ऊंचाई 6 (हाथ), नीचे की भूमि की लंबाई 4 (हाथ) और ऊपर की भूमि की लंबाई 2 (हाथ) है।"

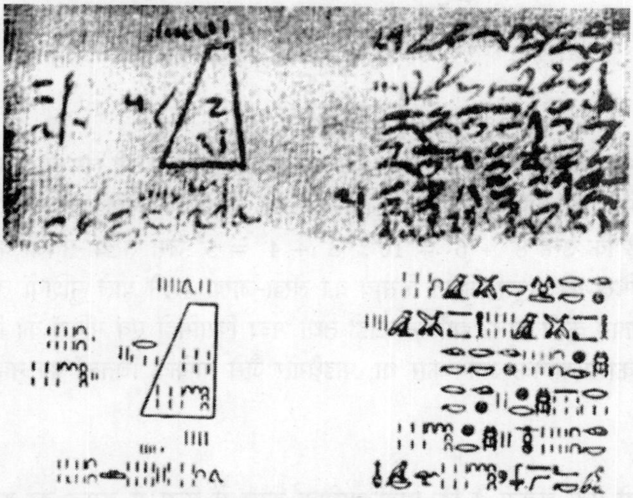

चित्र 2.24 : मास्को पेपीरस का वह अंश जिसमें वर्ग पिरामिड के छिन्नक का आयतन निकालने की विधि, उपर्युक्त उदाहरण सहित, हाइरैटिक में दी गई है। उसी को नीचे हाइरोग्लिफिक में प्रस्तुत किया गया है।

पीछे के पृष्ठ के प्रश्न का आकृति सहित हिंदी रूपांतर :

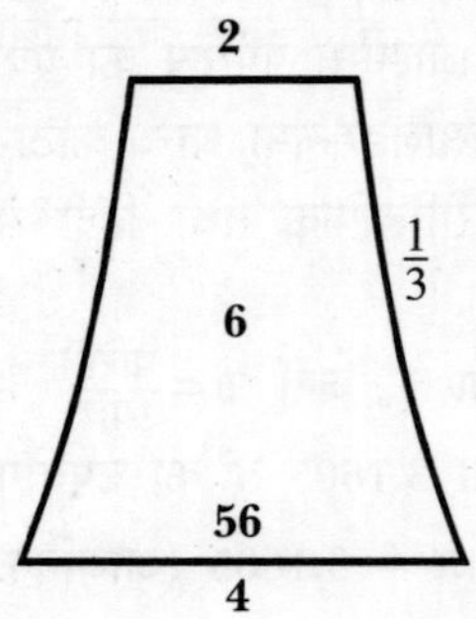

चित्र 2.25

4 का वर्ग निकालो; उत्तर 16 ।
4 का दुगुना करो; उत्तर 8 ।
2 का वर्ग निकालो; उत्तर 4 ।
16 के साथ 8 और फिर उसके साथ 4 जोड़ो; जोड़ 28 ।

6 का $\frac{1}{3}$ निकालो; उत्तर 2 । 28 का दुगुना करो; उत्तर 56 ।
देखो, यह है 56 । उत्तर तुम्हें मिल गया है।

यूनानी विद्वान आब्देरावासी देमोक्रितु (ई.पू. पांचवीं सदी) ने मिस्र के ज्यामितिकारों के लिए 'हार्पेडोनाप्टाई' (harpedonaptae) शब्द का प्रयोग किया है। इस शब्द का अर्थ होता है : 'रस्सी को धारण करने वाला', अर्थात्, रस्सी की सहायता से भूमि-मापन करने वाला। यह भूमि-मापन रस्सी में गांठें बांधकर किया जाता था।[9] उदाहरणार्थ, नीचे का समकोण त्रिभुज, जिसमें भुजाओं की लंबाई क्रमशः 3, 4 तथा 5 है (अर्थात्, $3^2 + 4^2 = 5^2$), इसी प्रकार तैयार किया गया है। **ब** तथा **क** स्थानों पर खूंटों से रस्सी को बांधकर **अ** तथा **ड** स्थानों से रस्सी को तानते हुए चलकर दो व्यक्ति **य** स्थान पर एक-दूसरे से मिल जाते हैं। इस प्रकार, एक तथाकथित 'पाइथेगोरीय त्रिभुज' तैयार हो जाता है।

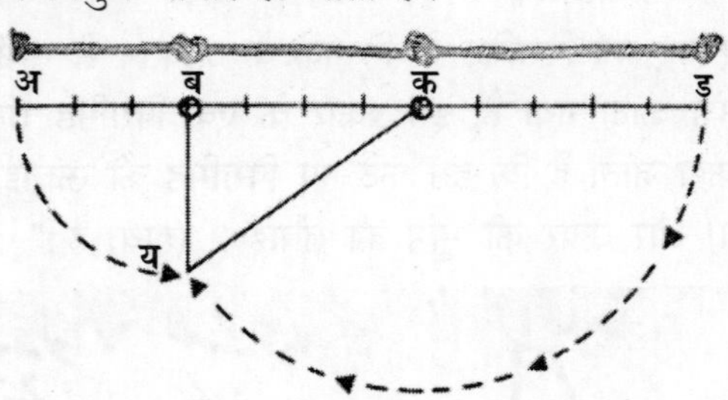

चित्र 2.26

तो क्या मिस्र वालों को पाइथेगोर (जन्म : लगभग 582 ई.पू.) के भी लगभग हजार वर्ष पहले 'पाइथेगोर के प्रमेय' का ज्ञान हो चुका था? निश्चित रूप से कुछ भी नहीं कहा जा सकता। किंतु इतना निश्चित है कि उन्हें $8^2 + 6^2 = 10^2$, $3^2 + 4^2 = 5^2$ जैसे संख्या-संबंधों का ज्ञान था। वस्तुतः प्राचीन मिस्र का संपूर्ण गणित हिसाब का लेखा-जोखा रखने वाले मुंशियों तथा पुरोहितों और भूमि का मापन करने वाले 'हार्पेडोनाप्टाई' तथा भव्य पिरामिडों एवं मंदिरों का निर्माण करने वाले वास्तुविदों का प्रायोगिक आविष्कार था, पाइथेगोर जैसे तार्किक चिंतकों का नहीं।

माप-तौल

पुरावशेषों से पता चलता है कि प्रागैतिहासिक काल में मिस्र में तराजू का इस्तेमाल होने लग गया था, क्योंकि प्रथम राजवंश के समय से ही तौलने के बाट और तराजू की आकृतियां

मिलने लग जाती हैं। मंदिरों की दीवारों पर तराजू की अनेक आकृतियां अंकित हैं। चौथे राजवंश के काल का, जब मिस्र में भव्य पिरामिडों का निर्माण हो रहा था, एक ऐसा बाट मिला है जिस पर संकेत अंकित हैं। प्राचीन मिस्र के एक बाट का नाम था 'देबेन' (द्-ब्-न् : मिस्र की प्राचीन लिपि में केवल व्यंजनों का ही इस्तेमाल होता था, स्वरों का नहीं), जो लगभग 13.6 ग्राम के बराबर था। एक अन्य बाट, जो 'किदेत' (क्-द्-त्) कहलाता था, देबेन के दसवें हिस्से के बराबर था।

चित्र 2.27 : सोना तौलने के लिए प्रयुक्त मिस्री बाट = 70 देबेन

चित्र 2.28 : मिस्री तराजू

अन्य प्राचीन सभ्यताओं की तरह प्राचीन मिस्र के लंबाई के माप मानवांगों से संबंधित थे। लंबाई की प्रमुख इकाई थी–हाथ की कुहनी से लेकर अंगुली की नोक तक की लंबाई। यही मिस्री 'हाथ' (cubit) था। मिस्री लोग 'हाथ' की लंबाई के तुल्य धातु-दंड बनाते थे। अंगूठे को छोड़कर शेष चार अंगुलियों की चौड़ाई के बराबर एक अन्य छोटी इकाई होती थी–'हथेली'।

काल-गणना

प्राचीन जगत में कृषकों और पुरोहितों को काल-गणना की सबसे ज्यादा जरूरत पड़ती थी। मिस्र में ई.पू. तीसरी सहस्राब्दी के आरंभ में एक तरह का पंचांग अस्तित्व में आ गया था। उनके इस पंचांग में 360 दिनों के वर्ष को 12 महीनों में और प्रत्येक महीने को 30 दिनों में विभाजित किया गया था।

मिस्र के कृषकों का जीवन नील नदी में आने वाली वार्षिक बाढ़ पर आश्रित था। पहली बाढ़ जुलाई महीने में आती थी। कई सालों के अनुभव से मिस्रवासियों ने अंततः यह जान लिया था कि यह बाढ़ प्रतिवर्ष लगभग 365

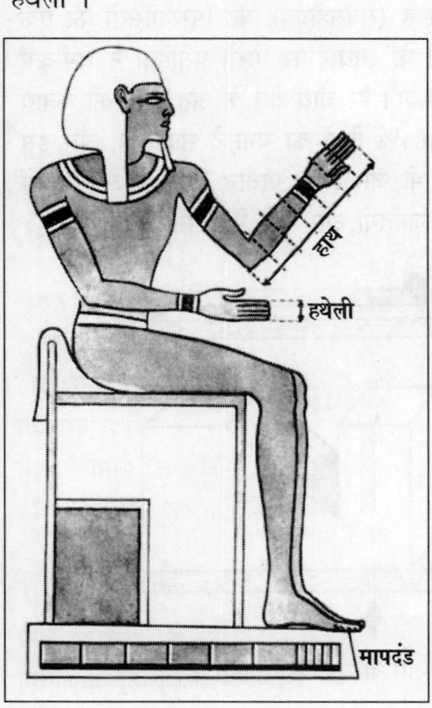

चित्र 2.29 : मिस्री लोग हाथ के बराबर धातु की छड़ तैयार करते थे और उस पर हथेली तथा अंगुली के बराबर निशान बनाते थे।

दिनों के बाद आती है। उन्होंने यह भी जान लिया था कि एक चांद्रमास लगभग 29.5 दिनों (वस्तुतः 29.531 दिनों) का होता है। परंतु मिस्र में 360 दिनों के वर्ष और 30 दिनों के महीने वाला पंचांग पहले से स्थापित था और उसे धार्मिक समर्थन भी प्राप्त था।

इस तरह, पहली बार मिस्र में पंचांग-सुधार की आवश्यकता महसूस हुई। इसके लिए एक साहसी कदम उठाकर उन्होंने काल-निर्धारण में चंद्रमा की भूमिका को एकदम त्याग दिया और अपने पंचांग को सूर्य पर आश्रित रखा, नाममात्र के लिए। उन्होंने 30 दिनों के महीने और 12 महीनों के वर्ष की पुरानी प्रथा को कायम रखा। परंतु 360 में 5 अतिरिक्त दिन जोड़कर 365 दिनों का वर्ष बना लिया। इन 5 अतिरिक्त दिनों को किसी महीने के साथ न जोड़कर वर्ष के अंत में जोड़ दिया जाता था। ये अतिरिक्त 5 दिन (जिन्हें यूनानी में Epagemenai कहते थे) अशुभ माने जाते थे, एक तरह से छुट्टी के दिन थे और पर्वोत्सव के रूप में मनाए जाते थे। मिस्री पंचांग में महीने को दस-दस दिनों (Decads) के तीन 'सप्ताहों' में विभाजित किया गया था।

फिर मिस्रवासियों ने यह भी पहचाना कि वास्तविक वर्ष ठीक 365 दिनों का नहीं, बल्कि कुछ अधिक लंबा है, लगभग 365¼ दिनों का है। इस तथ्य को उन्होंने दो घटनाओं से जाना : (1) सूर्योदय के कुछ समय पहले पूर्व क्षितिज पर व्याध या लुब्धक तारा[10] (मिस्र वालों का 'सेर्पेत' और यूनानियों का 'सोथिस्') प्रकट होने की घटना से लेकर पुनः ठीक उसी घटना के घटित होने तक लगभग 365¼ दिनों का समय गुजर जाता है; (2) नील नदी में आने वाली बाढ़ का सालों तक लेखा-जोखा रखते जाने से भी अंत में उन्हें आभास हुआ कि वर्ष वस्तुतः 365¼ दिनों का होता है।

व्याध या लुब्धक तारा प्रतिदिन सूर्य से अधिकाधिक आगे बढ़ते जाकर 365¼ दिनों के बाद पूर्व क्षितिज पर पुनः सूर्य के साथ उदित होता है (सूर्यसहोदय), यह मिस्रवासियों की एक अत्यंत महत्वपूर्ण खोज थी। परंतु इस नई जानकारी के आधार पर मिस्री पुरोहितों ने धर्म-कर्म से जुड़े हुए अपने परंपरागत पंचांग में सुधार नहीं किया। हर चौथे वर्ष के अंत में 5 की बजाय 6 अतिरिक्त दिन जोड़कर वे वर्ष को बड़े मजे में 365¼ दिनों का बना दे सकते थे, और इस प्रकार उनका पंचांग काफी शुद्ध बन जाता। फिर भी जो पंचांग प्राचीन मिस्र में अस्तित्व में आया था, उसको थोड़े हेर-फेर के साथ बाद में कई जातियों और देशों में अपनाया गया।

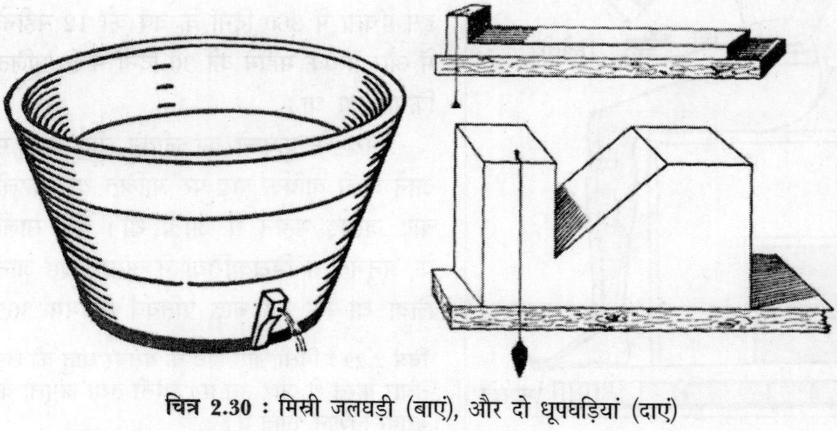

चित्र 2.30 : मिस्री जलघड़ी (बाएं), और दो धूपघड़ियां (दाएं)

मिस्रियों ने वर्ष को चार-चार महीनों की तीन समान ऋतुओं में विभाजित किया था : (1) बाढ़ की ऋतु, (2) शीत या बोआई की ऋतु, और (3) सूखे की या फसल काटने की ऋतु। दिन 12 घंटों में विभाजित किया गया था और रात को भी 12 घंटों में बांटा गया था।

प्राचीन मिस्र में हमारे शक, हिजरी या ईसवी-सन् की तरह सतत चलते रहने वाले किसी सन्-संवत् का प्रयोग नहीं होता था। उनकी सभी तिथियां तत्कालीन शासक के सिंहासनारूढ़ होने के समय से निर्धारित होती थीं। उदाहरणार्थ :

चित्र 2.31

अर्थात्, 'वर्ष 2, बाढ़ की ऋतु का तीसरा महीना, प्रथम दिवस, उत्तर व दक्षिण मिस्र के राजा नेमात्-रे के शासनकाल में'।

गणनाओं से संबंधित उपर्युक्त विवेचन से पता चलता है कि प्राचीन मिस्र की गणना-पद्धति काफी विकसित थी। वस्तुतः मिस्र का संपूर्ण विज्ञान उपयोगिता की दृष्टि से ही महत्वपूर्ण है। विज्ञान को सैद्धांतिक आधार प्रदान करने का प्रयत्न मिस्र वालों ने नहीं किया। आगे जाकर यह काम किया यूनानियों ने, जो विज्ञान के अपने आरंभिक विकास के लिए मिस्र वालों के ऋणी हैं।

संदर्भ और टिप्पणियां

1. प्राचीन मिस्र में किसी सन्-संवत् का प्रचलन नहीं था। राजा के शासनारंभ-काल से वर्षों की गिनती की जाती थी। मिस्र के फरोहा शासकों और उनके शासनों की अवधियों की एक सूची लगभग 282 ई.पू. में मानेथो (Manetho) नामक मिस्री इतिहासकार ने टॉलमी-द्वितीय के लिए तैयार की थी।
2. विस्तृत जानकारी के लिए देखिए गुणाकर मुळे, **अक्षर-कथा** (राजकमल प्रकाशन, 2015) में *प्राचीन मिस्र की लिपियां* अध्याय।
3. संख्या 100 के हाइरोग्लिफिक संकेत (9) की ऊपरी घुंडी, लेखन की दिशा के अनुसार, दाईं या बाईं ओर हो सकती है। आह्मोस ने हाइरैटिक लिपि में दाईं ओर से बाईं ओर को लिखा है, परंतु हाइरोग्लिफिक पाठ कभी दाएं से बाएं, तो कभी बाएं से दाएं भी प्रस्तुत किए गए हैं।
4. कॉप्टिक : ई.पू. 332 के बाद मिस्र में टॉलमियों का शासन शुरू हुआ, तो यूनानी भाषा मिस्र की राजभाषा बन गई। मिस्री भाषा को यूनानी वर्णमाला (24 अक्षर) में प्रस्तुत करने के प्रयास हुए। किंतु जब यह अनुभव हुआ कि यूनानी वर्णमाला मिस्री भाषा के लिए परिपूर्ण नहीं है, तो हाइरैटिक और देमोतिक लिपियों से 7 अतिरिक्त संकेत लिए गए। इस प्रकार 24 + 7 = 31 अक्षरों की एक नई वर्णमाला अस्तित्व में आई।

   मिस्री मूल के ईसाइयों को कॉप्ट (Copt) कहते हैं और इनकी भाषा तथा लिपि को कॉप्टिक (Coptic)। ईसा की चौथी शताब्दी के उत्तरार्ध में मिस्र में ईसाई लोग इतने शक्तिशाली हो गए थे कि उन्होंने प्राचीन मंदिरों और विद्यालयों को बंद कर दिया। किंतु 31 अक्षरों वाली लिपि का उपयोग, उसके नए कॉप्टिक रूप में, चलता रहा।
5. स्कॉटलैंड के पुरावस्तु-प्रेमी ए. हेनरी रिहंड (A. Henry Rhind) ने स्वास्थ्यलाभ के लिए 1858 ई. की शीत ऋतु में मिस्र की यात्रा करते समय लक्सोर में एक लंबी पेपीरस-पुस्तक

खरीदी थी। बताया जाता है कि यह पेपीरस थीब्ज के एक प्राचीन मकान में मिला था। रिहंड की मृत्यु के बाद इस पेपीरस को ब्रिटिश संग्रहालय ने खरीद लिया। परंतु इसके कुछ अंश गायब हो चुके थे। इसे पुरातत्व का एक अजूबा ही माना जाएगा कि इसके गायब अंश बाद में 'न्यूयॉर्क हिस्टॉरिकल सोसायटी' के संग्रह में मिल गए! प्राचीन मिस्र की गणना-पद्धति और माप-तौल प्रणाली को जानने के लिए यह पेपीरस आज भी प्रमुख स्रोत है। इस **रिहंड पेपीरस** का लिपिक है आह्मोस (Ah-mose या Aah-mes), जिसके नाम पर इसे **आह्मोस पेपीरस** भी कहा जाता है।

6. होरस (Horus) प्राचीन मिस्र का आकाश-देवता था, जिसे बाज़ या बाज़ के सिर वाले मनुष्य के रूप में प्रस्तुत किया जाता था। ओसिरिस (Osiris) और आइसिस (Isis) के पुत्र के रूप में भी होरस की पूजा होती थी। मिस्र के फरोहा शासक को 'जीवित होरस' समझा जाता था। ओसिरिस का सेथ (Seth) नाम का एक भाई था। आख्यान है कि सेथ ने भाई ओसिरिस को मारकर उसके टुकड़े-टुकड़े कर डाले। तब होरस ने पिता की हत्या का बदला लेने के लिए सेथ के साथ युद्ध किया। सेथ ने भतीजे होरस की एक आंख नोंच डाली, किंतु अंत में होरस ने सेथ को मार डाला। बाद में थॉथ (Thoth) देवता की कृपा से होरस को नई आंख मिल गई।

   होरस की आंख के विभिन्न हिस्सों से संबंधित एकांश भिन्नों (½, ¼ आदि) को होरस नेत्र भिन्नें (Horus eye fractions) भी कहते हैं।
7. Herodotus, **The Histories**, Book Two, *Works of Sesostris*. Penguin Classics, p. 141-42.
8. यहां यह जानकारी दिलचस्प होगी कि आह्मोस के लगभग दो हजार साल बाद भी भारतीय गणितज्ञ आर्यभट (499 ई.) त्रिभुजाधारी पिरामिड (षडश्रि) के आयतन के लिए शुद्ध सूत्र नहीं दे पाए थे; शुद्ध सूत्र ब्रह्मगुप्त (628 ई.) ने प्रस्तुत किया। अधिक जानकारी के लिए देखिए मेरी पुस्तक **महान गणितज्ञ-ज्योतिषी आर्यभट**, प्रकाशन विभाग, भारत सरकार, नई दिल्ली, 2005।
9. प्राचीन भारतीय ज्यामिति शुल्वसूत्रों (लगभग 500 ई.पू.) में देखने को मिलती है। 'शुल्व' या 'शुल्ब' शब्द का अर्थ है–रस्सी या डोरी। 'शुल्ब्' धातु का अर्थ है–मापना या नापना। शुल्वसूत्रों में ज्यामितिज्ञ को 'शुल्वविद्' कहा गया है। लेकिन उस समय ज्यामिति को 'रज्जु' भी कहा जाता था। **कात्यायन शुल्वसूत्र** का पहला ही सूत्र है–रज्जुसमासं वक्ष्यामः (डोरी की सहायता से क्षेत्र के एकीकरण को बता रहा हूं)। पालि साहित्य में राजा के भूमि-सर्वेक्षक के लिए 'रज्जुक' और 'रज्जु-ग्राहक' शब्दों का प्रयोग हुआ है। 'रज्जुक' (लजूका = राजुक = रज्जुक) शब्द सम्राट अशोक के चतुर्थ शिलालेख में भी आया है, जिसे कुछ विद्वान 'सर्वेक्षक' का सूचक मानते हैं। प्राचीन भारतीय साहित्य में ज्यामितिज्ञ के लिए अन्य शब्द हैं–संख्याज्ञ, सूत्रधार, सूत्रग्राही, शुल्व-परिपृच्छज्ञ (शुल्व की पड़ताल करने वाला) और समसूत्रनिरञ्छक (समान गांठों वाली रस्सी फैलाने वाला)। हार्पेडोनाप्टाई (harpedonaptae) और समसूत्रनिरञ्छक शब्द समानार्थक प्रतीत होते हैं।
10. व्याध या लुब्धक 'बृहद् श्वान मंडल' (Canis Major) में स्थित आकाश का सबसे चमकीला तारा है। रात के आकाश में केवल दो ही पिंड व्याध तारे से अधिक चमकीले नजर आते हैं–चंद्र और शुक्र ग्रह। व्याध तारा हमसे लगभग साढ़े आठ प्रकाश-वर्ष दूर है। मिस्रवासी व्याध तारे को 'नववर्ष तथा बाढ़ का सूचक' मानकर उसकी पूजा करते थे।

3

सुमेर-बेबीलोन की अंक-पद्धति

ऐतिहासिक पृष्ठभूमि

मेसोपोटामिया (वर्तमान इराक) में फारस की खाड़ी के ऊपर का और दजला-फरात नदियों के बीच का निचला प्रदेश (दोआब) प्राचीन काल में **सुमेर** कहलाता था, क्योंकि इस प्रदेश में सुमेरी लोग बसे हुए थे। 3500 ई.पू. के आसपास से सुमेरी लोगों की लिखित सामग्री इस प्रदेश से मिलने लग जाती है। इतना निश्चित है कि ये लोग इस प्रदेश के मूल निवासी नहीं थे; लेकिन यह पता नहीं चलता कि कहां से आकर ये यहां बसे थे। वस्तुतः इन सुमेरी लोगों के पहले भी इस प्रदेश में एक अज्ञात जाति के लोग बसते थे और वे कृषिकर्म से परिचित थे। सुमेरी लोग उन लोगों से अधिक विकसित थे और अपने साथ धातुओं तथा लेखन का ज्ञान लाए थे।

दक्षिण मेसोपोटामिया में प्रथम सभ्यता को जन्म देने वाले ये सुमेरी लोग ही थे। सुमेरी आख्यानों से ज्ञात होता है कि सबसे पहले इन लोगों ने दक्षिण के इरिदु (या एरिदु) स्थान पर

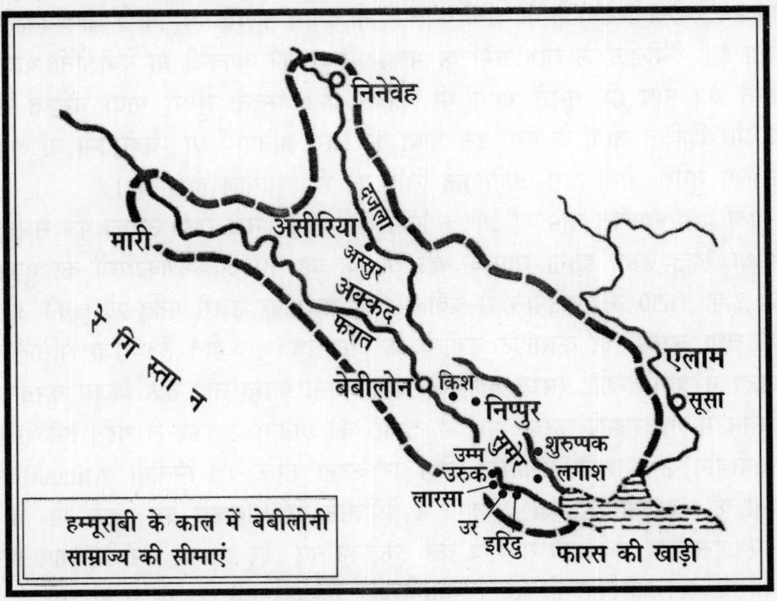

चित्र 3.1 : (नक्शा) : मेसोपोटामिया के नगर-राज्य (ई.पू. तीसरी सहस्राब्दी)

बस्ती बसाई थी। बाद में इन्होंने इरेख, उर, लगाश आदि ऐतिहासिक नगरों की भी नींव डाली। इन लोगों की भाषा अश्लिष्ट योगात्मक[1] थी और अन्य किसी भी ज्ञात भाषा-परिवार से इसका संबंध नहीं था। इनका जीवन प्रमुखतः कृषिकर्म पर आधारित था। परंतु ये कुशल व्यापारी भी थे। पुरावशेषों के अध्ययन से पता चलता है कि आरंभिक सिंधु सभ्यता के साथ इन सुमेरी लोगों के व्यापारी संबंध थे। शुरू में ये लोग नगर-राज्यों से शासित थे; परंतु 3000 ई.पू. के आसपास इन्होंने एक केंद्रीय शासन की स्थापना करके सुमेर के प्रथम राजवंश की स्थापना की थी।

सुमेर के उत्तर में, दजला-फरात नदियों के मध्यभाग में अक्कद प्रदेश था। यह प्रदेश सामी (सेमेटिक) जाति के लोगों का निवासस्थान था। सुमेरी लोगों की तुलना में ये लोग कम विकसित थे; परंतु कालांतर में ये इतने शक्तिशाली हुए कि 2370 ई.पू. के आसपास राजा शर्रु-किन (सारगोन) ने अक्कद में प्रथम राजवंश की स्थापना की। इस राजवंश ने लगभग दो सौ वर्षों तक अक्कद पर शासन किया और अपनी सीमाओं के बाहर उत्तर में फरात प्रदेश और दक्षिण में एलाम प्रदेश पर भी शासन किया। इस बीच दक्षिण में सुमेरी लोग अपना अस्तित्व बनाए हुए थे और फल-फूल रहे थे। उत्तर की बर्बर जातियों ने जब अक्कद पर आक्रमण करना आरंभ किया, तो 2000 ई.पू. के आसपास सुमेरी लोगों ने ही अक्कद की रक्षा की थी। साथ ही, ये सुमेरी लोग अब उत्तर के सेमेटिक लोगों के साथ शनैः-शनैः घुलते-मिलते जा रहे थे। 1800 ई.पू. के आसपास इनका जातीय अस्तित्व प्रायः मिट-सा गया था। किंतु सांस्कृतिक दृष्टि से सुमेरी सभ्यता पूर्णतः जीवित थी।

ई.पू. 18वीं शताब्दी में मेसोपोटामिया में एक नए युग का सूत्रपात होता है। आम्मुरु राजवंश का छठा राजा हम्मूराबी (1792-1750 ई.पू.) मेसोपोटामिया का अधिनायक बन जाता है। बेबीलोन नगर 'सुमेर और अक्कद के राजा' हम्मूराबी की राजधानी बना। हम्मूराबी ने अपने राज्य का विस्तार करके बेबीलोन को इतना शानदार बनाया कि उसके द्वारा शासित सारे प्रदेश का नाम ही में 'बेबीलोनिया' पड़ गया और सुमेर का नाम इतिहास के गर्भ में लुप्त हो गया। जब हम बेबीलोनी संस्कृति की चर्चा करते हैं, तो हमारा तात्पर्य हम्मूराबी-कालीन बेबीलोनिया से ही होता है।[2] बेबीलोन के लोग सेमेटिक भाषा-परिवार की अक्कदी या बेबीलोनी भाषा का प्रयोग करते थे। साथ ही, सुमेरी भाषा भी जीवित थी। वस्तुतः सुमेरी भाषा संस्कृत समझी जाती थी और शिक्षित लोगों के लिए इस भाषा का ज्ञान अनिवार्य था। बेबीलोनी या अक्कदी भाषा के लिए सुमेरी लोगों द्वारा आविष्कृत लिपि का ही इस्तेमाल होता था।

हम्मूराबी द्वारा स्थापित साम्राज्य अधिक दिनों तक कायम नहीं रहा। उसका पुत्र सम्सुइलुना योग्य तो था, किंतु उसमें इतना सामर्थ्य नहीं था कि वह नए आक्रमणकारियों का मुक़ाबला कर सके। ई.पू. 1650 के आसपास से बेबीलोन के राज्य पर उत्तरी पर्वत-प्रदेश की ओर के हित्ती, हुर्री तथा कास्सी या कासाइट कबीलों के आक्रमण शुरू होते हैं। राजा मुर्सिलिस के अधिनायकत्व में बोग़ाज-कोई (मध्य तुर्की) की हित्ती सेना फरात नदी तक विजय करती आई और बेबीलोन में नादिरशाही करके 'मार्दुक' देवता[3] की प्रतिमा उठाकर ले गई। हुर्री (Hurri) लोगों ने बेबीलोन के उत्तर के असीरिया प्रदेश पर क़ब्ज़ा करके वहां मितानी (Mitanni) राज्य की स्थापना की। कास्सी (Kassites) लोगों ने बेबीलोन पर अधिकार कर लिया और वे वहीं पर बस गए। इस तरह, बेबीलोनी राज्य के कई टुकड़े हो गए और इस पर भारोपीय भाषा-परिवार के आर्य-शासकों का अधिकार हो गया। मितानी शासक आर्यभाषी थे और वे इंद्र, वरुण, मित्र जैसे वैदिक देवताओं की आराधना करते थे।[4]

इसके बाद मेसोपोटामिया में शासकों के बीच आपसी कलह का युग आरंभ हुआ। बाद में असीरिया ने ही सबसे पहले अपना सिर ऊंचा उठाया। असीरिया के तुकुल्ती-निनिप प्रथम (1255-1218 ई.पू.), तिगलथ-पिलेसेर प्रथम (लगभग 1000 ई.पू.), आश्शुरनसीरपाल द्वितीय (883-859 ई.पू.) जैसे शासकों ने सैनिक बल से असीरी साम्राज्य का झंडा मेसोपोटामिया में खड़ा किया। ई.पू. आठवीं शताब्दी में राजा सारगोन-द्वितीय (721-705 ई.पू.) के समय में असीरिया अपनी उन्नति के शिखर पर पहुंच गया था। निनेवेह और बेबीलोन पर एक साथ शासन करने वाले इस राजा के समय में असीरिया पश्चिम एशिया का सबसे शक्तिशाली साम्राज्य बना। बेबीलोनी संस्कृति ने 'असीरी संस्कृति' का नाम धारण किया।

किंतु यह असीरी साम्राज्य भी अधिक दिनों तक कायम नहीं रहा। असीरिया भीतर ही भीतर खोखला होता जा रहा था। अंत में ईरान के राजा कुरश (Cyrus the Great) ने 538 ई.पू. में बेबीलोन पर अधिकार कर लिया। ईरान के हखामनी (Achaemenid) शासनकाल में अक्कदी भाषा का स्थान आरमी भाषा ने ले लिया, परंतु प्राचीन कीलाक्षर लेखों की अनुकृतियां हखामनी (539-330 ई.पू.), सिल्यूकिद (312-104 ई.पू.) और पार्थव (लगभग 60 ई.पू. तक) शासनकाल में होती रहीं।[5]

इस प्रकार, हम देखते हैं कि विभिन्न भाषाएं बोलने वाले लोगों ने लगभग 3500 वर्षों तक मेसोपोटामिया पर शासन किया। अतः सहज ही प्रश्न उठता है : विभिन्न जातियों द्वारा शासित मेसोपोटामिया के इस दीर्घकाल को, कम से कम विज्ञान की दृष्टि से, किस संस्कृति का नाम दिया जाए?

जहां तक मौलिक उपलब्धियों का प्रश्न है, असीरिया वालों की देन नहीं के बराबर है। हां, इन्होंने प्राचीन सुमेरी-बेबीलोनी ज्ञान-विज्ञान को सुरक्षित रखने का अत्यंत महत्वपूर्ण काम किया है। इन्होंने बड़े परिश्रम से प्राचीन ज्ञान-विज्ञान को संगृहीत करके इसे लिपिबद्ध किया और बड़े-बड़े ग्रंथालय स्थापित किए। असीरी राजा आश्शुरबनीपाल (668-627 ई.पू.) द्वारा निनेवेह नगर में स्थापित ग्रंथालय से पुरातत्ववेत्ताओं ने मिट्टी के लगभग तीस हजार अंकित फलक प्राप्त किए हैं। निप्पुर के मंदिर के ग्रंथागार में 3000 ई.पू. और 450 ई.पू. के बीच लिखित कीलाक्षर लेखों वाले लगभग 50 हजार मिट्टी के फलक मिले हैं। इन ग्रंथालयों के प्राप्त होने से सुमेर-बेबीलोन के ज्ञान-विज्ञान के बारे में महत्वपूर्ण जानकारी मिली है।

चित्र 3.2 : मिट्टी का फलक तथा कील

जहां तक कास्सी, हुर्री तथा हित्ती लोगों की वैज्ञानिक देन की बात है, तो इन्होंने सुमेर-बेबीलोन की प्राचीन उपलब्धियों में कुछ नया जोड़ने की बजाय, उनसे ही अधिक अपनाया है। हित्ती भाषा में गणित के बारे में जो थोड़े अभिलेख मिलते हैं, वे अनूदित लेख हैं और इन अनुवादों में भी काफी गलतियां हैं। एलाम प्रदेश का, विशेषतः इसकी राजधानी सूसा नगर का विज्ञान भी बेबीलोन के विज्ञान से प्रभावित था।

अतः यूनानी संस्कृति के अभ्युदय के पूर्व, न केवल मेसोपोटामिया के, बल्कि प्रायः संपूर्ण पश्चिम एशिया के विज्ञान को हम 'सुमेरी-बेबीलोनी विज्ञान' का नाम दे सकते हैं। इसमें भी सुमेरी सभ्यता का योगदान अधिक महत्व का है। मेसोपोटामिया के इस लंबे इतिहास में सुमेरी लोगों द्वारा आविष्कृत कीलाक्षर लिपि का ही प्राधान्य रहा है। लिपि की तरह प्राचीन मेसोपोटामिया के सभी विज्ञान-उपांगों के स्रोत सुमेरी संस्कृति में निहित हैं।

लिपि और भाषा

मेसोपोटामिया में लिपि का आविष्कार किया सुमेरी लोगों ने। सुमेरी लिपि के आरंभिक स्वरूप को हम इसके चित्रात्मक रूप से विकसित हुआ देखते हैं। ई.पू. 3000 के पहले ही सुमेरी भावचित्रात्मक लिपि अस्तित्व में आ गई थी। आरंभ में इस लिपि में लगभग 2000 संकेत थे, परंतु 3000 ई.पू. के बाद इसमें 800 संकेत रह गए और 2500 ई.पू. के बाद तो लगभग 600 संकेतों का ही प्रयोग होता था। अंत में, ईरान के पारसियों के हाथों, कीलाक्षर लिपि लगभग एक 'वर्णमाला' बन गई थी; इसमें कुल 41 संकेत थे।

मेसोपोटामिया की इस सुमेरी लिपि के बारे में एक खास बात है। दक्षिण मेसोपोटामिया में लिखने के लिए पेपीरस-कागज़ जैसा कोई साधन उपलब्ध नहीं था, न ही पत्थर मिलते थे। पर यहां चिकनी मिट्टी की कमी नहीं थी। सुमेरी लोगों ने लिखने के लिए इस मिट्टी का ही उपयोग किया। वे मिट्टी की ईंट या खपड़ा तैयार करते थे। फिर वे लकड़ी की नुकीली कलम से गीली मिट्टी की उस ईंट पर संकेत बनाते थे। फिर वे उन ईंटों को धूप में सुखाते

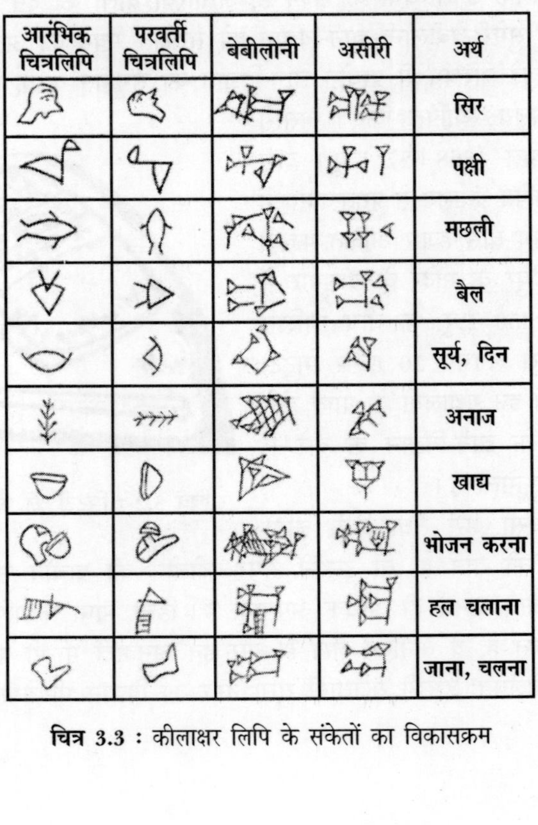

चित्र 3.3 : कीलाक्षर लिपि के संकेतों का विकासक्रम

या आग में पकाते थे। ईंटों पर बनाए गए संकेत कील के आकार के नजर आते हैं, इसलिए विद्वानों ने इस लिपि को क्यूनीफॉर्म (Cuneiform) यानी **कीलाक्षर** लिपि का नाम दिया है।[6]

सुमेरी भाषा न तो सेमेटिक परिवार की थी, न ही भारोपीय परिवार की। इसके विपरीत, अक्कदी भाषा निश्चित रूप से सेमेटिक परिवार की थी; यह हिब्रू भाषा के काफी समीप थी। फिर भी, अक्कदी भाषा के लिए सुमेरी लिपि (कीलाक्षर लिपि) का ही प्रयोग हुआ। मेसोपोटामिया में अनेक जातियों का शासन रहा, किंतु ईसा के समय तक, लगभग तीन हजार वर्षों तक, यहां कीलाक्षर लिपि का ही प्रयोग होता रहा। इस लिपि में न केवल बेबीलोनी भाषा, बल्कि एलामी, हुर्री, हित्ती, प्राचीन पारसी आदि अन्य अनेक भाषाएं लिखी गईं। भाषाओं की विविधता के बावजूद कीलाक्षर लिपि के कारण पश्चिमी एशिया एकसूत्र में बंधा हुआ था।

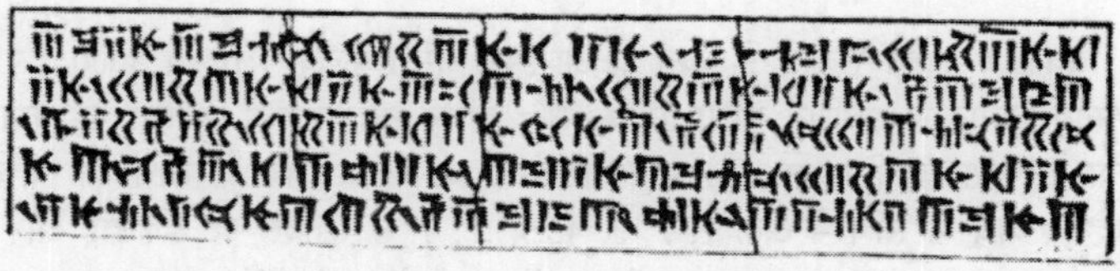

चित्र 3.4 : हमादान से प्राप्त प्राचीन पारसी कीलाक्षर लिपि का प्राचीनतम उपलब्ध लेख

चित्र 3.5 : प्राचीन पारसी कीलाक्षर लिपि में 'राजा' शब्द (अंतिम संकेत 'शब्द-विभाजक' का है)

आरंभिक सुमेरी चित्रलिपि में वस्तुओं को आसानी से पहचाना जा सकता है। शुरू में ये चित्र-संकेत खड़े स्तंभों में लिखे जाते थे और ऊपर से नीचे की ओर पढ़े जाते थे। लेखन का आरंभ दाईं ओर से होता था और स्तंभों की संख्या बाईं ओर बढ़ती जाती थी। किंतु बाद में यह जाना गया कि फलकों को 90 अंशों में बाईं ओर घुमाने से इस लिपि को क्षैतिज रेखा में आसानी से पढ़ा जा सकता है। तदनुसार संकेतों के लेखनक्रम में भी परिवर्तन हुआ—संकेतों की दिशा 90^0 के कोण में बदल गई। उसके बाद यह कीलाक्षर लिपि बाईं ओर से दाईं ओर लिखी और पढ़ी जाने लगी।

गणित

मेसोपोटामिया से हजारों की संख्या में अंकित फलक मिले हैं, किंतु इनमें गणित से संबंधित बहुत ही कम फलकों का अध्ययन हो पाया है। गणित से संबंधित अधिकांश फलक सिल्यूकिद काल (312-104 ई.पू.) के हैं; लगभग सौ फलक ही प्राचीन बेबीलोनी गणित से संबंधित हैं। बेबीलोनी गणित के फलकों को दो प्रमुख भागों में विभाजित किया जा सकता है : संख्याओं से संबंधित पाठ और प्रश्नों से संबंधित पाठ। संख्याओं से संबंधित तालिकाएं स्तंभों (कॉलमों) में घटते या बढ़ते क्रम में हैं और हमारे आधुनिक पहाड़ों जैसी ही हैं। प्रश्न-पाठ भी हमारी आधुनिक पाठ्य-पुस्तकों जैसे हैं। फर्क केवल इतना ही है कि इन प्रश्नों के हल प्रायः बिना विस्तृत व्याख्या के दिए हुए मिलते हैं। ज्यामिति से संबंधित सवालों में अक्सर आकृतियां दी हुई मिलती हैं।

क ख

चित्र 3.6 : अंक-संकेतों से युक्त दो आरंभिक सुमेरी फलक (लगभग 3000 ई.पू.)
क : हिसाब-किताब से संबंधित सुमेरी फलक; **ख :** बर्लिन संग्रहालय में सुरक्षित यह फलक दक्षिण मेसोपोटामिया के फारा (प्राचीन शुरुप्पक) स्थान पर मिला था। इस फलक के स्तंभों को नीचे से ऊपर को पढ़ना चाहिए। बीच के स्तंभ में अंक 1, 2, 3, 4, 5, ..., 7, 8, 9 दिए गए हैं। दाईं ओर के स्तंभ में ऊपर वृत्ताकार में 10 और 20 की संख्याएं हैं।

मिस्र की पेपीरस-पुस्तकों की तरह मेसोपोटामिया से लंबी पाठ्य-पुस्तकें नहीं मिली हैं। मिस्र के **आह्मोस पेपीरस** जैसी कोई 'पुस्तक' मेसोपोटामिया से प्राप्त नहीं हुई है। पेपीरस की कुंडली को इच्छानुसार बढ़ाया जा सकता था, किंतु मिट्टी के फलक के बारे में वैसा संभव नहीं था। यदि प्राचीन काल में बेबीलोनी गणित की पाठ्य-पुस्तकें रही भी होंगी, तो वे आज उपलब्ध नहीं हैं।

विज्ञान तथा अंक-पद्धति

सुमेर-बेबीलोन के पुरोहित-पंडितों ने गणित, ज्योतिष तथा चिकित्सा-विज्ञान के क्षेत्र में काफी उन्नति कर ली थी। रेखागणित का जो प्रमेय आज 'पाइथेगोर का प्रमेय' (Theorem of Pythagoras) के नाम से प्रसिद्ध है, बेबीलोन वालों को उसका ज्ञान था। वृत्त तथा गोले को उन्होंने 360 भागों में विभक्त कर लिया था। प्राचीन जगत् में बेबीलोन वाले ही सबसे प्रसिद्ध ज्योतिर्विद् थे। बारह राशियों, ग्रहणों तथा शुक्र आदि ग्रहों के उदय-अस्त का उन्हें सूक्ष्म ज्ञान था। चांद्रायण गणना के अनुसार उसका वर्ष कभी 12 और कभी 13 महीनों का होता था। उनका महीना 7 दिनों वाले 4 सप्ताहों का होता था। उनका दिन 24 घंटों की बजाय 12 घंटों

चित्र 3.7 : बेबीलोन का विज्ञान-देवता 'नबू'

का होता था और प्रत्येक घंटा 30 मिनटों का तथा प्रत्येक मिनट 60 सेकंडों का होता था। इस काल विभाजन के लिए संसार आज भी बेबीलोन वालों का ऋणी है। उन्होंने जल-घड़ी तथा सूर्य-घड़ी का भी आविष्कार कर लिया था। नाप-तौल के विधान भी उन्हें मालूम थे। उनके बाटों में सबसे छोटा टुकड़ा 'शेकेल' (shekel) कहलाता था। 60 शेकेलों का एक 'मीना' (mina) और 60 मीनाओं का एक 'टेलेंट' (talent) होता था।

अंक-पद्धति

मेसोपोटामिया में गणित की नींव रखी थी सुमेरी लोगों ने। सुमेरी लोगों की अंक-पद्धति आरंभ में दाशमिक (decimal) तथा षाष्टिक (sexagesimal) पद्धतियों की एक अजीब मिश्रित योजना थी। लेकिन अंत में षाष्टिक (60 पर आधारित) अंक-पद्धति को ही अधिक पसंद किया गया। सुमेरी लेखन-कला के साथ ही 3500 ई.पू. के आसपास सुमेरी अंक-पद्धति अस्तित्व में आ गई थी। बाद में बेबीलोन वालों ने भी इस अंक-पद्धति को अपनाया। इस अंक-पद्धति में 1 से 9 तक के अंकों को खड़े संकेतों की पुनरावृत्ति से लिखा जाता था। 10 के लिए एक स्वतंत्र संकेत था और यह आड़ा लिखा जाता था। आरंभ में सुमेरी लोग कलम के पीछे के गोलाकार सिरे से फलक पर 1 व 10 के अंक-संकेत बनाते थे, इसलिए प्राचीनतम फलकों में 1 व 10 के लिए क्रमशः चिह्न थे– ▽ व ● (देखिए ऊपर के फलक)। बाद में ये संकेत कील के आकार के बन गए। इस प्रकार, 59 तक की संख्याएं दो चिह्नों–1 और 10 के चिह्नों–की पुनरावृत्ति से लिखी जाती थीं। उदाहरण :

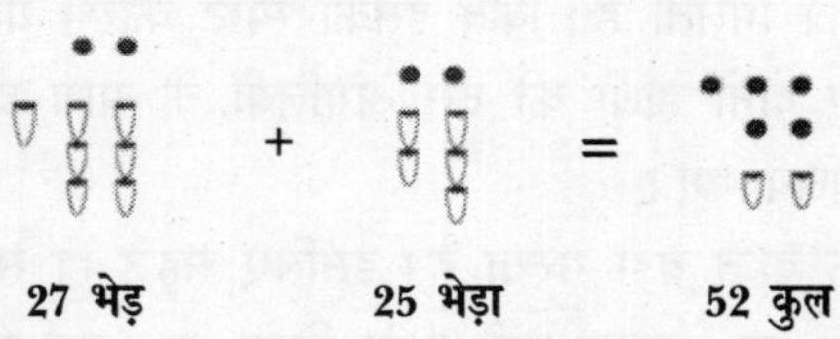

चित्र 3.8 27 भेड़ 25 भेड़ा 52 कुल

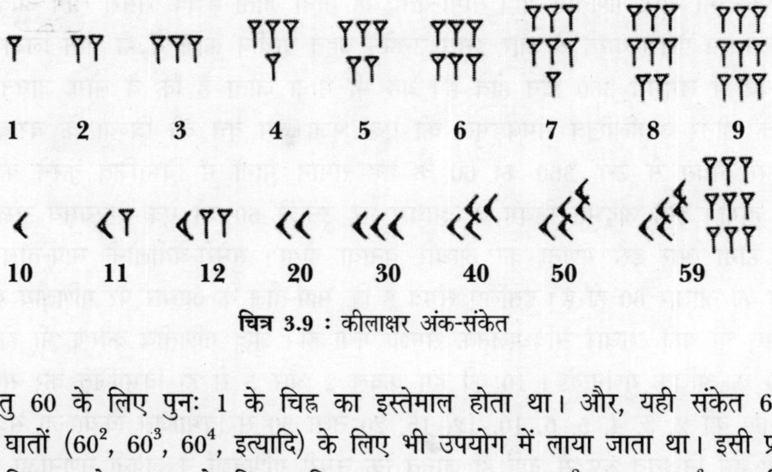

चित्र 3.9 : कीलाक्षर अंक-संकेत

किंतु 60 के लिए पुनः 1 के चिह्न का इस्तेमाल होता था। और, यही संकेत 60 के उच्चतर घातों (60^2, 60^3, 60^4, इत्यादि) के लिए भी उपयोग में लाया जाता था। इसी प्रकार, 10 का चिह्न, न केवल 10 के लिए, बल्कि 10×60, 10×60^2, 10×60^3, इत्यादि के लिए भी प्रयुक्त होता था।

तात्पर्य यह कि, 1 तथा 10 के संकेत क्रमशः 1×60^{न} तथा 10×60^{न} के लिए प्रयुक्त होते थे, जहां 'न' कोई भी धन, ऋण या शून्य संख्या हो सकती है। जैसे :

1	10	60	600	3600	36000	216000	2160000	1296000
1	10	60	60×10	60^2	$60^2 \times 10$	60^3	$60^3 \times 10$	60^4

चित्र 3.10

इस प्रकार, हम देखते हैं कि सुमेरी-बेबीलोनी अंक-पद्धति दाशमिक तथा षाष्टिक अंक-पद्धतियों का एक विचित्र मिश्रण है। इससे यह भी पता चलता है कि प्राचीन काल में सुमेर में गणना का आधार 10 ही रहा होगा। किंतु कालांतर में गणना के लिए 60 के आधार का चुनाव किया गया। गणना के लिए 10 का आधार तो समझ में आ सकता है। प्राचीन काल में दोनों हाथों की दस अंगुलियों पर गणना होती थी (और, बचपन में हम आज भी करते हैं); इसलिए प्रायः सभी प्राचीन सभ्यताओं की गणना-पद्धतियां 'दस' पर ही आधारित (दशाधारी) देखने को मिलती हैं। हमारे देश में भी प्राचीन काल से गणना का आधार दस ही रहा है। हां, मध्य-अमेरिका की मय-सभ्यता की अंक-पद्धति बीस (20) पर आधारित देखने को मिलती है। किंतु इसका स्पष्ट कारण यह था कि मय-सभ्यता के लोगों ने गणना के लिए दोनों हाथों की दस अंगुलियों के साथ दोनों पैरों की दस अंगुलियों का भी समावेश कर लिया था।

परंतु 60 एक बहुत बड़ी संख्या है। इसलिए सहज ही सवाल उठता है : सुमेरी लोगों ने गणना के लिए 60 का आधार क्यों पसंद किया था? कई कारण हो सकते हैं—धार्मिक भी, सामाजिक भी और गणितीय भी। सामान्यतः यह माना जाता है कि सुमेरी लोग आकाश की घटनाओं का प्रेक्षण करते थे और इससे उन्होंने बहुत प्राचीन काल में ही जान लिया था कि एक वर्ष में लगभग 360 दिन होते हैं। यह भी माना जाता है कि वे लोग जानते थे कि वृत्त के भीतर अंतर्लिखित समषड्भुज की एक भुजा उस वृत्त की त्रिज्या के बराबर होती है। इस नियम से उन्हें 360 को 60 के छह समान भागों में विभाजित करने की प्रेरणा मिली होगी। इसी अद्‌भुत नियम के आधार पर उन्होंने 60 को एक रहस्यमय संख्या मान लिया होगा और इसे गणना का आधार बनाया होगा। सुमेरी-बेबीलोनी माप-तौल में भी गणना का आधार 60 ही है। इसलिए संभव है कि माप-तौल के आधार पर गणितीय गणनाओं के लिए भी यही आधार सुविधाजनक समझा गया हो। शुद्ध गणितीय कारण भी हो सकता है—60 के अधिक गुणनखंड। 10 को हम केवल 2 और 5 से ही विभाजित कर सकते हैं। किंतु 60 को 2, 3, 4, 5, 6, 10, 12, 15, 20 तथा 30 से विभाजित किया जा सकता है। वस्तुतः हम निश्चित रूप से नहीं ही जानते कि सुमेरी गणितज्ञों ने अपनी गणनाओं के लिए यह 60 का आधार क्यों पसंद किया।

हमारी वर्तमान शून्य एवं स्थानमानयुक्त दाशमिक अंक-पद्धति (decimal positional system) में संख्या के किसी भी अंक का मान सुनिश्चित रहता है; जैसे : 43271 का अर्थ होगा (क्रमशः दाएं से बाएं) :

$$1 + (7 \times 10) + (2 \times 10^2) + (3 \times 10^3) + (4 \times 10^4)।$$

परंतु बेबीलोनी षाष्टिक अंक-पद्धति (sexagesimal system) में 4,3,2,7,1 का (क्रमशः दाएं से बाएं) अर्थ होगा :

$$1 + (7 \times 60) + (2 \times 60^2) + (3 \times 60^3) + (4 \times 60^4)।*$$

लेकिन बेबीलोनी अंक-पद्धति स्थानमानयुक्त (positional) होने पर भी उपर्युक्त उदाहरण की तरह सरल नहीं थी। इस अंक-पद्धति में दो बड़ी न्यूनताएं थीं। एक तो इसमें केवल दो ही मूल संकेत थे–1 और 10। दूसरे, इसमें शून्य का अभाव था। बहुत बाद में, सिल्यूकिद काल में (312-104 ई.पू.), और वह भी ज्योतिष से संबंधित पाठों में, शून्य के लिए एक चिह्न मिलता है (\\)। यहां भी शून्य-संकेत का संख्याओं के अंत में कभी इस्तेमाल नहीं हुआ है। इसलिए यह अर्थ निकालना कि बेबीलोन के गणितज्ञ या ज्योतिषी भारतीय शून्य-संकेत तथा इसमें निहित धारणा से परिचित थे, गलत होगा। हां, इतना जरूर पता चलता है कि बेबीलोन के गणितज्ञ शून्य के अभाव को अवश्य महसूस करते रहे होंगे। कुछ प्राचीन फलकों पर अंकित संख्याओं में कुछ स्थान रिक्त छोड़े हुए मिलते हैं, जहां शून्य के सूचक संकेत को रखा जा सकता था।

वस्तुतः बेबीलोनी गणितज्ञ 'शून्य' संख्या की अमूर्त धारणा को जन्म देने में असमर्थ रहे। लेकिन उन्हें संख्या में रिक्त स्थानों को सूचित करना आवश्यक था, जिसके लिए उन्होंने दो तरीके अपनाए। पहला तरीका था : संख्या में 60 के घात का वह स्थान रिक्त छोड़ना। उदाहरणार्थ, षाष्टिक पद्धति की संख्या 3, 22 ($= 3 \times 60 + 22 = 202$) नीचे के चित्र 3.11 में **क** (ऊपर) की तरह लिखी जाती थी, जबकि संख्या 3,00,22 ($= 3 \times 60^2 + 60 \times 0 + 22 = 10822$) **क** (नीचे) की तरह लिखी जाती थी। दूसरा तरीका था : रिक्त स्थान में शून्य के सूचक एक विशेष चिह्न (\\) को रखना। इस तरह, षाष्टिक पद्धति की संख्या 3,00,22 सबसे नीचे के चित्र **ख** की तरह लिखी जाती थी। लेकिन यह व्यवस्था बहुत बाद में, सिल्यूकिद काल (312-104 ई.पू.) में, अस्तित्व में आई थी।

क

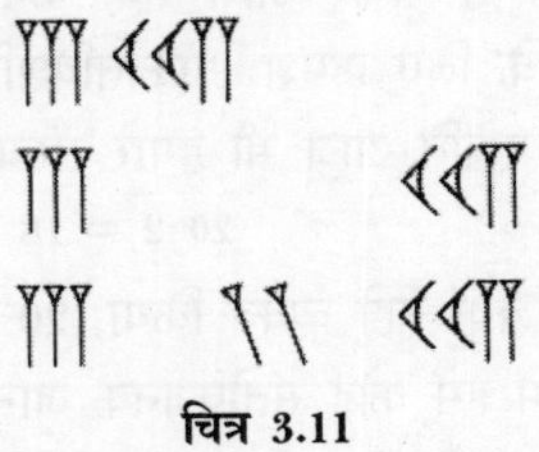

ख

चित्र 3.11

---

* सुविधा के लिए हम इन षाष्टिक अंकों के बीच में स्वल्प-विराम का चिह्न (,) रखकर इन्हें स्पष्ट करेंगे; जैसे, $4,0,31,11 = 11 + (31 \times 60) + (0 \times 60^2) + (4 \times 60^3)$।

भिन्नों को पूर्णांकों से पृथक् करेंगे–इनके बीच में अर्ध-विराम का चिह्न (;) देकर; जैसे, $0;25 = \frac{25}{60}$; और $0;0;25 = \frac{25}{3600}$, इत्यादि। और, एकांश भिन्नों को लिखा जाएगा : $0;30 = \frac{1}{2}$, $0;20 = \frac{1}{3}$, $0;15 = \frac{1}{4}$, $0;12 = \frac{1}{5}$, इत्यादि।

बेबीलोनी अंक-पद्धति में, शून्य के अभाव के कारण, संख्याओं के सही मानों का पता लगाना एक बड़ी दिक्कत का काम है। जैसे, 'एक' का संकेत 1, 1,0, (= 60), 1,0,0 (= 3600) इत्यादि में से किसी भी एक संख्या के लिए प्रयुक्त हो सकता था। लेकिन लगता है कि बेबीलोनी गणितज्ञों को इससे कोई विशेष परेशानी नहीं थी, क्योंकि संभवतः वे जानते थे कि अमुक गणना में अमुक संख्या-संकेतों का क्या मान होगा। वस्तुतः संदर्भ से ही किसी संख्या का सही मान ज्ञात हो सकता था। यही कारण है कि बेबीलोनी फलकों में दी हुई संख्याओं का सही अर्थ जानने के लिए आज काफ़ी खोजबीन करनी पड़ती है। जैसे, षाष्टिक पद्धति की संख्या 1 2 0 1 1 का मान निम्न तीन में से कोई भी एक हो सकता है :

1, 20, 1, 1; अर्थात् $1 \times 60^3 + 20 \times 60^2 + 60 + 1 = 288061$,

1, 21, 1; अर्थात् $1 \times 60^2 + 21 \times 60 + 1 = 4861$,

1, 22; अर्थात् $1 \times 60 + 22 = 82$.

और, यदि संख्याओं के बीच में छोड़े गए रिक्त स्थानों पर विचार किया जाए, तो बहुत-सी अन्य संख्याएं प्राप्त हो सकती हैं। यदि किसी संख्या में पूर्णांक तथा भिन्न दोनों ही हों, तो संख्या का सही मान ज्ञात करने में और भी अधिक दिक्कत होती है। यदि किसी संख्या के बीच में रिक्त स्थान न हो, तो 'अबकखगड' स्वरूप की किसी बेबीलोनी संख्या को हम निम्न प्रकार से ज्ञात कर सकते हैं :

$$\text{अबकखगड} = \text{अ}(60)^{\text{न}} + \text{ब}(60)^{\text{न}-1} + \text{क}(60)^{\text{न}-2} + \text{ख}(60)^{\text{न}-3} + \text{ग}(60)^{\text{न}-4} + \text{ड}(60)^{\text{न}-5};$$

जहां 'न' का मान शून्य या कोई भी धन या ऋण पूर्णांक हो सकता है।

हम जानते हैं कि रोमन अंक-पद्धति में कुछ संख्याओं को लिखने के लिए घटाने की क्रिया का इस्तेमाल किया जाता है; जैसे, संख्या 19 को XX-I अर्थात् XIX लिखा जाएगा। रोमनों के लगभग एक हजार वर्ष पहले बेबीलोन वाले भी प्रायः इसी प्रकार की एक पद्धति का इस्तेमाल करते थे। वे 19 को 20-1 के ढंग से लिखते थे। यहां घटाने की क्रिया के लिए उनके पास एक विशेष चिह्न था (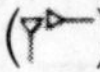), जिसे वे 'लल्' या 'ल' कहते थे।

हमारे देश में वैदिक काल में संख्याओं को ठीक किस प्रकार के संख्या-संकेतों में लिखा जाता था। इसके लिए तो हमें कोई प्रमाण नहीं मिलते, किंतु घटाने की इस पद्धति का हमारे यहां भी अस्तित्व रहा है–आरंभ से लेकर आज तक–कम से कम संख्याओं के नामों में तैत्तिरीय संहिता में 19 और 39 के लिए क्रमशः 'एकांतविंशति' और 'एकांतचत्वाकिंशत्' शब्द मिलते हैं। इस प्रकार घटाने का पद्धति आज भी हमारे संख्या-संज्ञाओं में विद्यमान है।

उदाहरण : **20–1 = 19** **20–2 = 18**

19 को 10+9 या 18+1 से क्यों नहीं व्यक्त किया, 20-1 से ही क्यों व्यक्त किया गया– इसके बारे में बेबीलोनी साहित्य में हमें कोई संतोषजनक जानकारी नहीं मिलती।[7] संभव है कि इसका कारण किसी संख्या को, अंधविश्वास के कारण, शुभ या अशुभ मानना रहा हो। वैसे भी बेबीलोन में फलित-ज्योतिष और शकुन जानने का काफी बोलबाला था।

बेबीलोन वाले काफी प्राचीन काल से $\frac{1}{2}$, $\frac{1}{3}$, $\frac{2}{3}$ व $\frac{5}{6}$ जैसे भिन्नों से परिचित रहे हैं। इस संबंध में महत्व की बात यह है कि जहां मिस्र के गणक मुख्यतः एकांश भिन्नों (unit fractions) का ही प्रयोग करते थे, वहां बेबीलोनवासी $\frac{2}{3}$ व $\frac{5}{6}$ जैसे भिन्नों का भी उपयोग करते थे।

यहां हम कुछ प्राचीन फलकों से बेबीलोनी संख्याओं के कुछ नमूने दे रहे हैं। इनमें बड़ी संख्याएं कुछ विशेष ढंग से लिखी हैं–

 $= 3600,$ $\qquad = 10$

 $= 3600,$ $\qquad = 36$

 $= 216000,$ $\qquad = 20-3 = 17$

 $= 2400,$ $\qquad = 2 \times 60 + 10 + \frac{2}{4} = 130\frac{1}{2}$

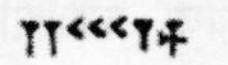 $= 2 \times 60 + 50 + 1 + \frac{1}{2} = 171\frac{1}{2}$ $\qquad = 50 + 3 = 53$

बेबीलोन वाले काफी प्राचीन काल से $\frac{1}{2}$, $\frac{1}{3}$, $\frac{2}{3}$ व $\frac{5}{6}$ जैसे भिन्नों से परिचित रहे हैं। इस संबंध में महत्व की बात यह है कि जहां मिस्र के गणक मुख्यतः एकांश भिन्नों (unit fractions) का ही प्रयोग करते थे, वहां बेबीलोनवासी $\frac{2}{3}$ व $\frac{5}{6}$ जैसे भिन्नों का भी उपयोग करते थे।

बेबीलोनी भिन्न थे :

षाष्टिक : $\frac{1}{2} = \left(\frac{30}{60}\right);$ $\quad \frac{1}{3} = \left(\frac{20}{60}\right);$ $\quad \frac{1}{4} = \left(\frac{15}{60}\right);$

दाशमिक : $\frac{1}{2} =$ $\quad \frac{1}{3} =$ $\quad \frac{2}{3} =$ $\quad \frac{5}{6} =$

चित्र 3.12 : बेबीलोनी भिन्न

अंकगणित

प्राचीन सुमेरी फलकों में हमें कई प्रकार की सारणियां मिलती हैं : गुणन की सारणियां, व्युत्क्रम (reciprocal) की सारणियां, वर्ग तथा घन की सारणियां और इन्हें उलटा करने पर वर्गमूल तथा घनमूल की सारणियां। इन सारणियों को यदि क्रम से पढ़ा जाए, तो ग़लतफ़हमी के लिए कम से कम गुंजाइश रहती है; जैसे :

1 का वर्ग 1,
2 का वर्ग 4,
3 का वर्ग 9,
8 का वर्ग 1,4, अर्थात् (60 + 4),
60 का वर्ग 60, अर्थात् (60^2),

यह तो सब ठीक है। किंतु सारणी के बीच की किसी एक संख्या का वर्ग जानना हो, तो उलझन हो सकती है।

पाठक सारणी के बीच की एक पंक्ति को पढ़ सकता हैः '59 का वर्ग 58, 1।' ऐसी स्थिति में यह सोचना होगा कि, 59 का वर्ग 60 के वर्ग से कुछ कम होता है, इसलिए 58, 1 का अर्थ (60 × 58) + 1 ही होगा। इसी प्रकार '59 का धन 57259' का अर्थ होगा, $(60^2 \times 57) + (60 \times 2) + 591$

अंकगणित से संबंधित अधिकांश सारणियां गुणन तथा व्युत्क्रम की हैं। इससे ज्ञात होता है कि बेबीलोनी गणितज्ञ विभाजन की क्रिया को दो स्तरों में पूर्ण करते थे : यदि उन्हें किसी 'क' संख्या को किसी 'ख' संख्या से भाग देना हो, तो पहले वे सारणी से 'ख' की व्युत्क्रम संख्या $\left(\frac{1}{ख}\right)$ ज्ञात करते थे और तदनंतर उस व्युत्क्रम संख्या से 'क' को गुणा करते थे।

बेबीलोन के गणितज्ञ इन व्युत्क्रम संख्याओं के इतने अधिक अभ्यस्त हो गए थे कि इनके इस्तेमाल के कारण उनकी आसान गणनाएं भी प्रायः लंबी हो जाती थीं।

इसका यह अर्थ नहीं है कि बेबीलोनी गणितज्ञ केवल छोटी-छोटी संख्याओं से ही गणना करते थे। वस्तुतः उनकी व्युत्क्रम सारणियों में 60^{19} तक की संख्याएं हैं। प्राचीन फलकों में अक्सर संख्या 60^4 अर्थात् 1,29,60,000 संख्या मिलती है। दरअसल, यह वही संख्या है जिसे यूनानी दार्शनिक अफलातून (प्लेटो : लगभग 428-347 ई.पू.) ने रहस्य का जामा पहनाया था। प्लेटो के अनुसार, यह एक 'ज्यामितीय संख्या' थी और एक 'महान वर्ष' की द्योतक थी। प्लेटो के 'महान वर्ष' में 360 दिनों वाले वर्ष के 36,000 वर्ष अर्थात् 1,29,60,000 दिन होते थे। साथ ही, उसके अनुसार 100 वर्ष की दीर्घायु वाले मनुष्य के जीवन में भी 36,000 दिन होते हैं। इस प्रकार, वह समझता था कि मनुष्य के जीवन में उतने ही दिन होते हैं, जितने कि एक 'महान वर्ष' में वर्ष होते हैं। परंतु आज हम जानते हैं कि अफलातून की यह तथाकथित 'ज्यामितीय संख्या' मूलतः बेबीलोन वालों की थी।

चित्र 3.13 : बेबीलोनी फलक जिसमें विकर्ण-युक्त एक वर्ग की आकृति के साथ कीलाक्षर अंक-संकेत दिए गए हैं। बाईं ओर की ऊपर की भुजा पर 30 लिखा हुआ है। विकर्ण पर अनुपात 1;24;51;10 लिखा हुआ है और विकर्ण के नीचे इसकी लंबाई दी गई है 42;25,35।

बेबीलोनी फलकों में पूर्ण वर्ग तथा पूर्ण घन की सारणियां तो मिलती ही हैं, घनमूल ज्ञात करने की विधि तथा $\sqrt{2}$ के लिए काफी अच्छे सन्निकट मान मिलते हैं। एक फलक के अनुसार, $\sqrt{2} = 1;25$ (षाष्टिक) = 1.416 (दाशमिक)। एक अन्य फलक (ऊपर चित्र 4.10) में एक वर्गाकृति है, जिसकी एक भुजा के साथ संख्या 30 लिखी हुई है, विकर्ण के साथ संख्या 42;25,35 अंकित है और यह दिखाया गया है कि भुजा को संख्या 1;24,51,10 से गुणा करने पर संख्या $\sqrt{2}$ प्राप्त होती है। इसे दाशमिक पद्धति में बदला जाए, तो $\sqrt{2}$ = 1.414213, जो पांच दशमलव स्थानों तक सही है। इतना होने पर भी हम नहीं ही जानते कि बेबीलोन के गणितज्ञ किस विधि से $\sqrt{2}$ का यह मान ज्ञात कर पाए थे।

बेबीलोन के गणितज्ञों के प्रति हमारी श्रद्धा में और बढ़ोतरी होती है जब हम देखते हैं कि उनके कुछ फलकों में श्रेढी के बारे में भी सवाल मिलते हैं। एक फलक का एक सवाल है : "यदि एक गुणोत्तर श्रेढी का अनुपात 2 है, तो इसके प्रथम दस पदों का योग क्या

होगा?" किसी सूत्र का प्रयोग किए बिना ही हल दिया गया है : 'अंतिम पद को दुगुना करो और 1 घटाओ'। वस्तुतः यहां आधुनिक सूत्र, योग = प $\frac{(\text{अ}^{\text{न}}-1)}{(\text{अ}-1)}$ का प्रयोग हुआ है, जहां इस विशेष स्थिति में अ = 2, प = 1 और न = 10 । अतः योग = $(2^{10}-1) = 2^{\text{प}} + (2^{\text{प}}-1)$, जहां $2^{\text{प}}$ अंतिम पद है।

सुमेरी-बेबीलोनी गणित के विशेषज्ञ ओ. नेउगेबौएर ने 1945 ई. में लगभग 1900 ई.पू. के एक फलक की व्याख्या करके इसमें 'पाइथेगोर के प्रमेय' की खोज की है। आज कोलंबिया विश्वविद्यालय (न्यूयॉर्क) के लिंपटन संग्रहालय में सुरक्षित इस प्राचीन बेबीलोनी फलक में चार स्तंभ (कॉलम) हैं। हम जानते हैं कि यदि किसी समकोण त्रिभुज की बड़ी भुजा **अ** है, छोटी भुजा **ब** है और विकर्ण **क** है, तो 'पाइथेगोर के प्रमेय' के अनुसार, $\textbf{अ}^2 + \textbf{ब}^2 = \textbf{क}^2$।

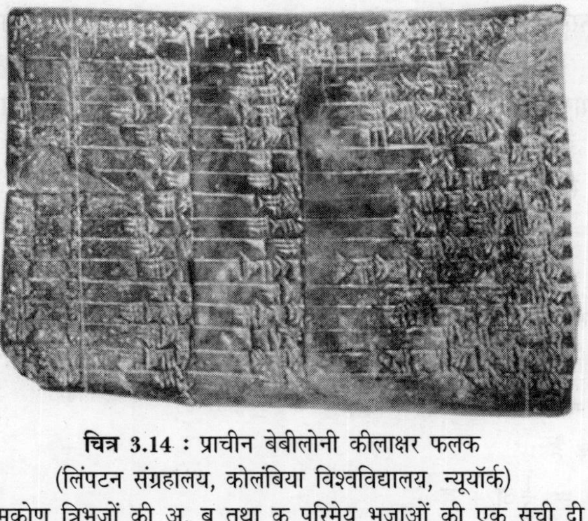

चित्र 3.14 : प्राचीन बेबीलोनी कीलाक्षर फलक
(लिंपटन संग्रहालय, कोलंबिया विश्वविद्यालय, न्यूयॉर्क)

इस फलक में समकोण त्रिभुजों की अ, ब तथा क परिमेय भुजाओं की एक सूची दी गई है। पहले स्तंभ में घटते क्रम में $\frac{\text{क}^2}{\text{अ}^2}$ के अनुपात दिए गए हैं। दूसरे और तीसरे स्तंभ में क्रमशः क तथा ब के पूर्णांक मान दिए गए हैं। अंतिम स्तंभ में 1 से 15 तक की संख्याएं इस बात की द्योतक हैं कि यहां 15 त्रिभुजों पर विचार किया गया है। वस्तुतः यह फलक बाईं ओर को खंडित है। बहुत संभव है कि बाईं ओर के अप्राप्य अंश में अ के मान भी रहे हों।

उपर्युक्त फलक से यह सिद्ध होता है कि बेबीलोन के गणितज्ञों को 'पाइथेगोर के प्रमेय' का ज्ञान था और उन्होंने इस प्रमेय से संबंधित सवालों को संख्या-सिद्धांत पर आधारित सैद्धांतिक विधियों से हल किया था। आगे के अध्यायों में हम देखेंगे कि पाइथेगोर के भी सैकड़ों वर्ष पहले, न केवल बेबीलोन के गणितज्ञों को, बल्कि भारत तथा चीन के गणितज्ञों को भी इस प्रमेय का ज्ञान था।

बीजगणित

बीजगणित से संबंधित अधिकांश फलक ई.पू. दूसरी सहस्राब्दी के आरंभकाल के हैं। इनमें वर्तमान बीजगणित की तरह सूत्र तथा उनका सैद्धांतिक विवेचन नहीं है; सिर्फ सवाल दिए गए हैं। किंतु इन सवालों को जिस आंतरिक अमूर्तता के साथ हल किया गया है उससे यही पता चलता है कि सूत्रों का अस्तित्व रहा है, यद्यपि उन्हें मूर्त संकेतों में व्यक्त नहीं किया

गया है। बेबीलोनी गणितज्ञ हमारे जैसे बीजगणितीय चिह्नों का तो इस्तेमाल नहीं करते थे, परंतु उनके व्यावहारिक सवालों में प्रयुक्त क्षेत्रफल, लंबाई, चौड़ाई इत्यादि को आधुनिक समीकरण-संकेतों में आसानी से रूपांतरित किया जा सकता है। उदाहरणार्थ, उनका यह सवाल :

"मैंने लंबाई और चौड़ाई का गुणन करके क्षेत्रफल प्राप्त किया। तदनंतर मैंने चौड़ाई से लंबाई की अधिकता को इस क्षेत्रफल के साथ जोड़ा; 3,3 (अर्थात्, 183)। फिर, मैंने लंबाई और चौड़ाई को जोड़ा; 27। ज्ञात करना है—लंबाई, चौड़ाई तथा क्षेत्रफल।"

इसे हमारे संकेतों में रखा जा सकता है, यथा :

$$\text{क्ष य} + \text{क्ष} - \text{य} = 183$$
$$\text{क्ष} + \text{य} = 27$$

इसे हल करने के लिए जिस लंबे क्रम का प्रयोग हुआ है, उसे हम अपने संकेतों में रख सकते हैं :

सर्वप्रथम वास्तविक चौड़ाई य के स्थान पर एक नए चर मान य' को लिया गया। यदि य' = य + 2, अथवा य = य' - 2, तब उपर्युक्त दो आरंभिक समीकरणों को जोड़ने से नए समीकरण प्राप्त होते हैं :

$$\text{क्षय}' = 183 + 27 = 210$$
$$\text{क्ष} + \text{य}' = 27 + 2 = 29$$

तदनंतर इस सरलीकृत स्वरूप का हल ऐसे तरीकों से प्राप्त किया गया है जो अन्य सवालों में प्रायः प्रयुक्त होते थे। यथा :

$$\text{क्षय}' = \text{प};\ \text{क्ष} + \text{य}' = \text{अ},$$

जिसका हल है :

$$\text{क्ष} = \frac{1}{2}\text{अ} + \text{व}$$
$$\text{य} = \frac{1}{2}\text{अ} - \text{व}$$
$$\text{व} = \sqrt{[(\tfrac{1}{2}\text{अ})^2 - \text{प}]}$$

यह अंतिम सूत्र प्रत्यक्ष रूप से तो व्यक्त नहीं किया गया है, किंतु प्रदत्त हल में यह अंतर्निहित है।

आरंभ से ही बेबीलोनी गणितज्ञ गणित के प्रति सैद्धांतिक दृष्टिकोण अपनाते आए हैं। उनका यही प्रयास रहा कि गणितीय सवालों को संख्याओं में व्यक्त किया जाए। वे शुद्ध ज्यामितीय सवालों को भी बीजगणित में रूपांतरित करते थे। उनके बीजगणित के सवालों में तीन या अधिक अज्ञात राशियों वाले समीकरण, वर्ग-समीकरण तथा घन-समीकरण आदि मिलते हैं। इनमें से कुछ समीकरण तो इतने कठिन हैं कि आधुनिक गणितज्ञों को भी सिर खुजलाना पड़ता है।

येल संग्रहालय (अमेरिका) के बेबीलोनी कक्ष में एक ऐसा खंडित फलक सुरक्षित है जिसमें आरंभ में भारों के निर्धारण के बारे में 22 सवाल अंकित रहे हैं। किंतु अब उनमें से केवल 6 सवाल ही पूर्ण रूप से ज्ञात हैं। इनमें एक सवाल है :

"मुझे एक पत्थर मिला, परंतु मैंने उसे तौला नहीं। मैंने उसमें सातवां अंश जोड़ा, ग्यारहवां अंश जोड़ा और फिर मैंने उसे तौला : 1 *मिना*। तो आरंभ में पत्थर का भार कितना था? पत्थर का आरंभिक भार था : $\frac{2}{3}$ *मिना*, 8 *शेकेल* और $22\frac{1}{2}$ *से*।"

बेबीलोनी तौल-पद्धति के अनुसार, 1 *मिना* = 60 *शेकेल,* और 1 *शेकेल* = 180 *से*। यदि हम पत्थर के अज्ञात भार को 'क्ष' मानें, तो आधुनिक संकेतों में सवाल बनता है :

$$(\text{क्ष}+\frac{\text{क्ष}}{7}) + \frac{1}{11}(\text{क्ष}+\frac{\text{क्ष}}{7}) = 1 \textit{ मिना} = 1{,}0 \ (60) \textit{ शेकेल}।$$

इस समीकरण को हल करने पर *शेकेल* में क्ष का मान मिलता है :

क्ष = 48;7,30 (दाशमिक पद्धति में 48.125)। प्रदत्त हल भी यही है; क्योंकि, $\frac{2}{3}$ *मिना* = 40 *शेकेल,* और $22\frac{1}{2}$ *से* = 0.125 *शेकेल*।

इस प्रश्न के प्रथम अंश को देखने से पता चलता है कि प्रश्नकर्ता एक सैद्धांतिक प्रश्न को प्रस्तुत कर रहा है, न कि सिर्फ एक उपयोगी सवाल को। समीकरण-युक्त कुछ अन्य कठिन सवालों को आधुनिक संकेतों में नीचे दिया जाता है :

$$(\text{क्ष}+\frac{\text{क्ष}}{7}) + \frac{1}{11}(\text{क्ष}+\frac{\text{क्ष}}{7}) = 1 \textit{ मिना} = 1{,}0 \ (60) \textit{ शेकेल}।$$

$$(\text{क्ष}+\frac{\text{क्ष}}{7}) + \frac{1}{11}(\text{क्ष}+\frac{\text{क्ष}}{7}) = 1 \textit{ मिना} = 1{,}0 \ (60) \textit{ शेकेल}।$$

$$\frac{1}{11}(\text{क्ष}+\frac{\text{क्ष}}{7}) = 1.0 \ (60) \textit{ शेकेल}।$$

$$(6 \text{ क्ष} + 2) + = 24 \ (6 \text{ क्ष} + 2) = 1{,}0 \textit{ शेकेल}।$$

वर्ग-समीकरण को हल करने की बेबीलोनी गणितज्ञों की विधि को नीचे के उदाहरण से आसानी से समझा जा सकता है। ब्रिटिश संग्रहालय में सुरक्षित एक कीलाक्षर फलक पर अंकित यह सवाल है :

"मैंने अपने वर्ग की भुजा के 7 गुना को इसके क्षेत्रफल के 11 गुना के साथ जोड़ा, 6;15 (दाशमिक पद्धति में 6.25) प्राप्त करने के लिए। 11 और 7 से गणना करो।"

यहां '11 और 7 से गणना करो' का अर्थ है : 11 क्ष^2 + 7 क्ष = 6;15

इस सवाल का हल दिया गया है : "6;15 को 11 से गुणा करो, 1,8;45 (दाशमिक पद्धति में 68.75) प्राप्त करने के लिए। 7 का आधा 3;30 (दाशमिक पद्धति में 3.5) लो। 3;30 को इसी से गुणा करने पर मिलेगा, 12;15 (दाशमिक पद्धति में 12.25)। 12;15 के साथ 1,8;45 को जोड़ने पर मिलेगा 1,21 (दाशमिक पद्धति में 81)। 1,21 का वर्गमूल 9 है। 9 से 3;30 घटाने पर मिलता है 5;30। सारणियों में 11 का व्युत्क्रम नहीं मिलता। 5;30 प्राप्त करने के लिए मुझे 11 को किस संख्या से गुणा करना चाहिए? 0;30 (दाशमिक पद्धति में 0.5) से। 0;30 मेरे वर्ग की भुजा है।"

इस हल को यदि हम आधुनिक संकेतों में व्यक्त करें, तो अंत में हमें वर्ग-समीकरणों को हल करने का आधुनिक सूत्र प्राप्त होगा; यथा :

मान लीजिए कि अ = 11, ब = 7 और क = 6;15। तब उपर्युक्त हल के अनुसार,

11 × 6;15 = 1, 8;45, अर्थात् अक';

$\frac{7}{2}$ = 3;50, अर्थात् $\frac{\text{ब}}{2}$;

3.5 × 3.5 = 12;25 अर्थात् $\left(\frac{\text{ब}}{2}\right)^2$;

$$12;15 + 1,8;45 = 1,21 \quad \text{अर्थात्} \quad \frac{ब^2 + 4\,अक'}{4}$$

$$\sqrt{(1,21)} = 9 \quad \text{अर्थात्} \quad \sqrt{\left(\frac{ब^2 + 4\,अक'}{4}\right)}$$

$$9 - 3;30 = 5;30 \quad \text{अर्थात्} \quad \sqrt{\left(\frac{ब^2 + 4\,अक'}{4}\right)} - \frac{ब}{2}$$

इस अंतिम पद को यदि हम अ से भाग दें और क' = – क मानें, तो सूत्र मिलता है :

$$क्ष = \frac{-ब \pm \sqrt{ब^2 + 4\,अक}}{2अ}$$

यह वर्ग-समीकरण को हल करने का हमारा आधुनिक चिर-परिचित सूत्र है। अंतर केवल इतना ही है कि आज हम वर्ग-समीकरण के धन तथा ऋण, दोनों ही मूलों पर विचार करते हैं, परंतु बेबीलोन के गणितज्ञ ऋण मूल पर विचार नहीं करते थे।

बेबीलोन के गणितज्ञ, न केवल वर्ग-समीकरणों को, बल्कि घन-समीकरणों को भी हल करने में समर्थ थे। इन घन-समीकरणों को पहले वे सामान्य स्वरूपों में सरल कर लेते थे। एक फलक में $न^2 + न^3$ के ऐसे मान दिए गए हैं, जहां संख्या 'न' के मान 26 से 48 तक हैं। पेरिस के लूव्र संग्रहालय के एक फलक पर अंकित चक्रवृद्धि व्याज (सूद-दर-सूद) से संबंधित सवाल को देखने पर तो बेबीलोनियों के गणित-ज्ञान के बारे में हमें दंग ही रह जाना पड़ता है। सवाल है : "सूद यदि 20 प्रतिशत हो, तो चक्रवृद्धि व्याज के हिसाब से मूल धन को दुगुना होने में कितना समय लगेगा?" इस सवाल के लिए सूत्र होगा : $(1+0;12)^{क्ष} = 2$, जिसमें क्ष का मान ज्ञात करना है। फलक में इसका सही हल दिया गया है : 3;48 (अर्थात् $3\frac{4}{5}$) वर्ष।

लगभग 2000 ई.पू. में बेबीलोन के गणितज्ञ इस प्रकार के घातीय समीकरण हल करने में समर्थ थे, तो हमें इसमें कोई आश्चर्य नहीं होना चाहिए कि वे अन्य प्रकार के समीकरण भी हल कर सकते थे। वस्तुतः सुमेर-बेबीलोन के गणितज्ञ, सिकंदरिया के यूनानी गणितज्ञ डाइओफैंटस (Diophantus of Alexandria : लगभग 250 ई.) के दो हजार वर्ष पहले, बीजगणित के वास्तविक संस्थापक थे। वे बीजगणित से इतने अभिभूत थे कि उन्होंने ज्यामितीय सवालों को भी बीजगणित की विधियों से हल किया है।

ज्यामिति

सुमेर-बेबीलोन के गणित की अंक-बीजीय विशेषता उनकी ज्यामिति में भी स्पष्ट दिखाई देती है। वे मिस्र वालों की तरह दिक् या आकाश (space) के ज्यामितीय स्वरूप को उतना महत्व नहीं देते थे जितना कि इसके अंकीय स्वरूप को। यही कारण है कि उनकी ज्यामिति स्थैतिक (positional) की अपेक्षा वैश्लेषिक (analytical) अधिक है। उनके ज्यामितीय सवालों में एक या दो अज्ञात राशियों वाले कृत्य मिलते हैं। ऐसे सवालों को समीकरणों में रूपांतरित करके शुद्ध बीजीय विधियों से इन्हें हल किया जा सकता है।

विशुद्ध ज्यामिति के विषय–सीधी रेखा, त्रिभुज, वृत्त आदि के गुणधर्मों के बारे में बेबीलोनी फलकों में हमें कोई विशेष जानकारी नहीं मिलती। परंतु ब्रिटिश संग्रहालय के एक फलक में अर्धवृत्त में स्थित समकोण त्रिभुज के बारे में एक सवाल है :

"परिधि है 1,0 (अर्थात् 60); (जीवा पर लंब रूप में) जो सीधी रेखा मैंने डाली है, 2 है। तो उस जीवा की लंबाई क्या होगी?"

इस सवाल का हल दिया गया है :

"2 का वर्ग करो, = 4। व्यास 20 से 4 घटाओ, = 16। व्यास 20 का वर्ग करो = 6,40 (= 400 दाशमिक पद्धति में)। 16 का वर्ग करो, = 4,16 । 6,40 से 4,16 घटाओ = 2,24 (= 144 दाशमिक पद्धति में)। 2,24 का वर्गमूल है, 12। यही जीवा की लंबाई है।"

इस व्याख्या के साथ एक आकृति (नीचे की) भी दी गई है। वस्तुतः प्रश्न यह है कि मध्यतल (sagitta) की लंबाई दी गई हो, तो जीवा की लंबाई ज्ञात करना।

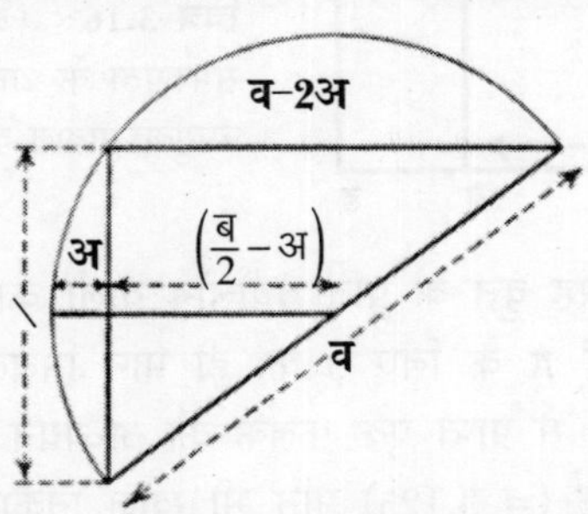

चित्र 3.15 : (आकृति) : मध्यतल की प्रदत्त लंबाई से जीवा की लंबाई ज्ञात करना।

यदि व्यास **व** हो और मध्यतल **अ** हो, तो आकृति के अनुसार जीवा की लंबाई होगी :

$$\sqrt{[व^2 - (व - 2अ)^2]}$$

वस्तुतः यहां गणक ने $\pi = 3$ (अतः व = 20) लेकर इस सवाल को हल किया है।

इस प्रकार के कृत्य यूक्लिड (लगभग 300 ई.पू.) की ज्यामिति में मिलते हैं। इसका यह अर्थ नहीं ही है कि बेबीलोन वाले यूनानियों के गुरु थे। किंतु हमें याद रखना चाहिए कि बेबीलोन की ज्यामिति के कृत्य यूनानी ज्यामिति के लगभग डेढ़ हजार वर्ष पहले के हैं। जहां तक तथाकथित 'पाइथेगोर के प्रमेय' का सवाल है, हमें यह स्वीकार करना ही होगा कि बेबीलोन वाले पाइथेगोर के शिक्षक थे।

पहले हमने पाइथेगोरीय संख्याओं का उल्लेख किया है। अब हम इन पर आधारित बीजीय ज्यामिति के सवालों पर विचार करेंगे। एक फलक में एक आयत की **ल** लंबाई, **च** चौड़ाई तथा **व** विकर्ण को **ल** + **च** + **व** = 40 तथा **लच** = 2,0 (= 120) से प्राप्त किया गया है। यहां सूत्र $व^2 = ल^2 + च^2$ का उपयोग किए बिना ही सही उत्तर प्राप्त किया गया है। अतः इस तथा अन्य अनेक उदाहरणों से सिद्ध होता है कि बेबीलोन वाले जानते थे कि विकर्ण पर आधारित वर्ग शेष दो भुजाओं पर आधारित वर्गों के जोड़ के बराबर होता है।[8]

बेबीलोन के गणितज्ञ त्रिभुजों की समरूपता के आधार पर अनेक प्रकार के सवालों को हल कर सकते थे। एक सवाल में दीवार की ऊंचाई **प** तथा चौड़ाई **फ** है और हमें यह बताया गया है कि दीवार पर **द** ऊंचाई का एक खंबा है। तब पूछा गया है कि खंबे के सिरे को देख

सकने के लिए प्रेक्षक को दीवार के पाये से कितनी दूरी (क्ष) पर खड़ा रहना होगा (देखिए, पीछे आकृति 3.13)।

स्पष्ट है कि, त्रिभुज अबक तथा कब'अ' की समरूपता के आधार पर यह सवाल हल किया जा सकता है; यथा : $\frac{द}{फ} = \frac{प}{क्ष}$, और $क्ष = \frac{फ प}{द}$। वस्तुतः बेबीलोनी गणितज्ञ ने सवाल को इसी तरह हल किया है; फलक में भी इसी प्रकार हल प्रस्तुत किया गया है।

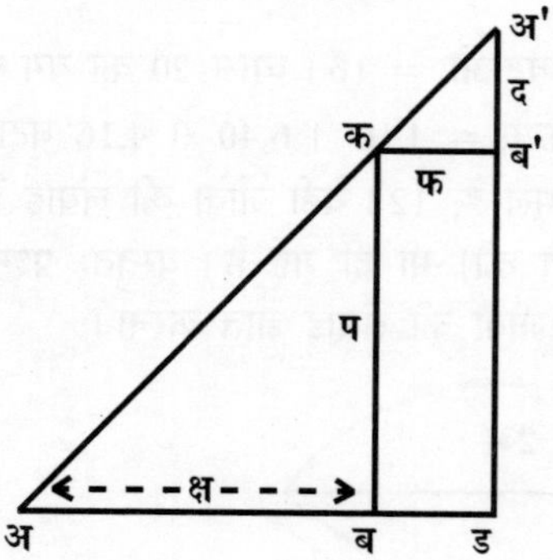

चित्र 3.16 : (आकृति) : त्रिभुजों की समरूपता के आधार पर हल किए गए उपर्युक्त सवाल की रचना।

यूनानी दार्शनिकों की तरह वृत्त के प्रति बेबीलोन वालों का विशेष आकर्षण नहीं था। अधिकांश उपलब्ध फलकों में π के लिए 3 का ही मान मिलता है। परंतु 1936 में सूसा (प्राचीन एलाम की राजधानी) से प्राप्त एक फलक का अध्ययन करके फ्रांसीसी पुरातत्ववेत्ता ई.एम. ब्रुई ने π के लिए $3\frac{1}{8}$ (= 3.125) मान भी खोज निकाला है, जो कि लगभग सही मान 3.1416 से कुछ कम है। किंतु कई सदियों बाद बाइबिल में π का मान 3 ही देखने को मिलता है।[9]

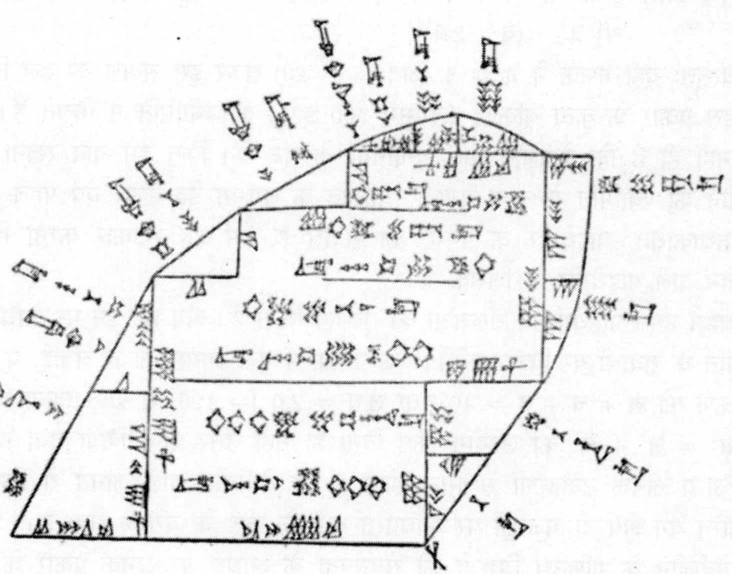

चित्र 3.17 : (आकृति) : बहुभुजीय क्षेत्र को चतुर्भुजीय व त्रिभुजीय क्षेत्रों में विभाजित करके उसका क्षेत्रफल प्राप्त किया जाता था।

बेबीलोन के गणितज्ञों ने वर्ग, आयत तथा समकोण त्रिभुज के क्षेत्रफल ज्ञात करने के लिए सही सूत्रों का इस्तेमाल किया है। परंतु अन्य बहुभुजों के क्षेत्रफलों के लिए जिन सूत्रों का प्रयोग हुआ है उनमें भुजाओं को लंबरूप माना गया है। किंतु समद्विबाहु त्रिभुज का क्षेत्रफल ज्ञात करने के लिए पहले इसे दो समकोण त्रिभुजों में विभक्त किया जाता था। घनों तथा समांतर फलकों का आयतन ज्ञात करने के लिए भी सही सूत्रों (आधार का क्षेत्रफल × ऊंचाई) का प्रयोग किया गया है। सामान्यतः सरल अंकगणित के सवालों के साथ आयतनों की चर्चा की गई है। जैसे, मजदूरों द्वारा खोदी गई भूमि के आयतन के आधार पर उनकी मजदूरी निर्धारित करना। पिरामिड के छिन्नक (frustrum) का आयतन ज्ञात करने के लिए प्रायः निम्नलिखित सूत्र का प्रयोग किया गया है :

आयतन = ½ (**अ**^{2} + **ब**^{2}) **द**, जहां **अ** तथा **ब** आधार की भुजाएं हैं और **द** ऊंचाई है। उपलब्ध फलकों में गोलाकार आकृतियों की अधिक चर्चा नहीं मिलती। बेलन अथवा सिलिंडर का आयतन भी $\pi = 3$ मानकर ही निकाला गया है। बेबीलोन के गणितज्ञों को गोल का आयतन ज्ञात करने का सूत्र मालूम नहीं था।

माप-तौल

व्यापार-वाणिज्य माप-तौल का जनक है। बेचने और खरीदने का अर्थ ही है—माप, बाट और तराजू का अस्तित्व। मेसोपोटामिया की खुदाई में व्यापार-व्यवसाय से संबंधित बहुत अधिक फलक मिले हैं। इनमें से प्राचीन बेबीलोनी फलकों में माप-तौल की षाष्टिक पद्धति का ही प्रयोग देखने को मिलता है। लंबाई, माप और तौल की मौलिक इकाइयां थीं—हाथ (क्यूबिट), 'का' और 'मिना'। प्रायः सभी प्राचीन सभ्यताओं में लंबाई का माप 'हाथ' ही रहा है। सुमेरी राजकुमार गुडिया के घुटनों के ऊपर नगर-नक्शे के साथ एक मापदंड भी देखने को मिलता

चित्र 3.18 : सुमेरी राजकुमार की गोद में नगर का नक्शा और मापदंड।

चित्र 3.19 : मेसोपोटामिया के बाट (ऊपर असीरिया से प्राप्त आरमी बाट)।

है। अन्य प्रमाणों के साथ इसकी तुलना करके पुरातत्ववेत्ता परिणाम पर पहुंचे हैं कि बेबीलोन वालों का हाथ, जिसे वे 'अम्मतु' कहते थे, 525 मिलीमीटर से 530 मिलीमीटर के बीच (लगभग 20 इंच) होता था। इस इकाई को 30 'उबानु' में विभाजित किया जाता था। एक 'का' 8.37 लिटर के बराबर था और एक 'मिना' लगभग 500 ग्राम के बराबर। यह 'मिना' $\frac{1}{240}$ घन-हाथ पानी के बराबर था। मेसोपोटामिया से बाट तो कई मिले हैं, किंतु अब तक कोई तराजू नहीं मिला है।

सुमेरी-बेबीलोनी व्यापारी सिक्कों का उपयोग नहीं जानते थे। वे व्यापार-विनिमय के लिए आरंभ में जौ और कालांतर में तांबे, चांदी तथा सोने का इस्तेमाल करते थे। ई.पू. 493 में पहली बार हख़ामनी सम्राट दारयवुश (दारा) ने ईरान में चांदी के सिक्के शुरू किए थे। बाद में बेबीलोन में भी उनका प्रचार हुआ।

काल-गणना

किसान को मौसमों की ओर देखना होता है और पुरोहित को पर्वों की तिथियां जाननी होती हैं। मेसोपोटामिया में अधिकांश जमीन मंदिरों की सम्पत्ति होती थी, इसलिए कृषिकर्म और धार्मिक कृत्यों का निर्धारण मंदिरों के पुजारियों की जिम्मेवारी थी। नील नदी की तरह दजला-फरात नदियों में नियमित समय पर बाढ़ नहीं आती थी, इसलिए काल-गणना के लिए

प्रत्यक्षतः चंद्रमा की घटती-बढ़ती कलाएं ही सर्वोत्तम पैमाना थीं। और फिर, मेसोपोटामिया के आख्यानों में चंद्र-देवता 'नन्नार' का विशेष महत्व भी था। इसलिए बेबीलोनी पुरोहितों ने अपना आरंभिक पंचांग चंद्र पर ही आधारित किया। वस्तुतः चांद्रमास का काल स्थिर नहीं होता; यह औसतन 29 दिन, 12 घंटे, 44 मिनट, 2 सेकंड का, यानी 29½ दिनों से थोड़ा अधिक होता है। इसलिए बारी-बारी से प्रत्येक महीने को 29 तथा 30 दिनों का मानकर और 13वें महीने में एक अतिरिक्त दिन जोड़कर चांद्रचक्र के साथ वर्ष का सामंजस्य स्थापित किया जा सकता है। इस प्रकार बेबीलोनवासियों का चांद्रवर्ष 354 दिनों का होता था, परंतु यदा-कदा एक अतिरिक्त दिन जोड़ने पर 355 दिनों का भी हो जाता था।

प्राचीन सुमेर में अलग-अलग नगरों में महीनों के नाम अलग-अलग थे। पहली बार हम्मूराबी के शासनकाल (1792-1750 ई.पू.) में ही महीनों के नामों में एकरूपता लाई गई, और महीनों को दिए गए वे नाम यहूदी पंचांग में आज भी प्रचलित हैं। नया वर्ष सामान्यतः वसंत-विषुव के बाद के प्रथम चंद्र-दर्शन से आरंभ होता था। प्राचीन बेबीलोनी पंचांग, जिसे लगभग 1100 ई.पू. में असीरिया वालों ने अपनाया था, निम्न 12 महीनों में विभाजित था :

1. निसाम	(मार्च-अप्रैल)	7. तेशृरित्	(सितंबर-अक्तूबर)
2. अयार	(अप्रैल-मई)	8. अराहसम्मा	(अक्तूबर-नवंबर)
3. सिवान	(मई-जून)	9. किसृलिमु	(नवंबर-दिसंबर)
4. तम्मुज़	(जून-जुलाई)	10. तेबेत्	(दिसंबर-जनवरी)
5. आब	(जुलाई-अगस्त)	11. शेबात्	(जनवरी-फरवरी)
6. एलुल्	(अगस्त-सितंबर)	12. अदार	(फरवरी-मार्च)

सप्ताह और वार बेबीलोनियों के आविष्कार हैं। चंद्रकला की चार प्रमुख स्थितियों के आधार पर चांद्रमास में सात-सात दिनों के चार 'सप्ताह' अस्तित्व में आए। 29 या 30 दिनों का महीना पूरा करने के लिए उसमें अंत में एक या दो 'पर्व-दिन' जोड़ दिए जाते थे। पुरोहितों-पुजारियों के धार्मिक कृत्यों के लिए ये अतिरिक्त 'पर्व-दिन' सुविधाजनक थे, किंतु इनकी अनिश्चितता के कारण व्यापारियों को काफी दिक्कत होती थी। इसलिए एक अन्य तरीका अपनाया गया–माध्य महीने को पांच-पांच दिनों के छह सप्ताहों में विभाजित किया गया। ई.पू. 2000 के आसपास यह व्यवस्था सुमेर में अस्तित्व में आ गई थी। कानेश और अनातोलिया के व्यापारी उपनिवेशों में भी यही पद्धति प्रचलित थी। साथ ही, सात वारों के सप्ताह की व्यवस्था भी प्रचलित रही। प्राचीन काल के (सूर्य व चंद्र सहित) सात ज्ञात 'ग्रहों' के आधार पर सात वारों का नामकरण हुआ। बेबीलोन वाले ग्रहों को देवता मानते थे।

वस्तुतः सात वारों के सप्ताह का आकाश की घटनाओं से कोई सरोकार नहीं है। फिर भी, वर्ष व मास की तरह सप्ताह को भी काल-मापन का एक मानदंड मानकर पंचांग और मानव-जीवन में महत्व का स्थान प्राप्त हो गया। इतना ही नहीं, सप्ताह के सात वार ज्योतिष-अंधविश्वास के आधार भी बन गए!

बेबीलोन वालों ने दिन (अहोरात्र) को 12 समान *बेरु* (bêru) में विभाजित किया था। अतः एक *बेरु* हमारे दो घंटों के बराबर था। चूंकि बेबीलोन की गणना-पद्धति षाष्टिक थी, इसलिए *बेरु* को 60 'दुगुने मिनटों' और प्रत्येक 'दुगुने मिनट' को 60 'दुगुने सेकंडों' में

विभाजित किया गया। काल की इन छोटी इकाइयों का सैद्धांतिक दृष्टि से ही महत्व था, क्योंकि बेबीलोन की जलघड़ियां इतनी सूक्ष्म नहीं थीं कि वे मिनटों और सेकंडों की सही जानकारी दे सकें। बाद में यहूदी, यूनानी और रोमन जातियों ने भी इस बेबीलोनी काल-विभाजन को अपनाया; और, आज तो सारे संसार में बेबीलोनी मूल की इसी मिनट-सेकंड पद्धति का प्रचलन है। बेबीलोन वालों का दिन सूर्यास्त के समय से शुरू होता था।

चांद्रमासों पर आधारित पंचांग से किसी भी कृषि-आधारित सभ्यता का काम अधिक दिनों तक नहीं चल सकता। चूंकि 12 औसत चांद्रमासों में 354 दिन ही होते हैं, इसलिए चांद्रवर्ष, सौरवर्ष से 11¼ दिन छोटा रहता है। तीन वर्षों के अनंतर इन दोनों वर्षों में एक माह से भी अधिक का अंतर पड़ जाता है। और, नौ वर्षों में तो तीन महीनों का अर्थात् एक पूरी ऋतु का फर्क पड़ेगा। इस अंतर को पाटने के लिए कुछ वर्षों के साथ 13वां अधिमास जोड़ने की व्यवस्था जरूरी थी। आरंभ में यह व्यवस्था कृषिकर्म के कारण महसूस की गई, किंतु जल्दी ही इसे ज्योतिषीय आधार प्रदान किया गया : प्रेक्षण के आधार पर प्रत्येक महीने को एक तारे या तारा-समूह को सूर्यसहोदय के साथ संलग्न किया गया। इस व्यवस्था के बाद जब भी 'निर्देशक' तारा अपनी सामान्य कालावधि से भिन्न स्थिति में उदित होता दिखाई देता, तो शासन की ओर से अधिमास (मलमास) की घोषणा कर दी जाती। इस अधिमास के नामकरण के लिए विगत महीने के साथ *दिरिग्* (= अधिक) शब्द जोड़ दिया जाता था। इस प्रकार, हम्मूराबी ने *एलुल्* महीने में राजाज्ञा जारी की थी : "इस वर्ष में न्यूनता है, इसलिए आगामी महीना *एलुल्-2* होगा।" राजस्व की वसूली में विलंब न हो, इसलिए इस घोषणा के साथ हम्मूराबी ने यह भी स्पष्ट कर दिया कि, "*एलुल्-2* के 25वें दिन तक बेबीलोन को करों का भुगतान हो जाना चाहिए, न कि *तेश्रित्* (अगले महीने) के 25वें दिन तक।"

इन अधिमासों के निर्धारण के लिए कोई स्पष्ट नियम नहीं था। इसलिए किसी वर्ष में 13 महीने होते, किसी में 14 महीने भी होते, तो कभी-कभी लगातार दो वर्षों में 13 महीने होते थे। ई.पू. छठी सदी तक यही व्यवस्था चलती रही।

शताब्दियों के प्रेक्षणों से अंत में बेबीलोनी पुरोहित-ज्योतिषियों को पता चला कि 235 चांद्रमास 19 सौरवर्षों के बराबर होते हैं (अर्थात्, 19 सौरवर्ष = 19 चांद्रवर्ष + 7 चांद्रमास)। बेबीलोन में ई.पू. पांचवीं सदी में 19 चांद्रवर्षों में 7 अधिमास जोड़ने का नियम अस्तित्व में आ गया था। बाद में यूनानी ज्योतिषी मेतोन (लगभग 432 ई.पू.) ने इस नियम को अथेंस में लागू करना चाहा, किंतु वहां के निवासियों

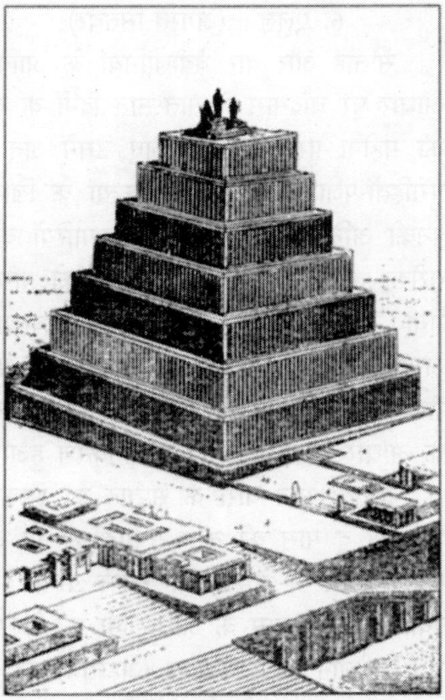

चित्र 3.20 : बेबीलोन के जिग्गुरात : मंदिर और वेधशाला साथ-साथ।

ने इसे अस्वीकार कर दिया। बाद में यूनानियों ने इस **मेतोनी वृत्त** (Metonic Cycle) को अपना लिया, और 46 ई.पू. में ज्यूलियन पंचांग को स्वीकार करने तक वहां इसका व्यवहार होता रहा। यहूदी चांद्र पंचांग में आज भी मेतोनी वृत्त का प्रचलन है।

आकाशीय घटनाओं के प्रेक्षण में मानव की अभिरुचि को एक तरफ तो पंचांग की आवश्यकता ने प्रेरित किया और दूसरी तरफ भाग्यफल ने। शताब्दियों के सतत प्रेक्षणों से संचित आंकड़ों और अनुभवों के आधार पर आदमी जब आकाशीय घटनाओं का पूर्व-निर्धारण करने लग जाता है, तब ज्योतिषशास्त्र का जन्म होता है। लगभग 1800 ई.पू. से मेसोपोटामिया में शकुनों से संबंधित अंकित फलक मिलने लग जाते हैं। बेबीलोन वालों का यह शकुन अथवा पूर्वलक्षण-ज्ञान प्रमुखतः चंद्र-ग्रहणों के घटित होने पर आधारित था। इससे पता चलता है कि वहां शताब्दियों पहले से आकाशीय घटनाओं का प्रेक्षण किया जाता रहा और इन प्रेक्षणों का लेखा-जोखा रखा जाता था। परवर्ती बेबीलोनी ज्योतिष-फलकों में शुद्ध गणितीय गणनाओं के आधार पर तैयार की गई चंद्र-ग्रहणों के निर्धारण की तालिकाएं मिलती हैं। ये तालिकाएं ई.पू. तीसरी शताब्दी की होने पर भी ये प्राचीन प्रेक्षणों पर आधारित हैं। नियमित तथा व्यवस्थित प्रेक्षण ई.पू. आठवीं सदी के पहले ही आरंभ हो गए थे। ईसा से दो हजार साल पहले बेबीलोनी ज्योतिषी चंद्र-ग्रहणों का पूर्व-निर्धारण करने लग गए थे। उसी समय वे जानते थे कि केवल पूर्णिमा के दिन और चंद्र द्वारा रविमार्ग या क्रांतिवृत्त (ecliptic) को काटने के समय ही चंद्र-ग्रहण घटित होता है। बेबीलोनी ज्योतिषी आकाश के किसी भी अन्य भाग की अपेक्षा क्रांतिवृत्त या रविपथ से अधिक परिचित थे।

सूर्य-ग्रहण की भविष्यवाणी करना ज्यादा कठिन काम था। कारण यह है कि पृथ्वी के किसी एक स्थान से सूर्य-ग्रहण का दर्शन, न केवल सूर्य व चंद्र से पृथ्वी की दूरी पर, अपितु इन पिंडों के सापेक्ष आयामों पर भी निर्भर करता है। किंतु उस समय बेबीलोन वालों को इन आयामों की जानकारी नहीं थी। बेबीलोनी ज्योतिषी केवल सैद्धांतिक रूप से ही सूर्य-ग्रहण की भविष्यवाणी करने में समर्थ थे।

कुछ विद्वानों का मत है कि बेबीलोन के ज्योतिषियों ने चंद्र व सूर्य ग्रहणों के 18 वर्ष तथा 11 दिनों के आवर्तन-चक्र या **सारोस-चक्र** (Saros Cycle) का आविष्कार कर लिया था। लेकिन इस मान्यता के लिए ठोस सबूत नहीं मिलते।

बेबीलोन वालों का ज्योतिष-ज्ञान उनकी उन्नत गणितीय गणनाओं पर आधारित होने के कारण उन्होंने प्राचीन काल में ही ज्योतिषीय तथ्यों का पर्याप्त संग्रह कर लिया था। उनकी प्राचीनतम गणनाएं (1) विभिन्न ऋतुओं में रात व दिन की लंबाई, (2) चंद्र का उदय व अस्त, (3) शुक्र ग्रह का प्रकट व लुप्त होना, आदि से संबंधित थीं। 2100 ई.पू. से जो शकुन-फलक मिलने लग जाते हैं, उनमें फलित-ज्योतिष के साथ-साथ तारों तथा ग्रहों के बारे में भी जानकारी मिलने लग जाती है।

बेबीलोन के ज्योतिष में फलित के तत्व अधिक होने पर भी उन्होंने आकाश का अवलोकन करके जो खगोलीय तथ्य एकत्र किए थे और उन तथ्यों को उन्होंने जो गणितीय आधार प्रदान किया था, उसे देखते हुए हम निस्संकोच कह सकते हैं कि प्राचीन मेसोपोटामिया का ज्योतिष वैज्ञानिक था।

संदर्भ और टिप्पणियां

1. योगात्मक भाषाओं में अर्थ-तत्व और संबंध-तत्व, दोनों में योग होता है, अर्थात् ये मिले-जुले रहते हैं; इसीलिए ये भाषाएं योगात्मक (agglutinative) कहलाती हैं। संसार की अधिकांश भाषाएं योगात्मक हैं। सुमेरी भाषा, जो अब लुप्त हो चुकी है, अश्लिष्ट योगात्मक (simple agglutinative) या प्रत्यय-प्रधान भाषा थी। अश्लिष्ट योगात्मक भाषाओं में संबंध-तत्व (प्रत्यय) अर्थ-तत्व से इस तरह संयुक्त होता है कि दोनों को ही स्पष्ट पहचाना जा सकता है।
2. हम्मूराबी के शासनकाल में एक विधि-संहिता (Code of Laws) बनाई गई थी, जिसका पालन साम्राज्य की सारी प्रजा के लिए अनिवार्य था। यह विधि-संहिता ढाई मीटर ऊंचे एक काले पत्थर पर बेबीलोनी कीलाक्षरों में खुदी हुई है और इसके ऊपरी भाग में सम्राट हम्मूराबी की आकृति उकेरी गई है। इस संहिता की पहली ही दंड-व्यवस्था है : "जो मंदिर अथवा राजा की सम्पत्ति चुराएगा, उसे प्राणदंड मिलेगा और जो चुराई हुई वस्तु रखेगा, वह भी प्राणदंड का भागी होगा।"

चित्र 3.21 : हम्मूराबी (दाएं)।

3. मार्दुक (Marduk), जिसे **बेल** (Bel = प्रभु) भी कहा जाता था, पहले बेबीलोन का नगर-देवता था, परंतु बाद में समूचे बेबीलोनी राज्य का प्रमुख राष्ट्रीय देवता बन गया था। बेबीलोन के ह्रासकाल में भी मार्दुक की लोकप्रियता कायम रही।
4. बोग़ाज-कोई के अभिलेखागार में ऐसे चार अंकित फलक मिले हैं, जिनकी भाषा संस्कृत से काफी मिलती-जुलती है। मितानी राज्य के किसी किक्कुली नामक व्यक्ति ने घोड़ों की शिक्षा के बारे में एक पुस्तक लिखी थी। यहां हम इस भाषा के कुछ संख्यावाचक शब्दों की संस्कृत के शब्दों के साथ तुलना प्रस्तुत कर रहे हैं :

मितानी	**संस्कृत**
ऐक वर्तन्न (एक घुमाव)	एक वर्तनम्
तेर वर्तन्न (तीन घुमाव)	त्रि वर्तनम्
पंज वर्तन्न (पांच घुमाव)	पंच वर्तनम्
सत्त वर्तन्न (सात घुमाव)	सप्त वर्तनम्, इत्यादि।

अन्य उल्लेखों से पता चलता है कि मितानी शासक इंद्र, वरुण, मित्र (ईरानी मिथ्र = सूर्य) तथा नासत्यों (दो अश्विनीकुमार) जैसे देवताओं की आराधना करते थे। वस्तुतः मितानी राज्य में जनता तो हुर्री भाषा बोलती थी, किंतु इनके मितानी शासक आर्यभाषी थे। एक अभिलेख में दुशरत्त (दशरथ) नामक मितानी शासक के बारे में जानकारी मिलती है।

5. हख़ामनी सम्राट दारा या दारयवहु (Derius : 521-486 ई.पू.) ने ईरान के किरमनशाह शहर के पास की बेहिस्तुन चट्टान पर 516 ई.पू. में तीन भाषाओं—बेबीलोनी (अक्कदी), एलामी

चित्र 3.22 : बेहिस्तुन कीलाक्षर लेख।

और पुरानी पारसी–और तीन कीलाक्षर लिपियों में लेख खुदवाए थे। ये तीनों कीलाक्षर लिपियां एक ही मूल सुमेरी कीलाक्षर लिपि से विकसित हुई थीं। बेहिस्तुन लेखों की इन कीलाक्षर लिपियों का उद्‌घाटन हेनरी रॉलिंसन (1819-1895 ई.) ने किया।

6. Cuneiform शब्द लैटिन के *cuneus* (अंग्रेजी wedge या हिंदी 'कील') और *forma* (अंग्रेजी shape या हिंदी 'आकृति') शब्दों के मेल से बना है। कीलाक्षर लिपि तथा इससे निर्मित लिपियों की विस्तृत जानकारी के लिए देखिए गुणाकर मुळे, **अक्षर-कथा** (द्वितीय संशोधित संस्करण, प्रकाशन विभाग, भारत सरकार, नई दिल्ली, 2003) में **कीलाक्षर लिपियां** अध्याय।
7. हमारे देश में वैदिक काल में संख्याओं को ठीक किस प्रकार के संख्या-संकेतों में लिखा जाता था, इसके लिए हमें कोई प्रमाण नहीं मिलते; किंतु घटाने की इस पद्धति का हमारे यहां भी अस्तित्व रहा है–आरंभ से लेकर आज तक–कम से कम संख्याओं के नामों में। **तैत्तिरीय-संहिता** में 19 व 39 के लिए क्रमशः 'एकान्नविंशति' (20-1) व 'एकान्नचत्वारिंशत्' (40-1) शब्द मिलते हैं। बाद में 'एक' का लोप करके इन्हें क्रमशः 'ऊनविंशति' व 'ऊनचत्वारिंशत्' कहा जाने लगा। घटाने की इस प्रकार की पद्धति आज भी हमारी संख्या-संज्ञाओं में विद्यमान है; जैसे, 'उन्नीस', 'उन्तालीस', '.उनन्चास' आदि।
8. तथाकथित 'पाइथेगोर का प्रमेय' लगभग इन्हीं शब्दों में **शुल्वसूत्रों** (लगभग 500 ई.पू.) में भी आया है। **बौधायन** का सूत्र (1.48) है : **दीर्घचतुरस्रस्याक्ष्णयारज्जुः पार्श्वमानी तिर्यङ्मानी च यत् पृथग्भूते कुरुतस्तदुभयं करोति** (अर्थात्, किसी आयत के विकर्ण पर खींचा गया वर्ग क्षेत्रफल में उन दोनों वर्गों के समान होता है जो दोनों भुजाओं पर खींचे जाएं)। शुल्वसूत्रों में उपर्युक्त प्रमेय की पुष्टि में कई परिमेय संबंध-सूत्र प्रस्तुत किए गए हैं। उदाहरणार्थ :

$$3^2 + 4^2 = 5^2$$
$$9^2 + 12^2 = 15^2$$
$$12^2 + 16^2 = 20^2, \quad \text{इत्यादि।}$$

इस प्रमेय की जानकारी, पाइथेगोर के भी सदियों पहले, न केवल भारतीयों और बेबीलोनवासियों को, बल्कि मिस्र और चीन वालों को भी रही है। सारांश यह कि, 'पाइथेगोर का प्रमेय' पाइथेगोर के काफी पहले कई देशों में ज्ञात था और इसे व्यावहारिक उपयोग के जरिए खोजा गया था। यह प्रमेय हमारी प्राचीन सभ्यताओं की सामूहिक देन है, सार्वभौमिक धरोहर है।

9. वृत्त की परिधि और व्यास के अनुपात (π) का मान गणित की प्रगति का एक मोटा-सा मापदंड है। प्रायः सभी प्राचीन सभ्यताओं में π का मान 3 ही माना गया था। **बौधायन शुल्वसूत्र** (लगभग 500 ई.पू.) में π का मान 3 दिया गया है। शुल्वसूत्रों में इस अनुपात के लिए 3.0888 मान भी खोजा गया है। बाद के गणित-ज्योतिष के भारतीय ग्रंथों में π का मान $\sqrt{10}$ (= 3.1822) भी देखने को मिलता है। मगर आर्यभट-प्रथम (499 ई.) ने π का मान $\frac{62832}{20000}$ यानी 3.1416 दिया है, और इसे भी उन्होंने 'आसन्न' अर्थात् सन्निकट मान कहा है। ब्रह्मगुप्त (628 ई.) ने π के 3 तथा $\sqrt{10}$ मानों का उपयोग किया है। भास्कराचार्य (1150 ई.) का π का मान 3.1416 ही था।

   प्राचीन मिस्र के **आह्मोस पेपीरस** (ई.पू. सत्रहवीं सदी) में $\pi = 3.1605$ है। यूनानी गणितज्ञ आर्किमीदीज ने एक विशिष्ट विधि से परिणाम प्राप्त किया था : $3.140845 < \pi < 3.142857$। मगर आगे जाकर चीनी गणितज्ञ चू छिङचि (429-500 ई.) ने एक अधिक बेहतर मान दिया : $3.1415926 < \pi < 3.1415927$; और, उनका कामचलाऊ मान था $\frac{355}{113}$। अधिक जानकारी के लिए देखिए S. Das Gupta, **Pi - An Unending Story in Mathematics**, NCERT, New Delhi, 1990.

4

चीन की अंक-पद्धति

ऐतिहासिक पृष्ठभूमि

चीन की सभ्यता उतनी ही पुरानी है, जितनी कि मिस्र, मेसोपोटामिया और भारत की सभ्यताएं। चीन के होनान प्रांत के याङशाओ स्थान से छह-सात हजार वर्ष पुराने नवपाषाण युग के चित्रित भांड मिले हैं, इसलिए इस संस्कृति को 'याङशाओ संस्कृति' का नाम दिया गया है। इस संकृति के लोग अपने मकान बनाते थे, ज्वार-बाजरे की खेती करते थे, मिट्टी के बर्तनों में खाना पकाते थे। इन बर्तनों पर ज्यामितीय आकृतियां (वृत्त, त्रिभुज आदि) और कुछ विशिष्ट चिह्न अंकित हैं। इन चिह्नों में जो खड़ी लकीरें हैं, उन्हें चीन के सबसे प्राचीन अंक-संकेत समझा जाता है।

ई.पू. 27 सदियों पहले चीन की ह्वाङ्हो नदी (पीत नदी) घाटी में अनेक कबीले और कबीला-संघ थे। उनमें ह्वाङ ती के नेतृत्व वाला कबीला-संघ सबसे शक्तिशाली था। यह कबीला

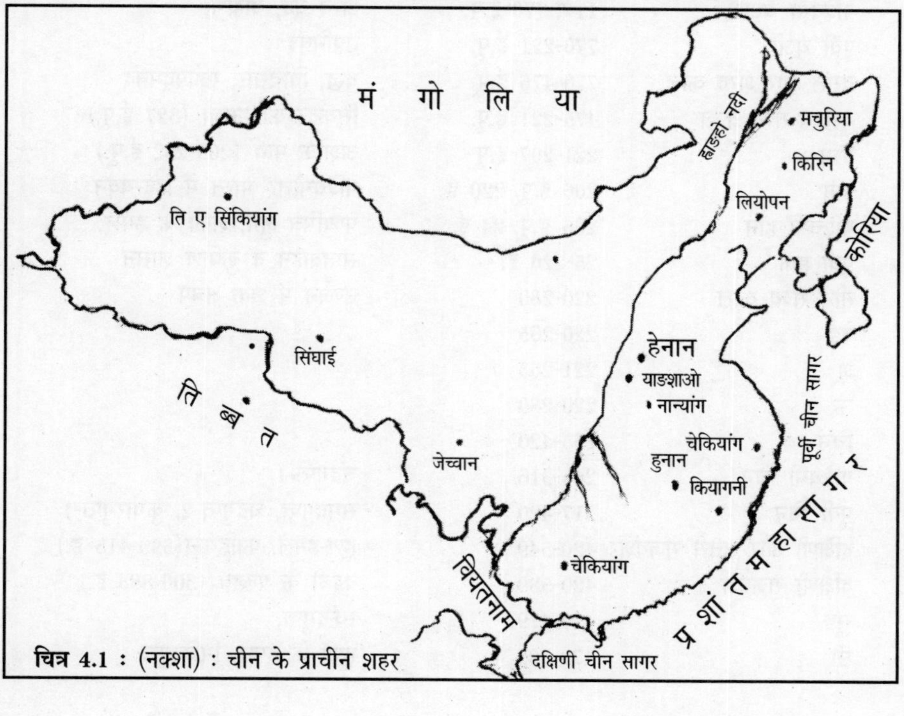

चित्र 4.1 : (नक्शा) : चीन के प्राचीन शहर

ह्वाङ्हो नदी (पीत नदी) घाटी में बसा होने के कारण ह्वाङ ती को 'पीत सम्राट' का नाम मिला। किंवदंतियों में ह्वाङ ती को चीनी राष्ट्र का संस्थापक माना जाता है। इस पीत सम्राट के समय (2697 ई.पू.) में चीन में कई नए आविष्कार हुए : बैलगाड़ियां व नौकाएं बनीं और रेशम का उत्पादन शुरू हुआ। परंतु इस युग का सबसे बड़ा आविष्कार था–लेखन-कला। चीनी परंपरा के अनुसार, फू-ह्सी नामक व्यक्ति ने चीनी लिपि का आविष्कार किया था और पीत सम्राट के एक मंत्री त्साङ-ची ने इस लिपि में सुधार करके इसे स्थायी रूप दिया। उस काल में चीन में दो सबसे प्रभावशाली कबीले थे–श्या और शाङ। श्या राजवंश की स्थापना ई.पू. 21वीं सदी में हुई थी। श्या के पतन के बाद उसका स्थान शाङ राजवंश (16वीं-11वीं सदी ई.पू.) ने ले लिया। शाङ काल में कांस्य-धातुकर्म का विकास हुआ, खेतीबारी व पशुपालन में तरक्की हुई, रेशम की तकनीक में सुधार हुआ और चीनी लिपि ने चित्रलिपि से आगे बढ़कर भावमूलक रूप धारण कर लिया। यह चीनी लिपि पशुओं की हड्डियों और कछुओं के कवचों पर लिखी जाती थी। हड्डियों को आग में तपाने से उनमें जो दरारें पड़ती थीं, उनके आधार पर उस समय के चीनी ओझा जनता को 'भविष्य' बतलाते थे और बाद में वही 'देववाणी' उन हड्डियों पर अंकित कर दी जाती थी। इसलिए शाङ काल की इन हजारों अंकित हड्डियों को 'देववाणी अस्थियों' का नाम दिया गया है। कांसे के बर्तनों पर भी लिपि-संकेत मिलते हैं। शाङ काल में चांद्र पंचांग भी अस्तित्व में आ गया था।

चीन के राजवंशों का कालक्रम		**भारत से तुलना**
श्या	21वीं-16वीं सदी ई.पू.	हड़प्पा संस्कृति
शाङ	16वीं-11वीं सदी ई.पू.	ऋग्वैदिक काल
पश्चिमी चओ	11वीं-770 ई.पू.	अन्य वेद, ब्राह्मण,
पूर्वी चओ	770-221 ई.पू.	उपनिषद
वसंत और शरद काल	770-476 ई.पू.	बुद्ध, बिंबिसार, महापद्मनंद
युद्धरत-राज्य काल	475-221 ई.पू.	सिकंदर का हमला (327 ई.पू.)
छिन	221-207 ई.पू.	अशोक मौर्य (269-232 ई.पू.)
हान	206 ई.पू.-220 ई.	पश्चिमोत्तर भारत में हिंद-यवन
पश्चिमी हान	206 ई.पू.-24 ई.	पुष्यमित्र शुंग, शकों के हमले
पूर्वी हान	25-220 ई.	सातवाहन व कुषाण शासन
तीन राज्य काल	220-280	उज्जैन में शक क्षत्रप
वेइ	220-265	
शू	221-263	
ऊ	220-280	
चिन	265-420	
पश्चिमी चिन	265-316	चंद्रगुप्त-1
पूर्वी चिन	317-420	समुद्रगुप्त, चंद्रगुप्त-2, कुमारगुप्त-1
दक्षिणी और उत्तरी राजवंश	420-549	हूण-हमले, फाहियान(399-415 ई.)
दक्षिणी राजवंश	420-589	कांची के पल्लव (300-888 ई.)
सुङ	420-479	स्कंदगुप्त,
छी	479-502	हूणों के हमले, मिहिरकुल

ल्याङ	502-557	गुप्तों का अवसान
छन	557-589	वातापी के चालुक्य (550-757 ई.)
उत्तरी राजवंश	386-581	फाहियान की भारत-यात्रा
उत्तरी वेइ	386-534	
पूर्वी वेइ	534-550	
पश्चिमी वेइ	535-557	
उत्तरी छी	550-577	
उत्तरी चओ	557-581	
स्वेइ	581-618	हर्षवर्धन, युवान-च्वाङ
थाङ	618-907	सिंध पर अरबों का कब्जा (712 ई.)
पांच राजवंश व दस राज्य	907-979	
सुङ	960-1279	
उत्तरी सुङ	960-1127	
दक्षिणी सुङ	1127-1279	देवगिरि के यादव, मार्को पोलो
ल्याओ	916-1125	तंजावूर के चोळ
किन	1115-1334	तराई का दूसरा युद्ध (1192 ई.)
य्वान	1271-1368	खिलजी सुलतान
मिङ	1368-1644	तुग़लक, मुग़ल, बहमनी, विजयनगर
छिङ	1644-1911	साम्राज्य (1336-1565 ई.)

विज्ञान और संस्कृति की महान उपलब्धियों की दृष्टि से चीन के हान राजवंश काल (200 ई.पू.-220 ई.) का विशेष महत्व है। इस काल के छांग हेंग नामक वैज्ञानिक ने भूकंप-सूचक यंत्र तथा कई जलशक्ति-चालित ज्योतिष-यंत्रों का आविष्कार किया।[1] चीन में कागज का आविष्कार भी इसी काल में हुआ। पूर्वी हान राजवंश के काल (25-220 ई.) में चीन में बौद्ध धर्म का प्रवेश हुआ। दक्षिणी और उत्तरी राजवंशों के काल (420-589 ई.) में इसका और अधिक प्रचार-प्रसार हुआ और शासक-वर्ग के बहुत से लोग इसके अनुयायी बन गए। इन्हीं राजवंशों के काल के प्रसिद्ध गणितज्ञ चू छुङचि ने π (वृत्त की परिधि और व्यास का अनुपात) का एक काफी शुद्ध मान निर्धारित किया।

चित्र 4.2 : भूकंप लेखी

चित्र 4.3 : सु सुङ की यांत्रिक ज्योतिष घड़ी

चीन के थाङ काल (618-907 ई.) और पांच राजवंश काल (907-979 ई.) भी वैज्ञानिक उपलब्धियों की दृष्टि से महत्वपूर्ण हैं। चीन में बारूद का आविष्कार पहले ही हो चुका था; इस काल में उसका युद्धों में इस्तेमाल शुरू हो गया। थाङ काल में लकड़ी के ब्लॉकों से छपाई होने लगी। आगे पांच राजवंश काल में पी शङ ने

अलग-अलग टाइपों का आविष्कार किया, तो छपाई में सुधार हुआ।

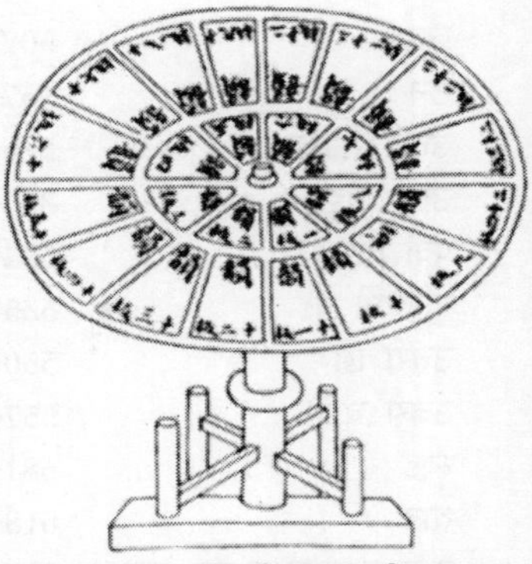

चित्र 4.4 : चीन में आरंभ में पुस्तक छापने का लकड़ी का ब्लॉक

चित्र 4.5 : 'सिनान' कुतुबनुमा

चीन में कुतुबनुमा (कंपास) का आविष्कार पहले ही हो चुका था; अब सुङ काल (960-1279 ई.) में उसका इस्तेमाल जहाजरानी के लिए भी होने लगा। खगोलविद् क्वो शओचिङ ने एक नया पंचांग तैयार किया और कई ज्योतिष-यंत्र तैयार किए। सुङ और य्वान (मंगोल) काल में कई श्रेष्ठ साहित्यकार हुए। इस काल में वाणिज्य-व्यवसाय और विदेशी व्यापार में भी वृद्धि हुई; बहुत से विदेशी व्यापारी व यात्री चीन पहुंचे। इसी काल में वेनिस के यात्री मार्को पोलो (1288-92 ई.) और मोराको के यात्री इब्नबतूता (1342 ई.) भारत होते हुए चीन पहुंचे।[2]

ईसा की 13वीं सदी में एशिया के इतिहास में मंगोल प्रभुता का उदय हुआ। मंगोलों के खान छिंगीस (1162-1227 ई.) ने प्रशांत महासागर से भूमध्यसागर तक और साइबेरिया से हिमालय तक अपने साम्राज्य का विस्तार किया। छिंगीस के पौत्र कुबीले खान (1260-94 ई.) ने चीन पर शासन किया। अपनी मृत्यु के पहले कुबीले खान अपने और अपनी जाति के लिए बौद्ध धर्म स्वीकर कर चुका था। चीन में मंगोल वंश को य्वान वंश भी कहते हैं। 1368 ई. में चीन में मंगोल शासन का अंत हुआ। मंगोलों को भगा देने के बाद चीन में मि ङ राजवंश (1368-1644 ई.) की स्थापना हुई। 1421 ई. में राजधानी नानकिङ से पेइचिङ लाई गई। मिङ शासकों ने एशिया के अन्य देशों की ओर सामुद्रिक अभियान भेजे, कई देशों में अपने राजदूत भेजे। इन प्रयासों से पूर्व और पश्चिम के देश एक-दूसरे के अधिक निकट आए।

सोलहवीं सदी की शुरुआत होने पर यूरोप की कई जातियां चीन में पहुंचने लगीं। सबसे पहले 1514 ई. में पुर्तगाली पहुंचे। कुछ साल बाद मकाऊ और अमोय में उन्होंने अपनी बस्तियां स्थापित कीं। 1622 ई. में डच लोगों ने ताइवान (फार्मोसा) पर अधिकार कर लिया। 1637 ई. में अंग्रेज भी अपने माल लदे जहाज लेकर कंतोन पहुंचने लगे। इन विदेशियों से बचने के लिए चीन ने अपने दरवाजे बंद करने की बहुत कोशिश की, किंतु विदेशियों को रोकने का सामर्थ्य अब उनमें नहीं रह गया था। इटली के ईसाई धर्म-प्रचारक मोतियो रिची के साथ ईसाई धर्म गोवा होते हुए 1582 ई. में मकाओ पहुंचा। राजधानी पेइचिङ में 1610 ई. में पहला गिरजाघर बना। मिङ राजवंश की समाप्ति के बाद मंचू या छिङ राजवंश (1644-1911 ई.) चीन पर शासन करता रहा। इस काल में चीन के लोग यूरोप के विज्ञान से परिचित हुए। 1912 ई. से चीन की भूमि पर से राजवंशीय शासन सदा के लिए समाप्त हो गया। 1949 ई. से वहां साम्यवादी चीनी लोकतंत्र का शासन है।

चीनी भाषा और लिपि

चीनी, तिब्बती-चीनी परिवार की भाषा है। इस भाषा-परिवार के दो प्रमुख उप-परिवार हैं—चीनी-स्यामी और तिब्बती बर्मी। इनमें चीनी भाषा को चीनी-स्यामी परिवार के अंतर्गत रखा

जाता है। इस विशाल भाषा-परिवार की सबसे बड़ी विशेषता यह है कि इसके मूल शब्द प्रायः एकाक्षरी हैं। चीनी भाषा वियोगात्मक है, अर्थात् इसमें भारत-यूरोपीय परिवार की भाषाओं की तरह संबंधतत्व–विभक्ति, प्रत्यय आदि–नहीं हैं। तात्पर्य यह कि भाषा के जिस व्याकरण से हम परिचित हैं, उस तरह का 'व्याकरण' चीनी भाषा में नहीं है। कुछ संबंधतत्वों के लिए कुछ स्वतंत्र शब्द-संकेत हैं, जिन्हें रिक्त शब्द कहते हैं। इन्हीं से व्याकरण के संबंध स्पष्ट होते हैं। चीनी भाषा में सभी कुछ वाक्य-विन्यास पर निर्भर करता है। विशेष स्थान पर एक ही शब्द कर्ता होता है, किंतु वही शब्द बिना किसी परिवर्तन के अन्य स्थान पर कर्म हो जाता है। चीनी धातुओं में भी परिवर्तन नहीं होता। एक ही शब्द क्रिया, संज्ञा व विशेषण हो सकता है। केवल वाक्य-योजना से ही अर्थ स्पष्ट होते हैं। जैसे, 'वो' के अर्थ 'मैं' और 'मुझे' दोनों हो सकते हैं। उदाहरणार्थ, 'वो कान् ती' (= मैं तुम्हें देखता हूं) और 'नी कान् वो' (= तुम मुझे देखते हो)। कर्ता चाहे एकवचन में हो या बहुवचन में, प्रथम पुरुष में हो या मध्यम पुरुष में या अन्य पुरुष में–क्रिया एक-सी बनी रहती है।

इस प्रकार, चीनी भाषा के शब्द ऐसे अव्यय हैं जो न बढ़ते हैं, न घटते हैं और न विकृत होते हैं। वे वाक्य में जहां भी प्रयुक्त मिले, उनमें किसी प्रकार का परिवर्तन देखने में नहीं आता। चीनी में एकाक्षरी शब्दों की संख्या एक हजार से अधिक नहीं है। चीन की साहित्यिक राष्ट्रभाषा मंदारिन में 450 के आसपास ही मूल एकाक्षरी शब्द हैं, किंतु इतने ही मूल शब्द, सुर-भिन्नता के कारण, लगभग 42 हजार भिन्न-भिन्न अर्थ प्रकट करते हैं। चीनी भाषा-परिवार में तान या सुर का विशेष महत्व है। चीनी में एक ही शब्द के अनेक अर्थ होते हैं, इसलिए यदि उन्हें सुर बदलकर न कहा जाए, तो गड़बड़ी होना सहज संभव है। जैसे, चीनी भाषा के 'माइ' शब्द का अर्थ 'बेचना' और 'खरीदना' दोनों होते हैं। 'म्' के साथ लगे 'आ' के उच्चारण में जब तक सुर का ध्यान नहीं रखा जाएगा, तब तक इस शब्द का अर्थ स्पष्ट नहीं होगा। चीनी परिवार की भाषाओं में सुरों की संख्या भी कम-ज्यादा है। कंतोनी में छह सुर हैं, तो मंदारिन में चार। इसलिए मूल शब्दों की संख्या कम होने पर भी सुरों की विविधता के कारण शब्द-भंडार बढ़ जाता है।

ईसा की पहली सदी में, पूर्वी हान राजवंश के काल में, चीन में बौद्ध धर्म का प्रवेश हुआ। दक्षिणी और उत्तरी राजवंशों के काल (420-549 ई.) में इसका और अधिक प्रचार-प्रसार हुआ; शासक-वर्ग के बहुत से लोग इसके अनुयायी बन गए। चीनी भिक्षु भारत में और भारतीय बौद्ध भिक्षु चीन में पहुंचने लगे; उनके लिए चीन के कुछ नगरों में बौद्ध मंदिर व विहार स्थापित हुए। बौद्ध धर्म के ही नहीं, भारतीय गणित, ज्योतिष व चिकित्सा के अनेकानेक ग्रंथों के चीनी में अनुवाद हुए। इस कार्य में भारतीय बौद्ध पंडितों ने भी सहयोग दिया। परिणामतः बौद्ध धर्म के अनेक तत्व चीनी जीवन व साहित्य के अभिन्न की एक प्रमुख बोली थी और इसकी भी चार उपबोलियां थीं। इन्हीं में से एक–पेइचिङ की बोली–को आज राष्ट्रभाषा का गौरव प्राप्त हुआ है।

चीनी लिपि

चीनी सभ्यता का संभवतः सबसे विशिष्ट अंग है उसकी लिपि। चीनी लिपि में सहस्रों शब्द-संकेत होने पर भी उनके अंकन में किसी प्रकार का कोई असंतुलन नहीं है। इन संकेतों

की प्रत्येक रेखा में, न केवल चीनी अर्थतत्व, अपितु चीनी जनता के रीति-रिवाज, उनकी परंपरा, उनके विचार तथा उनका इतिहास अंतर्निहित है। जिस प्रकार के उचित क्रम, रेखाओं की शुद्धता और दिमाग की दक्षता की आवश्यकता चीनी सुलेखनकला में पड़ती है, वैसी संसार की किसी भी अन्य लिपि को लिखने में नहीं पड़ती। ध्वनियों की दृष्टि से कृपण होने पर भी लिखित रूप में यह भाषा परिपूर्ण है।[3]

आन्याङ (वर्तमान हेनान प्रांत) से प्राप्त हजारों 'देववाणी अस्थियों' पर पहले-पहल चीनी लिपि के दर्शन होते हैं। शाङ राजा पान केङ (1401-1374 ई.पू.) ने आन्याङ को अपनी राजधानी बनाया था। आन्याङ 'यिन्' नाम से चओ वंश की भी राजधानी रही है। आन्याङ से प्राप्त पुरावशेषों पर जो चीनी लिपि मिलती है, वह उसका आरंभिक स्वरूप नहीं, बल्कि विकसित रूप है। उस काल में चीनी चित्रलिपि ने एक भावमूलक लिपि का रूप धारण कर लिया था। शाङ काल के आरंभिक चरण (15वीं सदी ई.पू.) में चीनी लिपि पूर्ण रूप से अस्तित्व में आ चुकी थी और इसमें लगभग दस हजार संकेत थे। उसके पहले की चीनी लिपि के उद्भव एवं विकास के बारे में कोई ठोस जानकारी नहीं मिलती।

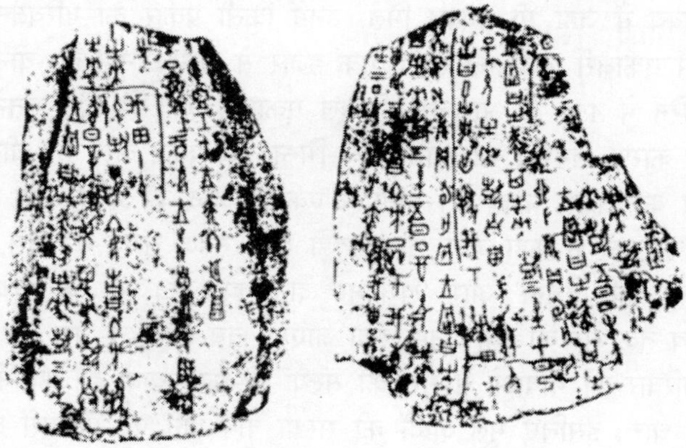

चित्र 4.6 : (अ) देववाणी अस्थियों पर चीनी लेख

चीनी आख्यानों के अनुसार, चीनी लिपि का आविष्कार फू-ह्सी (लगभग 2850 ई.पू.) ने किया था। फिर पीत-सम्राट ह्वाङ ती (2687 ई.पू.) के मंत्री त्साङ-ची ने चीनी लिपि में सुधार करके इसे स्थायी रूप दिया। त्साङ-ची के बारे में कथा है कि एक दिन कहीं जाते समय उसने रास्ते में एक कछुआ देखा और उसके आकार पर विचार किया। उसने सोचा कि इसका एक रेखाचित्र खींचकर उससे कछुए का बोध कराया जा सकता है। उसके बाद उसने दूसरे जीवों (मनुष्य, पशु, पक्षी, मछली, सर्प आदि) और निर्जीव वस्तुओं (पर्वत, नदी, सूर्य, चंद्र, मकान, वर्षा आदि) पर भी सोचा और इनके लिए उचित चित्र बनाकर उनके द्वारा इन भावों को व्यक्त करने की परंपरा चलाई। इसी से बाद में चीनी लिपि अस्तित्व में आई। इस कथा में तात्विक सचाई जान पड़ती है।

चीनी भाषा मूलतः एकाक्षरी है। इसलिए चीनी लिपि के संकेत भी एकाक्षरी हैं। यही कारण है कि शताब्दियों की उथल-पुथल के बाद भी चीनी लिपि में कोई विशेष परिवर्तन नहीं हुआ है। शब्दों के उच्चारणों में तो बहुत हेरफेर हुआ है, किंतु लिखित संकेत बहुत कम बदले

हैं। संसार की अन्य सभी प्राचीन लिपियों ने अपने चित्रात्मक स्वरूप को छोड़कर अक्षरात्मक या वर्णमालात्मक रूप ग्रहण कर लिया है; किंतु चीनी लिपि लगभग चार हजार वर्षों की दीर्घ कालावधि में भी अपने आरंभिक चित्रात्मक स्वरूप को नहीं छोड़ पाई है। आधुनिक चीनी संकेतों को शाङ-काल की 'देववाणी अस्थियों' में भी पहचाना जा सकता है। शाङ-काल में लगभग 2500 चित्र-संकेत मिलते हैं। आगे के चओ-काल (1127-771 ई.पू.) में इनमें कोई विशेष परिवर्तन नहीं हुआ। चओ-काल के अधिकांश लेख कांस्य पात्रों पर अंकित मिलते हैं।

यहां प्राचीन चीनी लेखों से संबंधित एक बात को जान लेना जरूरी है। शाङ-काल के लेखों की उस समय की चीनी भाषा के स्वरूप को आज जान पाना संभव नहीं है। चीनी लिपि यदि अक्षरात्मक होती, तो उस समय की भाषा का स्वरूप जाना जा सकता था। इन अतिप्राचीन चीनी लेखों को आधुनिक भाषाओं में पढ़ा तो जा सकता है, परंतु इनसे उस समय की चीनी भाषा पर प्रकाश नहीं पड़ता।

लेखन-सामग्री

चीनी लिपि के बाह्य स्वरूप पर लेखन-सामग्री का गहरा प्रभाव पड़ा है। ई.पू. का कोई चीनी हस्तलिखित ग्रंथ नहीं मिला है। हड्डियों और कच्छप-कवचों पर अंकित लेख 'देववाणियों' से संबंधित हैं और कांस्य पात्रों पर अंकित लेख धार्मिक कृत्यों से संबंध रखते हैं। शाङ-काल के सामान्य लेख काष्ठ-फलकों और बांसों की खपचियों पर लिखे मिलते हैं। आनयाङ के पुरावशेषों में ऐसे उच्चित्र देखने को मिलते हैं, जिनमें कुछ काष्ठ-फलकों को उनके छेदों में रस्सी डालकर बांधा हुआ दरशाया गया है। इन्हें हम उस समय की 'पुस्तकें' कह सकते हैं।[4] किंतु उत्तरी चीन की जलवायु के कारण उस समय के अंकित काष्ठ-फलक नष्ट हो गए हैं।

पुरातन काल में चीनी लिपिक बांस की नुकीली कलम से लिखते थे। हड्डियों पर धातु की नुकीली कील से संकेत उकेरे जाते थे। चीन में कूंची-कलम ('पि') का इस्तेमाल शाङ-काल से होता आ रहा है। आनयाङ के पुरावशेषों में कूंची-कलम के निशान मिले हैं और कम से कम तीन हड्डियों पर कूंची-कलम का उपयोग देखने को मिलता है। बाद में कूंची-कलम में सुधार होकर इसका प्रचार बढ़ा, तो चीनी लिपि रेशमी कपड़ों पर भी लिखी जाने लगी। लिखने के लिए कूंची का इस्तेमाल होने के कारण चीनी लिपि अधिकाधिक कलात्मक होती गई। वस्तुतः चीनी सुलेखनकला सुंदरता में चित्रकला से प्रतिस्पर्धा कर सकती है। चौथी सदी-ईसवी के दो सुलेखक चीनी लिपि के इतिहास में प्रसिद्ध हैं। उनके नाम हैं—वाङ ह्सी-ची (321-379 ई.) और वाङ ह्सिएन-ची (344-388 ई.)।

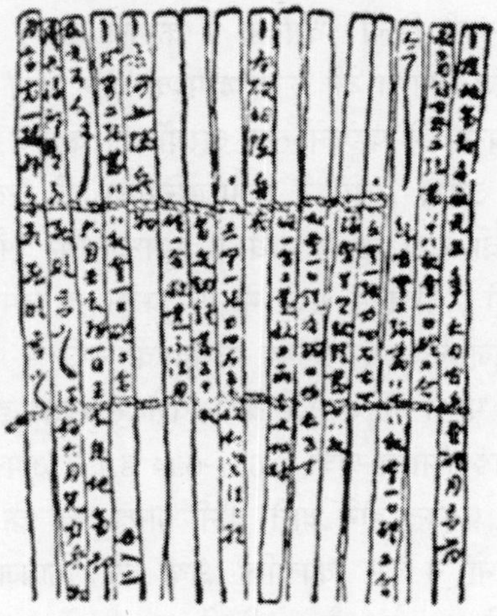

चित्र 4.7 : (ब) पूर्वी हान राजवंश काल (25-220 ई.) की बांस की खपचियों पर लिखित एक पुस्तक का अंश

कागज तथा मुद्रण

चित्र 4.8 : त्साई-लुन

चीन में कागज ईसा की आरंभिक सदियों में उपलब्ध हुआ। कागज के आविष्कार का श्रेय वहां के त्साई-लुन (मृत्यु 114 ई.) नामक व्यक्ति को दिया जाता है। वह प्राचीन चीन के पूर्वी हान वंश (20-220 ई.) के दरबार में वस्तुओं के उत्पादन का अधिकारी था। पता चलता है कि त्साई-लुन ने पेड़ों की छाल, सन के चिथड़ों और मछली पकड़ने के जालों से कागज बनाने के तरीके की 105 ई. में राजदरबार को जानकारी दी थी। किंतु नए प्रमाणों से पता चलता है कि चीनी लोगों को त्साई-लुन से कम से कम दो सौ साल पहले कागज की जानकारी मिल गई थी। मगर रेशम, बांस और काष्ठ-फलक जैसी परंपरागत लेखन-सामग्री के स्थान पर वहां कागज का व्यापक इस्तेमाल ईसा की चौथी सदी से ही संभव हो सका।

कागज, न केवल चीन में लोकप्रिय हुआ, बल्कि दुनिया में चहुंओर इसका प्रचार-प्रसार हुआ। ईसा की दूसरी सदी में कागज कोरिया में पहुंचा और ईसा की तीसरी सदी में जापान में। ईसा की तीसरी सदी के अंतिम वर्षों में हिंद-चीन के लोगों ने चीन वालों से कागज-निर्माण की तकनीक हासिल की। 751 ई. में दो कागज-निर्माताओं को बंदी बनाकर समरकंद ले जाया गया तो वहां कागज बनना शुरू हो गया; इस्लामी जगत को कागज निर्माण-कला की जानकारी मिली। बगदाद में कागज बनाने का कारखाना 793 ई. में स्थापित हुआ। वहां से कागज-निर्माण की कला दमिश्क और मिस्र में पहुंची। ईसा की बारहवीं सदी में कागज-कला के यूरोप में पहुंचने तक अरबों का कागज-कला पर एकाधिकार बना रहा।

अरबों (मूरों) ने कागज-निर्माण की कला को 1150 ई. के आसपास स्पेन में पहुंचाया। तेरहवीं सदी के उत्तरार्ध में भूमध्यसागर और इटली के मार्ग से भी यह तकनीक यूरोप में पहुंची। चौदहवीं सदी में यह फ्रांस व जर्मनी में पहुंची। कागज-निर्माण का ज्ञान नीदरलैंड, स्विट्जरलैंड और इंग्लैंड में पंद्रहवीं सदी में पहुंचा।

भारत में कागज का प्रवेश संभवतः ईसा की सातवीं सदी में हुआ। चीनी बौद्ध भिक्षु ई-चिङ (भारत-यात्रा : 671-694 ई.) ने अपने 'चीनी-संस्कृत कोश' में बताया है कि कागज के लिए प्रयुक्त होने वाले चीनी शब्द 'त्वे' के लिए संस्कृत में 'काकलि' शब्द चलता है। कुछ विद्वानों ने इस 'काकलि' शब्द को 'कागज' या 'कागद' शब्द से जोड़ा है। मगर 'कागज' अरबी का शब्द है। इसी से फारसी में 'कागद' शब्द बना। कागज के लिए संस्कृत में कोई शब्द नहीं है।

कागज की तरह मुद्रण-कला का आविष्कार भी चीन में ही हुआ। सुमेर-बेबीलोन, चीन और सिंधु सभ्यता की प्राचीन मुहरों पर चिह्न या अक्षर उकेरे जाते थे। प्रमुखतः सील लगाने के लिए इन मुहरों का उपयोग होता था।

फिर आज से करीब 1400 साल पहले, स्वेई शासन-काल (581-618 ई.) में चीन में लकड़ी के ब्लॉकों से छपाई करने का एक नया तरीका खोजा गया। इसमें पहले एक पतले पारदर्शी कागज पर पाठ लिखा जाता। फिर उस कागज को लकड़ी के एक फट्टे पर उलटा चिपका दिया जाता। फिर धीरे-धीरे फट्टे पर वे पारदर्शी अक्षर उकेरे जाते। तैयार हुए ऐसे लकड़ी के ब्लॉक पर स्याही पोतकर और कागज दबाकर पृष्ठ छापे जाते थे। चीन में लकड़ी के ऐसे ब्लॉकों से आरंभ में पंचांग और खेतीबाड़ी तथा चिकित्सा से संबंधित पुस्तकें छापी गईं। फिर बड़ी तादाद में बौद्ध धर्म से संबंधित पुस्तकें छापी गईं।

सबसे पहले चार-पांच पंक्तियों वाली बौद्ध धारणियों को छापा गया। फिर ब्लॉकों से छोटे-बड़े बौद्ध ग्रंथों को छापा जाने लगा। थाङ काल में सबसे पहले 868 ई. में बौद्ध ग्रंथ 'वज्रच्छेदिकासूत्र' को छापा गया।

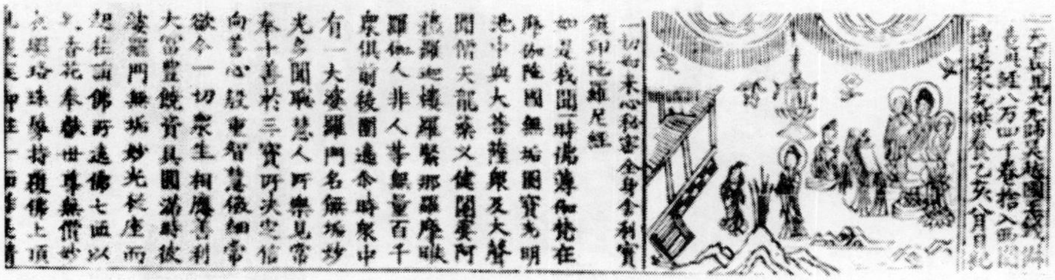

चित्र 4.9 : चीन में लकड़ी के ब्लॉकों से बौद्ध ग्रंथ 'वज्रच्छेदिकासूत्र'

फिर चीन में ही मुद्रण के क्षेत्र में एक और आविष्कार हुआ। यह 1041-48 ई. के बीच की बात है। ब्लॉकों से छपाई करने वाले पी शङ नामक एक कारीगर था।[5] हर पुस्तक के हर पृष्ठ के लिए ब्लॉक तैयार करने में बड़ी दिक्कत होती थी। पी शङ ने इसका एक कारगर उपाय खोज निकाला : प्रत्येक चीनी चिह्न के लिए एक टाइप तैयार करना। पी शङ ने गीली मिट्टी लेकर चीनी लिपि के चिह्नों के सांचे बनाए और उन्हें आग में पकाया। इस प्रकार पहली बार टाइप तैयार हुए।

मिट्टी के इन टाइपों को मोम और राल की तह वाली लोहे की एक वर्गाकार फ्रेम में अच्छी तरह टिका दिया जाता था। इस प्रकार तैयार की गई प्लेट पर स्याही पोतकर पुस्तकें छापी जाती थीं। छपाई के बाद टाइपों को अलग करके पुनः उनका इस्तेमाल हो सकता था। सुङ राजवंश काल के प्रसिद्ध वैज्ञानिक शन ख्वो (1031-95 ई.) ने अपने एक ग्रंथ में पी शङ के इस क्रांतिकारी आविष्कार की जानकारी दी है।

आगे 1300 ई. के आसपास वाङ चन नामक कृषि-वैज्ञानिक ने लकड़ी के टाइप बनाए। वाङ चन ने कृषि-विज्ञान से संबंधित अपनी पुस्तक में लकड़ी से टाइप बनाने की तकनीक की विस्तृत जानकारी दी है। साथ ही, इसमें उन्होंने एक ऐसे रोटरी केस का विवरण दिया है जिसका टाइप रखने के लिए उपयोग होता था। घूमने वाले इस गोलाकार केस से इच्छित टाइपों को खोजने और उठाने में बड़ी सुविधा होती थी।

ईसा की आठवीं सदी में ही ब्लॉकों की छपाई की जानकारी कोरिया और जापान में पहुंच गई थी। फिर 14वीं सदी में लकड़ी के टाइपों से छपाई करने की तकनीक भी कोरिया

चित्र 4.10 : रोटरी केस, पी शङ, छपाई का नमूना

व जापान में पहुंच गई। सबसे पहले कोरिया में ही धातु (तांबे) के टाइप बनाए गए। यूरोप में छपाई की शुरुआत 15वीं सदी में हुई। जर्मनी के माइंज नगर में पहले-पहल 1447 ई. में योहान गुटेनबर्ग (1397-1468 ई.) ने छापाखाना स्थापित करके पुस्तकें छापना शुरू कर दिया। हमारे देश में सबसे पहले 16वीं सदी में पुर्तगालियों ने ईसाई धर्म की कुछ पुस्तकें छापीं। परंतु भारत में सही माने में मुद्रण की शुरुआत 19वीं सदी के आरंभ में हुई। मुद्रण के इस महान आविष्कार ने पुस्तकों को, ज्ञान-विज्ञान को, समाज के सभी वर्गों के लिए सुलभ बना दिया।

गणना-पद्धति

संख्या-संकेतों का आविष्कार होने के पहले अनेक प्राचीन सभ्यताओं में और बहुत सी आदिम जातियों में घटनाओं या संख्याओं को स्मरण रखने के लिए रस्सियों में गांठें बांधने का रिवाज रहा है। दक्षिण-अमेरिका के पेरुवासी अभी कुछ वर्ष पहले तक याददाश्त के लिए गांठें बांधी हुई रस्सियों ('क्वीपू') का व्यवहार करते थे। प्रागैतिहासिक काल में चीन के लोग भी स्मरण के लिए रज्जुओं में गांठें बांधते थे। उनकी इस प्रथा का हमें कोई प्रत्यक्ष प्रमाण तो नहीं मिलता, किंतु साहित्यिक उल्लेखों से ज्ञात होता है कि 'दंड-गणना' के पहले चीन में 'रज्जु-ग्रंथि' (चिएह्-शेङ) गणना का अस्तित्व रहा है। ई.पू. छठी शताब्दी का चीनी दार्शनिक लाउ-त्से 'ताओ-तेह्-चिङ' पुस्तक में कहता है : "लोगों को पुनः 'रज्जु-ग्रंथियों (चिएह्-शेङ) पर लौटना चाहिए और उनका उपयोग करना चाहिए।" इससे यह पता चलता है कि लाउ-त्से

के समय में रज्जु-ग्रंथियों की याद अभी ताज़ी थी। चुआङ-त्सु कहता है : “शेन्-नुङ (लगभग 2800 ई.पू. का एक पौराणिक राजा) के समय में सभी राजा रज्जु-ग्रंथियों का उपयोग करते थे।” इन उल्लेखों से ज्ञात होता है कि प्रागैतिहासिक काल में चीन में स्मरण के लिए रज्जु-ग्रंथियों की प्रथा का प्रचलन रहा है।

चीनी भाषा प्रमुखतः एकाक्षरी है। इसके एक से दस तक अंकों के तथा सौ, हजार और दस हजार के द्योतक शब्द भी एकाक्षरी ही हैं। चीन में आज जो अंक-संकेत व्यवहार में लाए जाते हैं, वे लगभग इसी रूप में ई.पू. 15वीं शताब्दी की ‘देववाणी-अस्थियों’ में भी देखने को मिलते हैं। 1 से 10 तक के अंक-संकेत तथा 100, 1000, 10,000 के संकेत नीचे दिए जाते हैं :

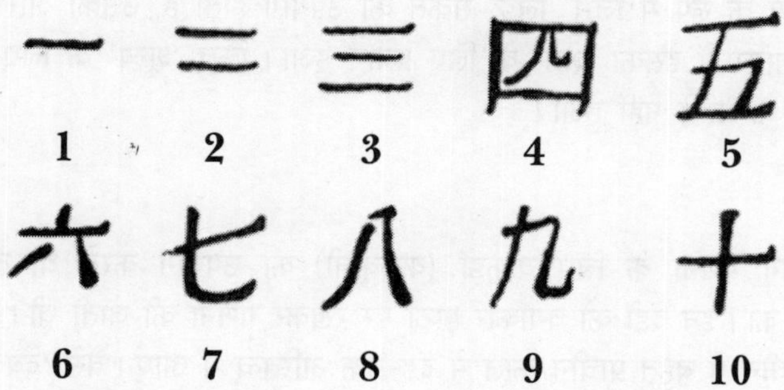

चित्र 4.11 : अंक-संकेत प्राचीन

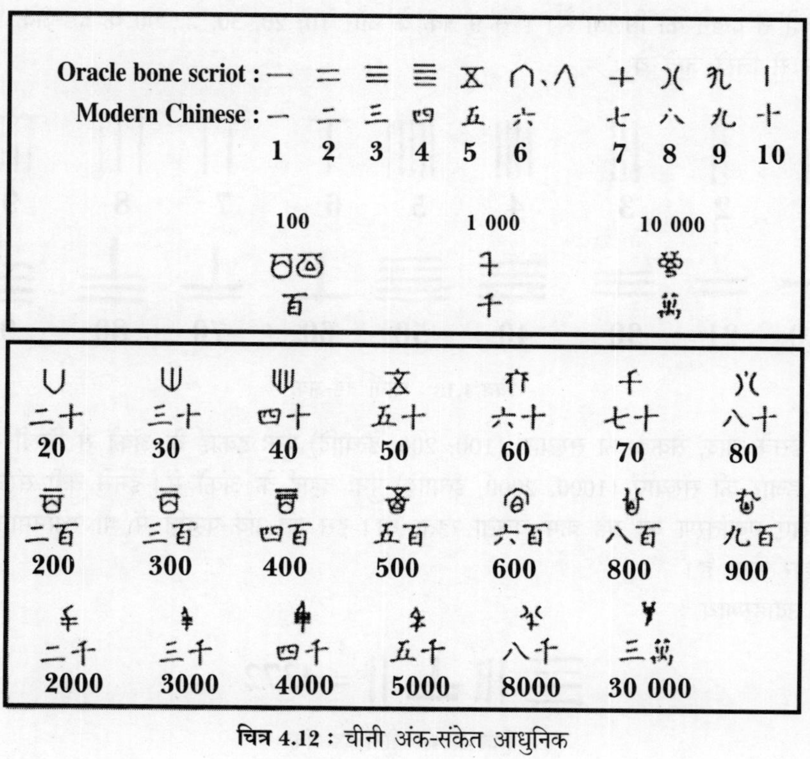

चित्र 4.12 : चीनी अंक-संकेत आधुनिक

आरंभ से ही चीनी अंक-पद्धति स्थानमानात्मक एवं गुणनात्मक रही है। अतः 567 दिनों को लिखा जाएगा, 500, 60, 7 'सूर्य'। संख्या 678 या तो ऊपर से नीचे की ओर लिखी जाएगी या निम्न प्रकार से बाईं ओर से दाईं ओर। अंक 4 के संकेत को देखने पर ज्ञात होगा कि एक वर्ग के बीच में 8 का संकेत स्थित है। इसलिए चीनी लोग 4 को 'मुंह में आठ' भी कहते रहे हैं।

चीनी व्यापारी कुछ भिन्न अंक-संकेतों का व्यवहार करते रहे हैं। इसके अलावा, विभिन्न कालों में और सिक्कों पर कुछ अंक भिन्न प्रकार से भी अंकित देखने को मिलते हैं।

चीनी अंक-पद्धति स्थानमान-युक्त होने पर भी इसमें 'शून्य' के लिए कोई स्थान नहीं था। आज शून्य के रूप में जिस 'लिङ्' संकेत का उपयोग होता है, उसका आरंभ में अर्थ था, वर्षा-बिंदु; कालांतर में इसका 'शेष' के लिए प्रयोग हुआ। किंतु 'शून्य' के लिए इसका प्रयोग 12वीं शताब्दी के पहले नहीं हुआ।

दंड-अंक

रोमन लोग गणना के लिए कंकड़ों (काल्कुली) का उपयोग करते थे, तो चीनी लोग छोटे-छोटे दंडों का। इन दंडों को वर्गाकार पृष्ठों पर रखकर गणना की जाती थी। इस दंड-गणना के कारण ही चीन में बहुत प्राचीन काल में दंड-अंक अस्तित्व में आए। वैसे 'देववाणी-अस्थियों' में भी दंड-अंक देखने को मिलते हैं; किंतु उस समय इनसे गणना किस प्रकार की जाती थी, इसके बारे में कोई जानकारी नहीं मिलती। वस्तुतः, इन दंड-अंकों का प्रयोग ईसा की पहली शताब्दी से देखने को मिलता है। 1 से 9 तक के और 10, 20, 30, ..., 90 के दंड-अंक निम्न प्रकार से लिखे जाते थे :

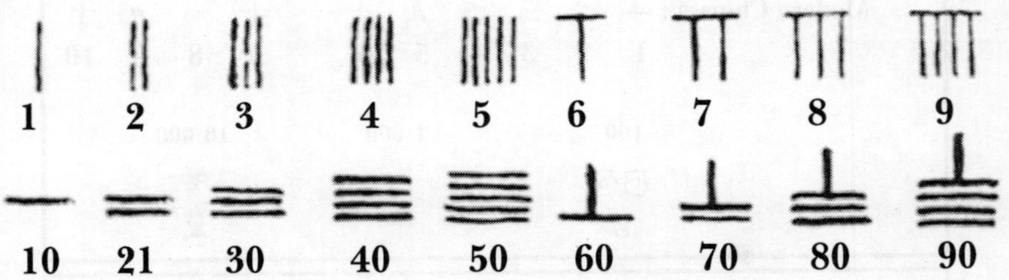

चित्र 4.13 : चीनी दंड-अंक

इसके बाद, सैकड़े की संख्याएं (100, 200, इत्यादि) पुनः इकाई के अंकों से लिखीं जातीं और हजार की संख्याएं (1000, 2000, इत्यादि) पुनः दहाई के अंकों से। इनसे बड़ी संख्याओं के लिए एकांतरण का यह क्रम चलता रहता था। इस दंड-अंक-पद्धति में भी स्थानमान का व्यवहार होता है।

उदाहरणार्थ :

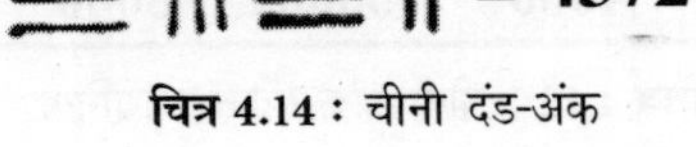

चित्र 4.14 : चीनी दंड-अंक

सुङ-काल में, 1247 ई. में, छिन् चियू-शाओ के ग्रंथ 'सु-शू चियू-चाङ' में शून्य के लिए एक वृत्त का प्रयोग देखने को मिलता है। इसमें 147,00,00–644,64 = 1405536 को निम्न प्रकार से व्यक्त किया गया है :

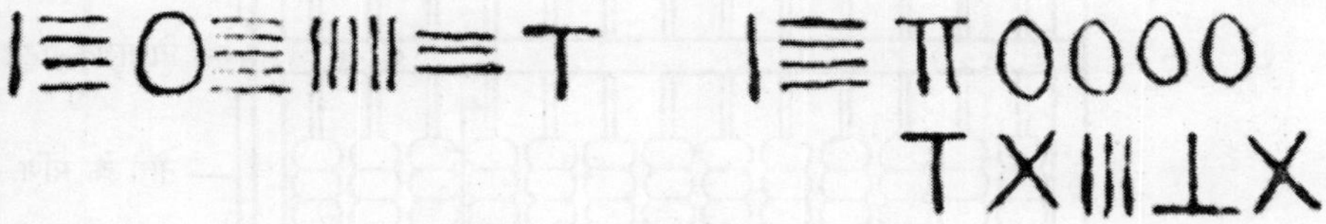

चित्र 4.15 : चीनी दंड-अंक

इस उदाहरण में 4 के लिए दो प्रकार के संकेतों का प्रयोग देखने को मिलता है; यथा– ।।।। और x।

शून्य के लिए एक वृत्त के प्रयोग का 14वीं शताब्दी की चीनी गणित की एक पुस्तक का उदाहरण है :

三〇六九	3 0 6 9
四五	× 4 5
一五三四五	1 5 3 4 5
一二二七六	1 2 2 7 6 ×
一三八一〇五	1 3 8 1 0 5

चित्र 4.16 : 3069 × 45 (चौदहवीं शताब्दी के चीनी गणना पद्धति के अनुसार)

सुआन्-पान् अर्थात् एबैकस

आज द्रुत गणनाओं के लिए विद्युत-गणकों (कंप्यूटरों) का प्रयोग होता है। किंतु चीन में आज जहां भी अंकगणितीय-गणनाओं की आवश्यकता होती है–कार्यालयों में, बैंकों में, स्कूलों में–एबैकस का व्यवहार होता है। एबैकस पर विद्युत-गणकों जैसी गणनाएं तो संभव नहीं हैं, किंतु इन पर कागज पर की जाने वाली गणनाओं से अधिक तेज गणनाएं संभव हैं। यही कारण है कि चीन में आज भी एबैकस का काफी प्रचार है।

यह कहना उचित न होगा कि एबैकस-गणना चीन में पश्चिम के देशों से आई। चीन में एबैकस (सुआन्-पान्) का आविष्कार स्वतंत्र रूप से हुआ है। वस्तुतः दंड-गणना (चाउ) से ही चीन में एबैकस अस्तित्व में आया है। चीन से ही कोरिया, स्याम, जापान, विएतनाम, मलाया, इंडोनेशिया आदि देशों में इसका प्रचार-प्रसार हुआ। असल में जहां भी चीनी लोग जाकर बसे वहां उनके साथ यह एबैकस भी गया। कोलकाता के चीनी लोग इसे 'सुइन्बोन्' कहते हैं।

ह्सू-यो द्वारा लगभग 190 ई. में लिखे गए ग्रंथ 'शु-शु-चि-ई' में सर्वप्रथम एक आरंभिक एबैकस का विवरण मिलता है। किंतु चीन में एबैकस का वास्तविक प्रचार 10वीं शताब्दी के बाद हुआ। 1592 ई. में लिखे गए त्वेङ ता वेई के ग्रंथ 'सुआन फा तुङ् त्सुङ्' में एबैकस का अच्छा विवरण है।

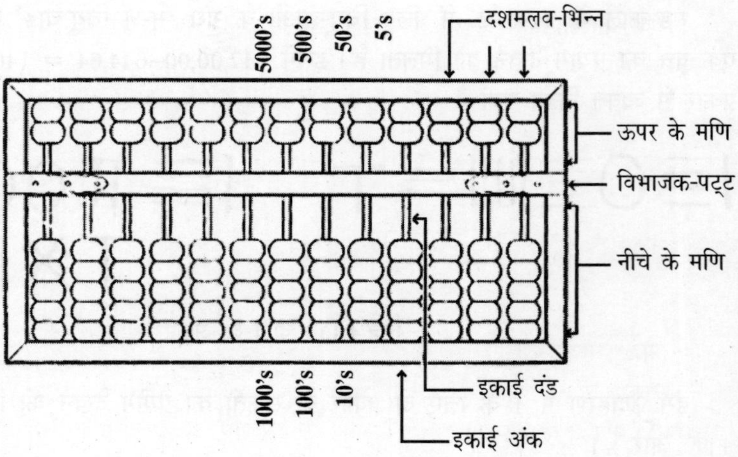

चित्र 4.17 : चीनी 'सुआन्-पान्' (एबैकस)

चीन के सर्वाधिक प्रचलित सुआन्-पान् में 13 खड़े दंड होते हैं, और इनमें से प्रत्येक में 13 मणि होते हैं। बीच का एक विभाजक-पट्ट इन मणियों को दो भागों में विभाजित करता है : ऊपर के भाग में दो-दो मणि रहते हैं और नीचे के भाग में पांच-पांच। उपयोगिता की दृष्टि से एबैकस में दंडों की संख्या 11 से 19 तक हो सकती है। जापानी एबैकस (सोरोबान) में 21 दंड होते हैं।

सुआन्-पान् का उपयोग करने के लिए किसी भी एक दंड को इकाई के अंकों के लिए चुन लिया जाता है। तब, इस इकाई-दंड के बाईं ओर के दंड क्रमशः दहाई, सैकड़ा, हजार, इत्यादि की संख्याओं के द्योतक होते हैं। इकाई-दंड के दाईं ओर के दंड दशमलव-भिन्नों के द्योतक होते हैं। एबैकस के ऊपरी भाग के दो मणियों में से प्रत्येक मणि इकाई के दंड में 5 का, दहाई के दंड में 50 का, सैकड़े के दंड में 500 का, हजार के दंड में 5000 का... द्योतक होता है। इसी प्रकार नीचे के भाग में इकाई के दंड में प्रत्येक मणि 1 का, दहाई के दंड में 10 का, सैकड़े के दंड में 100 का... द्योतक होता है।

इस प्रकार के एबैकस पर जोड़, घटा, गुणन तथा भाजन की क्रियाएं आसानी से की जा सकती हैं।

गणितीय साहित्य

चीनी गणित-साहित्य का आरंभ 'चाउ-पेई-सुआन्-चिङ' ग्रंथ से होता है। यह ग्रंथ प्रमुखतः ज्योतिष से संबंधित है; किंतु इसमें आरंभिक चीनी गणित का भी परिचय मिलता है। इस ग्रंथ का लेखनकाल तथा लेखक दोनों ही अज्ञात हैं। किंतु इस ग्रंथ के विषयों के आधार पर यह कहा जा सकता है कि इसकी रचना ई.पू. पांचवीं शताब्दी के पहले हो चुकी थी। इस ग्रंथ के कुछ उल्लेखों से उस समय के गणित का कुछ आभास मिल सकता है :

संख्या-गणना की उत्पत्ति वृत्त और वर्ग से होती है।

रेखा को तोड़कर चौड़ाई 3 करो और लंबाई 4; तब कोनों के बीच का अंतर होगा, 5। (स्पष्टतः यह कथन एक ऐसे समकोण-त्रिकोण से संबंधित है, जिसकी भुजाओं का अनुपात 3 : 4 : 5 है और जो 'पाइथेगोर के प्रमेय' का एक विशेष उदाहरण है।)

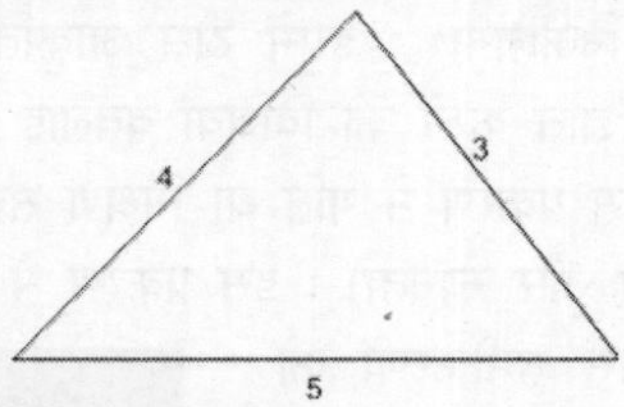

ओह! संख्या-विज्ञान बहुत शक्तिशाली है।

स्वरूप या तो गोल होते हैं या नुकीले; संख्याएं या तो सम होती हैं या विषम। आकाश वृत्त में भ्रमण करता है और इसकी सहकारी संख्याएं विषम होती हैं। पृथ्वी वर्गाकार सतह पर आधारित है और इसकी सहकारी संख्याएं सम हैं।

जो व्यक्ति पृथ्वी को जानता है उसे ज्ञानवान मानना चाहिए; किंतु जो आकाश को जानता है वह बुद्धिमान व्यक्ति है। छाया से ज्ञान आता है, और छाया का ज्ञान धूपघड़ी से होता है।

इस ग्रंथ में भिन्नों का उपयोग भी देखने को मिलता है। $247\frac{933}{1460}$ जैसे भिन्नों को अंक-संकेतों में नहीं बल्कि शब्दों में व्यक्त किया गया है। इस ग्रंथ में भिन्नों के गुणन तथा भाजन की क्रियाएं भी देखने को मिलती हैं; जैसे—119000 को $182\frac{5}{8}$ से भाग देने के पहले इन दोनों को 8 से गुणा किया गया है।

कुछ विद्वानों के अनुसार यह ग्रंथ चाउ-काल के आरंभिक वर्षों में अर्थात् ई.पू. ग्यारहवीं शताब्दी के उत्तरार्ध में लिखा गया था। जो भी हो, उस समय भी चीनी गणित में अंकगणितीय-बीजगणितीय गुणों का बाहुल्य और ज्यामितीय गुणों की न्यूनता स्पष्ट दिखाई देती है। इस ग्रंथ की यह विशेषता है कि इसमें मात्रिक तत्वों का अभाव है। इस ग्रंथ में वर्गमूल की क्रिया के भी दर्शन होते हैं।[6] दूसरी शताब्दी के एक गणितज्ञ चाउ चुन्-चिङ् ने इस ग्रंथ पर टीका लिखी थी।

प्राचीन चीन के गणित के बारे में सबसे महत्वपूर्ण ग्रंथ है, 'चियू-चाङ्-सुआन्-शू' अर्थात् 'गणित के संबंध में नौ प्रकरण'। इस ग्रंथ के लेखक का भी पता नहीं चलता। जहां तक लेखन-काल का प्रश्न है, इतना निश्चित है कि इस ग्रंथ की रचना ई.-सन् की शुरुआत के पहले ही हो चुकी थी। ऐसा प्रतीत होता है कि ई.पू. तीसरी शताब्दी के एक गणितज्ञ चाङ्-त्साङ् ने इस ग्रंथ का संपादन किया था। परंपरा तो यह कहती है कि प्रथम चाउ-सम्राट (मृत्यु 1105 ई.पू.) ने इस ग्रंथ को तैयार करवाया था।

जैसा कि शीर्षक से ज्ञात होता है, इस ग्रंथ में 9 प्रकरणों के विषय हैं :

1. फाङ्-तिएन् (क्षेत्र का वर्गण) : इसमें त्रिकोणों, आयतों तथा समलंबाकार आकृतियों के सही क्षेत्रफल दिए गए हैं। इसमें π के मान को 3 लेकर वृत्त का क्षेत्रफल भी दिया गया है।
2. सु-मी (अनाजों का परिकलन) : इस प्रकरण के विषय हैं, प्रतिशतता और समानुपात।
3. श्वाई-फेन् (साझों का परिकलन) : इसमें साझे के बारे में सवाल है। त्रैराशिक भी है।

4. शाओ-कुङ् (लंबाई ज्ञात करना) : इस प्रकरण का विषय है, आकृतियों के क्षेत्रफल ज्ञात होने पर भुजाएं ज्ञात करना और भुजाएं ज्ञात होने पर क्षेत्रफल ज्ञात करना। इसमें वर्गमूल तथा घनमूल का भी विवेचन मिलता है।
5. शाङ्-चुङ् (आयतन निकालना) : इसमें ठोस आकृतियों (प्रिज्म, सिलिंडर, पिरामिड इत्यादि) के आयतन ज्ञात करने की विधियां बतलाई गई हैं।
6. चून-शू (मिश्रण) : इस प्रकरण में गति था मिश्रण संबंधी प्रश्न दिए गए हैं।
7. यिङ्-पू-त्सू (आधिक्य और न्यूनता) : इस प्रकरण में मिथ्या-स्थान-नियम के आधार पर अ क्ष = ब जैसे समीकरणों को हल करने की विधि बतलाई गई है। अरबी गणितज्ञ अल्-ख़्वारेज्मी को यह विधि ज्ञात थी। अरब वाले चीन को 'खिताई' कहते थे, इसलिए चीन की यह विधि 'अल्-खत्ताईन' कहलाई और कालांतर में यूरोप में पहुंची।
8. फाङ्-चैङ् (समीकरण) : इस प्रकरण में युगपत् एकघात समीकरणों तथा सारणिकों की चर्चा है। इनके बारे में विस्तार से हम आगे बतलाएंगे।
9. चोउ-चू (समकोण त्रिकोण) : इस प्रकरण में समभुज-त्रिकोण के गुणधर्मों का तथा वर्ग- समीकरणों का विवरण है।

चित्र 4.18 : मुहम्मद अल्-ख़्वारेज्मी (783-850 ई.)

ईसा की आरंभिक शताब्दियों के प्रमुख गणित-ग्रंथ हैं : त्सू-यो द्वारा लगभग 190 ई. में लिखा हुआ, 'शू-शू-चि-ई', जिसमें ताउवादी मंत्र-तंत्र की बातें भी भरी हुई हैं। ईसा की तीसरी शताब्दी में चीन के एक प्रमुख गणितज्ञ थे, लियू-हुई। इन्होंने 263 ई. में 'हाइ-ताउ सुआन्-चिङ्' अर्थात् 'समुद्र-द्वीप अंकगणितीय-ग्रंथ' लिखा। इस ग्रंथ को यह नाम शायद इसलिए दिया गया है कि इसका पहला ही सवाल समुद्र-द्वीप के मापन से संबंधित है : 'एक ऐसा समुद्र-द्वीप है जिसका मापन करना है'। इस ग्रंथ में लेखक ने समरूप समकोण-त्रिभुजों की सहायता से ऐसे स्थलों की ऊंचाई ज्ञात करने की विधि बतलाई है जिन तक आसानी से नहीं पहुंचा जा सकता। लियू-हुई ने वृत्त में पहले 192 भुजाओं वाले और बाद में 3072 भुजाओं वाले बहुभुजों को स्थापित करके π के लिए 3.14159 मान ज्ञात किया है। इन्होंने आगे यह भी बतलाया था कि इससे भी अधिक भुजाओं वाले बहुभुजों को वृत्त के भीतर स्थापित किया जा सकता है। लियू-हुई ने प्रसिद्ध गणित-ग्रंथ 'चियू-चाङ्-सुआन्-शू' (नौ प्रकरण) पर एक टीका भी लिखी थी। इनके स्व-रचित ग्रंथ 'समुद्र-द्वीप' को शासन ने 1083 ई. में ठप्पों द्वारा मुद्रित करके प्रकाशित किया था।

इसी समय का और एक प्रसिद्ध गणित ग्रंथ है, सुन्-त्जु द्वारा रचित 'सुन्-त्जु सुआन्-चिङ्'। इस ग्रंथ के रचना-काल के बारे में निश्चित रूप से कुछ नहीं कहा जा सकता। संभवतः इसकी रचना ई.-सन् की दूसरी या तीसरी शताब्दी में हुई है। इस ग्रंथ में बीजगणित,

विशेषतः समीकरणों के बारे में, काफ़ी जानकारी मिलती है। इस ग्रंथ में अनिर्धारित-समीकरण का एक प्रश्न है :

"कुछ ऐसी वस्तुएं हैं जिनकी संख्या अज्ञात है। यदि उन्हें 3 से भाग दिया जाए तो 2 शेष रहता है; यदि 5 से भाग दिया जाए तो 3 शेष रहता है, और यदि 7 से भाग दिया जाए तो 2 शेष रहता है। वह संख्या ज्ञात करो।"

सुन्-त्जु ने ऐसे सवालों को विश्लेषण से हल किया है, और वे एक ही हल से संतुष्ट थे, जबकि ऐसे सवालों के एक से अधिक हल संभव हैं।

पांचवीं शताब्दी ई. के महान चीनी गणितज्ञ त्सु चुङ्-चीः (430-501 ई.) का प्रसिद्ध गणित-ग्रंथ 'चुइ-शुः' आज अप्राप्य है; किंतु अन्य उल्लेखों से ज्ञात होता है कि आरंभ में इस ग्रंथ की इतनी अधिक प्रसिद्धि थी कि सातवीं शताब्दी ई. में इसे चीन की पाठ्य-पुस्तकों में सम्मान का स्थान मिला था। त्सु चुङ्-चीः बहुमुखी प्रतिभा के धनी थे।[7] वे गणितज्ञ, ज्योतिषी तथा कुशल इंजीनियर भी थे। उनके अन्य आविष्कारों के बारे में तो हमें कोई प्रत्यक्ष जानकारी नहीं मिलती किंतु उन्होंने π का जो मान दिया है, उसी के लिए गणित के इतिहास में वे चिरस्मरणीय रहेंगे।

त्सु चुङ्-चीः ने π अर्थात् वृत्त की ... का मान बतलाते हुए कहा था कि, $\pi = 22/7$ तो केवल सन्निकट अर्थात् काम-चलाऊ मान है। इन्होंने π के लिए दो मान दिए हैं : निम्नतर-मान 3.1415927 और उच्चतर-मान 3.1415926। अन्य शब्दों में कहें तो $3.1415926 < \pi > 3.1415927$। इन्होंने $\frac{355}{113}$ को π का सही मान बतलाया था। त्सु चुङ् चीः के पहले हमें अन्यत्र कहीं पर भी π का इतना सूक्ष्म मान नहीं मिलता।

सुङ्-काल (960-1279 ई.) में चीन में तीन महान गणितज्ञ हुए हैं। छिन् चियू-शाओ दक्षिण चीन के निवासी थे और 1247 ई. में इन्होंने 'नौ प्रकरणों' पर अपना टीका-ग्रंथ 'शु-शु चियू-चाङ्' लिखा। इस ग्रंथ में ज्योतिष से संबंधित सवालों के साथ-साथ जटिल क्षेत्रफलों तथा आयतनों से संबंधित सवाल भी हैं। बीजगणित से संबंधित सवालों को समझाने के लिए लेखक ने आकृतियों का सहारा लिया है। ये पहले गणितज्ञ थे जिन्होंने ऋण संख्याओं को काले टाइपों में और धन संख्याओं को लाल टाइपों में प्रकाशित किया। इन्होंने अनिर्धारित समीकरणों पर भी विचार किया है और दशम घात वाले समीकरणों का भी हल खोजा है।

लि-येह् (1178-1265 ई.) उत्तर चीन के निवासी थे। 1248 ई. में इन्होंने 'त्शी-हुआन् हाइ-चिङ्' (वृत्त-मापन का समुद्र-दर्पण) ग्रंथ की रचना की, जिसमें त्रिकोणों के भीतर वृत्तों की स्थापना से संबंधित सवाल दिए गए हैं। इन्होंने समीकरणों के बारे में महत्वपूर्ण कार्य किया है। लि-येह् ने 1258 ई. में एक अन्य ग्रंथ 'यि-कु-येन्-तुआन्' (नये सवाल) भी प्रकाशित किया था।

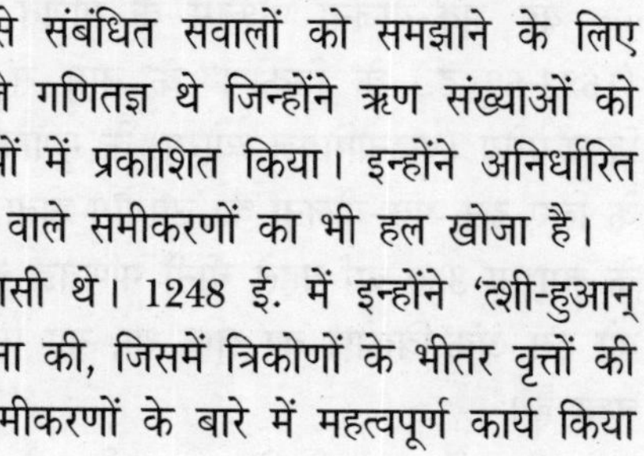

5

याङ्-हुई ने 1261 ई. में 'ह्सियाङ् चिएह्-चियू-चाङ्सुआन् फा' ग्रंथ प्रकाशित किया। कालांतर 1275 ई. के अपने ग्रंथ-संग्रह में उन्होंने विविध श्रेणियों के योग दिए हैं; जैसे—पूर्णांकों के वर्गों का योग। इन्होंने पांच अज्ञात राशियों

तक के युगपत् एकघात समीकरणों का भी हल दिया है और सभी भिन्नों को दशमलवों में सरल किया है। इन्होंने अपने पहले के गणितज्ञों की भी आलोचना की है। याङ्-हुई कहते हैं : 'पुराने गणितक्ष अपनी विधियों के नाम हर सवाल के साथ बदलते रहते हैं; इसलिए उनके सिद्धांतों के आधार के बारे में निश्चित रूप से कुछ भी नहीं कहा जा सकता।' अपनी विधि की पुष्टि के लिए इन्होंने 'समांतर-चतुर्भुज के परिपूरक, जो किसी भी प्रदत्त समांतर-चतुर्भुज के विकर्ण पर आधारित हैं, एक दूसरे के समान होते हैं प्रमेय की उपपत्ति प्रस्तुत की। आकृति में बप = पड।

तेरहवीं शताब्दी के प्रसिद्ध चीनी गणितज्ञ थे, चू-शीःचिएह्। इन्होंने 1299 ई. में अपने बीजगणित-ग्रंथ 'सुआन् ह्सुएह्छि-मेङ्' की रचना की। कालांतर में इस ग्रंथ का जापानी गणित पर गहरा प्रभाव पड़ा है। चू का और एक अन्य ग्रंथ 'स्सु युआन् यू चिएन्' 1303 ई. में प्रकाशित हुआ। इस ग्रंथ में हमें निम्नांकित अंक-रचना प्राप्त होती है। :

१

१ १

१ २ १

१ ३ ३ १

१ ४ ६ ४ १

१ ५ १० १० ५ १

. . . .

यह अंक-योजना पश्चिम के गणित में 'पास्कल (1623-62 ई.) के त्रिकोण' के नाम से प्रसिद्ध है। द्विपद-प्रमेय (बाइनोमियल थ्योरम) के गुणांकों को जानने के लिए इस अंक-योजना का उपयोग होता है। पास्कल के लगभग 350 वर्ष पहले चीनी गणितज्ञ चू शीः-चिएह को इस अंक-त्रिकोण का ज्ञान था, यह एक महत्वपूर्ण तथ्य है।

चौदहवीं शताब्दी के बाद चीन में कोई महान गणितज्ञ नहीं हुआ। हां, चीनी गणित ने जापान में प्रवेश पाकर वहां गणित-गवेषणा को नया प्रोत्साहन दिया है। वस्तुतः संपूर्ण एशिया में जापान ही एक ऐसा देश रहा है जिसमें 15वीं से लेकर 18वीं शताब्दी तक महत्वपूर्ण कार्य हुआ है। अन्यथा, भारत की तरह चीन में भी, 14वीं शताब्दी से ज्ञान-विज्ञान का ह्रास देखने को मिलता है।

चित्र 4.19 : पास्कल (1623-62 ई.)

माया-वर्ग

यूनानी गणितज्ञ पाइथेगोर की तरह, बहुत प्राचीन काल से ही, चीनी लोग संख्याओं के चमत्कारों से अभिभूत रहे हैं। यह तथ्य उनके माया-वर्गों को देखने से ही स्पष्ट हो जाता है। पौराणिक ग्रंथ 'ई-शिङ्' (724 ई.) में हमें दो प्रसिद्ध माया-वर्ग (मैजिक-एक्वायर) मिलते हैं।[8] परंपरा के अनुसार ये माया-वर्ग लगभग 2200 ई.पू. के हैं। इनमें से एक माया-वर्ग, जिसे 'लो-शू' कहा जाता है, नीचे दिया जाता है। इस माया-वर्ग के अंकों को सीधी रेखा में किसी प्रकार जोड़िए, हमेशा जोड़ 15 ही आएगा :

4	9	2
3	5	7
8	1	6

'लो-शू' माया-वर्ग

दूसरा माया-वर्ग, ए जो 'हो-थू' कहलाता है, उपरोक्त 'ई-चिङ्' ग्रंथ में ही मिलता है। इस माया-वर्ग के अंकों की रचना निम्न प्रकार की है :

		7		
		2		
8	3	5	4	9
		1		
		6		

'हो-थू' माया-वर्ग

उपरोक्त 'लो-शू' माया-वर्ग चीन में अत्यधिक प्रसिद्ध रहा है। तिब्बती 'जीवन-चक्रों' पर भी यह माया-वर्ग देखने को मिलता है। धीरे-धीरे चीन में अनेक माया-वर्ग अस्तित्व में आए। सोलहवीं शताब्दी के चीनी गणितज्ञ चेङ् ताइ-वेई ने अपने ग्रंथ 'सुआन्-फा तोङ्-त्सुङ्' (1593 ई.) अनेक माया-वर्गों का विवरण दिया है। इस ग्रंथ में एक माया-वृत्त भी दिया गया है।

कोरिया तथा जापान ने, चीन की बहुत सी अनेक बातों की तरह, अनेक अंक-संकेतों को भी अपना लिया। साथ-साथ, विशेषतः अंतर्राष्ट्रीय विषयों से संबंधित प्रकाशनों में भारतीय अंकों के अंतर्राष्ट्रीय संकेतों का भी प्रयोग होता है।

ज्योतिष

प्राचीन चीन में विश्व-रचना के बारे में तीन धारणाएं प्रचलित रही हैं। सबसे प्राचीन धारणा के अनुसार, आकाश के स्थिर तारे उलटे कटोरे की तरह एक अर्धगोल पर स्थित हैं और तारों भरा यह अर्धगोल चौकोर पृथ्वी का चक्कर लगाता रहता है। सूर्य और चंद्र की अपनी-अपनी गतियां होने पर भी हिंडोले पर रेंगने वाली चींटियों की तरह ये आकाश की सह-यात्राएं करते हैं। इस धारणा को काई-शीन् (आकाश-छत्र) कहते हैं।

दूसरी धारणा के प्रतिपादक थे, लोह्सीया-सुङ (ई.पू. दूसरी शताब्दी)। इस धारणा को विकसित किया, महान गणितज्ञ-ज्योतिषी छांग हेंग (78-139 ई.) ने। हुन्-थीन् (गोलाकार आकाश) के

नाम से प्रसिद्ध इस धारणा के अनुसार, आकाश (विश्व) मुर्गी के अंडे के आकार का है। इसमें पृथ्वी अंडमध्य (पीतांश) है और आकाश अंडे का कवच। इस विश्वांड (ब्रह्मांड) का व्यास 2032300 ली है और 'इसके परे क्या है इसे कोई नहीं जानता'।

तीसरी विश्व-धारणा का जनक था, छि-मेङ् (पूर्वी हान्-काल)। इसे हसीयान्-ये (अनंत शून्य आकाश) कहा गया है। इस धारणा के अनुसार, ठोस आकाश जैसी किसी वस्तु का अस्तित्व ही नहीं है; आकाश की नीलिमा केवल एक दृष्टिभ्रम है और तारे, सूर्य एवं चंद्र शून्य आकाश में स्वतंत्रता से विचरण करते हैं—काङ्-छि (तेज वायु) से प्रवाहित होकर। आकाश के ठोस न होने के कारण इसके गिर जाने का कोई डर नहीं था।

सुङ्-काल के नव कन्फूसी दार्शनिकों ने आकाशीय घटनाओं को अपने ही ढंग से प्रस्तुत किया है। अतः चाङ्-त्साइ कहता है कि दूरस्थ तारे तीव्रगामी छि (वायु) द्वारा असीम आकाश में ढकेल दिए जाते हैं और समीप के ग्रह पृथ्वी की दिशा द्वारा मंदगति होते हैं। सूर्य की अपेक्षा चंद्र का मंदन अधिक होता है; क्योंकि पृथ्वी की तरह यह भी यिन् है। चृ-हसी के मतानुसार विश्व छि-वायु, ऊर्जा, द्रव्य और ली रचना, अनुक्रम से निर्मित है।

काल-गणना (पंचांग)

एशिया की जलवायु ऐसी है कि इसमें ऋतुओं का आगमन प्रायः निश्चित समय पर होता है। वर्षा ऋतु के आगमन में यदि 10-15 दिनों का भी अंतर पड़ जाय तो फसल पर इसका असर पड़ता है। इसलिए ऋतुओं के निर्धारण से ही एशिया के विभिन्न देशों में आदि-पंचांग अस्तित्व में आए हैं।

शाङ्-शासन की राजधानी आन्ङ्याङ् (प्राचीन यिन्) की खुदाई में 100000 से भी अधिक **'देववाणी-अस्थियां'** प्राप्त हुई हैं। साथ ही, अनेक अंकित कांस्य-पात्र भी प्राप्त हुए हैं। इनके अध्ययन से चीन के प्राचीन पंचांग पर अब नया प्रकाश पड़ा है। इन देववाणी-अस्थियों पर वर्ष तथा महीने सही-सही अंकित हैं। अतः यह निर्विवाद सिद्ध होता है कि शाङ्-काल (1523-1020 ई.पू.) में चीन में पंचांग अस्तित्व में आ चुका था। इसके अलावा, इन पर अंकित तिथियां, शब्द और चंद्र-ग्रहणों एवं विषुओं के उल्लेखों से स्पष्ट हो जाता है कि शाङ्-काल (जब राजधानी आन्ङ्याङ् ले जाई गई थी) में जो पंचांग प्रचलित था, उसका कालांतर के पंचांगों से भी संबंध है। पश्चिमी हान्-काल में छह पंचांगों का उल्लेख मिलता है, जिनमें से तीन-हसीया-पंचांग, यिन्-पंचांग और चाङ्-पंचांग-आरंभिक राजवंश कालों के थे।

शाङ्-काल में एक मिश्रित चांद्र-सौर-पंचांग का प्रयोग होता था। सूर्योदय से दिन आरंभ होता था। चांद्र महीनों का आरंभ अमावस्या के दिन से होता था; मेसोपोटामिया वालों की तरह नए चंद्र को देखकर नहीं। चीन वालों की यह पद्धति बेबीलोन वालों से अधिक वैज्ञानिक थी। महीना 29 या 30 दिनों का होता था। उन्होंने चांद्र-महीने की गणना की थी : 295305106 दिन, जो आधुनिक गणना 29530585 के काफी निकट है।

शाङ्-काल के चीनी ज्योतिषी जानते थे कि एक वर्ष में 365.25 दिन होते हैं। वे एक वर्ष को 12 महीनों में विभाजित करते थे और वर्ष को पूर्ण करने के लिए अधिमास भी जोड़ते थे। वर्षारंभ ग्रीष्म-ऋतु से होता था; किंतु सभी पंचांगों में प्रथम महीना एक-सा नहीं था।

हान्-वंश के उल्लेखों से ज्ञात होता है कि उस समय यह समस्या उठी थी कि वर्षारंभ त्जु महीने से होना चाहिए या चाङ् महीने से या यिन् महीने से। क्रमशः चाङ्, शाङ् और हसीया कालों में इन महीनों से वर्षारंभ होता था। आरंभ में विद्वानों का मत था कि हान् लेखकों के ये उल्लेख निराधार हैं; किंतु अभी कुछ वर्ष पहले देववाणी-अस्थियों के अध्ययन से ज्ञात हुआ है कि शाङ्-काल में वर्षारंभ सचमुच ही चांद्र महीने से होता था। चाउ-काल के उल्लेखों से भी पता चलता है कि उनका वर्षारंभ त्जु महीने से होता था। इसलिए अब यह निर्विवाद सिद्ध हो गया है कि चीन के प्रथम हसीया-राजवंश काल (2300-1700 ई.पू.) में पंचांग अस्तित्व में था।

एक देववाणी-अस्थि पर अंकित लेख से ज्ञात होता है कि 'तेरहवें' चंद्र' के नाम से वर्षांत में एक अधिमास जोड़ने की प्रथा चीन में प्राचीन काल में ही शुरू हो गई थी। इसी की अस्थि पर शाङ्-सम्राट वू-तिङ् के शासनकाल में 23 नवंबर 1311 ई.पू. में चंद्र-ग्रहण घटित होने का उल्लेख मिलता है। इसके बाद शाङ्-शासक त्सु-छिआ (1273-1241 ई.पू.) की पंचांग-सुधारणा के अनुसार सौर-वर्ष और चांद्र-वर्ष में जब-जब पर्याप्त दिनों का अंतर पड़ जाता तो अमावस्या के बाद अधिमास जोड़ दिया जाता। उदाहरणार्थ, ती-हीसन् के शासन के दसवें वर्ष (1165 ई.पू.) में नौवें महीने के बाद एक अधिमास जोड़ा गया था और इसे भी 'नौवां महीना' कहा गया था।

अधिमास की यह व्यवस्था केवल ऋतुओं को यथास्थान रखने की आवश्यकता पर ही आधारित नहीं थी; बल्कि प्रेक्षणों की सैद्धांतिक विचारण से भी फलित थी। यह तथ्य पूर्वी हान्-वंश के रसु-फेन् (चतुर्थांश दिन) पंचांग से सिद्ध होता है। इस 'चतुर्थांश दिन पंचांग' में सौर-वर्ष 365 1/4 दिन और सामान्य वर्ष के 365 दिनों का मेल बिठाने का प्रयत्न किया गया है। इसके लिए 19 वर्षों में 7 अधिमास जोड़ने का हल खोजा गया। प्राचीन चीनी पंचांगकारों ने 19 सौर-वर्ष या 940 चांद्र-महीनों या 27749 दिनों के काल को 'फू' (अर्थात् वृत्त-चक्र) का। कालांतर में इससे भी बड़ी काल-इकाइयां, 'छि' और 'युवान्' अस्तित्व में आईं, किंतु इन्हें सैद्धांतिक ही मानना चाहिए, क्योंकि ये षाष्टिक-गणना-पद्धति पर आधारित थीं।

अभी तीन दशक पहले तक चीन के प्राचीन पंचांग का अध्ययन करने वाले पाश्चात्य विद्वानों का यह विश्वास हो गया था कि हान्-काल के जिस 'चतुर्थांश दिन पंचांग में 19 सौर-वर्ष = 235 चांद्र-महीनों के चाङ्-काल (बेबीलोन वालों का 'मेतोनिक-वृत्त) का उल्लेख मिलता है, उस पर बेबीलोनी काल-गणना पद्धति का प्रभाव प्रत्यक्ष है। परंतु 1936 में आन्ङ्याङ् से वेन्-वू-विङ् (1222-1210 ई.पू.) के शासन काल का एक अक्षरांकित कच्छप-कवच मिल जाने और उसका अध्ययन किये जाने पर यह बात निराधार सिद्ध हो गई है। इस कच्छप-कवच पर लिखा हुआ है कि, जमीन का एक टुकड़ा दक्षिणायनांत (मकर-संक्रांति) से दूसरे उत्तरायणांत (कर्क-संक्रांति) तक 548 दिनों के लिए (पाठ में तो 547 दिन ही लिखे हैं; परंतु वहां 'देववाणी-दिन' को नहीं जोड़ा गया है, इसलिए हमें 548 दिन ही मानने चाहिए) लगान पर दिया जाता है। अब, इस उल्लेख में यदि 365 दिनों वाले सामान्य-वर्ष से गणना की गई है तो डेढ़ वर्ष में 547 1/2 दिन ही होते हैं। किंतु यदि सौर-वर्ष के 365 1/4 दिनों से गणना की जाए तो उल्लिखित काल के डेढ़ वर्ष में 365.25 +182.625 = 547.895 दिन होते हैं, जो सुविधा के लिए आसानी से 548 दिन माने जा सकते हैं।

उपरोक्त उल्लेख से यह निर्विवाद सिद्ध होता है कि यिन्-पंचांग 365 1/4 दिनों का सौर-पंचांग था और 1384 ई.पू. में पान्-केङ् जब शाङ् राजधानी को यिन् (आन्ङ्याङ्) ले गया

था तब यह सौर-पंचांग अस्तित्व में आ चुका था। और फिर, यह तो स्पष्ट ही है कि 365 1/4 दिनों के सौर-वर्ष का ज्ञान होने के लिए शताब्दियों तक आकाश-अवलोकन होता रहा होगा।

हान्-काल के चीनी ज्योतिषी अपने ज्योतिष ज्ञान को प्राचीन ज्योतिष ज्ञान पर आधारित मानते थे। हान्-काल 'के-रसु-फेन' या 'चतुर्थांश-दिन पंचांग' की विशेषता है, 'चाङ्' अर्थात् 19 सौर-वर्षों या 235 चांद्र-महीनों का वृत्त। काल-गणना में इतनी प्रगति कर लेने पर भी हान्-काल के तथा कालांतर के चीनी-ज्योतिषी अपने पंचांग में सुधारणा का अनुभव करने लग गए थे। जो भी हो, उपरोक्त विवेचन से यह सिद्ध होता है कि शाङ्-वंश के आरंभ काल (लगभग 1500 ई.पू.) में चीन में 365 1/4 दिनों वाला सौर-चांद्र-पंचांग अस्तित्व में आ चुका था और उन्हें दीर्घ अनुभव के बाद 19 वर्ष वाले वृत्त (जिसे यूनानियों ने 'मेतोनिक वृत्त' का नाम दिया था) का ज्ञान हो गया था; किंतु चीन वालों के लगभग एक हजार वर्ष बाद। हमें यह भी स्वीकार करना होगा कि मिस्र या बेबीलोन वालों से प्राचीन चीन का पंचांग अधिक वैज्ञानिक था।

वस्तुतः, चीन के लंबे इतिहास में साथ-साथ दो प्रकार के मान्य 'पंचांगो' का अस्तित्व रहा है—एक 'कृषक-पंचांग' जो ऋतुओं पर आधारित था और दूसरा 'ज्योतिषी-पंचांग', जो शुद्ध सैद्धांतिक गणनाओं पर आधारित था। कालांतर में तो प्रत्येक नए राजवंश के उदय के साथ नया पंचांग बनाने की एक प्रथा-सी चालू हो गई। चीन के पंचांग राजनीतिक एकीकरण के द्योतक थे। इन पंचांगों में सूर्य-ग्रहणों तथा चंद्र-ग्रहणों की तिथियां भी दी जाती थीं। चूंकि, ग्रहणों के ये पूर्ण-निर्धारण कभी-कभी गणक होते थे, इसलिए ज्योतिषीय-सारणियों में प्रायः संशोधन होता रहता और इनके आधार पर नए-नए पंचांग बनते रहते। पूर्वी चिन्-वंश काल के ज्योतिषी चाओ-फेइ ने 'हसीयान्-शीः-शू' नाम से सारणियां तैयार कीं और इनके आधार पर बना पंचांग 412 ई. से 439 ई. तक प्रचलित रहा। प्राचीन चाङ्-वृत्त के अनुसार 19 वर्षों में 7 अधिमास होते थे; किंतु चाओ फेइ ने 600 वर्षों में 221 अधिमासों वाले वृत्त को अपनाया और इसे 'पो-चाङ्-फा' का नाम दिया। काल-गणना की यह एक नई इकाई थी।

पूर्वी हान्-वंश काल के ज्योतिषी लियू-हुङ् ने चंद्र की अनियमित गति (युति-वियुति) की खोज कर ली थी। सुङ्-काल के ज्योतिषी हो-चेङ्-तीन् ने 443 ई. में युआन्-छिअ-ली नाम से ज्योतिष-सारणियां तैयार करके सुझाव रखा कि चांद्र-महीनों की गणना चंद्र की माध्यगति के आधार नहीं; बल्कि इसकी युति-वियुति के आधार पर होनी चाहिए। किंतु हो-चेङ्-तीन् को इसमें सफलता नहीं मिली। याङ्-काल में जाकर ही सही युति-वियुति के आधार पर चांद्र-महीने की गणना संभव हो पाई।

सूर्य की अनियमित गति की खोज उत्तरी चीन के ज्योतिषी चाङ्-त्से-हसीन् (ई. छठी शताब्दी) ने की थी। उस समय उत्तरी चीन में चल रहे चीनी-तातार युद्धों से बचने के लिए चाङ्-त्से-हसीन् ने एक द्वीप में शरण ली। वहां उसने हुन्-इ' अर्थात् वलय-यंत्र की सहायता से लगभग तीस वर्षों तक सूर्य, चंद्र और ग्रहों की गतियों का अध्ययन किया। उसने लिखा है :

''वसंत-विषुव के बाद सूर्य अपने औसत वेग से कुछ मंद चलता है और शरद-विषुव के बाद यह औसत से कुछ अधिक तेज चलता है। जब नया चंद्र सौर-क्रांति वृत्त की सीमा में रहता है, तभी सूर्य-ग्रहण घटित होता है; यदि चंद्र इसके बाहर रहता है तो सूर्य-ग्रहण नहीं होगा। परंतु चंद्र यदि पात (नोड) के समीप रहे तो प्रत्येक पूर्णिमा को चंद्र-ग्रहण दिखाई देगा।''

सुङ्-वंश के आरंभ काल में हो-चेङ्-तीन् और लियू-चाओ की सारणियों के आधार पर एक नया पंचांग तैयार किया गया। लियू-चाओ इस काल के एक प्रसिद्ध ज्योतिषी थे। इन्होंने सूर्य-गति की अनियमितता और चंद्र की युति-वियुति को अपनी गणनाओं में स्थान देकर सूर्य-ग्रहण तथा चंद्र-ग्रहण संबंधी गणनाओं में काफी सुधार किया।

सुङ्-वंश काल में लगभग 300 वर्षों में केवल शासन की ओर से ही 19 प्रकार की ज्योतिष-सारणियां तैयार करवाई गई थीं और पंचांगों में भी इतनी ही बार सुधार हुआ। इस काल के एक प्रसिद्ध ज्योतिषी थे, लियू-हसी-सोड, जिन्होंने 'चाङ्-शू' नाम से एक सारणी तैयार की थी। इसी सुङ्-काल में महान वैज्ञानिक शेन्-कुओ (1032-1096 ई.) हुए। शेन्-कुओ बहुमुखी प्रतिमा के धनी थे और इनकी प्रतिमा ने, न केवल ज्योतिष में, बल्कि धातुशास्त्र, वास्तुशास्त्र, जीवशास्त्र, चिकित्सा और साहित्य में भी अपना चमत्कार दिखाया है। ये उत्तरी सुङ्-राजवंश (960-1127 ई.) के दरबारी इतिहासकार भी रहे हैं। इन्होंने 'मेङ्-छि-पि-तान्' नामक एक ज्योतिष ग्रंथ लिखा है। इस ग्रंथ में इन्होंने सौर-चांद्र-पंचांग को त्यागकर शुद्ध सौर-पंचांग का अनुकरण करने पर बहुत जोर दिया। इन्होंने कहा कि 24 सौर-आवर्तनों पर आधारित 12 महीनों वाली प्राचीन व्यवस्था अधिक उपयोगी एवं वैज्ञानिक है; क्योंकि इस व्यवस्था के अंतर्गत चारों ऋतुओं की जलवायु सदैव सही रहेगी। शेन्-कुओ ने लिखा है : "मेरे इस पंचांग के कारण यद्यपि मेरी हंसी उड़ाई गई है, मेरा तिरस्कार किया गया है, मुझसे नफरत की गई है; परंतु एक दिन अवश्य आएगा जब कोई मेरे इस सिद्धांत को व्यवहार में लाएगा। और सचमुच ही, पाश्चात्य प्रभाव के अंतर्गत, 1912 ई. के बाद शेन्-कुओ का यह 'कृषक पंचांग' चीन में प्रचलित हो गया।

ज्योतिष-यंत्र

अन्य प्राचीन सभ्यताओं की तरह चीन का भी प्राचीनतम ज्योतिष-यंत्र था, एक प्रकार की धूपघड़ी। एक दंड को यदि समतल भूमि पर खड़ा गाड़ दिया जाए और वर्ष भर इसकी छायाओं का प्रेक्षण करते चले जाएं, तो सूर्य की गति तथा ऋतुओं के बारे में बहुत सी बातें ज्ञात हो जाएंगी। ई.पू. 175 के आसपास लिखे हुए 'चाउ-ली' नामक एक ग्रंथ में उल्लेख मिलता है कि, ई.पू. नौवीं शताब्दी में एक चाउ राजपुरुष ने धूपघड़ी की सहायता से वसंत-विषुव को निर्धारित किया था।

ज्योतिषी सु-सुङ् ने उत्तरी सुङ्-वंश की राजधानी केफैङ् में 1088 ई. में एक उत्तम वलय-यंत्र की स्थापना की थी। विज्ञान के इतिहास में यह प्रथम वलय-यंत्र था जिसे जल-शक्ति से नियंत्रित गति दी गई थी। सु-सुङ् ने अपने ग्रंथ 'हसीन-इ-ह्सियाङ्-फा-याओ' (1092 ई.) में इस यंत्र-योजना का विवरण दिया है।

वस्तुतः सु-सुङ् के भी बहुत पहले चीन में जल-प्रवाह से चलने वाली घड़ियां बनने लग गई थीं। बौद्ध-भिक्षु इ-ह्सिङ् (683-727 ई.) और इंजीनियर लियाङ्-लिङ्-त्सान् ने मिलकर थाङ् राज-दरबार के लिए लगभग 725 ई. में एक जल-घड़ी बनाई थी। इ-ह्सिङ् भारतीय बौद्ध-पर्यटक शुभाकरसिंह के शिष्य थे।

थाङ्-काल (618-907 ई.) में चीनी ज्योतिष पर भारतीय-ज्योतिष का गहरा प्रभाव पड़ा। इस काल में अनेक भारतीय विद्वान थाङ् दरबार में सलाहकार नियुक्त हुए थे। इनमें से कुछ राज-ज्योतिषी भी नियुक्त हुए। इसी काल में कई भारतीय ज्योतिष-ग्रंथों का चीनी भाषा में अनुवाद भी हुआ।

युआन (मंगोल) काल (1278-1398 ई.) में चीनी-ज्योतिष अरबी-ज्योतिष के संपर्क में आया। 1267 में ईरानी ज्योतिषी जमाल-अल्-दीन के नेतृत्व में एक वैज्ञानिक-दल कुबिले खान के दरबार में उपस्थित हुआ। ये अरबी वैज्ञानिक अपने साथ अनेक ज्योतिष-यंत्र भी लाए थे। कुछ समय बाद प्रसिद्ध चीनी ज्योतिषी कुओ-शो-चिङ् (1231-1316 ई.) ने भी कुबिले खान को कुछ ज्योतिष यंत्र बनाकर दिए। इनमें से एक यंत्र था, 'छीन्-इ' अर्थात् 'सरलीकृत-यंत्र'। वलय-यंत्र के सकेंद्र वलयों को अलग-अलग करके यदि स्वतंत्र केंद्रों पर स्थापित किया जाए, तो एक ऐसा यंत्र बनता है जिसे कालांतर में तुर्की (तोर्केतुम्) का नाम दिया गया। बारहवीं शताब्दी में एक स्पेनिश मुसलमान जबिर-हब्न-अफ्लाह् ने इस यंत्र का आविष्कार किया था। जमाल-अल्-दीन् के साथ जब यह यंत्र चीन पहुंचा तो कुओ-शो-चिङ् ने इसी के आधार पर अपनी 'छीन्-इ' अर्थात् 'सरलीकृत-यंत्र' तैयार किया। नान्किङ् के समीप की एक वेधशाला में आज भी इस यंत्र की एक अनुकृति विद्यमान है।

चित्र 4.20 : ट्यूको ब्राए (1546-1601 ई.)

चीनी ज्योतिष की विशेषता थी, उनकी विषुवीय निर्देशांक-पद्धति। उनके ज्योतिष-यंत्र भी विषुवीय आधार पर स्थापित किए गए थे। उधर सोलहवीं शताब्दी के यूरोप में हम देखते हैं कि ट्यूको ब्राए (1546-1601 ई.) अपने विकसित ज्योतिष-यंत्रों को विषुवीय आधार प्रदान करता है और विषुवीय निर्देशांकों का व्यवहार करता है। इसमें कोई संदेह नहीं कि ब्राहे अपने इस ज्ञान के लिए चीनी-ज्योतिष का ऋणी था। उसके पास अरबी ज्योतिष-ग्रंथों का संग्रह था और अरब वाले वह सब कुछ जानते थे जो चीन वालों को ज्ञात था।

तारे

चीन में राजवंशीय काल के आरंभ से ही तारों का विधिवत् प्रेक्षण आरंभ हो गया था। देववाणी-अस्थियों में 'अग्नि तारे' (वृश्चिक) तथा 'पक्षी तारे' (वासुकि) का उल्लेख मिलता है। कन्फूसी द्वारा ई.पू. पांचवीं शताब्दी में संपादित इतिहास-ग्रंथ 'शु-चिङ्' से ज्ञात होता है कि जब वासुकि, वृश्चिक, कुंभ तथा कृतिका नक्षत्र सूर्यास्त के तुरंत बाद याम्योत्तर पर पहुंचते हैं तो वसंत-विषुव, कर्क-संक्रांति, शरद-विषुव तथा मकर संक्रांति का समय होता है। आरंभिक राजवंश-कालों में 'अग्नि तारों के ज्योतिषी' दरबार की ओर से नियुक्त किए जाते थे, जिनका यह काम होता था कि वे इन तारों के उदय का अवलोकन करें।

आरंभ से ही चीन के ज्योतिषी तारों द्वारा याम्योत्तर-रेखा के लांघते समय उनका अवलोकन करते आए हैं। इस प्रकार, चीनी-ज्योतिषियों ने खगोलीय-विषुव को 28 भागों में विभाजित करके इन्हें 'ह्सुइ' अर्थात् 'चांद्र-भवनों' का नाम दिया। चीनी-ज्योतिष के ये 28 'ह्सुइ' भारतीय 'नक्षत्रों' के समान हैं। आरंभ में चंद्र की एक महीने के 28 दिनों की स्थिति के

आधार पर ही इन '28 भवनों' की कल्पना की गई थी। प्रमाणों के आधार पर यह सिद्ध होता है कि चाउ-काल (1027-722 ई.पू.) में ही ये 28 नक्षत्र-मंडल अस्तित्व में आ चुके थे।

प्राचीन चीन के ज्योतिषियों ने तारों की तालिकाएं और मानचित्र भी तैयार किए थे। वार्रिङ् काल (403-221 ई.पू.) के तीन ज्योतिषी शीः-शेन्, कान्-ते और वू-ह्सीन् ने तारों की एक तालिका तैयार की थी। मूल कृति तो आज प्राप्त नहीं है, किंतु कालांतर के एक ग्रंथ से ज्ञात होता है कि ई.पू. चौथी शताब्दी में इस ज्योतिष-त्रिमूर्ति ने 284 नक्षत्र-मंडलों में विभाजित 1464 तारों की एक तालिका तैयार की थी। इस तालिका के प्रत्येक तारे का उन्नतांश तथा दिक्पात भी दिया गया था।

चीन में बहुत प्राचीन काल से ही तारा-मानचित्र भी बनने लग गए थे। ज्योतिषी सु-सुङ् के ग्रंथ 'ह्सीन् इ-ह्सियाङ् फा-याओ' (1094 ई.) में तारों का एक मानचित्र मिलता है। सूचो नगर की एक प्रस्तर-शिला पर भी तारा-मानचित्र अंकित है।

अन्य प्रेक्षण

चीन के कुछ आकाशीय-प्रेक्षण संसार में सबसे प्राचीन है। देववाणी अस्थियों में सूर्य-ग्रहणों के अनेक उल्लेख मिलते हैं। 22 फरवरी 720 ई.पू. के सूर्य-ग्रहण का उल्लेख मिलता है।

चीन वाले धूमकेतुओं को 'पुच्छल तारे' कहते थे और उनका विश्वास था कि इनका प्रकट होना किसी दुर्घटना का द्योतक है। फिर भी, हमें कई धूमकेतुओं के उल्लेख मिलते हैं। प्राचीनतम उल्लेख मिलता है, 611 ई.पू. में सप्तर्षि नक्षत्र-मंडल में देखे गए एक धूमकेतु का। चीनी ज्योतिषियों ने 204 ई.पू. से 1607 ई. के बीच हेली के प्रसिद्ध धूमकेतु का भी प्रेक्षण करके उसका रिकॉर्ड रखा है। हेली का धूमकेतु 75 या 76 वर्षों के अंतर पर प्रकट होता है।[9]

कुछ उल्लेखों से पता चलता है कि चीनी ज्योतिषी सूर्य-कलंकों को पहचान गए थे। 1054 ई. में देखे गए एक अभिनव-तारे (सुपर-नोवा) का भी उल्लेख मिलता है।[10]

संदर्भ और टिप्पणियां

1. प्राचीन चीन के तीन महान आविष्कार हैं : कागज तथा मुद्रणकला, बारूद और चुंबक। किसी भी सभ्यता ने मानव-जीवन को इतना प्रभावित नहीं किया है, जितना कि चीन के इन आविष्कारों ने। लेकिन चीन के अन्य आविष्कार भी कम महत्व के नहीं थे। मिस्र, बेबीलोन, यूनान और भारत की तरह चीन ने भी बड़े-बड़े वैज्ञानिकों को जन्म दिया है। ऐसे ही एक महान चीनी वैज्ञानिक थे छांग हेंग (78-139 ई.)।

   प्राचीन चीन के विद्वान घटनाओं का लेखा-जोखा रखने को बड़ा महत्व देते थे। चीन में बड़े भारी भूकंप आए हैं, और पिछले करीब तीन हजार साल से वहां इन विपदाओं का अच्छा रिकॉर्ड रखा गया है। इतना ही नहीं, प्राचीन काल में ही चीन के एक महान वैज्ञानिक छांग हेंग ने भूकंप की दिशा और समय जानने के लिए एक अद्‌भुत भूकंपलेखी यंत्र (सिस्मोग्राफ) का आविष्कार किया था।

चित्र 4.21 : छांग हेंग (78-139 ई.)

कांसे के इस भूकंपलेखी के भीतर पेंडुलम अथवा लोलक जैसी एक यंत्र-योजना थी। इसमें आठ दिशाओं में आठ उत्तोलक स्थापित करके इनके सिरों के साथ आठ ड्रैगनों के मुखों में कांसे के छोटे गोले रखे जाते थे। इनके ठीक नीचे मुंह खोले हुए आठ मेढक रख दिए जाते थे। यदि किसी दिशा से भूकंप की लहर आती, तो इस यंत्र के उस दिशा की ओर के ड्रैगन का मुंह खुल जाता था और उसके मुंह का कांसे का गोला नीचे के मेढक के मुंह में आकर गिरता था। इस प्रकार पता चल जाता था कि भूकंप किस दिशा में आया है।

छांग हेंग ने संसार का यह पहला भूकंपलेखी 132 ई. में बनाया था। अपने जीवनकाल में ही उन्होंने इस यंत्र की सहायता से कई भूकंपों को रिकॉर्ड किया था। छांग हेंग पूर्वी हान वंश के शासन-काल (25-220 ई.) में हुए। वह चीन के हैनान प्रांत के नानयाङ स्थान में 78 ई. में पैदा हुए थे, और 139 में उनकी मृत्यु हुई। उस समय पूर्वी हान वंश की राजधानी लोयङ नगर में थी। छांग हेंग वहां राजज्योतिषी और राजलेखाध्यक्ष थे।

आकाश के पिंडों का अध्ययन करने के लिए छांग हेंग ने तारामंडल की तरह के एक बड़े खगोल का निर्माण किया था। यह पानी की शक्ति से चलता था और एक दिन में एक चक्कर लगाता था। इस प्रकार यह खगोल का एक हू-ब-हू मॉडल था। खगोलविद् इसके भीतर बैठकर आकाश के पिंडों की गति और स्थिति का अध्ययन करते थे। बाद में चीन में पानी की शक्ति से चलने वाली जल-घड़ियों के आधार पर बढ़िया-से-बढ़िया खगोल बने।

छांग हेंग ने लिङ खियान यानी 'विश्व की दिव्य संरचना' नामक एक ग्रंथ लिखा था। इसमें उन्होंने बताया है कि चंद्र सूर्य के प्रकाश से चमकता है, इसलिए चंद्र जब पृथ्वी की छाया में पहुंच जाता है, तो चंद्र-ग्रहण होता है। वह प्राचीन चीन के पहले वैज्ञानिक हैं जिन्होंने कहा था कि अंतरिक्ष का विस्तार अनंत तक है।

चीन में मानचित्र-निर्माण की परंपरा बहुत प्राचीन है। परंतु एक यथार्थ मानचित्र तैयार करके उसे सम्राट को भेंट करने का प्रथम श्रेय छांग हेङ को ही है। इसमें पहली बार निर्देशांकों के वर्गों का प्रयोग हुआ है।

छांग हेंग के जीवन के बारे में अधिक जानकारी नहीं मिलती। लेकिन उन्हें चीन का प्रथम महान वैज्ञानिक माना जाता है। छांग हेंग को हम सहज ही चीन का टॉलमी मान सकते हैं।

2. मार्कोपोलो का जन्म 1254 ई. में वेनिस नगर में हुआ था। उसके पिता निकोलोपोलो बड़े साहसी और व्यापारी यात्री थे। 15 वर्ष की आयु में मार्कोपोलो चीन की यात्रा पर अपने पिता और चाचा के साथ निकले। वह आर्मीनिघ होते हुए ईरान गए। यहां मार्कोपोलो बहुत बीमार हो गए। फिर आमू नदी के किनारे-किनारे चलकर खराब रास्ते और मौसम की परेशानियां झेलते हुए पामीर के पठार से होते हुए चीन पहुंचे। पूरी यात्रा तीन साल में तय की। चीन के राजा ने उनका स्वागत किया। चीन में मार्कोपोलो ने चीनी भाषा सीखी। चीन के राजा ने उसे दूत बनाकर वर्मा, भारत, तिब्बत और जापान भेजा। वापस आने पर राजा ने मार्कोपोलो को

चित्र 4.22 : मार्कोपोलो

यंगपो नगर का गवर्नर बना दिया। वापसी के समय चीन के राजा ने अपनी बेटी को ईरान पहुंचाने के लिए कहा। ढाई वर्ष की जोखिम भरी यात्रा के बाद उसने उसकी बेटी को ईरान पहुंचा दिया। जहाज के 600 आदमी बीमारी और मुसीबतों की वजह से मर गए। 24 वर्ष बाद मार्कोपोलो वेनिस नगर वापस आया। मार्कोपोलो को लोग भूल चुके थे। तब उसने हीरे-जवाहरातों को दिखाकर विश्वास दिलाया। वेनिस नगर में उन्हें धनाढ्यों में गिना जाने लगा। वेनिस और जेनेवा के युद्ध के दौरान बंदी बना लिया गया। उसी दौरान मार्कोपोलो ने साहस भरी यात्राओं की कहानी लिखी। 70 साल की उम्र में वह जेल से मुक्त हुए। उसे खुशी थी कि उसने साहसिक यात्राएं भावी पीढ़ी के लिए भेंट दी।

3. चीन में लेखन कला के पूर्व जो चित्र प्रचलित थे उन्हें कुवान कहा जाता था, जिसका अर्थ होता था 'संकेत चित्र'।
4. Courier, 1972 The Art of the Book. Pag. 40, 45 and 60. True birth place of Paper, Printing and Movable Type.
5. पी शङ (1041-48 ई.) नामक कारीगर ने मशीनों की सहायता से पुस्तकें और पत्र-पत्रिकाओं की हजारों-लाखों प्रतियां तैयार कीं। उन्होंने हर पृष्ठ के लिए एक ब्लॉक तैयार किया जिसको बनाने में बड़ी दिक्कत होती थी। फिर चीनी चिह्नों के टाइप तैयार किए। प्रसिद्ध वैज्ञानिक शन ख्वो (1031-1095 ई.) ने अपने एक ग्रंथ में पी शङ के इस क्रांतिकारी आविष्कार की जानकारी दी।
6. चीनी गणितज्ञ चांग-त्सांग (Chang Trang, मृत्यु 152 ई.) ने बीजगणित और रेखागणित पर एक ग्रंथ लिखा। जिसमें सर्वप्रथम ऋण संख्याओं का उल्लेख मिलता है।
7. झु छोङ् झीः (420-500 ई.) भारतीय गणितज्ञ आर्यभट (499 ई.) के लगभग समकालीन थे। झु ने पाई के लिए मान प्राप्त किया 355/113;

अर्थात् $<\pi<$ 3.1415927 झु छोङ् झीः के करीब एक हजार साल बाद ही यूरोप में पाई का इतना शुद्ध मान प्राप्त करना संभव हुआ। आर्यभट ने पाई का मान 3.1416 प्राप्त किया था।

झु छोङ् झीः ने 'झुई-शु' नामक एक ग्रंथ लिखा था, जो चीन, कोरिया और जापान में लंबे समय तक पाठ्य-पुस्तक के रूप में प्रसिद्ध रहा। बाद में यह कृति लुप्त हो गई।

一	1	十一	11
二	2	十二	12
三	3	十三	13
四	4	二十	20
五	5	三十	30
六	6	八十	80
七	7	九十	90
八	8	一百	100
九	9	二百	200
十	10	六百	600

一百六十五 = 165

一千九百七十一 = 1971

चित्र 4.23 : चीनी संकेत चित्र

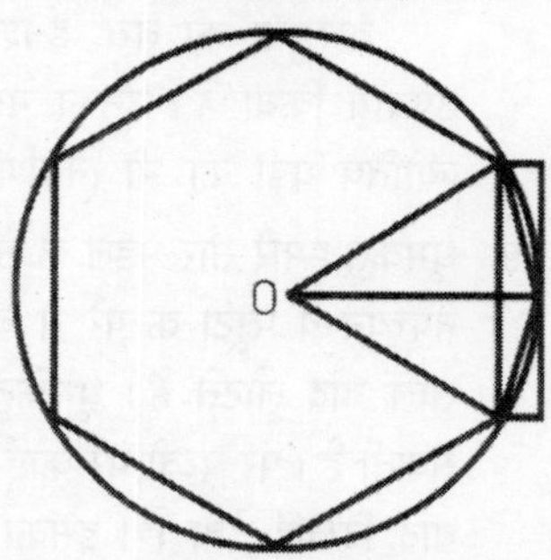

चित्र 4.24 : वृत्त के भीतर बहुफलक स्थापित करके वृत्तखंडक्षेत्र ज्ञात करने की लिउ हुई की विधि

चित्र 4.25 : झु छोङ् झीः द्वारा प्राप्त 'पाई' के सूक्ष्म मान की विधि का विवरण

चित्र 4.26 : प्राचीन चीन की एक बहुस्तरीय जलघड़ी

झु चोटी के ज्योतिषी भी थे। उन्होंने सायण वर्ष का मान 365.2429 दिनों के बराबर प्राप्त किया था। उन्होंने एक नया पंचांग भी चलाया था। झु ने कुछ यंत्रों का भी आविष्कार किया था।

झु छोङ् झीः को हम 'चीन का आर्यभट' कह सकते हैं। झु और आर्यभट अपने समय में, न केवल एशिया के, अपितु संसार के श्रेष्ठ गणितज्ञ-ज्योतिषी थे।

8. ई-शिङ् उच्च कोटि के गणितज्ञ और ज्योतिषी थे। उनके 'त पेन लो' (वृद्ध पंचांग) ग्रंथ में भारतीय गणित ज्योतिष और फलित ज्योतिष के प्रभाव को स्पष्ट पहचाना जा सकता है। ई-शिङ् ने भारतीय परंपरा के अनुसार क्रांतिवृत्त को महत्व दिया। उन्होंने वलय यंत्र में क्रांतिवृत्त के वलय के साथ ही लक्ष्य साधन नलिका जोड़ी थी और तारों का अध्ययन किया था। क्रांतिवृत्त में आस-पास के तारों का अध्ययन करने के बाद ई-शिङ् इस निष्कर्ष पर पहुंचे कि कुछ तारे थोड़े उत्तर-दक्षिण की ओर सरक गए हैं। यह एक महत्वपूर्ण खोज थी।

ब्रह्मगुप्त की तरह ई-शिङ् ने भी ज्योतिषीय गणनाओं में उच्च गणित का बड़ी खूबी से उपयोग किया है। उनका मत था कि दिक् और काल का विस्तार अनंत है। उन्होंने यांत्रिक ज्योतिष घड़ी का भी निर्माण किया था।

9. धूमकेतु हमारे सौर-मंडल के सदस्य हैं और बृहस्पति, शनि, यूरेनस, नेपच्यून व प्लूटो के परे से चक्कर लगाकर लौटते हैं। ये हजारों साल बाद लौटते हैं। धूमकेतु की पूंछ में से हमारी पृथ्वी गुजर सकती है। पर पृथ्वी पर कोई असर नहीं होता। धूमकेतु 76 साल बाद दिखाई देता है। इसका नाभिक 15×19 किलोमीटर है। इससे प्रति सेकंड में 10 टन धूलि और 10 टन गैसें उत्सर्जित होती हैं जो इसकी लंबी पूछ का सृजन करती हैं। उसका चक्रण काल करीब 54 घंटे है। हेली का धूमकेतु 2062 ई. में पुनः पृथ्वी और सूर्य के समीप आएगा।

10. अभिनव तारे के केंद्र भाग में नाभिकीय ईंधन समाप्त हो जाने पर उसका तापमान गिर जाता है; भीतर से बाहर ढकेलने वाला दाब नहीं रह जाता। इसलिए गुरुत्वीय बल के कारण तारे के बाहरी द्रव्य का भीतर की ओर तेजी से पतन होता है। इस प्रक्रिया में भीषण ऊर्जा पैदा होती है और तारा अभिनव (सुपरनोवा) में तब्दील हो जाता है, यानी तारे में विस्फोट हो जाता है और उसकी कांति एकाएक बहुत ज्यादा हो जाती है।

चित्र 4.27 : धूमकेतु

5

यूनानी अंक-पद्धति

ऐतिहासिक पृष्ठभूमि

अभी 1952 ई. सदी पहले तक यूनान के इतिहास का आरंभ ई.पू. आठवीं सदी से ही माना जाता था। इसके पहले के काल को प्रागैतिहासिक काल का नाम दिया गया था। यूनान के इतिहास में ई.पू. आठवीं शताब्दी का विशेष महत्व है भी। 776 ई.पू. में यूनान के ओलंपिया स्थान पर पहली बार प्रसिद्ध ओलंपिक खेल-प्रतियोगिता हुई थी।[1] उसके बाद की यूनान के इतिहास की तिथियां इसी वर्ष से संबंधित हैं। ई.पू. आठवीं शताब्दी में ही यूनानियों ने अपनी भारोपीय परिवार की भाषा के लिए उत्तरी सेमेटिक भाषा-परिवार की फिनीशियन भाषा की लिपि के आधार पर एक वर्णमालात्मक लिपि का निर्माण किया था। यूनानी लिपि के सबसे प्राचीन लेख ई.पू. आठवीं शताब्दी के ही मिलते हैं।

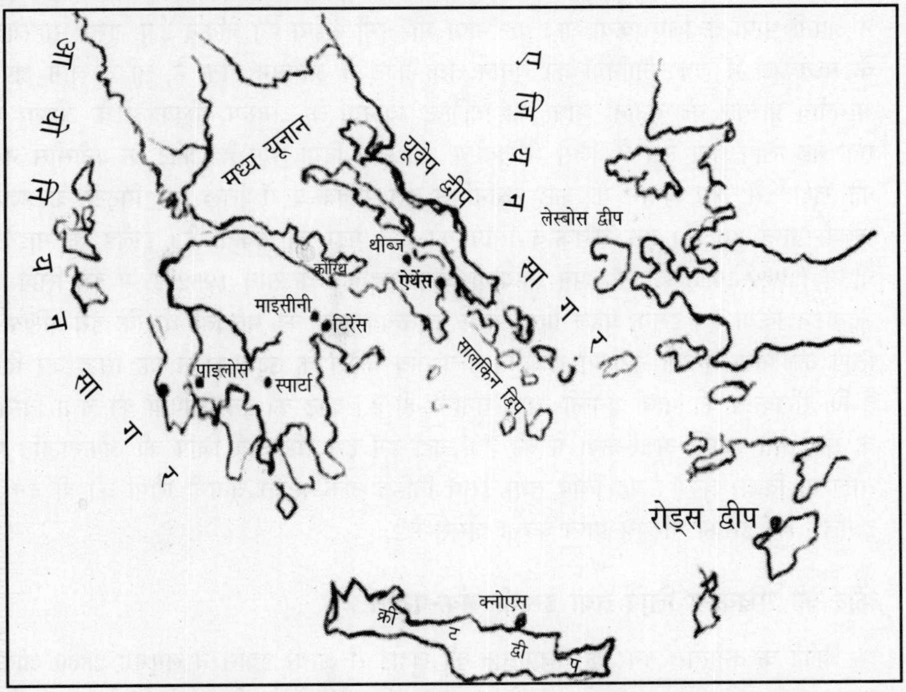

चित्र 5.1 (नक्शा) : दूसरी शताब्दी ई.पू. के यूनानी-मुख्य नगर

लेकिन अब हमें ई.पू. आठवीं शताब्दी के पहले के यूनानी इतिहास के बारे में अधिक प्रामाणिक जानकारी प्राप्त हुई है। यूनानी जाति के मूल स्थान तथा इसके यूनान में आगमन का प्रश्न उसी प्रकार विवादास्पद है, जिस प्रकार भारतीय आर्यों के आगमन का। पता चलता है कि 1500 ई.पू. के आसपास यूनानियों की पहली शाखा का, जिसे 'एखियन' का नाम दिया गया है, यूनान में आगमन होता है। इसके पहले यूनान पर क्रीट द्वीप का शासन था।[2] ज्ञात होता है कि आरंभ में यूनानियों को क्रीट की अधीनता स्वीकार करनी पड़ी थी। यूनान के माइसिन स्थान पर जिस संस्कृति का उद्घाटन हुआ है, वह इन्हीं नवागत यूनानियों की थी। ये यूनानी लोग, न केवल यूनान की मुख्य भूमि, बल्कि एजियन सागर के अन्य द्वीपों तथा क्रीट द्वीप में भी जाकर बस गए थे। उस समय क्रीट में एक विकसित संस्कृति का अस्तित्व था। वर्तमान शताब्दी की शुरुआत में प्रसिद्ध पुरातत्ववेत्ता आर्थर इवांस (मृत्यु 1941) ने क्रीट के क्नोसोस नगर में खुदाई करने इस 'मिनोअन-संस्कृति' का उद्घाटन किया है। यूनानी आख्यानों में क्रीट के 'मिनोस' नामक पुरोहित-शासक के बारे में उल्लेख मिलते हैं, इसलिए इस संस्कृति को यह नाम दिया गया है। पुरातत्वान्वेषणों सें पता चलता है कि 1400 ई.पू. तक तो यूनानियों ने क्रीट के शासकों की अधीनता स्वीकार की, किंतु उसके बाद उन्होंने क्रीट का तख़्ता उलट दिया।

क्रीट से तीन प्रकार की लिपियों के पुरावशेष मिले हैं। इनमें सबसे प्राचीन लिपि को 'हाइरोग्लिफिक' (एक प्रकार की चित्रलिपि) का नाम दिया गया है और यह अभी तक पढ़ी नहीं जा सकी है। इसके बाद की लिपि को 'रैखिक-अ' का नाम दिया गया है। इसका भी अभी तक उद्घाटन नहीं हुआ है। लेकिन पता चलता है कि इस लिपि का निर्माण क्रीट वालों ने अपनी भाषा के लिए किया था। यह भाषा भी अभी अज्ञेय है। लेकिन ई.पू. दूसरी सहस्राब्दी के मध्यकाल में जब यूनानियों का यूनान तथा क्रीट में आगमन होता है, तो ये लोग अपनी भारोपीय परिवार की यूनानी भाषा की विशिष्ट ध्वनियों के अनुरूप रैखिक-अ के आधार पर एक नई लिपि बना लेते हैं, जिसे 'रैखिक-ब' का नाम दिया गया है। क्रीट के क्नोसोस नगर की खुदाई से और यूनान के कुछ स्थानों से इस रैखिक-ब में लिखे हुए मिट्टी के हजारों फलक प्राप्त हुए हैं। इस रैखिक-ब लिपि को अब पढ़ा जा सकता है। इंग्लैंड के माइकेल वेंट्रिस (1922-1956 ई.) ने अपने सहयोगी जॉन चाडविक के साथ 1952 ई. में इस लिपि का उद्घाटन किया है। इसके पहले प्रायः सभी पुरातत्ववेत्ताओं की मान्यता थी कि इस रैखिक-ब लिपि की भाषा यूनानी नहीं हो सकती। परंतु अब वेंट्रिस के उद्घाटन ने यह सिद्ध कर दिया है कि रैखिक-ब की भाषा यूनानी–आद्य यूनानी–ही है। क्रीट की इन लिपियों की चर्चा विस्तार के साथ मैंने अपनी **अक्षर-कथा** में की है।[3] यहां हम इस रैखिक-ब लिपि की अंक-पद्धति पर थोड़ा-सा विचार करेंगे। यह लिपि तथा इसमें निहित अंक-पद्धति यूनानी लोगों की ही देन है, इसलिए हमें इसका परिचय प्राप्त करना जरूरी है।

क्रीट की रैखिक-ब लिपि तथा इसकी अंक-पद्धति

क्रीट के क्नोसोस नगर के राजप्रासाद की खुदाई से आर्थर इवांस ने लगभग 2800 अंकित फलक प्राप्त किए थे। यूनान के पाइलोस तथा माइसिन नगरों से भी इस लिपि के फलक मिले

चित्र 5.2 : क्रीट की रैखिक-ब लिपि की अक्षरमाला, (वेंट्रिस और चाडविक के आधार पर)

हैं। यह रैखिक-ब लिपि अक्षरात्मक है और इसमें अक्षर-संकेतों की संख्या लगभग 90 है। इस लिपि के संकेत-समूह (शब्द) एक छोटी-सी खड़ी लकीर द्वारा अलग किए हुए हैं। प्रत्येक समूह में दो से आठ तक संकेत मिलते हैं। इन संकेत-समूहों के साथ-साथ स्वतंत्र रूप से प्रायः भावचित्रों का भी इस्तेमाल हुआ है। हम पहले बता ही चुके हैं कि रैखिक-ब की भाषा आद्य-यूनानी है।

इस लिपि के अधिकांश लेख एक प्रकार से राजप्रासाद के बहीखाते के पन्ने हैं। यही कारण है कि इन लेखों में अंक-संकेत बहुतायत में मिलते हैं। क्योंकि अंक-संकेतों को आसानी से पहचाना जा सकता है, इसलिए सबसे पहले इस लिपि के हिसाब तथा माप-तौल संबंधी संकेतों तथा भावचित्रों को ही पहचानने में सफलता मिली थी। यही बात हम मध्य-अमेरिका की मय-सभ्यता की लिपि के बारे में भी देखते हैं। मय-लिपि का उद्‌घाटन होने के बहुत पहले इसके अंक-संकेतों तथा तिथि-संकेतों को पहचान लिया गया था। सबसे पहले आर्थर इवांस ने ही हमें इस रैखिक-ब लिपि की अंक-पद्धति की जानकारी दी थी। बाद में पुरातत्ववेत्ता बेनेट ने इसकी माप-तौल प्रणाली के बारे में अपने अनुसंधान 1950 ई. में प्रकाशित किए थे।

यह अंक-पद्धति मिस्र अंक-पद्धति की तरह ही सरल है। यह दाशमिक पद्धति पर तो आधारित है, किंतु हमारी वर्तमान अंक-पद्धति की तरह यह स्थानमान-युक्त नहीं है। इसमें

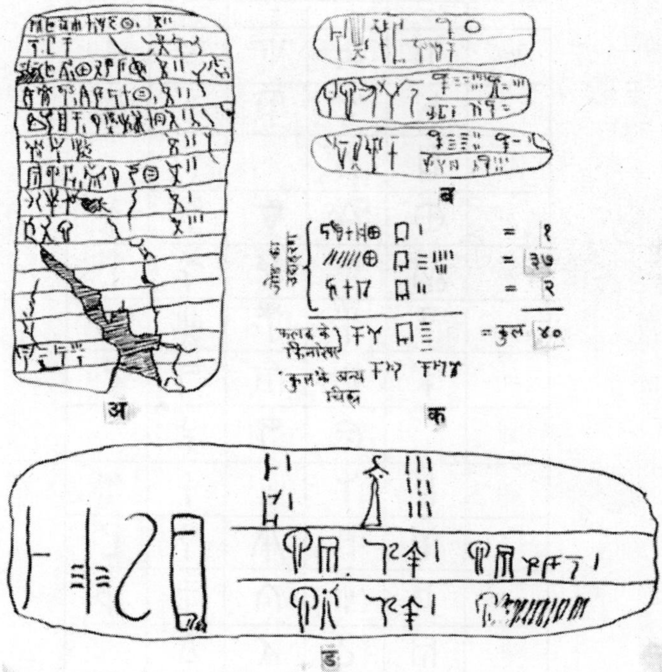

चित्र 5.3 : क्रीट से प्राप्त रेखाचित्रात्मक (हाइरोग्लिफिक फलक लिपि) (रैखिक अ और ब फलक)

शून्य के लिए कोई संकेत नहीं है। 1 से 9 तक के अंक खड़ी लकीरों से व्यक्त किए गए हैं। प्रायः सभी प्राचीन सभ्यताओं की अंक-पद्धति में 1 से 9 तक के अंकों के लिए ...

क्रीट की रैखिक-ब लिपि के अंक-संकेत-युक्त फलक :

अ. माइसिन (यूनान) से प्राप्त रैखिक-ब का फलक। इसमें आदमियों के नामों की सूची दी गई है। 'आदमी' शब्द (भावचित्र) के आगे इनकी संख्या दी गई है।

ब. क्नोसोस (क्रीट) से प्राप्त फलक। इनमें प्रतिशत से संबंधित हिसाब हैं।

क. जोड़ संबंधी एक उदाहरण।

ड. क्नोसोस से प्राप्त रैखिक-ब के एक फलक का रेखांकन। इसमें '9 स्त्रियों, 1 बड़ी लड़की, 1 छोटी लड़की, 1 बड़ा लड़का, 1 छोटे लड़के' का उल्लेख है।

हम इसी प्रकार के खड़ी लकीरों वाले अंक-संकेत देखते हैं। खड़ी लकीरें इकाई के अंकों को दरशाती हैं, तो इसी प्रकार की आड़ी लकीरें दहाई के अंकों को। वृत्त का चिह्न सैकड़े को, वृत्त के साथ किरणें दरशाई गईं तो हजार की संख्याओं को और किरणों वाले वृत्त के भीतर एक छोटी-सी आड़ी लकीर हो तो दस-हजार की संख्याओं को व्यक्त करते हैं। इस प्रकार,

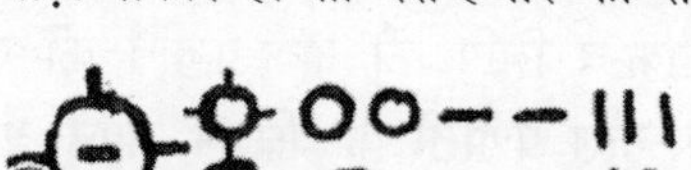 =12345

रैखिक-ब के लेखों में हमें दस हजार से बड़ी संख्याओं के लिए अंक-संकेत नहीं मिलते। हम बतला ही चुके हैं कि बेनेट ने इन लेखों की माप-तौल प्रणाली का अध्ययन प्रस्तुत किया

है। उसने सूखी तथा तरल वस्तुओं के मापन को दरशाने वाले भावचित्रों को भी पहचाना था। आज इस अंक-पद्धति का केवल ऐतिहासिक महत्व ही है। मिस्र की अंक-पद्धति की तरह क्रीट की यह अंक-पद्धति भी मिट गई है। स्वयं यूनानियों ने ही, न केवल इस अंक-पद्धति को, बल्कि रैखिक-ब लिपि को त्यागकर 1000 ई.पू. के आसपास अपनी भाषा के लिए एक नई वर्णमालात्मक लिपि को अपनाया था।

यूनानी लिपि

ई.पू. 11वीं शताब्दी में यूनानियों की और एक शाखा, जिसे 'डोरियन' का नाम दिया गया है, यूनान में आती है। इसके आगमन के साथ यूनान का 'ऐश्वर्य युग' समाप्त होकर 'अंधकार-युग' आरंभ होता है। इनके आगमन के साथ ही ताम्रयुग समाप्त होकर लौहयुग का भी आरंभ होता है। डोरियन लोग अपने साथ अशांति लेकर आए थे, इसलिए यूनान में पहले से बसे हुए बहुत से लोग क्षुद्र-एशिया के पश्चिमी तट पर जाकर बस गए। आयोनिया–पश्चिमी क्षुद्र-एशिया में बसे हुए ये यूनानी लोग 'आयोनियन' कहलाए और हमारे 'यूनान', 'योन' या 'यवन' शब्द इसी 'आयोनिया' से बने हैं। यूनानी संस्कृति के इतिहास में इन आयोनियन लोगों का विशेष महत्व है। एशिया के पश्चिमी तट पर बस जाने पर ये लोग एशिया की विकसित संस्कृतियों के संपर्क में आए। यूनान को सर्वप्रथम दर्शन, विज्ञान तथा एक नई लिपि देने वाले यही आयोनियन लोग थे।

प्रायः सभी यूनानी परंपराएं इसी तथ्य की ओर इशारा करती हैं कि, यूनानियों ने फोनिशिया वालों से ही लिपि का ज्ञान प्राप्त किया था। यदि हम यूनानी लिपि का परीक्षण करें, तो यह निर्विवाद सिद्ध होता है कि उन्होंने फोनिशिया वालों की लिपि के आधार पर ही अपनी लिपि का निर्माण किया था। आरंभिक यूनानी लिपि के प्रायः सभी अक्षरों के आकार या स्वरूप उत्तरी सेमेटिक लिपि जैसे ही हैं। यूनानी अक्षरों के नाम–अल्फा, बीटा, गामा इत्यादि–भी सेमेटिक लिपि के अक्षर-नामों–आलेफ, बेथ, गिमेल इत्यादि–के आधार पर ही बने हैं। प्राचीनतम यूनानी लेख हमें आठवीं शताब्दी ई.पू. के मिलते हैं। सामान्यतः हम कह सकते हैं कि 1000 ई.पू. के आसपास उत्तरी सेमेटिक लिपि के आधार पर यूनानियों ने अपनी भाषा के लिए एक वर्णमालात्मक लिपि का निर्माण कर लिया था। आरंभिक यूनानी लेख दाईं ओर से बाईं ओर को लिखे हुए मिलते हैं–सेमेटिक लिपि की तरह। लेकिन 500 ई.पू. के आसपास से आगे यह लिपि ब्राह्मी लिपि की तरह बाईं ओर से दाईं ओर को लिखी जाने लग गई थी।

यूनानी भाषा भारोपीय परिवार की होने के कारण इसकी अपनी विशिष्ट ध्वनियों के लिए सेमेटिक भाषा की लिपि को ज्यों-का-त्यों नहीं अपनाया जा सकता था। उत्तरी सेमेटिक लिपि के 22 अक्षरों में 11 अक्षर ऐसे थे जिन्हें यूनानी ध्वनियों के लिए सीधे अपनाया जा सकता था, इसलिए इन 11 अक्षरों को ज्यों-का-त्यों अपनाया गया। इनके अलावा कुछ सेमेटिक अक्षर यूनानी भाषा की कुछ भिन्न ध्वनियों के लिए अपनाए गए। सेमेटिक लिपियों में स्वराक्षरों का अभाव था। विपरीत, इसमें उष्म ध्वनियों के अक्षरों की बहुलता थी। यूनानियों ने अपने मूल पांच स्वरों का निर्माण इनके आधार पर किया। इनके अलावा यूनानी भाषा की अपनी कुछ ख़ास ध्वनियों के लिए कुछ नए अक्षर-संकेतों का निर्माण किया गया। इस प्रकार 24 अक्षरों की एक यूनानी वर्णमाला अस्तित्व में आई।[4]

यूनानी अंक-संकेत

हमने देखा है कि रैखिक-ब लिपि के फलकों में 1 से 9 तक के अंकों के लिए खड़ी रेखाएं मिलती हैं। साइप्रस से प्राप्त फलकों में भी इसी प्रकार के अंक-संकेत मिलते हैं। कौरिंथ से पांचवीं शताब्दी ई.पू. का एक शिला-फलक मिला है जिसमें ।।।।।।।। अंक-संकेत आठ ओबोल (एक सिक्का) को व्यक्त करते हैं। ये अंक-संकेत प्रायः सभी प्राचीन सभ्यताओं की अंक-पद्धतियों में मिलते हैं। ये खड़ी रेखाएं हाथ की अंगुलियों की ही द्योतक रही होंगी।

यूनान में तीसरी शताब्दी ई.पू. के अभिलेखों में हम एक नई अंक-पद्धति को देखते हैं। इस समय हम संख्याओं के नामों के आद्य अक्षर द्वारा इन संख्याओं को व्यक्त किया हुआ देखते हैं। संभव है कि ई.पू. तीसरी शताब्दी के पहले भी इस पद्धति का अस्तित्व रहा हो। यूनान के एटिका प्रदेश से प्राप्त अभिलेखों में इस प्रकार के अंक-संकेत मिलते हैं, इसलिए इन अंक-संकेतों को 'एटिक-अंकों' का नाम दिया गया है। इसे 'आद्याक्षर-अंक-पद्धति' का भी नाम दिया गया है। इस पद्धति के अनुसार :

Γ : यह अक्षर II का प्राचीन रूप है और पेंटे (Pente) अर्थात् पांच (5)

Δ : यह अक्षर डेका (दस) शब्द का आद्याक्षर होने से 10 के लिए प्रयुक्त होता था।

H : यह प्राचीन एटिक उच्चारण हेकाटोन (सौ) का आद्याक्षर होने से 100 के लिए इस्तेमाल होता था।

X : यह 'चिलिओन' या 'खिलिओन' (हजार) शब्द का पहला अक्षर था, इसलिए 1000 का द्योतक था।

M : यह 'माइरिओइ' (दस हजार) शब्द का आद्याक्षर था, इसलिए 10,000 को व्यक्त करता था।

इन अक्षरांकों को किस प्रकार जोड़ा जाता था, यह निम्न उदाहरणों से जाना जा सकता है

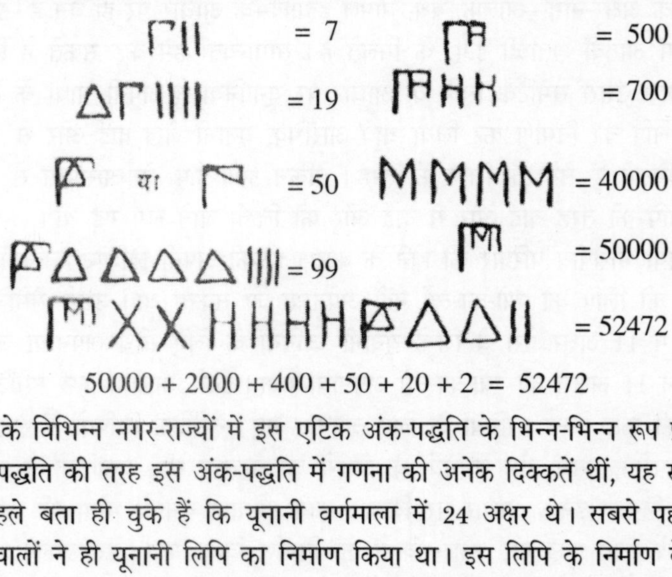

50000 + 2000 + 400 + 50 + 20 + 2 = 52472

यूनान के विभिन्न नगर-राज्यों में इस एटिक अंक-पद्धति के भिन्न-भिन्न रूप प्रचलित थे। रोमन अंक-पद्धति की तरह इस अंक-पद्धति में गणना की अनेक दिक्कतें थीं, यह स्पष्ट ही है।

हम पहले बता ही चुके हैं कि यूनानी वर्णमाला में 24 अक्षर थे। सबसे पहले संभवतः आयोनिया वालों ने ही यूनानी लिपि का निर्माण किया था। इस लिपि के निर्माण के बाद जब अंक-संकेतों का प्रश्न उठा, तो आयोनिया वालों ने इसके लिए भी एक उपाय खोजा। उन्होंने

अपनी वर्णमाला के 24 अक्षरों को 1 से 24 तक की संख्याओं के मान प्रदान किए। लिपि के साथ ही संभवतः ये अक्षर-अंक-संकेत अस्तित्व में आए थे। स्पष्ट है कि इस प्रकार की अंक-पद्धति में अनेक प्रकार की दिक्कतें थीं और इससे अधिक दिनों तक काम नहीं चल सकता था। इसलिए यूनानियों ने एक शुद्ध अक्षरांक पद्धति को जन्म दिया। यही नई अंक-पद्धति ई.पू. तीसरी शताब्दी में अस्तित्व में आ गयी थी।

इस अंक-पद्धति में कुल मिलाकर 27 अक्षर-संकेतों का इस्तेमाल हुआ था। परंतु हम जानते हैं कि यूनानी वर्णमाला में केवल 24 ही अक्षर थे। इसलिए तीन संकेत नए गढ़े गए। इनमें से एक संकेत था जो प्राचीन यूनानी अक्षर 'दिगम्मा' था और शेष दो संकेत फोनिशियन लिपि से लिये गए थे। इस प्रकार 27 यूनानी अक्षरांक संकेत थे :

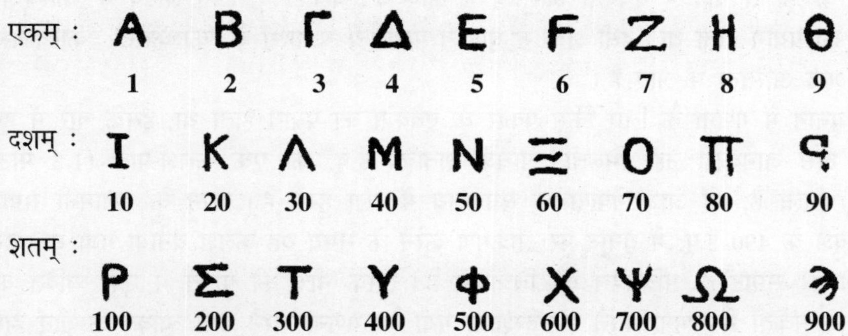

यूनानी काल में अंकों के लिए बड़े अक्षरों (कैपिटल्स) का ही इस्तेमाल होता था। बाद में, मध्ययुगीन यूरोप में छोटे अक्षरों का भी इस्तेमाल देखने को मिलता है। अक्षरों से अक्षरांकों को स्पष्ट करने के लिए अक्षरांकों के ऊपर एक क्षैतिज रेखा रख दी जाती थी। मध्ययुग में इन अक्षरांकों को कभी-कभी खड़े की बजाय आड़ा भी रखा जाता था। हजार की संख्याओं को इन अक्षरों के बाएं और एक तिरछी लकीर खींचकर व्यक्त किया जाता था। यथा :

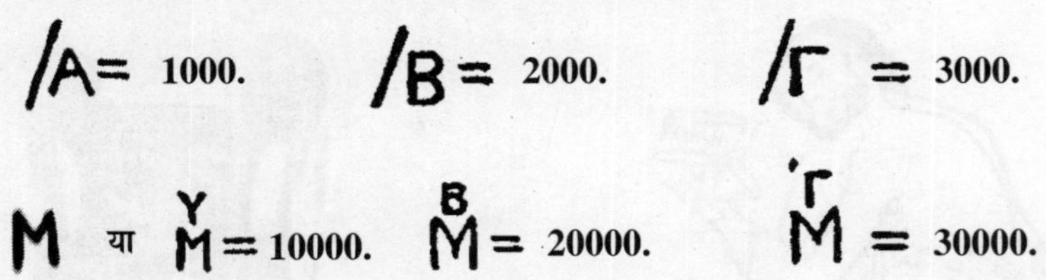

चित्र 5.4 : युनानी अक्षरांक

अंकगणक : एबैकस (Abacus)

आज तो हम गणना के लिए कलम (पेन) और कागज का इस्तेमाल करते हैं। किंतु प्राचीन काल में ये साधन उपलब्ध नहीं थे। यूनान में पेपीरस तथा चर्मपट तो उपलब्ध थे, किंतु साधारण गणनाओं के लिए ऐसी कीमती वस्तुओं का इस्तेमाल संभव नहीं था। इसलिए प्रायः सभी प्राचीन सभ्यताओं में हम किसी न किसी प्रकार के 'अंकगणकों' का अस्तित्व देखते हैं। आज तो गणनाओं के लिए अब गणक-यंत्रों का प्रयोग बहुतायत में होने लग गया है। परंतु अभी कुछ दशक पहले तक स्कूलों में अंकगणकों (एबैकस) से गणना करना सिखाया

जाता था। यह 'एबैकस' शब्द यूनानी भाषा के 'एबकस' शब्द से बना है। सेमेटिक भाषा में 'अ-ब-क' शब्द मिलता है, जिसका अर्थ था 'धूलि'। बहुत प्राचीन काल में जमीन पर या किसी पट्‌ट पर धूलि फैलाकर उस पर अंक-संकेत लिखे जाते थे और गणनाएं की जाती थीं। हमारे देश में भी प्राचीन काल में इसी प्रकार गणनाएं होती थीं। इसीलिए भास्कराचार्य (1150 ई.) ने अपने 'लीलावती' ग्रंथ में पाटीगणित को 'धूलिकर्म' का नाम दिया है।

यूनानी साहित्य में 'एबैकस' तथा 'सेफोस' अर्थात् कंकड़ों के अनेक उल्लेख मिलते हैं। हिरोदोतस के उल्लेख, ''यूनानी लोग हाथ को बाईं ओर से दाईं ओर को चलाकर लिखते हैं और गणना करते हैं,'' सेफोस से गणना करने के लिए 'सेफोइस लोजिझेस्ताइ' शब्दों का प्रयोग हुआ है। एबैकस के पहले यूनानी लोग कंकड़ों की सहायता से गणना करते रहे होंगे। इन्हीं कंकड़ों से बाद में एबैकस अस्तित्व में आए थे। कंकड़ों के लिए लैटिन में 'काल्कुली' शब्द का प्रयोग होता था। इसी शब्द से बाद में पाश्चात्य भाषाओं के 'काल्कुलेट', 'काल्कुलस' जैसे शब्द अस्तित्व में आए हैं।

यूनान में गणना के लिए किस प्रकार के एबैकस का प्रयोग होता था, इसके बारे में हमें कोई ठोस जानकारी नहीं मिलती। पांचवीं शताब्दी ई.पू. का एक कलश-पात्र (1.3 मीटर ऊंचा) मिला है, जो आज नेपल्स के संग्रहालय में रखा हुआ है। ईरान के हख़ामनी सम्राट दारयवुश के 490 ई.पू. में यूनान पर आक्रमण करने के समय यह कलश बनाया गया था। इस कलश पर सम्राट के मंत्रिमंडल का चित्रांकन है। इसके नीचे की पंक्ति में एक व्यक्ति को अक्षरांक-संकेतों से गणना करते हुए दरशाया गया है। गणना करने वाले व्यक्ति के बाएं हाथ में दो पटलों की एक पेटी-नुमा चीज़ है, जिसमें अक्षरांक-संकेत रखे हुए हैं। सामने एक एक मेज है जिस पर **MΨHΔΓO<T** अंक-संकेत (पड़े हुए) हैं। इनमें प्रथम पांच संकेत क्रमशः 10,000, 1000, 100, 10 तथा 5 टैलेंटों (सिक्कों) के द्योतक हैं और शेष तीन संकेत क्रमशः एक, आधा तथा चौथाई 'ओबोल' के द्योतक हैं। दारयवुश ने यूनानी प्रजा से जो शुल्क वसूल किया था उसी का यहां चित्रांकन है।

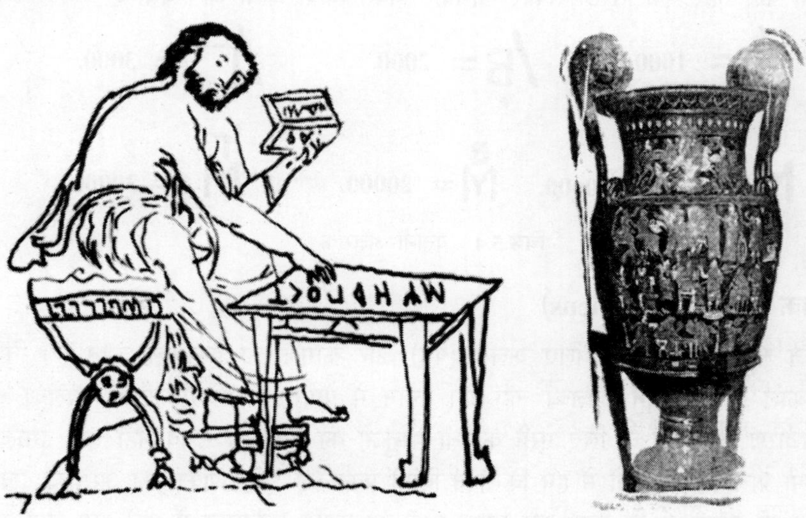

चित्र 5.5 : पांचवीं शताब्दी ई.पू. के एक कलश पर अंकित चित्राकृति में गणना करता हुआ एक व्यक्ति

सलामिस द्वीप (एथेंस के नज़दीक बाईं ओर) से एक प्रकार का 'अंकगणक' प्राप्त हुआ है। सफेद संगमरमर का यह फलक 1.49 मीटर लंबा और 0.75 मीटर चौड़ा है। आज यह एथेंस के अभिलेख-संग्रहालय में रखा हुआ है। बीच में यह टूटा हुआ है। इस पर सीधी रेखाएं खींची हुई हैं और तीन ओर अक्षरांक संकेत खुदे हुए हैं। जान पड़ता है कि इस फलक का इस्तेमाल गणना के लिए ही होता था। इसका उपयोग किसी विद्यालय में या किसी व्यापारी की दुकान में या किसी खेल-प्रतियोगिता में होता था, इसके बारे में निश्चित रूप से कुछ नहीं कहा जा सकता। दारयवुश के कलश तथा सलामिस द्वीप के गणना-पट्ट के आधार पर हमें यूनानी अंकगणक के बारे में कोई ठोस जानकारी नहीं मिलती। ऐसा प्रतीत होता है कि यूनानी लोग कंकड़ों से तो गणना करते थे, किंतु वे अंकगणकों या एबैकस का उतनी मात्रा में प्रयोग नहीं करते थे जितनी मात्रा में रोमन लोगों ने किया है। यूनानी अंक-संकेत गणना के लिए आज की तरह के अंक-संकेतों की तरह सुविधाजनक तो नहीं थे, परंतु रोमन अंकों से बेहतर थे।

भिन्न

मिस्र की अंक-पद्धति का परिचय प्राप्त करते हुए हमने देखा है कि आह् मोक्ष पेपीरस[5] में सामान्य भिन्नों को पहले इकाई के भिन्नों में रूपांतरित करके फिर इनसे गणनाएं की गई हैं। यूनानियों ने मिस्र वालों का ही अनुकरण किया। यूनानी लोग न तो एक वैज्ञानिक अंक-पद्धति को जन्म दे पाए और न भिन्नों को व्यक्त करने के किसी बेहतर तरीके का $\frac{1}{2}, \frac{1}{3}, \frac{1}{4}$ जैसे भिन्नों को उन्होंने 2, 3, 4 आदि के लिए प्रयुक्त अक्षरांकों के ऊपर या दाएं-बाएं अतिरिक्त संकेत जोड़कर व्यक्त किया है। अरिस्टार्कस (लग. 250 ई.पू.) किसी भिन्न को लिखते समय अंश-स्थान में संख्या-नाम लिखता था और हर-स्थान में अक्षरांकों को। वस्तुतः यूनान में भिन्नों को लिखने के लिए कोई स्थायी व्यवस्था नहीं थी। गणितज्ञ अपनी-अपनी रुचि के अनुसार इन्हें लिखते थे। प्रसिद्ध यूनानी गणितज्ञ डाइओफैंटस (ईसा की तीसरी शताब्दी, उत्तरार्ध) की भिन्नों को लिखने की विधि को जानकर तो आज के पाठकों को अवश्य आश्चर्य होगा। वह अंश स्थान की संख्या को नीचे लिखता था और हर स्थान की संख्या को ऊपर, जैसे–$\frac{17}{3}$ को $\frac{3}{17}$। यूनानी गणितज्ञ सामान्यतः इकाई के भिन्नों को ही पसंद करते थे।

वस्तुतः यूरोप में मध्यकाल तक इकाई के भिन्नों को ही अधिक पसंद किया जाता रहा है। पाठकों को यह जानकार आश्चर्य होगा कि 17वीं शताब्दी की सर्वेक्षण से संबंधित एक रूसी हस्तलिपि में $\frac{1}{96}$ के लिए 'अर्ध-अर्ध-अर्ध-अर्ध-अर्ध-तृतीयांश' लिखा हुआ मिलता है। खैर, यह बहुत बाद की बात है, इसकी विस्तृत चर्चा हम आगे करेंगे। वस्तुतः आज गणितशास्त्र में प्रयुक्त गणना की बहुत सी भारतीय विधियां अरबों के माध्यम से जब यूरोप में पहुंचीं, तभी इन्हें अपनाया गया। आज अंकगणित में प्रयुक्त बहुत सी विधियां मूलतः भारतीय हैं। इनकी विस्तृत चर्चा हम आगे करेंगे ही। यहां सिर्फ यही बताना है कि भिन्नों को लिखने की वर्तमान विधि भी मूलतः भारतीय विधि है। गणित के प्रसिद्ध इतिहासकार डेविड यूजेन स्मिथ ने भी इस बात को स्पष्ट रूप से स्वीकार किया है। जैसा कि हम आगे देखेंगे यूनानी लोग अंकगणित या बीजगणित का उतना विकास नहीं कर पाए जितना कि ज्यामिति का।

यूनानी अंक-पद्धति का परिचय प्राप्त करने के बाद अब यूनानी गणित का कुछ परिचय प्राप्त करने के लिए हमें यूनान के कुछ महान गणितज्ञों का परिचय प्राप्त करना होगा। इन्हीं के कृतित्व को जानते समय हम यूनानी गणित के बारे में भी कुछ प्रमुख बातें जानेंगे।

पाइथेगोर

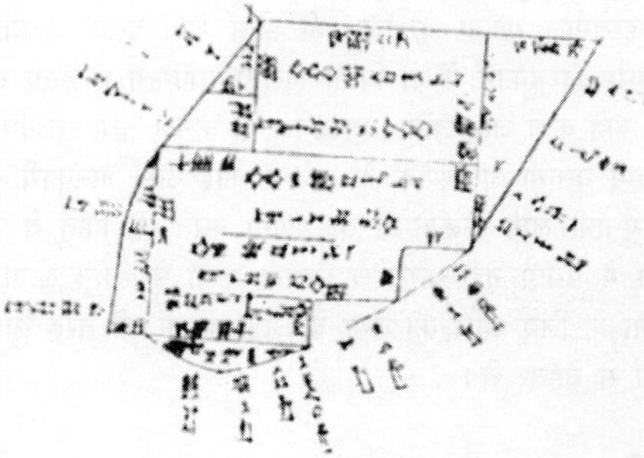

चित्र 5.6 : खेत का बेबीलोनी नक्शा (अनियमित खेत को त्रिभुजों और चतुर्भुजों में बांटकर पूरे खेत का क्षेत्रफल ज्ञात किया जाता था)

यूनान में दर्शन तथा विज्ञान का आरंभ आयोनिया के यूनानी उपनिवेशों में होता है। पूर्व की विकसित संस्कृतियों के संपर्क में आने के बाद ही यूनान में बौद्धिक चिंतन का आरंभ हुआ था। थेल, अनक्सिमिंदर, अनक्सिमेनस आदि दार्शनिक आयोनिया के ही रहने वाले थे। इन सभी दार्शनिकों ने विश्व के 'मूलतत्व' को खोज निकालने का प्रयत्न किया है। किसी ने जल को मूलतत्व माना तो, किसी ने अग्नि या वायु को। पाइथेगोर यूनान का पहला दार्शनिक-गणितज्ञ था जिसने संख्याओं को विश्व का मूलतत्व माना।

चित्र 5.7 : मिस्र देश की यात्रा करता हुआ पाइथेगोर

पाइथेगोर का जन्म ई.पू. छठी शताब्दी के उत्तरार्ध में किसी समय आयोनिया के सामोस द्वीप में हुआ था। वह थैल का शिष्य था। थैल के ही सुझाव पर पाइथेगोर ने मिस्र देश की यात्रा की थी, जहां वह 12 साल रहा। इसके बाद वह बेबीलोन गया और वहां बहुत साल रहा। कहा जाता है कि वह ईरान तथा भारत भी आया था। सत्य जो भी रहा हो, इतना तो सभी स्वीकार करते हैं कि पाइथेगोर के दर्शन तथा रहस्यवाद पर भारतीय चिंतन का गहरा प्रभाव है। सामोस लौटने पर पाइथेगोर वहां अधिक दिनों तक नहीं रहा। यात्रा करते हुए वह दक्षिण इटली के क्रोटोना नगर पहुंचा और वहीं बस गया। लगभग 20 साल तक वह क्रोटोना में रहा और वहीं पर उसने अपने प्रसिद्ध 'विद्यालय' या 'मठ' की स्थापना की। जब उसके या उसके विद्यालय के विरुद्ध विद्रोह हुआ, तो वह मैटापोंटिअन भाग गया, जहां 496 ई.पू. में उसकी मृत्यु हुई।

यूनानी गणित के इतिहास में पाइथेगोर तथा उसके विद्यालय की देन बहुत महत्वपूर्ण है। अंकगणित के क्षेत्र में तो पाइथेगोरीय उपलब्धियां बहुत ही महत्व की हैं। पाइथेगोर के समय में अभी संभवतः यूनानी अक्षरांक-संकेत अस्तित्व में नहीं आए थे। इसलिए हम मान सकते हैं कि पाइथेगोर तथा उसके विद्यार्थी जमीन या किसी फलक पर धूल बिछाकर या कंकड़ों से गणनाएं करते थे। पाइथेगोर ने सम और विषय संख्याओं के भेद को अच्छी तरह समझाया है। कंकड़ों या बिंदुओं की सहायता से संख्याओं की विभिन्न ज्यामितीय आकृतियां बनाई जा सकती हैं। सबसे पहले पाइथेगोर की त्रिभुज संख्याओं पर विचार कीजिए :

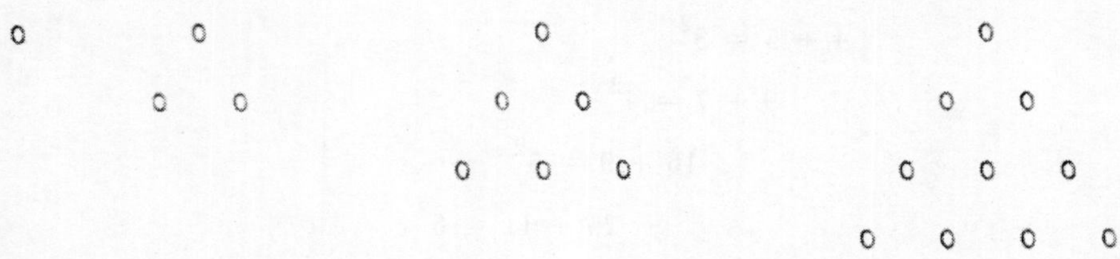

चित्र 5.8 : त्रिभुज संख्याएं

उपर्युक्त रीति से कंकड़ों को रखते चले जाएं, तो वे भुजीय आकृतियां बनाते हैं। इस प्रकार, त्रिभुज संख्याएं क्रमशः होंगी : 1, 3, 6, 10, 15, ...। इन पर विचार करते हुए पाइथेगोर को पता चला होगा कि,

1 = 1	1 = 1
1 + 2 = 3	1 + 2 = 3
3 + 3 = 6	3 + 3 = 6
6 + 4 = 10	6 + 4 = 10
10 + 5 = 15	10 + 5 = 15
15 + 6 = 21	15 + 6 = 21
.... इत्यादि।	.... इत्यादि।

इसी प्रकार, पाइथेगोर ने 'वर्ग संख्याओं' के बारे में भी नियम खोजे।

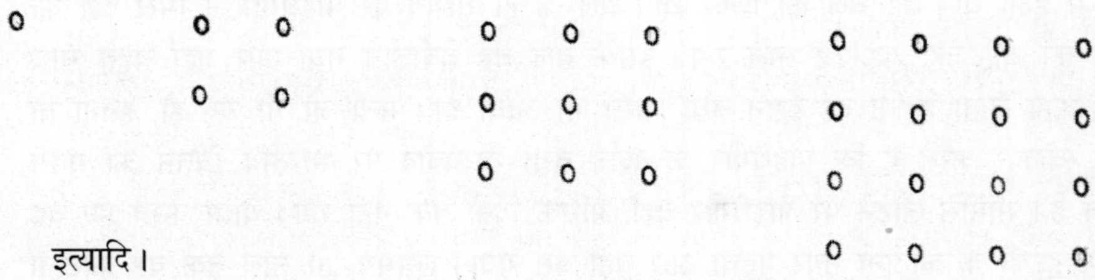

इत्यादि।

चित्र 5.9 : 'वर्ग संख्याएं'

इन 'वर्ग संख्याओं' पर विचार करने पर हमें पता चलता है कि किसी भी वर्ग संख्या के साथ एक विषम संख्या (3, 5, 7 इत्यादि) जोड़ने पर अगली वर्ग संख्या प्राप्त होती है। इस नियम को सूत्र के रूप में हम यूं प्रकट कर सकते हैं :

$न^2 + (2 न + 1) = (न + 1)^2$, जहां 'न' एक सम संख्या है।

अब विषम संख्याओं के क्रम 1, 3, 5, 7, 9,... पर विचार कीजिए।

इस क्रम में पहली संख्या तो पहली वर्ग संख्या है। इसके बाद यदि हम क्रमशः विषम संख्याओं को जोड़ते चले जाएं, तो सभी वर्ग संख्याएं प्राप्त होती हैं :

$$1 = 1$$
$$1 + 3 = 2^2$$
$$4 + 5 = 3^2$$
$$9 + 7 = 4^2$$
$$16 + 9 = 5^2$$
$$25 + 11 = 6^2$$

.... इत्यादि।

इस प्रकार, हमें सूत्र मिलता है :

$$1 + 3 + ... + (2 न + 1) = न^2।$$

कितनी आकर्षक है यह खोज। और सरल भी। कल्पना की जा सकती है कि संख्याओं के बारे में इन नियमों को खोजने पर पाइथेगोर को कितनी प्रसन्नता हुई होगी। अतः, कोई आश्चर्य की बात नहीं कि उसने अपनी इन खोजों को रहस्य का जामा पहनाया था।

पाइथेगोर के ज्यामितीय आविष्कारों के बारे में यहां हम विस्तृत चर्चा नहीं करेंगे। लेकिन यहां उसके एक ज्यामितीय आविष्कार की चर्चा करना जरूरी है, क्योंकि इसी आविष्कार के आधार पर बाद में उसने एक नए प्रकार की संख्याओं का आविष्कार किया था।

ज्यामिति का तथाकथित 'पाइथेगोर का प्रमेय' पाइथेगोर के भी शताब्दियों पहले चीन, भारत तथा बेबीलोन के गणितज्ञों को ज्ञात था–इसके बारे में हम पहले बता चुके हैं। इस प्रमेय के अनुसार : किसी समकोण त्रिभुज की एक भुजा अ हो, दूसरी भुजा ब हो और कर्ण क हो, तो $अ^2 + ब^2 = क^2$।

पाइथेगोर की मान्यता थी कि संपूर्ण विश्व संख्यामय है; अर्थात्, विश्व का मूलतत्व संख्या है और संख्याओं से विश्व की प्रत्येक वस्तु को मापा जा सकता है। आरंभ में पाइथेगोर का ज्ञान परिमेय संख्याओं तक ही सीमित था; इसलिए संख्याओं से उसका मतलब परिमेय संख्याओं से ही था। यूं तो 'परिमेय' का अर्थ है 'मापने योग्य', परंतु परिमेय संख्याओं के बारे में हम कह सकते हैं कि ये ऐसी संख्याएं हैं जिन्हें अ/ब के रूप में व्यक्त किया जा सके; अर्थात्, ये ऐसी संख्याएं होती हैं जिन्हें पूर्णांकों या भिन्नों या पूर्ण दशमलव भिन्नों में व्यक्त किया जा सकता है। आरंभ में पाइथेगोर की मूलतत्व वाली संख्याएं ऐसी ही परिमेय संख्याएं थीं। वह यह भी मानता था कि इन परिमेय संख्याओं से विश्व की सभी वस्तुओं को मापा जा सकता है।

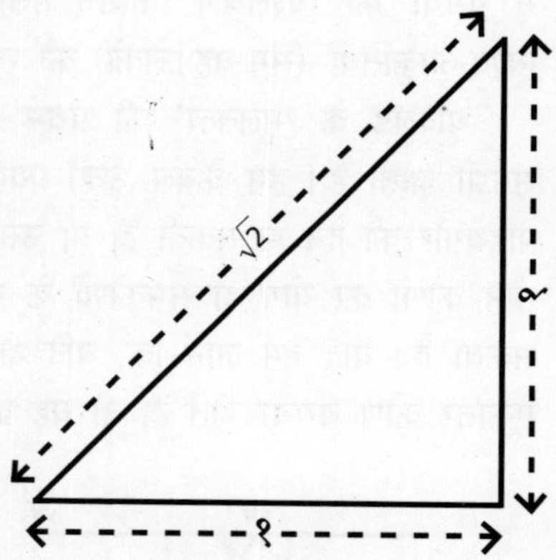

लेकिन अब एक ऐसे समकोण त्रिभुज पर विचार कीजिए जिसकी दोनों भुजाएं एक-एक इंच या कोई भी अन्य एक-एक इकाई हो। तब पाइथेगोर के प्रमेय के अनुसार इस त्रिकोण का कर्ण होगा : $1^2 + 1^2 = 2$। लेकिन यह त्रिभुज के कर्ण की लंबाई नहीं है, बल्कि इस लंबाई का वर्ग है। वस्तुतः कर्ण की लंबाई होगी, $\sqrt{2}$।

यह $\sqrt{2}$ क्या है। यह कोई ऐसी लंबाई नहीं है जिसे हम किसी पैमाने से ठीक-ठीक माप सकते हैं। यह पूर्णांक संख्या नहीं है; यह भिन्न संख्या भी नहीं है। वस्तुतः यह परिमेय संख्या है ही नहीं। इस तथ्य को हम इस प्रकार सिद्ध कर सकते हैं : इसे अ/ब भिन्न के न्यूनतम रूप में व्यक्त किया जा सकता है। यहां अ तथा ब पूर्णांक हैं, जिनमें से एक अवश्य ही विषम संख्या होगी।

तब, अ/ब = $\sqrt{2}$

या अ^2 = 2 ब^2

अतः अ एक सम संख्या होनी चाहिए, जैसा कि यह यहां है। तब ब एक विषम संख्या होनी चाहिए। अब हम यह जानते हैं कि किसी भी सम संख्या का वर्ग 4 से विभाजित किया जा सकता है और उसी प्रकार 2ब^2 को भी 4 से भाग दिया जा सकता है, क्योंकि अ^2 = 2 ब^2। तब ब^2 को 2 से भाग देना संभव है और इस प्रकार यह एक सम संख्या है। लेकिन आरंभ में ही हमने अ/ब को इसके न्यूनतम रूप में स्वीकार किया था। इसलिए इसमें एक ही संख्या सम हो सकती है, दोनों नहीं। लेकिन यहां हम अ तथा ब दोनों को ही सम संख्याओं के रूप में पाते हैं। इससे यह सिद्ध होता है कि हमारी यह कल्पना कि 2 को अ/ब में व्यक्त किया जा सकता है, गलत है।

तात्पर्य यह कि $\sqrt{2}$ एक परिमेय संख्या नहीं है, यह एक अपरिमेय संख्या है $\sqrt{2}$ लंबाई की किसी भी रेखा को हम किसी भी पैमाने से ठीक-ठीक माप ही नहीं सकते। अब सहज ही कल्पना की जा सकती है कि इस अपरिमेय मान के आविष्कार से पाइथेगोर को कितना बड़ा धक्का लगा होगा। कहा जाता है कि इसके बाद पाइथेगोर ने एक बैल की बलि दी थी और अपने शिष्यों को आदेश दिया था कि वे इस आविष्कार को बाहर किसी के भी सामने प्रकट न करें।

$\sqrt{2}$ अकेली अपरिमेय संख्या नहीं है। जिस प्रकार प्राकृतिक संख्याओं का क्रम अनंत है, जिस प्रकार परिमेय संख्याएं अनंत हैं, उसी प्रकार अपरिमेय संख्याएं भी अनंत हैं।

ज्यामिति

5वीं शताब्दी का गणितज्ञ प्रोक्लुस पाइथेगोर की गणितीय उपलब्धियों के बारे में लिखता है :

थैलस् और ममेर्कोस (ई.पू. छठी शताब्दी के गणितज्ञ) के बाद पाइथेगोर ने ज्यामितीय विज्ञान की मूल अभिधारणाओं का आरंभ से परीक्षण किया और बौद्धिक तथा अमूर्त विधियों से प्रमेयों का विश्लेषण किया। उसी ने अपरिमेय-सिद्धांत की खोज की और उसी ने विश्व-आकृतियों (सम-बहुफलकों) की रचना की।

यूक्लिड के 'मूलतत्व' की प्रथम चार पुस्तकों की ज्यामिति पाइथेयोरीय-स्कूल की देन समझी जाती हैं। हम केवल उन्हीं ज्यामितीय उपलब्धियों पर विचार करेंगे, जो या तो स्वयं पाइथेगोर की देन हो सकती हैं, या उसके स्कूल के आरंभिक दिनों की। त्रिकोण के भीतर के तीन कोणों का योग दो समकोणों के बराबर होता है, यह प्रमेय आसानी से सिद्ध किया जा सकता है। यदि हम जानें कि, यदि दो समान्तर रेखाओं को एक तीसरी रेखा काटती है तो एकांतर कोण बराबर होते हैं, तो यह प्रमेय स्पष्ट हो जाता है :

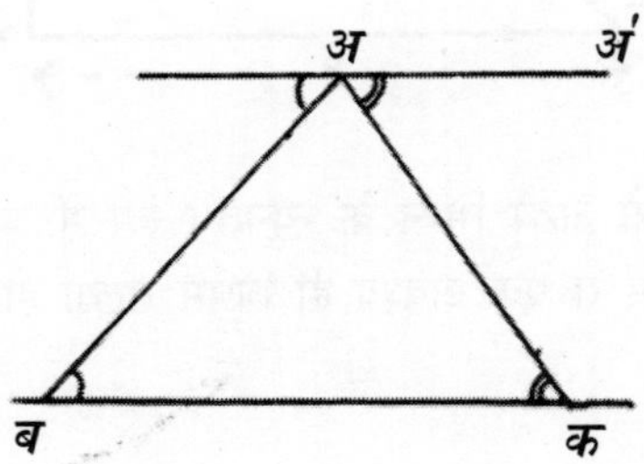

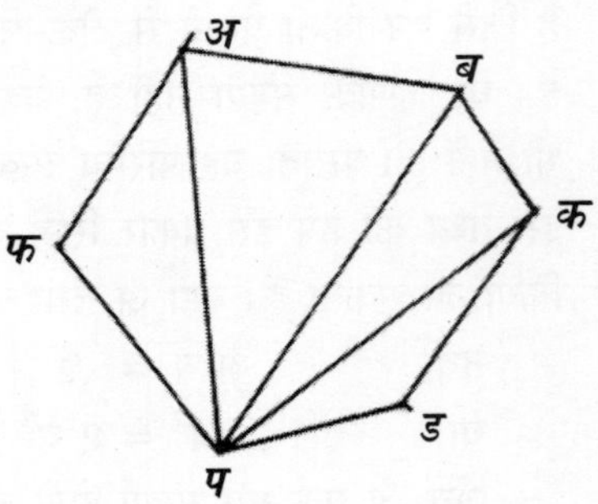

ऊपर बाईं ओर की आकृति में अ अ' रेखा बक के समांतर है; अ बिंदु पर त्रिकोण के तीनों कोणों का योग 180^0 अर्थात् दो समकोणों के बराबर है। ऊपर दाईं ओर की आकृति अ ब क ड प फ एक षट्भुज है। प अ, प ब तथा प क को जोड़ने पर इसमें चार त्रिकोण तैयार होते हैं। अब हम सहज ही देखते हैं कि, षट्भुज के भीतरी कोणों का योग चार त्रिकोणों के भीतरी कोणों के योगों के बराबर है; अर्थात्, आठ समकोण हैं। अब, किसी भी बहुभुज के भीतरी कोणों का योग जाना जा सकता है। न भुजाओं वाले बहुभुज के भीतरी कोणों का योग होगा : (2 न - 4) समकोण। किसी भी बहुभुज के बाह्य कोणों (प्रत्येक का बाह्य कोण भीतरी कोण का पूरक होने के कारण) का योग होगा : 2 न - (2 न - 4) = 4 समकोण। इस परिणाम में हम देखते हैं कि, किसी भी बहुभुजाकृति के बाह्य कोणों का योग इसकी भुजाओं की संख्याओं पर निर्भर नहीं रहता।

यूक्लिड की 'ज्यामिति' की प्रथम पुस्तक का 47वां प्रमेय है : 'किसी भी समकोण-त्रिकोण में समकोण के सामने वाली भुजा (कर्ण) पर आधारित वर्ग, शेष दो भुजाओं पर आधारित वर्गों

के योग के बराबर होता है। प्लुटार्क, डाइओजेनस, प्रोक्लुस आदि अनेक यूनानी लेखकों के अनुसार इस प्रमेय की खोज स्वयं पाइथेगोर ने ही की थी। इन सभी प्रमाणों के होने पर भी हमारे लिए यह मानना जरूरी नहीं ही है कि, इस प्रमेय का आविष्कर्ता पाइथेगोर था, क्योंकि हम जानते हैं कि पाइथेगोर के शताब्दियों पहले, न केवल चीन, बेबीलोन और मिस्र के ही गणितज्ञ, अपितु भारत के शुल्वसूत्रकार भी इस प्रमेय को अच्छी तरह जानते थे। यथास्थान हम इसका उल्लेख कर चुके हैं; उसे पुनः यहां दोहराने की जरूरत नहीं।

अब प्रश्न यह है कि, क्या पाइथेगोर भी इस प्रमेय को जानता था। निस्संदेह, वह भी इसे जानता था। सम्भव यही जान पड़ता है कि इस प्रमेय की जानकारी उसे अपनी यात्राओं में मिली थी। यह जानने के लिए आज हमारे पास कोई प्रमाण नहीं है कि, पाइथेगोर, यूक्लिड की तरह, इस प्रमेय को सिद्ध कर सकने में सफल हुआ था या नहीं। हो सकता है कि उसे इस प्रमेय के कुछ संख्या-संबंधों का ही पता चला हो; जैसे, $3^2 + 4^2 = 5^2$, इत्यादि।

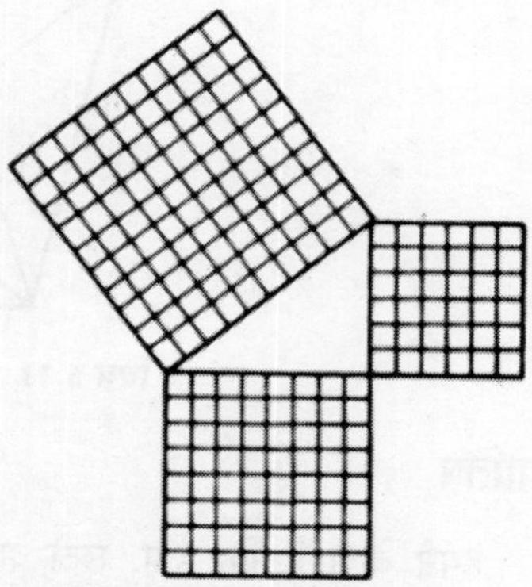

चित्र 5.10 : पाइथेगोर का प्रमेय

इन्हीं संख्या-संबंधों की खोज के परिणामस्वरूप 'अपरिमेय' संख्याएं अस्तित्व में आईं। शुरू में पाइथेगोर का विश्वास था कि विश्व की सभी सत्ताएं, सभी दूरियां परिमेय संख्याओं में व्यक्त की जा सकती हैं। किंतु अब उस वर्ग पर विचार कीजिए, जिसकी भुजा 1 है। पाइथेगोर के प्रमेय के अनुसार, इस प्रकार के वर्ग के विकर्ण की लंबाई होगी $\sqrt{1^2+1^2} = \sqrt{2}$ ।

यह $\sqrt{2}$ क्या है? यह कोई ऐसी लंबाई नहीं है जिसे हम किसी पैमाने से माप सकते हैं। यह पूर्णांक संख्या नहीं है; यह भिन्न संख्या भी नहीं है। इस तथ्य को हम इस प्रकार सिद्ध कर सकते हैं।

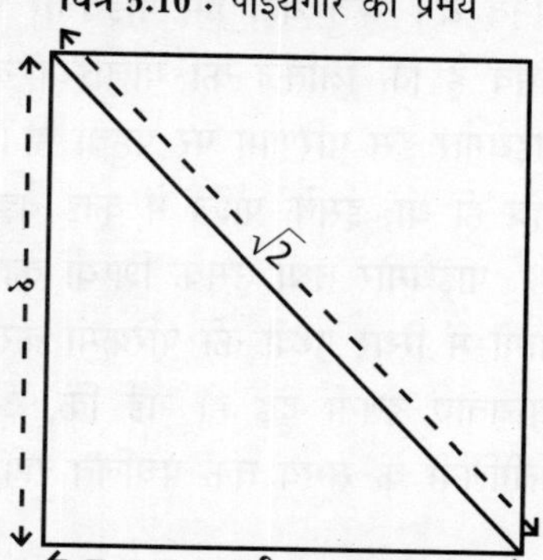

मान लीजिए कि $\sqrt{2}$ एक परिमेय संख्या है और इसे $\frac{अ}{ब}$ भिन्न के न्यूनतम रूप में व्यक्त किया जा सकता है। यहां अ और ब पूर्णांक हैं, जिनमें से एक अवश्य ही विषम होगा।

तब, $\frac{अ}{ब} = \sqrt{2}$,

या $अ^2 = 2\ ब^2$,

अतः अ एक सम संख्या होनी चाहिए, जैसी कि यहां है, तो ब एक विषम संख्या होनी चाहिए। अब हम जानते हैं कि किसी भी सम संख्या वाला कोई भी वर्ग 4 से विभाजित होता है; इसलिए $अ^2$ को 4 से विभाजित किया जा सकता है, और इसी प्रकार $2\ ब^2$ को भी; क्योंकि $अ^2 = 2\ ब^2$। तब $ब^2$ को 2 से भाग देना संभव है और इस प्रकार यह एक सम संख्या है। चूंकि, कोई भी संख्या सम तथा विषम दोनों ही नहीं हो सकती; इसलिए यह सिद्ध हो जाता है कि, हम $\sqrt{2}$ को भिन्न में व्यक्त नहीं कर सकते।

घन और पिरामिड (समचतुष्फलक) जैसे समठोसों का ज्ञान मिस्र वालों को भी था। समठोस केवल पांच ही हैं : इन समठोसों की सभी भुजाएं तथा सभी कोण समान होते हैं। माना जाता है कि, पाइथेगोर ने समअष्ठफलक, समद्वादशफलक तथा समविंशतिफलक की भी खोज की। कालान्तर में इन पांच समठोसों को 'प्लेटोनिक-पिंडों' का नाम दिया गया।

परंपराओं से ज्ञात होता है कि पाइथेगोर के संप्रदाय-सदस्य एक दूसरे की पहचान के लिए एक प्रकार के पंचभुज चिह्न को धारण करते थे। इसे उन्होंने 'स्वास्थ्य' (हाइजेइया) का नाम दिया था और इस यूनानी शब्द के पांच अक्षर पंचभुज के पांच कोणों पर लिखे जाते थे।

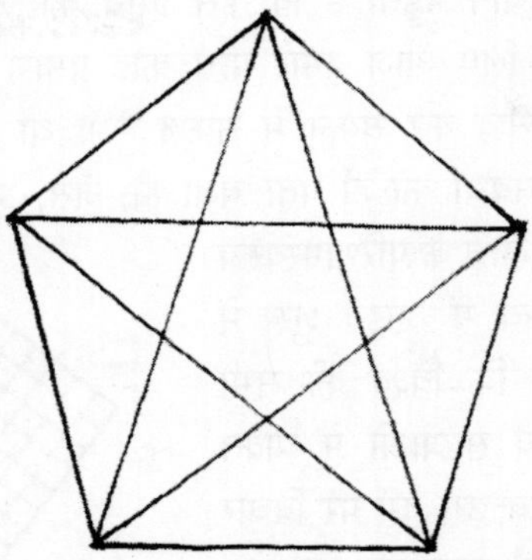

चित्र 5.11 : पाइथेगोर का पंचभुज (हाइजेइया)

ज्योतिष

हमने देखा है कि ई.पू. छठी शताब्दी के आयोनियन दार्शनिक पृथ्वी को चकतीनुमा ही मानते थे। किंतु यहां हम पाइथेगोर को पृथ्वी के गोल होने में विश्वास करते हुए देखते हैं। संभव है कि क्षितिज की गोलाइयां बंदरगाह में पहुंचने वाले जहाजों का परीक्षण करते-करते पाइथेगोर इस परिणाम पर पहुंचा हो। किंतु लगता यही है कि पाइथेगोर का यह एक विश्वास मात्र ही था; इसके पार्श्व में कोई वैज्ञानिक धारणा या विधि नहीं थी।

पाइथेगोर तथा उसके शिष्यों का विश्वास था कि सभी आकाशीय पिंड गोल हैं और वृत्त भागों में स्थिर पृथ्वी की परिक्रमा करते हैं। पृथ्वी विश्व का केंद्र है। पाइथेयोरीय-स्कूल की ये मान्यताएं इतनी दृढ़ हो गईं कि, अरस्तू तो इनमें बहक ही गया था, ये आंशिक रूप में गैलीलियो के समय तक प्रचलित रहीं।

अंकगणित और संगीत

पाइथेगोर के संगीत-प्रयोगों के बारे में अनेक कथाएं प्रचलित हैं। किसी भी तंतु-वाद्य के तार की लंबाई और उसके स्वर का खास संबंध होता है। तार को स्थान विशेष पर दबाकर इसकी जितनी लंबाई का हम इस्तेमाल करते हैं, उसी के अनुसार स्वर निकलता है। ईसा की छठी शताब्दी का एक गणितज्ञ-लेखक बोयेथ्यूस हमें पाइथेगोर के बारे में एक कथा बताता है : एक बार पाइथेगोर एक सुनार की दुकान के पास से गुजर रहा था। वहां उसने हथौड़ों की आवाजें सुनीं। वह भीतर गया और आवाजों को सुनने लगा। वहां एक साथ कई हथौड़े चल

रहे थे। पहले तो उसे लगा कि ध्वनि-संयोग आदमियों के बल से संबंधित है। परंतु तुरंत ही उसे ज्ञात हुआ कि इसका कारण हथौड़ों में ही निहित है। वहां चार हथौड़े काम कर रहे थे और उनके तौल का अनुपात था : 12 : 9 : 8 : 6 ।

घर आकर पाइथेगोर ने तारों पर भी प्रयोग किए। उसने जाना कि ध्वनि-स्वर तार की लंबाई के अनुपात में होते हैं। कहा जाता है कि इसी के आधार पर उसने अंकगणित की हरात्मक श्रेणी की स्थापना की। आज हम जानते हैं कि तीन राशियां क, ख और ग हरात्मक श्रेणी में होंगी, यदि

$$\frac{\text{क}}{\text{ग}} = \frac{\text{क} - \text{ख}}{\text{ख} - \text{ग}}$$

सख्या-दर्शन

पाइथेगोर के आविष्कारों में, चाहे वे गणित के हों या ज्योतिष के या संगीत के, सभी में हम संख्यात्मक धारणाओं की बहुलता देखते हैं। यह स्वाभाविक भी है; क्योंकि पाइथेगोर के अनुसार, सभी वस्तुओं में संख्याएं निहित हैं। उन आयोनियन दार्शनिकों को, जिन्होंने विश्व के प्रथम-तत्व को जानने का प्रयत्न किया था, पाइथेगोर का उत्तर था : संख्याएं ही विश्व की मौलिक सत्ता हैं।

कालांतर में पाइथेगोर के अनुयायियों ने इन संख्याओं को नाना प्रकार के रहस्यों का जामा पहनाया। चौथी 'त्रिभुज-संख्या' 10 (= 1 + 2 + 3 + 4) को पाइथेगोर के अनुयायी विशेष रूप से रहस्यमय मानते थे। ईसा की पांचवीं शताब्दी के एक पाइथेगोरियन फाइलोलॉस का कथन है :

"संख्या 10 में जो शक्ति है, उसी के अनुसार संख्याओं की प्रकृति तथा प्रभाव पर विचार कीजिए। यह संख्या महान है, सर्वशक्तिमान है, स्वयं-संपूर्ण है, प्रथम तत्व है, और ईश्वर, स्वर्गलोक तथा मानव की पथप्रदर्शक है। इसके बिना सभी कुछ असीम, अस्पष्ट तथा अज्ञेय है। संख्या की शक्ति को न केवल आप दानवों तथा देवों के कृतित्व में देखते हैं, अपितु सभी मानव-व्यापार, व्यवसाय तथा संगीत में भी देखते हैं। फाइलोलॉस का यह भी विश्वास था कि संख्या 5 रंग की द्योतक है, 6 शीत की, 7 स्वास्थ्य की और 8 प्रेम की।

पाइथेगोर के संख्या-दर्शन ने बाद में दो मार्गों को अपनाया : एक मार्ग तो सही था, लेकिन दूसरा गलत। सही मार्ग था संख्या-सिद्धांत का, और गलत मार्ग था संख्या संबंधी अंधविश्वासों का। संख्या-सिद्धांत के बारे में आगे के पृष्ठों में बहुत कुछ पढ़ने को मिलेगा; किंतु यहां संख्या संबंधी अंधविश्वासों के बारे में अल्प जानकारी देना अप्रासंगिक नहीं ही होगा।

आज भारत में और पाश्चात्य देशों में भी ऐसे लोगों की कमी नहीं है जो संख्या संबंधी अंधविश्वासों के शिकार हैं। वस्तुतः पहले-पहल बेबीलोन के गणित में हम संख्याओं के बारे में इन अंधविश्वासों के दर्शन करते हैं। यूनान में इस अंधविश्वास को काफी प्रोत्साहन मिला था। इसका एक प्रमुख कारण था–पाइथेगोर की संख्याओं के बारे में मान्यताएं; दूसरा कारण था अक्षरांक-पद्धति।

हमने देखा है कि यूनान में वर्णमाला को ही संख्याओं के मान प्रदान किए गए थे। यूनानियों की तरह यहूदी (हिब्रू) लोगों ने भी अपनी वर्णमाला (व्यंजनमाला) को संख्या-मान प्रदान किए थे।

मकाबी काल (ई.पू. दूसरी शताब्दी) में ये यहूदी अक्षरांक अस्तित्व में आ चुके थे। अन्य सभी सेमेटिक लिपियों की तरह हिब्रू लिपि में भी केवल 22 अक्षर ही थे।[6] यूनानियों की तरह अक्षरों को संख्याओं के मान देने के लिए हिब्रू लोगों के लिए 5 अतिरिक्त संकेतों की जरूरत थी। आरंभ में संयुक्ताक्षरों से ही इन 5 संकेतों का काम लिया गया था। इस प्रकार यहूदियों ने भी यूनानियों की तरह एक अक्षरांक पद्धति को जनम दिया था। आज उच्च गणित में रोमन तथा यूनानी अक्षरों से काम नहीं चलता, तो हम हिब्रू अक्षरों का भी इस्तेमाल करते हैं।

इस अक्षरांक-पद्धति से संख्या संबंधी अंधविश्वासों को काफी प्रोत्साहन मिला है। आगे भारतीय अंक-पद्धति का विवेचन करते समय हम देखेंगे कि भारत में भी कई प्रकार की अक्षरांक पद्धतियों का अस्तित्व रहा है। अब कल्पना कीजिए कि किसी अक्षरांक पद्धति के अनुसार 'कृष्ण', 'राम' आदि देवताओं के नामों वाली संख्याएं किसी दूसरे नाम में भी पाई जाती हैं, तो उस व्यक्ति का नाम 'शुभ' माना जाएगा। यदि कोई संख्या संयोग से किसी बदनाम या राक्षसी वृत्ति के व्यक्ति के नाम की होती है, तो वह संख्या ही 'अशुभ' मान ली जाएगी। नई बाइबल में 666 संख्या का उल्लेख है, जिसे 'पशु की संख्या' का नाम दिया गया है। असल में यह संख्या किसी ऐसे व्यक्ति के नाम की द्योतक थी जिससे ईसाई लोग घृणा करते थे; लेकिन यह नाम कुछ चुने हुए लोगों को ही ज्ञात था और गुप्त रखा गया था। हिब्रू अक्षरांक-पद्धति के अनुसार, 'नीरो सिज़र' के नाम की भी यही संख्या है। पिछले लगभग दो हजार वर्षों में बहुत से व्यक्तियों को, जो कैथोलिक ईसाई संप्रदाय को नहीं मानते थे, इस संख्या की 'उपाधि' दी गई है। ऐसे व्यक्तियों में मुहम्मद पैगंबर, मार्टिन लूथर जैसे व्यक्ति भी हैं। यूरोप में हमें ऐसी अनेक समाधियां मिलती हैं जिन पर मृत व्यक्ति के नाम के साथ-साथ, अक्षरांक-पद्धति का अनुकरण करते हुए, उसके नाम को संख्या में भी व्यक्त किया गया है। ईसाई धर्म में प्रार्थना के बाद कहा जाने वाला 'आमेन' (तथास्तु) शब्द पुरानी हस्तलिपियों में कभी-कभी '99' लिखा हुआ मिलता है।

वस्तुतः अक्षरांक पद्धतियों के कारण ही कुछ संख्याओं को 'विशिष्ट अर्थ' प्रदान किए गए हैं। कालांतर में इस परंपरा ने अंधविश्वास का रूप ले लिया और आज फलित-ज्योतिष की तरह यह 'संख्या-फल-विद्या' कुछ लोगों का पेशा बन गई है।

एलिया का ज़ेनो

ज़ेनो दार्शनिक था, गणितज्ञ नहीं। फिर भी ज़ेनो की कुछ तार्किक पहेलियों का गणित के इतिहास में विशेष महत्व है। उसका जन्म लग. 488 ई.पू. में हुआ था। ज़ेनो ने 'सिद्ध' कर दिखाया था कि यदि हम जगत को गतिमान तथा परिवर्तनशील मानते हैं तो हम तर्क के दलदल में फंस जाते हैं। ज़ेनो ने एथेंस के दार्शनिकों के सामने जो तार्किक सवाल रखे थे, वे दिक् और काल के सातत्य (continuity) की निस्सारता 'सिद्ध' करते हैं। अधिक गहराई में न जाकर हम उसके चार तार्किक प्रश्नों को संक्षेप में यहां स्पष्ट करते हैं :

1. गति असंभव है। क्योंकि, कोई वस्तु गंतव्य स्थान तक पहुंचने के पहले मध्य-स्थान पर पहुंचेगी। मध्य-स्थान पर पहुंचने के पहले इसे चौथाई-दूरी के स्थान पर पहुंचना होगा। और यह सिलसिला अनंत विभाजनों तक चलता ही रहेगा। अतः, वस्तुतः गति का आरंभ ही नहीं हो सकता।

2. मान लीजिए कि कछुए और खरगोश की दौड़ हो रही है, और किसी प्रकार आरंभ में कछुआ खरगोश के कुछ आगे है। किंतु धीमी चाल से चलने वाले कछुए को तेजी से दौड़ने वाला खरगोश, न केवल लांघ ही नहीं सकेगा, किंतु वह उसके निकट भी नहीं पहुंच पाएगा। क्योंकि खरगोश को पहले उस स्थान पर पहुंचना होगा जहां कछुआ पहले था। जब खरगोश वहां पहुंचेगा, तो कछुआ फिर भी कुछ आगे ही रहेगा। इसी परिस्थिति को दोहराते चले जाएं, तो हम इस परिणाम पर पहुंचते हैं कि कछुआ कुछ न कुछ खरगोश के हमेशा ही आगे रहेगा।

3. गतिमान तीर किसी भी क्षण या तो स्थिर है या स्थिर नहीं है, अर्थात् गतिमान है। यदि क्षण अविभाज्य है, तो तीर गतिमान नहीं हो सकता, क्योंकि यदि गतिमान होता है तो क्षण विभाज्य हो जाएगा। लेकिन काल तो क्षणों का समूह है। चूंकि तीर किसी भी एक क्षण में गतिमान नहीं है, इसलिए यह संपूर्ण काल में भी गतिमान नहीं है।

4. आधा समय दुगुने समय के बराबर होता है, सिद्ध करने के लिए नीचे की दो बिंदु-योजनाओं पर विचार कीजिए :

पूर्व स्थिति			उत्तर स्थिति	
(अ)	0 0 0 0 0 0 0 0	←	(अ)	0 0 0 0 0 0 0 0
(ब)	0 0 0 0 0 0 0 0		(ब)	0 0 0 0 0 0 0 0
(क)	0 0 0 0 0 0 0 0		(क)	0 0 0 0 0 0 0 0 →

यहां पंक्ति (ब) स्थिर रहती है और (अ) तथा (ब) पंक्तियां विपरीत दिशाओं में समान वेग से गतिमान हैं। उनकी गतियों की एक स्थिति ऊपर दाईं ओर की आकृति में दर्शाई गई है। (अ) के सापेक्ष (क) का गतिगमन इसके (ब) के सापेक्ष के गतिमान से दुगुना होगा। अन्य शब्दों में, (क) का कोई भी बिंदु (ब) के सापेक्ष (अ) के दुगुने बिंदु को लांघ चुका है। परंतु (अ) तथा (क) को (ब) की स्थिति पर पहुंचने के लिए बराबर ही समय लगता है। इसलिए एक कालांश तथा इसका दुगुना काल, दोनों ही बराबर हैं।

ज़ेनो के समय में पाइथेगोर तथा एंपेदोकल आदि के विचार प्रचलित थे कि, दिक् बिंदुओं का और काल क्षणों का योग है। ज़ेनो की पहेलियों ने इन्हीं मान्यताओं के लिए विरोधाभास प्रस्तुत किए थे। पिछले लगभग 2400 वर्षों तक ज़ेनो की ये पहेलियां दार्शनिकों तथा गणितज्ञों के लिए सिर दर्द ही बनी रहीं। अभी पिछली शताब्दी के अंत में या इस शताब्दी के आरंभ में ही हम ज़ेनो की इन पहेलियों के लिए समाधान खोज पाए हैं। आज के गणितशास्त्र में दिक् तथा काल के सातत्य तथा अनंत की धारणाओं को नई मजबूत आधारशिला पर खड़ा करके एक नए गणित-उपांग को जन्म दिया है। इसके बाद ही हम ज़ेनो की इन पहेलियों के लिए प्रयुक्त तार्किक विरोधाभासों को समझ पाए हैं। इतना होने पर भी हम आज भी दावे के साथ नहीं ही कह सकते कि हमने 'सातत्य' तथा 'अनंत' संबंधी सभी बातों को सुलझा लिया है।

प्लेटो

प्रसिद्ध यूनानी दार्शनिक प्लेटो (428-347 ई.पू.) स्वयं बड़ा गणितज्ञ नहीं था, किंतु उसके दर्शन ने गणितशास्त्र को बहुत प्रभावित किया है। प्लेटो सुकरात का शिष्य था और अरस्तू प्लेटो का। प्लेटो ने एथेंस में एक विद्यालय (अकादमी) की स्थापना की थी। प्लेटो के

चित्र 5.12 : प्लेटो

इस विद्यालय ने बाद में कई यूनानी गणितज्ञों को जन्म दिया है। प्लेटो आदर्शवादी था। उसकी मान्यता थी कि, सत्य नाम की किसी चीज़ का अस्तित्व है तो सत्य वस्तुओं का भी अस्तित्व होना चाहिए। इन वस्तुओं को उसने 'प्रत्यय' (Idea) या 'स्वरूप' (Form) का नाम दिया था। इस जगत की किसी भी सत्ता या वस्तु के लिए वह एक आदर्श प्रत्यय का अस्तित्व स्वीकार करता था। उदाहरणार्थ, हम नाना प्रकार के घोड़े देखते हैं, जो रंग-रूप में तो असमान होते ही हैं, कमजोर होकर कुछ समय बाद मर भी जाते हैं। किंतु घोड़े का 'प्रत्यय' या 'आदर्श घोड़ा' परिपूर्ण एवं अक्षय होता है। इस 'आदर्श घोड़े' को यद्यपि हम देख या स्पर्श नहीं कर सकते, किंतु इसका अस्तित्व एक सत्य है। यह सभी घोड़ों का आद्य-स्वरूप है।

प्लेटो का संपूर्ण दर्शन गणित से प्रभावित है। वह अपनी 'गणराज्य' पुस्तक में लिखता है : ''ग्लाउकोन, तब यह जरूरी है कि इस विज्ञान (गणित) की शिक्षा कानूनी तौर पर आवश्यक बना देनी चाहिए और हमारे शासकों को भी इसका गहरा अध्ययन करना चाहिए—व्यापारी या महाजन बनने के लिए केवल मामूली हिसाब ही नहीं, अपितु विशुद्ध तर्क से संख्याओं के गुणधर्मों पर चिंतन करना चाहिए। ...और अब मुझे लगता है कि गणित में कुछ अधिक वैशिष्ट्य है। यह कई दृष्टियों से हमारे लिए उपयोगी है, बशर्ते कि हम इसका उपयोग लाभ के लिए नहीं, बल्कि ज्ञान की प्राप्ति के लिए करें। ...यह हमारी आत्मा को ऊपर उठाता है और हमें शुद्ध संख्याओं का दर्शन कराता है।''

प्लेटो गणित की शिक्षा को इतना अधिक महत्व देता था कि, वह एक ऐसा कानून बना देने का समर्थक था जिसके अनुसार सभी भावी राजनीतिज्ञों के लिए गणित का अध्ययन परमावश्यक हो। प्लेटो यहां तक कहता था कि, ''ईश्वर सदैव ज्यामितीय रचना में व्यस्त रहता है'', अर्थात् ईश्वर मूलतः एक गणितज्ञ है। पता चलता है कि प्लेटो ने अपनी अकादमी के प्रवेश-द्वार पर खुदवा रखा था : ''जो गणित से अनभिज्ञ है, उसे यहां प्रवेश मना है''।

प्लेटो के 'प्रत्यय' को हम गणित के माध्यम से अच्छी तरह समझ सकते हैं। जब हम वृत्त या किसी ज्यामितीय आकृति की परिभाषा देते हैं, तो एक 'धारणा' या 'प्रत्यय' को जन्म देते हैं। कागज पर खींची गई आकृति परिभाषित आकृति के समान नहीं होती। हम स्पर्शी (tangent) की परिभाषा करते हैं, किंतु व्यवहार में हम वृत्त के केवल एक ही बिंदु को स्पर्श करती हुई रेखा नहीं खींच सकते। इस प्रकार एक 'आदर्श वृत्त' या 'आदर्श स्पर्शी' की बात तो हमारी समझ में आ जाती है, किंतु 'आदर्श घोड़े' को कैसे समझा जाए? फिर भी, अरस्तू हमें बताता

है कि, प्लेटो गणितीय वस्तुओं को शुद्ध प्रत्ययों से निम्न कोटि की ही मानता था। क्योंकि, प्लेटो के अनुसार, त्रिकोण का प्रत्यय तो एक है परंतु आदर्श त्रिकोण अनेक हैं।

प्लेटो ने स्वयं गणित में कोई महत्वपूर्ण खोज नहीं की, किंतु यूनानी गणित के विकास में उसने महत्वपूर्ण योग दिया है। प्रोक्लुस (410-485 ई.) लिखता है : "प्लेटो ने व्यापक रूप से गणित को और विशेष रूप से ज्यामिति को, इनके प्रति अपने उत्साह के कारण, प्रगति की ओर आगे बढ़ाया। यह बात इसी से स्पष्ट हो जाती है कि उसके ग्रंथ गणितीय उदाहरणों से भरे पड़े हुए हैं और दर्शन के विद्यार्थियों के दिलों में इस विषय के प्रति आदरभाव जगाने के लिए वह स्थान-स्थान पर प्रयत्न करता है।"

संक्षेप में पुनः हम कह सकते हैं कि प्लेटो यद्यपि स्वयं कोई बड़ा गणितज्ञ नहीं था, लेकिन वह यूनान में गणितज्ञों का निर्माता जरूर था।

अरस्तू

प्लेटो की तरह अरस्तू (384-322 ई.पू.) भी स्वयं बड़ा गणितज्ञ नहीं था, किंतु उसके विचारों ने यूनानी गणित को, प्लेटो की तरह ही, प्रभावित किया है। अरस्तू की शिक्षा प्लेटो की 'अकादमी' में ही हुई थी, किंतु बाद में उसने एथेंस में अपना एक विद्यालय–'लाइसियम'– खोला था। अरस्तू की मान्यता थी कि 'प्रत्यय' का अस्तित्व वस्तु से स्वतंत्र नहीं है, बल्कि यह वस्तु में ही गर्म रूप में निहित रहता है।

विज्ञानों का वर्गीकरण करते हुए अरस्तू ने गणित को प्रथम स्थान दिया था–पहले अंकगणित और बाद में ज्यामिति। वह व्यापक सिद्धांतों एवं तार्किक आधारों को अधिक महत्व देता था। स्वयंसिद्धियों (Axioms) तथा अभिधारणाओं (Postulates) के भेद को अरस्तू ने ही स्पष्ट किया था। स्वयंसिद्ध-तथ्य सभी विज्ञानों के लिए समान होते हैं, किंतु अभिधारणाएं प्रत्येक विज्ञान के लिए अलग-अलग होती हैं।

अरस्तू ने 'सातत्य' तथा 'अनंत' पर गहराई से विचार किया था। अनंत के बारे में उसका कहना था कि इसका अस्तित्व इसकी वास्तविकता में न होकर इसकी शक्यता में है। वस्तुतः गणित के लिए अरस्तू की देन की विशेषतः यही है कि उसने इसके लिए ठोस तर्कशास्त्र की भूमि तैयार करके यूक्लिड, आर्किमीदीज तथा एपोलोनियस के लिए मार्ग प्रशस्त कर दिया था।

चित्र 5.13 : अरस्तू

अलेक्ज़ेंड्रिया का विश्वविद्यालय

अलेक्ज़ेंडर (356-323 ई.पू.) ने अपने द्वारा विजित प्रदेशों में कई अलेक्जेंड्रिया नगरों की स्थापना की थी। उसने भारत में भी

ऐसे तीन नगरों की स्थापना की थी, किंतु अन्य बहुत सारे अलेक्ज़ेंड्रिया नगरों की तरह ये नगर भी उसके साम्राज्य की तरह अल्प काल तक ही जीवित रहे। केवल एक ही अलेक्ज़ेंड्रिया नगर का विकास हुआ और यह आज भी है—मिस्र में नील नदी के मुहाने पर स्थित अलेक्ज़ेंड्रिया (सिकंदरिया) नगर।

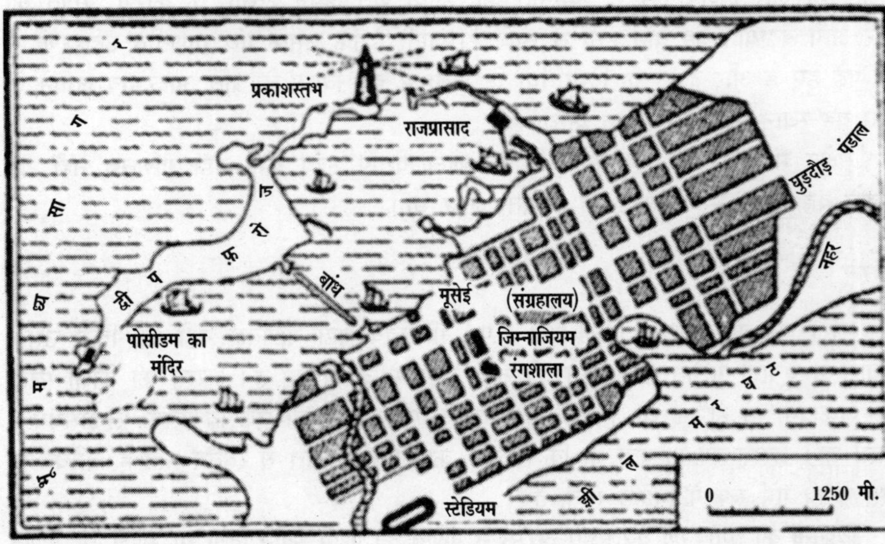

चित्र 5.14 : मिस्र के प्राचीन सिकंदरिया (अलेक्ज़ेंड्रिया) नगर का नक्शा

अलेक्ज़ेंडर की मृत्यु के बाद उसका मित्र टोलेमाइओस मिस्र का क्षत्रप बना था। 306 ई.पू. में उसने अपने को राजा घोषित करके मिस्र में एक नए राजवंश की स्थापना की थी। वह एक योग्य शासक था। संभवतः इसीलिए उसे टोलेमाइओस-सोतेर (उद्धारक) का नाम दिया गया था। उसने 285 ई.पू. तक राज्य किया। तीसरे राजा टोलेमाइओस-इवरगेतस ने 247 से 222 ई.पू. तक शासन किया और अपने पिता तथा पितामह के कार्यों को चरमोन्नति पर पहुंचा दिया। इसके बाद के टॉलमी राजे नालायक निकले और इस राजवंश की अवनति शुरू हुई। इस राजवंश की अंतिम रानी थी, क्लिओपेत्रा (69-30 ई.पू.) जिसके बारे में थोड़ा-बहुत सभी को मालूम होगा। इसके बाद मिस्र रोमन साम्राज्य का एक प्रांत बन गया।

अलेक्ज़ेंड्रिया नगर की नींव तो डाली होगी अलेक्ज़ेंडर ने, परन्तु इस नगर का निर्माण किया टॉलमी-प्रथम ने। उसी ने इस नगर में एक 'म्यूजियम' या संग्रहालय की स्थापना की थी।[7] दूसरे टॉलमी के समय में इस संग्रहालय का और भी अधिक विकास हुआ। इस संग्रहालय से संबंधित एक बहुत बड़ा ग्रंथालय भी था, जिसमें बाद में पुस्तकों की संख्या 700000 तक पहुंच गई थी। बाद में ईसाइयों ने और अरबों ने इस महान ग्रंथालय को नष्ट कर दिया था।

अलेक्ज़ेंड्रिया का यह संग्रहालय आजकल के पुरातत्व-संग्रहालयों की तरह नहीं था। यह एक प्रकार का विश्वविद्यालय था। यहां एथेंस के विद्यालय 'अकादमी' और 'लाइसियम' की

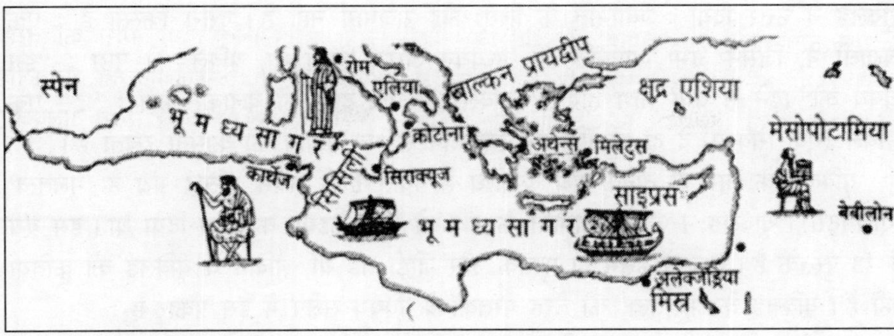

चित्र 5.15 : प्राचीन यूनानी विज्ञान का भूक्षेत्र

तरह आरंभिक शिक्षा की व्यवस्था नहीं थी, किंतु शोध-कार्य के लिए यहां पर्याप्त सुविधाएं थीं। इसे हम एक प्रकार की 'वैज्ञानिक अनुसंधान संस्था' मान सकते हैं। यहां प्राध्यापकों के बीच एक प्रकार की साम्यवादी-व्यवस्था कायम थी। यहां न परीक्षाएं होती थीं और न प्रमाणपत्र बांटे जाते थे। इस संग्रहालय में संभवतः ज्योतिष-यंत्रों का भी संग्रह था।

तीसरी शताब्दी ई.पू. से आगे के यूनानी विज्ञान का अर्थ है, अलेक्ज़ेंड्रिया का विज्ञान। असल में यूनानी विज्ञान का पूर्ण विकास मिस्र की भूमि पर अलेक्ज़ेंड्रिया में ही हुआ है। महान यूनानी गणितज्ञ यूक्लिड, आर्किमीदीज तथा एपोलोनियस इसी विद्या-केंद्र से संबंधित थे।

यूक्लिड

यूक्लिड का नाम लेते ही हमें ज्यामिति का स्मरण आता है और ज्यामिति का नाम लेते ही यूक्लिड का। लेकिन यूक्लिड के जीवन के बारे में हमें कुछ भी जानकारी नहीं मिलती। हम यह भी नहीं जानते कि यूक्लिड का जन्म यूनान के किस नगर में किस साल हुआ था। निश्चित रूप से हम केवल इतना ही बता सकते हैं कि, 3000 ई.पू. के आसपास वह अलेक्ज़ेंड्रिया में था और इसीलिए उसे 'अलेक्ज़ेंड्रिया का यूक्लिड' कहते हैं। संभवतः यूक्लिड की आरंभिक शिक्षा प्लेटो की अकादमी में हुई थी। राजनीतिक उथल-पुथल के कारण वह अलेक्ज़ेंड्रिया चला आया होगा। उसके बारे में प्रसिद्ध दो किस्सों से हमें यूक्लिड के व्यक्तित्व को समझने में सहायता मिलती है। राजा टॉलमी-सोतेर ने एक बार यूक्लिड से पूछा था : क्या 'मूलतत्व' के अलावा ज्यामिति सीखने का कोई सरल मार्ग नहीं है?

चित्र 5.16 : यूक्लिड (लगभग 300 ई.पू.)

यूक्लिड ने उत्तर दिया : ज्यामिति के लिए कोई राजमार्ग नहीं है। दूसरा किस्सा है : एक विद्यार्थी ने, जिसने अभी ज्यामिति का अध्ययन आरंभ किया था, यूक्लिड से पूछा : "इस विषय को पढ़ने से क्या लाभ होगा?" यूक्लिड ने एक दास को बुलाकर कहा : "इसे एक ओबेल (एक सिक्का) दे दो, क्योंकि यह ज्ञानार्जन से धन कमाने की कामना रखता है।"

यूक्लिड के नाम से अनेक ग्रंथ उपलब्ध हैं, किंतु इनमें सबसे प्रसिद्ध ग्रंथ है 'मूलतत्व' (एलिमेंट्स)। यूक्लिड ने अपने ज्यामिति के ग्रंथ को 'स्टोइकेइया' का नाम दिया था। इस ग्रंथ में 13 पुस्तकें हैं। बाद में इसमें दो पुस्तकें और जोड़ी गई थीं, लेकिन ये यूक्लिड की कृतियां नहीं हैं। यूक्लिड के 'मूलतत्व' की तेरह पुस्तकों के विषय संक्षेप में इस प्रकार है :

पुस्तकें 1 से 6 : समतल ज्यामिति। पुस्तक-1 में स्वयंतथ्य, अभिधारणाएं तथा परिभाषाएं हैं; इसमें त्रिकोण, समांतर रेखाएं, समांतर चतुर्भुज आदि का भी विवेचन है। पुस्तक-2 को ज्यामितीय बीजगणित माना जा सकता है। पुस्तक-3 में वृत्तीय-ज्यामिति का विवेचन है। पुस्तक-4 में समठोसों की चर्चा है और पुस्तक-5 तथा 6 में अपरिमेय संख्याओं से संबंधित नए अनुपात-सिद्धांत का विवेचन है।

पुस्तकें 7 से 10 : इनका विषय अंकगणित एवं संख्या-सिद्धांत है। पुस्तक-10 में अपरिमेय संख्याओं पर विचार किया गया है।

पुस्तकें 11 से 13 : इनका विषय ठोस-ज्यामिति है।

यूक्लिड ने अपने इस ग्रंथ में उसके समय तक उपलब्ध संपूर्ण ज्यामितीय ज्ञान का संश्लेषण प्रस्तुत किया था। यूक्लिड की सबसे बड़ी विशेषता है, उसके द्वारा ज्यामिति के लिए अभिधारणाओं का चुनाव। इस मामले में अरस्तू यद्यपि यूक्लिड का मार्गदर्शक था, लेकिन ज्यामिति के लिए इनके चुनाव का पूर्ण श्रेय यूक्लिड को ही है। इनमें से पांचवीं अभिधारणा, जिसने 'यूक्लिडीय' शब्द को हमेशा के लिए अमर बना दिया है, इस प्रकार है : "यदि एक सीधी रेखा दो सीधी रेखाओं को काटते समय एक ओर के भीतरी कोणों का योग दो समकोणों से कम रखती है, तो उन दो सीधी रेखाओं को, जिस ओर उनके कोण दो समकोणों से कम होते हैं उस ओर, बढ़ाया जाए तो वे अंततोगत्वा एक दूसरे से मिलेंगी ही।"

इस अभिधारणा को सहज ही स्वीकार किया जा सकता है। किंतु गणितज्ञ इसके लिए सिद्धि चाहते हैं। यूक्लिड की महानता इसी से सिद्ध होती है कि, उसके बाद दर्जनों गणितज्ञों ने उसकी अभिधारणाओं पर गहराई से विचार किया और उसकी पांचवीं अभिधारणा के स्थान पर दूसरी अभिधारणा की स्थापना के प्रयत्न किए। अंत में 19वीं शताब्दी में गणितज्ञों ने इस पांचवीं अभिधारणा के स्थान पर नई अभिधारणाओं की स्थापना करके अनेक 'अ-यूक्लिडीय ज्यामितियों' को जन्म दिया। इन अ-यूक्लिडीय ज्यामितिकारों में लोबाचेवस्की (1793-1856 ई.), बोल्याई (1802-1860 ई.) तथा जर्मन गणितज्ञ रीमान (1849-1925 ई.) के नाम विशेष रूप से उल्लेखनीय हैं।

'मूलतत्व' केवल ज्यामिति का ही ग्रंथ नहीं है, इसमें बीजगणित एवं संख्या-सिद्धांत का भी विवेचन है। इसमें बीजगणित के सवालों को ज्यामिति की भाषा में व्यक्त किया गया है और ज्यामितीय विधियों से ही इन्हें हल किया गया है, जैसे–दो संख्याएं अ तथा ब के गुणन को एक ऐसे आयत से व्यक्त किया गया है जिसकी भुजाएं अ तथा ब हैं। उसी प्रकार, बीजगणित

चित्र 5.17 : वेनिस से 1482 ई. में प्रकाशित यूक्लिड के 'मूलतत्व' के प्रथम लैटिन संस्करण का प्रथम पृष्ठ

की सर्वसमिकाओं (identities) को शुद्ध ज्यामितीय रूपों में व्यक्त किया गया है, जैसे कि निम्नलिखित सर्वसमिका को–

$$2\,(\text{अ}^2 + \text{ब}^2) = (\text{अ} + \text{ब})^2 + (\text{अ} - \text{ब})^2$$

यह सचमुच ही बड़े आश्चर्य की बात है कि जहां बेबीलोन के बीजगणित में हम संख्या-संकेतों का प्रयोग देखते हैं, वहां यूक्लिड के समय में भी बीजगणित के लिए ज्यामिति का सहारा लिया जाता था। इसका कारण यही है कि यूनानियों की अंक-पद्धति, जिसके बारे में पहले बताया जा चुका है, अभी बीजगणित के लिए विकसित नहीं हो पाई थी। लेकिन बेबीलोन वालों को यूक्लिड की तेरहवीं पुस्तक के विषय की कल्पना भी नहीं थी। इस पुस्तक का विषय है, अपरिमेय मान। अपरिमेय मान पूर्णतः यूनानी गणितज्ञों की खोज थी। इस विषय को अंतिम रूप दिया यूक्लिड ने। यूक्लिड की तेरहवीं पुस्तक में करणियों (suros$) के अलावा अधिकतर मिश्र अपरिमेय राशियों का विवेचन है, जैसे–$\sqrt{(\sqrt{\text{अ}} \pm \sqrt{\text{ब}})}$, जहां अ तथा ब तो सम्मेय संख्याएं हैं, किंतु $\sqrt{\text{अ}}$ और $\sqrt{\text{ब}}$ असम्मेय संख्याएं हैं। यूक्लिड ने इन राशियों के विवेचन के लिए भी ज्यामिति का सहारा लिया है।

यूक्लिड की 7 से 9 तक की पुस्तकों में संख्या-सिद्धांत का प्रतिपादन है। इनमें यूक्लिड संख्या-सिद्धांत के कई विधानों को सिद्ध करता है, जैसे–वह सिद्ध करता है कि, यदि $\text{स} = 1 + 2 + 2^2 + ... + 2^{\text{न}}$ एक अभाज्य संख्या (Prime number) है, तो $2^{\text{न}}$ एक परिपूर्ण-संख्या (Perfect number) है; अर्थात्, एक ऐसी संख्या है जो अपने भाजकों के योग के बराबर होती

है। अभाज्य संख्याओं की संख्या अनंत है, इस तथ्य के लिए वह एक सरल सिद्धि देता है : चाहे हम कितनी भी बड़ी अभाज्य संख्या का पता लगाएं, इनसे बड़ी अभाज्य संख्याओं का पता लगाना सदैव संभव है। अभाज्य संख्याओं के क्रम क, ख, ग, ... ल पर विचार कीजिए। इनका गुणनफल अधिक 1, अर्थात् (कखग...ल) + 1 = स या तो एक अभाज्य संख्या है, या अभाज्य संख्या नहीं है। यदि यह है, तो हमने ल से बड़ी एक अभाज्य संख्या का पता लगा लिया है; और यदि नहीं है, तो स को किसी अभाज्य संख्या व से भाग देना संभव होगा। अब, व ऐसी संख्या होगी जो क, ख, ग,... ल के क्रम में नहीं होगी; क्योंकि, यह संख्या यदि इस क्रम में होती, तो यह इन संख्याओं के गुणनफल को भाग दे सकती थी। अतः यह सिद्ध हो जाता है कि अभाज्य संख्याएं अनंत हैं। आज तो संख्या-सिद्धांत गणितशास्त्र का एक बहुत ही विकसित उपांग है। हमारे देश के महान गणितज्ञ रामानुजन (1887-1920 ई.) ने भी इसी क्षेत्र में अनुसंधान किए थे।

यूक्लिड के 'मूलतत्व' की महानता इसी से सिद्ध होती है कि, विज्ञान की यही एक ऐसी कृति है जिसके सबसे अधिक संस्करण प्रकाशित हुए हैं और संसार की लगभग सभी भाषाओं में इसका अनुवाद हुआ है। यूक्लिड के बाद ही पाप्पोस, थिओन तथा प्रोक्लुस जैसे यूनानी गणितज्ञों ने 'मूलतत्व' की पुस्तकों पर टीकाएं लिखी थीं। सबसे पहले इस ग्रंथ का यूनानी से सीरियक भाषा में अनुवाद हुआ था। फिर अल हज्जाज़ इब्न यूसुफ़ ने हारून अल्-रशीद (ख़लीफ़ा : 786-809 ई.) के लिए 'मूलतत्व' का सीरियक से अरबी में अनुवाद किया। इसी अनुवादक ने मामूल (ख़लीफ़ा : 813-833 ई.) के लिए इसका संशोधन किया था। इसके बाद लगभग दो सौ वर्षों तक इस्लामी गणितज्ञ यूक्लिड को खूब सराहते रहे; उसके ग्रंथों पर टीका-टिप्पणी करते रहे। हम कह सकते हैं कि प्रायः प्रत्येक अरबी गणितज्ञ यूक्लिड से अच्छी तरह परिचित था। आरंभ में सबसे पहले अरबी से ही 'मूलतत्व' का लैटिन में अनुवाद हुआ था। महाराजा जयसिंह के राजज्योतिषी जगन्नाथ पंडित ने 1719 ई. में अरबी से 'रेखागणित' के नाम से संस्कृत में एक ग्रंथ का अनुवाद किया था। इसमें 15 पुस्तकें हैं और यह मूलतः यूक्लिड का ही ग्रंथ है।

'मूलतत्व' के अलावा यूक्लिड के और भी कुछ ग्रंथ उपलब्ध हैं। इनमें से कुछ केवल अरबी में ही उपलब्ध हैं। यूक्लिड के कुछ ग्रंथ आज उपलब्ध नहीं हैं, लेकिन इनके उल्लेख मिलते हैं।

आर्किमीदीज

आर्किमीदीज का जन्म भूमध्यसागर के सिसिली द्वीप के साइराक्यूज नगर में हुआ था। 212 ई.पू. में रोमन सेनापति मासेंलुस ने साइराक्यूज पर अधिकार कर लिया था और तभी एक मामूली सैनिक के खड्ग से आर्किमीदीज का वध हुआ था। इस प्रकार आर्किमीदीज के बारे में एक निश्चित तिथि है, 212 ई.पू. में उसकी मृत्यु। कहा जाता है कि मृत्यु के समय उसकी आयु 75 वर्ष की थी। इस हिसाब से आर्किमीदीज का जन्म 287 ई.पू. में हुआ था।

आर्किमीदीज के पिता फिदियस स्वयं एक गणितज्ञ तथा ज्योतिषी थे। उसका संभवतः राजपरिवार से भी संबंध था, क्योंकि साइराक्यूज का राजा हाइरोन-द्वितीय तथा उसका पुत्र गेलोन-द्वितीय उसके घनिष्ठ मित्र जान पड़ते हैं। आर्किमीदीज का अधिकांश जीवन साइराक्यूज

चित्र 5.18 : आर्किमीदीज

में ही गुजरा था, किंतु उसने कुछ साल अलेक्ज़ेंड्रिया में भी बिताए थे। अलेक्ज़ेंड्रिया का महान भूगोलवेत्ता इराटोस्थनीज (लग. 273-192 ई.पू.) उसका गहरा मित्र था।[8]

आर्किमीदीज के निम्नलिखित ग्रंथ उपलब्ध हैं :

1. समतल संतुलन पर, पुस्तक 1 और 2,
2. परवलय का क्षेकलन,
3. गोल तथा बेलन पर, पुस्तक 1 और 2,
4. सर्पिलों पर,
5. शांकवों तथा गोलों पर,
6. प्लवमान पिंडों पर, पुस्तक 1 तथा 2,
7. वृत्त-मापन,
8. 'ओरेनरियस', अर्थात् 'बालू-गणक'।

आर्किमीदीज के कई यांत्रिक आविष्कार महत्व के हैं। रोमन आक्रमण से साइराक्यूज की रक्षा करने के लिए, अपने मित्र-राजा के अनुरोध पर, उसने अनेक युद्ध-यंत्रों का आविष्कार किया था। आर्किमीदीज के इन्हीं यंत्रों के कारण मार्सेलुस दो साल तक साइराक्यूज पर अधिकार नहीं कर सका था और उसे घेरा डाले रहना पड़ा था। प्लुटार्क ने 'मार्सेलुस की जीवनी' में आर्किमीदीज के इन युद्ध-यंत्रों का वर्णन किया है; साथ ही, वह लिखता है कि आर्किमीदीज अपने यांत्रिक आविष्कारों को उतना महत्व नहीं देता था, जितना कि वह अपने विशुद्ध गणितीय आविष्कारों को देता था।[9]

उसने इसी कारण से अपने यांत्रिक आविष्कारों के बारे में कुछ नहीं लिखा है। आर्किमीदीज के अन्य ग्रंथों में भी सूत्रवत् ठोस जानकारी मिलती है। वह इन ठोस परिणामों पर किस प्रकार पहुंचा था, उसकी विधियां क्या थीं, इसके बारे में 1907 तक हमें कुछ भी पता नहीं था।

1906 में डेनिश विद्वान जोहान लुडविग हाइबर्ग (1854-1928) ने कुस्तुनतुनिया से आर्किमीदीज की एक कृति 'विधि' खोज निकाली। यह चर्मपट पर लिखी हुई है। चर्मपट महंगा होने के कारण, कागज के आविष्कार के पहले, पुराने चर्मपट पर लिखे अंश को मिटाकर ईसाई लिपिक इस पर अपनी धार्मिक पोथियां लिखते थे। फिर भी, पुरानी लिपि पूर्णतः नहीं मिटती थी। इसलिए दुबारा लिखे गए इस प्रकार के चर्मपटों को, इन पर कुछ वैज्ञानिक प्रयोग करके, पुनः पढ़ा जा सकता है। आर्किमीदीज की 'विधि' इसी प्रकार से प्राप्त हुई है। आर्किमीदीज के अध्ययन के लिए यह कृति बहुत ही महत्वपूर्ण सिद्ध हुई है।

विशुद्ध गणित के अंतर्गत आर्किमीदीज की महत्वपूर्ण उपलब्धियां ज्यामिति के क्षेत्र में ही हैं; लेकिन अंकगणित में भी उसकी मौलिक प्रतिभा के दर्शन होते हैं। संख्याओं के बारे में उसकी एक पुस्तक तो खो गई है, किंतु एक अन्य पुस्तक 'बालू-गणक' उपलब्ध है। यह पुस्तक उसने राजा गेलोन को समर्पित की है। इस पुस्तक का आरंभ होता है :

''राजा गेलोन। कुछ लोग सोचते हैं कि बालू-कणों की संख्या अनंत है। मेरा तात्पर्य उस बालू से नहीं है जो साइराक्यूज के आसपास मिलती है, न ही सिसिली की सारी बालू से है; बल्कि उस सारी बालू से है जो सारे विश्व में पाई जाती है। कुछ लोग इसे अनंत तो नहीं मानते, किंतु सोचते हैं कि ऐसी कोई संख्या नहीं है जो बालू-कणों की इस संख्या से भी विशाल हो।''[10]

आर्किमीदीज के समय में जिस प्रकार की यूनानी अंक-पद्धति प्रचलित थी, उससे तो इस प्रकार के सवाल हल करने लायक नहीं थे। यदि यूनानी गणितज्ञों को स्थानमानयुक्त दाशमिक-पद्धति का ज्ञान होता, तो इस प्रकार के प्रश्न में कोई कठिनाई नहीं थी; क्योंकि, 10^0, 10^1, 10^2, 10^3, ... $10^{न}$ में, न का मान चाहे कितना भी बड़ा क्यों न हो, इस प्रश्न को व्यक्त किया जा सकता था। आर्किमीदीज ने इस प्रश्न को जिस प्रकार हल किया है, वह कुछ अधिक जटिल है। सबसे पहले वह 1 से 100000000 ($= 10^8$) तक 'पहले क्रम' की कल्पना करता है, 10^8 से 10^{16} तक 'दूसरे क्रम' की ओर इस प्रकार वह आगे बढ़ता जाता है। इस प्रकार, उसके 100000000वें क्रम की संख्या होगी : $10^{8.10}$, जिसे वह 'पहली आवृत्ति की संख्या' का नाम देता है। पुनः पहली आवृत्ति, दूसरी आवृत्ति... का यह सिलसिला 100000000 आवृत्तियों तक जारी रहे, तो अन्त में संख्या प्राप्त होती है :

$$(10^8\text{-}10^8)\ 10^8$$

यह संख्या इतनी विशाल है कि, इसके सामने, न केवल विश्व के बालू-कणों की, बल्कि समस्त अणु-परमाणुओं की संख्या भी छोटी होगी। वस्तुतः इस विशाल संख्या की कोई उपयोगिता भी नहीं है। लेकिन यही क्या कम महत्व की बात है कि आर्किमीदीज एक ऐसी विशाल संख्या के बारे में सोच सकता था जिसका भौतिक-जगत में कोई अस्तित्व ही नहीं है। फिर भी वह इस संख्या को 'अनंत' नहीं मानता था। प्राचीन जगत के इतिहास में इतनी बड़ी संख्या का हमें अन्य कोई उदाहरण नहीं मिलता।

आर्किमीदीज की और एक छोटी-सी पुस्तक है 'पशु-प्रश्न', जो उसने अपने मित्र इराटोस्थनीज को भेंट की है। यह जटिल प्रश्न गणित के जिस विषय से संबंधित है, आज उसे हमने 'अनिर्णीत विश्लेषण' (indeterminate analysis) का नाम दिया है। इस प्रश्न में चार रंगों के

बैलों और चार रंगों की गायों की कुल संख्या ज्ञात करनी होती है। इस प्रश्न की ये आठ अज्ञात राशियां सात समीकरणों को तथा दो प्रतिबंधों को जन्म देती हैं। इस प्रश्न को पूर्ण रूप से हल करने के लिए एक ग्रंथ का ही स्थान चाहिए। आठ अज्ञात राशियों में केवल एक में ही 206500 से अधिक अंक होंगे। इसीलिए स्वयं आर्किमीदीज ने भी केवल इतना ही दरशाकर कि, इसमें समीकरण होते हैं, बाकी हल छोड़ दिया था।

आर्किमीदीज की 'वृत्त का मापन' कृति में हमें π के लिए एक उपयोगी मान मिलता है। यथा :

$$\frac{1351}{780} \rangle \sqrt{3} \rangle \frac{265}{153}$$

अर्थात् $3\frac{1}{7} \rangle \pi \rangle 3\frac{10}{71}$ या $3.142 \rangle \pi \rangle 3.141$

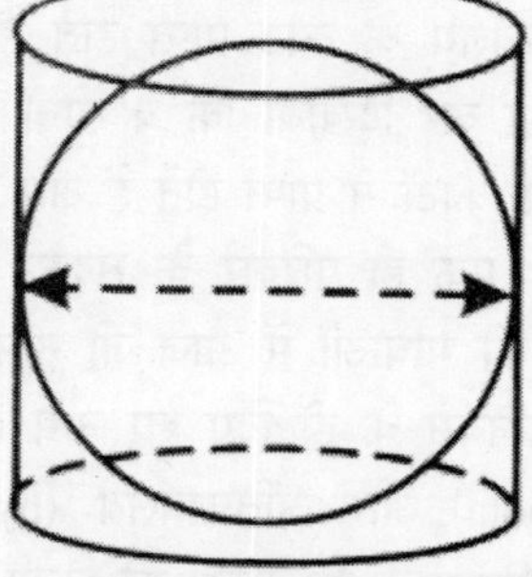

चित्र 5.19 : आर्किमीदीज की समाधि पर अंकित आकृति : बेलन (सिलिंडर) के भीतर गोल

प्लुटार्क हमें बताता है कि आर्किमीदीज अपने यांत्रिक आविष्कारों को महत्व नहीं देता था; वह शुद्ध गणित के अपने आविष्कारों को ही अधिक महत्व देता था। परंतु आर्किमीदीज की 'विधि' से ज्ञात होता है कि, पहले यांत्रिक-पद्धति से सोचकर ही उसने ज्यामितीय आकृतियों के बारे में बहुत से नियम ज्ञात किए थे। इस विचारणा का ठोस रूप हमें उसकी कृति 'गोल तथा बेलन पर' में देखने को मिलता है। इसमें वह साध्य भी है जिसको उसने बहुत महत्व दिया था और इसीलिए उसने इसे अपनी समाधि पर अंकित करवाने की इच्छा प्रकट की थी। यह आकृति थी, बेलन के भीतर गोल की स्थापना। लेकिन 'गोल तथा बेलन पर' कृति में वह एक तार्किक गणितज्ञ की तरह अपने परिणामों को प्रस्तुत करता है। पहले वह यूक्लिड की तरह अभिधारणाएं तथा परिभाषाएं देता है। सतहों तथा आयतनों को ज्ञात करने के लिए वह सदैव निःशेषण विधि का इस्तेमाल करता है।

ऐसे महान गणितज्ञ का अन्त हुआ एक मामूली सिपाही के खड्ग से।

चित्र 5.20 : आर्किमीदीज का वध

एपोलोनियस

एपोलोनियस का जन्म 262-190 ई.पू. के आसपास पांफेलिया (क्षुद्र-एशिया का दक्षिणी तट) में हुआ था और शिक्षा अलेक्ज़ेंड्रिया में। एपोलोनियस की 'शांकव' कृति यूक्लिड के 'मूलतत्व' की तरह ही प्रसिद्ध है। मेनाइख्मोस और अरिस्टाइओस ने लंबवृत्तीय-शंकु को एक समतल से काटकर शांकवों को प्राप्त किया था। इनमें शंकु का कोण न्यून, सम तथा अधिक रहने पर दीर्घवृत्त, परवलय तथा अतिपरवलय के काट प्राप्त होते हैं। एपोलोनियस ने सिद्ध कर दिखाया कि ये तीनों शांकव एक ही शंकु के काटों से प्राप्त होते हैं और ये तीनों शांकव वस्तुतः एक ही परिवार के सदस्य हैं। इनके लिए यूरोप की भाषाओं में आज जो नाम प्रचलित हैं, वे एपोलोनियस के ही दिए हुए नाम हैं : दीर्घवृत्त (elleipsis > ellipse), परवलय (parabole > parabola) और अतिपरवलय (hyperbole > hyperbola)। लगभग अठारह सौ वर्षों तक एपोलोनियस के इन खोजों की किसी ने सुधि नहीं ली थी। पहली बार उसकी इस शांकव-ज्यामिति का उपयोग जोहान केपलर (1571-1630 ई.) ने ही किया था।

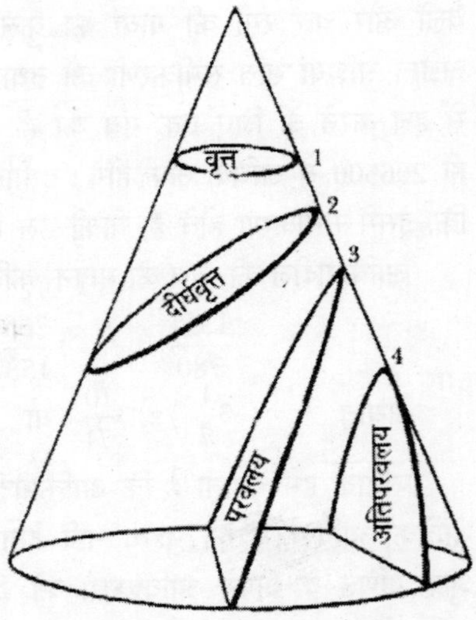

चित्र 5.21 : शांकव : 1 वृत्त, 2 दीर्घवृत्त, 3 परवलय, 4 अतिपरवलय

इराटोस्थनीज

इराटोस्थनीज (लग. 276-294 ई.पू.) का जन्म उत्तर अफ्रीका के साइरेने नामक यूनानी उपनिवेश में हुआ था। उसकी आरंभिक शिक्षा साइरेने और एथेंस में हुई थी। बाद में टॉलमी-तृतीय ने उसे अलेक्ज़ेंड्रिया बुला लिया था, जहां उसने अपने जीवन के लगभग पचास वर्ष बिताए। यहां वह संग्रहालय तथा ग्रंथालय का अध्यक्ष भी रहा। तिस पर भी, समकालीन विद्वानों ने उसे 'बीटा' (यूनानी वर्णमाला का दूसरा अक्षर) उपनाम दिया था।

विज्ञान के इतिहास में इराटोस्थनीज अपने 'पृथ्वी-मापन' के लिए प्रसिद्ध है। मिस्र में नील नदी के पास साइएन नगर (आधुनिक अस्वान के पास) था। इराटोस्थनीज ने देखा कि उत्तरायणांत (कर्क-संक्रांति) के समय यहां धूपघड़ी की सुई कोई छाया नहीं दर्शाती; इसलिए वह इस निर्णय पर पहुंचा कि यह स्थान कर्क-रेखा पर स्थित है। इरोटोस्थनीज का विश्वास था कि साइएन और अलेक्ज़ेंड्रिया एक ही देशांतर पर स्थित हैं और इनके बीच का अंतर पृथ्वी के वृहत्-वृत्त का 50वां भाग अर्थात् $7^0 12'$ है। इसके अलावा, उसने साइएन और अलेक्ज़ेंड्रिया के बीच के अंतर को 5000 स्टेडिया मान लिया था, अब सहज ही गणना की जा सकती है कि, यदि पृथ्वी के वृहत्-वृत्त के 50वें भाग का अंतर 5000 स्टेडिया है, तो पृथ्वी का वृहत्-वृत्त 250000 स्टेडिया होगा। इराटोस्थनीज के इस पृथ्वी-मापन में अनेक त्रुटियां हैं, किंतु हमें यह नहीं भूलना चाहिए कि पृथ्वी को वैज्ञानिक ढंग से मापने का प्रयत्न करने वाला विज्ञान के इतिहास में वह पहला व्यक्ति था।

गणित के इतिहास में इराटोस्थनीज अपनी 'चालनी' या 'छलनी' के लिए प्रसिद्ध है। अभाज्य संख्याओं की चर्चा हम पहले भी कर चुके हैं। प्राकृतिक संख्याओं के क्रम में ये ऐसी संख्याएं होती हैं जिन्हें 1 को छोड़कर अन्य किसी भी संख्या से भाग देना संभव नहीं होता। ऐसी संख्याओं को प्राप्त करने के लिए इराटोस्थनीज ने एक प्रकार की 'चालनी-विधि' का उपयोग किया था। वह विधि इस प्रकार थी : मान लीजिए कि प्राकृतिक संख्याओं को उनके क्रम में लिखा गया है। अब इन संख्याओं को पहले 2 से, फिर 3 से, फिर 5, 7, 11... इत्यादि से क्रमशः भाग देते जाकर काटते चलिए। जो संख्याएं बची रहेंगी, वे अभाज्य संख्याएं हैं :

१	२	३	४	५	६	७	८	९	१०
११	१२	१३	१४	१५	१६	१७	१८	१९	२०
२१	२२	२३	२४	२५	२६	२७	२८	२९	३०
३१	३२	३३	३४	३५	३६	३७	३८	३९	४०
४१	४२	४३	४४	४५	४६	४७	४८	४९	५०
५१	५२	५३	५४	५५	५६	५७	५८	५९	६०
६१	६२	६३	६४	६५	६६	६७	६८	६९	७०
७१	७२	७३	७४	७५	७६	७७	७८	७९	८०
८१	८२	८३	८४	८५	८६	८७	८८	८९	९०
९१	९२	९३	९४	९५	९६	९७	९८	९९	१००

इराटोस्थनीज की यह विधि आसान तो है, किंतु अभाज्य संख्याओं को खोजने में बहुत दूर तक यह हमारा साथ नहीं दे सकती। आज के गणितज्ञ इतनी बड़ी अभाज्य संख्याओं तक पहुंच चुके हैं कि इस 'चालनी विधि' से उनकी खोज करने की कोशिश की जाए, तो हजारों आदमियों को हजारों साल लग सकते हैं। 1951 तक जो सबसे बड़ी अभाज्य संख्या खोजी गई थी, वह थी : $180\ (2^{127}-1)^2 + 1$। और 1955 में विद्युत-गणक की सहायता से जो सबसे बड़ी अभाज्य संख्या खोजी गई थी, वह है : $(2^{2281}-1)$। इराटोस्थनीज को क्या अंदाजा हो सकता था कि बीसवीं शताब्दी में उसकी 'चालनी' विद्युत गति से चलने लगेगी।

हेरोन

चित्र 5.22 : हेरोन

हेरोन अपने यांत्रिक आविष्कारों के लिए यूनानी विज्ञान के इतिहास में आर्किमीदीज की तरह ही प्रसिद्ध है। उसके ग्रंथ में हमें उत्तर-कालीन यूनानी यांत्रिकी, भौतिकी तथा भूगणित के बारे में काफी जानकारी मिलती है। हेरोन के काल के बारे में विद्वानों में काफी मतभेद है। अभी कुछ दशक पहले बहुत से विद्वान मानते थे कि हेरोन का समय ई.पू. दूसरी या पहली शताब्दी है। परंतु प्रसिद्ध पुरातत्ववेत्ता ओ. नेउगेबोएर ने हेरोन के ग्रहणों संबंधी उल्लेखों के आधार पर गणना करके, यह सिद्ध किया है कि, हेरोन 62 ई. में जीवित था। लेकिन इधर अब विज्ञान के बहुत से इतिहासज्ञ उसे ईसा की दूसरी शताब्दी में रखना पसंद करते हैं। बहुत से विद्वान इस बात में भी संदेह करते हैं कि हेरोन यूनानी था। गणित के प्रसिद्ध इतिहासकार डेविड यूज़ीन स्मिथ ने लिखा है कि, हेरोन मिस्री जान पड़ता है, क्योंकि उसकी शैली यूनानी नहीं है।

भूगणित (Geodesy) पर हेरोन की महत्वपूर्ण कृति 'मैट्रिक्स' (मापन) 1896 ई. में ही खोजी जा सकी। इस ग्रंथ में तीन पुस्तकें हैं : पहली पुस्तक में क्षेत्रों के मापन का विवेचन है; दूसरी पुस्तक आयतनों से संबंधित है, और तीसरी पुस्तक में प्रदत्त अनुपातों एवं परिस्थितियों में क्षेत्रफलों तथा आयतनों के विभाजनों का विवेचन है। इस ग्रंथ का प्रत्येक सवाल यद्यपि अंकों में प्रस्तुत किया गया है, परंतु हल ज्यामितीय विधियों से ही दिया गया है। इस ग्रंथ में वह सूत्र है जो 'हेरोन के सूत्र' के नाम से प्रसिद्ध है और जिसमें त्रिकोण के क्षेत्रफल को इसकी भुजाओं के फलन (function) के रूप में व्यक्त किया गया है; यथा : = स √[(स-अ) (स-ब) (स-क)], जहां अ, ब, क त्रिकोण की भुजाएं हैं और स = 1/2 (अ + ब + क)। हेरोन पहले संख्याओं से गणना करता होगा, इसीलिए बाद में वह दो या अधिक क्षेत्रों के गुणन को व्यक्त करने में समर्थ था। 'मैट्रिक्स' की तीसरी पुस्तक में प्रदत्त अनुपातों में सीधी रेखाओं द्वारा त्रिकोणों के विभाजनों की चर्चा है, जैसे–त्रिकोण के शीर्ष, किसी भुजा के समांतर या किसी भी एक भुजा के किसी बिंदु में से सीधी रेखा गुजरने पर त्रिकोण के विभाजन किस अनुपात में होंगे, इत्यादि। इस प्रकार के विभाजनों का कुछ विवेचन बेबीलोन के गणितज्ञों ने भी किया था। परंतु इस विषय का अधिक विकास हुआ बारहवीं से सोलहवीं शताब्दियों के बीच अरबी तथा यूरोपीय गणितज्ञों द्वारा।

हेरोन की 'न्यूमेटिका' पुस्तक में उसके कई यांत्रिक आविष्कारों की चर्चा है। इसमें सबसे प्रसिद्ध है उसका एक 'खिलौना' जिसे प्रायः 'बाष्प-इंजीन' का नाम दिया जाता है। इसमें एक गोला ऐसी नलिकाओं पर आधारित होता है, जिनमें नीचे से उबलते पानी की भाप पहुंचती रहती है। भाप के कारण यह गोला घूमता रहता है। इसे हम आरंभिक 'टरबाइन'

भी मान सकते हैं। हेरोन के प्रकाश-किरणों के गुणधर्मों के बारे में किए गए आविष्कार भी प्रसिद्ध हैं। हेरोन ने दरशाया था कि प्रकाश-किरणों के आपतन-कोण तथा परावर्तन-कोण समान होते हैं; साथ ही, किसी प्रकाश-पुंज का दर्पण से परावर्तन होता है तो उस प्रकाश-स्रोत तथा आंख के बीच की दूरी न्यूनतम होती है।

डायोफैंटस

अलेक्ज़ेंड्रिया का डायोफैंटस (लगभग 250 ई.) अंतिम महान यूनानी गणितज्ञ था।[11] हम उसे यूक्लिड, आर्किमीदीज और एपोलोनियस की कोटि में रख सकते हैं। डायोफैंटस यूनानी गणित की सरिता में एक नए जल-प्रवाह के रूप में आकर मिलता है। अब तक यूनानी गणित पर विचार करते हुए हमने देखा है कि, इसमें ज्यामिति पर ही अधिक जोर दिया जाता रहा है; अंकगणित और बीजगणित से संबंधित प्रश्न भी प्रायः ज्यामितीय विधियों से ही हल किए जाते थे। यूनान में आधुनिक अर्थ में बीजगणित का विकास न हो पाने का प्रमुख कारण था, यूनानी अंक-पद्धति और संकेतों का विकसित न होना। डायोफैंटस यूनान का पहला और अंतिम गणितज्ञ था जिसने बीजगणित तथा उसके सांकेतिक चिह्नों की नींव डाली। डायोफैंटस का कृतित्व पहले के यूनानी गणितज्ञों से एकदम भिन्न है। यह बात आरंभ में बहुतों के लिए एक पहेली-सी ही थी। परंतु इधर बेबीलोनी गणित के बारे में हमें जो बातें ज्ञात हुई हैं, उनके प्रकाश में डायोफैंटस का अध्ययन करने से स्पष्ट हो जाता है कि वह निस्संदेह बेबीलोन वालों का ऋणी था।

हेरोन की तरह ही डायोफैंटस के जीवन तथा काल के बारे में हमें कोई ठोस जानकारी नहीं मिलती। निश्चित रूप से केवल इतना ही कहा जा सकता है कि वह 150 ई. और 350 ई. के बीच जीवित था। डायोफैंटस ने अपने एक सवाल में मदिरा का तत्कालीन भाव दिया है। टॅनरी ने खोज करके पता लगाया कि 250 ई. के आसपास यूनान में मदिरा का वही भाव था जो कि डायोफैंटस ने दिया है। अतः अब डायोफैंटस के लिए 250 ई. के आसपास का समय ही स्वीकार किया जाता है। यूनानी साहित्य के एक काव्य-संग्रह (लग. 500 ई.) में डायोफैंटस के बारे में एक पद्य मिलता है :

"उसका बचपन उसके जीवन के छठे भाग तक रहा। बारहवें भाग के पश्चात् उसकी दाढ़ी निकली। जीवन के सातवें भाग के पश्चात् उसने विवाह किया। इसके 5 साल बाद उसे पुत्र हुआ। पुत्र पिता की आधी आयु तक जीवित रहा। पुत्र की मृत्यु के 4 साल बाद पिता की मृत्यु हुई। मृत्यु के समय डायोफैंटस की आयु कितनी थी?

डायोफैंटस की आयु को यदि हम क्ष माने तो उपरोक्त प्रश्न के अनुसार :

$$\frac{\text{क्ष}}{6} + \frac{\text{क्ष}}{12} + \frac{\text{क्ष}}{7} = 5 + \frac{\text{क्ष}}{2} + 4 = \text{क्ष}$$

अर्थात्, $\text{क्ष} = 84$

डायोफैंटस की सबसे प्रसिद्ध कृति है 'अरिथमेटिका' (Arithmetica)। यूक्लिड के 'मूलतत्व' की तरह इसमें भी आरंभ में 13 पुस्तकें थीं, किंतु अब केवल 6 पुस्तकें ही उपलब्ध हैं। पुस्तक-1 शुरू होती है :

"यह जानते हुए कि तुम, आदरणीय डाइओनिसिओस, संख्याओं से संबंधित सवालों में अत्यधिक रुचि लेते हो, मैंने उन संख्याओं की शक्ति एवं प्रकृति का विवेचन करने का प्रयत्न किया है। मैंने ऐसी नींव से शुरुआत की है जिस पर सभी वस्तुएं आधारित हैं।

यह विषय वास्तविकता से कुछ अधिक कठिन जान पड़ेगा, क्योंकि यह नया विषय है और नौसिखियों को इसमें प्रायः सफलता नहीं मिलती। परंतु तुम्हें इसमें कोई कठिनाई नहीं होनी चाहिए, क्योंकि एक तो तुम्हारी इसमें रुचि है, दूसरे मैंने सिद्धि सरल दी है। महत्वाकांक्षा के साथ उचित शिक्षा की व्यवस्था हो जाए, तो ज्ञान शीघ्रता से प्राप्त होता है।

चूंकि तुम जानते हो कि सभी संख्याएं प्रदत्त इकाइयों की मात्राओं से ही बनती हैं, इसलिए उनके संयोजन को अनंत तक बढ़ाया जा सकता है। संख्याओं में हम विशेष रूप से वर्ग संख्याओं, और घन-वर्ग संख्याओं को जानते हैं। अंकगणित के अधिकांश सवालों में इन संख्याओं के योग, वियोग, गुणन, भाग, वर्गमूल आदि परिकर्मों वाले सवाल प्रायः मिलते हैं। इन सभी सवालों को उन तरीकों से हल किया जा सकता है जिनके बारे में मैंने आगे बतलाया है।

'अरिथमेटिका' पुस्तक वस्तुतः बीजगणित से ही अधिक संबंधित है। इसमें ऐसे प्रश्न दिए गए हैं जिनके सुमेय या परिमित हल खोजने होते हैं। इस प्रकार के प्रश्नों को हल करना आज भी बड़े-बड़े गणितज्ञों के लिए आसान काम नहीं है। डायोफैंटस ने इनमें से बहुत सवालों के हल दिए हैं, किंतु इन प्रश्नों के केवल आंशिक हल ही उसने निकाले थे। इन प्रश्नों पर बहुत सा साहित्य लिखा गया है, आज भी लिखा जा रहा है। आधुनिक वैश्लेषिक संख्या-सिद्धांत इसी प्रकार के सवालों से संबंधित है।

डायोफैंटस के ग्रंथ में एक, दो, तीन या चार चरों (variables) वाले ऐसे अनेक प्रश्न हैं जिनसे एकघात समीकरणों (Liner equations) का निर्माण होता है। कुछ प्रश्नों से निर्णीत (Determinate) समीकरण बनते हैं और कुछ प्रश्नों से अनिर्णीत (indeterminate) समीकरण। डायोफैंटस ने हमेशा पूर्णांक हल निकालने का प्रयत्न नहीं किया है, वह सुमेय हलों से ही संतोष कर लेता था। वह प्रायः अज्ञात राशियों में से किसी एक का कोई कल्पित मान लेकर अनिर्णीत समीकरण को भी निर्णीत समीकरण में बदल लेता था। उसके ग्रंथ में अधिकतर द्वितीय घातों वाले अनिर्णीत समीकरणों का विवेचन है। अब तो ऐसे अनिर्णीत समीकरणों का जिनके गुणांक सुमेय हों और इनका सुमेय हल ही प्राप्त करना हो, डायोफेंटी समीकरण नाम पड़ गया है।

डायोफैंटस के ग्रंथ में तृतीय एवं चतुर्थ घात वाले समीकरण भी मिलते हैं। एक समीकरण तो छठे घात वाला भी मिलता है। सारे ग्रंथ में प्रायः ऐसे ही सवाल मिलते हैं : ऐसी दो, तीन अथवा चार संख्याएं निकालना जिनके विभिन्न व्यंजक पूर्ण वर्ग, पूर्ण घन अथवा दोनों का सम्मिश्रण बन जाय। सवाल इस प्रकार के हैं :

प्रश्न (1) ऐसी दो संख्याएं प्राप्त करना जिनके जोड़ और गुणनफल दिए हुए हों। आवश्यक अनुबंध : जोड़ के आधे का वर्ग गुणनफल से बड़ा होना चाहिए और दोनों का अंतर एक वर्ग संख्या होनी चाहिए।

प्रदत्त जोड़ $= 20$, गुणनफल $= 96$

अब मान लीजिए कि संख्याओं का अंतर 2 य है। तो संख्याएं 10+य और 10–य होंगी।

$$100 - \text{य}^2 = 96$$

$$\text{अतः } \text{य}^2 = 2$$

इस प्रकार अभीष्ट संख्याएं 12 और 8 हुई।

प्रश्न (2) एक ऐसी संख्या दी हुई है जो दो वर्गों का योग है। उसे अन्य दो वर्गों के योग के रूप में व्यक्त करना है। प्रदत्त संख्या $13 = 2^2 + 3^2$

इन वर्गों के मूल पर 2 और 3 हैं। अतः एक वर्ग को $(\text{य}+2)^2$ और दूसरे को $(\text{मय} - 3)^2$ मानो, जहां म कोई पूर्णांक है।

तो $$(\text{य}^2 + 4\,\text{य} + 4) + (\text{म}^2\,\text{य}^2 - 6\,\text{मय} + 9) = 13,$$

अर्थात् $$(1 + \text{म}^2)\,\text{य}^2 + (4 - 6\,\text{म})\,\text{य} = 0$$

$$\text{य} = \frac{6\,\text{म} - 4}{\text{म}^2 + 1}$$

यदि $$\text{म} = 3,\ \text{तो}\ \text{य} = \frac{7}{5}$$

अतः अभीष्ट संख्याएं $\frac{17}{5}$ और $\frac{6}{5}$ हुई।

डायोफैंटस के ग्रंथ में समकोण त्रिभुजों पर भी प्रश्न मिलते हैं। ये त्रिभुज ऐसे हैं कि इनकी भुजाओं की लंबाइयां और क्षेत्रफल भी पूर्ण हों। ग्रंथ में संख्या-सिद्धांत के भी कुछ साध्य मिलते हैं, जैसे :

(1) यदि संख्या 2 त + 1 दो वर्गों का जोड़ हो, तो त विषम नहीं हो सकता। इसका यह अर्थ हुआ कि इस प्रकार की कोई संख्या

4 त – 1 अथवा 4 त + 3

दो वर्गों का जोड़ नहीं हो सकती।

(2) इसी प्रकार की 8 त + 7 कोई संख्या तीन वर्गों का जोड़ नहीं हो सकती।

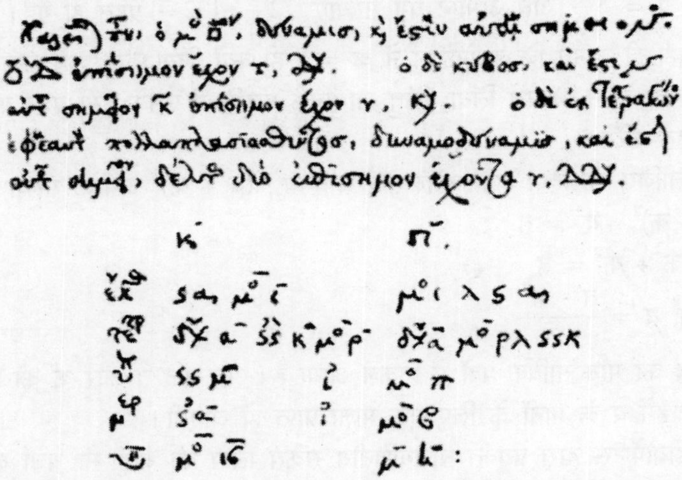

चित्र 5.23 : डायोफैंटस (लगभग 260 ई.) की यूनानी कृति 'अरिथमेटिका' का एक अंश (14वीं सदी की एक हस्तलिपि से)। नीचे : उसी कृति से बीजगणित से संबंधित एक सवाल का हल।

ऊपर : 14वीं शताब्दी की एक हस्तलिपि का अंश। इसका आरंभ होता है, वर्ग को हम 'डुनामिस' कहते हैं और इसके लिए संकेत है 'डेल्टा' के ऊपर रखा गया 'उप्सिलोन'। इस संकेत को दूसरी पंक्ति के बीच में देखा जा सकता है। अंतिम पंक्ति का अंतिम संकेत अक्षेय राशि के चतुर्थ घात ($क्ष^4$) का द्योतक है।

नीचे : 14वीं शताब्दी की एक हस्तलिपि के आधार पर डायोफैंटस के अनुसार बीजगणितीय हल। प्रश्न है–ऐसी दो संख्याएं ज्ञात कीजिए जिनका जोड़ 20 है और जिनके वर्गों का अंतर 80 है।

यहां हल दिया गया है–

मान लीजिए	क्ष + 10 क्ष − 10
वर्ग	$क्ष^2$ + 20 क्ष + 100 $क्ष^2$ + 100 − 20 क्ष
वर्गों का अन्तर 40	क्ष = 80
भाग	क्ष = 2
अतः	क्ष + 10 = 12 10 − क्ष = 8

डायोफैंटस द्वारा दिए हुए उच्च घातीय समीकरणों का हल प्रायः कठिन होता है। आधुनिक गणितज्ञों ने इन समीकरणों पर काफी गवेषणा की है, इसलिए अब इस विषय पर पर्याप्त साहित्य एकत्र हो गया है। डायोफैंटस ने ऐसे समीकरणों के जो हल दिए हैं, वे समीकरण-विशेष के लिए अलग-अलग थे, अतः उसकी विधियों का सार्वीकरण नहीं हो सकता। एक उदाहरण है–

प्रश्न : दो वर्ग संख्याएं निकालना, जिनका अंतर दिया हो।

प्रदत्त अंतर = 60

अब मान लीजिए कि एक संख्या $य^2$ है, तो दूसरी संख्या $(य + क)^2$ प्रकार की होगी। मान लीजिए कि, क = 3, तो प्रश्न के अनुसार,

$(य + 3)^2 - य^2 = 60$

$\therefore$ य = $8\frac{1}{2}$ और अभीष्ट वर्ग संख्याएं $72\frac{1}{4}$, $132\frac{1}{4}$ प्राप्त हो गईं।

हम नहीं ही जानते कि डायोफैंटस ने क = 3 ही क्यों लिया। जो प्रश्न उसने उठाया था उसका हल तो उसने निकाल लिया, किंतु आधुनिक पद्धति में उसके इसी प्रश्न को हम निम्न प्रकार से हल करेंगे :

मान लीजिए कि दिया हुआ अंतर त है और $य^2$, $(य + क)^2$ अभीष्ट संख्याएं हैं। तो

$(य + क)^2 - य^2 = त$

$2 य क + क^2 = त$

अर्थात्, $य = \frac{त - क^2}{2 क}$

अब य का मान सार्विक पदों में निकल आया है। अब यदि त और क को हम विभिन्न मान दें, तो हमें य के मानों के लिए एक माला प्राप्त हो जाएगी।

यहां डायोफैंटस द्वारा प्रयुक्त बीजगणितीय संकेत लिपि की थोड़ी-सी चर्चा करना जरूरी है। उसने अपने बीजगणित में जिन तथाकथित संकेतों का इस्तेमाल किया था वे आधुनिक संकेतों जैसे स्वतंत्र अर्थों वाले नहीं थे, बल्कि यूनानी शब्दों के आद्याक्षर होते थे। प्राचीन

मिस्री गणितज्ञों से लेकर अलेक्ज़ेंड्रिया के डायोफैंटस तक प्रश्नों के हल, दार्शनिक वाद-विवाद की तरह, गद्य में ही लिखे जाते थे। इस काल की अंतिम चार शताब्दियों में 'अरिथमोस' शब्द जिसका यूनानी भाषा में अर्थ था 'अंक', अज्ञात राशियों के लिए भी प्रयुक्त होने लग गया था और यह शब्द पूर्ण लिखा जाता था। आज ऐसी अज्ञात राशि के लिए हम प्रायः क्ष अक्षर का इस्तेमाल करते हैं। डायोफैंटस जब इस 'अरिथमोस' शब्द को बार-बार पूर्ण लिखने से ऊब गया तो अन्त में वह इस शब्द के आरंभ के दो अक्षर 'अर', यूनानी में ही, इस शब्द के लिए लिखने लग गया। बाद में इन्हीं दो अक्षरों को जोड़ देने से अज्ञात राशि के लिए उसका एक संकेत अस्तित्व में आ गया था। इसी प्रकार उसे जब 'अरिथमोस गुणा अरिथमोस' अर्थात् अज्ञात राशि का वर्ग $(क्ष)^2$ लिखना होता, तो वह यूनानी शब्द 'डुनामिस' (शक्ति : 'डाइनेमाइट', 'डायनामिक्स', 'डायनामो' आदि शब्द इसी शब्द से व्युत्पन्न हैं) के आरंभिक दो अक्षरों का इस्तेमाल करता था। यहां 'डुनामिस' शब्द का उसने इसलिए उपयोग किया कि वह 'डुनामिस गुणा डुनामिस' को 'डुनामिस' से अधिक शक्तिशाली समझता था। इसी प्रकार 'डुनामिस गुणा डुनामिस गुणा डुनामिस' को उसने घन (Cube) मानकर इस अर्थ वाले यूनानी शब्द के आरंभिक दो अक्षरों का घन के अर्थ में प्रयोग किया। इस प्रकार अज्ञात राशि के विभिन्न घातों के लिए उसके संकेत थे :

आधुनिक	डायोफैंटस के		मध्ययुगीन
$क्ष^0$	$\mathring{M}$	(μονάδες)	$\mu^{\hat{o}}$
$क्ष^1$	ς	(ἀριθμός)	ς′ या ς°
$क्ष^2$	Δ^{Y}	(δύναμις)	$\delta^{\hat{v}}$
$क्ष^3$	K^{Y}	(κύβος)	κ′
$क्ष^4$	$\Delta^{Y}\Delta$	(δυναμοδύναμις)	$\delta\delta^{\hat{v}}$
$क्ष^5$	ΔK^{Y}	(δυναμόκυβος)	$\delta\kappa^{\hat{v}}$
$क्ष^6$	$K^{Y}K$	(κυβόκυβος)	$\kappa\kappa^{\hat{v}}$

डायोफैंटस के समय तक व्यवकलन अर्थात् घटाने की क्रिया के लिए कोई सांकेतिक चिह्न यूनानी गणित में नहीं था। व्यवकलन के लिए घटाने के अर्थ वाले पूरे यूनानी शब्द का ही प्रयोग होता था, जैसे—5-1 को 5 में से घटाया 1 ही लिखा जाता था। यूनानी में व्यवकलन के लिए 'लेइप्सिस' (अभाव) शब्द का इस्तेमाल होता था। डायोफैंटस ने इस शब्द का आरंभ का केवल एक अक्षर लेकर और इसके बीच में एक खड़ी रेखा डालकर घटाने की क्रिया के लिए... संकेत बना लिया। इस प्रकार 5-1 को वह लिखता था 5... 1, वस्तुतः डायोफैंटस ने यहां भी किसी नए संकेत का आविष्कार नहीं किया था। उसका यह चिह्न हमारे आधुनिक चिह्न (–) की बराबरी नहीं कर सकता था। और फिर, डायोफैंटस को घन तथा ऋण संख्याओं की धारणाएं स्पष्ट नहीं थीं। वह 5-1 तो समझ सकता था, किंतु 1-5 को समझने में वह समर्थ नहीं था। ऋण संख्याओं का सही ज्ञान यूरोप के गणितज्ञों को डायोफैंटस के लगभग 15 शताब्दियों बाद ही संभव हो सका। घन के लिए डायोफैंटस ने कोई स्वतंत्र चिह्न नहीं बनाया

था। दो संख्याओं को साथ-साथ रख देने से ही घन या योग का अर्थ ज्ञात होता था। भिन्नों को लिखने की डायोफैंटस की विधि भी बड़ी अद्भुत थी। आज तो इस भिन्न के अंश को बीच की रेखा के ऊपर और हर को नीचे लिखते हैं। लेकिन डायोफैंटस हर को ऊपर और अंश को नीचे लिखता था।

डायोफैंटस के ग्रंथ के बारे में यहां एक बात का उल्लेख करना जरूरी है कि, उसके ग्रंथ की जो प्राचीनतम हस्तलिपियां मिलती हैं, वे 13वीं शताब्दी के पहले की नहीं हैं—वे डायोफैंटस के लगभग एक हजार वर्ष की हैं। अतः डायोफैंटस के गणित-संकेतों के बारे में जो बातें हमने ऊपर बताई हैं, वे इन हस्तलिपियों के आधार पर ही हैं। स्वयं डायोफैंटस ने किस प्रकार की संकेतलिपि का प्रयोग होगा, इसके बारे में दावे के साथ हम कुछ भी नहीं बता सकते। लेकिन इतना तो स्वीकार किया ही जा सकता है कि मध्ययुग में यूरोप में बीजगणित का जो विकास हुआ वह डायोफैंटस के बीजगणित से काफी सीमा तक प्रभावित था।

हाइपेशिया

हाइपेशिया विज्ञान के इतिहास में पहली नारी थी।[12] जिसने गणित के क्षेत्र में अपनी प्रतिभा के चमत्कार दिखाए थे। लगभग 370 ई. में उसका जन्म हुआ था। वह अलेक्ज़ेंड्रिया के गणितज्ञ थिओन की पुत्री थी। थिओन ने यूक्लिड के 'मूलतत्व' तथा टॉलमी के ज्योतिष-ग्रंथ का योग्य संपादन किया था। पुत्री पिता से भी अधिक योग्य निकली। हाइपेशिया ने डायोफैंटस और एपोलोनियस के गणित-ग्रंथों पर टीकाएं लिखी थीं। कहा जाता है कि अलेक्ज़ेंड्रिया में जिस नव-प्लेटोनी स्कूल की स्थापना हुई थी, उसकी हाइपेशिया अध्यक्षा थी। वह अलेक्ज़ेंड्रिया में प्लेटो और अरस्तू का दर्शन पढ़ाती थी। ऐसी विदुषी नारी की ईसाइयों ने 415 ई. में हत्या कर दी। हम कह सकते हैं कि हाइपेशिया की हत्या के साथ यूनानी विज्ञान के विकास का अन्त हो जाता है।

चित्र 5.24 : हाइपेशिया

संदर्भ और टिप्पणियां

1. ओलंपिया यूनान के इतिहास में ई.पू. आठवीं शताब्दी में पहली बार 776 ई.पू. में यूनान के स्थान पर पहली बार प्रसिद्ध ओलंपिक खेल प्रतियोगिता हुई थी। खेलों के कारण ओलंपिया गांव का महत्व काफी बढ़ा। कुछ राज्यों को ओलंपिक खेलों से ईर्ष्या होने लगी। अपने यहां इन खेलों को आरंभ भी किया लेकिन वह असफल रहे। रोमन साम्राज्य की स्थापना होने पर रोमन सम्राट इन्हें रोमन ले गए। पर एक साल बाद रोम सम्राट की ओर

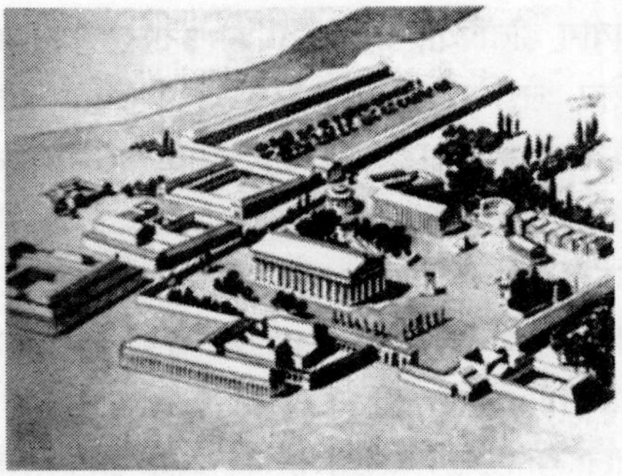

चित्र 5.25 : ओलंपिक खेल

से उसने इन पर प्रतिबंध भी लगा दिया और ओलंपिया जेउस का मंदिर गिरा दिया। खेलों से संबंधित ओलंपिया की इमारतें भी नष्ट कर दीं।

2. एजियन सागर प्राचीन यूनान का भौगोलिक केंद्र था। एजियन सागर के दक्षिण में क्रीट द्वीप है। जहां पलांपान्नेस और साइक्लेड्स के दक्षिण में स्थित है। क्रीट द्वीप का नाम क्रीट भिक्षक परंपरा के राजा मिनोस के नाम पर रखा गया। इस सभ्यता के अवशेष कई शहरों में मिलते हैं। जिनमें कनौसोस फाइस्टोस और मालिया सर्वप्रमुख हैं। क्रीट द्वीप राजनीतिक सत्ता का केंद्र था। यहां से व्यापार और विनिमय होता था। क्रीट द्वीप की मिनोआई सभ्यता का लगभग 1400 ई.पू. में अंत हो गया। यह शायद दक्षिणी एजियन में ज्वालामुखी की भयंकर विस्फोट से आई प्राकृतिक आपदा से हुआ। फिर यूनानी लोग धीरे-धीरे यहां आकर बसने लगे। उन्होंने मिनोआई सभ्यता से कुछ हासिल किया और एक नई कांस्ययुगीन सभ्यता का आरंभ हुआ। 1600 से 1200 ई.पू. के आस-पास मिनोआई सभ्यता का केंद्र, क्रीट द्वीप खूब फलता-फूलता रहा।
3. गुणाकर मुळे : अक्षर कथा, राजकमल प्रकाशन, पृष्ठ संख्या 96 से 107।
4. गुणाकर मुळे : अक्षर कथा, राजकमल प्रकाशन, अध्याय 10 सेमेटिक लिपियां, पृष्ठ संख्या 113 से 127।
5. पेपीरस (कागज) का आविष्कार प्राचीन मिस्र में हुआ, करीब पांच हजार साल पहले। नील नदी के मुहाने की दलदलों में बरू (नरकुल) की जाति के दो-तीन मीटर ऊंचे एक पौधे की काफी तादाद में उपज होती थी। इसके डंठल के 15 से 30 सेंटीमीटर तक के टुकड़े काटकर चिंदियां निकाली जातीं। फिर इन चिंदियों को साथ-साथ बिछाकर इनकी एक परत के ऊपर दूसरी आड़ी परत बिछाई जाती। फिर इस चटाईनुमा चीज को भिगोकर इसे दबाकर रख दिया जाता। चूंकि इन चिंदियों में एक प्रकार का स्वाभाविक गोंद होता था, इसलिए ये एक-दूसरे से चिपक जाती थीं। फिर इस चटाईनुमा चीज को शंख या किसी चिकने पत्थर से खूब घोंटा जाता। इस प्रकार, पेपीरस का एक पत्र तैयार हो जाता। ऐसे कई पत्रों को एक-दूसरे के साथ जोड़कर और चिपकाकार खरड़ (दीर्घपट्ट) तैयार किए जाते और इन्हीं पर विभिन्न रंगों की स्याही से नरकुल की ही कलम से लिखा जाता था।
6. श्री गुणाकर मुळे : हिब्रू लिपि की विस्तृत जानकारी के लिए देखिए 'अक्षर-कथा'। प्राचीन हिब्रू लिपि, पृष्ठ संख्या 117।
7. यह म्यूजियम (यूनानी : मौसेइयोन) आरंभ में म्यूजेस का मंदिर था। जेउस की नौ पुत्रियां म्यूजेस कहलाती थीं और ज्ञान-विज्ञान की अधिष्ठात्री समझी जाती थीं। सिकंदरिया का म्यूजियम इतना प्रसिद्ध हो गया कि कालांतर में कला और पुरातत्व की वस्तुओं के संग्रह के लिए यह शब्द प्रयुक्त होने लगा।
8. आर्किमीदीज ने अपनी दो पुस्तकें–'विधि' और 'मवेशी प्रश्न'–इराटोस्थनीज को समर्पित की थीं। इराटोस्थनीज का जन्म साइरेनी में संभवतः 273 ई.पू. में हुआ। एथेंस में अध्ययन किया और सिकंदरिया के विद्यापीठ में अध्यापक एवं ग्रंथपाल बने। वहां उन्हें बीटा (यूनानी वर्णमाला का दूसरा अक्षर) उपनाम मिला, जो उनके प्राचीन यूनान के दूसरे नंबर के बुद्धिमान व्यक्ति होने का सूचक है। सिकंदरिया में ही 194 ई.पू. के आसपास इराटोस्थनीज का देहांत हुआ।

9. अधिक जानकारी के लिए देखिए : आर्किमीदीज पुस्तक, राजकमल प्रकाशन, गुणाकर मुळे पहला संस्करण 1 बी नेताजी सुभाष मार्ग, नई दिल्ली।
10. आर्किमीदीज ने यह जानकारी अपनी पुस्तक **बालू-गणक** (सामाइटेस) में दी है। इस प्रकार की बड़ी-बड़ी संख्याएं प्रस्तुत करते जाने का कोई उपयोग नहीं था। यह महज एक दिमागी कसरत थी। आर्किमीदीज की महान प्रतिभा एक बेहतर अंक-पद्धति का सृजन नहीं कर पाई। यूनानी गणितज्ञ अपनी बोझिल वर्णांक पद्धति का ही इस्तेमाल करते रहे।
आर्किमीदीज की 'बालू-गणक' पुस्तक का महत्त्व इस बात में अधिक है कि इसमें हमें सामोस-निवासी अरिस्टार्कस (लगभग 310-230 ई.पू.) के सूर्यकेंद्रवादी सिद्धांत के बारे में जानकारी मिलती है।
इधर के वर्षों में आर्किमीदीज की एक लुप्त कृति के बारे में जानकारी मिली है। 'तराजू' से संबंधित यह संक्षिप्त कृति अरबी अनुवाद में उपलब्ध हुई है (द हिंदू, 17 सितंबर, 1989)।
11. डायोफैंटस के प्रमुख ग्रंथ का नाम है अरिथमेटिका, जिसके मूल 13 अध्यायों में से केवल 6 ही उपलब्ध हैं। यूनानी शब्द अरिथमेटिके का मूल अर्थ है–संख्याशास्त्र (अरिथमोस् = संख्या, टेक्ने = शास्त्र, विज्ञान)। ग्रंथ में संख्या शास्त्र और बीजगणितीय समीकरणों से संबंधित करीब 130 सवालों के हल दिए गए हैं।

    डायोफैंटस ने संख्या-सिद्धांत से संबंधित सवालों के अलावा सरल व वर्ग-समीकरण, एक विशेष घन-समीकरण और अनिर्धार्य समीकरणों के हल दिए हैं। उन्होंने शब्दों के आद्याक्षरों या संक्षेपों के आधार पर कुछ चिह्नों का भी प्रयोग किया था। वह ऋण संख्याओं का इस्तेमाल तो करते थे (जैसे, ऋण × ऋण = धन), पर अपने समीकरणों में ऋण या शून्य हलों को स्वीकार नहीं करते थे।

    डायोफैंटस की कृति ने मध्ययुगीन यूरोप के गणितज्ञों को खूब प्रभावित किया, विशेषकर पियरे द फर्मा को।
12. देखिए : हाइपेशिया, पृष्ठ संख्या-13, महान वैज्ञानिक महिलाएं, लेखक गुणाकर मुळे, राजकमल प्रकाशन, प्रा. लि., नेताजी सुभाष मार्ग, नई दिल्ली-110002

6

रोमन अंक-पद्धति

ऐतिहासिक पृष्ठभूमि

यूनानियों की तुलना में सैद्धांतिक विज्ञान को रोमनों की देन नहीं के बराबर ही रही है। जिन इने-गिने रोमन विद्वानों ने विज्ञान के सैद्धांतिक पक्ष की विवेचना की, वह सब यूनानी विज्ञान पर ही आधारित थी। वस्तुतः रोमन-काल में चिंतन का स्तर बहुत नीचे गिर गया था। लेकिन प्रायोगिक विज्ञान के क्षेत्र में रोमनों की कुछ उपलब्धियां महत्वपूर्ण हैं। रोमन इंजीनियरों ने सड़कें, पुल, नहर, जलसेतु (equeducts) तहखानें और सोपान बनाने में अपने कौशल का परिचय दिया है। (कांच तथा धातुओं के) निर्माण में भी रोमन काफ़ी उन्नत थे।[1] इसका यह अर्थ नहीं है कि रोमन सैद्धांतिक विज्ञान के विरोधी थे। ल्यूक्रटियस तथा सिसरो जैसे विचारकों ने विज्ञान के सैद्धांतिक पक्ष पर ही जोर दिया था। रोमन शासक अलेक्ज़ेंड्रिया के ग्रंथालय तथा विश्वविद्यालय को भी मदद करते रहे हैं। असल में रोमनों ने

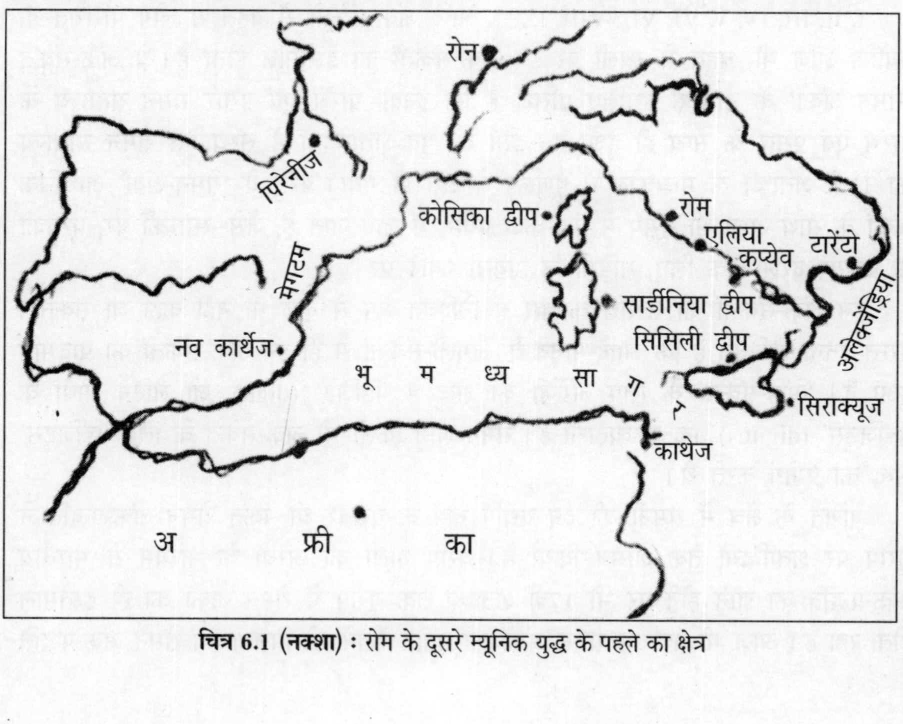

चित्र 6.1 (नक्शा) : रोम के दूसरे म्यूनिक युद्ध के पहले का क्षेत्र

सैद्धांतिक विज्ञान का क्षेत्र यूनानियों के लिए ही छोड़ दिया था। रोमनों ने यूनानियों का अधिकतर अनुकरण ही किया है।

गणित के क्षेत्र में भी रोमनों ने किसी प्रकार की मौलिकता का परिचय नहीं दिया है। उन्होंने गणना की एक देवी 'न्यूमरैरिया' को तो जन्म दिया था, किंतु यह उनके लिए 'लक्ष्मी' ही थी, सरस्वती नहीं। सिसरो[2] (106-43 ई.पू.) को इस बात का बड़ा दुःख था कि लैटिन मस्तिष्क ज्यामिति के अध्ययन के लिए उतना समर्थ नहीं है, जितना कि यूनानी मस्तिष्क रहा है। रोमनों ने आर्किमीदीज और यूक्लिड जैसा एक भी गणितज्ञ पैदा नहीं किया। रोमन काल में जो थोड़े-बहुत गणितज्ञ हुए हैं, वे भी इटली के बाहर के ही निवासी थे। मार्क्स टेरेंटुस वरों (116-28 ई.पू.) ने अंकगणित तथा ज्यामिति पर पुस्तकें लिखी थीं, परन्तु इनमें कोई नई बात नहीं है। पता चलता है कि जेमिनुस ने गणित-शास्त्र के इतिहास के बारे में एक ग्रंथ लिखा था, किंतु यह आज उपलब्ध नहीं है। उसकी ज्योतिष से संबंधित एक पुस्तक आज उपलब्ध है। जूलियस सीज़र (100-44 ई.पू.) न केवल योग्य शासक, बल्कि ज्योतिष एवं गणित का भी ज्ञाता था। उसने अलेक्ज़ेंड्रिया के एक ज्योतिषी सोसीज़ेनेस के सहयोग से एक नया पंचांग बनाया था और ज्योतिषशास्त्र पर उसने एक कविता भी लिखी थी।[3] ई.पू. पहली शताब्दी के अंतिम चरण में मार्क्स विट्रुवियस द्वारा स्थापत्यकला पर लिखी हुई पुस्तक में भी गणित की चर्चा मिलती है। सेक्टुस जूलियस फ्रोंटिनस (ल. 40-106 ई.) ने जलसेतुओं के निर्माण पर एक ग्रंथ लिखा था और इसमें उसने गणित का पर्याप्त उपयोग किया है। हाइगिनुस (लग. 120 ई.) ने सर्वेक्षण में गणित का इस्तेमाल किया था। इस प्रकार हम देखते हैं कि रोमन वैज्ञानिकों ने गणित के प्रायोगिक पक्ष को ही अधिक महत्व दिया था। यूनानियों की तरह मौलिक चिंतन उनके बस की बात नहीं थी।

I, II, III, IV, V, VI, VII, VIII, IX, X आदि अंक-संकेतों से बहुत से लोग परिचित हैं; क्योंकि आज भी, बहुत से स्थलों पर इन अंक-संकेतों का इस्तेमाल होता है। ये अंक-संकेत 'रोमन अंकों' के नाम से इसलिए प्रसिद्ध हैं कि इनका प्रारंभ एवं प्रसार रोमन साम्राज्य के प्रारंभ एवं प्रसार के साथ ही हुआ है। ईसा की पूर्व शताब्दियों में संस्थापित रोमन साम्राज्य का 15वीं शताब्दी के मध्यकाल में पूर्णरूप से अंत हो गया। परंतु ये 'रोमन-अंक' आधुनिक अंकों के साथ आज भी यूरोप में यदा-कदा प्रयोग में लाए जाते हैं; जैसे—स्मारकों पर, पुस्तकों के प्रकरण दरशाने के लिए, घड़ियों के डायलों आदि पर।

इन अंक-संकेतों की उत्पत्ति के बारे में निश्चित रूप से कुछ भी नहीं कहा जा सकता। परन्तु इतना निश्चित है कि आदि-मानव के अंगुली-संकेतों से ही इन अंक-संकेतों का प्रादुर्भाव हुआ है। 'अंक-संकेत' के लिए अंग्रेजी का शब्द है 'डिजिट' (digit), जो लैटिन भाषा के 'डिजिटुस' (digitus) शब्द से व्युत्पन्न है। रोमन लोग किसी भी अंक-संकेत के लिए 'डिजिटुस' शब्द का प्रयोग करते थे।

गणित के क्षेत्र में रोमनों की देन यद्यपि नहीं के बराबर थी, किंतु रोमन अंक-पद्धति ने यूरोप पर शताब्दियों तक शासन किया है। यूरोप वालों को अरबों के माध्यम से भारतीय अंक-पद्धति का ज्ञान होने पर भी 17वीं शताब्दी तक यूरोप में रोमन अंकों का ही इस्तेमाल होता रहा है। आज भी यत्र-तत्र रोमन अंकों का प्रयोग देखने को मिलता है। रोमन अंक-पद्धति

में मूलतः केवल 7 ही संकेत हैं और इन्हीं संकेतों से, स्थानमान-पद्धति का थोड़ा सहारा लेकर, संख्याएं व्यक्त की जाती हैं। रोमन अंक-पद्धति के 7 संकेत ये हैं :

I	V	X	L	C	D	M
1	5	10	50	100	500	1000

इनमें आरंभ के केवल तीन संकेतों से ही 1 से 10 तक की संख्याएं व्यक्त की जाती हैं, यथा :

I	II	III	IV	V	VI	VII	VIII	IX	X
1	2	3	4	5	6	7	8	9	10

आज जिन रोमन अंकों का इस्तेमाल होता है, उनका स्वरूप आरंभ में इसी प्रकार का नहीं था। रोमन अंकों में समय-समय पर थोड़ा-बहुत बदलाव होता रहा है। ये रोमन अंक-संकेत किस प्रकार अस्तित्व में आए, इसके बारे में बहुत से विद्वानों ने बहुत सारे सिद्धांत प्रस्तुत किए हैं। रोमन इतिहास तथा लैटिन पुरालिपिशास्त्र के मर्मज्ञ जर्मन विद्वान डॉ. मोंमसेन (1850 ई.) के सिद्धांत को अधिक विद्वानों ने स्वीकार किया है। मोंमसेन का मत था कि 1 से 10 तक के रोमन अंक-संकेत आरंभ में हाथ की अंगुलियों के आधार पर ही बनाए गए थे। भाषाशास्त्र से भी इस सिद्धांत को समर्थन प्राप्त होता है। लैटिन भाषा के 'डिजिटुस' शब्द का अर्थ भी 'अंगुली' ही होता है और रोमन लोग किसी भी अंक-संकेत को 'डिजिटुस' का ही नाम देते थे। यूरोप की भाषाओं में आज भी अंक-संकेतों को 'डिजिट' (digit) ही कहा जाता है।

चित्र 6.2 : अंगुली गणना का रेखाचित्र

प्रायः सभी प्राचीन सभ्यताओं की अंक-पद्धतियों में 1, 2 और 3 के लिए खड़ी रेखाएं मिलती हैं। 4 के लिए आरंभ में रोमन लोग 1111 ही लिखते थे। 5 के V संकेत के बारे में अनेक मत हैं। एक मत तो यह है कि यह, जैसा कि चित्र में दरशाया गया है, अंगूठे और शेष अंगुलियों के बीच के अंतर का द्योतक है। दूसरा मत यह है कि, 10 का आधा 5 होने के कारण यह X के ऊपर का अर्धांश है। जहां तक 10 के संकेत X की उत्पत्ति का प्रश्न है, अधिक संभव यही जान पड़ता है कि आरंभ में दस खड़ी रेखाओं को दो आड़ी लकीरों से काटा जाता होगा। कालांतर में इस अंक के लिए दस खड़ी लकीरें बनाना छोड़ दिया गया और केवल गुणन के चिह्न जैसी दो आड़ी लकीरें ही खींची जाती थीं, यथा :

 $= 10 + 3 = 13$

एक मत यह भी है कि पहले 10 का संकेत अस्तित्व में आने के बाद इसके ऊपर के अर्धांश को 5 का चिह्न माना गया। 9 आरंभ में VIIII ऐसे लिखा जाता था, किंतु बाद में इसे X - I = IX बना दिया गया। घटाने की यह प्रवृत्ति अन्य सभ्यताओं की अंक-पद्धतियों में भी पाई जाती है।

11 से 20 तक की संख्याएं 10 के संकेत के आगे क्रमशः 1 से 10 तक के संकेत रखकर व्यक्त की जाती हैं। यही क्रम 99 तक चलता रहता है। 100 के लिए रोमन अंक-पद्धति में

संकेत है C। संभावना यही है कि आरंभ में सौ (केन्तुम्) संकेत से व्यक्त किया जाता था। इसी संकेत से बाद में C संकेत बना होगा। 50 के लिए XXXXX जैसा लिखने की झंझट से बचने के लिए नीचे का आधा अंश L बाद में 50 के लिए लिखा जाने लगा और इस प्रकार 50 के लिए एक स्वतंत्र संकेत अस्तित्व में आया।

तब 50-10 = 40 को XL का रूप दिया गया और 60, 70, 80 के लिए संकेत बने, LX, LXX, LXXX।

इस अंक-पद्धति CXX VII में का अर्थ होगा 127 और CC XXX IX का अर्थ होगा 239 और XC का अर्थ होगा C–X =100-10 = 90। फिर बाईं ओर X(10) जोड़ दिया जाता था; जैसे– XI, XII, XIII, XIV, XV, XVI, XVII, XVIII, XIXI 20 और 30 के लिए XX, XXX के रूप में लिखा जाता है।

आरंभ में एक हजार के लिए यूनानी अक्षर फाइ (ϕ) का संकेत था। कालांतर में रोमन लोग इसे कुछ सरल रूप में (I) लिखने लग गये थे। चूंकि एक हजार के लिए लैटिन शब्द है 'मिलै', इसलिए बाद में यही संकेत M के रूप में लिखा जाने लगा और आज भी एक हजार के लिए इसी संकेत का व्यवहार होता है। 500 के लिए आरंभ में (I) संकेत था। स्पष्ट ही है कि यह हजार के चिह्न का अर्धांश है। कालांतर में यही संकेत D के रूप में लिखा जाने लगा और आज भी लिखा जाता है।

सन् 1715 में प्रकाशित सुयेटोनियस नामक लेखक की पुस्तक के मुखपृष्ठ पर प्रकाशन वर्ष दिया हुआ है : (I) I) CCXV

अर्थात् 1000 + 500 + 200 + 10 + 5 = 1715

एक हजार (मिले) से बड़ी संख्याएं लिखने में रोमन अंक-पद्धति में कोई स्थिर व्यवस्था देखने को नहीं मिलती। 10000 को (I) से और 100000 को प्रायः (I) से लिखा जाता था। कार्थेज पर विजय की स्मृति में रोम में ई.पू. तीसरी शताब्दी के मध्यकाल में एक प्रस्तर-स्मारक खड़ा किया गया था। इस स्मारक में 2300000 संख्या को 100000 के चिह्न (I) को पंक्ति में 23 बार लिखकर व्यक्त किया गया है। 1000 ई. के आसपास यूरोप वाले भारतीय अंकों से परिचित थे। फिर भी वे रोमन अंकों को छोड़ने के लिए शताब्दियों तक तैयार नहीं हुए। बहीखातों में 18वीं शताब्दी तक रोमन अंकों का इस्तेमाल होता रहा। 1300 ई. में यूरोप के शहरों की कुछ बैंकों में भारतीय अंकों का उपयोग कानून द्वारा बंद करवा दिया गया था। यूरोप के गणितज्ञ भारतीय अंकों तथा अंक-पद्धति के महत्व को समझते थे, इसीलिए वे भारतीय अंकों का इस्तेमाल करने के पक्ष में थे; किन्तु पुरातन के प्रेमी रोमन अंकों का मोह छोड़ने के लिए तैयार नहीं थे। भारतीय अंकों के विरोध में यह तर्क पेश किया जाता था कि इन्हें आसानी से बदला जा सकता है, जैसे–0 से 6 या 9 एक लकीर और जोड़कर सहज ही बनाए जा सकते हैं। लेकिन यूरोप में जब पुस्तकें मुद्रित होने लगीं, तो भारतीय अंकों का अधिक प्रचार हुआ और उन्हें स्थायी रूप मिला। फिर भी, 17वीं

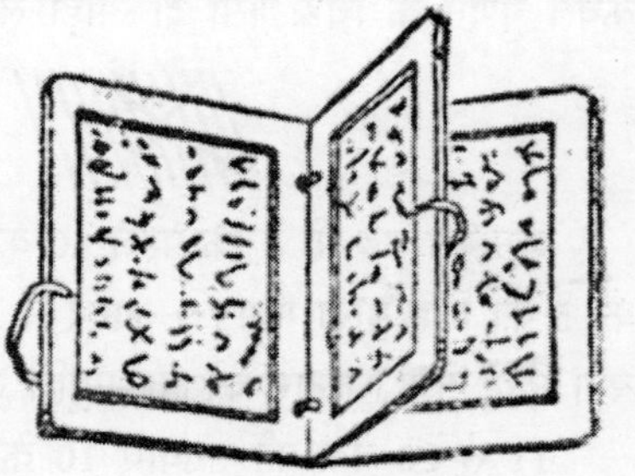

चित्र 6.3 : रोमन पाटी

चित्र 6.4 : रोमनों का स्मृति-स्तंभ-खंड

शताब्दी के मध्यकाल तक यूरोप के स्कूलों में और लगभग 1800 तक बहीखातों में अधिकतर रोमन अंकों का ही इस्तेमाल होता रहा। रोमन अंकों का उपयोग यत्र-तत्र हम आज भी देखते हैं।

रोमन विद्यार्थी लकड़ी की बनी हुई पाटी का भी इस्तेमाल करते थे। इस पाटी के एक तरफ मोम पोत दिया जाता था और इस पर नुकीली लेखनी से लिखा जाता था। वास्तविक गणनाएं संभवतः एबैकस पर ही होती थीं, परंतु गणना के परिणामों को पाटी पर उतारा जाता था। इन पाटियों के चहुंओर आजकल की पाटियों की तरह फ्रेम भी होती थी। कभी-कभी दो-तीन पाटियां किनारे पर पुस्तक के पन्नों की तरह बांध दी जाती थी। रोमन काल की इन्हीं पाटियों के आधार पर हमारी पुस्तकों को इनका वर्तमान आकार मिला है। रोमन लोग अपने ग्रंथों को पेपीरस कागज और चर्मपट पर लिखते थे। रोमन अंकों के प्रयोग का सबसे प्राचीन अभिलेख जो मिला है, वह रोमनों की कार्थेज पर विजय के स्मृति-स्वरूप ई.पू. 260 के एक स्तंभ पर अंकित है। यह स्तंभ-खंड रोम के संग्रहालय में सुरक्षित है।

इस चित्र में नीचे से ऊपर दूसरी और तीसरी पंक्ति में ( ) चिह्न, जो 10,000 का द्योतक है, लगातार 23 बार अंकित है, जिसका अर्थ है : 23,00,000। इससे पता चलता है कि आज से बाईस सौ वर्ष पहले बड़ी संख्याओं को लिखने में रोमन लोगों को कितनी दिक्कत होती थी।

रोमन एबैकस

यूनानी एबैकस की तरह रोमन एबैकस के बारे में भी हमें कोई ठोस जानकारी नहीं मिलती। लेकिन इतना निश्चित है कि रोमन-काल में फलक या तख्ते पर कंकडों से गणना होती थी। इन फलकों में संभवतः गहरी लकीरें होती थीं और संगमरमर की गोलियों से इन पर गणना की जाती थी। इन गोलियों को वे 'काल्कुली' कहते थे, जो 'काल्कुलुस्' का बहुवचन है। 'काल्कुलुस्' शब्द 'काल्क' शब्द से बना है, जिसका अर्थ होता है चूना-पत्थर। संगमरमर भी एक प्रकार का चूना-पत्थर ही है, इसीलिए संगमरमर से बनी गोलियों को 'काल्कुली' कहा जाता था। कालांतर में इसी शब्द से 'काल्कुलेर' शब्द बना, जिसका अर्थ होता है 'गणना करना'। अंग्रेजी का 'काल्कुलस' अर्थात् 'गणना करना' शब्द इसी रोमन शब्द से व्युत्पन्न है। रोमन अंक आज भी जीवित हैं। पुरानी घड़ियों में और पुस्तकों में भी इनका जहां-तहां प्रयोग होता है।

संदर्भ और टिप्पणियां

1. प्रथम शताब्दी ईसवी में रोमन साम्राज्य के काल में कांच उद्योग का काफी विकास हुआ और कांच की क़लात्मक वस्तुएं बनने लगीं। फिर कुस्तुनतुनिया, दमिश्क, बगदाद और काहिरा कांच उद्योग के केंद्र बन गये। 14वीं सदी में वेनिस शहर ने कांच उद्योग पर अपना एकाधिकार स्थापित कर लिया। यहीं के कारीगरों ने पहली बार 'क्रिस्टलों' नामक रंगहीन पारदर्शी कांच तैयार किया। उसके बाद यूरोप के कई देशों में विभिन्न किस्म के स्वच्छ पारदर्शी कांच बनने लगे।

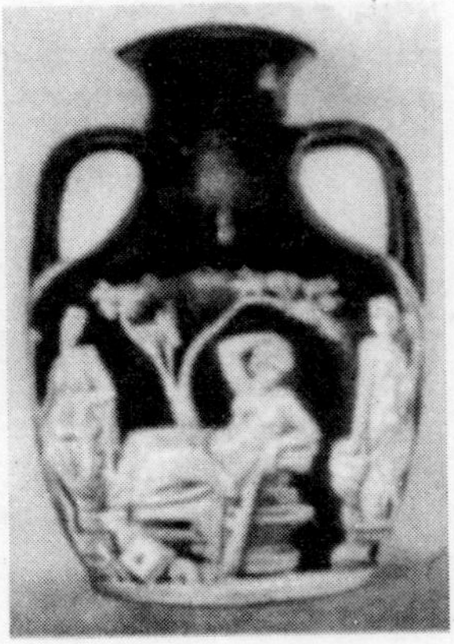

चित्र 6.5 : रोमन कांच-कलश (ईसा की प्रथम सदी)

2. सिसरो (106-43 ई.पू.) ने राजतंत्र, कुलीन तंत्र और प्रजातंत्र तीनों प्रणालियों को समर्थन किया था। उसने डेस रिपब्लिका प्लेटो की रिपब्लिक से प्रेरित होकर लिखी थी। दूसरी पुस्तक 'डेस लेजिबस' में राज-काज को चलाने से संबंधित आचरण और नियमों के संबंध के बारे में बताया।

   सिसरों ने रोम के राज्य की असेंबली, सीनेट, मजिस्ट्रेट को एक संस्थान माना और कहा इसे एक व्यक्ति दिशा-निर्देश दे सकता है। सिसरो ने इस प्रणाली को मिश्रित संविधान कहा है। उसने रोम के कानून को भी विस्तार से संवैधानिक सत्ता के रूप में दिखाया और कानून को सर्वोच्च माना। सिसरो ने व्यक्तियों को एक समूह के रूप में माना जो सहमति और प्राकृतिक मैत्री भाव से एक-साथ एकत्रित हुए। सरकार को एक संस्था की तरह माना जो नागरिकों के कल्याण के लिए बनी है।

3. जूलियस सीज़र : इनका जन्म एक सम्राट पेट्रीशियन परिवार में हुआ। युवावस्था में ही वह सत्ता और कीर्ति का स्वप्न देखने लगा—गरीबों (दरिद्र वर्ग) से उसे नफरत थी किन्तु स्वार्थ सिद्धि के लिए उन्हें इस्तेमाल करता और हर तरह से मदद करता था। 58 ई.पू. में गाल प्रदेश का गवर्नर हुआ। गाल प्रदेश के युद्ध में जूलियस सीज़र ने सारे गाल प्रदेश पर अधिकार कर लिया। लाखों लोगों को दास बनाया, पवित्र स्थानों को लूटा। सीज़र ने रोम पर हमला किया—और युद्ध में रोम और सारे इटली पर अधिकार जमा लिया। सीजर रोम का महाधिपति बन गया। सीज़र को सम्राटों जैसा सम्मान दिया। सिक्कों पर उसका चित्र बनाया गया उसकी मूर्ति देवी-देवताओं की मूर्तियों के साथ रखी जाने लगी।

चित्र 6.6 : जूलियस सीज़र

   सीनेटरों में एक सीज़र के एकतंत्रीय शासन (एक व्यक्ति शासन) से असंतुष्ट था। उसने एक षड्यंत्र रचा। उसका नाम ब्रूटस था। सीनेट अधिवेशन में घेर लिया और अपने वस्त्रों में नीचे छिपाए हुए छुरे से सीज़र पर 23 बार किया, जिससे सीज़र की मृत्यु हो गई।

   रोम में एकतंत्रीय शासन क़ायम करने का सीज़र का प्रयास असफल रहा, किंतु उसने यह दिखा दिया कि रोम की गणतंत्रीय व्यवस्था कितनी कमज़ोर थी।

7

हिब्रू-गोथिक अंक-पद्धति

ऐतिहासिक पृष्ठभूमि

आज से लगभग 2300 वर्षों के पहले हिब्रू लोग भी, यूनानी अक्षर संकेतों की तरह, हिब्रू भाषा की वर्णमाला के आधार पर, एक स्वतंत्र अंक-पद्धति की खोज कर चुके थे और गणना में इसका प्रयोग करते थे। उनकी वर्णमाला के प्रथम दस अक्षर निम्नलिखित दस अंकों को व्यक्त करते हैं :

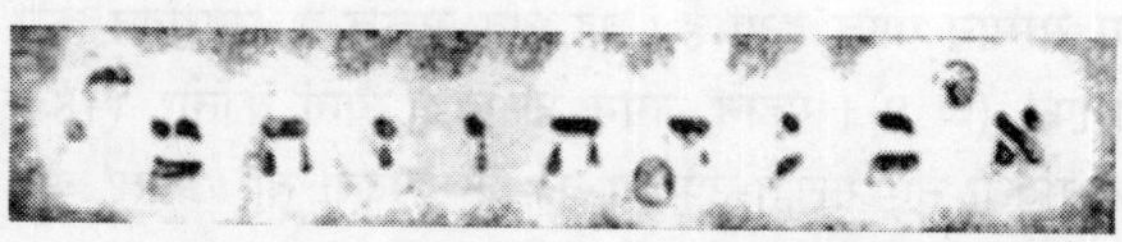

10 9 8 7 6 5 4 3 2 1

चित्र 7.1 : हिब्रू के संकेतांक

क्योंकि, हिब्रू लिपि दाईं ओर से बाईं ओर लिखी जाती थी, इसलिए उसके अंक-संकेतों का क्रम भी दाईं ओर से बाईं ओर को रहता था। हिब्रू लिपि एवं अंक-संकेत अतीत के गर्भ में विलीन हो गए हैं।[1] परंतु उपरोक्त अंक-क्रम के एक अक्षर-संकेत को आधुनिक गणित में एक

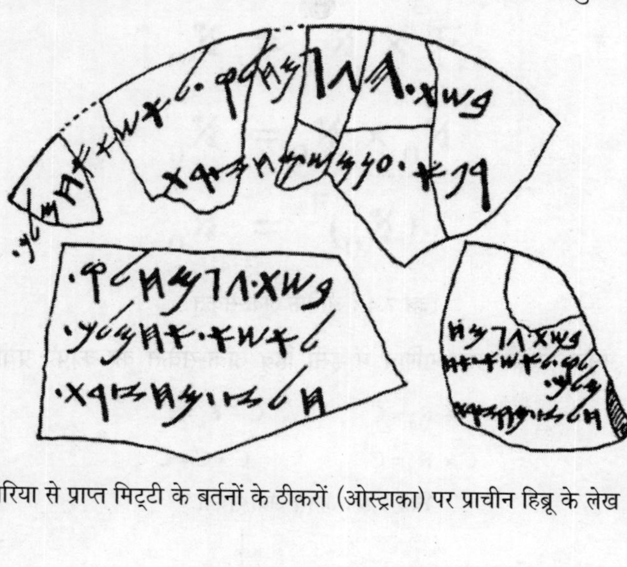

चित्र 7.2 : समरिया से प्राप्त मिट्टी के बर्तनों के ठीकरों (ओस्ट्राका) पर प्राचीन हिब्रू के लेख (ई.पू. 8वीं सदी)

चित्र 7.3 : ग्यार्ग कांतोर

नए अर्थ का ऊंचा सम्मान प्राप्त हुआ है। वह अंक-संकेत है, उपरोक्त क्रम में दाहिनी ओर से पहला संकेत 'आलेफ़' (= 2)। महान जर्मन गणितज्ञ ग्यार्ग कांतोर (1845-1918 ई.) ने जब 'अनंत' (infinity) संबंधी नए गणित-उपयोग को जन्म दिया तो 'अनंत' की श्रेणियों को दरशाने के लिए उन्होंने इसी 'आलेफ़' अंक-संकेत का प्रयोग किया।[2]

$$\aleph_0 + \text{न} = \aleph_0,$$

$$\aleph_0 + \aleph_0 = \aleph_0$$

$$\text{न} \times \aleph_0 = \aleph_0$$

$$\aleph_0 \times \aleph_0 = \aleph_0$$

$$(\aleph_0)^{\text{न}} = \aleph_0$$

चित्र 7.4 : आलेफ़ अंक-संकेत

आजकल अनंत संबंधी उच्च गणित में इसी हिब्रू अंक-संकेत का काफ़ी प्रयोग होता है।

$$C + \aleph_0 = C \qquad C - \aleph_0 = C$$

$$C \times \aleph_0 = C \qquad C \times C = C$$

चित्र 7.5 : अनंत अंक-संकेत

गोथिक अंक

आधुनिक यूरोप के आरंभिक इतिहास में गोथ प्रदेश (पोलैंड तथा जर्मनी का भाग) के 'गोथ' (Goths) लोगों का बड़ा महत्व है। कालांतर में इन लोगों ने यूरोप के अन्य प्रदेशों को भी अधिकार में कर लिया था।

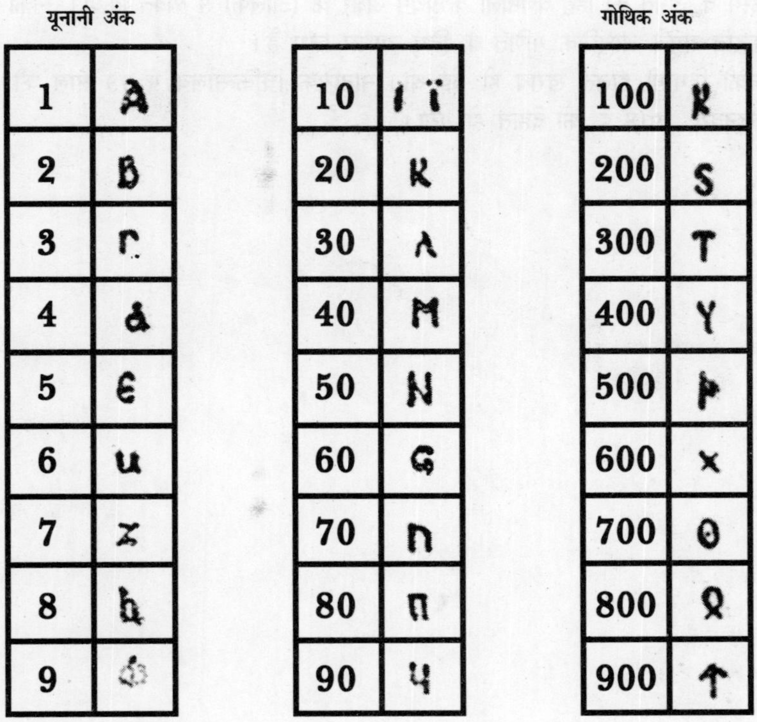

चित्र 7.6 : यूनानी अंक और गोथिक अंक-संकेत

गोथिक अंक यूनानी अंकों से व्युत्पन्न हैं। अतः, न केवल यूनानी तथा गोथिक अंक-पद्धति में, बल्कि अंक-संकेतों में भी बहुत साम्य है। सामने की सारणी में दिए हुए गोथिक अंकों की यूनानी अंकों से तुलना करने पर यह बात स्पष्ट हो जाएगी।

संदर्भ और टिप्पणियां

1. हिब्रू लिपि में 22 अक्षर थे, 22 अक्षरों के हिब्रू नाम हैं : आलेफ़, बेथ, गिमेल, दालेथ, हे, वाव, ज़यिन्, हेथ, थेत्, योध, क़ाफ, लामेध, मेम, नून, सामेख, अयिन् ये, सादे, कॉफ रेश, शिन और ताव।
   हिब्रू लिपि का काल ई.पू. 1000 ई.पू. से 500 तक माना जा सकता है। ई.पू. दूसरी में आरमेई लिपि से हिब्रू लिपि हुई जिसके अक्षर 'कतब महराब' कहे जाते हैं। इस लिपि पर प्राचीन हिब्रू लिपि का भी गहरा प्रभाव है। इन्हीं अक्षरों से बाद में आधुनिक हिब्रू लिपि बनी।

2. कांतोर का जन्म सेंट पीटर्सवर्ग (आधुनिक लेनिनग्राद में 3 मार्च, 1845 ई. को हुआ था। गणित के अध्ययन में कांतोर की गहरी दिलचस्पी थी।) उन्होंने बर्लिन विश्वविद्यालय से 1867 ई. में पी-एच.डी की उपाधि प्राप्त की। विषय था–संख्या-सिद्धांत। इन्होंने अनंत परिमेय संख्याओं की खोज की। कांतोर ने अनंत की परिभाषा दी–कोई समुच्चय तभी और केवल तभी, अनंत होता है जब वह अपने ही किसी उप-समुच्चय के तुल्य या बराबर होता है। कांतोर ने पहले किस्म के अनंत को हिब्रू वर्णमाला के प्रथम अक्षर के (आलेफ) से व्यक्त किया। उनका समुच्चय सिद्धांत समूचे आधुनिक गणित के लिए आधार-स्तंभ है।

उनकी दिमागी हालत खराब हो गई थी। मानसिक चिकित्सालय में 73 साल की आयु में 6 जनवरी, 1918 ई. को देहांत हो गया।

8

मय-सभ्यता की अंक-पद्धति

ऐतिहासिक पृष्ठभूमि

मय-सभ्यता या माया-सभ्यता कुछ भी कहिए, बात एक ही है। कोलंबस ने मध्य-अमेरिका महाद्वीप के इन मूल निवासियों को 'माइयान' नाम दिया, और तब से मध्य-अमेरिका के इन निवासियों के लिए 'माया' नाम प्रचलित हो गया। वस्तुतः, न इस सभ्यता के जन्मदाताओं का नाम माया था और न इनकी भाषा का ही नाम यह था। ये अपने को किस नाम से जानते थे, यह कोई नहीं जानता। कोलंबस[1] द्वारा अमेरिका की 'खोज' के बाद स्पेनिश विजेताओं ने मध्य-अमेरिका के इस मेक्सिको-ग्वाटेमाला प्रदेश पर अधिकार कर लिया। विजेताओं

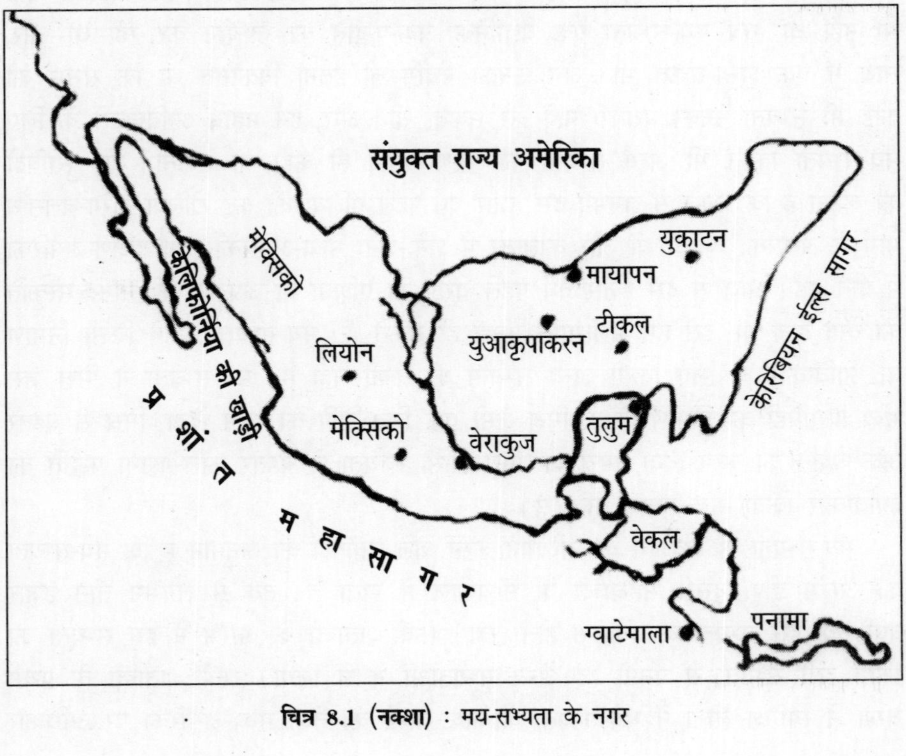

चित्र 8.1 (नक्शा) : मय-सभ्यता के नगर

को यह जानने में अधिक देर नहीं लगी कि विजित जाति की सभ्यता विजेता जाति से कम उन्नतशील नहीं रही है।

आज अमेरिका में जो जातियां बसती हैं उन्हें हम दो प्रमुख वर्गों में विभाजित कर सकते हैं–एक तो यूरोप के देशों से आकर बसे हुए गोरी चमड़ी वाले लोग तथा उनके द्वारा लाए गए नीग्रो; दूसरे अमेरिका के मूल निवासी 'रेड-इंडियन'। कोलंबस की भूल के कारण अस्तित्व में आया हुआ यह 'रेड-इंडियन'[2] शब्द जब भी मैं सुनता हूं या पढ़ता हूं तो एक अजीब भावना मेरे मन में उठती है। और, जब देखता हूं कि, इन तथाकथित रेड-इंडियनों में से एक कबीले के पूर्वजों ने एक ऐसी संस्कृति का निर्माण किया था, जो कुछ मायनों में यूरोप की तत्कालीन सभ्यता से उच्च थी, तो दिल बरबस मैक्सिको तथा ग्वाटेमाला के खंडहरों में पहुंच जाता है। कोलंबस-पूर्व मध्य-अमेरिका में जिन मूल जातियों ने सबसे अधिक उन्नति की थी, उनमें प्रमुख हैं, यह मय या माया जाति। मय, झपोटेक, टोल्टेक तथा आफ्टेक जातियों ने मिलकर मध्य-अमेरिका में एक स्वतंत्र सभ्यता को जन्म दिया था। इनमें सबसे प्राचीन है, मय-संस्कृति। शेष संस्कृतियों ने इस मय संस्कृति से ही सीखा था।

जब हम मिस्र, सुमेर-बेबीलोन, भारत, यूनान तथा चीन की सभ्यताओं के बारे में पढ़ते हैं तो प्रायः इस वाद-विवाद में उतरने से नहीं बच पाते कि, किस खोज के लिए कौन-सी सभ्यता किस अन्य सभ्यता की 'ऋणी' है। परंतु, यह मय-सभ्यता किस अन्य सभ्यता की ऋणी हो सकती है। जब यूनानी तथा रोमन सभ्यता ने भारतीय 'शून्य' के बारे में सुना भी नहीं था, तब मय-सभ्यता एक वैज्ञानिक अंक-पद्धति का उपयोग कर रही थी–और, साथ में एक शून्य-संकेत भी। और उनका पंचांग तो इतना विकसित था कि संसार की कोई भी सभ्यता उनकी बराबरी नहीं कर सकती थी। और, इन महान आविष्कारों के लिए मय-सभ्यता किसी भी अन्य सभ्यता की 'ऋणी' नहीं ही कही जा सकती। हां, पुराविदों का कहना है कि, आज से लगभग दस हजार वर्ष पहले एशिया की कई टोलियां बेरिंग-जलसंधि मार्ग से अलास्का[3] पहुंची थीं और कालांतर में शनैः-शनैः मध्य-अमेरिका तथा दक्षिण-अमेरिका में फैल गईं। आज से दस हजार वर्ष पहले यूरोप या एशिया या अफ्रीका की मानव-संस्कृति का क्या हाल था, इसे हम भलीभांति समझ ही सकते हैं। मय-सभ्यता अपने किसी निर्माण या आविष्कार के लिए किसी अन्य सभ्यता की ऋणी नहीं है। मय-सभ्यता ने मिस्र जैसे भव्य पिरामिडों का निर्माण किया, मिस्र जैसी एक चित्र-लिपि को जन्म दिया, मिस्र से बेहतर अंक-पद्धति को जन्म दिया, मिस्र या अन्य किसी सभ्यता से बेहतर काल-गणना पद्धति का आविष्कार किया–सब स्वतंत्र बुद्धि से।

मय-सभ्यता के अवशेषों का अध्ययन करने वाले पुराविदों का अनुमान है कि मय-सभ्यता का आरंभ ई.पू. दूसरी सहस्राब्दी के मध्यकाल में होता है। तब से लगभग तीन हजार वर्षों तक इस सभ्यता का विकास होता रहा। 15वीं शताब्दी के आरंभ में इस सभ्यता का स्थान इसी सभ्यता से पनपी हुई अन्य सभ्यताओं ने ले लिया। 16वीं शताब्दी के प्रथम चरण से स्पेनिश लोगों ने मय-सभ्यता को नष्ट करने का तथा मध्य-अमेरिका पर अधिकार

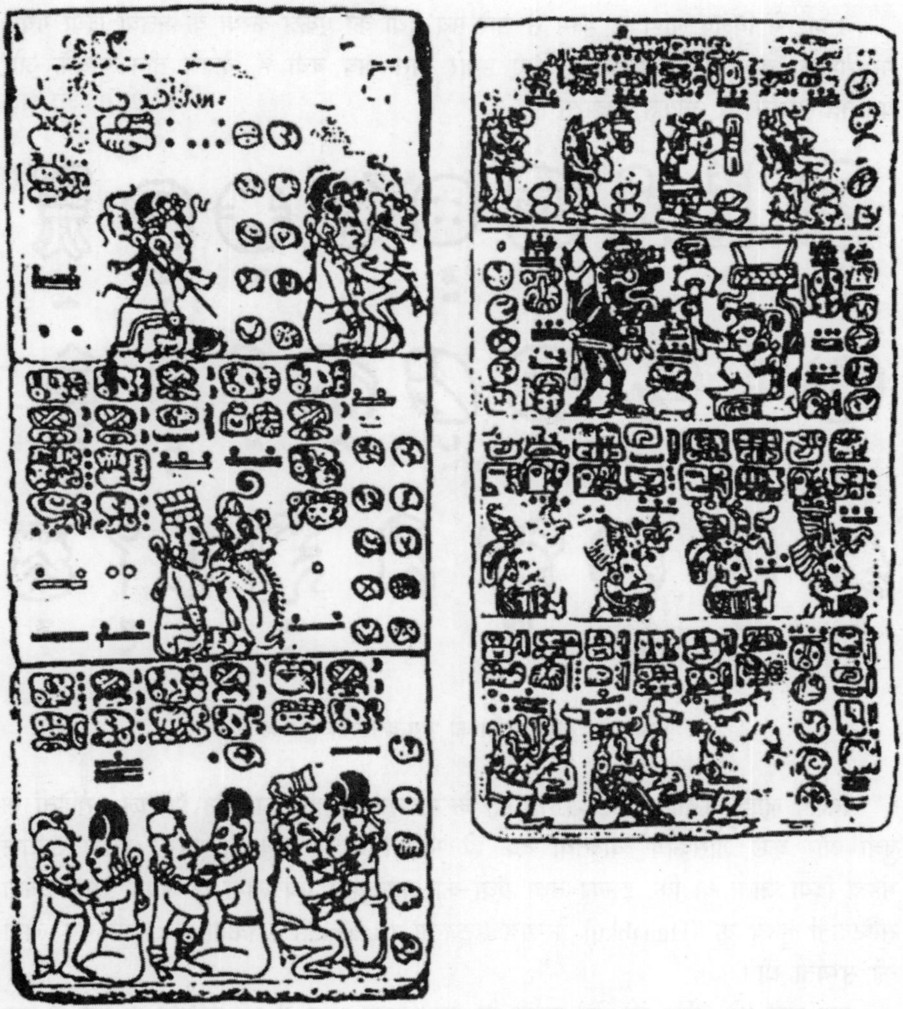

चित्र 8.2 : एक प्राचीन मय पुस्तक 'ड्रेस्डेन कोडेक्स' से कुछ पृष्ठ

जमाने का जो कार्य आरंभ किया था, उसकी समाप्ति हुई–मय-सभ्यता के पूर्ण विनाश के बाद–17वीं शताब्दी के प्रथम चरण में।

किसी भी प्राचीन सभ्यता के अध्ययन के लिए महत्वपूर्ण होते हैं उसके अवशेष–नगरों के अवशेष तथा लिखित सामग्री। लिखित सामग्री या तो पत्थरों पर उत्कीर्ण हो सकती है या किसी प्रकार के काग़ज़ पर लिखी हो सकती है। मय लोग एक प्रकार की चित्र-लिपि का आविष्कार कर चुके थे और वे एक प्रकार के काग़ज़ पर पुस्तकों की भी रचना कर चुके थे। किसी समय, स्पेनिश लोगों के आगमन के पहले, हजारों की संख्या में मय ग्रंथ अस्तित्व में रहे होंगे। परंतु धर्मांध ईसाइयों के जघन्य कृत्यों के कारण आज संसार में केवल तीन ही मय ग्रंथों (कोडेक्स) का अस्तित्व है।

1562 में बिशप लांडा के हुक्म से सारे मय ग्रंथों को एकत्र करवा के जलवा दिया गया। मय-सभ्यता के बारे में जानने के लिए हमारे पास अब बची हैं, केवल तीन पुस्तकें और यत्र-तत्र प्रस्तरों पर अंकित चित्राक्षर।

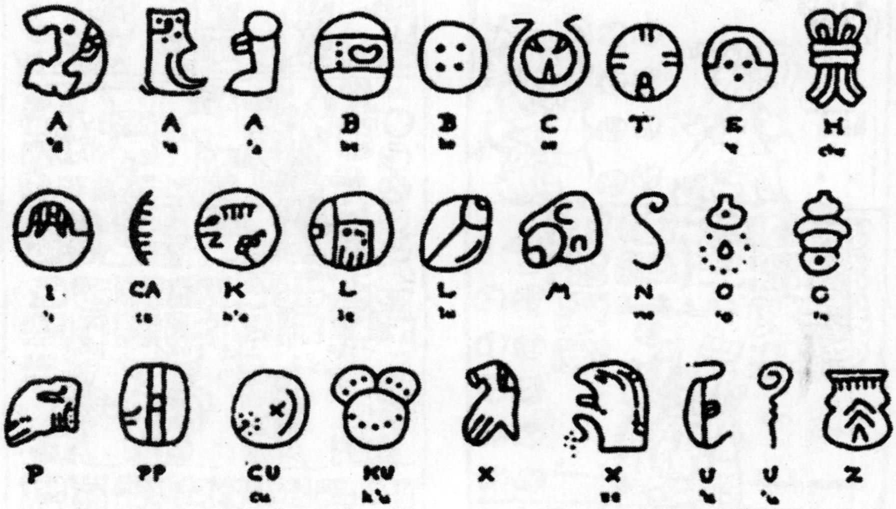

चित्र 8.3 : बिशप लांडा की 'मय वर्णमाला' (1566 ई.)

बिशप लांडा (Landa 1524-1579 ई.) के मतानुसार लिपि का ज्ञान "केवल पुरोहितों के पुत्रों और कुछ शासकीय व्यक्तियों तक ही सीमित था"। लेखन-कला को इतना अधिक महत्व दिया जाता था कि, इसका तथा ग्रंथों का आविष्कार मय लोगों के सबसे प्रमुख देवता सृष्टिकर्ता हुनब कु (Hunabku) के पुत्र इट्ज़म्ना (Itzamna) ने किया है। ऐसी मय लोगों की सभ्यता थी।

मय ग्रंथों को अग्नि को भेंट चढ़ाने के बाद बिशप लांडा ने मय-सभ्यता के बारे में एक ग्रंथ लिखा था। इसमें उसने मय चित्र-लिपि की जानकारी दी है। लांडा की बहुत सी बातें सही नहीं हैं; फिर भी, उसके इस ग्रंथ से मय-लिपि के अन्वेषण का सूत्रपात हुआ। पहले अंक-संकेतों तथा काल-गणना के संकेतों को पहचान लिया गया, और इसी आधार पर मय अंक-पद्धति तथा पंचांग के बारे में जानकारी मिली। मय अंक-पद्धति का अन्वेषण किया जुआन पिओ पेरेझ ने। पेरेझ यूकाटान के पेटो स्थान पर एक सरकारी अधिकारी थे।

अंक-पद्धति

मय अंक-पद्धति 'बीस' पर आधारित थी। दोनों हाथों की 10 अंगुलियों के अतिरिक्त मय लोग आरंभ में पैरों की 10 अंगुलियों का भी इस्तेमाल करते रहे होंगे। इसी कारण उनकी यह विंशतिमान-पद्धति अस्तित्व में आई। 19 तक की संख्याओं को वे एक आड़ी लकीर तथा बिंदु की सहायता से व्यक्त करते थे। एक आड़ी लकीर के ऊपर बिंदुओं को रखकर 19 तक की

संख्याएं लिखी जाती थीं। शून्य के लिए कौड़ी के आकार के एक स्वतंत्र चिह्न पर एक बिंदु रख देने से यह 20 को व्यक्त करता था। इस प्रकार, मय-अंक-पद्धति में 1 से 20 तक के लिए अंक-संकेत थे :

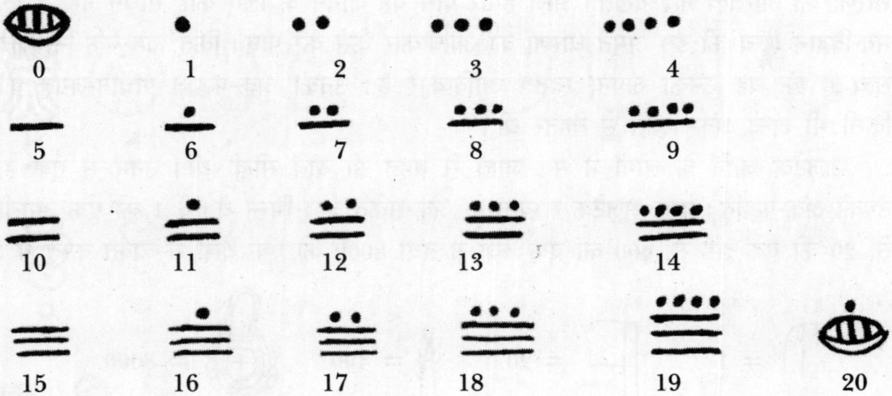

चित्र 8.4 : मय-सभ्यता के अंक

20 के आगे की गणना को नीचे की योजना से आसानी से समझा जा सकता है :

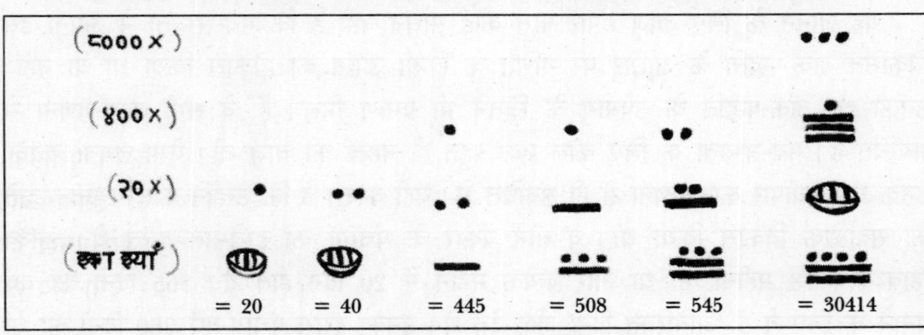

चित्र 8.5 : मय-सभ्यता की गणना-पद्धति

कभी-कभी इस पद्धति के अन्य रूप भी देखने को मिलते हैं, जहां 20, 360, 7200, 144,000 इत्यादि इकाइयों का क्रम रहता है। इस योजना के अनुसार :

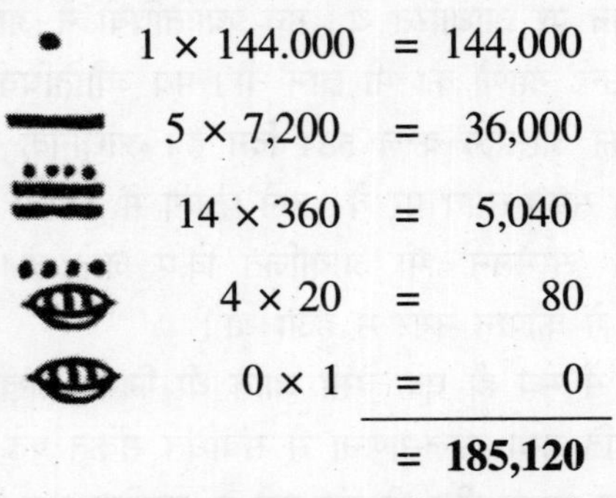

चित्र 8.6 : मय-सभ्यता की गुणन-पद्धति

अपनी इस अंक-पद्धति से मय लोग बड़ी-बड़ी संख्याओं की गणना करने में समर्थ थे। इस अंक-पद्धति की सबसे बड़ी विशेषता है, इसमें शून्य के लिए स्थान। भारतीय अंक-पद्धति को छोड़कर अन्य किसी भी प्राचीन सभ्यता की अंक-पद्धति में हम (0) शून्य-संकेत तथा इस धारणा का अस्तित्व नहीं देखते। आज हमारे पास यह जानने के लिए कोई साधन नहीं है कि मय-विद्वान शून्य की इस अमूर्त धारणा का आविष्कार कैसे कर पाए। किंतु, यह एक निर्विवाद सत्य है कि यह उनका अपना स्वतंत्र आविष्कार है। उनकी अंक-पद्धति प्राचीन-जगत् की किसी भी अन्य अंक-पद्धति से बेहतर थी।

अज़टेक जाति के लोगों ने मय जाति से बहुत सी बातें सीखी थीं। उनमें से एक है, उनकी अंक-पद्धति। परंतु अज़टेक सभ्यता के अंक-संकेत कुछ भिन्न थे। वे 1 को एक अंगुली से, 20 को एक झंडे से, 400 को एक केश से तथा 8000 को एक थैली से व्यक्त करते थे :

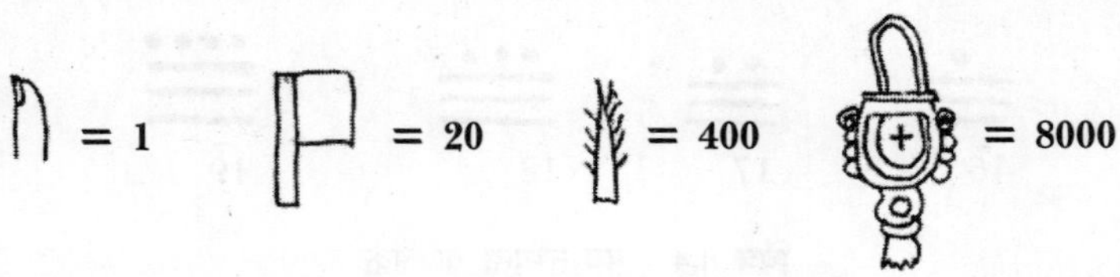

चित्र 8.7 : अज़टेक अंक-संकेत

यह जानने के लिए आज हमारे पास कोई साधन नहीं है कि मय-सभ्यता ने अपनी इस विकसित अंक-पद्धति के आधार पर गणित के किसी उपांग का विकास किया था या नहीं। उनकी इस अंक-पद्धति के उपयोग के जितने भी प्रमाण मिलते हैं, वे सभी काल-गणना से संबंधित हैं। मय-सभ्यता के लिए काल एक बहुत ही महत्व की चीज़ थी। ऐसा लगता है कि, उनके सभी व्यापार काल-गणना से ही संबंधित थे। यही कारण है कि उन्होंने काल-गणना-पद्धति का सर्वाधिक विकास किया था। वे तीन प्रकार के पंचांगों का इस्तेमाल करते थे। उनका 'हाब' वर्ष 18 महीनों का था और प्रत्येक महीने में 20 दिन होते थे। 365 दिनों का वर्ष बनाने के लिए वे 5 'अतिरिक्त दिन' जोड़ देते थे। उनका दूसरा पंचांग-वर्ष 260 दिनों का था और यह धार्मिक कृत्यों से संबंधित था। कोई भी नहीं जानता कि उन्होंने अपने धार्मिक कृत्यों के लिए यह 260 दिनों का ही पंचांग क्यों चुना। तीसरा पंचांग 'लंबी गणना' पर आधारित था जो माया-संवत् के आरंभकाल, लगभग 3111 ई.पू., से शुरू होता था।

मय-पंचांग ज्योतिष ज्ञान पर आधारित थे। मय ज्योतिषियों ने आकाश की घटनाओं का सूक्ष्म अध्ययन किया था। उन्हें ग्रहणों का भी ज्ञान था। मय ज्योतिषियों ने गणना की थी कि शुक्र ग्रह के संयुति-काल का औसतन काल 584 दिन है। आधुनिक गणना के अनुसार यह काल 583.92 दिनों का है। समय-समय पर वे अपने पंचांग में दुरुस्ती भी करते आए हैं और इसके लिए ज्योतिषियों के 'सम्मेलन' भी आयोजित किए जाते थे। इसी प्रकार का एक 'ज्योतिष-सम्मेलन' 545 ई. में कोपान नगर में हुआ था।

कोलंबस-पूर्व अमेरिका में मय ही एक ऐसी जाति थी जिसने लेखन-कला का आविष्कार किया था। पिछले अंक-पद्धति तथा काल-गणना से संबंधित संकेत पढ़े गए। चूंकि, अधिकांश मय ग्रंथ नष्ट हो गए हैं और केवल तीन ही ग्रंथ बचे हैं, इसलिए मय लिपि का अन्वेषण एक

बहुत ही कठिन काम था। जो तीन पुस्तकें बचीं हैं उनमें से एक–ड्रेस्डेन कोडेक्स[4]–ज्योतिष तथा काल-गणना से संबंधित हैं। इन तीन पुस्तकों के अलावा मय-सभ्यता के ऐसे अनेक प्रस्तर-भग्नावशेष हैं जिन पर लिपि-संकेत अंकित हैं। एक रूसी ग्रंथ की सूचना के अनुसार अब मय-लिपि को पढ़ने में सफलता मिल गई है। और, यह लिपि पढ़ी गई है, विद्युत-गणक की सहायता से। पता चला है कि, मय लिपि न तो शुद्ध अक्षरात्मक है और न शुद्ध भावचित्रात्मक। मय पुस्तकों में कुल 340 विभिन्न लिपि-चित्र मिलते हैं। इतने संकेत वाली लिपि न तो पूर्णतः अक्षरात्मक ही हो सकती है और न भावचित्रात्मक। यह लिपि एक मिश्रित योजना है।

मय-सभ्यता अपनी भवन-निर्माण कला में मिस्र के पिरामिडों से टक्कर ले सकती हैं।[5] परंतु मय-सभ्यता की सर्वश्रेष्ठ कृति है उनकी अंक-पद्धति तथा काल-गणना-पद्धति। अन्य बातें छोड़ भी दी जाएं तो भी उनका केवल शून्य का आविष्कार ही उन्हें महान सभ्यता घोषित करने के लिए पर्याप्त है।

संदर्भ और टिप्पणियां

चित्र 8.8 : कोलंबस

1. कोलंबस–स्पेनवासी था, बचपन में मार्कोपोलो की साहसिक यात्राओं को पढ़कर उसने यात्राएं करने की ठानी। इसलिए स्पेन की रानी इजरबेला की आर्थिक मदद से कोलंबस ने 1492 ई. में यात्रा करनी आरंभ की। दरअसल पूर्वी देशों के धन पर पश्चिमी देशों की नजर थी।
   रानी की शर्त के अनुसार नई धरती की खोज पर स्पेन का शासन होगा। कई महीने के संघर्ष के बाद उन्हें भूमि दिखाई दी। उस द्वीप पर उतरे। वहां के निवासी एकदम नंगे और तांबे जैसे रंग के थे। वह हिस्सा अमेरिका महाद्वीप का था। वहां से बहुत सा सोना लेकर कोलंबस स्पेन वापस लौटा। इसके बाद कोलंबस ने कई यात्राएं कीं। अंतिम चौथी यात्रा मैक्सिको की खाड़ी की थी। अज्ञात भू-भागों की खोज के लिए कोलंबस को हमेशा याद किया जाता रहेगा।
2. कोलंबस को इसका ख्याल नहीं था कि उसने नये भूखंड की खोज की है। उसे लगा कि वह भारत की धरती पर पहुंच गया है। इसलिए उसने अमेरिका के लोगों को 'रेड इंडियन' कहा। आज भी अमेरिका के आदिवासी 'रेड इंडियन' कहे जाते हैं। जब कोलंबस यहां आया था तो अमेरिका में लगभग 10 लाख 'रेड इंडियन' रहते थे। उनका रंग तांबे जैसे रंग का था। ये लोग कई कबीलों में बंटे हुए थे। खाना-बदोश थे। घर बनाकर रहते थे और खेती करते थे। हर कबीले की भाषा अलग थी। ज्यादातर वह लोग सांकेतिक भाषा का प्रयोग करते थे। ये लोग मक्का, आलू और तंबाकू की खेती करते थे।
3. अलास्का कनाडा के उत्तर में है। वह कभी रूस के पास था। अमेरिका ने इसे रूस के सम्राट जार से खरीदा था। यह प्रशांत महासागर में छोटे-छोटे द्वीपों का एक सुंदर प्रदेश है जहां हर वर्ष लाखों पर्यटक घूमने के लिए आते हैं।

4. गुणाकर मुळे—अक्षर कथा, राजकमल प्रकाशन, अध्याय—मय-सभ्यता की लिपि, पृष्ठ संख्या-195।
5. दुनिया के सात महान आश्चर्यों में मिस्र के पिरामिडों का मुख्य स्थान है। पिरामिडों के भीतर मिस्र की प्राचीन संस्कृति की झांकी सुरक्षित है। उस जमाने के लोगों का जीवन कैसा था—वे कैसे रहते, खाते और काम करते थे, उनका साहित्य कैसा था तथा मनोरंजन के साधन क्या थे, राज-व्यवस्था कैसी थी, इसकी सारी तस्वीरें पिरामिडों में बनी हुई हैं। पिरामिडों में बड़ी संख्या में मिले सोने व हीरे के आभूषण, बढ़िया जरी की वेशभूषा आदि से पता चलता है कि जनता का जीवन खुशहाल था।

   पिरामिडों में मिली लिखावट संसार में सबसे प्राचीन है। इनकी लिपि चित्रपरक और हाइरोग्लिफिक, हिरेटिक तथा डेमोटिक कहलाई जाती है। इन पिरामिडों के ताबूत लेखों में बहुत सी मिस्री लीपि में लिरिक कविताएं मिलती हैं जिनमें सूर्यदेव की प्रतिष्ठा की गई है।

9

अफ्रीका की गणना-पद्धति

ऐतिहासिक पृष्ठभूमि

अफ्रीका दुनिया का एक विशाल महाद्वीप है, उसमें छोटे-बड़े 50 से भी अधिक देश हैं।[1] अफ्रीका के इतिहास के बारे में ठीक से नहीं बता सकते हैं कि इस विशाल भू-खंड में रहने वाले आदिम

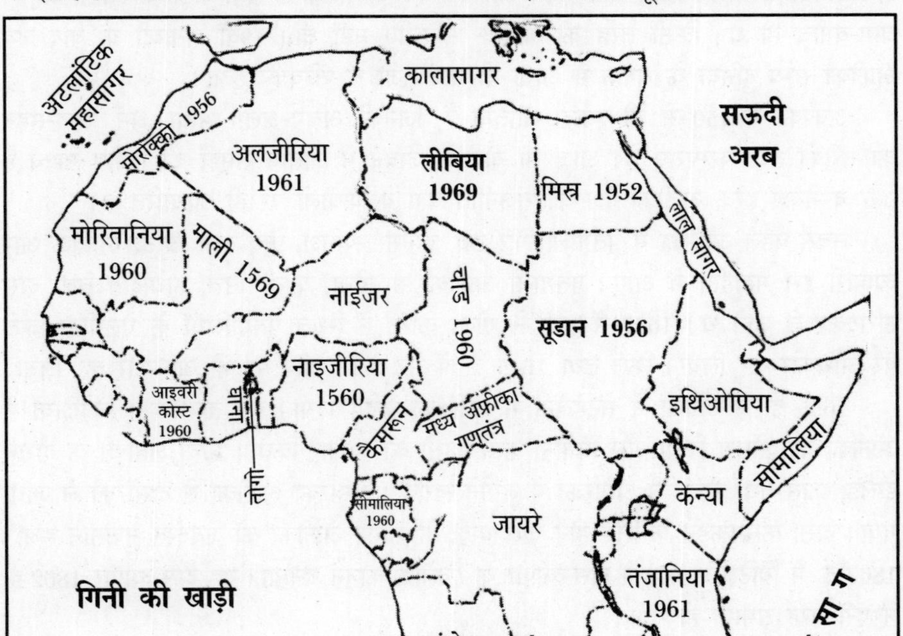

चित्र 9.1 (नक्शा) : अफ्रीका

लोग कौन थे। एशिया नहीं, बल्कि अफ्रीका ही मानव-जाति की जन्मस्थली है। उसकी संस्कृति के जो अवशेष अफ्रीका में मिले हैं, उससे पता चलता है कि अनंतकाल से मानव इस भू-खंड पर रहते आ रहे हैं।

मिस्र में पाए गए शिलाचित्रों से यह पता चलता है कि मिस्रवासी पांच हजार साल पहले अफ्रीकी नीग्रो लोगों के बारे में जानते थे।

दक्षिणी अफ्रीका के पीले रंग के बुशमैन और कांगो के बौने अफ्रीका की सबसे पुरानी जाति है। दक्षिणी अफ्रीका के शिल्पचित्र हजारों साल पुरानी बुशमैन सभ्यता की झांकी प्रस्तुत करते हैं।[2] हैमीटिस लोग पशुओं के चारे के लिए अफ्रीका आए थे। इन लोगों ने अफ्रीका में इस्लाम धर्म की नींव डाली। उत्तरी अफ्रीका तथा पश्चिमी सूडान के बीच व्यापार विकसित हुआ।

पश्चिमी अफ्रीका के अधिकांश तट घने जंगलों ने घिरे हुए थे, जबकि दक्षिणी और पूर्वी अफ्रीका में ऊंची-ऊंची पर्वतमालाओं ने विदेशियों का मार्ग अवरुद्ध किया। शताब्दियों तक अफ्रीका शेष दुनिया से अलग-थलग पड़ा रहा। अफ्रीका में एक समय न खेती-बाड़ी की जाती थी, न बाग-बगीचे ही थे। किसी तरह की भौतिक सुविधाएं नहीं थीं। 19वीं शताब्दी के बाद जब अफ्रीका सभ्य दुनिया के संपर्क में आया तो वहां तेजी से परिवर्तन हुआ।

अफ्रीका में 150 से भी ज्यादा जातियां हैं, जिनकी अलग-अलग भाषा, धर्म, रहन-सहन का तरीका तथा परम्पराएं हैं। आज भी वहां के जीवन में जातीय समूहों का विशेष महत्व है और कमोबेश हरेक अफ्रीकी देश की राजनीति वहां के कबीलों पर ही आधारित है।

सबसे पहले अफ्रीका में पुर्तगाली फिर डच, डेनिस, स्पेनिश, फ्रेंच तथा ब्रिटिश नाविक और व्यापारी इस महाद्वीप में आए। पुर्तगाली अफ्रीका से सोना, काली मिर्च, हाथीदांत तथा दास खरीदकर ले जाते थे। 1637 में डचों ने गोल्ड कोस्ट में स्थित पुर्तगालियों के ऐलमीना किले पर अधिकार कर लिया। किले तथा 1645 ई. में सेंट हेलेना द्वीप पर भी अधिकार कर लिया।

1655 ई. में अंग्रेजों ने सेंटहेलेना से डचों को खदेड़ दिया। इस तरह सभी विदेशियों ने अफ्रीका का शोषण किया और घिनौना काम—दासों का व्यापार किया। 17वीं शताब्दी के दौरान इंग्लैंड, फ्रांस तथा हॉलैंड ने अमेरिका में जमीनें खरीदी। अमेरिका अफ्रीका से दासों को ले जाया गया। दासों को पकड़ने के लिए होने वाले युद्धों के कारण अफ्रीका को जबर्दस्त नुकसान हुआ। 1807 ई. में ब्रिटिश सरकार ने दास-व्यापार के खिलाफ कानून बनाया। यह दास-व्यापार 1862 ई. में पूरी तरह समाप्त हो गया।

स्वतंत्रता की लड़ाई के कारण फ्रेंच, अफ्रीका का पहला देश गिनी स्वतंत्र हुआ फिर केन्या, युगांडा, तंजानिया, अल्जीरिया, मध्य अफ्रीकी गणराज्य, कैमरून, कागो, गैबों, गैम्बिया, आइवरी कोर-2, मेलाबी, मेडागास्कर आदि देश आजाद हुए और अपनी संस्कृति-सभ्यता में सांस लेने लगे। इसके करोड़ों लोग, जिन्हें कभी यूरोप ने जंगली तथा बर्बर करार दे दिया था, तेजी से अपने-अपने देश के नव-निर्माण में जुटे हुए हैं और छोटे-बड़े पचास से अधिक देश विश्व-राजनीति में अपना अलग-अलग अस्तित्व स्थापित करने का प्रयास कर रहे हैं।

इनकी भाषा भावनात्मक थी। बेनिन की शाही कला-कृति के बाद अबोमी का महल और कांगो की घाटी में महान कला-कृतियां पाई गईं। अफ्रीका अपनी पारंपरिक गणना-पद्धतियों के

लिए एक धनी देश है। अफ्रीका में 700 से अधिक भाषाएं बोली जाती हैं। दस भाषाएं सेमेटिक परिवार की और 47 भाषाएं हैमीटिक परिवार की हैं। 182 बांटू और 264 सूडानी परिवार की भाषाएं इस महाद्वीप में प्रचलित हैं। प्राचीन अफ्रीकी कला में एक ओर वास्तविकता के दर्शन होते हैं, तो दूसरी ओर ज्यामितीय आकार तथा अमूर्तता पाई जाती है।

अफ्रीका अपनी पारंपरिक गणना पद्धतियों के लिए एक धनी देश

अफ्रीका के सहारा शहर में ऐसी हजारों गणना पद्धति हैं जो दुनिया के अन्य किसी देश में नहीं हैं। वहां हर चीज की गणना करने के लिए अलग-अलग तरह के अंक-संकेत होते हैं, जैसे–मौखिक गणना पद्धति, संकेतात्मक गणना पद्धति और प्रतीकात्मक गणना पद्धति, जिसमें शरीर के अंगों को अंकित करके गणना की जाती है।

साधारणतया गणनाओं में अंकगणित का इस्तेमाल किया जाता है। यह सिद्धांत अफ्रीका की मौखिक गणना पद्धति में किया जाता है। इस पद्धति को उत्तरी मोजम्बी के मखोवा भाषा की गणना पद्धति में किया जाता है। तबानु (Tbanu) शब्द पांच (5) के लिए और नलोको दस (10) संख्याओं को बनाने के लिए प्रयोग होता है। इन 5 और 10 के अंक से गणित की दूसरी संख्याएं बनाई जाती हैं। जैसे 6 के लिए तबानुना मोजा (Tbanuna Moza) (5 + 1), 7 के लिए तबानुना पीली (Tbanuna Pili) (5 + 2), बीस (20) के लिए वहां के लोग बोलते हैं : मीलोको मिली (Miloko Mili) दस दो (10 + 10) या दस दो बार, 10, 10 और तीस (30) के लिए मीलोको मिरारू (Milok Miraru) दस तीन बार (10 + 10 + 10) या 10 तीन बार (10, 10, 10)। इनकी गणना पद्धति का आधार 5, 10, 20 है।

मोजांबीकी के नयूगबे भाषा में दस (10) को गणना का आधार बनाते हैं। गुनियां बीश में 5 और 20 को आधार बनाते हैं। बीटी भाषा में गणना का आधार 5, 10 और 20 है। 26 को जोलोशशो-याकोजबा-जवेपलो का मतलब 20 के लिए 2 को दस बार लिखो (2 + 2 + 2 + 2 + 2 + 2 + 2 + 2 + 2 + 2) फिर 5 और 1 को जमा करो।

अर्थात् 2 + 2 + 2 + 2 + 2 + 2 + 2 + 2 + 2 + 2 + 5 + 1 = 26

पश्चिमी अफ्रीका के माली राज्य[3] के बंबारा और मुनियां जाति में 10 और 20 का तरीका अपनाते हैं। मुगन का मतलब एक आदमी 40 के लिए देवे। देवे का अर्थ है 'चटाई', चटाई का मतलब है–पति-पत्नी साथ सोते हैं। इसका मतलब है 40 अंक मानना।

दक्षिणी अफ्रीका के बुतांडा राज्य में गणना का आधार 6 है। 7 के लिए (6 + 1) और 8 के लिए (6 + 2) वह (6) को कोरो और 7 को कोरोकी (6 + 1 = 7) और (8) को नयीकी और 9 को नयीकी (8 + 1 = 9)।

युगांडा[4] की हुकु जाति में 13, 14, 15 को लिखने के लिए वे 1, 2, 3 से 12 तक जमा करके संख्या बनाते हैं। 13 को वह बाकुंबा आजीमों (12 + 1) फिर डेसिमल 10 + 3, 10 + 4, 10 + 5 को इस तरह जाना जाता था।

इसमें 5 के अंक का इस्तेमाल करने पर बोलने में मौखिक व मानसिक गणना करने में आसानी होती है। उत्तर याद करने के लिए 15 को 7 + 8 को या 5 + 2 जमा 5 + 3 कर सकते हैं। या फिर 2 + 3 = 5 या फिर 5 + 5 + 5, 10 + 5, या फिर 5 को 3 से गुणा करके किया जाता है।

आवृत्ति (द्विगुणीकरण) सिद्धांत

इस पद्धति में जब एक अंक को दूसरे में जोड़ते हैं या दोनों अंक बराबर होते हैं या दो में से एक अंक में दूसरे को जमा करते हैं, तब ऐसा होता है : मुतु मुता (3 + 3) सा दो मुला (4 + 3) सो सो (4 + 4) सा दीओमी (4 + 5)। उत्तरी जायरे के सांगो लोग 7 को ऐसे लिखते हैं ना ना तबातू (4 + 3) 8 को मनाना (4 + 4) और 9 को सानो ना-ना (5 + 4)। द्विगुणीकरण सिद्धांत में 6 से 9 के बीच की संख्याओं को दिमागी तौर पर आसान बनाने के लिए किया जाता है। जैसे 7 को याद करने के लिए 4 + 3 या 3 + 4 याद किया जाता है।

10 को याद करने के लिए 4 + 3 + 3—द्विगुणीकरण सिद्धांत संख्याएं याद करने के लिए बहुत अच्छा रहता है। अफ्रीका के सहारा प्रांत के लोग संख्या को याद करने के लिए इस सिद्धांत का इस्तेमाल करते हैं।

अफ्रीका की अधिकतर भाषा में घटा, जमा और गुणा का इस्तेमाल है। नाइजीरिया[5] के वोरूवा भाषा में 16 को ईरिन दिन लोगुन कहते हैं। इसका अर्थ चार को तब तक जमा करो जब तक बीस न आ जाए 4 + 4 + 4 + 4 + 4 = 20। जायरे के लुवा-हीमा लोग 7 को कबुलवा मडव्लूंडी 8-1 = 7 और 9 को 10-1 = 9 कम करते हैं।

द्विगुणीकरण गणना सिद्धांत प्रदेश की भौगोलिक सीमा के अंदर सीमित होता है। केन्या[6] विशशुय डेसिमल सिद्धांत का प्रयोग करते हैं। वलांटे लोग पांच-बीस के आधार का मनजेको डेसिमल सिद्धांत का प्रयोग करते हैं। जैसे 7 के लिए 6 + 1, 8 के लिए 7+1 और दस के लिए = 9 + 1 और फिर बीच के आधार से 7 को 4 + 3 और 8 को 4 + 4 करते हैं।

अफ्रीका में कुछ नंबर विशेषण होते हैं तो कुछ संज्ञा। इसमें लोग सीधे जमा, घटा और गुणा करके करते हैं। मध्य मोजांबीक के तश्केवा भाषी लोग 60 को तबलानु डब्लू मकुमा जीनवी पांच को दस से गुणा करके उसमें दस और जमा करो। 5 × 10 + 10 = 60।

जायरे प्रांत के बनगोनगो कमा (100) लोबोंबो (1,000) नंजूकु (10,000) लुकुलि (100,000) और लोसीनीनी (1,000,000) जबकि तंजानिया के जीवा लोग तसिकुमी (100) लुकुमी (5000) कुकुमी (10,000) और कुमी (10)। ये सभी संख्याएं कुमी 10 अंक से संबंधित हैं।

अंगुली गणना (संकेत-गणना)

अफ्रीका में हाथ की अंगुलियों से गणना करना साधारण बात है। मलावी और मोजांबीक[7] के लोग सीधे हाथ के अंगूठे से 1,2,3 और 4 को अंकित करके गिनते हैं या फिर बाएं हाथ की 1,2,3 और चार अंगुलियों को दिखाते हैं। पांच के लिए बाएं हाथ को दर्शाते हैं।

6,7,8 और 9 के लिए बाएं और दाएं हाथ की ओर इशारा करते हैं। 5 और 10 के लिए दोनों हाथों की अंगुली और अंगूठे सहित दर्शाते हैं। उत्तरी मोजांबीक के मकोंडी के लोग सीधे हाथ की अंगुली से बाएं हाथ की अंगुली तक गिनते हैं। 5 को बताने के लिए सीधे हाथ का इस्तेमाल करते हैं, 6 से 9 तक गिनाने के लिए 1 से 4 तक सीधे हाथ की अंगुली और फिर बाएं हाथ की अंगुलियों का प्रयोग करते हैं तथा दस के लिए दोनों हाथों की अंगुलियों को और अंगूठे को।

तंजानिया[8] के शांबा और केन्या में द्विगुणीकरण सिद्धांत से गणना की जाती है। वे 6 बताने के लिए बाहर की तीन-तीन अंगुलियां दोनों हाथों की दिखाते हैं। 7 के लिए सीधे हाथ की चार और बाएं हाथ की 3 + 4। 8 के लिए 4 + 4 दोनों हाथों की अंगुलियों का प्रयोग करते हैं।

अफ्रीका के लीसोथो के शोथो कर्मचारी 10 और 100 को अलग ढंग से लिखते हैं। 368 को गिनाने के लिए पहला आदमी 300 के लिए बाएं हाथ की तीन अंगुलियां उठाता है। दूसरा आदमी सीधे हाथ के अंगूठे को उठाकर 60 बताता है। और तीसरा आदमी सीधे हाथ की तीन अंगुली से 8 अंक बताता है। इस तरह से 300 + 60 + 8 = 368। इसे स्थापना सिद्धांत (Positional System) कहते हैं। यह आदमी की इच्छा के अनुसार इकाई, दहाई, सैकड़ा व हजार आदि दिखाने पर निर्भर हैं।

पेड़ों से टोकरी बनाने वाले मकोंडे 4 + 4 पेड़ गिनने के बजाय पेड़ों के तने को एक-एक करके गिनते हैं। हिसाब लगाने के इस साधन को यूनिट कहते हैं।

दक्षिणी अफ्रीका के सहारा में, मोजांबीक के छुयोवों लड़के फुटबॉल खेलते समय इस गणना पद्धति का प्रयोग करते हैं। नारियल के पेड़ की पत्तियों को आधा-आधा करके उसको दोनों टीमों को देते हैं जिसे मुलोबुओं कहते हैं। जब टीम गोल बनाती है तो मुलोबुओं की गिनती करके मैच खत्म करते हैं और नारियल की पत्तियों से हार-जीत का पता लगाते हैं।

मोजाम्बीक के वश्वा प्रांत के लोग संख्या जानने, बच्चों की उम्र जानने के लिए पेड़ों का इस्तेमाल करते हैं। बच्चे के जन्म के समय पेड़ के तने पर एक कट लगा दिया जाता है और हर साल एक कट बढ़ता जाता है। इस प्रकार पेड़ के कट से बच्चे की उम्र जानी जाती है। जानवरों की संख्या जानने के लिए छड़ी में निशान लगाकर जानवरों के झुंड की गणना करते हैं।

अफ्रीका की मकोंडे जाति में रस्सी में गांठ लगाकर यात्रा के दिनों की गणना करते हैं। घर का आदमी जब ग्यारह (11) दिन के लिए यात्रा पर जाता है तो अपनी पत्नी को रस्सी में एक गांठ लगाने को कहता है। पहली गांठ उसी दिन लगाती है जब पति यात्रा पर निकलता है। दूसरे दिन पत्नी दूसरी गांठ लगाती है। जब सड़क पर जा रहा होता है। तीसरे और चौथे दिन के बाद जब यात्रा खत्म होती है, तो पत्नी पांचवीं गांठ लगाती है। वह वहां रुकता तो छठा दिन होता तब छठी गांठ लगाती है। सातवें दिन वह वहां से वापस चलता है तब पत्नी सातवीं गांठ लगाती है। वापस रास्ते में होता है, तो आठवीं और नौवीं गांठ लगाती है। इस तरह हर रोज एक गांठ लगाती है। दसवें दिन पति-पत्नी को खाना पकाने के लिए कहता है। इस तरह ग्यारहवें दिन जब वह घर लौटता है, तब पत्नी ग्यारहवीं गांठ लगाती है।

इसी प्रकार गर्भवती महिला हर पूर्णमासी या पूर्णिमा (पूरे चांद) को गांठ लगाकर बच्चे के जन्म के समय की गणना करती है। उसका बच्चा कब इस दुनिया में आएगा (जन्म लेगा)। जन्म के बाद भी हर पूर्णमासी को गांठ लगाकर पता करती है कि उसका बच्चा कितना बड़ा हुआ। जब 12 गांठें हो जाती हैं तो बच्चा एक साल का हो जाता है। फिर वह हर साल एक गांठ लगाकर बच्चे की आयु का पता लगाती रहती है।

बालू पर आकृति बनाकर गणना करना

अफ्रीका में लिखकर कई तरह से गणनाएं की जाती हैं। अफ्रीका के पूर्वी बुशोंगो (जायरे) के लोग तीन को आधार बनाकर गणना करते हैं। तीन के लिए बालू पर हाथ की तीन अंगुलियों की छाप लगाते हैं। बालू पर 3 बार हाथ की अंगुलियों को ग्रुप में समांतर स्थिति में छाप लगाकर अगला अंक वह दस गिनते हैं।

111
111 अगला
$111 = 9 \rightarrow 10$

उत्तरी नाइजीरिया के फुलानी जाति के लोग घर के आगे लकड़ी की डंडी लगाकर गाय और बकरी की गिनती करते थे। सौ के लिए बाड़े पर V बनाते थे। X को लगाकर 50 जानवरों को गिनते थे। चार के लिए चार सीधी लाइन (1111) लगाते थे। दो आड़ी लकीरें और तीन सीधी लकीरें =111 23 को 23 जानवर गिनते थे। जिसके घर के आगे दीवार पर VVVVVVXII लिखा होता है, तो समझो उसके पास 652 गायें हैं। उस घर का मालिक (स्वामी) मवेशी के कारण सबसे धनी आदमी माना जाता है।

घाना[9] और तोगो[10] के अकान लोग पत्थरों के टुकड़े, धातु के टुकड़े तथा सब्जियों के बीजों को मुद्रा के रूप में इस्तेमाल करते थे। यहां के लोग पशु, स्टूल, सेंडिल ड्रम आदि का ज्यॉमेट्री में इस्तेमाल करते थे। वह पिरामिड, तारे और क्यूब बनाते हैं। ग्रैफिक बनाकर नंबरों की गणना करते थे।

अकान लोग गणना पद्धति में 10 और 5 को मुद्रा के लिए इस्तेमाल करते थे। वे मुद्रा के वजन को एक इकाई में प्रयोग करते थे। दूसरी नई इकाई पहले से दुगुनी होती थी।

इस प्रकार अफ्रीका की गणना पद्धतियां बड़ी विचित्र और कई प्रकार की हैं, क्योंकि अफ्रीका कई देशों का विशाल महाद्वीप है। अफ्रीका में कई प्रकार की भाषाएं और जातियां हैं। इसलिए वहां की गणना पद्धतियां भी विभिन्न प्रकार की हैं।

संदर्भ और टिप्पणियां

1. महाद्वीप : भूमि के एक बहुत बड़े भाग को महाद्वीप कहते हैं। कुछ महाद्वीप एक-दूसरे से गहरे और बहुत बड़े समुद्रों द्वारा अलग हैं। छह महाद्वीपों में अफ्रीका एक महाद्वीप है। यहां बहुत कम लोग रहते हैं। इसका कारण यह है कि उत्तरी भाग के लगभग सारे क्षेत्र में सहारा का मरुस्थल फैला हुआ है और मध्यभाग में घने वन हैं। नील, जायरे, नाइजर तथा जेम्बज़ी अफ्रीका महाद्वीप की प्रमुख नदियां। दक्षिणी अफ्रीका में सोने तथा हीरे की संसार में प्रसिद्ध खाने हैं जो इसे बहुत समृद्ध बनाती हैं।
2. बुशमैन जाति के लोग तंजानिया तथा इथिओपिया में पाए जाते हैं। बुशमैन लोग केवल दक्षिणी अंगोला, कालाहारी तथा रेगिस्तान के केंद्रीय तथा उत्तरी और दक्षिणी-पश्चिमी अफ्रीका में पाए जाते हैं। बुशमैन जाति के लोग अलग से पहचाने जाते हैं। वह किसी भी अफ्रीकी जाति से नहीं मिलते, उन्हें दूर से पहचाना जा सकता है। लंबाई 5 फीट और हाथ-पैर छोटे-छोटे होते हैं। उनका रंग पीला या पीलापन लिये हुए भूरा होता है।

भाषा के आधार पर बुशमैन तीन प्रमुख समूहों में बंटे हुए हैं—दक्षिणी, उत्तरी और मध्याय। हरेक कबीले का अपना नाम और भाषा होती है। दक्षिणी समूह केप कॉलोनी में रहते थे। दक्षिणी-पश्चिमी अफ्रीका के बुशमैन हेईकुम, आइन तथा कुग कबीले में रहते हैं। तीसरे समूह में नारोन, तानेकवे हुकवे, गालिकवे तथा हिचबोर नामक कबीले मिलते हैं।

बुशमैन लोगों का सामाजिक संगठन बहुत सीधा-सादा है, वे छोटे-छोटे समूहों में रहते हैं। एक समूह में 50 से सौ तक लोग रहते हैं। एक समूह में कई परिवार होते हैं। बुशमैन लोग खेती नहीं करते वे पशुओं का शिकार तथा फल-मूल एकत्र करके ही अपना जीवन चलाते हैं। धनुष और जहरीले तीर उनके मुख्य हथियार होते हैं। फल और कंदमूल एकत्र करना प्रायः महिलाओं का काम होता है। ये लोग नृत्य के शौकीन होते हैं। इनका छोटा परिवार होता है। झाड़-फूंक करने वाले लोगों का कबीले में विशेष महत्त्व होता है। ये लोग चंद्रमा की उपासना करते हैं।

3. माली देश पश्चिमी अफ्रीका के सेंट्रल बेसिन क्षेत्र में स्थित है। यह उत्तर में अल्जीरियाई सहारा, उत्तर-पूर्व में नाइजर, पूर्व में अपर वोल्टा, दक्षिण में आइवरी कोस्ट तथा गिनी और पश्चिम तथा उत्तर-पश्चिम में मारिशियाना से घिरा हुआ है।

   सेनेगल और नाइजर नदियां इसमें से होकर गुजरती हैं। बंमाको माली की राजधानी है। यहां मुस्लिम और ईसाई लोग हैं। फ्रेंच माली की राज्भाषा है। यहां अफ्रीकी भाषाएं भी बोली जाती हैं। देश में सहकारी संस्थाओं के आधार पर कृषि काफी विकसित हुई है। ज्वार, मक्का, चावल यहां की मुख्य फसलें हैं। यहां खनिज पदार्थ भी पाए जाते हैं।

4. युगांडा 94 हजार वर्गमील में फैला हुआ है, जिसमें से सातवें हिस्से में पानी भरा हुआ है। यहां की जनसंख्या 80 लाख है जिसमें एक प्रतिशत से अधिक भारतीय हैं। युगांडा की राजधानी कंपाला है। 16वीं शताब्दी में यह बुनयोरों में शक्तिशाली बांटू साम्राज्य था और जब इसका पतन हुआ तब युगांडा साम्राज्य उभरा।

   1890 ई. में युगांडा ब्रिटिश की ईस्ट अफ्रीका-कंपनी के अधीन हो गया। लंबी दासता के बाद 1962 ई. में स्वतंत्र हुआ। युगांडा में कपास, कॉफी, चाय, गन्ना की खेती होती है और पूर्वी अफ्रीका का हरा-भरा देश है। यहां खनिज पदार्थ भी पाए जाते हैं।

5. जनसंख्या के हिसाब से नाइजीरिया अफ्रीका का सबसे बड़ा देश है। तीन लाख वर्गमील क्षेत्रफल में 6 करोड़ लोग रहते हैं। 80 प्रतिशत लोग खेती-बाड़ी करते हैं। नारियल, मूंगफली, कपास, सोयाबीन तथा गरी का तेल इसकी प्रमुख उपज है। यहां खनिज पदार्थ भी पाए जाते हैं। इस देश की खुदाई में दो हजार साल पुरानी नोक संस्कृति के अवशेष मिले हैं।

6. केन्या 1963 में स्वतंत्र हुआ। 2 लाख वर्ग क्षेत्रफल में 98 लाख लोग रहते हैं। यहां लगभग तीन लाख विदेशी बसते हैं। जिनमें से आधे भारतीय हैं। नैरोबी केन्या की राजधानी है। मोंबासा इसका प्रमुख बंदरगाह है। नुकरम तथा किसुमू इसके अन्य प्रमुख नगर हैं। केन्या की अर्थव्यवस्था का प्रमुख आधार पर्यटन है। कॉफी, चाय, कपास तथा मक्का यहां की प्रमुख फसलें हैं। केन्या पूर्वी अफ्रीका का औद्योगिक केंद्र है।

7. मलावी के एक लाख लोग दक्षिणी अफ्रीका की खानों में काम करके अपनी रोजी-रोटी कमाते हैं। 49 हजार वर्गमील क्षेत्रफल में से एक-चौथाई में मलावी झील फैली हुई है। अंग्रेजी मलावी की राष्ट्रभाषा है। जोंबा मलावी की राजधानी है। मक्का, चाय, तंबाकू तथा मूंगफली प्रमुख फसलें हैं। खनिज पदार्थों में वाक्साइट प्रमुख हैं।

8. तांजानिका को आज़ादी मिलने के बाद जंजीबार में क्रांति हुई और 1964 में जंजीबार को तांजानिका में मिला दिया गया। तभी इसका नाम बदलकर तंजानिया कर दिया गया। इसका

क्षेत्रफल साढ़े 3 लाख वर्गमील और जनसंख्या 1 करोड़ से अधिक है। दार-ए-सलाम तंजानिया की राजधानी है। जो एक छोटा-सा नगर है और बंदरगाह भी है। तंजानिया मूल रूप से कृषि-प्रधान देश है और सिसैल इसकी प्रमुख उपज है। यहां गन्ना, कॉफी, कपास, चाय, लौंग, तंबाकू काफी मात्रा में पैदा होते हैं। जंजीबार में दुनिया-भर में सबसे अधिक लौंग पैदा होती है। तंजानिया में सोने, हीरे तथा लोहे की खानें भी हैं। औद्योगिक क्षेत्र में काफी प्रगति की है।

9. घाना 92 हजार वर्गमील में फैला हुआ है। इस देश की जनसंख्या लगभग 1 करोड़ है। घाना की राजधानी अकारा है। इनका मूल पेशा खेती-बाड़ी है। यहां की प्रमुख फसल नारियल है। इसके अलावा यहां इलायची, तंबाकू, कॉफी, गरी का तेल तथा रबड़ का उत्पादन होता है। घाना में सोने, मैगनीज, बाक्साइड तथा हीरे की खानें हैं। टेमा यहां का प्रमुख बंदरगाह तथा औद्योगिक नगर है।

10. तोगो 1960 में आजाद हुआ। इसका क्षेत्रफल 20 हजार वर्गमील है। लगभग 20 लाख जनसंख्या है। ज्यादातर लोग देश के उत्तरी व दक्षिणी भाग में रहते हैं। तोगो की राजधानी लोमे है। कृषि-प्रधान देश है। मक्का-ज्वार और फास्फेट भी काफी मात्रा में पाया जाता है।

10

अंगुली-गणना पद्धति

ऐतिहासिक पृष्ठभूमि

अब तक हमने अनेक अंक-पद्धतियों के दर्शन किए हैं। हमने आदिम मानवों की अंक-पद्धतियां, प्राचीन काल की सभ्य संस्कृतियों की अंक-पद्धतियां देखी और अंत में यह भी देख लिया कि वर्तमान दशमान अंक-पद्धति ने सभी प्राचीन अंक-पद्धतियों पर विजय प्राप्त करके अपने लिए एक सार्वभौमिक सम्मान प्राप्त कर लिया। संसार के सभी संस्कृत देशों और वैज्ञानिक ग्रंथों में इसी दशमान अंक-पद्धति का प्रयोग होता है।

बहुत प्राचीन काल में इस अंक-पद्धति की उत्पत्ति का स्रोत तो हमें यही बतलाता है कि आदि मानव ने पहले-पहल अपने दोनों हाथों की अंगुलियों से गणना चालू की थी। दोनों हाथों की अंगुलियां दस हैं, इसलिए दस का आधार अस्तित्व में आया। जैसे 46 को व्यक्त करना हो तो दोनों फैले हुए हाथों को चार बार दिखाकर अंत में पांचवीं बार 6 अंगुलियों को दिखाया जाता है। हम नहीं जानते कि डारविन[1] का विकासवाद या अन्य कोई आंगिक विकासवाद मनुष्य के एक पंजे की पांच (5) अंगुलियां–केवल पांच ही हैं। प्रकृति ने मस्तिष्क सोच-विचार के लिए, हाथ काम करने के लिए, पैर चलने के लिए बनाए हैं तो अंगुलियां अंक गणना करने के लिए बनाई हैं।

आदिम काल से लेकर आज तक गणना की अनेक अंक-पद्धतियां अस्तित्व में आती रही हैं। परंतु इन सबमें प्रमुख स्थान अंगुली-गणना का ही रहा। आज भी बच्चे जब गिनती करना आरंभ करते हैं तब मस्तिष्क में गणना की क्रिया करने के लिए हाथ की अंगुलियों का सहारा लेते हैं। अंगुली-गणना की यह विधि इतनी स्वाभाविक और इतनी प्रत्यक्ष है कि इस बात में तनिक भी संदेह नहीं कि आदिम काल के मानवों ने भी इसे उपयोग में लाया होगा। बच्चे ही क्यों आज भी पढ़े-लिखे लोग भी गिनती करने के लिए अक्सर अंगुलियों की शरण में जाते हैं। मानव शरीर के अवयवों में गिनती के लिए सबसे सुविधाजनक अवयव हैं–दोनों हाथों की अंगुलियां। मुझे याद है, बचपन में हम 10 तक ही नहीं, बड़े-बड़े सवाल भी अंगुली-गणना से ही करते थे। कैसे–हमारे हाथों की चार अंगुलियों में बारह आड़ी लकीरें और अंगूठे में दो। इस तरह हम दोनों हाथों की इन लकीरों से बड़ी संख्या को जमा और घटा करने में प्रयोग करते थे। जमा करना हो तो आड़ी लकीरें गिनकर जमा कर लेते 10 + 12 = 22 तो 10 आड़ी लकीर अंगुलियों की फिर 12 आड़ी लकीरें और जोड़ लो। घटा करना हो तो टोटल

संख्या में जितना घटाना हो उसे हटा दो 12 में से 4 घटाना हो तो चार को छोड़ दो और बाकी की लकीर को गिन लो। 12 आड़ी लकीरों में से 4 आड़ी लकीरें घटा दो तो 8 अंक आ जाएगा। इसी तरह बड़ी-बड़ी संख्याओं के जमा-घटा के सवाल किए जा सकते हैं।

आज भी आदिम जातियों में यही अंगुली-गणना की पद्धति देखने को मिलती है। अंगुली-गणना बाएं हाथ की छोटी अंगुली से शुरू की जाती है।

यूनानी और रोमन भी गणना के लिए अंगुलियों का उपयोग करते थे। मय-सभ्यता[2] तथा अफ्रीका और भारत में भी एक समय अंगुलियों से गणना की जाती थी। बाएं हाथ की अंगुलियां परसो (100) तक संख्याओं की गणना करते थे और दाहिने हाथ की अंगुलियों पर हजार (1000) से अधिक संख्याओं की।

टेलर के अनुसार आदि मानव की अंगुली-गणना के सिद्धांत और इस प्रक्रिया के आधार पर बने अंक-संकेतों एवं संख्याओं के प्रमाण हमें अंक-उत्पत्ति की सीमा पर पहुंचा देते हैं। अब हम देखेंगे कि किन-किन सभ्यताओं में अंगुली-गणना का चलन रहा था। कहां-कहां अभी भी अंगुली-गणना का प्रयोग होता है।

चित्र 10.1 : हाथ और पैर की अंगुलियों से गणना

पापुआ लोग[3] (न्यूगिनी) एक के बाद एक अपनी अंगुलियों को मोड़ते हैं और एक निश्चित ध्वनि बे, बे, बे (पंजा) निकालते हैं। पांच की गणना करते समय वे कहते हैं इबोन-बे (पंजा) फिर दूसरे हाथ की अंगुलियों से गणना शुरू करते हैं बे–बे से शुरू करके इबोन-आली (दो पंजे) बर समाप्त करते हैं। फिर वे पुनः बे, बे–से शुरू करते हैं और 'सेबा बे' तथा 'संबा-अलीं' (एक पैर, दो पैर) पर समाप्त करते हैं, यदि उन्हें, इससे बड़ी संख्या की गणनाएं करनी हैं तो वे दूसरे आदमी के हाथ तथा पैर की अंगुलियों का इस्तेमाल करते हैं।

यूनानी भाषा का 'पेंते' और जर्मन का 'फीम्फ़' शब्द, जो संख्या 5 के द्योतक हैं, मूलतः 'पंजे' से संबंधित हैं। पांच (पंच) और पंजा का संबंध स्पष्ट ही है। संस्कृत के 'पंच' शब्द का मूल है 'फैला हुआ हाथ' जिसमें पांच (4 + 1) चार अंगुली और एक अंगूठा होता है।

मध्य अमेरिका की पुरानी मय-सभ्यता की अंक-पद्धति बीस पर आधारित थी। इसका स्पष्ट कारण यह है कि आरंभ में वे हाथों की दस अंगुलियों के अलावा गणना में पैरों की दस अंगुलियों का भी इस्तेमाल करते थे।

प्राचीन काल के कुछ मानव-समूहों ने दो हाथों की अंगुलियों के साथ-साथ दो पैरों की अंगुलियों का भी इस्तेमाल किया है। एक आदिम समाज की बोली में 20 के लिए जिस शब्द का इस्तेमाल होता है, उसका अर्थ है 'आदमी खत्म' अर्थात् 'सब अंगुलियां समाप्त'! मध्य

अमेरिका की पुरानी मय-सभ्यता की अंक-पद्धति बीस पर आधारित थी। हमारे देश के बड़े-बूढ़े, जो लिखना-पढ़ना नहीं जानते लेकिन जिन्हें पैसों का हिसाब रखना होता है, बीसा या कौड़ी (20) की इकाई से गिनती करते हैं।

रोमन साम्राज्य के उदय के साथ ही इन रोमन अंकों का जन्म हुआ था। समय-समय पर इनमें फेर-बदल भी होता रहा है। रोमन अंकों का जन्म हाथ की अंगुलियों के आधार पर हुआ है। लैटिन भाषा के 'डिजिटुस' शब्द का अर्थ होता है, अंगुली। रोमन लोग किसी भी अंक-संकेत को 'डिजिटुस' कहते थे। इसी से अंग्रेजी का डिजिटुस शब्द बना है। रोमन अंक-संकेत हाथ की अंगुलियों से किस प्रकार बने। नीचे के चित्र से समझा जा सकता है–

हमने देखा है कि प्रायः सभी प्राचीन सभ्यताओं की अंक-पद्धतियों में 1, 2 व 3 के लिए इतनी ही आड़ी या खड़ी लकीरों का इस्तेमाल होता था। आरंभ में रोमन लोग 4 को IIII के रूप में ही लिखते थे। 5 का संकेत (V) चित्र में दर्शाई गई हाथ की अंगुलियों की स्थिति के अनुरूप बना है। दूसरा मत यह है कि 10 के संकेत (X) का ऊपर का आधा हिस्सा लेने से 5 का यह संकेत (V) बना है।

10 के संकेत X की उत्पत्ति के बारे में यह कल्पना की जाती है कि आरंभ में दस लकीरों को X जैसी दो तिरछी लकीरों से काट दिया जाता था। बाद में दस खड़ी रेखाओं को लिखना छोड़ दिया गया और 10 के लिए X चिह्न बना।

 **= XIII**

आरंभ में 9 को VIIII के रूप में लिखा जाता था। बाद में इसे X - I = IX बना दिया गया। घटाने का यह तरीका अन्य अंक-पद्धतियों में भी देखने को मिलता है। अंगुली से गुणा भी किया जा सकता है– जैसे 8 को 9 से गुणा करना है तो 8 × 9 = 72 होता है।

8 × 9 = (3 + 4) × 10 + (2 × 1) = 72

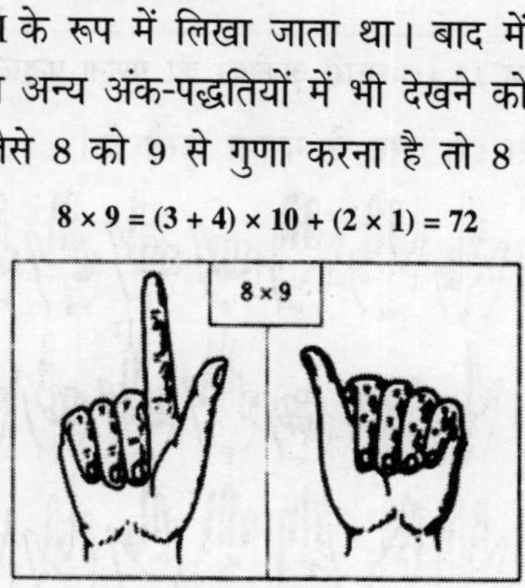

चित्र 10.2 : अंगुली गणना

अफ्रीका में अंगुली गणना पद्धति का चलन था। यहां हाथ की अंगुलियों से गणना करना एक साधारण बात थी। मलाबी और मोजांबी के लोग सीधे हाथ के अंगूठे और अंगुली से 1, 2, 3 और 4 को अंकित करके गिनती करते थे, फिर बाएं हाथ की 1, 2, 3 और 4 अंगुलियों को

दिखाते थे। पांच के लिए बाएं हाथ को दर्शाते हैं। 6, 7, 8 और 9 के लिए बाएं और 10 के लिए दोनों हाथों की अंगुलियों और अंगूठे को दर्शाते थे। या दोनों हाथों को दिखाते हैं।

मकोंडी के लोग सीधे हाथ की अंगुली से बाएं हाथ की अंगुली को गिनते हैं, 5 को बताने के लिए सीधे हाथ का इस्तेमाल करते हैं। अफ्रीका में भी अंगुली-गणना का प्रचलन था। मकोंडी के लोग बाएं हाथ की पहली (छोटी) अंगुली को नीचे करके एक का संकेत करते हैं। वई भाषा में अंगूठे को दिखाकर और सहारा के लोग अंगूठे के पास वाली अंगुली ऊपर उठाकर एक (1) का संकेत करते हैं।

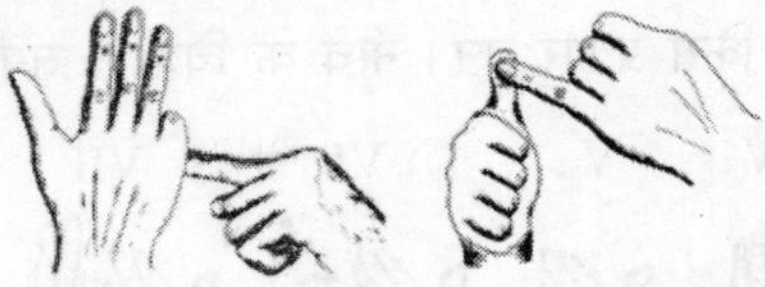

चित्र 10.3 : मकोंडी, वई तथा सहारा में अंगुली से एक का संकेत

उत्तरी अफ्रीका के लोग अंगुलियों से 25 तक गणना करते हैं और अगर ज्यादा की जरूरत होती है। तो एक अंगुली को मन में दस (10) मानकर अधिक गणना करते हैं। वह 10 से 99, 100 और उससे भी अधिक। अगर उन्हें 627 लिखना हो तो पहले 600 के लिए, फिर 20 और 7 को इस तरह दिखाते हैं।

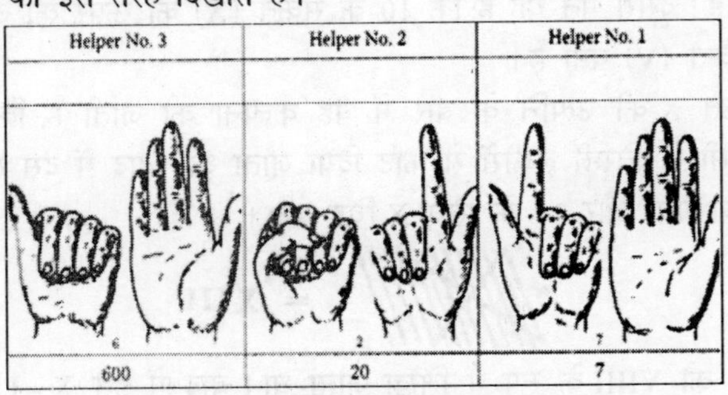

चित्र 10.4 : उत्तरी अफ्रीका की गणना पद्धति

वरीऐंट अंगुलियों के द्वारा इस तरह से गणना करते थे।

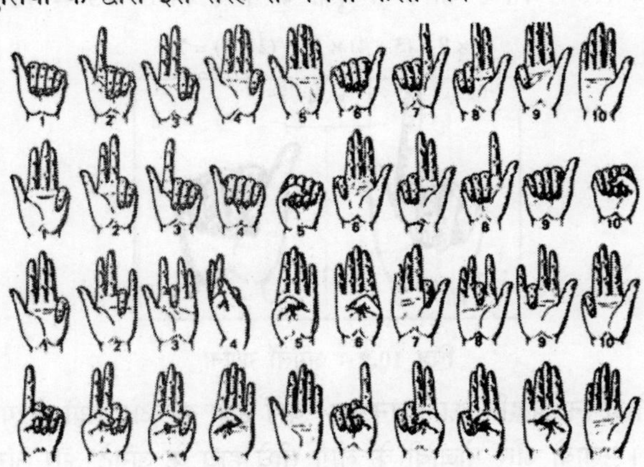

चित्र 10.5 : वरीऐंट गणना पद्धति

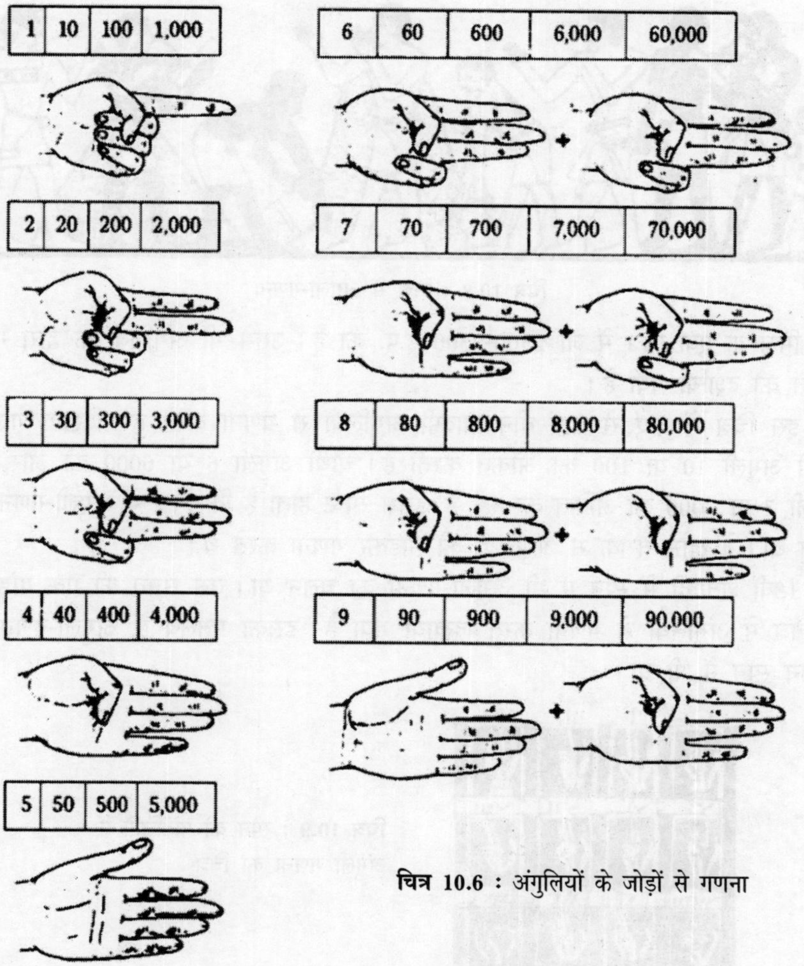

चित्र 10.6 : अंगुलियों के जोड़ों से गणना

दक्षिणी चीन तथा इंडो-चीन में अंगुलियों के जोड़ों को भी गणना में प्रयोग करते थे। अपनी सुविधा के लिए व्यापारी अंगुलियों का इस तरह से प्रयोग करते थे।

चीन, इंडो-चीन और भारत में हाथ की पांच अंगुलियों और अंगूठे के जोड़ों को 14 अंक के लिए गणना करने में इस्तेमाल करते थे और कुछ लोग और बच्चे आज भी करते हैं।

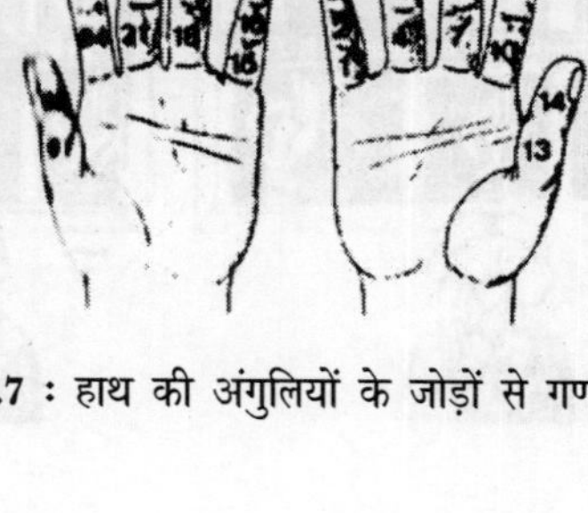

चित्र 10.7 : हाथ की अंगुलियों के जोड़ों से गणना करना

चित्र 10.8 : मिस्र में अंगुली-गणना

मिस्र के एक चित्र में जो 2800-2300 ई.पू. का है। उसमें भी अंगुलियों के द्वारा गणना पद्धति को दर्शाया गया है।

इस चित्र में दाएं से बाएं तीन आदमी अंगुलियों से गणना करते हुए दिखाए गए हैं। पहली अंगुली 10 या 100 को अंकित करती है। चौथी अंगुली 6 या 6000 को और छोटी अंगुली 7 या 7000 को अंकित कर रही है, इससे स्पष्ट होता है कि मिस्र में अंगुली-गणना का चलन था। वे खास तरीके से अंगुलियों को मोड़कर गणना करते थे।

13वीं शताब्दी में स्पेन में भी अंगुली-गणना का चलन था। उस समय की एक पांडुलिपि के चित्र में अंगुलियों से गणना करते दिखाया गया है। इसका मतलब है, अंगुली-गणना का प्रचलन स्पेन में भी था।

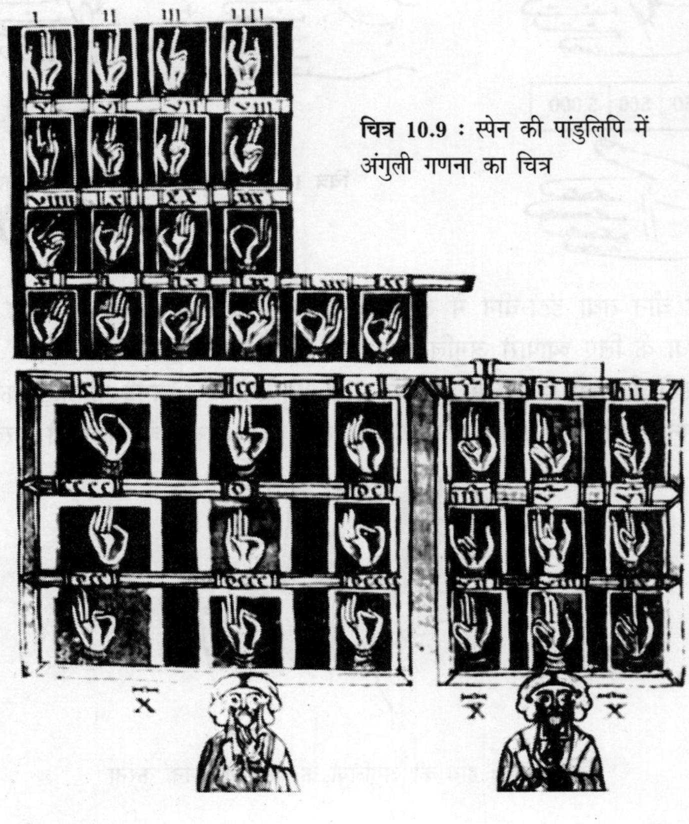

चित्र 10.9 : स्पेन की पांडुलिपि में अंगुली गणना का चित्र

भारत में भी अंगुली-गणना का प्रचलन था, अब भी है। जब बाएं हाथ की अंगुली को हथेली के मध्य भाग की तरफ मोड़ते हैं तो एक होता है, जब दो मोड़ते हैं दो। इसी तरह अंगुलियों को मोड़कर गिनती करते हैं। जब दस कहना होता है तो दोनों हाथों की अंगुलियों को आपस में हथेली के अंदर की तरफ मोड़ते हैं। 1494 ई. की यह बहुत महत्वपूर्ण गणित की अंगुली-गणना की घटना थी। अंगुली-गणना को हमें सार्वभौमिक और सार्वकालिक

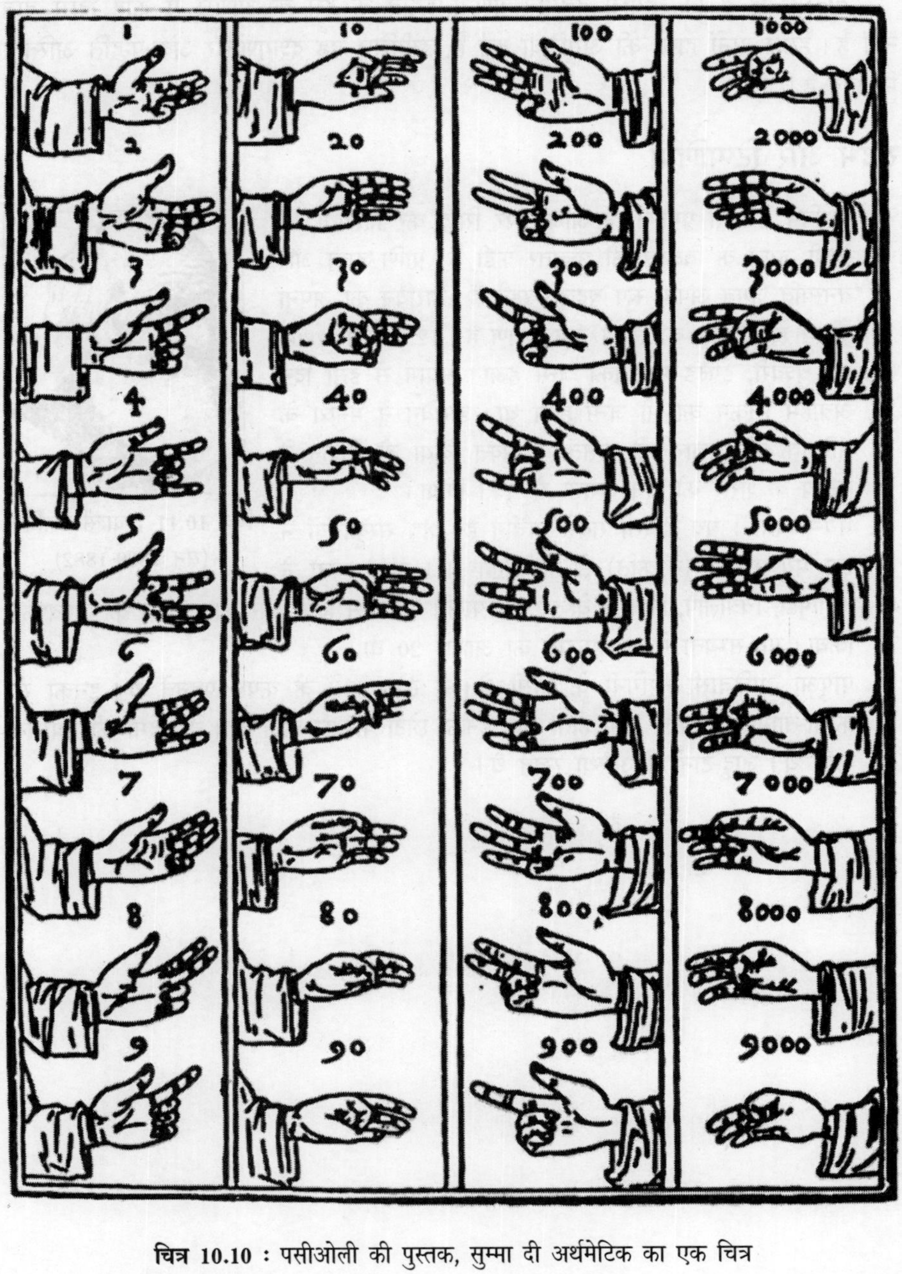

चित्र 10.10 : पसीओली की पुस्तक, सुम्मा दी अर्थमेटिक का एक चित्र

माननना चाहिए। लुका पसीओली (Luca Pacioli), सुम्मा दी अरिथमेटिका (Summa de Arithmetica) प्रकाशित हुई थी। मानव शरीर के अवयवों में गिनती के लिए सुविधाजनक अवयव माना गया है, दोनों हाथों की अंगुलियों को। इन्हीं अंगुलियों की सहायता से गणना का आरंभ हुआ है। प्राचीन काल में सबसे प्रमुख स्थान अंगुली-गणना का ही रहा है और इस तरह अंगुलियों से 9000 तक की गणना की जाती थी।

तात्पर्य यह है कि, हमारी वर्तमान गणना-पद्धति के दस के आधार में कोई खास बात नहीं है। हमारे दोनों हाथों की अंगुलियां दस हैं, इसीलिए यह दशगुणोत्तर अंक-पद्धति अस्तित्व में आई है।

संदर्भ और टिप्पणियां

1. डारविन ने ठोस प्रमाणों के आधार पर सिद्ध कर दिखाया कि प्राणी जगत् के विकास की उच्चतर कड़ी है। प्राणि-जगत् और वनस्पति जगत् अपना रूप बदलते रहते हैं। डारविन का अपना जीवन ही विकास का सबसे बड़ा प्रमाण है। 12 फरवरी, 1809 को श्रुश्वरी, इंग्लैंड में उनका जन्म हुआ। संयोग से इसी दिन अब्राहम लिंकन का भी जन्म हुआ था। डारविन ने मनुष्य के मस्तिष्क को अज्ञान की दासता से मुक्त किया तो लिंकन ने मनुष्य के शरीर को श्रम दासता से मुक्त किया।

चित्र 10.11 : चार्ल्स डारविन (सन् 1809-1882)

2. मय-सभ्यता : मय-सभ्यता सबसे प्राचीन है। शेष संस्कृतियों ने इस मय-सभ्यता (संस्कृति) से ही सीखा था। मय-सभ्यता ने पिरामिडों; चित्रलिपि, मिस्र से बेहतर अंक-पद्धति को जन्म दिया और काल-गणना का आविष्कार किया। मय-सभ्यता में अंक-पद्धति का आधार 20 था।
3. पापुआ आदिवासी न्यूगिनी के वासी थे। ये लोग नीचे के कपड़े पहनते थे। इनका रंग काला-तामियां चमकता हुआ होता था। इनका छोटा परिवार होता था। ये चंद्रमा की उपासना करते थे। जादू-टोनों में आस्था रखते थे।

द्वितीय भाग

भारतीय अंक-पद्धतियां

पिछले प्रकरण में हमने देखा है कि किसी भी प्राचीन सभ्यता की अंक-पद्धति हमारी वर्तमान अंक-पद्धति जैसी नहीं थी। यह भी स्पष्ट है कि वे अंक-पद्धतियां सुविधाजनक नहीं थीं। यह सचमुच ही बड़े आश्चर्य की बात है कि यूनान के यूक्लिड, आर्किमीदीज व एपोलोनियस जैसे महान गणितज्ञ और अफलातून (प्लेटो) व अरस्तू जैसे दार्शनिक भी एक वैज्ञानिक अंक-पद्धति को जन्म नहीं दे सके!

यही बात प्राचीन भारत पर भी लागू होती है। यह सही है कि आधुनिक अंक-पद्धति का जन्म भारत में हुआ। परंतु हमें प्रामाणिक जानकारी मिलती है कि इस नई अंक-पद्धति का निर्माण किसी वैदिक ऋषि ने नहीं किया है। उपनिषदों के 'ब्रह्मज्ञानियों' ने भी इसे जन्म नहीं दिया।

दरअसल, हम नहीं जानते कि किस महान मस्तिष्क ने इस नई अंक-पद्धति को जन्म दिया है। ईसा की छठी सदी के अंतिम दशक के एक ताम्रपत्र-अभिलेख में पहली बार हमें इस नई अंक-पद्धति के दर्शन होते हैं। पर साहित्यिक प्रमाणों से यह सिद्ध होता है कि भारत में ईसा की आरंभिक सदियों में इस नई अंक-पद्धति का जन्म हो चुका था। इसकी सविस्तार जानकारी हम आगे देंगे।

अन्य देशों की तरह हमारे देश में भी प्राचीन काल में वर्तमान अंक-पद्धति से भिन्न अंक-पद्धतियों का अस्तित्व रहा है। सम्राट अशोक के ब्राह्मी और खरोष्ठी अभिलेखों में हमें पुरानी अंक-पद्धति के दर्शन होते हैं। शक, कुषाण, सातवाहन आदि शासकों के लेखों में भी पुरानी अंक-पद्धति का इस्तेमाल हुआ है। गुप्त शासकों के अभिलेखों की तिथियां भी पुरानी अंक-पद्धति में ही हैं। हमें इन्हीं पुरानी अंक-पद्धतियों की जानकारी प्राप्त करनी है। पुरानी अंक-पद्धतियों की कठिनाइयों को समझने के बाद ही नई अंक-पद्धति का महत्व भलीभांति समझ में आ सकता है।

नाकरिष्यद्यदि ब्रह्मा लिखितं चसुरूत्तमम् ।
तत्रेयभस्म लोकस्य ना भविष्यत् शुभा गतिः ।।

—नारद-स्मृति

11

सिंधु सभ्यता की अंक-पद्धति

सभ्यता

वर्तमान शताब्दी के प्रथम चरण की समाप्ति तक इतिहासज्ञों की यही मान्यता रही है कि ई.पू. दूसरी सहस्राब्दी के मध्यकाल में आर्य-जाति ने भारत-भूमि में प्रवेश करके यहां पर एक सभ्य संस्कृति को जन्म दिया। परंतु, सिंधु नदी को मोहन-जोदड़ो और हड़प्पा स्थानों पर एक ऐसी प्राचीन संस्कृति, जो आर्य-संस्कृति से भी अधिक विकसित थी। प्रसिद्ध पुरातत्ववेत्ता गोर्डन चिल्डे (Gordon Childe) के शब्दों में–सिंधु घाटी की सभ्यता उतनी ही प्राचीन और उतनी ही भव्य है, जितने कि मिस्र के पिरामिड, और अपनी समृद्धि एवं कला-कौशल में भी यह मिस्री-सभ्यता के तुल्य है।[1] इस सभ्यता के काल के बारे में यद्यपि सभी इतिहासज्ञ एकमत नहीं हैं, फिर भी, सभी विद्वान इसे 2500 ई.पू. के पहले की स्वीकार करते हैं। कुछ तो इसके लिए 4000 ई.पू. का समय निर्धारित करते हैं।

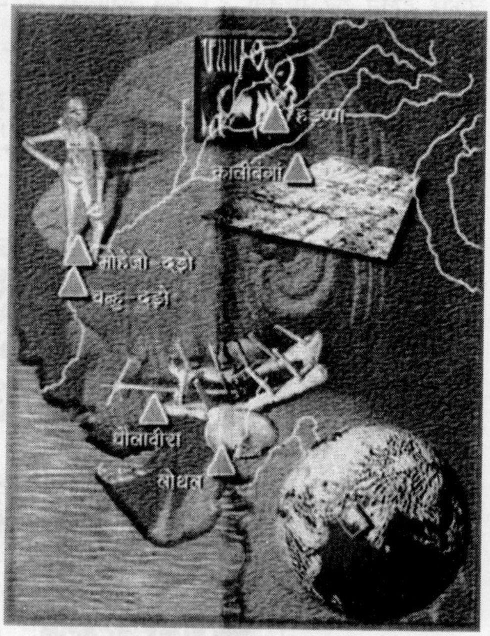

चित्र 11.1 : सिंधु सभ्यता का विस्तार

जो भी हो, इतना तो निश्चित है कि, आर्यों के भारत आगमन के बहुत पहले भारत की सिंधु-घाटी ने एक उच्च संस्कृति को जन्म दिया था। यह सभ्यता ग्रामीणता से बहुत ऊंची उठकर नागरिक-सभ्यता की स्थिति पर पहुंच गई थी। सिंधु-सभ्यता की संपन्नता का कारण केवल कृषि ही नहीं, व्यापार भी था। इनके नगरों में ईंटों के बनाए हुए बड़े-बड़े मकान, पक्के कुएं, चौड़ी एवं सीधी सड़कें, जल के निकास के लिए नालियां, कूड़ा-कचरा डालने के लिए गहरे खड्डे, आदि नागरिक व्यवस्थाएं पाई जाती हैं। कपास, गेहूं, जौ, सन आदि की खेती होती थी। कुम्हार, बढ़ई, सुनार, लोहार, जुलाहे, खिलौने तथा मोहरे बनाने

वाले और हाथीदांत का काम करने वाले कारीगर होते थे। दूर-दूर तक, यहां तक कि मेसोपोटामिया (समकालीन सुमेर-बेबीलोन सभ्यता) तक, व्यापार फैला हुआ था।

पहली बार 1921-22 ई. में सिंधु सभ्यता के दो नगरों–मोहें-जो-दड़ो और हड़प्पा–की खोज हुई। अब ये स्थल पाकिस्तान में हैं। विभाजन के बाद पंजाब, पश्चिमी उत्तर प्रदेश, राजस्थान और गुजरात-काठियावाड़ में सिंधु सभ्यता के सौ से ऊपर नए स्थल खोजे गए। इनमें रोपड़ (पंजाब), कालीबंगा (राजस्थान), लोथल (काठियावाड़) और धौलावीरा (कच्छ) प्रमुख स्थल हैं।

सिंधु सभ्यता कांस्ययुग की सभ्यता है। सिंधु सभ्यता के विभिन्न स्थलों से जो बहुत सारे पुरावशेष मिले हैं, उनमें लोहे की कोई वस्तु नहीं मिली है। प्राप्त पुरावशेषों के आधार पर यह जाना गया है कि सिंधु सभ्यता का उदय 3000 ई.पू. के आसपास हुआ था और अवसान 1700 ई.पू. के आसपास।

सिंधु सभ्यता के विभिन्न स्थलों से लगभग दो हजार **मुहरें** मिली हैं। ये मुहरें चीनी मिट्टी, हाथीदांत या शैलखड़ी की बनी हुई हैं। इन मुहरों पर पेड़-पौधे, पशु-पक्षी तथा मानव की आकृतियों के साथ-साथ लिपि-संकेत उकेरे गए हैं। इन लिपि-संकेतों में कहीं-कहीं खड़ी लकीरें देखने को मिलती हैं। कुछ पुराविदों के मतानुसार ये खड़ी रेखाएं सिंधु सभ्यता के अंक-संकेत हैं।

चित्र 11.2 : सिंधु घाटी से प्राप्त मुहरें

पिछले आठ दशकों से प्रयत्न जारी हैं, परंतु अभी तक सिंधु सभ्यता की लिपि को पढ़ पाना संभव नहीं हुआ है। हां, इतना अवश्य पता चला है कि सिंधु लिपि दाईं ओर से बाईं ओर लिखी जाती थी। लेकिन सिंधु लिपि किस स्वरूप की है, यह अभी तक नहीं जाना गया है। हम यह भी नहीं जानते कि सिंधु सभ्यता के लोग कौन-सी भाषा बोलते थे!

जब तक सिंधु लिपि का उद्‌घाटन नहीं होता, तब तक सिंधु सभ्यता की मुहरों पर उत्कीर्ण खड़ी लकीरों को अनुमानतः ही अंक-संकेत माना जा सकता है। इन मुहरों पर अब तक अधिक-से-अधिक 13 खड़ी रेखाएं खोजी गई हैं। यह भी देखा गया है कि 9, 12 या 13 के लिए इतनी ही खड़ी रेखाओं का इस्तेमाल हुआ है। यदि ये रेखाएं सचमुच ही अंक-संकेत हैं, तो हम इस परिणाम पर पहुंचते हैं कि सिंधु सभ्यता की अंक-पद्धति में 5 या 10 के लिए कोई भिन्न चिह्न नहीं था। तो क्या सिंधु सभ्यता की अंक-पद्धति दस पर आधारित नहीं थी? निश्चित रूप से कुछ नहीं कहा जा सकता।

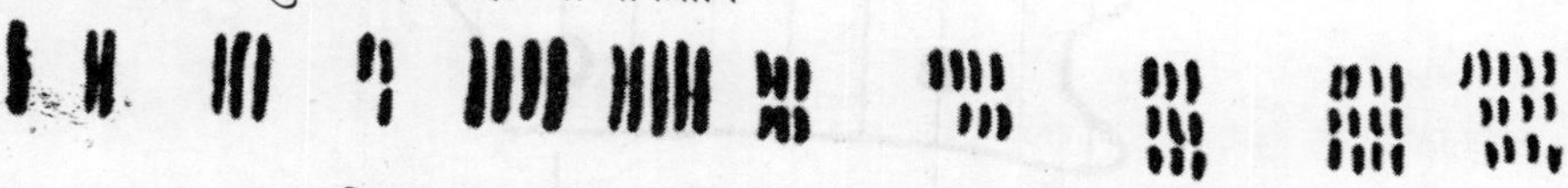

चित्र 11.3 : सिंधु सभ्यता के 1 से 13 तक के अंक-संकेत

सिंधु सभ्यता एक नागरी सभ्यता थी।[2] सुमेर-बेबीलोन (मेसोपोटामिया) के साथ सिंधुजनों के व्यापारिक संबंध थे। ऐसी विकसित सभ्यता को लिपि, अंक-संकेत तथा माप-तौल के साधनों की जरूरत पड़ती ही है। सिंधु सभ्यता के विभिन्न स्थलों से बहुत सारे छोटे-बड़े लगभग डेढ़ सौ बाट (बटखरे) मिले हैं। सामान्यतः ये बाट भूरे रंग के चकमक पत्थर के बने हैं। अधिकांश बाट आयताकार हैं, परंतु कुछ बाट बेलनाकार भी हैं। सबसे छोटे बाट का वजन 0.8750 ग्राम है और सबसे बड़े बाट का 10,970 ग्राम। इन बाटों के अनुपात इस प्रकार हैं : 1, 2, 4, 8, 16, 32, 64, 160, 320, 640, 1600, 3200 व 8000।

इन बाटों में 13.79 ग्राम भार के बाट अधिक संख्या में मिले हैं। ये 16 के अनुपात वाले बाट हैं। ऊपर दिए गए अनुपात-क्रम पर विचार करने से भी यही स्पष्ट होता है कि सिंधु सभ्यता की माप-तौल प्रणाली में 16 के अनुपात का विशेष महत्व था। इसे हम इकाई का बाट मान सकते हैं।

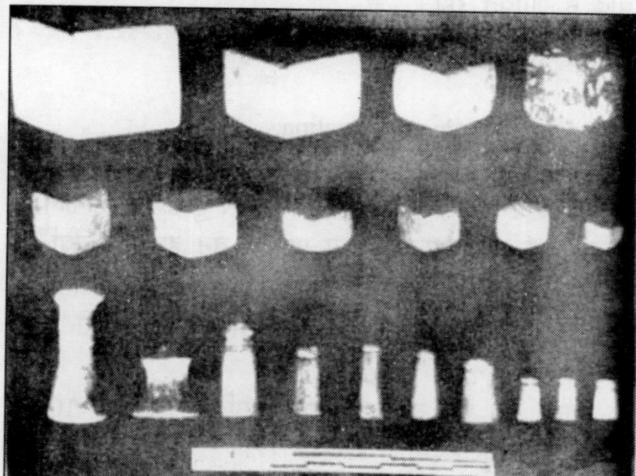

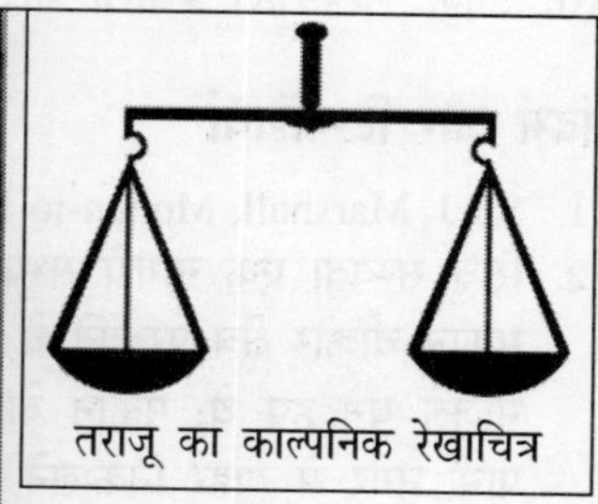

चित्र 11.4 : सिंधु सभ्यता के छोटे-बड़े तथा विविध आकार के बाट (चित्र : भारत सरकार के पुरातत्व विभाग के सौजन्य से)

हमारे देश में मैट्रिक प्रणाली[3] के प्रचलन के पहले 16 के अनुपात का बड़ा महत्व रहा है। माप-तौल में इस 16 के अनुपात का खूब प्रचलन रहा है। हम यह भी जानते हैं कि ऋग्वैदिक काल में मापन के लिए तुला तथा बाटों का इस्तेमाल नहीं होता था। उस समय **खारी** व **द्रोण** जैसे बर्तननुमा माप होते थे। लेकिन सिंधु सभ्यता के लोग तराजू और बाट का इस्तेमाल करते थे। सिंधु सभ्यता के स्थलों से तराजू के पलड़े भी मिले हैं। बाटों की एकरूपता से सिद्ध होता है कि किसी केंद्रीय सत्ता की देख-रेख में इनका निर्माण होता था। उनकी एक माप-पट्टी का टुकड़ा भी मिला है। यह मापदंड 6-62 इंच लंबा है। इस पट्टी पर नौ खड़ी रेखाएं अंकित हैं, जो समांतर हैं। दो समांतर रेखाओं के बीच 0.264 इंच की दूरी है। इस मापदंड की एक रेखा पर एक वृत्त खींचा हुआ है। इसके बाद पांचवीं रेखा पर एक और वृत्त खींचा हुआ है। अतः इन दो वृत्तों के बीच की दूरी होगी $0.264 \times 5 = 1.32$ इंच।

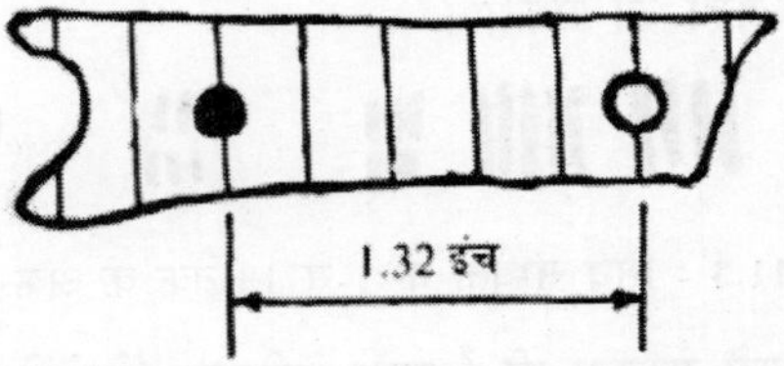

चित्र 11.5 : मोहें-जोदड़ो से प्राप्त शंख की बनी हुई एक खंडित माप-पट्टी

सब बातों पर विचार करके हम इस परिणाम पर पहुंचते हैं कि सिंधु सभ्यता की माप-तौल प्रणाली 16 की इकाई पर आधारित थी। उनकी अंक-पद्धति भी संभवतः 16 पर आधारित थी। और, पहले हम बता ही चुके हैं कि गणना के लिए 10 के बजाय 16 का आधार बेहतर है। जैसे 16 माशक = 1 कार्षापण, 16 छटांक = 1 सेर, 16 आने = 1 रुपया।

इस प्रकार, हम देखते हैं कि सिंधु सभ्यता वालों को, न केवल लिपि का ज्ञान था, बल्कि उन्होंने एक बढ़िया माप-तौल प्रणाली को भी जन्म दिया था। सिंधु लिपि के पढ़े न जाने के कारण अभी हमें सिंधु सभ्यता की अंक-पद्धति तथा उनकी माप-तौल प्रणाली के बारे में पूरी जानकारी नहीं मिली है। पर इतना निश्चित है कि सिंधु सभ्यता के लोग बाद के वैदिक आर्यों से ज्ञान-विज्ञान के मामले में काफी आगे थे। सिंधु सभ्यता की अन्य अनेक उपलब्धियों की तरह उनकी माप-तौल प्रणाली भी बाद में जीवित रही।

संदर्भ और टिप्पणियां

1. Sir J. Marshall, Mohan-jo-Daro And the Indus Civilization.
2. सिंधु सभ्यता एक नागरी सभ्यता थी। सड़कें चौड़ी और सीधी तथा समकोण से मिलती हैं। मकान चौकोर क्षेत्र पर बने थे और आंवें में पकाई हुई ईंटों का इस्तेमाल हुआ था। मकान दो मंजिले बने हुए थे; मकान के अंदर कुएं और स्नानघर तथा पाखाने बने हुए थे। वर्षा का पानी नगर से बाहर निकालने के लिए सड़क के किनारे नालियां बनाई गई थीं। नालियों को साफ करने के लिए मलकुंड भी बने हुए थे। नगरों की इतनी अच्छी व्यवस्था दूसरी किसी सभ्यता में देखने को नहीं मिलती है।
3. मैट्रिक प्रणाली 50 पैसे का आठ आना, 25 पैसे का चार आना आदि। गणना में 10 का प्रयोग किया जाता है। जैसे 100 पैसे का एक रुपया।

12

वैदिक, बौद्ध एवं जैन साहित्य में अंकों एवं गणनाओं के उल्लेख

ई.पू. 1500 के आसपास आर्यभाषी लोग जब इस देश में आए, तो उन्हें लिपि का ज्ञान नहीं था। ईरान, पश्चिमी एशिया तथा यूनान में पहुंचे हुए इन मूल आर्यभाषियों ने स्थानीय लिपियों के आधार पर अपनी भाषा के लिए नई लिपियों का निर्माण किया था। भारत में आकर बसे हुए आर्यभाषियों ने अपने स्तुति-काव्य–वेदों–को आरंभ में लिपिबद्ध नहीं किया था। आरंभ में इस साहित्य को कंठस्थ रखा जाता था, इसीलिए वेदों को 'श्रुति' कहते हैं।

लेकिन आर्यभाषियों के अपने अंक-संकेत अवश्य रहे होंगे। संस्कृत भाषा के एक, द्वि, त्रि, चतुः, पंच, षट्, सप्त, अष्ट, आदि शब्द बहुत पुराने हैं। लगभग इसी प्रकार की संख्या-संज्ञाएं ग्रीक, लैटिन तथा प्राचीन पारसी भाषा में भी देखने को मिलती हैं। इससे सिद्ध होता है कि यूनानी, पारसी, भारतीय आर्य तथा पश्चिमी एशिया के मितन्नी, कस्सी आदि शासक भाषा की दृष्टि से एक-दूसरे के भाई-बंद थे। भाषा परिवारों की पहचान के लिए देवताओं के नाम तथा संख्या-संज्ञाएं बड़ी उपयोगी सिद्ध होती हैं।[1]

ई.पू. चौदहवीं सदी में हम पश्चिमी एशिया में शुतर्ण, दुशरत्त, अर्ततम, आदि नाम वाले मितन्नी शासकों को शासन करते देखते हैं। मितन्नी अभिलेखों में हमें **इंदर** (इंद्र), **उरुन** (वरुण), **मित्र** तथा **नाशत्तिअ** (नासत्यों, अश्विनीकुमारों) के नाम देखने को मिलते हैं। ये देवता वेदों में भी मौजूद हैं। मितन्नी राज्य से घोड़ों की शिक्षा के बारे में किसी **किक्कुलि** नामक व्यक्ति की लिखी हुई एक पुस्तक भी मिली है। इसमें **ऐक वर्तन्न** (एक घुमाव), **तेर वर्तन्न** (तीन घुमाव), **पंच वर्तन्न** (पांच घुमाव), **सत्त वर्तन्न** (सात घुमाव) तथा **नव वर्तन्न** (नौ घुमाव) जैसे वाक्य देखने को मिलते हैं।

सारांश यह कि, वेदों में पाई जाने वाली संख्या-संज्ञाएं बहुत प्राचीन हैं और इनका जन्म आर्यभाषियों के मूलस्थान (पश्चिमी मध्य एशिया) में ही हो चुका था। हमारी संख्या-संज्ञाएं इंद्र, वरुण आदि वैदिक देवताओं से अधिक प्राचीन नहीं, तो कम-से-कम इन देवताओं जितनी पुरानी तो हैं ही।

वेद हमारे आदि-ग्रंथ हैं और इनमें **ऋग्वेद** सबसे प्राचीन है। **ऋग्वेद** में आए हुए कुछ संख्यावाचक शब्द नीचे दिए जाते हैं।[2]

एक-एक	= 1	एकादश	= 11	द्वितीय	= दूसरा
द्वि	= 2	द्वादश	= 12	तृतीय	= तीसरा
त्रय	= 3	त्रिंशत्	= 30		
चत्वार, चतुः	= 4	चतस्यः	= 4		
पंच	= 5	पंचऽदश	= 15	अष्टम	= आठवां
षट्	= 6	पंचाशत्	= 50	नवम	= नौवां
सप्त	= 7	पंचऽपंच	= 5-5	दशम	= दसवां
अष्ट	= 8	षष्टि सहस्र	= 60,000	शततम	= सौवां
नव	= 9				
दश	= 10				
शत	= 100				
सहस्र	= 1000				
अयुत	= 10,000				

भारत में पहुंचे हुए आर्यभाषी लोग आरंभ में कबीलाई अवस्था में थे। ऋग्वैदिक काल में उन्होंने नगर या बड़े राज्य की स्थापना नहीं की थी। ऐसे समाज को विकसित अंक-पद्धति की ज़रूरत नहीं होती। ऋग्वैदिक आर्यों को लिपि का ज्ञान नहीं था, परंतु उनके अंक-संकेत अवश्य रहे होंगे। ऋग्वेद में इसके लिए प्रमाण भी मिलते हैं।

वैदिक आर्यों को जुआ खेलने का बड़ा शौक था। ऋग्वेद का एक जुआरी कहता है–"**एक** पर बाजी लगाकर मैं अपनी अनुरागिणी पत्नी को खो बैठा।"[3] यहां **एक** का मतलब पासे पर अंकित **'एक'** के चिह्न से है।

ऋग्वेद का ही एक अन्य उल्लेख है : "मुझे ऐसी हजार गायें दो, जिनके कानों पर **आठ** लिखा हो।"[4] हम जानते हैं कि ऋग्वैदिक समाज में गाय का बड़ा महत्त्व था। उस समय सिक्कों का प्रचलन नहीं था। गायें ही सिक्कों का काम देती थीं, यानी गाय विनिमय का साधन थी। उस समय गायों के कानों पर या बदन के किसी अन्य स्थान पर स्वस्तिक जैसे चिह्न या अंक-संकेत दाग दिए जाते थे।

ऋग्वेद में अनेक स्थानों पर संख्या-संज्ञाओं के उल्लेख हैं। इन उल्लेखों से स्पष्ट होता है कि उस समय भी गणना-पद्धति दाशमिक थी, यानी दस पर आधारित थी। हमारे देश में वैदिक काल से लेकर आज तक गणना का आधार दस ही रहा है। पहले हम बता चुके हैं कि हमारे दोनों हाथों की अंगुलियां दस हैं, इसीलिए यह दाशमिक गणना-पद्धति अस्तित्व में आई है।

ऋग्वेद में एक, द्वि, त्रि, चतुर्, पंच, षट्, सप्त, अष्ट, नव, दश, सहस्र, आदि संख्या-संज्ञाएं देखने को मिलती हैं। गिनती की सबसे बड़ी इकाई **अयुत** (10,000) है और ऋग्वेद में पाई जाने वाली सबसे बड़ी संख्या **षष्टिं सहस्रा नवतिं नव** (60,099) है।[5] ऋग्वेद में नियुत, प्रयुत और अर्बुद शब्द भी हैं, परंतु संख्याओं के अर्थ में नहीं। कालांतर में ही इन शब्दों का संख्याओं के लिए इस्तेमाल हुआ है। दरअसल, ऋग्वेद में ऐसे अनेक शब्द हैं जिनका मूल अर्थ वह नहीं है जो कालांतर में रहा है। उदाहरणार्थ, वैदिक साहित्य में कृत, त्रेता, द्वापर व कलि शब्द कालवाचक नहीं, बल्कि देवताओं के नाम हैं या जुए के खेल के शब्द हैं। **कलि** नामक कवि ऋग्वेद के एक सूक्त का रचयिता भी है।

ऋग्वेद में 'शून्य' शब्द नहीं मिलता। हां, 'खे' शब्द आया है, जिसका अर्थ है 'सूराख' या 'छेद'। बहुत बाद में जाकर 'ख' शब्द का अर्थ 'आकाश' या 'शून्य' हुआ।

यजुर्वेद में संख्याओं के कई उल्लेख मिलते हैं और वह भी बड़ी-बड़ी संख्याओं के। एक स्थान पर 1 से 33 तक की सारी विषम संख्याएं गिनाई गई हैं। हमने देखा है कि ऋग्वेद में 1 से अयुत (10000) तक गणनासूचक शब्द आए हैं। परंतु यजुर्वेद में इस क्रम को और आगे बढ़ाया गया है। एक मंत्र में 'परार्ध' पर्यंत की संख्याएं गिनाई गई हैं।[6] ये हैं :

एक	1	प्रयुत	1000000
दश	10	अर्बुद	10000000
शत	100	न्यर्बुद	100000000
सहस्र	1000	समुद्र	1000000000
अयुत	10000	मध्य	10000000000
नियुत	100000	अंत	100000000000
		परार्ध	1000000000000

यहां हर संख्या पहले की संख्या से दस गुना बड़ी है। ये **दशगुणोत्तर** संख्याएं हैं। ऋग्वेद के संख्या-शब्दों में भी हम देखते हैं कि गणना का आधार दस ही है। दरअसल, शुरू से ही हमारे देश में गणना का आधार दस रहा है। सिंधु सभ्यता में गणना का आधार क्या था, इसके बारे में कुछ नहीं कहा जा सकता। संभव है कि उस समय गणना का आधार 16 रहा हो।

तैत्तिरीय, काठक और मैत्रायणी संहिताओं में दशगुणोत्तर संज्ञाओं की लगभग इसी प्रकार की सूचियां देखने को मिलती हैं। तैत्तिरीय संहिता में सम और विषम संख्याओं की सूचियां भी देखने को मिलती हैं। यजुर्वेद में एक स्थान पर 4 का 12 तक गुणन-क्रम, यानी 4 का पहाड़ा भी देखने को मिलता है।[7]

हमारी आज की संख्या-संज्ञाएं वेदों में प्रयुक्त संख्या-संज्ञाओं से ही बनी हैं। इस संदर्भ में एक बात जानने योग्य है। आज हम घटाने की पद्धति का उपयोग करके 19 को उन्नीस (ऊनविंशति), 29 को उनतीस (ऊनत्रिंशत्) आदि बोलते या लिखते हैं। आरंभ में इन्हें एकान्नविंशति या एकोन्नविंशति आदि कहा जाता था। किंतु कालांतर में 'एक' उपसर्ग को त्याग दिया गया।

परंतु ऋग्वैदिक काल में अभी घटाने की इस पद्धति ने पूरी तरह जन्म नहीं लिया था। यजुर्वेद में 19 के लिए **नवदश** और ऋग्वेद में 99 के लिए **नव-नवति** शब्द देखने को मिलते हैं।

तमिल भाषा की संख्या-संज्ञाओं में घटाने की इस पद्धति का प्रचलन नहीं है। तमिल में 9,10 और 20 के लिए क्रमशः **ओंबदु, पत्तु** और **इरुबदु** शब्द हैं और 19 तथा 29 के लिए शब्द हैं **पत्तु-ओंबदु** तथा **इरुबदु-ओंबदु।**

वैदिक काल की अंक-पद्धति दशगुणोत्तर है, परंतु यह हमारी वर्तमान अंक-पद्धति जैसी नहीं है। वैदिक काल में अभी शून्य की धारणा ने जन्म नहीं लिया था। ऋग्वेद में 'शून्य' शब्द नहीं मिलता। हां, 'खे' शब्द मिलता है, जिसका अर्थ है 'सूराख़' या 'छेद'। भारत में शून्य पर आधारित आधुनिक स्थानमान अंक-पद्धति की खोज बहुत बाद में हुई।

ऋग्वैदिक काल का समाज अभी कबीलाई प्रथा से ऊपर नहीं उठा था। ऐसे समाज को विकसित अंक-पद्धति की जरूरत नहीं होती। इसलिए वेदों में हमें विकसित अंक-पद्धति के दर्शन नहीं होते। वेदों में उच्च गणित के फॉर्मूले खोजना तो कोरी पोंगापंथी ही है। आज चौथे दर्जे तक जितना गणित पढ़ाया जाता है, उससे अधिक गणित की ऋग्वैदिक समाज को जरूरत ही नहीं थी।

बाद में इन ऋग्वैदिक आर्यभाषियों ने गंगा-यमुना के दोआब में अपने राज्य खड़े किए। उत्पादन बढ़ा। तभी उन्हें एक विकसित अंक-पद्धति की जरूरत पड़ी। वेदांग साहित्य में हमें इस विकसित अंक-पद्धति के दर्शन होते हैं।

ई.पू. छठी सदी में दक्षिण की गोदावरी नदी तक भारत में 16 जनपद राज्य अस्तित्व में आ चुके थे। अब राजकाज और व्यापार के लिए लिपि, विकसित अंक-पद्धति तथा सिक्कों की जरूरत थी। ब्राह्मी लिपि के सबसे प्राचीन उपलब्ध लेख यद्यपि **अशोक** (272-232 ई.पू.) के ही हैं, परंतु साहित्यिक उल्लेखों से हमें जानकारी मिलती है कि ई.पू. सातवीं-आठवीं सदी में **ब्राह्मी लिपि** अस्तित्व में आ चुकी थी। पहले-पहल उसी समय **पंचमार्क** या **आहत सिक्कों** का प्रचलन हुआ।

लगभग उसी समय सूत्रों के रूप में **वेदांग साहित्य** रचा गया। वेदांग के अंतर्गत **शिक्षा, कल्प, व्याकरण, निरुक्त, छंद** तथा **ज्योतिष** शास्त्रों का समावेश होता है। कृषिकर्म के लिए सही समय की जानकारी जरूरी थी। धर्मकर्म के शुभ मुहूर्तों के लिए समय का ज्ञान जरूरी था। इसलिए काल-गणना यानी पंचांग का विकास हुआ। **वेदांग-ज्योतिष** काल-गणना की सबसे पुरानी पुस्तक है। इस पुस्तक का एक श्लोक है :

यथा शिखा मयूराणां नागानां मणयो यथा।

तद्वद्वेदांगशास्त्राणां गणितं मूर्धनि स्थितम् ॥

अर्थात्, जिस प्रकार मोरों की शिखाएं और नागों की मणियां सबसे ऊंचे स्थानों पर रहती हैं, उसी प्रकार वेदांग शास्त्रों में गणित का स्थान सर्वोपरि है।

यहां गणित का अर्थ काल-गणना यानी ज्योतिष है। दरअसल, प्राचीन भारत में ज्योतिष के अंतर्गत ही गणित का विकास हुआ है। मुख्यतः ज्योतिष के ग्रंथों में ही हमें गणित के बारे

में जानकारी मिलती है। बाद में **आर्यभट, ब्रह्मगुप्त, वराहमिहिर, भास्कराचार्य** आदि ज्योतिषियों ने अपने ज्योतिष-ग्रंथों में गणित का भी विवेचन किया है।

प्राचीन भारत में विद्यार्थियों को पढ़ाए जाने वाले विषयों के अंतर्गत गणित (अंकगणित) का भी समावेश होता था। **छांदोग्य उपनिषद** का उल्लेख है कि, जब नारद ब्रह्मविद्या सीखने सनत्कुमार के पास पहुंचे, तो वे बताते हैं कि उन्होंने **राशिविद्या** (अंकगणित), **नक्षत्रविद्या** आदि का अध्ययन पहले ही कर लिया है। **कौटिल्य** के **अर्थशास्त्र** में भी बताया गया है कि चूडाकर्म के बाद विद्यार्थी को लिपि और **संख्यान** (गणनाशास्त्र) का अध्ययन करना चाहिए (वृत्तचौलकर्मा लिपिं संख्यानं चौपयुञ्जीत)।

जैन धर्म में भी गणित के अध्ययन को बड़ा महत्व दिया गया था। **गणितानुयोग** (गणनाशास्त्र) को जैन शास्त्रों का एक अंग माना गया है। यही कारण है कि जैन ग्रंथों में हमें गणित के बारे में भी कुछ जानकारी मिल जाती है। बाद में अनेक जैनाचार्य गणितज्ञ हुए।

लौकिके वैदिके वापि तथा सामायिकेऽपि यः।...
बहुभिर्विप्रलापैः किं त्रैलोक्ये सचराचरे।
यत्किंचिद्वस्तु तत्सर्वं गणितेन विना हि॥

अर्थात् सांसारिक, वैदिक, धार्मिक आदि सब कार्यों में गणित उपयोगी है।...अधिक कहने से क्या लाभ? इस समूचे विश्व में जो कुछ भी चल-अचल है, उन सबका अस्तित्व गणित से पृथक् नहीं है।

पहले हम बता चुके हैं कि ऋग्वेद में गणना की सबसे बड़ी इकाई अयुत (दस हजार) है और यजुर्वेद में **परार्ध** (10^{12})। चूंकि गणना का आधार दस था, इसलिए दशगुणोत्तर या शतगुणोत्तर संख्या-संज्ञाओं को गढ़ते जाने में कोई दिक्कत नहीं थी। **महाभारत** और **रामायण** में हमें बड़ी-बड़ी संख्याओं के लिए संज्ञाएं देखने को मिलती हैं। जैसे, रावण का एक गुप्तचर राम की सेना की संख्या की जानकारी देते हुए कोटि, शंख, महाशंख, वृंद, महावृंद, पद्म, महापद्म, खर्व, महाखर्व, समुद्र और महौघ, इन शतगुणोत्तर संज्ञाओं के क्रम की गिनती करता है। जाहिर है कि सिर्फ संख्या-संज्ञाओं की जानकारी देने के लिए ही रामायण के रचयिता ने इन श्लोकों की रचना की है। **महौघ** का अर्थ है 10^{55}। हम जानते हैं कि इस धरती पर शुरू से लेकर आज तक इतने मनुष्य (वानरों सहित) पैदा नहीं हुए।

बौद्धों और जैनों ने भी अपने ग्रंथों में बड़ी-बड़ी संख्या-सज्ञाएं दी हैं। बौद्ध ग्रंथ **ललित-विस्तर** (ईसा की दूसरी सदी) में **कोटि** के आगे की शतगुणोत्तर गणना की सूची मिलती है। गणितज्ञ अर्जुन ने राजकुमार गौतम बुद्ध से पूछा–नवयुवक! क्या तुम कोटि (10000000) के आगे की **शतोत्तर-गणना** जानते हो?

गौतम – हां, जानता हूं।

अर्जुन – तो बताओ, कोटि के आगे की गणना किस प्रकार है?

गौतम – सौ कोटि, अयुत कहलाता है; सौ अयुत, नियुत; सौ नियुत, कंकर; ... सौ विभूतंगमा, तल्लक्षण।

अर्थात्

100 कोटि	= 1 अयुत	100 व्यवस्थान प्रज्ञति	= 1 हेतुहिल
100 अयुत	= 1 नियुत	100 हेतुहिल	= 1 करहु
100 नियुत	= 1 कंकर	100 करहु	= 1 हेल्विद्रिंय
100 कंकर	= 1 विवर	100 हेल्विद्रिंय	= 1 समाप्तलंभ
100 विवर	= 1 क्षोभ्य	100 समाप्तलंभ	= 1 गणनागति
100 क्षोभ्य	= 1 विवाह	100 गणनागति	= 1 निरवध
100 विवाह	= 1 उत्संग	100 निखध	= 1 मुद्राबल
100 उत्संग	= 1 बहुल	100 मुद्राबल	= 1 सर्वबल
100 बहुल	= 1 नागबल	100 सर्वबल	= 1 विसंज्ञागति
100 नागबल	= 1 तिरिलंभ	100 विसंज्ञागति	= 1 सर्वज्ञ
100 तिरिलंभ	= 1 व्यवस्थान प्रज्ञप्ति	100 सर्वज्ञ	= 1 विभूतंगमा
		100 विभूतंगमा	= 1 तल्लक्षण

इस प्रकार तल्लक्षण वह संख्या होगी जिसमें 1 के बाद 53 शून्य रखे होंगे, अर्थात् तल्लक्षण = 10^{53}!

कच्चायन के पालि-व्याकरण सूत्र (2/8/51-52) में देश-गुणोत्तर एवं कोटि-गुणोत्तर पद्धति में संख्या-संज्ञाएं दी हुई हैं :

दस	× दस = सतं	सत सत सहस्सकोटि	= कोटि कोटि = पकोटि
सत	× दस = दस सहस्स	सत सत सहस्स पकोटि	= कोटिप्पकोटि
दस सहस्स	× दस = सत सहस्स	सत सहस्स कोटिप्पकोटि	= नहुत
सत सहस्स	× दस = दस सत सहस्स	सत सत सहस्स नहुत	= निन्नहुत
दस सत सहस्स	× दस = सत सत सहस्स = कोटि (10^7)	सत सत सहस्स निन्नहुत	= अक्खोभिनि

इसी प्रकार, अक्खोभिनि के बाद, बिंदु, अब्बुद, निरब्बुद, अइह, अबब, अतत, सौगंधिक, उप्पल, कुमुद, पुंडरीक, पदुम, कथान, महाकथान, और असंख्येय-संख्या-संज्ञाएं हैं।

असंख्येय = $(\text{कोटि})^{20} = 10^{140}$।

इस सूची में सबसे बड़ी संख्या **तल्लक्षणा** (10^{53}) है। पालि भाषा के **कच्चायन व्याकरण** में संख्या-संज्ञाओं की सूची **असंख्येय** (10^{140}) तक पहुंचा दी गई है।

नई-नई संख्या-संज्ञाएं गढ़ने में जैनाचार्य भी पीछे नहीं रहे। **अनुयोगद्वार-सूत्र** में संसार के समस्त जीवों की संख्या 2^{96} बताई गई है। जैन ग्रंथों में पाई जाने वाली दूसरी बड़ी संख्या-संज्ञा

है **शीर्षप्रहेलिका** ($84,00,000^{28}$)! जाहिर है कि यह सब दिमागी कसरत थी। उस समय के भौतिक जीवन के व्यापारों के लिए इतनी बड़ी संख्याओं की जरूरत नहीं थी। उस समय के ज्योतिष-अध्ययन के लिए भी इतनी बड़ी संख्याओं की जरूरत नहीं थी।

गणितज्ञ **महावीर** (850 ई.) के ग्रंथ 'गणितसार-संग्रह' में संख्या 12345654321 को बड़े ही सुंदर शब्दों में बांधा गया है। इस संख्या को कहा गया है 'एकादिषडंतानि क्रमेण हीनानि'; अर्थात्, वह संख्या जिसके अंक पहले 1 से 6 तक क्रमशः बढ़ते हैं और तब उसी क्रम से घटते हैं!

वैदिक काल में या बुद्ध-महावीर के समय में अंक-संकेत किस प्रकार के थे, इसके बारे में हमें कोई जानकारी नहीं मिलती। बुद्ध या महावीर के समय का अभी तक हमें कोई हस्तलेख या अभिलेख नहीं मिला है। पहली बार हमें अशोक के अभिलेखों में अंक-संकेतों के दर्शन होते हैं। चूंकि अशोक के समय की अंक-पद्धति में शून्य नहीं है, इसलिए हम इस परिणाम पर पहुंचते हैं कि बुद्ध-महावीर के समय में भारत में अभी नई स्थानमान अंक-पद्धति ने जन्म नहीं लिया था।

संदर्भ और टिप्पणियां

1. इंदो-यूरोपीय (आर्य) भाषा-परिवार की संख्या-संज्ञाएं :

	संस्कृत	यूनानी (ग्रीक)	लैटिन	लिथुआनी	तोखारी
1.	एक	oine	unus	venas	som
2.	द्वि	dyo	duo	du, dvi	—
3.	त्रयस	treis	tres	trye	trai
4.	चत्वारः	tessares	quattuor	keturi	stwer
5.	पंच	pente	quinque	penki	pis
6.	षट्	hex	sex	szezi	skas
7.	सप्त	hepta	septem	septyni	sukt
8.	अष्ट	octo	octo	asztuni	okt
9.	नव	ennea	novem	devyni	nu
10.	दश	deka	decem	—	sak
100.	शतम्	hecaton	centum	szimtas	kante

2. डॉ. सत्यप्रकाश, वैज्ञानिक विकास की भारतीय परंपरा : बिहार राष्ट्रभाषा परिषद, पटना, पृष्ठ 24-25।
3. **अक्षस्याहमेकपरस्य हेतोरनुव्रतामप जायामरोध** –ऋग्वेद, 1013412
4. **सहस्रं मे ददतो अष्टकर्ण्यः** –ऋग्वेद, 1016217

   'अष्टाध्यायी' के दो सूत्रों (6121112 तथा 6131115) और उन पर 'काशिका' की व्याख्या से भी सिद्ध होता है कि 'अष्टकर्णी गौः' का अर्थ होता है–वह गाय या बैल जिसके कान पर 'आठ' का संकेत बना हो।

5. ऋग्वेद, 11519
6. इमा में (अग्न) इष्टका धेनवः सन्त्वेका च दश च दश च शतं च शतं च सहस्रं च सहस्रं चायुतं चायुतं च नियुतं च नियुतं च प्रयुतं चार्बुदं च न्यर्बुदं च समुद्रश्य मध्यं चान्तश्च परार्धश्चैता मे (अग्न) इष्टका धेनवः सन्स्वमुत्रामुष्मिंल्लोके। –यजु. 1712
7. चतस्रश्च मे ऽष्टौ च मे ष्टौ च मे द्वादश चमे षोडश च मे षोडश च मे विंछंशतिश्च मे विंछंशतिश्च मे चतुर्विंछंशतिश्च मे चतुर्विछंशलेश्च मे ऽष्टाविछशतिश्च मे ऽष्टाविछंशतिश्च मे द्वात्रिछंशच्च मे द्वात्रिछंशच्च मे षट्त्रिछंशच्च मे षट् त्रिछंशच्च मे चत्वारिछंशच्च मे चत्वारिछंशच्च मे चतुश्चत्वारिछंशच्च मे ऽ ष्टाचत्वारिछंशच्च मे यज्ञेन कल्पताम्॥ –यजु. 18125

13

शून्य तथा स्थानमान से रहित प्राचीन अंक-पद्धति

अंक-संकेत

आज भी बच्चे अपनी शिक्षा का आरंभ 'एक, दो, तीन..... की गिनती से ही करते हैं और लेखन का आरंभ 1, 2, 3..... के अंकन से। प्राचीन सभ्यताओं में भी यही क्रम देखने को मिलता है। आदमी अंकों से ही अक्षरों की ओर अग्रसर हुआ है। यही कारण है कि, प्रायः सभी प्राचीन सभ्यताओं में 1, 2, 3..... आदि लघु संख्याओं के लिए I, II, III या –, – = ≡ जैसी सरल रेखाओं के संकेत देखने को मिलते हैं। सिंधु-सभ्यता के उद्घाटन के पहले अनेक विदेशी विद्वानों का यह विश्वास था कि भारत में लेखन-कला, वैदिक-काल के बाद, विदेश से लाई गई है। परंतु सिंधु-सभ्यता की सहस्रों अंकित मुद्राओं ने निर्विवाद रूप से यह सिद्ध कर दिया है कि वैदिक-काल के भी दो हजार वर्ष पहले भारत-भूमि में लेखन-कला जन्म ले चुकी थी।

अगर यह मान भी लिया जाय कि सिंधु-सभ्यता और आर्य-सभ्यता का परस्पर किसी प्रकार का कोई संबंध नहीं था, तब भी, वैदिक-काल में लेखन-काल के अस्तित्व के लिए अनेक स्वतंत्र प्रमाण मिलते हैं। यह संभव है कि बड़ी संख्याओं के लिए वैदिक-आर्यों के पास अंक-संकेत न रहे हों, परंतु लघु-संख्याओं के लिए उनके पास अंक-संकेत अवश्य थे। निम्नलिखित साहित्यिक प्रमाणों से इस तथ्य की पुष्टि होती है :

(1) ऋग्वेद में एक स्थान पर राजा सावर्णी के दान का उल्लेख है : मुझे ऐसी सहस्र गायें प्रदान करो, जिनके कानों पर 'आठ' (8) लिखा हो।[1]

ऋग्वेद में ही, एक अन्य स्थान पर, एक जुआरी का उल्लेख आया है जो अपने भाग्य पर रोता है और कहता है : 'एक' पर बाजी लगाकर मैंने अपनी पतिव्रता स्त्री खो दी है...।[2] यहां 'एक' का अर्थ पासे पर अंकित 'एक' (1) के चिह्न से है।

(2) यजुर्वेद (वाजसयेनी) में पुरुषमेध यज्ञ के संदर्भ में 'गणक' शब्द प्राप्त होता है।[3]

(3) अथर्ववेद में 'लिखे हुए धन' का उल्लेख है।[4]

(4) शतपथ-ब्राह्मण में अहोरात्र का काल-विभाजन निम्न प्रकार से दिया हुआ है :

1 अहोरात्र = 30 मुहूर्त

1 मुहूर्त = 15 क्षिप्र

1 क्षिप्र = 15 एतर्हि

1 एतर्हि = 15 इदानीम्

1 इदानीम् = 15 प्राण

अतः 1 अहोरात्र (24 घंटे) = $(30 \times 15 \times 15 \times 15 \times 15)$ प्राण,

या $24 \times 60 \times 60$ सेकंड = 1518750 प्राण

अर्थात् लगभग $\frac{1}{17}$ सेकंड = 1 प्राण

(5) वैयाकरण पाणिनि (ई.पू. सातवीं शताब्दी) के व्याकरण में 'लिपिकार' और 'लिबिकम्' शब्द आए हैं। इसके अतिरिक्त अनेक ऐसे साहित्यिक प्रमाण मिलते हैं जिनसे यह निर्विवाद सिद्ध होता है कि, वैदिककाल में ही आर्यों को लेखन-कला का ज्ञान था। लेखन कला के सबसे सशक्त प्रमाण हैं, अशोक के शिलालेख।

अशोक के अभिलेखों के अंक-संकेत

हमने देखा है कि सिंधु सभ्यता की अपनी एक लिपि थी, अंक-संकेत भी थे। वैदिक काल में लिपि भले ही न रही हो, परंतु अंक-संकेत अवश्य रहे होंगे। परंतु वे अंक-संकेत किस प्रकार के थे, इसके बारे में हमें कोई जानकारी नहीं मिलती। पहली बार अशोक के लेखों में हमें अंक-संकेत देखने को मिलते हैं।

तीन-चार ऐसे भी लेख हैं, जिन्हें कुछ पुराविद् अशोक[5] के पहले के मानते हैं। परंतु उनमें अंक-संकेत नहीं हैं। इसलिए सबसे प्राचीन अंक-संकेत अशोक के अभिलेखों के अंक-संकेत ही हैं।

अशोक के अधिकांश अभिलेख[6] **ब्राह्मी लिपि** में हैं। अशोक के समय में पश्चिमोत्तर भारत के सीमा प्रांत (गांधार देश) में **खरोष्ठी लिपि** का प्रचलन था, इसलिए अशोक ने मानसेहरा तथा शाहबाज़गढ़ी के अपने चतुर्दश शिलालेख खरोष्ठी लिपि में खुदवाए थे। खरोष्ठी लिपि पश्चिमी एशिया की **आरमी** (आरमाइक) लिपि के आधार पर बनाई गई थी। आरमी लिपि दाईं ओर से बाईं ओर को लिखी जाती थी, इसलिए खरोष्ठी लिपि भी इसी प्रकार लिखी जाती थी।

अशोक के खरोष्ठी लेखों में 1, 2, 4, और 5 के लिए अंक-संकेत देखने को मिलते हैं। इन्हें इतनी ही तिरछी रेखाओं से दर्शाया गया है। अशोक के बाद शक, कुषाण आदि शासकों ने भी ईसा की तीसरी सदी तक अपने अभिलेखों के लिए खरोष्ठी लिपि का इस्तेमाल किया। फिर भारत में ब्राह्मी लिपि इसका स्थान ले लेती है। परंतु मध्य एशिया में ईसा की पांचवीं-छठी सदी तक खरोष्ठी लिपि का व्यवहार होता रहा। अशोक के बाद के खरोष्ठी अभिलेखों में हमें खरोष्ठी अंक-पद्धति के बारे में विस्तृत जानकारी मिलती है, इसलिए इसकी चर्चा हम आगे करेंगे।

अशोक के ब्राह्मी लेखों में संख्या 4, 6, 50 और 200 के लिए अंक-संकेत देखने को मिलते हैं। **कालसी**[7] (देहरादून) के शिलालेख में 4 के लिए + जैसा चिह्न है। अशोक के ब्राह्मी लेखों में 'क' के लिए भी इसी प्रकार का अक्षर है।

गुजर्रा, सहसराम, रूपनाथ, सिद्धापुर आदि स्थानों में अशोक के लघु-शिलालेख मिले हैं। इन लघु-शिलालेखों में संख्या 256 अंक-संकेत में लिखी गई है। अशोक कहते हैं : "यह अनुशासन मैंने उस समय लिखवाया जब मैं प्रवास में था और प्रवास की 256 रातें (या दिन) बीत चुकी थीं।"

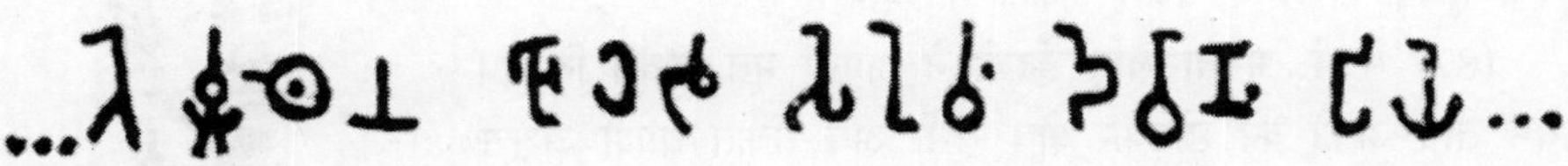

ते वू थे न २०० ५०६ से हे व दे वा नं पि ये

चित्र 13.1 : ब्रह्मगिरि (कर्णाटक) के लेख का अंश

अशोक के अभिलेखों में संख्या 256 पुरानी अंक-पद्धति में लिखी गई है। इसे लिखने में 200, 50 और 6 के संकेतों का इस्तेमाल किया गया है। यदि यह संख्या नई अंक-पद्धति में स्थानमान के अनुसार लिखी गई होती तो 2, 5 और 6 के अंक-संकेतों की ही जरूरत पड़ती। परंतु अशोक के लेखों में यह संख्या 200, 50, 6 रूप में लिखी गई है। इससे स्पष्ट होता है कि अशोक के समय (ई.पू. तीसरी सदी) में अभी नई अंक-पद्धति की खोज नहीं हुई थी।

4 6 50 200

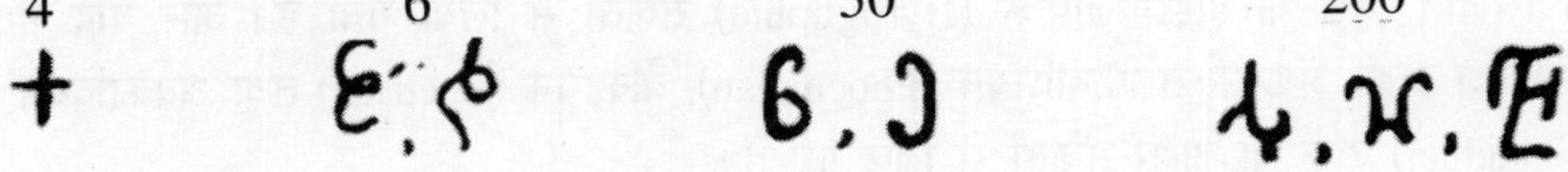

चित्र 13.2 : अशोक के ब्राह्मी अभिलेखों के अंक-संकेत

यहां हम देखते हैं कि 6 और 50 के दो-दो रूप और 200 के तीन रूप हैं। इससे पता चलता है कि अशोक के समय में अभी अंक-संकेतों में स्थायित्व नहीं आया था। लगता है कि देश के विभिन्न भागों में भिन्न-भिन्न प्रकार के अंक थे।

चूंकि सबसे प्राचीन ब्राह्मी अंक-संकेत हमें अशोक के अभिलेखों में ही देखने को मिलते हैं, इसलिए यह जानने के लिए कोई साधन नहीं है कि ये अंक-संकेत कब और किस प्रकार अस्तित्व में आए थे। यह भी दावे के साथ नहीं कहा जा सकता कि ये अंक-संकेत अक्षरांक या संख्या-संज्ञाओं के आद्याक्षर हैं। 4 का अंक-संकेत ब्राह्मी के 'क' जैसा है। 6 का एक रूप (उपरोक्त चित्र में 6 के नीचे का पहला संकेत) ब्राह्मी के 'ज' अक्षर-जैसा है और यह आज के 6 अंक से भी मिलता है। 200 का एक अंक-संकेत (उपरोक्त चित्र में 200 के नीचे का पहला संकेत) ब्राह्मी के 'सु' अक्षर जैसा है। लेकिन शेष अंक-संकेत ब्राह्मी के किसी अक्षर से नहीं मिलते।

अशोक के बाद के अभिलेखों में 1, 2 और 3 के लिए हमें इतनी ही आड़ी लकीरें देखने को मिलती हैं; और भी बहुत सारे अंक-संकेत देखने को मिलते हैं। इसलिए पुरानी शैली के ब्राह्मी अंक-संकेतों की विस्तृत चर्चा हम यहां करेंगे।

(अ) ब्राह्मी के अंक-संकेत

ब्राह्मी-अंकों की उत्पत्ति संबंधी सिद्धांत

चित्र 13.3 : जेम्स प्रिंसेप (1799-1840 ई.)

जेम्स प्रिंसेप ने 1838 में सर्वप्रथम यह सुझाव दिया कि ब्राह्मी-अंक उनके सूचक शब्दों के प्रथम अक्षरों से व्युत्पन्न हैं।

1877 में **पं. भगवानलाल इंद्रजी** ने अपना मत व्यक्त किया। प्रथम तीन अंकों को छोड़कर शेष सभी अंक-संकेत ब्राह्मी अक्षरों या संयुक्ताक्षरों के सूचक हैं। भिन्न-भिन्न वंशों के लेखों तथा भिन्न-भिन्न शताब्दियों में उन अंकों की आकृतियों में जो अंतर पाया जाता है, इसका मुख्य कारण समय और वंशों के अक्षरों का अंतर ही है।

जी बीहूलेर (G. Biihler) ने स्वीकार किया है कि ब्राह्मी-अंकों का निर्माण ब्राह्मणों ने ही किया है।[8] कर्न (Kern) भी बीहूलेर के कथन से सहमत है।

परंतु बर्नेल (Burnell) का मत एकदम विपरीत है। उनका सुझाव है कि, ब्राह्मी-अंक मिस्र के दिमोतिक (Demotic) अंकों से व्युत्पन्न हैं और बाद में जाकर इनमें अक्षरों का रूपांतर हुआ है।

इ.सी. बेले (E.C. Bayley) ने तो खिचड़ी ही पकाई है। उनका मत है कि, भारतीय अंकों का सिद्धांत मिस्र के हाइरोग्लिफिक (Hyrogliphic) संकेतों से लिया गया है। और बाद में अधिकांश ब्राह्मी अंक-संकेत फिनीशियन (Phoenician), बैक्ट्रियन (Bactrian) तथा अक्कादियन (Akkadian) अंक या अक्षर-संकेतों से लिए गए हैं।

पं. गौरीशंकर हीराचंद ओझा[9] ने अपने प्रसिद्ध ग्रंथ में उपरोक्त सभी मतों की आलोचना करने के बाद निर्णय दिया है कि, 'प्राचीन शैली के भारतीय अंक भारतीय आर्यों का स्वतंत्र निर्माण हैं।'

डॉ. दत्त और डॉ. सिंह[10] ने उपरोक्त सभी सिद्धांतों का विवरण देकर, अंत में निर्णय दिया है कि : (1) ब्राह्मी-अंक निस्संदेह भारतीय आविष्कार है, (2) दहाइयों के चिह्न वर्णमाला के अक्षरों से बनाए गए हैं, और (3) इकाई के चिह्नों की उत्पत्ति संदेहास्पद है।' आविष्कार के समय के बारे में इस विद्वान-द्वय ने लिखा है : 'अत्यंत प्राचीन काल में कलाओं एवं विज्ञानों का उच्च विकास, बौद्ध-साहित्य में अंक-चिह्नों की चर्चा और बड़ी-बड़ी संख्याओं का प्रयोग, ये सभी प्रमाण सिद्ध करते हैं कि ब्राह्मी अंक-प्रणाली का आविष्कार, यदि अधिक पहले नहीं तो, 1000 ई.पू. के लगभग अवश्य हुआ होगा।'

पुरानी अंक-पद्धति के ब्राह्मी संख्यांक

आज हम सारी संख्याएं केवल दस चिह्नों–शून्य और नौ संकेतों–से लिखते हैं। अंक-संकेतों को बदलते स्थानमान देने से ही ऐसा संभव है। परंतु पुरानी अंक-पद्धतियों में अंक-संकेतों के मान स्थिर थे। पुरानी अंक-पद्धतियों में 10, 100, 1000 आदि के लिए स्वतंत्र संकेत थे। इसलिए पुरानी अंक-पद्धतियों में अंक-संकेतों की संख्या अधिक थी।

हमारे देश में ईसा की छठी सदी तक नई अंक-पद्धति—शून्य और नौ संकेतों वाली अंक-पद्धति—के दर्शन नहीं होते। अशोक के बाद शक, कुषाण, सातवाहन तथा गुप्त शासनकाल के अभिलेखों में पुरानी अंक-पद्धति का ही इस्तेमाल हुआ है। इन्हीं पुरानी शैली के अंकों के बारे में हमें थोड़ी जानकारी प्राप्त करनी है।

उस काल के बहुत सारे ग्रंथ उपलब्ध हैं। परंतु उनसे हमें अंक-संकेतों के बारे में जानकारी नहीं मिल सकती। कारण यह है कि उनमें संख्याएं शब्दों में लिखी गई हैं। किंतु शिलालेखों या ताम्रपत्रों में तिथि या दान से संबंधित संख्याएं अक्सर अंक-संकेतों में लिख दी जाती थीं। इसीलिए पुराने अभिलेखों में हमें अंक-संकेत देखने को मिलते हैं।

हम जान चुके हैं कि अशोक के अभिलेखों में हमें ब्राह्मी के 4, 6, 50 और 200 के संख्यांक देखने को मिलते हैं। अशोक के बाद ई.पू. दूसरी सदी में सातवाहनों ने महाराष्ट्र और आंध्र में अपना राज्य खड़ा किया था। पश्चिमी महाराष्ट्र में उस समय पहाड़ों को काटकर गुफाएं बनवाई गई थीं। सातवाहनों के समय में महाराष्ट्र के एक भाग पर शकों का भी शासन रहा है। इन शकों और सातवाहनों ने ब्राह्मणों तथा बौद्ध भिक्षुओं को जो दान दिए थे, उनका विवरण उन्होंने गुफाओं की दीवारों पर खुदवा रखा है। इन्हीं लेखों में हमें कुछ अधिक अंक-संकेतों के दर्शन होते हैं।

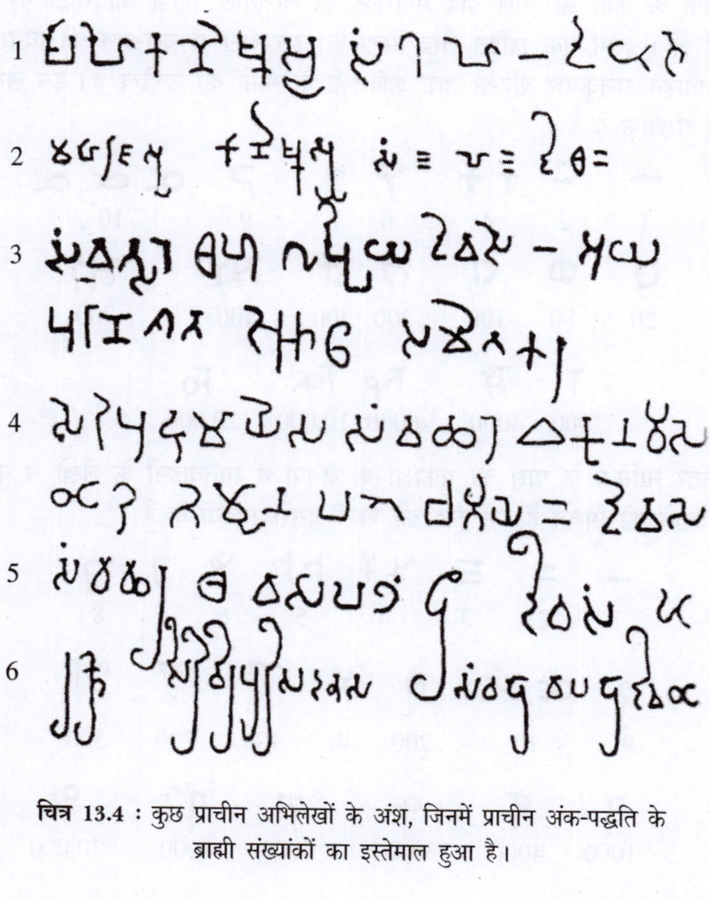

चित्र 13.4 : कुछ प्राचीन अभिलेखों के अंश, जिनमें प्राचीन अंक-पद्धति के ब्राह्मी संख्यांकों का इस्तेमाल हुआ है।

लिप्यंतरण

1. कणिष्क के समय के मथुरा के एक लेख का अंश :
   साहिकणिष्कस्य सं 7 हे 1 दि 10 5,
2. कणिष्क के राजकाल के वाराणसी से प्राप्त एक लेख का अंश :
   महाराजस्य काणिष्कस्य सं 3 हे 3 दि 20 2
3. हुविष्क के समय के गिरधरपुर स्तंभलेख के दो अंश :
   संवत्सरे 20 8 गुर्प्पिय दिवसे 1 अयं
   पुराणशत 500 50 समितकर
4. वासिष्ठीपुत्र पुलुमावी के नासिक के लेख का एक अंश :
   सिरिपुलुमायिस संवछरे एकुनवीसे
   10 9 गिम्हाण पखे बितीये 2 दिवसे
5. जग्गय्यपेट के इक्ष्वाकु लेख का एक अंश :
   संवछर 20 वासा पखं 6 दिवसं 10
6. नागार्जुनकोंडा के महाचैत्य के एक आयकस्तंभ पर उत्कीर्ण लेख का
   अंश : **रञो सिरिविरपुरिसदतस संव 6 वा प 6 दिव 10**

अशोक के कोई सौ साल बाद महाराष्ट्र की नाणेघाट पहाड़ी की चोटी पर एक गुफा बनाई गई थी। इसमें एक खंडित लेख मिला है। इस लेख में यज्ञ-दान का विवरण है और इसमें सातवाहन राजकुमार वेदिश्री तथा शक्तिश्री के नामों का उल्लेख है। इस लेख में आए हुए ब्राह्मी संख्यांक ये हैं :

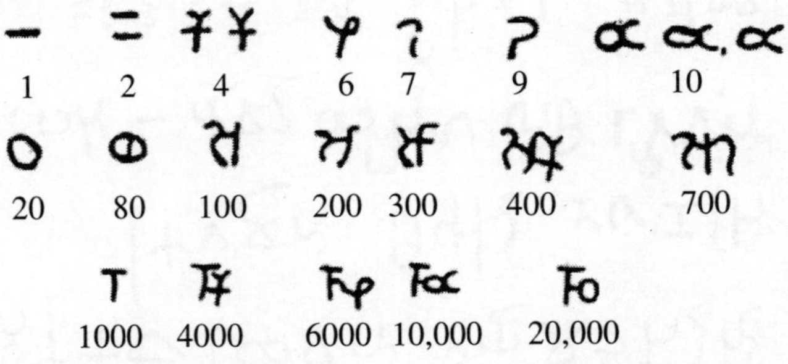

तदनंतर नासिक के पास की गुफाओं के क्षत्रपों व सातवाहनों के लेखों में कुछ अधिक संख्यांक देखने को मिलते हैं, जो ईसा की पहली-दूसरी सदियों के हैं :

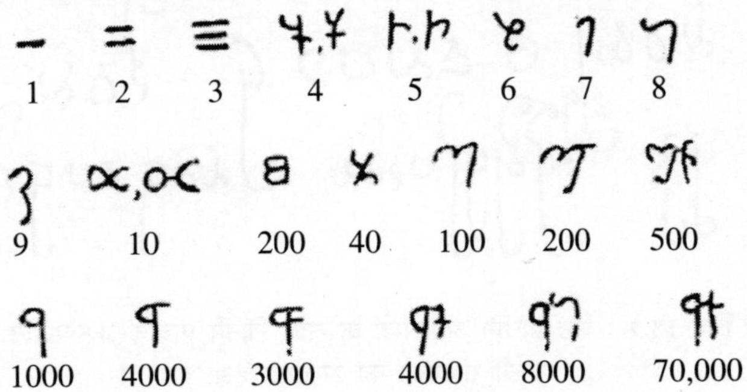

नाणेघाट और नासिक[11] के इन अंक-संकेतों को देखकर उस समय की अंक-पद्धति का स्पष्ट परिचय मिल जाता है। 1, 2 और 3 के लिए क्रमशः इतनी ही आड़ी लकीरें हैं। अशोक के समय में भी 1, 2 और 3 के लिए ऐसे ही संकेत रहे होंगे। नाणेघाट व नासिक के लेखों में 4 के संकेत अशोक के समय के 4 से कुछ भिन्न हैं। नासिक के लेखों में 1 से 10 तक के सारे अंक-संकेत देखने को मिलते हैं। 10 के लिए एक स्वतंत्र संकेत है। इसी प्रकार 20, 40 और 80 के लिए स्वतंत्र संकेत हैं। 100 के लिए पुनः एक स्वतंत्र संकेत है। लेकिन 200, 300, 400, 500 आदि के संकेत 100 के संकेत के साथ 1, 2, 4, 5 आदि के संकेत जोड़कर बनाए गए हैं।

हजार के लिए पुनः एक नया संकेत है। नाणेघाट व नासिक के हजार के संकेतों में कुछ अंतर है। 1000 के संकेत के साथ 1, 2 तथा 4 आदि के संकेत जोड़कर ही 2000, 3000, 4000 आदि के लिए संकेत बनाए गए हैं। नाणेघाट के लेख में 1000 के संकेत के साथ 10 और 20 के संकेत जोड़कर क्रमशः 10,000 और 20,000 के संकेत बनाए गए हैं।

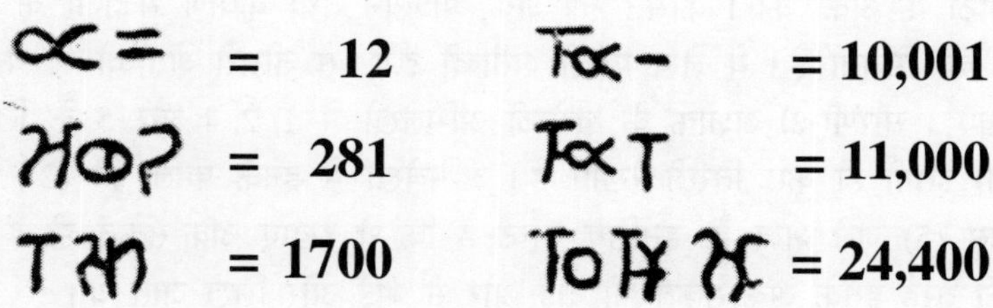

चित्र 13.5 : पुरानी पद्धति के ब्राह्मी के मिश्र अंक

जाहिर है कि यह पुरानी अंक-पद्धति है। इसमें शून्य के लिए संकेत नहीं है। इसमें 1 के आगे शून्य रखकर 10, 100, 1000 आदि को नहीं बनाया गया है। अतः स्पष्ट है ईसा की पहली-दूसरी सदी में अभी शून्य पर आधारित नई अंक-पद्धति की खोज नहीं हुई है। यदि खोज हुई भी होगी तो उसे अभिलेखों के लिए नहीं अपनाया गया था।

आगे कुछ सदियों तक इन्हीं अंकों के विकसित रूपों का इस्तेमाल होता रहा। छठी सदी के एक लेख में पहली बार हमें नई अंक-पद्धति के दर्शन होते हैं। नई अंक-पद्धति में शून्य-संकेत के अलावा नौ संकेतों का इस्तेमाल होता है। जब नई अंक-पद्धति का आविष्कार हुआ, तो इसके लिए 1 से 9 तक के पुराने ब्राह्मी अंक-संकेतों को ही अपनाया गया। यही कारण है कि हमारे आज के नौ अंक-संकेतों का मूल हमें नाणेघाट या नासिक के लेखों के ब्राह्मी अंक-संकेतों में देखने को मिलता है।

अब हम देखेंगे कि नई अंक-पद्धति की खोज कब और कैसे हुई और अभिलेखों में कब से इसका इस्तेमाल होने लगा।

(आ) खरोष्ठी के अंक-संकेत

खरोष्ठी अंक-पद्धति

खरोष्ठी का शाब्दिक अर्थ है : 'गधा + ओठ'। इस शब्द की व्युत्पत्ति के बारे में कुछ भी निश्चित रूप से नहीं कहा जा सकता। ई.पू. चौथी शताब्दी से ईसा की तीसरी शताब्दी तक के खरोष्ठी लेख प्राचीन भारत के वायव्य प्रान्तों में मिलते हैं। इनमें अशोक तथा शक, पर्शियन और कुषाण राजाओं के लेख प्रसिद्ध हैं। खरोष्ठी लिपि दाईं ओर से बाईं ओर को लिखी जाती थी और इसी प्रकार खरोष्ठी के अंक भी।

शहाबाजगढ़ी और मानसेहरा में खरोष्ठी-लिपि में अशोक के शिलालेख मिले हैं। शहाबाजगढ़ी में 1, 2, 4 और 5 के लिए I, II, III, IIIII अंक-संकेत और मानसेहरा में 1, 2, 4 और 5 के लिए I, II, III, IIIII अंक-संकेत मिले हैं। अशोक के समय में खरोष्ठी के अन्य अंक-संकेत किस प्रकार के थे, यह जानने के लिए कोई लिखित प्रमाण उपलब्ध नहीं है। यह ध्यान देने की बात है कि, समकालीन ब्राह्मी लिपि में ही 1,2,3 के लिए खरोष्ठी-अंकों की तरह ऊर्ध्वाधर रेखाएं नहीं, बल्कि — = ≡ क्षैतिज रेखाएं मिलती हैं।

खरोष्ठी के अंकों का विकसित रूप शक, पर्शियन तथा कुषाण राजाओं के अभिलेखों में देखने को मिलता है। ये लेख पहली शताब्दी ई.पू. से तीसरी शताब्दी ई. के बीच के हैं। (देखिए : सारणी-2) अशोक के खरोष्ठी अभिलेखों में 1, 2, 4 और 5 के लिए (I, II, IIII, IIIII) इतनी ही कुछ तिरछी रेखाएं हैं। अभिलेखों में इनके पहले **दुवे** (2), **चतुरे** (4), और **पंचसु** (5) जैसे शब्द हैं, इसलिए स्पष्ट है कि ये रेखाएं अंक-संकेत ही हैं। खरोष्ठी अक्षरों की तरह इसके अंक-संकेत भी दाईं ओर से बाईं ओर लिखे जाते थे।

ई.पू. पांचवीं सदी में गांधार देश ईरान के हख़ामनी साम्राज्य का एक प्रांत था। उस समय गांधार[12] देश की प्राकृत भाषा को लिपिबद्ध करने के लिए आरमी (आरमाइक) लिपि के आधार पर इस खरोष्ठी लिपि का निर्माण हुआ था। यह एक कामचलाऊ लिपि थी। इसमें ह्रस्व-दीर्घ स्वरों का भेद नहीं था, इसलिए यह लिपि संस्कृत भाषा के लिए उपयुक्त नहीं थी। फिर भी पश्चिमोत्तर भारत में ईसा की तीसरी सदी तक और मध्य एशिया में ईसा की पांचवीं-छठी सदी तक इस लिपि का प्रचलन रहा।

अशोक के अभिलेखों में 4 और 5 के लिए क्रमशः इतनी ही तिरछी रेखाएं हैं। परंतु अशोक के बाद के अभिलेखों में 4 का चिह्न आजकल के गुणन के चिह्न (×) जैसा है। आगे 4 के इस चिह्न के बाईं ओर क्रमशः एक, दो और तीन खड़ी रेखाएं खींचकर 5, 6 और 7 के संकेत बनाए गए हैं। 4 के संकेत को दो बार लिखकर 8 का संकेत बनाया गया है। 4 के संकेत को दो बार लिखकर और उसके बाईं ओर एक खड़ी लकीर खींचकर 9 का संकेत बन जाता होगा। 10 के लिए एक स्वतंत्र संकेत है, जो खरोष्ठी लिपि के 'अ' अक्षर जैसा है।

खरोष्ठी का 20 का संकेत 10 के दो संकेतों को एक-दूसरे के ऊपर रखकर बनाया गया है, परंतु इसे एक स्वतंत्र संकेत ही मानना चाहिए। 30, 40, 50, 60, 70, 80 और 90 को दस और बीस के संकेतों की सहायता से व्यक्त किया जाता था, जैसे–70 = 20 + 20

+ 20 + 10। खरोष्ठी अंक-पद्धति में ये अंक-संकेत क्रमशः दाईं ओर से बाईं ओर लिखे जाते थे।

इस प्रकार, हम देखते हैं कि 1 से 99 तक की संख्याएं मूलतः चार चिह्नों–1, 4, 10, और 20 के चिह्नों–से लिखी जाती थीं।

शक, पार्थव और कुषाणों के अभिलेखों से								अशोक के अभिलेखों से	
ʕI	100	33	40	IIX	6	I		I	1
ʕII	200	733	50	IIIX	7	II		II	2
ʕIII	300	333	60	XX	8	III			
II37ʕI	122	7333	70	7	10	X		IIII	4
XI373ʕII	274	3333	80	3	20	IX		IIIII	5

चित्र 13.6 : खरोष्ठी अंक-संकेत

खरोष्ठी अंक-पद्धति में 100 के लिए एक स्वतंत्र संकेत है। ब्राह्मी लिपि के 'त' या 'त्र' अक्षर के दाईं ओर एक खड़ी लकीर खींचने से 100 का यह संकेत बनता है। इसी संकेत के दाईं ओर दो और तीन खड़ी लकीरें खींचने से क्रमशः 200 और 300 के संकेत बनते हैं। 400 का संकेत किस प्रकार लिखा जाता था, इसके बारे में उपलब्ध अभिलेखों में हमें कोई जानकारी नहीं मिलती। इसी प्रकार, हमें यह भी जानकारी नहीं मिलती कि 500, 600, 700, 800 और 900 के संकेत किस प्रकार लिखे जाते थे।

मध्य एशिया (चीनी तुर्किस्तान) के एंदेरे स्थान से प्राप्त एक खरोष्ठी अभिलेख में 1000 के लिए संकेत देखने को मिलता है। दरअसल, उस लेख में संख्या 8000 अंक-संकेतों तथा शब्दों में लिखी हुई देखने को मिलती है। हजार के संकेत के पहले 4 के संकेत को दो बार लिखकर 8000 को व्यक्त किया गया है। इससे पता चलता है कि 100 के संकेत के दाईं ओर 4 का संकेत रखकर 400 को व्यक्त किया जाता होगा। इसी प्रकार, 100 के संकेत के आगे 4 के दो संकेत रखकर 800 को व्यक्त किया जाता होगा। खरोष्ठी लेखों में 1000 से बड़ी संख्या-इकाई देखने को नहीं मिलती।

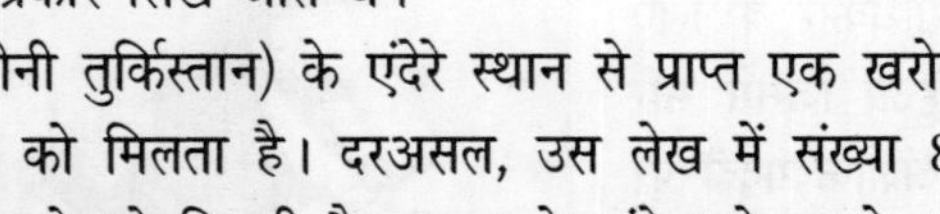

चित्र 13.7 : मध्य एशिया के खरोष्ठी लेखों के कुछ विशिष्ट अंक-संकेत

मध्य एशिया के कुछ खरोष्ठी लेखों में 2, 3 और 4 के लिए कुछ भिन्न प्रकार के अंक-संकेत भी देखने को मिलते हैं। इनमें से 2 और 3 के अंक-संकेत क्रमशः दो और तीन खड़ी लकीरों को जोड़ते हुए तेजी से लिखने के कारण बने हैं। 2 और 3 के ये अंक-संकेत अरबी अंक-संकेतों जैसे बन गए हैं।

यही है खरोष्ठी अंक-पद्धति। इसके बारे में प्रमुख बात यह है कि, खरोष्ठी लिपि की तरह खरोष्ठी अंक-संकेत भी दाईं ओर से बाईं ओर को लिखे जाते थे।

प्रायः सभी प्राच्यविदों की राय है कि खरोष्ठी एक विदेशी लिपि है और डेरियस के पंजाब पर आक्रमण के समय (ई.पू. 500 लग.) भारत के वादव्य प्रदेशों में इसका आगमन हुआ है। इस संदर्भ में हमें यह भी स्मरण रखना चाहिए कि भारत के उसी प्रदेश में सिंधु सभ्यता एक ऐसी लिपि को जन्म दे चुकी थी जो संभवतः दाईं ओर से बाईं ओर को लिखी जाती थी और सिंधु सभ्यता के अंक-संकेत भी ऊर्ध्वाधर रेखाएं ही थीं।

खरोष्ठी अंक-पद्धति दस की गणना पर आधारित थी। इसमें, 10, 100 और 1000 के लिए स्वतंत्र संकेत थे। परंतु इसमें शून्य के लिए कोई संकेत नहीं था। आज की तरह यह दाशमिक स्थानमान अंक-पद्धति नहीं थी। फिर भी यह अंक-पद्धति उस समय की ब्राह्मी अंक-पद्धति या किसी अन्य अंक-पद्धति से घटिया नहीं थी। लुप्त होने के पहले इस अंक-पद्धति ने भारत और मध्य एशिया की सभ्यताओं की लगभग आठ सौ साल तक सेवा की है।

संदर्भ और टिप्पणियां

1. सहस्रं मे ददतो अष्टकर्ण्यः। (10/62/7)
2. अक्षस्याहमेक परस्य हेतोः (10/34/2)
3. ग्रामण्यं गणकमभिक्रोशं तान्महसे। (30/20)
4. अजैषं त्वा संलिखितमजैषमुत संरुधम्। (7/50 (52) 15)
5. अशोक मौर्य राजवंश का तीसरा सम्राट था। उसका पूरा नाम अशोक वर्द्धन था। अशोक के पिता बिंदुसार की मृत्यु के समय उत्तराधिकार के लिए भयंकर भ्रातृ युद्ध हुआ जिसमें सारे भाई मारे गए और अशोक गद्दी पर बैठा। शिलालेख सं. 5 से पता चलता है कि अशोक अपने परिवार वालों का शुभचिंतक रहा। कलिंग युद्ध में भयंकर रक्तपात हुआ। लाखों लोग मारे गए।

   युद्ध के बाद अकाल, महामारी फैली। इससे अशोक को पश्चात्ताप हुआ और युद्ध से घृणा करने लगा। इसके बाद अशोक बौद्ध बन गया। मृत्युपर्यंत तक कोई लड़ाई नहीं लड़ी।

चित्र 13.8 : अशोक मौर्य

   अशोक के धर्म प्रचारक, सीरिया, मिस्र, साइरिनि, एबरिस, भवन, लंका, वर्मा, एशिया, अफ्रीका यूरोप तक गए। अशोक ने बौद्धधर्म का चारों दिशाओं में प्रचार किया। अशोक के शिलालेख ब्राह्मी लिपि में लिखे हुए हैं।

6. अभिलेख पाषाण फलकों पर, धातु की प्लेट पर, स्तंभों और गुफाओं की दीवारों पर उत्कीर्ण होते हैं। विभिन्न स्थानों और कालों में विभिन्न भाषाओं में प्रस्तुत होते हैं। कुछ अभिलेखों में उस समय की राजनीतिक और धार्मिक गतिविधियों के विवरण होते हैं। अभिलेख सरकारी स्मारक और ऐतिहासिक होते हैं। जैसे अशोक के शिलालेख, समुद्रगुप्त और रुद्रदमन प्रथम के स्तंभ धार्मिक और प्रशासनिक अभिलेख है।

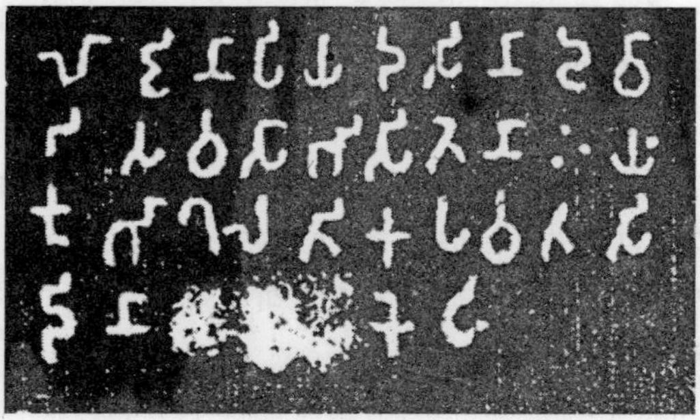

चित्र 13.9 : अशोक का बराबर गुफालेख (द्वितीय)

लिप्यंतर :

1. *लाजिना पियदसिना दुवा*
2. *डसवसाभिसितेना इयं*
3. *कुभा खलतिक पवतसि*
4. *दिना (आजीवि)केहि*

7. कालसी (तहसील चकराना, जिला-देहरादून, उ.प्र.) अशोक की चौदह धर्म लिपियां यहां एक चट्टान पर अंकित हैं। यह प्राचीन स्थान यमुना तट पर है और अशोक के समय में अवश्य महत्वपूर्ण रहा होगा। यह चौदह लिपियां अशोक के सीमाप्रांत में ही अभिलिखित होंगी।
8. G. Biihles : Indian Poleography : p.124-125
9. गौ.ही. ओझा : भारतीय प्राचीन लिपिमाला : दू.सं., पृष्ठ 114
10. दत्त और सिंह : हिन्दू गणितशास्त्र का इतिहास : प्रकाशन ब्यूरो, उत्तर प्रदेश सरकार, लखनऊ, पृष्ठ 25-34।
11. नासिक महाराष्ट्र में गोदावरी नदी के तट पर बसा हुआ प्राचीन नगर है। नासिक में 200 ई.पू. तक की पांडुलेण नामक बौद्ध गुफाओं का समूह है। जो कि जैन का धर्मस्थल है। नासिक के मंदिर-नारायण, उमा महेश्वर, राम, कपालेश्वर और महालक्ष्मी के मंदिरों को औरंगजेब ने नष्ट करवाकर वहां मस्जिद बनवाई थी। 1756 ई. में यहां भद्रकाली तथा नारायण का मंदिर बनाया गया, नासिक में

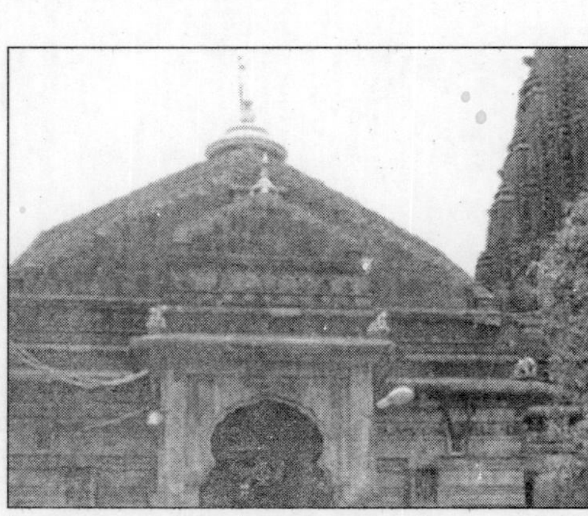

चित्र 13.10 : नासिक में त्र्यंबकेश्वर महादेव का ज्योतिर्लिंग

त्र्यंबकेश्वर महादेव का ज्योतिर्लिंग भी स्थित है। नासिक नौ शिखर पर बसी है–जूनागढ़, नवीगढ़ी, कोकनीटेक, जोगीगढ़ टेक, म्हास टेक, महालक्ष्मी टेक, सुनार टेक, गणपति टेक और चित्रघंट टेक। नासिक नौ टेकरियों पर बसा नगर है।

12. गांधार प्रदेश सिंधु नदी के पूर्व और उत्तर-पश्चिम की ओर स्थित है। ऋग्वेद में गांधार के निवासियों को गंधारी कहा गया है और उनकी भेड़ों की ऊन को सराहा गया है। अथर्ववेद में गंधारियों की गणना अवमानित जातियों में की गई है। गांधार को बड़े विद्वान पंडितों ने अपना निवास-स्थान बनाया। तक्षशिला गांधार की लोकविश्रुत राजधानी थी। पाणिनि गांधार के निवासी थे। अयोध्यापति रामचंद्र के भाई भरत ने गंधर्व देश को जीतकर यहां तक्षशिला और पुष्कलावती नगरी को बसाया था। महाभारत में धृतराष्ट्र की पत्नी गंधारी, गांधार देश की राज-कन्या थी। वायुपुराण में गांधार के घोड़ों को श्रेष्ठ माना जाता था। पूर्व-बुद्धकाल में गंधार उत्तरी भारत के सोलह जनपदों में से एक था। आज का अफगानिस्तान का पूर्वी भाग गंधार में सम्मिलित था।

14

शून्य तथा स्थानमान अंक-पद्धति का आविष्कार

नई अंक-पद्धति

नई अंक-पद्धति वह है जिसका आज हम इस्तेमाल करते हैं। इस अंक-पद्धति में शून्य सहित कुल दस संकेत हैं। इन दस संकेतों से हम बड़ी-से-बड़ी संख्या लिख सकते हैं। इनमें से प्रत्येक संकेत का अपना एक निजी मान है। इसके अलावा, प्रत्येक संकेत का संख्या में उसके स्थान के अनुसार मान बदलता रहता है। यही इस नई अंक-पद्धति की सबसे बड़ी विशेषता है।

इस बात की हमें कोई जानकारी नहीं मिलती कि इस नई अंक-पद्धति की खोज ठीक किस समय हुई और किस पंडित ने इसकी खोज की। भारत के किसी भी पुराने ग्रंथ में इस महान आविष्कार के बारे में हमें जानकारी नहीं मिलती। हम सिर्फ यही जान सकते हैं कि प्राचीन भारत के ग्रंथों में और अभिलेखों में कब से इस नई अंक-पद्धति के उदाहरण मिलते हैं।

प्राचीन भारत के अधिकांश ग्रंथ पद्य में लिखे गए हैं। ज्योतिष और गणित के ग्रंथ भी पद्य में लिखे गए हैं। पद्य में संख्यांकों को लिखना संभव नहीं है। पद्य में संख्याओं को शब्दों या अक्षरों की किसी विशेष योजना से ही लिखना संभव है। पर अभिलेखों में अंक-संकेतों को खोदने की परंपरा रही है। इसलिए सबसे पहले हम यही देखेंगे कि अभिलेखों में हमें इस नई अंक-पद्धति के दर्शन कहां और कब होते हैं।

शून्य का आविष्कार

हम बता चुके हैं कि वेदों में 'शून्य' शब्द नहीं है। कालांतर में जब यह शब्द मिलता है, तो इसका अर्थ है–'रिक्त' या 'खाली' स्थान। **अमरकोश** में भी शून्य के यही अर्थ हैं (शून्यं तु वशिकं तुच्छरिक्तके)। लेकिन इस 'तुच्छ' शून्य में कब प्राण फूंके गए और कब से गणना में इसका इस्तेमाल होने लगा, इसके बारे में हमें कोई स्पष्ट जानकारी नहीं मिलती।[1]

छंदशास्त्र पर आचार्य पिंगल का **छंदःसूत्र** ग्रंथ प्रसिद्ध है। इस ग्रंथ की रचना ईसा से एक-दो सदी पहले हुई है। छंदःसूत्र के आठवें अध्याय में पिंगल ने 'शून्य' शब्द का मात्राओं की गणना के संदर्भ में इस्तेमाल किया है। वस्तुतः, उन्होंने विशेष अर्थों में 'दो' और 'शून्य (द्विः शून्ये) का इस्तेमाल किया है। 'दो' का इस्तेमाल उन्होंने आधा करने की क्रिया (द्विरर्द्धे) के लिए किया और शून्य का इस्तेमाल अभाव या घटाने की क्रिया (रूपे शून्यम्) के लिए।

पिंगल के समय में 2 के लिए संकेत था। परंतु 'शून्य' का संकेत किस प्रकार का रहा होगा, इसके बारे में हमें कोई जानकारी नहीं मिलती। संभव यही जान पड़ता है कि उस समय शून्य का संकेत बिंदु के आकार का रहा होगा और घटाने के अर्थ में इसका इस्तेमाल होता होगा। अन्य प्राचीन ग्रंथों में भी शून्य का इसी प्रकार प्रयोग हुआ है।

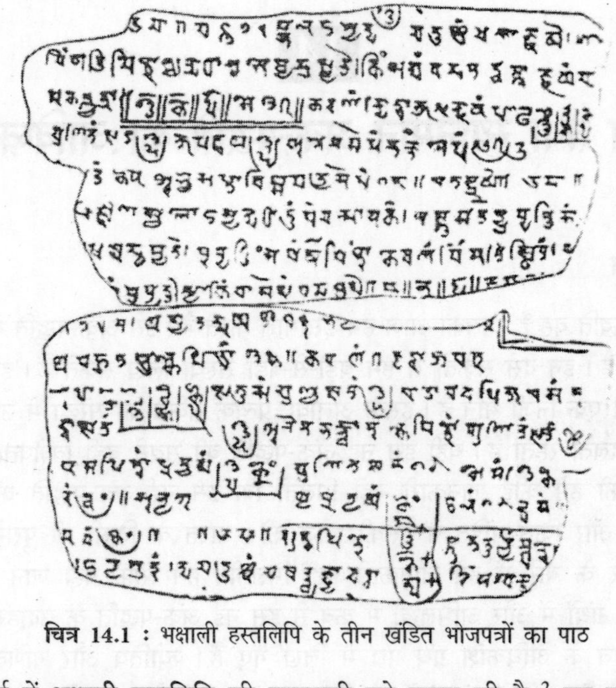

चित्र 14.1 : भक्षाली हस्तलिपि के तीन खंडित भोजपत्रों का पाठ

इस संदर्भ में **भक्षाली हस्तलिपि** की जानकारी बड़े महत्व की है।[2] यह हस्तलिपि प्राचीन शारदा लिपि में है, इसलिए इसका काल काफी बाद का है। लेकिन अनेक विद्वानों का मत है कि यह हस्तलिपि ईसा की तीसरी-चौथी सदी की किसी मूल पुस्तक की प्रतिलिपि है। भक्षाली हस्तलिपि खंडित अवस्था में मिली है, इसलिए हम नहीं जानते कि इसका लेखक कौन था और इस पुस्तक का असली नाम क्या था। पुस्तक में सूत्र हैं, सूत्रों के बाद उदाहरण हैं और तदनंतर उन उदाहरणों को अंकों एवं संकेतों में व्यक्त किया गया है।

भक्षाली हस्तलिपि में नई अंक-पद्धति का इस्तेमाल हुआ है। इसमें 1 से 9 तक की संख्याओं के लिए आठवीं-नौवीं सदी के अंक-संकेतों से मिलते-जुलते अंक-संकेत हैं और शून्य के लिए बिंदु का व्यवहार हुआ है।

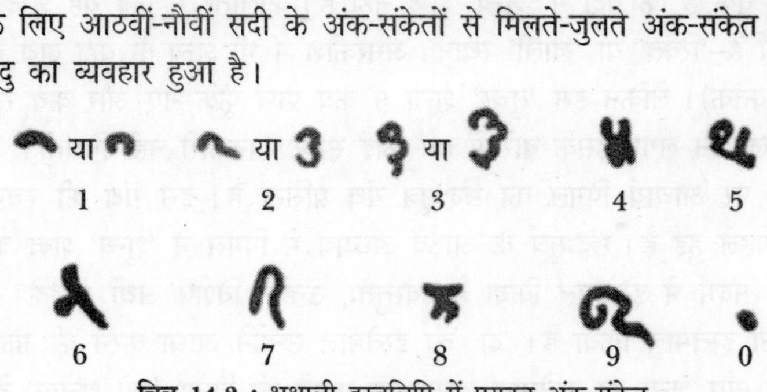

चित्र 14.2 : भक्षाली हस्तलिपि में प्रयुक्त अंक-संकेत

ऊपर हमने बताया है कि अनेक प्राचीन ग्रंथों में घटाने के अर्थ में शून्य-बिंदु का प्रयोग हुआ। परंतु भक्षाली हस्तलिपि की यह एक विशेषता है कि उसमें 'घटाने की क्रिया' के लिए + चिह्न का व्यवहार हुआ है। जिस संख्या को घटाना होता था उसकी दाईं ओर यह चिह्न रखा जाता था। आज यह चिह्न 'जोड़' के अर्थ में प्रयुक्त होता है।

भक्षाली हस्तलिपि में शून्य-बिंदु का प्रयोग दो अर्थों में हुआ है। एक, नई अंक-पद्धति के शून्य के लिए और दूसरे 'अज्ञात राशि' के लिए। भक्षाली हस्तलिपि का एक उदाहरण लीजिए–

0	1	1	1	1	भा शे	16	फलं 81
1	1	1	1	1		1	
	3 +	3 +	3 +	3 +			

इस रचना-पद्धति में ऊपर की पंक्ति अंश स्थान की द्योतक है और नीचे की दो पंक्तियां हर स्थान की। 'भा शे' का अर्थ है 'भाग शेष'। शून्य का अर्थ है 'अज्ञात राशि' जिसे आजकल हम 'य' से व्यक्त करते हैं।

उपर्युक्त उदाहरण को आधुनिक पद्धति में हम यूं लिख सकते हैं–

$$\text{य} = \frac{16}{(1-1/3)\quad(1-1/3)\quad(1-1/3)\quad(1-1/3)} = 81$$

अर्थात्, वह कौन-सी संख्या है जो 16 को (1–1/3) (1–1/3) (1–1/3) (1–1/3) से भाग देने पर प्राप्त होती है? उत्तर : 81।

वराहमिहिर और आर्यभट का समय लगभग एक ही है। ये दोनों ज्योतिषी 500 ई. के आसपास जीवित थे। वराहमिहिर के आज कई ग्रंथ मिलते हैं, परंतु उनमें से किसी भी ग्रंथ में उनके जीवन के बारे में खास जानकारी नहीं मिलती। ज्योतिषी जब अपने ग्रंथ को लिखना आरंभ करता है तो उसे गणना के लिए किसी-न-किसी संवत् का चुनाव करना पड़ता है और यह लिखना पड़ता है कि उसने अमुक साल से गणनाएं आरंभ की हैं। वराहमिहिर ने अपने **पंचसिद्धांतिका ग्रंथ** में गणितारंभ का वर्ष शक-संवत् 427 दिया है। शक-संवत् में 78 साल जोड़ने से ईसवी-सन् का साल मिलता है।

प्रख्यात ज्योतिषी वराहमिहिर ने 505 ई. में अपने **पंचसिद्धांतिका** ग्रंथ की रचना की। इसमें उन्होंने पुराने पांच ज्योतिष-सिद्धांतों के बारे में जानकारी दी है। आज ये पुराने सिद्धांत-ग्रंथ नहीं मिलते। इनमें से एक था–**पुलिश-सिद्धांत**। पुलिश-सिद्धांत की जानकारी देते समय वराहमिहिर ने शब्दांकों का प्रयोग किया है। साथ ही, नई अंक-पद्धति में प्रयुक्त शून्य के बारे में भी स्पष्ट जानकारी मिलती है। इससे हम इस परिणाम पर पहुंचते हैं कि वराहमिहिर के पहले के आचार्य पुलिश के ग्रंथ में नई अंक-पद्धति का इस्तेमाल हुआ था।

कुछ जैन ग्रंथों में हमें नई अंक-पद्धति के अस्तित्व के बारे में स्पष्ट जानकारी मिलती है। **अनुयोगद्वार-सूत्र** में 'अंकस्थान' शब्द आया है, जो अंक-संकेतों के स्थानमान का पर्यायवाची है। वायु-पुराण और विष्णु-पुराण में भी अंकों के अठारह स्थानों के उल्लेख मिलते हैं।

जिनभद्र गणि के वृहत्-क्षेत्र-समास ग्रंथ में शून्य युक्त यहां से बड़ी-बड़ी संख्याओं के अनेक उदाहरण मिलते हैं; जैसे–

(1) 'बाईस, चालीस, आठ शून्य'; अर्थात् 22,44,000 000 00।

(2) 'बत्तीस, दो शून्य, चार, आठ शून्य'; अर्थात् 32,00,6,00000000।

(3) 'दो लाख इकतालीस हजार नौ सौ आठ; शून्य से अपर्वतन करने पर अंश है, चार-शून्य-सात-एक-पांच और हर है, चार-आठ-तीन-नौ-दो।'

अर्थात्, $241960 \frac{40715}{483920} = 241960 \frac{40715}{48392}$

जिनभद्र गणि के समकालीन सिद्धसेन गणि ने उमारचति-कृत तत्वार्थ-धिगम-सूत्र पर अपनी टीका में, वर्गमूल निकालने में शून्य का प्रयोग किया है, यथा :

'... 35,34,40,000 000 00 का वर्गमूल : आठ शून्यों के आधे चार शून्य होते हैं, शेष का वर्गमूल है, 188, अतएव इष्ट वर्गमूल हुआ 17,80,0000।'

बाद के गणित-ग्रंथों में तो शून्य परिकर्म संबंधी स्वतंत्र प्रकरण ही मिलते हैं। ब्रह्मगुप्त ने अपने ब्रह्म-स्फुट-सिद्धांत (628 ई.) में शून्य की परिभाषा दी है : अ-अ = 0। इसके बाद नारायण, श्रीधर, महावीर भास्कराचार्य (द्वितीय) आदि गणितज्ञों ने शून्य परिकर्म का विस्तृत विवेचन किया है। दत्त और सिंह ने शून्य-गणित के बारे में गणित-ग्रंथों की परिभाषाएं दी हैं[3] और निर्णय दिया है कि शून्य के गाणितिक परिकर्म तभी संभव हो सकते हैं जब सांकेतिक चिह्न द्वारा प्रदर्शिक अंक के रूप में शून्य का अस्तित्व पहले से ही स्वीकार कर लिया जाय।[4]

उपरोक्त विवेचन में हम देखते हैं कि भक्षाली हस्तलिपि में शून्य के लिए शून्यबिंदु (.) का प्रयोग हुआ है। महाकाय सुबंधु ने अपने वासवदत्ता काव्य-ग्रंथ में एक स्थान पर तारों की उपमा शून्य-बिंदुओं से दी है। हम देख ही चुके हैं कि भोजदेव के राज्यकाल के ग्वालियर के अंतर्लेखों में शून्य के लिए लघुवृत्तों (0) का प्रयोग हुआ है। परंतु हम नहीं जानते कि ईसा की पूर्व शताब्दियों में शून्य का सांकेतिक चिह्न क्या था। संभवतः तब भी यह बिंदु या लघुवृत्त के आकार का ही रहा हो।

इस प्रकार हम देखते हैं कि न केवल शून्य की धारणा, बल्कि शून्य-संकेत युक्त दशमलव स्थानमान पद्धति संसार को भारत की एक अमूल्य देन है। विदेशी विद्वानों ने भी भारत के इस उपहार की मुक्तकंठ से प्रशंसा की है। प्रो. हैल्सटेड लिखते हैं :

शून्य के आविष्कार के महत्व की जितनी भी स्तुति की जाए, कम है। निरर्थक शून्य को केवल स्थान, संज्ञा, आकृति एवं संकेत ही नहीं बल्कि एक उपयोगी शक्ति प्रदान करना हिन्दू जाति की, जहां से इसकी उत्पत्ति हुई है, एक विशेषता है। यह निर्वाण को विद्युतशक्ति में परिवर्तित करने के सदृश है। गणित संबंधी कोई भी अन्य आविष्कार ज्ञान तथा शक्ति को आगे बढ़ाने में इतना प्रबल नहीं सिद्ध हुआ है।

सब बातों पर विचार करने से हम इस परिणाम पर पहुंचते हैं कि शून्य पर आधारित नई पद्धति की खोज ईसा की आरंभिक सदियों में हो चुकी थी। लेकिन प्रचार-प्रसार होने में

तीन-चार सदियों का समय लगा। गणित और ज्योतिष के ग्रंथों में मुख्यतः शब्दांक और अक्षरांक पद्धतियों का इस्तेमाल होता रहा।

स्थानमान पद्धति

आज जिस अंक-पद्धति का हम प्रयोग करते हैं, उसमें केवल दस चिह्न हैं : 1,2,3,4,5,6,7,8,9 और 0। इन्हीं दस अंक-संकेतों से समस्त संख्याओं को व्यक्त किया जाता है। सभी संख्याओं को केवल दस चिह्नों से व्यक्त करने की इस पद्धति को ही **अंकपल्ली या दशमान-पद्धति** (Decimal Notation) का नाम दिया गया है। इस पद्धति में प्रत्येक अंक, केवल अपने स्वमान का ही सूचक नहीं है, वह स्थानमान का भी सूचक है। प्रत्येक अंक इकाई, दहाई, सैकड़ा, हजार इत्यादि स्थानों पर विराजमान हो सकता है और दाहिनी ओर से बाईं ओर क्रमशः दस गुना बढ़ता जाता है, जैसे–111111 संख्या में अंक-संकेत तो 1 ही है; परन्तु दाहिनी ओर से बाईं ओर को वह क्रमशः 1, 10, 100, 1000, 10,000 और 100,000 को सूचित करता है। यही कारण है कि इस संख्या-सूचक-क्रम को दशगुणोत्तर की संज्ञा प्रदान की गई है। संसार के सभी सभ्य देशों में आज यही अंक-पद्धति प्रचलित है।

अब प्रश्न है–इस अंक-पद्धति का सबसे पहले कब और कहां आविष्कार हुआ है?

यदि उत्कीर्ण अंकों के प्रमाणों की खोज की जाय तो इस दशमलव स्थानमान पद्धति का सबसे प्राचीन उल्लेख हमें संखेड़ा से प्राप्त किसी **गुर्जरवंशी राजा के दानपत्र** में मिलता है। इसमें **कलचुरी (चेदि)** संवत् 346 (ई.स. 595) दशमलव स्थानमान पद्धति में दिया हुआ है।[5] दूसरा महत्वपूर्ण उल्लेख है, 8वीं शताब्दी के राजा **जयवर्धन द्वितीय** का राघोली का दानपत्र। इसमें शून्य के लिए एक लघुवृत्त (0) का प्रयोग हुआ है–संख्या 30 दशमलव संकेत में उत्कीर्ण है। इसी प्रकार, भोजदेव के राज्यकाल के ई. 870 के ग्वालियर के अंतर्लेख में श्लोकों की संख्या, 1 से लेकर 26 तक, दशमलव संकेत में है। ग्वालियर के ही एक अन्य लेख में, जो भोजदेव के शासनकाल का है, संवत् 933 (ई. 876) और संख्याएं 270, 187 तथा 50 दशमलव संकेत में हैं। ग्वालियर के इन दोनों अंतर्लेखों में शून्य के लिए एक लघुवृत्त (0) का प्रयोग हुआ है। इसके बाद तो दशमलव पद्धति से युक्त बहुत से अंतर्लेख मिलने लग जाते हैं। डॉ. दत्त तथा डॉ. सिंह ने अपने ग्रंथ में दसवीं शताब्दी तक मिलने वाले उन अंतर्लेखों तथा दानपत्रों की सूची दी है : जिनमें दशमलव स्थानमान का अंक-प्रयोग हुआ है। साथ ही, वृहत्तर भारत में प्राप्त होने वाले प्रमाणों का भी उल्लेख है।[6]

केवल उत्कीर्ण प्रमाणों के आधार पर ही यह अनुमान लगाना कि ईसा की छठी शताब्दी में ही दशमलव स्थानमान पद्धति का आविष्कार हुआ है, असंगत होगा। वस्तुतः ऐसे अनेक साहित्यिक प्रमाण उपलब्ध हैं जिनसे यह सिद्ध होता है कि ईसा के पूर्व ही भारत में शून्य तथा दशमलव-पद्धति की धारणा जन्म ले चुकी थी।

(अ) साहित्यिक प्रमाण

हमने देखा है कि मय-सभ्यता के लोगों ने 20 को गणना का आधार बनाया था और सुमेर-बेबीलोन वालों ने 60 को। विपरीत, संपूर्ण भारतीय इतिहास में 'दस' के अलावा गणना का कोई अन्य आधार नहीं मिलता। हमारी दशगुणोत्तर संख्या-संज्ञाएं इस तथ्य की सशक्त प्रमाण हैं।

स्थानमान के अर्थ में 'अंकस्थान' शब्द का सर्वप्रथम प्रयोग अनुयोग-द्वार-सूत्र में देखने को मिलता है। पुराणों में भी स्थानमान सिद्धांत के उल्लेख मिलते हैं, यथा :

वायु-पुराण : गणित के ये अठारह स्थान हैं। महर्षियों का कथन है कि इस प्रकार स्थानों की संख्या सैकड़ों हो सकती है।

अग्नि-पुराण : इकाई से आरंभ करके, प्रत्येक स्थान का मान पूर्वगामी स्थान से दस गुना होता है।

विष्णु-पुराण : हे द्विज! एक स्थान से दूसरे स्थान का मान क्रमशः दस गुना होता है। अठारहवां स्थान परार्ध कहलाता है।

ये तीनों पुराण ईसा की आरंभिक शताब्दियों में रचे गए थे। इनमें अग्नि-पुराण सबसे प्राचीन माना जाता है।

शांतरक्षित कृत **'तत्व-संग्रह'** पर **कमलशील** (छठी शताब्दी) ने टीका लिखी है। इसमें **वसुमित्र** (ल. 100 ई.) का निम्नलिखित दृष्टांत उद्धृत है :

'जिस प्रकार मिट्टी की गोली इकाई के स्थान में होने पर 1 को सूचित करती है, दइाई के स्थान में होने पर 10 को, सैकड़े के स्थान में होने पर 100 को और हजार के स्थान में होने पर 1000 को, उसी प्रकार... ।'

पतंजलि कृत **योगसूत्र** के व्यास-भाष्य का एक उदाहरण है :

'जिस प्रकार एक ही रेखा सैकड़े के स्थान में होने पर सौ, दहाई स्थान में होने पर दस, और इकाई के स्थान में होने पर एक कहलाती है।'

दार्शनिक ग्रंथों के इन दोनों उदाहरणों में 'मिट्टी की गोली' तथा 'रेखा' शब्द सिद्ध करते हैं कि, रोमन तथा ग्रीक लोगों की तरह, भारतीय लोग भी एबैकस (abacus) जैसी गणना पद्धति से परिचित थे और इसी से दशमलव-स्थानमान पद्धति की धारणा अस्तित्व में आई है।

(आ) अभिलेखों में नई अंक-पद्धति के प्रमाण

गुप्तकाल (लगभग 300-500 ई.) के अनेक अभिलेख मिले हैं। इनमें से कुछ लेखों में तिथियां हैं, कुछ में नहीं हैं। कुछ लेखों में अंक-संकेतों में भी तिथियां दी गई हैं। परंतु गुप्त शासकों के किसी भी लेख में नई अंक-पद्धति के दर्शन नहीं होते। उनके समकालीन महाविदर्भ के वाकाटक राजाओं के लेखों में भी हमें नई अंक-पद्धति के संख्यांक देखने को नहीं मिलते।

सबसे पहले एक गुर्जर राजा के दानपत्र में हमें नई अंक-पद्धति के संख्यांक देखने को मिलते हैं। यह दानपत्र संखेड़ा से प्राप्त हुआ है। इस दानपत्र में दी गई तिथि है–

संवत्सरशतत्रयं (ये) षट्चत्वारिशो (शदु) त्तरके। 346

यहां शब्दों और अंक-संकेतों, दोनों में तिथि दी गई है। जिस संवत्सर का इस्तेमाल हुआ है, वह कलचुरी (चेदि) संवत् है। कलचुरी संवत् का आरंभ 248-49 ई. से माना जाता है। अतः कलचुरी-संवत् 346 का अर्थ हुआ, 594 ई.।

संखेड़ा से प्राप्त किसी गुर्जर राजा के इस दानपत्र में संख्या 346 नई अंक-पद्धति में लिखी गई है। इसमें बाईं ओर से दाईं ओर क्रमशः अंक-संकेत 3, 4 और 6 का इस्तेमाल हुआ है।

यही संख्या यदि पुरानी अंक-पद्धति में लिखी जाती तो क्रमशः 300, 40 और 6 के संकेतों का इस्तेमाल होता। चूंकि संख्या 346 शब्दों में भी दी गई है, इसलिए संदेह की कोई गुंजाइश नहीं रह जाती। और, 3, 4 तथा 6 के लिए जिन संकेतों का इस्तेमाल हुआ है, वे पुराने अंक संकेत हैं। 3 के लिए कुछ मुड़ी हुई तीन आड़ी लकीरें हैं, 4 के लिए गुप्तकाल में प्रयुक्त 4 के संकेत का इस्तेमाल हुआ है और 6 के लिए अशोक के लेखों में प्रयुक्त 6 का संकेत है, जो आजकल के देवनागरी के छह से भी कुछ मिलता है।

उपर्युक्त लेख में संख्या 346 है, परंतु शून्य का संकेत नहीं है। इससे हमें यह नहीं समझना चाहिए कि शून्य के संकेत का या शून्य की धारणा का आविष्कार नहीं हुआ था। शून्य की धारणा और इसके संकेत के बिना हम नई अंक-पद्धति के अस्तित्व की कल्पना ही नहीं कर सकते।

जिस समय नई अंक-पद्धति का आविष्कार हुआ, उस समय शून्य के संकेत का आकार कैसा रहा होगा, इसके बारे में कोई स्पष्ट जानकारी नहीं मिलती। राघोली (बालाघाट जिला, मध्य प्रदेश) से प्राप्त शैलवंशी राजा जयवर्धन (द्वितीय) के एक दानपत्र (आठवीं सदी ई.) में हमें पहली बार शून्य का संकेत देखने को मिलता है। इसमें शून्य के लिए आजकल जैसा लघुवृत्त है। नई अंक-पद्धति में लिखी गई संख्या 30 में यह लघुवृत्त देखने को मिलता है।[7]

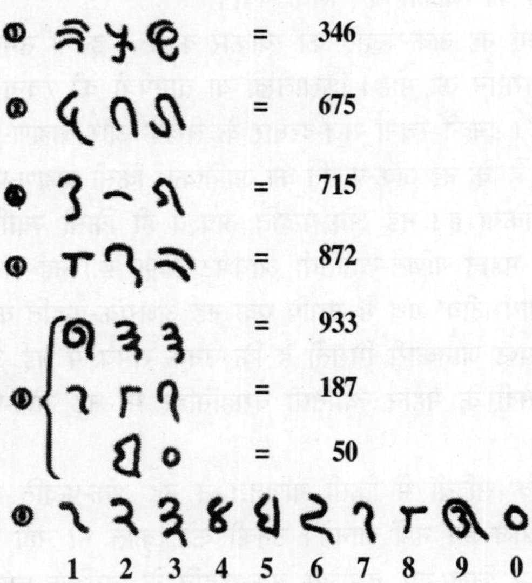

(1) संखेड़ा से प्राप्त किसी गुर्जर राजा के दानपत्र से (594 ई.)
(2) राष्ट्रकूट शासक दंतिदुर्ग के दानपत्र से (753 ई.)
(3) राष्ट्रकूट शासक शंकरगण के दानपत्र से (793 ई.)
(4) प्रतीहार शासक नागभट के लेख से (815 ई.)
(5) प्रतीहार शासक भोजमिहिर के समय के एक लेख से (876 ई.)
(6) प्रतीहार शासक भोजमिहिर की ग्वालियर-प्रशस्ति से (लगभग 870 ई.)

चित्र 14.3 : आरंभिक अभिलेखों में प्रयुक्त नई अंक-पद्धति की संख्याएं

प्रतीहार राजा भोजमिहिर (840-881 ई.) की 870 ई. के आसपास की ग्वालियर से प्राप्त प्रशस्ति में भी शून्य के लिए लघुवृत्त का इस्तेमाल हुआ है।[8]

इसके बाद तो दशमलव पद्धति से युक्त बहुत से अंतर्लेख मिलने लग जाते हैं। डॉ. दत्त तथा डॉ. सिंह ने अपने ग्रंथ में दसवीं शताब्दी तक मिलने वाले उन अंतर्लेखों तथा दानपत्रों की सूची दी हैं– जिसमें दशमलव स्थानमान का अंक प्रयोग हुआ है। साथ ही वृहत्तर भारत में प्राप्त होने वाले प्रमाणों का भी उल्लेख है।

ईसा की सातवीं, आठवीं और नौवीं सदियों के ऐसे अनेक अभिलेख मिले हैं जिनमें संख्याएं नई अंक-पद्धति में लिखी गई हैं। राष्ट्रकूट शासक दंतिदुर्ग के 753 ई. के एक दानपत्र में शक-संवत् 675 नई अंक-पद्धति में दिया गया है। राष्ट्रकूट राजा शंकरगण के 793 ई. के एक दानपत्र में शक संवत् 715 नई अंक-पद्धति में है। प्रतीहार शासक नागभट के एक लेख में विक्रम-संवत् 872 नई अंक-पद्धति में है। पृष्ठ 219 पर नई अंक-पद्धति की संख्याओं के कुछ आरंभिक नमूने दिए हैं।

सन् 594 ई. के बाद के सभी लेखों में हमें नई अंक-पद्धति के दर्शन नहीं होते। नई अंक-पद्धति के साथ-साथ पुरानी अंक-पद्धति का भी इस्तेमाल होता रहा। ईसा की दसवीं सदी तक के कई अभिलेखों में हमें पुरानी अंक-पद्धति की संख्याएं देखने को मिलती हैं। तदनंतर सर्वत्र नई अंक-पद्धति को स्वीकार कर लिया गया।

अभिलेखों के लिए नई अंक-पद्धति को स्वीकार करने में इतना समय क्यों लगा?

एक कारण है–पुरातन का मोह। शिलालेखों या ताम्रपत्रों की रचना का ढांचा काफी हद तक परंपरागत रहा है। इनकी रचना राज-दरबार के लेखक और ब्राह्मण-पुरोहित करते रहे हैं।

दूसरा कारण यह है कि नई अंक-पद्धति का आविष्कार किसी ब्राह्मण-पुरोहित या पुराण-कथा रचने वालों ने नहीं किया है। नई अंक-पद्धति अवश्य ही किसी ज्योतिषी या गणितज्ञ के दिमाग की उपज है। महान गणित-ज्योतिषी आर्यभट (499 ई.) नई अंक-पद्धति से परिचित थे। उन्होंने अपने 'आर्यभटीय' ग्रंथ में यद्यपि एक नई अक्षरांक-पद्धति का इस्तेमाल किया है, किंतु इस बात की स्पष्ट जानकारी मिलती है कि उनके समय में नई अंक-पद्धति की खोज हो चुकी थी। छठी सदी के महान ज्योतिषी वराहमिहिर भी नई अंक-पद्धति से भली-भांति परिचित थे।

ईसा की आरंभिक सदियों में किसी गणितज्ञ ने नई अंक-पद्धति की खोज की होगी। लेकिन उनका नाम आज हम नहीं जानते। उनकी कोई कृति भी नहीं मिलती। गणित और ज्योतिष के ग्रंथ पद्य में लिखे गए, इसलिए अंक-पद्धति के प्रारंभिक प्रमाण हमें नहीं मिलते। जब यह नई अंक-पद्धति गणित व ज्योतिष में रूढ़ हो गई और जनसाधारण में भी फैल गई, तभी इसका अभिलेखों में इस्तेमाल शुरू हुआ। अतः हम इस परिणाम पर पहुंचते हैं कि 594 ई. के काफी पहले नई अंक-पद्धति की खोज हो चुकी थी। इसके लिए साहित्यिक प्रमाण भी मिलते हैं, जिनकी चर्चा हम पीछे कर चुके हैं।

अपनी जन्मभूमि में इस नई अंक-पद्धति का काफी देर बाद प्रचार-प्रसार होने का एक और कारण हो सकता है। इस नई अंक-पद्धति का आविष्कारक कोई ब्राह्मणेतर पंडित रहा होगा। गणित, विशेषतः संख्या-सिद्धांत, जैन मुनियों का प्रिय विषय रहा है। कई जैनाचार्य

उच्चकोटि के गणितज्ञ हुए हैं। असंभव नहीं कि किसी जैन पंडित ने ही इस नई अंक-पद्धति की खोज की हो। ऐसी स्थिति में ब्राह्मणधर्म के अनुयायी पंडित-पुरोहित इस नई अंक-पद्धति को तुरंत स्वीकार कर लेते, इस बात की संभावना कम ही है।

इतना निश्चित है कि ईसा की सातवीं सदी में नई अंक-पद्धति की ख्याति दक्षिण-पूर्व तथा पश्चिम एशिया के देशों में भी फैल चुकी थी। कुछ समय बाद अरब देशों के गणितज्ञों ने भारत की इस नई अंक-पद्धति को स्वीकार भी कर लिया था। फिर भी हमारे देश में ईसा की दसवीं सदी तक नई अंक-पद्धति के साथ-साथ पुरानी अंक-पद्धति का व्यवहार जारी रहा! आगे हम देखेंगे कि उस समय तक भारतीय अंक-पद्धति दक्षिण यूरोप के देशों में पहुंच चुकी थी।

नई अंक-पद्धति के बारे में एक बात पुनः दोहरानी जरूरी है। नई अंक-पद्धति में शून्य-संकेत के अलावा नौ संकेत हैं। ये हैं 1 से 9 तक की संख्याओं के संकेत। नई अंक-पद्धति के आविष्कार के समय 1 से 9 तक की संख्याओं के लिए नए संकेत नहीं गढ़े गए। इनके लिए उन्हीं संकेतों को स्वीकार किया गया जो पहले से मौजूद थे। अशोक के समय से इन संकेतों का विकास हो रहा था। यही कारण है कि नई अंक-पद्धति के अस्तित्व में आने से 1 से 9 तक के संकेतों में कोई परिवर्तन नहीं आया। यही कारण है कि अशोक के समय से लेकर आज तक के 1 से 9 तक के संकेतों में हमें एक विकसित सिलसिला देखने को मिलता है।

नई अंक-पद्धति की सबसे बड़ी विशेषता है–शून्य की धारणा एवं उसका संकेत। अतः हम देखेंगे कि प्राचीन भारत के वाङ्मय में शून्य के उल्लेख कहां और किस प्रकार मिलते हैं।

संदर्भ और टिप्पणियां

1. देखिए विषय प्रवेश टिप्पणी नं. 4
2. पाकिस्तान के पेशावर जिले में भक्षाली नामक एक गांव है। इसी गांव के समीप के एक टीले में एक किसान को 1881 ई. में भोजपत्रों पर लिखी हुई एक हस्तलिपि मिली थी। इसी का नाम 'भक्षाली हस्तलिपि' है। इस हस्तलिपि के कोई 70 पन्ने बचे हैं और वे भी खंडित अवस्था में हैं। मूल हस्तलिपि अब ऑक्सफोर्ड (इंग्लैंड) के बौदलियन संग्रहालय में सुरक्षित है। सर्वप्रथम डॉ. हॉर्नल ने इस हस्तलिपि के बारे में विवेचनात्मक निबंध लिखे। उनका मत था कि यह हस्तलिपि ईसा की तीसरी-चौथी सदी की किसी मूल पुस्तक की अनुकृति है। बाद में उनके इस मत को अनेक विद्वानों ने स्वीकार किया। भारत सरकार ने इस हस्तलिपि को तीन खंडों में प्रकाशित किया है और इसका संपादन जी.आर.के. ने किया है। के. महाशय ने इस हस्तलिपि को ईसा की 12वीं सदी की कृति माना है, परंतु उनका यह मत ठीक नहीं है। 'भक्षाली हस्तलिपि' के लेखक के बारे में हमें कोई जानकारी नहीं मिलती।
3. देखिए अध्याय-1 (गणितशास्त्र का इतिहास, भाग-1, पृष्ठ संख्या 224-29)
4. देखिए अध्याय-1 (गणितशास्त्र का इतिहास, भाग-1, पृष्ठ संख्या 75)
5. 'संवत्सरशतत्रयं (ये) षट्चत्वारिंशो शदुत्तरके।। 346।।

6. हिन्दू गणितशास्त्र का इतिहास, भाग-2, पृष्ठ 36-39
7. महाकोशल के शैलवंशी शासकों का संभवतः यही एक ताम्रशासन मिला है। इसका संपादन रायबहादुर डॉ. हीरालाल ने किया है (EI.IX.41)। इसमें शैलवंश की जानकारी के बाद उल्लेख है कि 'परममाहेश्वर सकलविंध्यापति महाराजाधिराज परमेश्वर श्री जयवर्धनदेव' (द्वितीय) ने राघोली के सूर्य-मंदिर के भोगार्थ एक गांव दान में दिया था। यह दान राजधानी श्रीवर्द्धनपुर से दिया गया था।
8. ग्वालियर के समीप 1896 ई. में इस अभिलेख (प्रशस्ति) की खोज हुई थी। तत्कालीन उत्तर भारत की आरंभिक नागरी लिपि तथा काव्य शैली की संस्कृत भाषा में रची गई इस प्रशस्ति में 17 पंक्तियां हैं। इसमें प्रत्येक श्लोक के अंत में संख्यांक दिए गए हैं, जैसे, ॥23॥ इस प्रकार इस लेख में 1 से 26 तक की श्लोक-संख्याएं नई अंक-पद्धति में दी गई हैं।

15

शब्दांक और अक्षरांक पद्धतियां

(आर्यभट प्रथम की वर्णांक पद्धति, कटपयादि पद्धतियां, अक्षरपल्ली इत्यादि)

शब्दांक पद्धति

संख्या-सूचक शब्दों का जब संख्याओं के रूप में इस्तेमाल होता है, तो उन्हें **शब्दांक** कहते हैं।

टेलर[1] (Taylor) ने लिखा है : आदि मानव की अंगुली-गणना का सिद्धांत और इस प्रक्रिया के आधार पर बने हुए अंक-संकेतों एवं संज्ञाओं के प्रमाण हमें अंक-उत्पत्ति की सीमा पर पहुंचा देता है। क्या हम, आगे बढ़कर, आदि मानव की उस मस्तिष्क प्रक्रिया की खोज कर सकते हैं जब अंक-संकेत को गढ़ने के पहले उसने अंकों का आभास पाया? हाथों और पैरों की अंगुलियों से तादात्म्य स्थापित करने के पहले, विशेषतः 5 से कम के अंकों का स्वरूप क्या था?

इसके बाद, विलियम वोन हुंबोल्डर (William von Humboldr) के मत की पुष्टि करते हुए, टेलर ने लिखा है कि 'वस्तुओं तथा क्रियाओं की संज्ञाओं को व्यवहार में रूढ़ करके आदि मानव ने अंक शब्दों को जन्म दिया है।

हमने देखा है कि कई आदिम समाजों की बोलियों में 'आंखें' शब्द 'दो' के अर्थ में प्रयुक्त होता है। यूनानी का 'पेंते' और हमारे 'पंच' (पंजा) शब्द का मूल्य अर्थ है–हथेली, जिसमें पांच अंगुलियां होती हैं। वैदिक साहित्य में 'कृत' शब्द 4 के अर्थ में प्रयुक्त हुआ है। वैदिक साहित्य में शब्दांकों के और भी कई उल्लेख मिलते हैं। अतः स्पष्ट है कि शब्दांक पद्धति का मूल काफी प्राचीन है।

पुराने जमाने में ग्रंथ पद्य में लिखे जाते थे और उन्हें कंठस्थ रखने की 'परंपरा थी। इसलिए कई विषयों के ग्रंथ सूत्र रूप में लिखे जाते थे। ऐसे ग्रंथों में अंक-संकेतों को लिखना संभव नहीं था। अतः ऐसे ग्रंथों में शब्दांकों का प्रयोग हुआ। ज्योतिष और छंद-शास्त्र के ग्रंथों में शब्दांकों का इस्तेमाल अधिक हुआ है।

वेदांग-ज्योतिष में शब्दांकों के रूप में रूप (1), अय (4), गुण (8), युग (12) तथा भसमूह (27) शब्दों का प्रयोग हुआ है। पिंगल के **छंदःसूत्र** में शब्दांकों के अनेक उदाहरण मिलते हैं। कुछ उदाहरण हैं : भूतेंद्रियवस्वृषयः (5, 5, 8, 7), रुद्रादित्याः (11, 12), इंद्रियर्त्तुस्वराः (5, 6, 7), रसेंद्रियाणि (6, 5)।

छंदःसूत्र में प्रयुक्त इस शब्दांक पद्धति के बारे में एक बात जान लेनी ज़रूरी है। यहां शब्दांकों के समास आए हैं, लेकिन पूरे समासयुक्त शब्द से कोई एक संख्या नहीं बनती। भूतेंद्रियवस्वृषयः (भूत-इंद्रिय-वसु-ऋषयः) का अर्थ संख्या 5587 नहीं है, बल्कि 5 या 5 या 8 या 7 है। उदाहरण के लिए, छंदःसूत्र का पूरा सूत्र लीजिए–

क्रौंचपदा भ्मो स्मौ नौ नौ ग् भूतेंद्रियवस्वृषयः (7.30)

इसका अर्थ होगा–''जिसके प्रति पाद में भगण, मगण, सगण, भगण, चार नगण और एक गुरु रहे, उसे 'क्रौंचपदा' छंद कहते हैं। इस छंद में पांच, पांच, आठ तथा सात अक्षरों में यति होगी।''

ऐसा लगता है कि आचार्य पिंगल के समय में अभी स्थानमान-युक्त नई दाशमिक अंक-पद्धति की खोज नहीं हुई थी। क्योंकि बाद के ग्रंथों में हम जिस शब्दांक पद्धति के दर्शन करते हैं, वह भिन्न प्रकार की है और नई अंक-पद्धति पर आधारित है। उदाहरणों से हम इस बात को अच्छी तरह समझ सकते हैं।

पहले हम बता चुके हैं कि वराहमिहिर ने अपने 'पंचसिद्धांतिका' ग्रंथ में पुराने पांच ज्योतिष-सिद्धांतों के बारे में जानकारी दी है। इनमें से एक सिद्धांत था–पुलिश-सिद्धांत। आज यह ग्रंथ उपलब्ध नहीं है, परंतु वराहमिहिर के अनेक ग्रंथों के टीकाकार **भटोत्पल** के समय (दसवीं सदी ई.) तक पुलिश-सिद्धांत उपलब्ध था। क्योंकि, **भटोत्पल** ने 'बृहत्संहिता' की टीका में पुलिश-सिद्धांत से अनेक उद्धरण दिए हैं। इनमें अनेक स्थानों पर शब्दांकों का प्रयोग हुआ है। कुछ उदाहरण हैं–

0 0 8 7 3 2

1. खखाष्टमुनिरामाश्विनेत्राष्टशररात्रिपाः = (ख-ख-अष्ट-मुनि-राम-

2 8 5 1

अश्वि-नेत्र-अष्ट-शर-रात्रिपाः) = 1, 58, 22, 37, 800.

0 0 15 3 3 4

2. आकाशशून्यतिथिगुणदहनसमुद्रै = (आकाश-शून्य-तिथि-गुण-दहन-समुद्र) = 43, 31, 500.

11 2 3 4 0 1

3. रुद्रयमाग्निचतुष्कव्योमशंशाकै = (रुद्र-यम-अग्नि-चतुष्क-व्योम-शशांकै) = 10. 43, 211.

शब्दांकों के ये उदाहरण छंदःसूत्र के उदाहरणों से भिन्न हैं। यहां भी शब्दांकों के पूरे समास हैं, परंतु इनसे एक पूरी संख्या बनती है, जो स्थानमान पद्धति में है। इन उदाहरणों की दूसरी विशेषता यह है कि इनमें अंकों (शब्दांकों) का क्रम दाईं ओर से बाईं ओर है। गणित व ज्योतिष के ग्रंथों में शब्दांक इसी क्रम से लिखे हुए देखने को मिलते हैं। नियम भी है–**अंकानां वामतो गतिः**–यानी अंकों की गति बाईं ओर को रहती है।

उपर्युक्त उदाहरणों पर विचार करने से स्पष्ट हो जाता है कि स्थानमान युक्त नई दाशमिक अंक-पद्धति के आविष्कार के बाद ही ऐसे शब्दांकों को लिखना संभव हुआ। सबसे पहले अंक-संकेतों में संख्याएं लिख ली जाती थीं। फिर क्रमशः दाईं ओर से बाईं ओर आगे बढ़ते हुए

उनके लिए शब्दांकों की रचना होती थी। आज भी हम दाईं ओर से बाईं ओर ही गिनती करते जाते हैं, जैसे–इकाई, दहाई, सैकड़ा इत्यादि।

ऊपर हमने जो उदाहरण दिए हैं वे मूल पुलिश-सिद्धांत के हैं। इस पुलिश-सिद्धांत की रचना निश्चित रूप से वराहमिहिर (505 ई.) के समय के पहले हो चुकी थी। पुलिश-सिद्धांत की रचना संभवतः ईसा की दूसरी-तीसरी सदी में हुई होगी। अतः यह सिद्ध होता है कि नई दाशमिक अंक-पद्धति ईसा की आरंभिक सदियों में अस्तित्व में आ चुकी थी।

वराहमिहिर के बाद के ब्रह्मगुप्त, लल्ल आदि गणित-ज्योतिषियों के ग्रंथों में नई शब्दांक पद्धति के बहुत सारे उदाहरण मिलते हैं। इतना ही नहीं, सातवीं सदी के आरंभ में नई पद्धति के शब्दांकों का प्रचार दक्षिण-पूर्व एशिया के देशों में भी हो चुका था। कंबोडिया (प्राचीन कंबुज) के बयाङ् स्थान से संस्कृत भाषा में एक मंदिर-शिलालेख मिला है। इस लेख में शब्दांक 546 को 'ऋतु-वारिनिधि इंद्रिय' शब्दों से व्यक्त किया है।[2]

शब्दांक पद्धति में जिन शब्दों का इस्तेमाल हुआ है वे वस्तुओं, देवताओं, ग्रह-नक्षत्रों, शरीर के अवयवों आदि के नाम हैं। ऐसे शब्दों के अर्थ में संख्या-भाव निहित रहता है, इसीलिए शब्दांकों के रूप में इनका इस्तेमाल हुआ है। जैसे, ऋतु छह हैं, इसलिए 6 के लिए 'ऋतु' शब्द का इस्तेमाल हुआ। नेत्र दो हैं, इसलिए 2 के लिए 'नेत्र' शब्द का इस्तेमाल हुआ। कई बार एक ही शब्द दो भिन्न संख्याओं के लिए प्रयुक्त हुआ है, जैसे–दिक् या दिश् शब्द 4 या 8 दोनों के लिए प्रयुक्त हुआ है।

नीचे हम प्रमुख शब्दांकों की सूची दे रहे हैं[3]–

0 = शून्य, ख, गगन, आकाश, व्योम, पूर्ण, अंतरिक्ष, रंध्र, इत्यादि।

चित्र 15.1 : शून्य का रेखाचित्र

1 = आदि, शशि, इंदु, चंद्र, शशांक, पृथ्वी, भू, पितामह, इत्यादि।

2 = यम, अश्विन, नेत्र, चक्षु, बाहु, कर्ण, ओष्ठ, युगल, इत्यादि।

3 = राम, गुण, लोक, काल, त्रिनेत्र, अग्नि, दहन इत्यादि।

4 = वेद, श्रुति, समुद्र, अब्धि, जलधि, वर्ण, आश्रम, युग, कृत, अय इत्यादि।

5 = बाण, शर, भूत, प्राण, पांडव, तत्त्व, इंद्रिय, इत्यादि।

6 = रस, अंग, ऋतु, राग, कारक, इत्यादि।

7 = नग, पर्वत, ऋषि, मुनि, वार, द्वीप, स्वर, इत्यादि।

8 = वसु, अहि, नाग, गज, दिक, सर्प इत्यादि।

9 = अंक, ग्रह, रंध्र, द्वार, निधि इत्यादि।

10 = दिश, अंगुली, रावणशिर, अवतार इत्यादि।

11 = रुद्र, महादेव, हर इत्यादि।

12 = रवि, सूर्य, मास, राशि इत्यादि।

13 = विश्वेदेवाः, विश्व, इत्यादि।

14 = मनु, विद्या, इंद्र इत्यादि।

15 = तिथि, दिन, पक्ष इत्यादि।

गणित-ज्योतिष के ग्रंथों में स्थानमान युक्त शब्दांक-पद्धति का प्रयोग हुआ है। वृहत्संहिता की टीका में भटोत्पल ने मूल पुलिश-सिद्धांत से एक उदाहरण दिया है : ख (0) ख (0) अष्ट (8) मुनि (7) राम (3) (0) अश्वि (2) नेत्र (2) अष्ट (8) शर (5) रात्रिया (2) = 158, 22, 378000। बादके गणित-ज्योतिष ग्रंथों में तो शब्दांक प्रयोग के अनेक उदाहरण मिलते हैं।

दत्त और सिंह ने लिखा है : ''संस्कृत के अतिरिक्त किसी भी भाषा में शब्द संकेत के प्राचीन-कालिक प्रयोग का कोई प्रमाण नहीं मिलता। और भारतवर्ष के अतिरिक्त किसी भी देश में चौथी शताब्दी पर्यंत, जबकि भारतीय ज्योतिषी और गणितज्ञ शब्दांक पद्धति को सामान्य रूप से प्रयोग में लाते थे, शब्दांक-पद्धति के प्रयोग का कोई चिह्न भी नहीं मिलता।''[4] इस शब्दांक-पद्धति के आविष्कार का समय 100 ई. से 200 ई. तक माना जा सकता है। शब्दांक पद्धति के पूर्व ही स्थानमान पद्धति का आविष्कार हो चुका था।[5]

आगे इससे बड़ी संख्याओं के लिए भी शब्द मिलते हैं, जैसे–कला (16), नख (20), गायत्री (24), नक्षत्र (27), देव (33) आदि।

पद्य की रचना में इस अक्षरांक पद्धति की बड़ी उपयोगिता थी। इसलिए न केवल संस्कृत के ग्रंथों में बल्कि हिंदी आदि देशी भाषाओं के काव्य-ग्रंथों में भी इस अक्षरांक पद्धति के उदाहरण देखने को मिलते हैं। अभिलेखों में भी इसका इस्तेमाल हुआ है।

अक्षरांक पद्धति

हम देख चुके हैं कि यूनानी अंक-पद्धति में वर्णमाला के अक्षरों का प्रयोग होता था। परंतु पाश्चात्य जगत की ये अक्षर-अंक-पद्धतियां स्थानमान की धारणा से रहित थीं। विपरीत, सूत्र ग्रंथों के प्रणेता भारतीय आचार्यों ने गणित-ज्योतिष ग्रंथों में संख्याओं को व्यक्त करने के लिए वर्णमाला के आधार पर ऐसी अक्षर-अंक-पद्धतियों का आविष्कार किया, जिनमें स्थानमान की योजना निहित थी। इस प्रकार की अंक-पद्धतियों का आविष्कार विद्वान गणित-ज्योतिषियों ने ही किया है और केवल उन्हीं तक इनका प्रयोग सीमित रहा। 5वीं शताब्दी से इस प्रकार की पद्धतियों का प्रारंभ देखने को मिलता है।

वर्णमाला के अक्षरों को जब संख्यामान दिए जाते हैं, तो वे अक्षरांक या वर्णांक कहलाते हैं। शब्दांक पद्धति की तरह अक्षरांक पद्धतियां भी काफी पुरातन हैं।

आज से करीब ढाई हजार साल पहले यूनानियों ने एक अक्षरांक पद्धति को जन्म दिया था। यूनानियों ने जब फिनीशियन अक्षरों को अपनाकर अपनी भाषा के लिए एक वर्णमाला का निर्माण कर लिया, तो उनके सामने समस्या उठी–अंकों के लिए कौन-से संकेत लें?

उस समय तक नई दाशमिक अंक-पद्धति की खोज नहीं हुई थी। इसलिए केवल दस संकेतों से काम नहीं चल सकता था। यूनानियों ने अंत में अपनी लिपि के अक्षरों को ही संख्यामान दिए। उनकी लिपि में 24 अक्षर थे। तीन अक्षर उन्होंने नए बनाए। इस प्रकार कुल 27 अक्षर हो गए। प्रथम नौ अक्षरों को उन्होंने 1 से 9 तक की संख्याओं के मान दिए। आगे के नौ अक्षरों को क्रमशः 10, 20, 30...90 संख्यामान। और, अन्तिम नौ अक्षरों को क्रमशः 100, 200, 300...900 संख्यामान। इन अक्षरों के बाईं ओर एक तिरछी लकीर खींचकर उन्होंने सहस्रों की संख्याओं को व्यक्त करने की भी व्यवस्था कर ली।

स्पष्ट है कि यह नई दाशमिक अंक-पद्धति नहीं थी। इस अक्षरांक पद्धति में बड़ी दिक्कतें थीं। लेकिन यूनान के यूक्लिड, आर्किमीदीज, एपोलोनियम आदि महान गणितज्ञों ने इसी अंक-पद्धति का इस्तेमाल किया है।

यह यूनानी अक्षरांक पद्धति किसी विशेष प्रयोजन के लिए अस्तित्व में नहीं आई थी। यह सभी के लिए थी। यूरोप में सत्रहवीं सदी तक इस यूनानी अक्षरांक पद्धति का प्रचलन रहा है और आधुनिक गणित में भी थोड़ी-बहुत मात्रा में यूनानी अक्षरों का अंकों के रूप में इस्तेमाल होता है। यूरोप में नई भारतीय अंक-पद्धति का प्रवेश होने पर भी रोमन और यूनानी अंक-पद्धतियां सदियों तक जीवित रहीं।

यहूदी लोगों ने भी अपनी लिपि के अक्षरों के आधार पर एक अक्षरांक पद्धति को जन्म दिया था। यह हिब्रू अक्षरांक पद्धति लगभग यूनानी अक्षरांक पद्धति जैसी ही थी। इन अक्षरांक पद्धतियों के कारण संख्याओं और अक्षरों (शब्दों) के बीच संबंध स्थापित हो गया, इसलिए इन्होंने 'अंकफल-विद्या' के अंधविश्वास को भी जन्म दिया।

भारत में भी कई अक्षरांक पद्धतियों को जन्म दिया गया था। भारत में पहले से ही अंक-संकेतों का अस्तित्व था। नई अंक-पद्धति का भी आविष्कार हो चुका था। लेकिन पद्यबद्ध ग्रंथों की रचना के लिए अक्षरांक और शब्दांक पद्धतियों की ज़रूरत थी।

जानकारी मिलती है कि पाणिनि (लग. 400 ई.पू.) ने अपनी 'अष्टाध्यायी' में सूत्रों की स्थापना में अ = 1, ई = 2, उ = 3 जैसे अक्षरांकों का इस्तेमाल किया था। आजकल भी कभी-कभी हम अ, आ, इ, ई...या क, ख, ग, घ...जैसे अक्षरों का 1, 2, 3, 4...के क्रम के लिए उपयोग करते हैं, लेकिन सीमित रूप में।

हमने देखा है कि बहुत प्राचीन काल से संख्याओं के लिए शब्दों (शब्दांकों) का इस्तेमाल होता रहा है। सूत्रों और पद्यों की रचना में इन शब्दांकों का इस्तेमाल होता था। लेकिन हम यह भी जानते हैं कि प्राचीन भारत के ग्रंथकार सूत्र या पद्य में शब्दों या अक्षरों की मितव्ययिता पर अधिक जोर देते थे। ज्योतिष व गणित के ग्रंथों में संख्याओं का अधिक प्रयोग होता है। शब्दांकों से सूत्र या पद्य बड़े बनते हैं। इसलिए ईसा की पांचवीं सदी से हमारे देश में कई अक्षरांक पद्धतियां अस्तित्व में आईं।

चित्र 15.2 : आर्यभट (कल्पना-चित्र)

महान गणित-ज्योतिषी **आर्यभट प्रथम** के 'आर्यभटीय' (499 ई.) ग्रंथ में हमें एक नई अक्षरांक पद्धति के दर्शन होते हैं। कुछ विद्वानों का कहना है कि यूनानी अक्षरांक पद्धति से प्रेरणा ग्रहण करके आर्यभट ने अपनी अक्षरांक पद्धति को जन्म दिया था। परंतु यह मत सही प्रतीत नहीं होता। हमारे देश में आर्यभट के समय में अन्य अक्षरांक पद्धतियों का भी अस्तित्व रहा है। दूसरी बात यह है कि आर्यभट की अक्षरांक पद्धति पुरानी अंक-पद्धति के ढांचे पर नहीं बल्कि नई स्थानमान अंक-पद्धति के ढांचे पर आधारित थी। आर्यभट की अक्षरांक पद्धति यूनानी अक्षरांक पद्धति की तरह नहीं थी।

आर्यभटीय ग्रंथ के दो मुख्य भाग हैं—दशगीतिका और आर्याष्टाशत। दूसरे भाग में आर्या छंद के 108 पद्य हैं, इसीलिए यह 'आर्याष्टाशत' नाम। दशगीतिका भाग में गीतिका छंद के 10 पद्य होने चाहिए, किंतु उसमें 13 पद्य हैं। इनमें से पहला पद्य मंगलाचरण है और दूसरे में अक्षरांक पद्धति का नियम दिया गया है। यह नियम है—

वर्गाक्षराणि वर्गाऽवर्गेऽवर्गाक्षराणिंकात् ङ्मौ यः।
खद्विनवके स्वरा नव वर्गेऽवर्गे नवांत्यवर्गे वा॥

अर्थात्, वर्गाक्षर, जिनका आरंभ 'क' से होता है, वर्गस्थानों में प्रयुक्त किए गए हैं और अवर्गाक्षर, जिनका आरंभ 'य' से होता है, अवर्ग स्थानों में प्रयुक्त किए गए हैं। इस प्रकार, 'ङ्मौ' (ङ् + म्) का मान वही है जो 'य्' का है। नौ स्वर शून्यों के वर्ग और अवर्ग स्थान वाले नौ जोड़ों के लिए प्रयुक्त किए गए हैं। इनसे अधिक स्थानों के उपयोग की आवश्यकता पड़ने पर इन्हीं नौ स्वरों का उपयोग करना चाहिए।

श्लोक का अर्थ बताने पर भी इसे अधिक स्पष्ट करना जरूरी है। वर्गाक्षर का अर्थ है—कवर्ग (क्, ख्, ग्, घ्, ङ्), चवर्ग (च्, छ्, ज्, झ्, ञ्), टवर्ग (ट्, ठ्, ड्, ढ्, ण्), तवर्ग (त्, थ्, द्, ध्, न्) और पवर्ग (प्, फ्, ब्, भ्, म्) के कुल 25 अक्षर। आठ अवर्गाक्षर हैं—य्, र्, ल्, व्, श्, ष्, स्, ह्। क् से म् तक के 25 वर्ग अक्षरों को क्रमशः 1 से 25 तक संख्यामान दिए गए। य अवर्गाक्षर है। इसके लिए बताया गया 'ङ्मौ यः' (ङ् + म् = य्), अर्थात्, (5 + 25) = य् = 30 है। इसी प्रकार, र् = 40, ल् = 50, व् = 60, श् = 70, ष् = 80, स् = 90 और ह् = 100 है।

आगे कहा गया है कि नौ स्वरों (अ, इ, उ, ऋ, ऌ, ए, ऐ, ओ, औ) का उपयोग नौ वर्गस्थानों (विषम स्थानों) के लिए और नौ अवर्गस्थानों (सम स्थानों) के लिए करना है। इस नियम को इस प्रकार सूचित किया जा सकता है :

औ		ओ		ऐ		ए		ऌ		ऋ		उ		इ		अ	
अ	व	अ	व	अ	व	अ	व	अ	व	अ	व	अ	व	अ	व	अ	व
0	0	0	0	0	0	0	0	0	0	0	0	0	0	0	0	0	0
10^{17}	10^{16}	10^{15}	10^{14}	10^{13}	10^{12}	10^{11}	10^{10}	10^{9}	10^{8}	10^{7}	10^{6}	10^{5}	10^{4}	10^{3}	10^{2}	10^{1}	10^{0}

इस व्यवस्था में दूसरी पंक्ति के 'अ' का अर्थ अवर्गस्थान और 'व' का अर्थ वर्गस्थान है। आर्यभट ने स्वरों के ह्रस्व और दीर्घ रूपों में कोई भेद नहीं किया है। ऊपर की व्यवस्था में क से म तक के 25 वर्गाक्षर वर्गस्थानों में रखने होंगे और य से ह तक के 8 अवर्गाक्षर अवर्ग स्थानों में रखने होंगे। आर्यभटीय से दो उदाहरण लीजिए– (1) ख्युघृ = खु + यु + घृ

		ऋ		उ		इ		अ		
		0	0	0	0	0	0	0	0	
खु	=				2	0	0	0	0	
यु	=			3	0	0	0	0	0	
घृ	=		4	0	0	0	0	0	0	
ख्युघृ	=		4	3	2	0	0	0	0	= 4320000

(2) चयगियिङुशुछ्लृ = ल् छ् श् ङ् य् ग् य् च्

5 7 7 5 3 3 3 6 = 57753336

जहां संयुक्त व्यंजन के साथ स्वर मिला होता था, वहां समझा जाता था कि वह स्वर उस संयुक्त व्यंजन के प्रत्येक घटक के साथ मिला हुआ है। जैसे, ऊपर के उदाहरण में ख्यु = खु + यु। यहां य अवर्गाक्षर है, इसलिए उसे अवर्ग स्थान में रखा गया है। घ और ख वर्गाक्षर हैं, इसलिए उन्हें वर्ग स्थानों में रखा गया है।

उपर्युक्त व्यवस्था (न्यास) में पहले शून्यों की पंक्ति लिखी जाती थी। फिर जिस संख्या के अक्षरांक जानने होते थे उसके अंकों को अ, इ, उ, आदि स्वरों के वर्ग-अवर्ग स्थानों में दाईं ओर से बाईं ओर को क्रमशः रखा जाता था। तब निर्धारित नियम के अनुसार अंकों के लिए अक्षर प्राप्त किए जाते थे, जैसे–4 = घ, 3(0) = य, 2 = ख। स्वरों को जोड़ने पर अक्षर प्राप्त होते थे : घृ यु खु। शब्दांकों की तरह इन अक्षरांकों को 'अंकानां वामतो गतिः' के अनुसार रखने पर इनका क्रम बनता है : खु यु घृ। इन्हें जोड़कर और छंद की आवश्यकतानुसार संयुक्ताक्षर बनाने पर शब्द मिला-ख्युघृ, जिसका संख्या 4320000 के अलावा अन्य कोई अर्थ नहीं है। वास्तविक गणनाएं संख्या-संकेतों से ही होती थीं। पद्यबद्ध रचना के लिए ही उन्हें शब्दांकों या अक्षरांकों में बदला जाता था।

आर्यभट की अक्षरांक पद्धति की उपर्युक्त व्याख्या कुछ जटिल प्रतीत हो सकती है, परंतु इससे यह पता चल जाता है कि उन्होंने संख्यांकों को किस तरह अक्षरांकों में बदला होगा और फिर उनको संयोजित करके अपने पद्यबद्ध ग्रंथ के लिए किस तरह संख्या शब्द प्राप्त किए होंगे। उपर्युक्त व्यवस्था से यह तो सुस्पष्ट हो ही जाता है कि आर्यभट की अक्षरांक पद्धति

दाशमिक स्थानमान पद्धति पर आधारित है। आर्यभटीय भारतीय गणित-ज्योतिष का पहला ग्रंथ है जिसमें दाशमिक स्थानमान पद्धति का प्रयोग देखने को मिलता है।

व्याकरणशास्त्र के पारिभाषिक शब्दों का उपयोग करके आर्यभट ने केवल इसी एक श्लोक में अपनी नई अक्षरांक पद्धति के सारे नियम भर दिए हैं। आर्यभट की यह नई अक्षरांक पद्धति इस प्रकार है–

	ऌ = 100000000
अ = 1	ए = 10000000000
इ = 100	ऐ = 1000000000000
उ = 10000	ओ = 100000000000000
ऋ = 1000000	औ = 10000000000000000

क् = 1, ख् = 2, ग् = 3, घ् = 4, ङ् = 5,
च् = 6, छ् = 7, ज् = 8, झ् = 9, ञ् = 10,
ट् = 11, ठ् = 12, ड् = 13, ढ् = 14, ण् = 15,
त् = 16, थ् = 17, द् = 18, ध् = 19, न् = 20,
प् = 21, फ् = 22, ब् = 23, भ् = 24, म् = 25,
य् = 30, र् = 40, ल् = 50, व् = 60,
श् = 70, ष् = 80, स् = 90, ह् = 100

इस अक्षरांक पद्धति में ह्रस्व और दीर्घ स्वरों में भेद नहीं किया गया है। जहां व्यंजन के साथ स्वर मिला हुआ है वहां समझना चाहिए कि व्यंजनांक के साथ स्वरांक का गुणन हुआ है, जैसे–कु = क् + उ = 1 × 10000 = 10000 और ङि = ङ् + इ = 5 × 100 = 500।

जहां संयुक्त व्यंजन के साथ स्वर मिला हो वहां समझना चाहिए कि वह स्वर उस संयुक्त व्यंजन के प्रत्येक घटक के साथ मिला हुआ है, जैसे–ख्षृ = (ख् + ऋ) + (ष् + ऋ) = (2 × 1000000) + (80 × 1000000) = 82000000 और ङ्म = (ङ् + अ) + (म् + अ) = (5 × 1) + (25 × 1) = 30। 'ङ्म' का यह मान 'य' के बराबर है, इसीलिए पृष्ठ 228 के श्लोक में आर्यभट ने 'ङ्मौ यः' लिखा है।

अब हम आर्यभटीय से एक उदाहरण लेंगे। आर्यभट ने अपनी नई अक्षरांक पद्धति में एक महायुग में चंद्र के भूभ्रमणों की संख्या दी है 'ङिशिबुण्लृख्षृ'। इन अक्षरांकों को हम अंकों में परिवर्तित करेंगे–

ङि = ङ् + इ	=	5 × 100	=	500
शि = श् + इ	=	70 × 100	=	7000
बु = ब् + उ	=	23 × 10000	=	230000
ण्लृ = ण् + लृ	=	15 × 100000000	=	1500000000
ख्षृ = (ख् + ष्) ऋ	=	(2 + 80) 1000000	=	82000000
ङिशिबुण्लृख्षृ			=	1582237500

आर्यभट की इस अक्षरांक पद्धति के अन्य कुछ उदाहरण हैं–

ख्युघृ = 4320000
जषबिखुछृ = 7022388
बुफिनच = 232226

जाहिर है कि मितव्ययिता और पद्यबद्ध रचना के लिए ही आर्यभट ने इस अक्षरांक पद्धति का आविष्कार किया था। लेकिन इसके व्यवहार में अनेक दिक्कतें थीं। इन अक्षरांकों से कुछ ऐसे भी शब्द बनते हैं जिनका उच्चारण कर पाना संभव नहीं है। इन्हीं सब कारणों से अन्य ज्योतिषियों ने आर्यभट की इस अक्षरांक पद्धति को नहीं अपनाया।

लेकिन यह अक्षरांक पद्धति आर्यभट की कुशाग्र बुद्धि की परिचायक है। आर्यभट का जन्म 476 ई. में हुआ था और केवल 23 साल की अल्पायु में 499 ई. में उन्होंने अपने 'आर्यभटीय' ग्रंथ की रचना की थी। आर्यभटीय छोटा ग्रंथ है, परंतु इतने में ही उन्होंने उस समय तक ज्ञात गणित और ज्योतिष से संबंधित सारी बातों को लिख दिया है। आर्यभट मानते थे कि पृथ्वी अपने अक्ष पर भ्रमण करती है। उन्होंने वृत्त की परिधि तथा इसके व्यास का सूक्ष्म अनुपात (π) दिया है = 3.1461। आर्यभट की त्रिकोणमिति से संबंधित विधि का हम आज भी इस्तेमाल करते हैं।

आर्यभट के ग्रंथ के अवलोकन से स्पष्ट होता है कि उनके समय तक नई स्थानमान युक्त दाशमिक अंक-पद्धति की खोज हो चुकी थी। आर्यभट ने एक श्लोक में दशगुणोत्तर संख्या-संज्ञाएं दी हैं–

एकं च दश च शतं च सहस्रमयुतनियुते तथा प्रयुतम् ॥ 2 ॥
कोट्यर्बुदं च वृन्दं स्थानात स्थानं दशगुणं स्यात् ॥ 2 ॥

एक, दश, शत, सहस्र (1000), अयुत (10,000), नियुत (1,00,000), प्रयुत (10,00,000), कोटि (1,00,00,000), अर्बुद (10,00,00,000), वृंद (1,00,00,00,000) – इनमें अगले स्थान वाली प्रत्येक संख्या पिछले स्थान वाली संख्या से दस गुना है।

आर्यभट की अक्षरांक पद्धति जटिल थी, और पद्यबद्ध रचना के लिए अक्षरांक पद्धति की ज़रूरत थी ही, इसलिए अन्य गणित-ज्योतिषियों ने सरल अक्षरांक पद्धतियों को जन्म दिया।

कटपयादि-पद्धति

इस अक्षर-अंक-पद्धति में 1 से 9 तक के अंकों को और शून्य को संस्कृत वर्णमाला के व्यंजनों से व्यक्त किया जाता है। अक्षर-संज्ञाएं छोटी और प्रायः मधुर होती हैं। यह पद्धति आर्यभट की पद्धति और शब्दांक पद्धति दोनों से श्रेष्ठ है। भारत में इसके चार रूप मिलते हैं।

शंकरवर्मन् की सद्रलभाला (हस्तलिपि) में पहले प्रकार की कटपयादि पद्धति का नियम है :

नआवचश्च शून्यानि संख्याः कटपयादयः।
मिश्रे तूपान्त हल् संख्या न च चिन्त्यो हलस्वरः ॥

अर्थात् न, अ, और स्वर शून्य सूचक हैं : कट्, प्, और य से आरंभ होने वाले व्यंजन (क्रम से 1, 2, 3... आदि) आदि संख्याओं को सूचित करते हैं। मिश्र-व्यंजनों में (केवल) स्वर युक्त अंतिम व्यंजन संख्या-सूचक होता है; स्वर रहित व्यंजनों से संख्या न समझना चाहिए।

इस पद्धति के अनुसार :

क्, ट्, प्, य् = 1
ख्, ठ्, फ्, र् = 2
ग्, ड्, ब्, ल् = 3

घ्, ढ्, भ्, व् = 4
ङ्, ण्, म्, श् = 5
च्, त्, ष् = 6
छ्, थ्, स् = 7
ज्, द्, ह् = 8
झ्, ध्, ल् = 9
ञ्, न् और स्वर = 0

इस अक्षरांक पद्धति के आरंभिक अक्षर 'क-ट-प-य' हैं, इसीलिए इसे 'कटपयादि' पद्धति कहते हैं। इसके व्यंजनों का इस्तेमाल नई स्थानमान अंक-पद्धति के अनुसार होता है। यदि कोई संयुक्त व्यंजन हो तो केवल अंतिम व्यंजन का ही संख्यामान लिया जाएगा। इस अक्षरांक पद्धति में इकाई, दहाई, सैकड़ा आदि के क्रम से अक्षरांकों का आरंभ होता है (अंकानां वामतो गतिः)।

यह कटपयादि अक्षरांक पद्धति काफी सरल थी। कुछ अभिलेखों में भी इस पद्धति का इस्तेमाल हुआ है। कुछ उदाहरण हैं :

2 4 4 1 = 1442
(1) रा–घ–वा–य

4 4 6 = 644
(2) भ–व–ति

6 4 3 1 = 1346
(3) त–त्वा–लो–के

2 3 1 5 6 5 1 = 1565132
(4) ख–गो–न्त्या–न्मे–ष–मा–पे

स्पष्ट है कि इस अक्षरांक पद्धति में शब्द सुबोध और मधुर बनते हैं। परंतु सर्वत्र एक-सी कटपयादि पद्धति का व्यवहार नहीं हुआ है। समय-समय पर इसके विभिन्न प्रकारों का इस्तेमाल हुआ है। आर्यभट द्वितीय (दसवीं सदी) ने अपने 'आर्यसिद्धांत' में कटपयादि अक्षरांक पद्धति का प्रयोग किया है।

ऐसी अक्षरांक पद्धतियों का कुछ दुरुपयोग भी हुआ है। कटपयादि पद्धति के अनुसार 'राम' शब्द संख्या 52 का द्योतक होगा और 'रावण' शब्द संख्या 542 का। इसलिए कुछ अंधविश्वासी लोग 52 जैसी 'देवता-सूचक' संख्याओं को 'शुभ' मानने लगे और रावण के नामवाली 542 जैसी संख्याओं को 'अशुभ'! अंकफल-विद्या का गोरखधंधा चल पड़ा।

1 2 3 4

ब्राह्मी से विकसित नवीन पद्धति के अंक-संकेत

1. प्रतीहार भोजदेव के लेख से (लग. 870 ई.)
2. परमार भोज के 'कूर्मशतक' से (11वीं सदी)
3. अजमेर के एक लेख से (लग. 1160 ई.)
4. बौद्ध हस्तलिपियों से

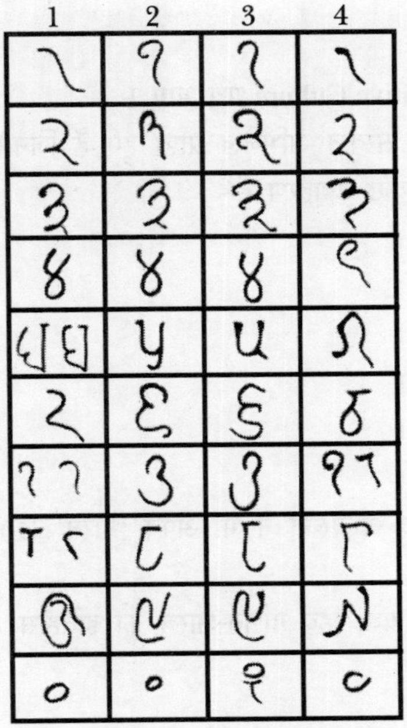

चित्र 15.3 : ब्राह्मी से विकसित लिपि के अंक-संकेत

अक्षरपल्ली

प्राचीन काल में लिखी गई हस्तलिखित पोथियों को देखने से पता चलता है कि उनके पन्नों के क्रम को दरशाने के लिए, पन्नों के हाशिए पर अक्षर-अंकों का प्रयोग हुआ है। ये अक्षर-अंक उसी भाषा-लिपि के होते थे, जिनमें वे पोथियां लिखी होती थीं। ऐसे अक्षर-अंकों को अक्षरपल्ली का नाम दिया गया है। स्पष्ट ही है कि इस पद्धति के अक्षर-अंक-संकेतों में विविधता रही है। ये अक्षर-अंक चीनी-पद्धति की तरह ऊपर से नीचे लिखे जाते थे। कभी-कभी तो अक्षर संकेतों के साथ-साथ अंक-संकेतों का प्रयोग भी देखने को मिलता है, यथा :

33 = ला/3, 100 = सु/00, 131 = सु/ला/1

ओझाजी ने इस पद्धति का विस्तृत विवेचन किया है।

लेकिन कुछ जैन हस्तलिपियों के पत्रांकनों में, कुछ सिक्कों तथा कुछ शिलालेखों में कुछ ऐसे अंक-संकेत मिलते हैं, जो स्पष्टतः वर्णमाला के स्वरों तथा व्यंजनों से निर्मित हैं। परंतु इन अक्षर-संकेतों में एकरूपता नहीं है। जैनियों ने इस पद्धति को, दशमान-पद्धति (अंकपल्ली) से पृथक् करने के लिए, अक्षरपल्ली नाम दिया है।

अक्षरपल्ली के प्रयोग से यह बात अनुमानित होती है कि 1, 2, और 3 को छोड़कर, शेष ब्राह्मी अंक-संकेत शायद प्राचीन ब्राह्मी वर्णमाला के स्वरों एवं व्यंजनों से बने हों।

नई दाशमिक अंक-पद्धति की खोज होने पर भी हमारे देश में शब्दांक और अक्षरांक पद्धतियों का व्यवहार चालू रहा। लेकिन इस बीच नई अंक-पद्धति और उसके साथ ब्राह्मी के अंक-संकेतों का विदेशों में प्रचार-प्रसार होता रहा। आगे हम देखेंगे कि भारतीय अंक-पद्धति का पश्चिमी एशिया और यूरोप के देशों में प्रचार कब और कैसे हुआ।

संदर्भ और टिप्पणियां

1. E.B. Taylor कृत Primitive Culture ग्रंथ भाग I
2. कंबोडिया से ऐसे अनेक संस्कृत अभिलेख प्राप्त हुए हैं जिनमें शब्दांक नई अंक-पद्धति के शब्दांक में दिए गए हैं। कुछ उदाहरण हैं–

   ख-पंच-इंद्रिया = 550 ।

   मृख-ऋतु-वाण = 561 ।

   नव-तनु-विषय = 589 ।

   शर-नव-शर = 595 ।

   मूर्ति-द्वार-शर = 598 ।

   त्रि-व्योम-ऋत = 603 ।
3. मध्य एशिया के भारतबिदु अल्बेरूनी ने भी अपने 'भारत' (1030 ई.) में शब्दांकों की सूची दी है।
4. दत्त और सिंह : पूर्वोक्त ग्रंथ, हिंदू गणित-शास्त्र का इतिहास : प्रकाशन ब्यूरो, उत्तर प्रदेश, पृष्ठ संख्या 56
5. वही, पृष्ठ संख्या 57-58

16

दक्षिण-पूर्व एशिया और पश्चिम एशिया में भारतीय अंक-पद्धति और अंक-संकेतों का प्रवेश

ईसा की आरंभिक सदियों में भारत में नई अंक-पद्धति की खोज हुई। पहली बार 594 ई. के एक गुर्जर दानपत्र में हमें नई पद्धति के अंक-संकेत देखने को मिलते हैं। फिर, ईसा की दसवीं सदी तक भारत में नई-पुरानी अंक-पद्धतियों का इस्तेमाल होता रहा। अंत में नई अंक-पद्धति को सर्वत्र अपना लिया गया। इस प्रकार, हम देखते हैं कि अपनी जन्मभूमि में ही पुरानी अंक-पद्धति के स्थान पर नई अंक-पद्धति को पूर्णतः अपनाने में लगभग आठ सदियों का समय लगा। हमारे देश के गणितज्ञ और ज्योतिषी अपने ग्रंथ गद्य में लिखते और अंक-संकेतों का इस्तेमाल करते तो नई अंक-पद्धति के प्रचार में इतना अधिक समय न लगता। दूसरा कारण यह है कि यह विशाल देश उस समय अनेक राज्यों में बंटा हुआ था। सारे देश पर एक केंद्रीय शासन न होने से भी नई अंक-पद्धति के प्रचार-प्रसार में अधिक समय लगा।

इस बीच भारतीय अंक-पद्धति की ख्याति दूर-दूर के देशों में फैल चुकी थी। दक्षिण-पूर्व एशिया के देशों में भारतीय व्यक्तियों ने अपने उपनिवेश स्थापित कर लिए थे। वहां उन्होंने अपने राजवंश भी स्थापित कर लिए थे। उनके साथ भारतीय भाषा (संस्कृत और पालि) और भारतीय लिपि (ब्राह्मी) का भी दक्षिण-पूर्व एशिया के देशों में प्रचार-प्रसार हुआ। ईसा की छठी-सातवीं सदी में भारतीय अंक-पद्धति भी वहां पहुंच गई थी।

पहले हम बता चुके हैं कि कंबोडिया[1] से प्राप्त एक लेख में शकाब्द 546 (624 ई.) को शब्दांकों (ऋतु-वारिनिधि-इंद्रिय) में लिखा गया है। दक्षिण-पूर्व एशिया के देशों से कुछ ऐसे भी लेख मिले हैं जिनमें शकाब्द नई अंक-पद्धति में दिए गए हैं। कंबुज देश के संभौर[2] स्थान से नई पद्धति के अंक-संकेतों में भी लेख मिला है। इस स्तंभलेख में शक-संवत् 605 अंक-संकेतों में दिया गया है। बाईं ओर से दाईं ओर क्रमशः 6, 0 और 5 के संकेतों का इस्तेमाल हुआ है। अंतिम अंक-संकेत 4 भी हो सकता है। अतः स्पष्ट है कि नई अंक-पद्धति में लिखी गई यह संख्या 682 या 683 ई. की है।

चित्र 16.1 : दक्षिण-पूर्व एशिया के देशों से प्राप्त अभिलेखों में नई अंक-पद्धति में दी गई शकाब्द-सूचक तीन संख्याएं

उपर्युक्त लेख की संख्या 605 में शून्य बिंदु का संकेत है। एक अन्य लेख में वृत्ताकार शून्य भी देखने को मिलता है। भारत में शून्य संकेत वाला जो सबसे पुराना लेख मिला है, वह आठवीं सदी का है। लेकिन इसमें आश्चर्य की कोई बात नहीं है। भारतीय लोगों ने ही दक्षिण-पूर्व एशिया के देशों में ब्राह्मी लिपि और नई अंक-पद्धति का प्रचार-प्रसार किया है। ऐसा लगता है कि नई अंक-पद्धति के प्रचार-प्रसार में भारतीय व्यापारियों का बड़ा हाथ रहा है।

पश्चिम के देशों के साथ भी पुरातन काल से भारत के गहरे व्यापारी संबंध रहे हैं। ईसा की आरंभिक सदियों में रोम के व्यापारी दक्षिण भारत पहुंचते थे। ईसा की पहली-दूसरी सदी में रोम के साथ भारत का व्यापार अपनी उन्नति के शिखर पर था। दक्षिण भारत के अनेक स्थानों से रोमन सिक्के मिले हैं। रोम[3] के साथ यह व्यापार ईसा की चौथी-पांचवीं सदी तक चालू रहा।

उस समय तक भारत में नई अंक-पद्धति की खोज हो चुकी थी। अतः इस बात की काफी संभावना है कि उसी समय रोमन लोगों को नई भारतीय अंक-पद्धति की जानकारी मिल गई थी। इस नई अंक-पद्धति की ख्याति सिकंदरिया (मिस्र) और भूमध्य-सागर के अन्य तटवर्ती देशों में भी पहुंच गई होगी। लेकिन भूमध्य-सागरीय देशों में नई भारतीय अंक-पद्धति के प्रवेश के बारे में हमें ठोस जानकारी नहीं मिलती।

जिस समय भारत में आर्यभट (जन्म : 476 ई.) हुए, उसी समय रोम में **बोयेथियस** (475-524 ई.) नाम के एक विद्वान हुए। उन्होंने क्षेत्रमिति, अंकगणित और दर्शनशास्त्र पर पुस्तकें लिखी हैं। इन पुस्तकों की जो हस्तलिपियां मिलती हैं, वे ईसा की दसवीं सदी की हैं। इनमें से क्षेत्रमिति की हस्तलिपि में कई स्थानों पर नई भारतीय अंक-पद्धति के 1 से 9 तक के अंक-संकेत दिए हुए हैं। बोयेथियस की इस हस्तलिपि में शून्य का संकेत भी देखने को मिलता है।

कुछ पाश्चात्य विद्वानों का मत है कि बोयेथियस की क्षेत्रमिति की हस्तलिपि में पाए जाने वाले ये भारतीय अंक-संकेत बाद में जोड़े गए हैं और 500 ई. के आसपास अभी भारतीय अंक-संकेत भूमध्य-सागरीय देशों में नहीं पहुंचे थे। उनका कहना है कि भारत में पांचवीं सदी तक नई दाशमिक अंक-पद्धति की खोज नहीं हुई थी।

हम जानते हैं कि ईसा की पांचवीं सदी में भारत में नई अंक-पद्धति की खोज हो चुकी थी। मूल भक्षाली हस्तलिपि ईसा की तीसरी-चौथी सदी की थी और उसमें नई दाशमिक अंक-पद्धति के अंक-संकेतों का इस्तेमाल हुआ है। रोम और भूमध्य-सागरीय देशों के साथ भारत के व्यापारिक संबंध रहे हैं। असंभव नहीं कि भारतीय व्यापारियों के साथ ईसा की तीसरी-चौथी सदियों में भारतीय अंक-पद्धति भूमध्य-सागरीय देशों में पहुंच गई हो। अतः इस बात की काफ़ी संभावना है कि बोयेथियस की मूल हस्तलिपि में भी नई भारतीय अंक-पद्धति के अंक-संकेत मौजूद रहे हों।

जो भी हो, इतना निश्चित है कि पश्चिमी एशिया के देशों में, इस्लाम के उत्थान के पहले ही, भारतीय अंक-पद्धति की ख्याति पहुंच चुकी थी। इस्लामी साम्राज्य की स्थापना के पहले पश्चिमी एशिया के सीरिया आदि देशों में ईसाइयों के कई विद्याकेंद्र थे। फरात नदी के तट पर केन्नेशर ऐसा ही एक विद्याकेंद्र था। इन विद्याकेंद्रों में यूनानी ग्रंथों का अध्ययन होता था और

यूनानी से सीरियाई भाषा में उनके अनुवाद होते थे। अरबों के उत्थान के पहले पश्चिम एशिया में सीरियाई भाषा को एक सुसंस्कृत भाषा माना जाता था।

ईसा की सातवीं सदी में केन्नेशर के विद्याकेंद्र में **सेवेरुस सेबोख्त**[4] नाम के एक सीरियाई विद्वान हुए। वे गणितशास्त्र के भी विद्वान थे। उनके समय के अन्य कुछ विद्वान यूनानी विद्या को अधिक महत्व देते होंगे और सीरियाई पांडित्य को कम आंकते होंगे, इसलिए सेबोख्त बड़े दुखी थे। 662 ई. में लिखी गई अपनी एक कृति में सेबोख्त कहते हैं कि सीरियाई लोग उन खल्दियों के वंशज हैं जिन्होंने यूनानियों को ज्ञान-विज्ञान के पाठ पढ़ाए थे। इसी संदर्भ में सेबोख्त कहते हैं :

"मैं भारतीयों के सभी शास्त्रों का विवेचन नहीं करूंगा...। मैं उनकी ज्योतिष से संबंधित उन अद्‌भुत गवेषणाओं की भी चर्चा नहीं करूंगा, जो यूनानियों और बेबीलोन वालों से श्रेष्ठ हैं। भारतीयों की अंक-पद्धति अत्यंत महत्त्व की और वर्णनातीत है। मैं सिर्फ यही कहना चाहता हूं कि यह गणना नौ चिह्नों से होती है।"

हमारे यहां भी शून्य को अंक-संकेत मानने की परंपरा नहीं रही है। अतः सेबोख्त जब नौ अंक-संकेतों का उल्लेख करते हैं, और यह कहते हैं कि इन्हीं से गणनाएं होती हैं, तो उसका स्पष्ट अर्थ है–नई दाशमिक स्थानमान अंक-पद्धति। सेबोख्त ने इसी अंक-पद्धति को अद्‌भुत और वर्णनातीत कहा है।

सेवेरुस सेबोख्त का यह उल्लेख 662 ई. का है। अब प्रश्न यह है कि सेबोख्त को भारतीय अंक-पद्धति की जानकारी कहां से मिली होगी?

ख़लीफ़ा अल-मंसूर के शासनकाल (754-75 ई.) में बगदाद में इस्लामी साम्राज्य की राजधानी स्थापित हो गई थी (762 ई.)। जानकारी मिलती है कि 771 ई. में सिंध की एक दूत-मंडली के साथ कुछ भारतीय विद्वान और भारतीय ग्रंथ बगदाद पहुंचे थे।[5] तदनंतर ही भारतीय ग्रंथों के अरबी अनुवादों का सिलसिला शुरू हुआ। अतः स्पष्ट है कि सेवेरुस सेबोख्त (662 ई.) को भारतीय अंक-पद्धति के बारे में जानकारी अरबों से नहीं मिली थी।

अरबों के उत्थान के पहले पड़ोसी देश ईरान के साथ भारत के गहरे संबंध थे। ईरान के ससानी सम्राट नौशेरवां खुसरो प्रथम (531-79 ई.) ने कई भारतीय चिकित्सकों को आमंत्रित किया था। जुंदीशापुर प्रसिद्ध विद्याकेंद्र था। पश्चिमी एशिया के बैजांतिन साम्राज्य से भागे हुए ईसाई (नस्तोरी) विद्वानों ने जुंदीशापुर के विद्याकेंद्र में आश्रय पाया था। इसी समय सीरिया के ईसाई विद्वानों को भारतीय अंक-पद्धति के बारे में जानकारी मिली होगी।

ईरानी सम्राट खुसरो के शासनकाल में **पंचतंत्र** का पहलवी भाषा में अनुवाद हुआ था–560 ई. के आसपास। इसके कुछ ही साल बाद, 570 ई. के आसपास, पहलवी से सीरियाई भाषा में पंचतंत्र का अनुवाद हुआ। पंचतंत्र का अरबी भाषा में पहला अनुवाद आठवीं सदी में हुआ, पहलवी भाषा से।

अतः स्पष्ट है कि अरबों के उत्थान के पहले ही सीरियाई विद्वान भारतीय विद्या के संपर्क में आ चुके थे। सीरियाई विद्वान सेवेरेस सेबोख्त को नई भारतीय अंक-पद्धति की जानकारी अवश्य ही जुंदीशापुर जैसे ईरानी विद्याकेंद्रों से मिली होगी। इस बात की भी अधिक संभावना है कि अरबों को भारतीय अंक-पद्धति की जानकारी सबसे पहले ईरानी या सीरियाई विद्वानों से

ही मिली हो। जो भी हो, इतना निश्चित है कि नई भारतीय अंक-पद्धति की कीर्ति ईसा की सातवीं सदी के आरंभ में पश्चिमी एशिया के देशों में पहुंच चुकी थी।

संदर्भ और टिप्पणियां

1. कंबोडिया (दक्षिण-पूर्व एशिया) की एक नगरी जो 889 ई. में अभिविक्त हिंदू राजा यशोतमन् की राजधानी थी। यह नगरी अंगकोर सभ्यता के पूरे उत्कर्षकाल में कंबुज देश की राजधानी बनी रही। महाभारत में कंबुज के कई राजाओं के वर्णन हैं जिनमें सुदर्शन और चंद्रवर्मन् मुख्य हैं।
2. संभौर—आठवीं शती ई. में दक्षिणी कंबोडिया (कंबुज) में एक छोटा-सा राज्य जिसका उल्लेख कंबोडिया के प्राचीन इतिहास में है। इस भारतीय उपनिवेश की स्थिति वर्तमान संभौर के निकट थी जो मिकोग नदी पर है।
3. सहदेव ने रोम, अतियोकस तथा यवनपुर नगरों को अपनी दिग्विजय-यात्रा के प्रसंग में जीतकर इन पर कर लगाया था। रोम-निवासियों का वर्णन सभा 51-17 में युधिष्ठिर के राजसूय यज्ञ में उपहार लेकर आने वाले विदेशियों के साथ भी किया गया है।
4. सेवेरुस सेबोख्त सातवीं सदी में केन्नेशर के इसाई मठ के बिशप थे। उन्होंने 662 ई. में भारतीय अंक-पद्धति के नौ चिह्नों का उल्लेख किया है, दस का नहीं? अरबी गणितज्ञ भी भारतीय अंक-पद्धति के केवल नौ चिह्नों का उल्लेख करते हैं। लेकिन नौ संकेतों का अर्थ होता है—शून्य सहित दस अंक-संकेतों पर आधारित नई भारतीय अंक-पद्धति।
5. देखिए अध्याय-I संसार को भारत की सबसे बड़ी देन, टिप्पणी नं. 3, पृष्ठ संख्या 24।

17

अरबी जगत में भारतीय अंक-पद्धति और अंकों का प्रचार-प्रसार

15 जुलाई, 622 ई. को मुहम्मद साहब को मक्का से मदीना पलायन (हिजरत) करना पड़ा। यह इस्लाम-संवत् के पहले वर्ष के पहले दिन की घटना है और इस्लाम-संवत् के साथ ही अरब का क्रमबद्ध इतिहास शुरू होता है। इस्लाम की स्थापना के बाद बड़ी तेज़ी से अरबों के साम्राज्य का विस्तार हुआ। पैगंबर मुहम्मद की मृत्यु (632 ई.) के बाद, सौ साल के भीतर ही, पश्चिम में स्पेन से लेकर पूर्व में सिंध तक अरब साम्राज्य फैल गया था। मुहम्मद के उत्तराधिकारियों (ख़लीफ़ाओं) ने 640 ई. तक सीरिया और मिस्र पर अधिकार कर लिया। 642 ई. तक ईरान उनके अधिकार में चला गया और 650 ई. तक अरब साम्राज्य की सीमा हिंदूकुश पर्वत और मध्य-एशिया की वक्षु नदी तक पहुंच गई। ख़लीफ़ा उमर के शासनकाल (634-44 ई.) में अरबों ने थाना, भड़ौच और देबल बंदरगाहों पर हमले किए थे। अंत में आठवीं सदी के प्रथम चरण में अरबों ने सिंध पर अधिकार कर लिया।

पश्चिम की तरफ 640 ई. और 709 ई. के बीच उन्होंने उत्तरी अफ्रीका पर अधिकार कर लिया था। आगे 713 ई. तक उन्होंने स्पेन पर भी अधिकार कर लिया। इस प्रकार हम देखते हैं कि इस्लाम की स्थापना के बाद सौ साल के भीतर ही अरबों का साम्राज्य स्पेन से लेकर सिंध तक फैल गया।

यह सर्वविदित है कि अरबों ने भारत, ईरान और यूनान के ज्ञान-विज्ञान की नींव पर अपने ज्ञान-विज्ञान की इमारत खड़ी की है। हम बता चुके हैं कि नस्तोरी ईसाइयों ने ईरान के विद्याकेंद्रों में शरण ली थी। इन्होंने यूनानी ग्रंथों का सीरियाई भाषा में अनुवाद किया था। इसलिए अरबों को यूनानी व भारतीय विद्या की आरंभिक जानकारी जुंदीशापुर जैसे विद्याकेंद्रों से ही मिली होगी। पहले-पहल सीरियाई भाषा से ही अरबी में अनुवाद हुए।[1] फिर दमिश्क में अरबों का विद्याकेंद्र स्थापित हुआ। अंत में ख़लीफ़ा अल-मंसूर के शासनकाल (754-74 ई.) में 762 ई. में बगदाद में राजधानी स्थापित हुई। उस समय सिंध पर अरबों का अधिकार था। अतः लगभग उसी समय में भारत (सिंध) के साथ अरबों के सीधे संबंध स्थापित हो गए।

जाहिज़ (मृत्यु : 869 ई.) एक प्रसिद्ध दार्शनिक था और बसरे में रहता था। 'संसार की गोरी और काली जातियों में से कौन बढ़कर है?' इस विषय पर जाहिज़ ने एक निबंध लिखा था और अपना मत काली जातियों के पक्ष में देते हुए उसने लिखा था :

"परंतु हम देखते हैं कि भारत के निवासी ज्योतिष और गणित में बढ़े हुए हैं और उनकी एक विशेष भारतीय लिपि है। चिकित्सा में भी वे आगे हैं और इस शास्त्र के वे कई विलक्षण भेद जानते हैं।... शतरंज का खेल उन्हीं का निकाला हुआ है, जो बुद्धिमत्ता और विचार का सबसे अच्छा खेल है।... उनमें विचार और वीरता भी है और कई ऐसे गुण हैं जो चीनियों में भी नहीं हैं।... फिर गणित और ज्योतिष विद्या भी उन्हीं ने निकाली है।... सर्राफ़ और रुपये-पैसे का कारो बार करने वाले लोग अपनी थैलियों और कोष उनके सिवा और किसी को नहीं सौंपते।[2]

इराक में जितने भी सर्राफ़ हैं, सबके यहां ख़ज़ानची ख़ास सिंधी होगा या किसी सिंधी का लड़का होगा; क्योंकि उनमें हिसाब-किताब रखने और सराफ़ी का काम करने के स्वाभाविक गुण होते हैं। फिर ये लोग ईमानदार और स्वामिनिष्ठ सेवक भी होते हैं।" (जाहिज़ की रिसाला फ़ख़रूससूदान अलल् बैजान जाहिज; से)

याक़ूबी प्रसिद्ध यात्री, इतिहास लेखक और विद्वान था। कहा जाता है कि वह भारत में भी आया था। वह लिखता है :

"भारत के लोग बुद्धिमान और विचारशील हैं; और इस विचार से वे सब जातियों से बढ़कर हैं। गणित और ज्योतिष में इनकी बातें सबसे अधिक ठीक निकलती हैं। सिद्धांत उन्हीं की विचारशीलता का परिणाम है, जिससे यूनानियों और ईरानियों तक ने लाभ उठाया है।" (तारिखे इब्न वायज़ याक़ूबी)

पैगंबर मुहम्मद के पहले अरब वालों के पास अपने संतोषजनक अंक-संकेत नहीं थे। मुहम्मद के बहुत पहले लगभग ई.स. की दूसरी शताब्दी में 'गोबार-अंक' अलेक्ज़ेंड्रिया पहुंच गए थे। आगे हम विस्तार से इसकी चर्चा करेंगे। परंतु यहां पर यह जान लेना जरूरी है कि अरब जाति के अभ्युदय के साथ पश्चिमी अरब में गोबार-अंक-संकेतों का प्रचार बढ़ा। ये अंक शून्य-रहित थे। सीरिया में यूनानी अक्षर-अंकों का भी प्रयोग होता था। ख़लीफ़ा वालिद (699 ई.) की राजकीय घोषणा के अनुसार राजकाज में यूनानी भाषा का प्रयोग तो बंद कर दिया गया था, परंतु अरबी भाषा में अपने अंक न होने के कारण अंकों को सूचित करने के लिए यूनानी अक्षर-अंकों के प्रयोग को अपवाद रूप में रहने दिया गया। धीरे-धीरे अंक-अक्षर संकेतों के लिए यूनानी अक्षरों के स्थान पर अरबी के अक्षरों का प्रयोग होने लगा। इस प्रकार 'अब जद' अंक अस्तित्व में आए। अरबी वर्णमाला के प्रथम चार अक्षर क्रमशः अलिफ़, बे, जीम और दाल कहलाते हैं, इसलिए यह 'अवजद' शब्द। अब भी अरबी ज्योतिष में यही पद्धति चलती है और इसी पद्धति से अरबी तथा फारसी में तिथि तथा संवत् लिखने की प्रथा है। अरबी अक्षर-अंकों का स्वरूप निम्न प्रकार का है :

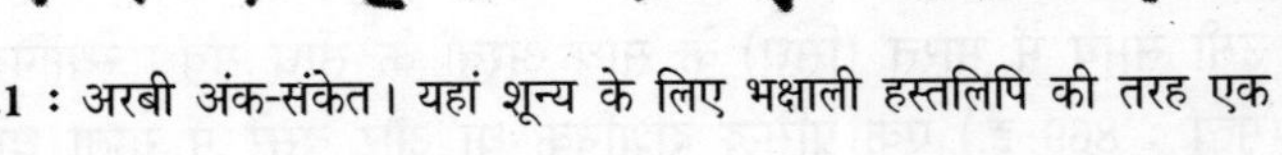

चित्र 17.1 : अरबी अंक-संकेत। यहां शून्य के लिए भक्षाली हस्तलिपि की तरह एक बिंदी है।

इसमें शून्य का आकार, भक्षाली हस्तलिपि की तरह, बिंदु-सा है और 5 का आकार हमारे वर्तमान शून्य-संकेत-सा।

वस्तुतः 7वीं शताब्दी में ही अरब वाले भारतीय अंकों से परिचित हो गये थे। सेवेरुस सेबोख्त के उल्लेख से यह बात सिद्ध होती है। सेबोख्त सीरिया देश का एक विद्वान था, जो फरात नदी के तट पर एक मठ में रहता था। ई.स. 662 में लिखे हुए उसके एक ग्रंथ से पता चलता है कि कुछ यूनानी विद्वानों की धृष्टता से वह आहत था। हिंदुओं का उल्लेख करते हुए वह लिखता है :

"मैं हिंदुओं के शास्त्रों के सभी विवेचन को छोड़ता हूं...न उनकी विज्ञान विषयक विलक्षण गवेषणाओं के विषय में कहूंगा जो यूनानी लोगों की गवेषणाओं से अधिक कौशलपूर्ण है, और न उनकी वर्णनातीत गणनाओं के विषय में ही। मैं केवल यह कहना चाहता हूं कि यह गणना नौ चिह्नों की सहायता से की जाती है। यदि वे लोग, जो केवल यूनानी भाषा बोलने के ही कारण यह समझते हैं कि वे विद्या की सीमा पर पहुंच चुके हैं, इन बातों को जानें तो उन्हें विश्वास हो जाएगा कि उन लोगों के अलावा भी ऐसे लोग हैं जो कुछ जानते हैं।"

इस उद्धरण से स्पष्ट प्रतीत होता है कि सेबोख्त को हिंदू अंकों का पूर्ण ज्ञान था और संभवतः वह शून्य से भी परिचित था, यद्यपि उसने केवल नौ अंकों की ही चर्चा की है। हम आज भी प्रायः नौ अंकों की ही चर्चा करते हैं; शून्य को अंक-संकेत नहीं मानते।

चूंकि, ख़लीफ़ा अल-मंसूर के समय सिंध अरबों के अधिकार में था, इसलिए वहां से दूत-मंडलियां बगदाद पहुंचती रहती थीं। इन दूत-मंडलियों में पंडित भी होते थे, जो अपने साथ भारतीय ग्रंथ ले जाया करते थे। अल्बेरूनी हमें जानकारी देते हैं कि 771 ई. में सिंध से एक दूत-मंडली बगदाद गई थी। इस दूत-मंडली में कुछ विद्वान थे जो अपने साथ ज्योतिष के दो ग्रंथ ले गए थे। भारतीय पंडितों की मदद से इन ज्योतिष-ग्रंथों का अरबी में अनुवाद हुआ। अरबी अनुवादक थे—अलफजारी और याकूब इब्न-तारिक। अरबी में ये ग्रंथ **सिंदहिंद** और **अरकंद** के नाम से मशहूर रहे हैं। अधिकांश विद्वानों का मत है कि ये मूलतः ब्रह्मगुप्त के ग्रंथ थे—**ब्राह्म-स्फुट-सिद्धांत** (सिंदहिंद) और **खंड-खाद्य** (अरकंद)।

इस प्रकार, पहली बार अरबों को भारतीय ज्योतिष के बारे में जानकारी मिली। ब्रह्मगुप्त के इन ग्रंथों के माध्यम से अरबों को नई भारतीय अंक-पद्धति की भी जानकारी मिली होगी। लेकिन इस बात की अधिक संभावना है कि अरबों को दाशमिक स्थानमान अंक-पद्धति की जानकारी इसके पहले ही ईरान या सीरियाई विद्वानों से मिल चुकी थी। बगदाद में ब्रह्मगुप्त के ज्योतिष-ग्रंथों का अरबी में अनुवाद होने के सौ से भी अधिक साल पहले सीरियाई विद्वान सेवेरुस सेबोख्त भारत की दाशमिक अंक-पद्धति की स्तुति कर चुके थे।

ख़लीफ़ा हारुन अल-रशीद के शासनकाल (786-809 ई.) में भारतीय ज्ञान-विज्ञान के साथ बगदाद के संबंध और अधिक बढ़े। उस समय बरमक परिवार के व्यक्ति ख़लीफ़ा के मंत्री थे। ये बरमक मूलतः नव-विहार (बल्ख़, मध्य एशिया) से संबंधित थे और बौद्ध थे। इस्लाम में दीक्षित हो जाने पर भी भारतीय विद्या के प्रति इनका गहरा लगाव था। इन्होंने अनेक भारतीय पंडितों को बगदाद में आमंत्रित किया और चिकित्सा-विज्ञान के अनेक भारतीय ग्रंथों का अरबी में अनुवाद कराया। जानकारी मिलती है कि इसी समय चरक-संहिता, सुश्रुत-संहिता और अष्टांग-संग्रह (वाग्भट) जैसे चिकित्सा-ग्रंथों का अरबी में अनुवाद हुआ।

इस प्रकार, अरबों ने अपने विज्ञान की नींव डाली। बाद में उन्होंने अनेक यूनानी ग्रंथों का अरबी में अनुवाद किया। परंतु सभी विद्वान स्वीकार करते हैं कि अरबों को तालेमी (लग. 150 ई.)

के ज्योतिष की जानकारी मिलने के पहले ही ब्रह्मगुप्त के ग्रंथों के माध्यम से भारतीय ज्योतिष की जानकारी मिल चुकी थी। परंतु अरब विद्वानों को सबसे अधिक प्रभावित किया भारतीय गणित ने, विशेषतः भारत की नई अंक-पद्धति ने। अरबी विद्वानों ने हिंद के 'इल्म अल्-अदद' (अंक-विद्या) की भूरि-भूरि स्तुति की है।

इस्लाम के उदय के कुछ सदियों पहले से अरबी भाषा और लिपि के अभिलेख मिलते हैं। अरबी लिपि पश्चिमी एशिया की आरमेई (आरमी) लिपि के आधार पर बनी है और दाईं ओर से बाईं ओर को लिखी जाती है। कुरान की भाषा होने से इस्लाम के उत्थान के साथ-साथ अरबी भाषा और लिपि का भी विस्तार हुआ।

आरंभ में अरबी के अपने कोई संतोषजनक अंक-संकेत नहीं थे। इस्लाम के उत्थान के समय पश्चिमी एशिया के बैज़ंतिन साम्राज्य में यूनानी भाषा और लिपि का बड़ा सम्मान था। लेकिन ख़लीफ़ा की आज्ञा से 700 ई. के पहले ही अरबी को राजकाज की भाषा बना दिया गया था। यूनानी अक्षरांकों का व्यवहार जारी रहा।

इसी समय अरबों को भारतीय अंकों के बारे में जानकारी मिली। बहुत संभव है कि ये भारतीय अंक पश्चिमी एशिया के सीरिया आदि देशों में पहले ही पहुंच गए थे। अरबों को इनकी जानकारी नस्तोरी ईसाइयों या सीरियाई विद्वानों से मिली होगी। जो भी हो, पश्चिमी एशिया में और सुदूर स्पेन में ये भारतीय अंक-संकेत **गुबार** (हरूफ अल्-गुबार) अंकों के नाम से जाने जाते थे। गुबार का अर्थ होता है—धूल। भारत में पाटी पर धूल बिछाकर अंगुली से अंक-संकेत लिखने की परंपरा रही है। इसीलिए पाटीगणित या अंक-गणित को 'धूलि कर्म' भी कहा गया है। यह 'धूलि' शब्द ही अरबी में 'गुबार' बना है।

ईसा की आठवीं सदी में अरबी विद्वान गुबार अंकों से भली-भांति परिचित हो चुके थे। ये गुबार अंक वे भारतीय अंक-संकेत थे जो ब्राह्मी के अंक-संकेतों से विकसित हुए थे और पश्चिमी एशिया के देशों में पहुंचे थे। इस्लाम के उत्थान व विस्तार के साथ ये अंक-संकेत सारे इस्लामी साम्राज्य में फैल गए। गणितज्ञों ने इन अंक-संकेतों को और नई अंक-पद्धति को अपनाया।

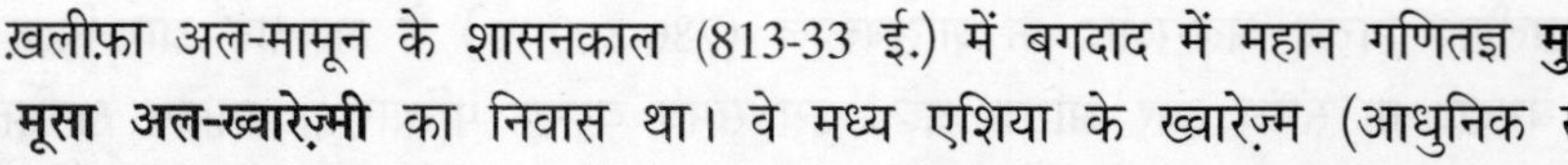

चित्र 17.2 : दसवीं सदी की एक अरबी पुस्तक में गुबार (भारतीय) अंक

ख़लीफ़ा अल-मामून के शासनकाल (813-33 ई.) में बगदाद में महान गणितज्ञ **मुहम्मद इब्न मूसा अल-ख्वारेज़्मी** का निवास था। वे मध्य एशिया के ख्वारेज़्म (आधुनिक खीवा, उजबेकिस्तान) नगर में पैदा हुए थे, इसीलिए 'अल-ख्वारेज़्मी' के नाम से प्रसिद्ध हैं। अल-ख्वारेज़्मी (नौवीं सदी, पूर्वार्ध) ने ज्योतिष-शास्त्र पर भी ग्रंथ लिखे हैं, किंतु उनके गणित के ग्रंथ अधिक प्रसिद्ध हुए। उन्होंने अपने अंक-गणित के ग्रंथ में गुबार (भारतीय) अंकों तथा नई अंक-पद्धति का इस्तेमाल किया है। अल-ख्वारेज़्मी के इस अरबी ग्रंथ का 1126 ई. के आसपास लैटिन भाषा में अनुवाद हुआ था। लैटिन में इस पुस्तक का नाम है—**लिबेर अलगोरिज़्मी दे न्यूमेरी इंदोरम** (हिंद के अंकों के बारे में अल-ख्वारेज़्मी की पुस्तक)। जाहिर है कि भारतीय अंक-पद्धति और अंक-संकेतों की जानकारी देने के लिए ही अल-ख्वारेज़्मी ने यह पुस्तक लिखी थी। यह

नई दाशमिक स्थानमान अंक-पद्धति थी। अल-ख्वारेज़्मी ने जिन भारतीय अंकों की जानकारी दी है, उनमें शून्य के लिए संकेत था। अल-ख्वारेज़्मी ने इन भारतीय अंकों को 'गुबार अंक' कहा है।

अल-ख्वारेज़्मी की इस पुस्तक के माध्यम से यूरोप के गणितज्ञों को न केवल भारतीय अंक-पद्धति तथा अंक-गणित की जानकारी मिली, बल्कि यूरोप के गणितशास्त्र को एक नया शब्द–अलगोरिज़्म–भी मिला। बीजगणितीय विधि से संबंधित यह विशेष शब्द 'अल-ख्वारेज़्मी' शब्द से बना है।

अल-ख्वारेज़्मी की एक अन्य पुस्तक ने यूरोप के गणितशास्त्र को एक और महत्त्व का शब्द दिया। यह शब्द है–**अलज़ेब्रा** (बीजगणित)। अल-ख्वारेज़्मी की बीजगणित की पुस्तक का अरबी नाम था–**इल्म अल-जब्र व अल-मुकाबिलः**। बारहवीं सदी के पूर्वार्ध में अल-ख्वारेज़्मी की इस पुस्तक का लैटिन में अनुवाद हुआ, तो अलज़ेब्रा शब्द बीजगणित के अर्थ में यूरोप की भाषाओं में रूढ़ हो गया। दरअसल, अरबी भाषा में 'ज़ब्र' और 'मुकाबिल' के क्रमशः अर्थ हैं–'पुनर्स्थापना' और 'समान बनाना'। एक उदाहरण लीजिए–

समीकरण है : $4\text{क्ष}^2 - 6\text{क्ष} + 2 = 3\text{क्ष}^2 + 7$

'ज़ब्र' करने पर $4\text{क्ष}^2 + 2 = 3\text{क्ष}^2 + 6\text{क्ष} + 7$

और 'मुकाबिल' के बाद $\text{क्ष}^2 = 6\text{क्ष} + 5$

इस प्रकार, यूरोप के गणितशास्त्र को एक नया शब्द मिला–अलज़ेब्रा। यूरोप की भाषाओं में ज्योतिष, रसायन तथा गणित से संबंधित दर्जनों अरबी शब्द अपनाए गए हैं। अंग्रेजी का 'ज़ीरो' (शून्य) शब्द अरबी के 'सिफ़र' शब्द से बना है। अरबी में शून्य, रिक्त स्थान या बिंदी के अर्थ में 'सिफ़र' शब्द का प्रयोग होता था। इसी शब्द से यूरोप की भाषाओं के शून्य अर्थ वाले 'झेफिरम', 'झिफ्रा', 'झेपिरो', 'साइफर', 'ज़ीरो' आदि शब्द बने हैं।

उपर्युक्त विवेचन से स्पष्ट होता है कि गणित की कई विधियों, शब्दों एवं आधुनिक अंक-पद्धति के लिए यूरोप अरबों का ऋणी है। यही कारण है कि भारतीय उत्पत्ति के आधुनिक अंक-संकेतों को यूरोप के लोग अक्सर 'अरबी अंक' कहते हैं।

١	٢	٣	٤	٥	٦	٧	٨	٩	٠
1	**2**	**3**	**4**	**5**	**6**	**7**	**8**	**9**	**0**

चित्र 17.3 : अरबी अंक-संकेत। यहां शून्य के लिए एक बिंदी है।

वस्तुतः 'अरबी अंक' दूसरे ही हैं। हमने देखा है कि भारतीय उत्पत्ति के गुबार अंक ईसा की आठवीं सदी में इस्लामी साम्राज्य में फैल चुके थे और अरबी गणितज्ञों ने इन्हें अपना लिया था। परंतु इस बीच अरबी में नए अंक-संकेत अस्तित्व में आए। अंत में नए अरबी अंक-संकेतों की विजय हुई, क्योंकि अरबी लिपि के साथ इन्हें लिखने में सुविधा थी। लेकिन इस बीच पुराने गुबार अंक स्पेन में पहुंच चुके थे।

भारतीय हिसाब और अंकों का प्रचलन केवल विद्वानों तक ही सीमित नहीं था। सर्वसाधारण में भी उनका प्रचार हो गया था। प्रसिद्ध मुसलमान हकीम और दार्शनिक बूअली सैना ने बचपन में यह भारतीय हिसाब एक कुंजड़े से सीखा था, जो उसका बहुत अच्छा जानकार था।

अब हम अरबी लेखकों के उन उल्लेखों को देखेंगे जिनमें भारतीय अंकों की भूरि-भूरि प्रशंसा की गई है। सेबोख़्त के उल्लेख को हम देख ही चुके हैं। इब्न वहशिया (855 ई.) तीन प्रकार के भारतीय अंकों को 'हिंद के स्वरूप' कहा है; और वह प्रश्न करता है : "हिंद के स्वरूपों का आविष्कारक कौन है? ...शून्य की सहायता से गणना करने की विधियों के प्रणेता कौन है?" तो अबुल् हसन अल् मसऊदी (943 ई.) उत्तर देते हुए-सा लिखता है : "सृष्टिकर्ता ब्रह्मा के आदेशानुसार ऋषियों की एक परिषद ने नौ अंकों तथा ज्योतिष आदि शास्त्रों का निर्माण किया।" अल् मसऊदी का यह उल्लेख इसलिए भी महत्व का है कि वह भारत में आया था–912 ई. में वह मुल्तान में था और 916 ई. में संबात में। अल् नदीम (987 ई.) ने भारतीय अंकों को 'हिंदसा' कहा है।

अल्बेरूनी जानकारी देते हैं कि उन्होंने भारतीय अंक-पद्धति के बारे में एक पुस्तक भी लिखी है। अपने भारत संबंधी ग्रंथ में उन्होंने भारतीय शब्दांकों की भी सूची दी है।

चित्र 1.7 : अबू रेहान अल्बेरूनी (973-1050 ई.)

अरब और भारत के सांस्कृतिक संबंधों की दृष्टि से प्रसिद्ध अरब पर्यटक अल्बेरूनी (973-1050 ई.) का बड़ा महत्व है। भारतवर्ष में 13 वर्ष रहकर उसने भारतीय साहित्य तथा विज्ञान का गहरा अध्ययन किया था। अंक-विद्या पर उसने दो पुस्तकें लिखी हैं–(1) किताब अल अरकग्म (अंक विद्या की पुस्तक) और (2) तस्किरा की अल्-हिसाब व'अल् मद्‌दबी अल् अरकाम अल सिंद व'अल हिंद' (अंक-गणित तथा सिंध या हिंद की अंक-गणना पद्धति का विवेचन)। अपने प्रसिद्ध ग्रंथ 'तारीख अल-हिंद' में वह लिखता है :

"हिंदू लोग अपनी वर्णमाला के अक्षरों को अंकों के स्थान में काम में नहीं लाते, जैसे कि हम हिब्रू वर्णमाला के क्रम से अरबी अक्षरों को काम में लाते हैं। भारतवर्ष के अलग-अलग विभागों में जैसे अक्षरों की आकृतियां भिन्न हैं, वैसे ही संख्या-सूचक चिह्नों की भी आकृतियां, जिनको अंक कहते हैं, भिन्न हैं। जिन अंकों को हम काम में लाते हैं वे हिंदुओं के सबसे सुंदर अंकों से लिए गए हैं।...जिन भिन्न-भिन्न जातियों से मेरा संपर्क रहा, उन सबकी भाषाओं के संख्या-सूचक क्रम के नामों (इकाई, दहाई, सैकड़ा आदि) का मैंने अध्ययन किया है, जिससे मालूम हुआ कि कोई जाति एक हजार से आगे नहीं जानती। अरब लोग भी एक हजार तक (नाम) जानते हैं।...

इस विषय पर मैंने एक पुस्तक लिखी है। अपने अंक क्रम में, जो हजार से अधिक जानते हैं, वे हिंदू हैं।...वे संख्या-सूचक क्रम को अठारहवें स्थान तक ले जाते हैं, जिसको परार्द्ध कहते हैं। अंकगणित में हिंदू लोग अंकों का उसी तरह प्रयोग करते हैं। जैसे कि हम करते हैं। मैंने एक पुस्तक लिखकर यह बतलाया है कि इस विषय में हिंदू हमसे कितने आगे बढ़े हुए हैं।''

'आसार अल् बाकिया' (अतीत के अवशेष) ग्रंथ में अल्बेरूनी ने भारतीय अंकों को 'अल् अरकाम अल् हिंद' (हिंद के अंक) कहा है और साथ ही, यह भी स्पष्ट कर दिया है कि ये अंक 'हरूफ अल्-जुमल' (अक्षर-अंकों) से भिन्न हैं।

अल-कसादी (मृत्यु 1486 ई.) लिखता है :

''ये नौ चिह्न, जो गुबार (धूल) के चिह्न कहलाते हैं, वे चिह्न हैं जो हमारे स्पेन के प्रांतों तथा अफ्रीका के देशों में बहुधा प्रयोग किए जाते हैं। इनकी उत्पत्ति परंपरा से भारतवर्ष के एक व्यक्ति को आरोपित की जाती है। लोगों का कथन है कि उस व्यक्ति ने कुछ बारीक धूल लेकर एक पटरे पर फैला दिया और लोगों को गुणा, भाग तथा गणित की अन्य क्रियाएं करना सिखाया।'' अरबों ने 'हिंद' शब्द का उल्लेख 'भारतवर्ष' के अर्थ में और 'हिंदी' शब्द का 'भारतीय' अर्थ में किया है।

भारत और अरब में जब ज्ञान-विज्ञान का आदान-प्रदान हो रहा था, यूरोप में अंधकार का साम्राज्य था। भारत तथा यूनान के संचित ज्ञान से यूरोप में 'पुनर्जागरण' को जन्म देने का पूर्ण श्रेय अरबों को ही है। पाश्चात्य विद्वान भी अरबों की इस देन को कबूल करते हैं। प्रसिद्ध गणितज्ञ फिलिप जोर्डान (Philip E.B. Jourdain : 1879 & 1919) लिखते हैं :

''बीजगणित पर मुहम्मद बिन् मूसा अल्-ख़्वारेज़्मी ने लगभग 830 ई. में एक पुस्तक लिखी, जो निश्चित रूप से हिंदुओं के गणित पर आधारित थी। गणित के इतिहास में अल्-ख़्वारेज़्मी के 'अल्जेब्रा' (अल्-जेबर) या बीजगणित का बहुत ही बड़ा महत्व है; क्योंकि बाद के अरबी बीजगणित-ग्रंथ और यूरोप के आरंभिक बीजगणित-ग्रंथ इसी के आधार पर रचे गए थे; और इसी ग्रंथ के माध्यम से भारतीयों या अरबों की दशमलव अंक-पद्धति का यूरोप में प्रवेश हुआ। ऐसा प्रतीत होता है कि अरब विद्वान गुणग्राही थे—विशेषतः यूनानी तथा हिंदू ज्ञान-विज्ञान को उन्होंने उदारता से ग्रहण किया है और उसका मूल्यांकन किया है—किंतु प्राचीन चीनी और मिस्री पंडितों की तरह वे विषयों का विश्लेषणात्मक ढंग से अध्ययन करके अधिक प्रगति नहीं कर पाये।''[3]

यद्यपि यह सच है कि अरबी विद्वानों ने अपनी ओर से विशेष कुछ नहीं जोड़ा है; फिर भी हमें यह स्वीकार करना होगा कि यूनानी तथा भारतीय ज्ञान को यूरोप में फैलाने का श्रेय उन्हीं को है। यूरोप वालों को यूनानी तथा भारतीय ज्ञान का रसास्वादन आरंभ में मूल ग्रीक का संस्कृत ग्रंथों से नहीं मिला है; बल्कि अरबी अनुवादों के लैटिन अनुवादों से ही मिला है। मूल ग्रीक ग्रंथों का पता 1453 ई. में इस्तांबुल (कॉन्स्टैंटीनोपुल) के पतन के बाद ही लगा है। इस प्रकार हम देखते हैं कि अरब विद्वान आधुनिक जाग्रत् यूरोप के आदि-गुरु थे।

इस बात की कुछ संभावना अवश्य है कि इस्लाम के उत्थान के पहले ही भारतीय अंकों की ख्याति दक्षिणी यूरोप के देशों में पहुंच चुकी थी। किंतु भारतीय अंक-संकेतों एवं अंक-पद्धति का यूरोप में प्रचार-प्रसार किया अरबों ने। अतः आगे हम देखेंगे कि भारतीय अंक-संकेत और अंक-पद्धति यूरोप में कब और कैसे पहुंची।

संदर्भ और टिप्पणियां

1. मौलाना सैयद सुलेमान नदवी : अरब और भारत के संबंध, हिंदुस्तानी एकेडेमी, 1930 पृष्ठ संख्या : 102-03
2. नदवी : भारत और अरब के संबंध, पृष्ठ संख्या 111
3. The world of Mathematics Article The Nature of Mathematics by P.E.B. Jourdain, p. 23

18

यूरोप में भारतीय अंक-पद्धति का प्रचार-प्रसार

भारतीय अंकों का यूरोप में पहले-पहल किस समय प्रवेश हुआ, इसके बारे में निश्चित रूप से कुछ भी नहीं कहा जा सकता है। हम देख ही चुके हैं कि ई. सन् के पूर्व ही भारत में दशमलव स्थानमान पद्धति का आविष्कार हो चुका था। हम यह भी जानते हैं कि ईसा की पूर्व शताब्दियों से ही भारत का यूरोप के देशों–विशेषतः भूमध्यसागरीय देशों–के साथ व्यापारिक संबंध स्थापित हो चुका था। व्यापार में हिसाब-किताब के लिए अंकों की जरूरत पड़ती है; इसलिए इस बात में कोई आश्चर्य नहीं है कि ईसा की आरंभिक शताब्दियों में ही दशमलव पद्धति वाले भारतीय अंक अलेक्ज़ेंड्रिया और पश्चिम के देशों में प्रसिद्धि पा चुके हो।

वेपके महाशय ने लिखा है : ''ईसा की दूसरी शताब्दी में, जब शून्य का आविष्कार नहीं हुआ था, भारतीय अंक अलेक्ज़ेंड्रिया से लाए गए थे और वहां से उनका रोम और पश्चिमी अफ्रीका में प्रसार हुआ था।''

जहां तक वेपके की शून्य के आविष्कार की बात है, हम सिद्ध कर चुके हैं कि, निराधार है। परंतु, जैसा कि दत्त और सिंह[1] महाशयों ने लिखा है : ''...किन कारणों से अलेक्ज़ेंड्रिया वालों ने इन अंकों का प्रयोग किया और उनका ज्ञान बनाए रखा? जहां तक हमको विदित है, उन लोगों के पास अपने निजी अंक भी थे। तब क्या कारण है कि उन्होंने विदेशी अंकों को अधिक पसंद किया? इन प्रश्नों का संतोषजनक उत्तर तब तक नहीं दिया जा सकता जब तक हम यह कल्पना न कर लें कि 9 अंक-संकेतों के साथ-साथ स्थानमान सिद्धांत और कदाचित् शून्य भी अलेक्ज़ेंड्रिया वालों को बताया गया था। परंतु इस निगूढ़ सिद्धांत का स्वागत करने के लिए तैयार नहीं थे; अतएव उन्होंने केवल 9 अंकों को ग्रहण किया और एबैकस पर उनका प्रयोग किया। वहां से वे अंक रोम और पश्चिमी अफ्रीका को पहुंचाए गए थे।

अरबों द्वारा भारतीय अंकों का जब यूरोप में प्रवेश हुआ उससे बहुत पहले, ई.स. की चौथी शताब्दी के आसपास, नव-पाइथेगोरियन (Neo-Pythagorions) नामक अध्यात्म विद्या के उपदेशक संभवतः अलेक्ज़ेंड्रिया की तरफ भारतीय अंकों का ज्ञान प्राप्त कर, उनको यूरोप में ले गए; परंतु उनका प्रचार अधिक न बढ़ा और वे सार्वदेशिक न हुए। यूरोप में भारतीय अंकों का वास्तविक प्रचार स्पेन पर अरबों (मूरों) का अधिकार होने के बाद अरबों द्वारा ही हुआ है।

ईसा की पहली-दूसरी सदी में रोमन व्यापारी भारत में पहुंचते थे। दक्षिण भारत के अनेक स्थलों से उस समय के रोमन सिक्के मिले हैं।[2] उस समय यदि नई अंक-पद्धति की खोज हो

चुकी थी, तो रोमन व्यापारियों को अवश्य ही उसकी जानकारी मिली होगी। भारतीय अंक-पद्धति की ख्याति सिकंदरिया और रोम तक भी पहुंची होगी।

कुछ विद्वानों का कहना है कि ईसा की दूसरी सदी में भारतीय अंक-संकेत सिकंदरिया पहुंच गए थे। लेकिन ये पुरानी अंक-पद्धति के अंक-संकेत थे। जब नई अंक-पद्धति का वहां प्रवेश हुआ तो 1 से 9 तक के अंक-संकेतों के अलावा शेष संकेतों को छोड़ दिया गया। फिर इन्हीं अंक-संकेतों का पश्चिमी एशिया के देशों में प्रचार-प्रसार हुआ। इन्हें ही वहां 'गुबार-अंक' कहते थे।

जो भी हो, यह अधिक संभव जान पड़ता है कि इस्लाम के उत्थान के पहले ही नई भारतीय अंक-पद्धति की ख्याति पश्चिमी एशिया के देशों में पहुंच चुकी थी। अरबों के उत्थान के पहले इन देशों पर पूर्वी रोमन (बैज़ंतिन) साम्राज्य का शासन था। परंतु मुहम्मद पैगंबर की मृत्यु (632 ई.) के कुछ साल बाद ही बैज़ंतिन साम्राज्य के एशियाई देशों पर अरबों का अधिकार हो गया था। अमीर म्वाविया (661-80 ई.) सीरिया का गवर्नर बना और दमिश्क इस्लामी शासन की राजधानी। पैगंबर के उत्तराधिकारी (ख़लीफ़ा) अरबों की पुरानी कबीलाई व्यवस्था को टिकाए रखकर शासन करना चाहते थे, जो संभव नहीं था। म्वाविया ने बैज़ंतिन साम्राज्य की शासन-व्यवस्था को अपनाया। उसका मुख्य सचिव एक सीरियाई व्यक्ति था।

हम बता चुके हैं कि पूर्वी रोमन साम्राज्य के दिनों में अनेक सीरियाई विद्वान ईसाई धर्म में दीक्षित हो चुके थे। उस समय सीरिया काफी समृद्ध था। सीरियाई भाषा में अनेक यूनानी तथा ईरानी ग्रंथों के अनुवाद हो चुके थे। पहले-पहल सीरियाई विद्वानों से ही अरबों को भारतीय अंक-पद्धति की जानकारी मिली होगी।

हमने देखा है कि सीरियाई विद्वान **सेवेरुस सेबोख्त**[3] 662 ई. में नई भारतीय अंक-पद्धति की स्तुति करते हैं। उस समय सीरिया पर म्वाविया का शासन था। अतः यह स्पष्ट है कि उस समय अरबों को भारतीय अंकों की जानकारी मिल चुकी थी। जल्दी ही अरबों ने इन अंकों को अपना लिया। यही थे भारतीय उत्पत्ति के गुबार-अंक-संकेत।

अब हमें यह देखना है कि भारतीय उत्पत्ति के ये गुबार-अंक पहले स्पेन में और बाद में यूरोप के अन्य देशों में कैसे फैले। मिस्र और उत्तरी अफ्रीका पर अधिकार प्राप्त करके अरब विजेता 711 ई. में स्पेन पहुंच गए थे। स्पेन पर अधिकार करके वहां बसने वाले ये अरब 'मूर' कहलाते हैं। लगभग उसी समय अरबों ने सिंध पर भी अधिकार कर लिया था।

हम बता चुके हैं कि अमीर म्वाविया ने सीरिया में अपना शासन शुरू कर दिया था। इतना ही नहीं, उसने अपने को ख़लीफ़ा घोषित करके उमैया वंश की नींव भी डाली। अब्बासियों और उमैयाओं के बीच संघर्ष शुरू हो गया। कहते हैं कि 750 ई. के आसपास अब्बासियों ने उमैया वंश के लोगों को मार डाला। उमैया वंश का एक व्यक्ति (अब्दुर्रहमान) बचा, तो वह स्पेन भाग गया (755 ई.)। वहां कर्तबा (कोर्दोवा) में उसने स्वतंत्र उमैया वंश की स्थापना की। बाद में स्पेन का यह कर्तबा नगर ज्ञान-विज्ञान का एक महान केंद्र बना।

पिछले प्रकरण में हमने बताया है कि पश्चिमी एशिया के अरबों ने आरंभ में भारतीय उत्पत्ति के गुबार-अंकों को अपनाया था। अरबी गणितज्ञों ने भी इन्हें अपनाया। परंतु बाद में अरबों ने इन गुबार-अंक-संकेतों को छोड़ दिया। उन्होंने केवल भारतीय अंक-पद्धति को अपनाया और अंक-संकेत अपने बनाए।

लेकिन इस बीच भारतीय उत्पत्ति के गुबार-अंक-संकेत स्पेन में पहुंच गए थे। ऐसा लगता है कि स्पेन की विजय में पश्चिमी एशिया के अरबों का बड़ा हाथ था और वहां म्वाविया के उमैया वंश का बड़ा सम्मान था। इस प्रकार, पश्चिमी एशिया के अरबों के साथ भारतीय उत्पत्ति के गुबार-अंकों का स्पेन में प्रवेश हुआ।

रोमन साम्राज्य के पतन के बाद यूरोप में ज्ञान-विज्ञान की अवनति शुरू हो गई थी। इसीलिए लगभग 500 ई. से 1000 ई. तक के काल को यूरोप के अंधकार का युग माना जाता है।

लेकिन आठवीं सदी के बाद यूरोप के ईसाई लोग जब इस्लाम के संपर्क में आए तो उन्हें धीरे-धीरे प्राचीन यूनानी विद्या की जानकारी मिलने लगी। उस समय अरब लोग ज्ञान-विज्ञान मे सबसे आगे थे। यूनानी व भारतीय ज्ञान-विज्ञान के आधार पर उन्होंने अरबी विज्ञान का भवन खड़ा किया था। अनेक यूनानी ग्रंथ अब अरबी अनुवाद में उपलब्ध थे। ईसा की दसवीं सदी से यूरोप के लोगों को अरबों के माध्यम से यूनानी एवं भारतीय ज्ञान-विज्ञान की जानकारी मिलने लगी।[4]

स्पेन में अरबी ने अनेक विद्याकेंद्र स्थापित किए थे। उन्होंने ग्रंथालय भी स्थापित किए।[5] यूरोप के ईसाई विद्वान ज्ञान की खोज में इन अरबी मदरसों में पहुंचने लगे। अरबों और दक्षिण यूरोप के लोगों के व्यापारिक संबंध भी स्थापित हो गए थे। सिसिली पर अरबों का अधिकार हो गया था और वह द्वीप व्यापार का एक बड़ा केंद्र बन गया था। इस व्यापार ने भारतीय उत्पत्ति के गुबार-अंकों को यूरोप में फैलाने में बड़ी मदद की है।

ईसा की नौवीं व दसवीं सदियों की अरबी विद्वानों की ऐसी कुछ हस्तलिपियां मिली हैं जिनमें गुबार-अंकों का इस्तेमाल हुआ है। परंतु यूरोप की जिस प्राचीनतम हस्तलिपि में गुबार-अंक-संकेत देखने को मिलते हैं, वह स्पेन में 976 ई. में लिखी गई थी। इस हस्तलिपि में मिलने वाले गुबार-अंक-संकेत ये हैं :

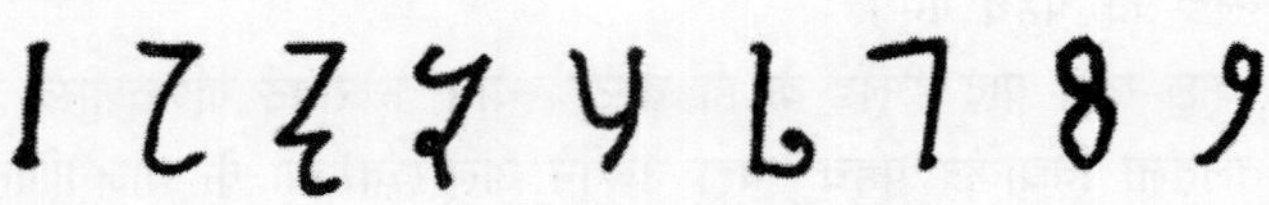

चित्र 18.1 : स्पेन में 976 ई. में लिखी गई एक हस्तलिपि में पाए जाने वाले भारतीय उत्पत्ति के गुबार-अंक-संकेत

यूरोप के जिस सिक्के पर पहले-पहल हमें भारतीय अंक-संकेत देखने को मिलते हैं, वह 1138 ई. का है। यह सिक्का सिसिली द्वीप में ढाला गया था। पहले हम बता ही चुके हैं कि सिसिली द्वीप व्यापार का एक प्रमुख केंद्र बन गया था और इस पर अरबों का अधिकार था। इस प्रकार, व्यापार ने भी भारतीय अंक-संकेत एवं अंक-पद्धति के प्रचार में सहयोग दिया।

विद्वानों का मत है कि भारतीय उत्पत्ति के गुबार-अंकों का यूरोप में प्रचार करने में **झेरबार** (Gerbert) नामक विद्वान का बड़ा हाथ है। झेरबार का जन्म फ्रांस में 940 ई. और 945 ई. के बीच में हुआ था। बाद में झेरबार पोप (सिल्वेस्तर द्वितीय) बना था। 967 ई. में वह स्पेन गया था और वहां चार साल रहा। उसी समय उसे कर्तबा (कोर्दोवा) के विद्याकेंद्र में या बार्सेलोना में भारतीय अंकों के बारे में जानकारी मिली होगी। ये संभवतः वही अंक-संकेत थे जो उपर्युक्त 976 ई. की हस्तलिपि में देखने को मिलते हैं।

झेरबार ने अपने गणित के ग्रंथों में भारतीय उत्पत्ति के इन अंक-संकेतों का इस्तेमाल किया है और इनके बारे में जानकारी दी है। इससे तत्कालीन यूरोप के विद्वानों को भारतीय अंकों के बारे में विशेष जानकारी मिली। झेरबार ने अरबी ज्योतिष-यंत्र ऐस्ट्रोलैब का भी यूरोप में प्रचार किया।

स्पेन के मूरों ने कर्तबा, गरनाता, तलेतला (तोलेदो) आदि स्थानों पर विद्याकेंद्र स्थापित किए थे। यूरोप के विद्वान इन विद्याकेंद्रों में पहुंचने लगे और उन्होंने अरबी ग्रंथों का लैटिन में अनुवाद करना शुरू कर दिया। अनुवाद का यह दौर 1100 ई. के बाद शुरू हुआ। हम जानते हैं कि ईसा की नौवीं सदी में यूनानी ग्रंथ अरबी में अनूदित हुए थे। अब ये अरबी ग्रंथ लैटिन भाषा में अनूदित होने लगे।

जिस प्रकार आरंभ में सीरियाई विद्वानों ने यूनानी ग्रंथों को अरबी में अनूदित करने में बड़ी सहायता दी थी, उसी प्रकार अब स्पेन में अरबी से लैटिन में अनुवाद करने में यहूदी विद्वानों ने बड़ी सहायता पहुंचाई। कई अरबी ग्रंथों के पहले हिब्रू भाषा में अनुवाद हुए, तदनंतर हिब्रू से लैटिन भाषा में। स्पेन के विद्याकेंद्रों के अलावा सिसिली में भी अनुवाद का कार्य शुरू हुआ। यहां हम यूरोप के उन कुछ अनुवादकों की ही चर्चा करेंगे जिन्होंने गणित के अरबी ग्रंथों का लैटिन में अनुवाद किया और जिनके कृतित्व से यूरोप के लोगों को भारतीय अंकों की जानकारी मिली।

हम बता चुके हैं कि नौवीं सदी में महान अरबी गणितज्ञ अल्-ख़्वारेज़्मी ने अपने ग्रंथ में भारतीय अंक एवं अंक-पद्धति के बारे में जानकारी दी है। ईसा की बारहवीं सदी में इंग्लैंड के बाथ नामक स्थान के निवासी **ऐदेलार्द** ने अल्-ख़्वारेज़्मी के ज्योतिष-ग्रंथ का अनुवाद किया (1126 ई.)। ऐदेलार्द ने संभवतः अंकगणित के बारे में भी एक पुस्तक लिखी थी। ऐदेलार्द अध्ययन के लिए स्पेन के तलेतला विद्याकेंद्र में पहुंचे थे और उन्होंने पश्चिम एशिया, मिस्र और अरबिया की भी यात्रा की थी। बाथ-निवासी ऐदेलार्द पहले व्यक्ति हैं जिन्होंने यूक्लिड के ज्यामिति के ग्रंथ का अरबी से लैटिन में अनुवाद किया था। जो भी हो, ऐदेलार्द के प्रयास से भारतीय अंक इंग्लैंड तक पहुंच गए।

ऐदेलार्द के कुछ साल बाद इंग्लैंड के ही चेस्टर स्थान के **रॉबर्ट** गणितशास्त्र का अध्ययन करने स्पेन के तलेतला विद्याकेंद्र पहुंचे। वहां उन्होंने अल्-ख़्वारेज़्मी के बीजगणित का लैटिन भाषा में अनुवाद किया और ज्योतिष की सारणियां तैयार कीं (1145 ई.)।

स्पेन के अरबी विद्याकेंद्रों में यहूदी विद्वानों का काफी सम्मान था। ये यूरोप में बसे हुए यहूदी थे और ईसाइयों की अपेक्षा मूर लोग इनका अधिक आदर करते थे। अतः इन यहूदियों ने अरबी ज्ञान को यूरोप में फैलाने में बड़ा सहयोग दिया है। आरंभ में यहूदी विद्वानों के सहयोग से ही अरबी ग्रंथों के लैटिन में अनुवाद हुए। गणित के विकास में भी इन यहूदी विद्वानों ने बड़ा हाथ बंटाया है। इनमें **रब्बी बेन एज़रा** का कृतित्व विशेष रूप से उल्लेखनीय है।

रब्बी अब्राहम बेन एज़रा का जन्म स्पेन के तलेतला नगर में 1095 ई. के आसपास हुआ था और मृत्यु 1167 ई. में। वे अपने समय के एक प्रख्यात यहूदी विद्वान थे। उन्होंने इंग्लैंड से लेकर मिस्र तक के देशों की यात्राएं की थीं। गणित और ज्योतिषशास्त्र पर उन्होंने कई ग्रंथ लिखे। अंकों के बारे में उन्होंने चार पुस्तकें लिखीं। इनमें सिफ़र-ह-मिस्पर (अंकों की पुस्तक) विशेष महत्त्व की है। बेन एज़रा ने इस पुस्तक में भारतीय अंक तथा अंकगणित की विधियों की जानकारी दी है। अपनी पुस्तक में यद्यपि उन्होंने हिब्रू अक्षरांकों का ही इस्तेमाल किया है, परंतु वे भली-भांति जानते

थे कि गुबार-अंकों की उत्पत्ति भारत में हुई है। बेन एज़रा ने शून्य का इस्तेमाल किया है और स्पष्ट लिखा है कि शून्य पर आधारित यह अंक-पद्धति भारतीयों की देन है।

बारहवीं सदी के और भी कई विद्वानों ने भारतीय अंक-पद्धति के प्रचार-प्रसार में हाथ बंटाया है। परंतु भारतीय अंक-पद्धति के प्रचार में सबसे अधिक कार्य किया है लियोनार्दो 'फिबोनकी' ने। वे अपने समय के यूरोप के सबसे बड़े गणितज्ञ थे।

ईसा की बारहवीं-तेरहवीं सदी में यूरोप में, विशेषतः इटली में, जेनेवा, वेनिस, पिजान, मिलान, फ्लोरेंस आदि व्यापारी नगरों का उत्थान हुआ था। इन नगरों के व्यापारियों ने अरबों के साथ व्यापारिक संबंध स्थापित किए और पूर्व के देशों के साथ भी व्यापार शुरू कर दिया। प्रसिद्ध व्यापारी एवं पर्यटक **मार्को पोलो** (1254-1324 ई.) वेनिस नगर में ही पैदा हुआ था। इटली के व्यापारियों ने पूर्व के देशों के ज्ञान-विज्ञान का भी अध्ययन किया। ऐसे ही एक व्यापारी-पुत्र थे लियोनार्दो 'फिबोनकी'।

लियोनार्दो का जन्म इटली के पिजान नगर में 1170 ई. में हुआ था। उस समय इटली का यह पिजान नगर वेनिस या जेनेवा की तरह ही अपने व्यापार के लिए प्रसिद्ध था। लियोनार्दो का पिता, बोनकी, उत्तरी अफ्रीका के बुगिया नगर में पिजान के एक व्यापारी प्रतिष्ठान का प्रतिनिधि था। बालक लियोनार्दो की आरंभिक पढ़ाई मूर पंडितों की देखरेख में बुगिया में ही हुई। तरुण लियोनार्दो ने मिस्र, सीरिया, ग्रीस, सिसिली आदि देशों की यात्राएं कीं। इस प्रकार उन्हें विभिन्न

चित्र 18.2 : इतालवी गणितज्ञ लियोनार्दो 'फिबोनकी' (लग. 1170-1245 ई.)

देशों के व्यापारियों के साथ संबंध स्थापित करने का अवसर मिला और उनकी अंक-पद्धतियों के बारे में जानकारी मिली। उन्होंने जाना कि इन सभी अंक-पद्धतियों में अरबों की अंक-पद्धति सबसे उत्तम है। उन्हें यह भी जानकारी मिली कि यह अंक-पद्धति मूलतः भारतीयों की खोज है।[6]

'बोनकी के पुत्र' होने से लियोनार्दो 'फिबोनकी' के नाम से जाने जाते हैं। 1202 ई. में लैटिन भाषा में उन्होंने 'लिबेर एबैकी' नामक एक पुस्तक लिखी। इस पुस्तक में उन्होंने अंकगणित और प्राथमिक बीजगणित की जानकारी दी है। पुस्तक में 15 प्रकरण हैं। लियोनार्दो 'फिबोनकी' ने प्रथम प्रकरण में ही नए भारतीय अंकों (नौएम फिगुरे इंदोरम) की जानकारी दी है।

लियोनार्दो 'फिबोनकी' एक गणितज्ञ थे। वे अपने समय के ही नहीं, बल्कि मध्ययुगीन यूरोप के एक महान गणितज्ञ थे। इसलिए उनके ग्रंथ से भारतीय अंकों का यूरोप के नगरों में तेज़ी से प्रचार-प्रसार हुआ। यूरोप के गणितज्ञों ने भारतीय अंक-पद्धति का स्वागत किया। व्यापारियों के बहीखातों में भी भारतीय अंकों का इस्तेमाल होने लगा।[7]

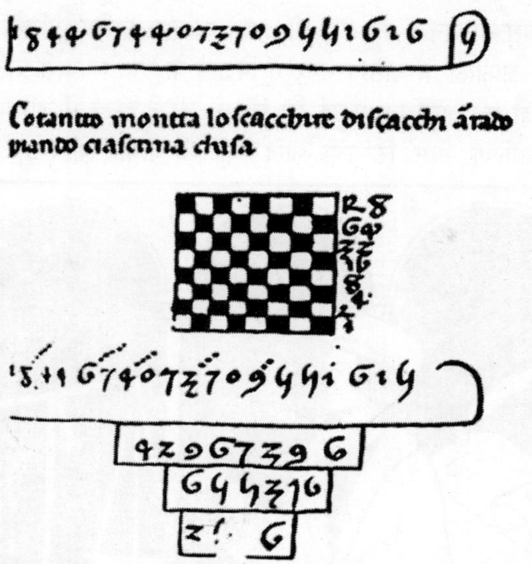

चित्र 18.3 : यूरोप की एक हस्तलिपि (लग. 1400 ई.) में शतरंज के खेल के चित्रांकन में भारतीय अंक-संकेत

लेकिन यूरोप के सभी लोग भारतीय अंकों एवं अंक-पद्धति को अपनाने के लिए तैयार नहीं थे। पुरातन का मोह आसानी से नहीं छोड़ा जा सकता। यूरोप में यूनानी अक्षरांकों का इस्तेमाल होता था। गणनाएं एबैकस पर होती थीं और बहीखाते रोमन अंकों में लिखे जाते थे। इसलिए जब इटली के व्यापारी अपने बहीखाते भारतीय अंकों में लिखने लगे तो आरंभ में उनका विरोध होना एक स्वाभाविक बात थी। 1299 ई. में फ्लोरेंस नगर की बैंकों के नाम एक आदेश जारी किया गया था कि वे नए भारतीय अंकों का इस्तेमाल न करें। कारण शायद यह बताया गया था कि इन नए अंकों में शून्य (०) को बड़ी आसानी से 6 से 9 में बदला जा सकता है।

सन् 1348 ई. में इटली के पदुआ विश्वविद्यालय के अधिकारियों ने भी यह आदेश जारी किया था कि पुस्तकों की मूल्य-सूची नए अरबी (भारतीय) अंकों में न तैयार की जाए। इस

प्रकार, पुराने घसीटे रोमन अंकों का इस्तेमाल जारी रहा। परंतु उपर्युक्त आदेशों से ही जानकारी मिलती है कि चौदहवीं सदी में यूरोप में बड़ी तेज़ी से भारतीय अंकों का प्रचार-प्रसार हो रहा था।

ईसा की दसवीं सदी में दक्षिणी यूरोप के लोगों को भारतीय अंकों की जानकारी मिल गई थी। पश्चिमी एशिया के देशों में अपनाए गए और गुबार-अंकों के नाम से प्रसिद्ध अंक-संकेत ही स्पेन और इटली में पहुंचे थे। हमने यह भी देखा है कि ये गुबार-अंक भारतीय उत्पत्ति के थे। इनका विकास भारत के ब्राह्मी अंक-संकेतों से हुआ था। इनका मूल पश्चिमी महाराष्ट्र के गुफालेखों में पाए जाने वाले ब्राह्मी अंक-संकेतों में आसानी से खोजा जा सकता है।

ईसा की बारहवीं सदी से यूरोप की अनेकानेक हस्तलिपियों में हमें ये भारतीय अंक-संकेत देखने को मिलते हैं। ईसा की पंद्रहवीं सदी में यूरोप में छापाखाने स्थापित हुए, पुस्तकें छपने लगीं। अंक-संकेतों के टाइप बने तो उनके आकारों में स्थिरता आ गई। मुद्रण-प्रणाली के बाद डिजाइन की दृष्टि से ही अंक-संकेतों में थोड़ा परिवर्तन हुआ है। इसी कारण ईसा की पंद्रहवीं सदी में 4 और 5 के कुछ नए रूप अस्तित्व में आए। तब से आज तक इन अंक-संकेतों में नगण्य परिवर्तन हुआ है।

चित्र 18.4 : यूरोप में बारहवीं से पंद्रहवीं सदी तक भारतीय अंक-संकेतों का विकास-क्रम

भारतीय अंक-संकेत जब यूरोप पहुंचे तो उसके बाद ईसा की पंद्रहवीं सदी तक उनके आकार-प्रकार में किस प्रकार का परिवर्तन होता गया, यह उपरोक्त तालिका से जाना जा सकता है।

यूरोप में भारतीय अंक-पद्धति का प्रवेश हो जाने पर भी वहां सदियों तक रोमन और यूनानी अंक-पद्धतियां जीवित रहीं। रोमन अंक-पद्धति की जानकारी हम पहले दे चुके हैं। रोमन अंकों से जोड़ या घटाने में कोई विशेष दिक्कत नहीं होती थी, बल्कि कुछ आसानी ही थी। परंतु गुणन और भाग की क्रियाओं में बड़ी कठिनाई थी। यूनानी अंक-पद्धति एक अक्षरांक पद्धति थी। इसलिए उसमें भी बड़ी कठिनाई थी। गणितज्ञ ही इन कठिनाइयों को समझ सकते थे। इसलिए यूरोप के गणितज्ञों ने ही सबसे पहले भारतीय अंक-पद्धति और उसके साथ-साथ भारतीय अंक-संकेतों को अपनाया।

चित्र 18.5 : सोलहवीं सदी की एक यूरोपीय हस्तलिपि का चित्र। इसमें दाईं ओर का व्यक्ति एक प्रकार के एबैकस से गणना कर रहा है और बाईं ओर का व्यक्ति भारतीय अंकों से। एबैकस से गणना करने वाला व्यक्ति कुछ परेशान है : भारतीय अंकों से गणना करने वाला व्यक्ति प्रसन्न दिखाई दे रहा है।

लेकिन पुरातन का मोह आसानी से नहीं छोड़ा जा सकता। रोमन अंकों के पक्ष में अनेक तरह के तर्क पेश किए गए। इसलिए यूरोप के स्कूलों और बैंकों में 1600 ई. तक रोमन अंकों का इस्तेमाल होता रहा। यूनानी अक्षरांकों का भी व्यवहार होता रहा। उच्च गणित में आज भी यूनानी अक्षरों का अंकों के रूप में इस्तेमाल होता है और थोड़ी मात्रा में आज भी रोमन अंकों का इस्तेमाल होता है।

मध्ययुगीन यूरोप में कागज आसानी से नहीं मिलता था। इसलिए किसी मेज पर रेखाएं खींचकर और उन पर छोटी-छोटी चकतियां रखकर हिसाब किया जाता था। इन्हें 'काउंटर' कहते थे। यूरोप के अनेक देशों में इस प्रकार के काउंटरों का सदियों तक व्यवहार होता रहा। परंतु भारतीय अंक-पद्धति का प्रचार-प्रसार हो जाने के बाद यूरोप के देशों में इन काउंटरों का व्यवहार घटता गया। हमने देखा है कि भारतीय अंक-पद्धति तथा अंकों को सबसे पहले स्पेन और इटली में अपनाया गया था। तदनंतर ये अंक-संकेत धीरे-धीरे यूरोप के अन्य देशों में फैले। पंद्रहवीं सदी के बाद यूरोप के साम्राज्यवादियों ने अमेरिका, अफ्रीका, एशिया और ऑस्ट्रेलिया में अपने उपनिवेश स्थापित करने शुरू कर दिए। उनके साथ उनकी लिपि भी इन

प्रदेशों में पहुंची। लिपि के साथ नए अंक-संकेत भी इन प्रदेशों में पहुंचे। ये नए अंक-संकेत भारतीय उत्पत्ति के थे।

यूरोप के लोगों को ये अंक-संकेत अरबों से मिले हैं, इसलिए वे अक्सर इन्हें 'अरेबिक' अंक कहते हैं। कभी-कभी उदारता से इन्हें 'इंदो-अरेबिक' अंक भी कहा जाता है। परंतु यूरोप के विद्वान भली-भांति जानते हैं कि ये भारतीय उत्पत्ति के अंक-संकेत हैं और यूरोप के अनेक गणितज्ञों ने भारतीय अंक-पद्धति की भूरि-भूरि स्तुति की है।

लेकिन कुछ पाश्चात्य विद्वानों ने, अधिकांशतः गणितज्ञों ने, इस भारतीय आविष्कार की मुक्तकंठ से प्रशंसा की है। प्रसिद्ध गणितज्ञ लाप्लास (1749-1827 ई.) लिखता है :

चित्र 18.6 : लाप्लास (1749-1827 ई.)

"केवल 10 चिह्नों से समस्त संख्याओं को व्यक्त करने की अद्भुत विधि हमें भारत ने ही प्रदान की है। प्रत्येक अंक-संकेत का एक परम-मान और साथ ही स्थानमान एक गूढ़ तथा महत्वपूर्ण धारणा होने पर भी आज हमें इतनी सरल प्रतीत होती है कि हम इसके यथार्थ मूल्य की उपेक्षा-सी करते हैं। परंतु इसकी सुगमता और अंकगणित के परिकर्मों को सरल बनाने की इसकी क्षमता इसे मानव का सर्वश्रेष्ठ आविष्कार घोषित करती है। भारतीयों के इस आविष्कार की महत्ता और भी बढ़ जाती है, जब हम देखते हैं कि, आर्किमीदिज और एपोलोनियस जैसी ग्रीक-गणित-प्रतिभाएं भी इस विधि के बारे में सोच न सकीं।"

तो, बीसवीं शताब्दी के महान आंग्ल दार्शनिक-गणितज्ञ ह्वाइट हैड (Whitehead : 1861-1947) लिखते हैं : "शून्य के बारे में महत्व की बात यह है कि दैनिक व्यवहार में हम इसका प्रयोग नहीं ही करते। कोई भी बाजार में 'शून्य' वस्तु खरीदने नहीं जाता। इस माने में यह सबसे अधिक 'सभ्य' संख्या है। चिंतन की विकास प्रक्रिया के फलस्वरूप ही शून्य की यह धारणा हमारे जीवन में रूढ़ हो गई है।"

आज संसार के प्रायः सभी देशों में भारतीय उत्पत्ति के इन्हीं अंक-संकेतों का इस्तेमाल होता है। अंक-पद्धति तो भारतीय है ही। भारतीय अंक-पद्धति के सर्वश्रेष्ठ होने के कारण ही उसके साथ सर्वत्र भारतीय अंक-संकेतों का स्वागत हुआ है। भारतीय अंक-संकेत अब अंतर्राष्ट्रीय अंक-संकेत बन गए हैं।

संदर्भ और टिप्पणियां

1. दत्त और सिंह : हिन्दू गणितशास्त्र का इतिहास, भाग 1, पृष्ठ 86
2. प्राचीन भारत में सबसे अधिक 'विदेशी मुद्रा' ईसा की प्रथम सदी में अर्जित की गई थी। रोमन साम्राज्य के वैभव के दिन थे। रोम के साथ पश्चिम व दक्षिण भारत के ज़ो व्यापारिक संबंध स्थापित हुए थे वे ईसा की चौथी सदी तक स्थापित रहे। इसीलिए दक्षिण भारत में रोमन सिक्के मिले थे।
3. सेबोख्त एक सीरियाई बिशप थे। उनका कहना था खल्दिया वालों ने यूनानियों से ज्ञान-विज्ञान की बातें सीखी थीं, सीरियाई लोग उन्हीं खल्दियों के वंशज थे।

4. A Hooper : Makers of Mathematics; pp. 25-26
5. स्पेन के उमैया ख़लीफ़ा हकम द्वितीय के शासनकाल (961-976 ई.) में कर्तबा के राजकीय ग्रंथालय में 4,00,000 से ऊपर ग्रंथ थे। हकम को ग्रंथ-संग्रह का बड़ा शौक था। दुर्लभ हस्तलिपियों को प्राप्त करने के लिए पूर्व के देशों में उसने अपने दूत भेजे थे। कर्तबा के उसके इस विशाल ग्रंथालय के द्वार विद्वानों, वैज्ञानिकों तथा दर्शानिकों के लिए सदैव खुले रहते थे। हकम के समय में कर्तबा का विश्वविद्यालय तत्कालीन सभ्य संसार का एक प्रमुख विद्याकेंद्र था।
6. Latin manuscripts, escorial diberary, manuscript of A.D. 976
7. H.W. Turnbull : Great Mathemathicians (The world of Mathematics), p. 1

19

भारतीय अंतर्राष्ट्रीय-अंक

ज्ञान-विज्ञान के क्षेत्र में भारत की संसार की सबसे बड़ी देन है शून्य पर आधारित दाशमिक स्थानमान अंक-पद्धति। आज सारे संसार में इसी अंक-पद्धति का प्रयोग होता है। पाश्चात्य विद्वानों ने भी भारत के इस महान आविष्कार की मुक्तकंठ से प्रशंसा की है। प्रो. हैल्सटेड ने कहा है, शून्य के आविष्कार के महत्व की जितनी भी स्तुति की जाय कम है। निरर्थक शून्य को केवल स्थान, संज्ञा, आकृति एवं संकेत ही नहीं बल्कि एक उपयोगी शक्ति प्रदान करना हिंदू जाति की, जहां से इसकी उत्पत्ति हुई है, एक विशेषता है। यह निर्वाण को विद्युत-शक्ति में परिवर्तित करने के समान है। गणित-संबंधी कोई भी एक आविष्कार ज्ञान और शक्ति को आगे बढ़ाने में इतना प्रबल सिद्ध नहीं हुआ है।

न केवल भारत की सभी वर्तमान लिपियों की, अपितु दक्षिण-पूर्व एशिया की अनेक लिपियों तथा श्रीलंका और तिब्बती लिपियों की जननी ब्राह्मी लिपि ही है। हमारे देवनागरी अंकों का विकास भी ब्राह्मी अंकों से ही हुआ है। लेकिन आज हिंदी-जगत् के कितने लोग यह मानने को तैयार होंगे कि अंग्रेजी तथा यूरोप की अन्य भाषाओं के साथ आज जिन अंक-संकेतों का (1, 2, 3, 4, 5, 6, 7, 8, 9, 0) प्रयोग होता है, उनका विकास भी पुराने भारतीय अंक-संकेतों से ही हुआ है। अंग्रेजी के साथ इन अंक-संकेतों का इस्तेमाल होता है, इसलिए भ्रांतिवश कुछ लोग इन्हें अंग्रेजी अंक कहते हैं। वस्तुतः अंग्रेजी अंक नाम की कोई चीज़ है ही नहीं। कुछ लोग इन्हें रोमन अंक कहते हैं, किंतु रोमन-अंक असल में दूसरे ही प्रकार के अंक हैं। पाश्चात्य देशों के लोग प्रायः इन्हें अरबी अंकों के नाम से जानते हैं। कुछ पाश्चात्य विद्वान कुछ अधिक उदारता का परिचय देकर इन्हें हिंदू-अरबी अंक का नाम देते हैं।

परंतु तथ्य यह है कि देवनागरी अंकों की तरह इन अंकों का विकास भी प्राचीन भारत के ब्राह्मी अंकों से हुआ है। अंतर केवल इतना ही है कि जहां देवनागरी और अन्य भारतीय भाषाओं के साथ प्रयुक्त अंकों का विकास भारत-भूमि में हुआ, वहां इन अंक-संकेतों का विकास पहले अरब देशों में और बाद में यूरोप के देशों में हुआ। ब्राह्मी अंकों से आज के भारतीय अंकों तक इनके विकास का अभिलेखों एवं हस्तलिपियों में जिस प्रकार एक सिलसिला मिलता है, उसी प्रकार का सिलसिला ब्राह्मी अंकों से लेकर इन 1, 2, 3, 4, 5, 6, 7, 8, 9, 0 अंकों तक मिलता है। अतः ये मूलतः भारतीय अंक हैं। यूरोप के देशों में फैलने पर अब इन्होंने अंतर्राष्ट्रीय अंकों का दर्जा प्राप्त किया है, इसलिए इन्हें अब भारतीय अंतर्राष्ट्रीय अंक कहना ही उचित है और हमारे संविधान में इन्हें यही नाम दिया गया है।

भारत की राष्ट्रभाषा हिंदी के साथ इन 'भारतीय अंतर्राष्ट्रीय अंकों' को राष्ट्रीय अंक मानकर सारे भारत के लिए स्वीकार कर लेना चाहिए या नहीं, यह एक नितांत भिन्न स्तर का सवाल है। प्रस्तुत लेख में यही प्रतिपादित करना चाहता हूं कि इन अंकों का मूल स्रोत भारत में ही है। वस्तुतः अंक-संकेत एक गौण चीज़ है, असली चीज़ है शून्य की धारणा और इस पर आधारित दाशमिक स्थानमान अंक-पद्धति। यही भारतीय अंक-पद्धति की विशेषता है। इसी विशेषता के कारण भारतीय अंक-पद्धति आज अंतर्राष्ट्रीय अंक-पद्धति बन गई है। भारतीय अंक-पद्धति की इसी विशेषता के कारण आज संसार की सभी प्राचीन अंक-पद्धतियां केवल पुरालिपिविदों के अध्ययन का विषय बनकर रह गई हैं। भारत में भी आदिकाल से शून्य एवं स्थानमान अंक-पद्धति का अस्तित्व देखने को नहीं मिलता। अतएव, भारत के इस महान आविष्कार के यथार्थ मूल्यांकन के लिए अन्य प्राचीन अंक-पद्धतियों पर एक सरसरी नज़र डाल लेना उपयोगी ही सिद्ध होगा।

आदिम-मानव ने लिपि-संकेतों के पहले ही सरल से अंक-संकेतों को जन्म दिया था। धरती पर या किसी भी अन्य वस्तु पर एक-एक वस्तु के लिए खींची गई लकीरें मानव के आदिम अंक-संकेत थीं। आजकल के कई आदिवासी समाजों में हम अंकों के लिए इसी प्रकार की खड़ी या आड़ी लकीरों का प्रयोग बहुधा देखते हैं। लेकिन आदिम-समाज बड़ी-बड़ी संख्याओं की गिनती नहीं जानता था। उसके शब्द-भंडार में संख्याओं के लिए केवल चंद शब्द ही थे। अधिकतर दोनों हाथों की दस अंगुलियों पर गणना होती थी। हथेली या पंजे में पांच अंगुलियां होती हैं, इसीलिए पांच के लिए संस्कृत में पंच, यूनानी में पेंटे, जर्मन में फिंफ आदि शब्द अस्तित्व में आए। हमारी वर्तमान अंक-पद्धति दस अंक-संकेतों पर आधारित है, यह दाशमिक या दशगुणोत्तर है, इसका एकमात्र कारण है हमारे दोनों हाथों की अंगुलियां दस होना। हमारे दोनों हाथों की अंगुलियां 12 या 16 होतीं, तो गणना का आधार भी 12 या 16 ही होता। इससे कोई यह नहीं समझ ले कि यह दाशमिक अंक-पद्धति ही सबसे बेहतर अंक-पद्धति है। वस्तुतः अंक-पद्धति का आधार कोई भी संख्या हो सकती है। आजकल के विद्युत गणक-यंत्रों की गणना-पद्धति का आधार केवल दो अंक-संकेत ही हैं–0 और 1। सभी प्राचीन सभ्यताओं की गणना-पद्धतियों में गणना का आधार दस ही रहा हो, ऐसी भी बात नहीं है। मध्य-अमेरिका की मय-सभ्यता की अंक-पद्धति का आधार 20 था, तो सुमेरी-बेबीलोनी अंक-पद्धति 60 पर आधारित थी।[1]

सुमेरी-बेबीलोनी अंक-पद्धति

संसार की सबसे प्राचीन अंक-पद्धति सुमेरी अंक-पद्धति है। मेसोपोटामिया की दजला-फ़रात नदियों के मुहाने के प्रदेश में बसे हुए इन सुमेरी लोगों ने ई.पू. 3000 के पहले ही इस अंक-पद्धति को जन्म दिया था। बाद में सुमेरी लिपि की तरह सुमेरी अंक-पद्धति को भी बेबीलोनी और असीरी लोगों ने अपना लिया। सुमेरी अंक-पद्धति 60 पर आधारित थी। इसमें 1 से 9 तक के अंक इतनी ही खड़ी लकीरों से लिखे जाते थे। 10 के लिए एक आड़ी लकीर थी। इस प्रकार 1 से 59 तक की संख्याएं इन्हीं आड़ी (दहाई) और खड़ी (इकाई) लकीरों के योग से लिखी जाती थीं। 60 के लिए और 60 के किसी भी पात के लिए, पुनः 1 का चिह्न अर्थात् एक खड़ी लकीर का इस्तेमाल होता था। इस प्रकार, सुमेरी अंक-पद्धति में 60 का वही महत्व था जो कि हमारी अंक-पद्धति में 10 का है। सुमेरी लोगों ने गणना के लिए 60 का यह

आधार ही क्यों चुना, यह प्रश्न बड़ा विवादास्पद है, इसलिए हम उस वाद-विवाद में नहीं उतरेंगे। वस्तुतः सुमेरी लोगों की यह देन आज भी हमारे बीच विद्यमान है। आज भी हम घंटे को 60 मिनटों में, मिनट को 60 सेकंडों में विभाजित करते हैं[1]।

बेबीलोनी लोग मिट्टी के फलकों पर नुकीली कलम से लिखते थे और तदनंतर इन फलकों को धूप या मिट्टी में पका लेते थे। इसलिए उनके अंक-संकेत, और लिपि-संकेत भी, खड़ी या आड़ी रेखाएं न रहकर तिकोनी खापें बनती थीं। इसीलिए उनकी लिपि को कीलाक्षर लिपि कहते हैं। कीलाक्षर लिपि और इसके अंक-संकेतों का इस्तेमाल ईसा के समय तक थोड़ा-बहुत होता रहा, किंतु इसके बाद यह लिपि और इसके अंक-संकेत मर गए। सुमेरी-बेबीलोनी-असीरी अंक-पद्धति में शून्य के लिए कोई संकेत नहीं था।

मिस्री अंक-पद्धति

प्राचीन मिस्र[2] के गणितज्ञों को भी शून्य का ज्ञान नहीं था। ई.पू. 3000 के आसपास मिस्री लिपि—हाइरोग्लिफिक लिपि—और इसके अंक-संकेत अस्तित्व में आ चुके थे। इसमें 1 से 9 तक के अंक इतनी ही खड़ी लकीरों से व्यक्त किए जाते थे। 10 के लिए अंग्रेजी यू के उलटे आकार (n) का चिह्न था। 99 तक की संख्याएं इन्हीं दो चिह्नों को दोहराते हुए लिखी जाती थीं। इसी प्रकार, 100, 1000, 10000 तथा 100000 के लिए स्वतंत्र संकेत थे। 1000000 (दस लाख) के लिए दोनों हाथ ऊपर उठाए हुए एक बैठे हुए आदमी का संकेत था। ऊपर उठाए हुए हाथ मानो व्यक्त करते थे कि यह एक बहुत बड़ी संख्या है। असल में मिस्री लोगों के पास इससे बड़ी संख्या के लिए कोई संकेत नहीं था। स्पष्ट ही है कि प्राचीन मिस्री अंक-पद्धति 10 पर आधारित अर्थात् दशगुणोत्तर थी और इसमें कुल 7 अंक-संकेतों का प्रयोग होता था। इसमें स्थानमान के लिए कोई गुंजाइश नहीं थी और इसमें शून्य की धारणा या इसके लिए कोई संकेत नहीं था। मिस्री अंक-पद्धति के दो नमूने हैं :

20000 + 7000 + 500 + 20 + 9 = 27529

मिस्र पर टालमी राजाओं के शासन-काल में ईसा के पहले की तीन शताब्दियां तक अभी मिस्र की प्राचीन लिपियों का और इसके अंक-संकेतों का इस्तेमाल होता था। लेकिन इसके बाद इनका ज्ञान धीरे-धीरे लुप्त हो गया। कुछ पुरालिपिविदों की मान्यता है कि मिस्री लिपि की 'व्यंजनमाला' ने सेमेटिक लिपियों की व्यंजनमाला को प्रभावित किया है। लेकिन मिस्री अंक-पद्धति ने किसी भी अन्य अंक-पद्धति को प्रभावित नहीं किया।

यूनानी अंक-पद्धति

इस शताब्दी के आरंभ में सर आर्थर इवांस[3] ने जब क्रीट की प्राचीन सभ्यता का उद्घाटन किया था तो उन्होंने वहां से दो प्रकार की लिपियों के पुरावशेष प्राप्त किए। इन लिपियों

को उन्होंने नाम दिए—रैखिक-अ और रैखिक-ब। रैखिक-अ लिपि संभवतः क्रीट के मूल निवासियों की लिपि है। इस लिपि का तथा इसमें निहित भाषा का अभी तक उद्‌घाटन नहीं हुआ है। किंतु रैखिक-ब लिपि का 1952 में उद्‌घाटन करने का महान श्रेय है इंग्लैंड के दिवंगत पुरालिपिविद् माइकेल वेंट्रिस[4] को। इस रैखिक-ब लिपि की भाषा है आद्य-यूनानी। 1400 ई. पू. के आसपास यूनानियों का क्रीट द्वीप पर अधिकार हो जाने पर इन्होंने अपनी भारोपीय परिवार की भाषा के लिए रैखिक-अ लिपि के आधार पर एक नई लिपि—रैखिक-ब— का निर्माण किया था। इस रैखिक-ब लिपि की अंक-पद्धति दाशमिक तो है, परंतु इसमें स्थानमान एवं शून्य के लिए कोई स्थान नहीं है। इसमें खड़ी रेखाएं इकाइयों को, आड़ी रेखाएं दहाई को, छोटा-सा शून्य सैकड़े को, किरणों वाला शून्य सहस्र को और इस किरणों वाले शून्य के भीतर एक आड़ी लकीर खींचने पर यह दस हजार को व्यक्त करता था, जैसे :

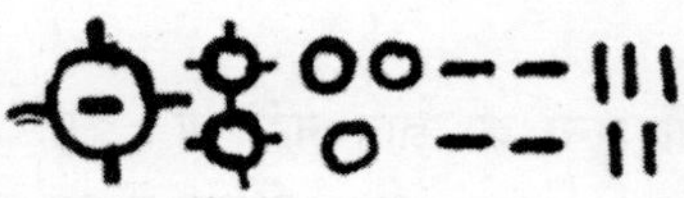 = 12345

ई.पू. 1200 के आसपास यूनानियों ने अपनी भाषा के लिए क्रीट की रैखिक-ब लिपि का प्रयोग त्याग दिया था। 1000 ई.पू. के आसपास उन्होंने पश्चिमी एशिया की उत्तरी सेमेटिक अर्थात् फिनीशियन लिपि की वर्णमाला के आधार पर अपनी भारोपीय परिवार की भाषा के लिए एक नई लिपि का निर्माण किया। अपनी इस नई लिपि के लिए उन्होंने फिनीशियन लिपि के संकेत तो लिये ही, इन संकेतों के नाम (अल्फा, बीटा, गामा आदि) भी अपना लिये। अतः यह एक निर्विवाद तथ्य है कि यूनानी लिपि का निर्माण उत्तरी सेमेटिक लिपि की 'वर्णमाला' (वस्तुतः 'व्यंजनमाला') के आधार पर हुआ है। लेकिन यूनानी अंक-संकेत? यूनानी लोगों ने इस समस्या का हल खोज निकाला अपनी इस नई वर्णमाला के अक्षरों को ही संख्याओं के मान देकर।

यूनानी अंक-पद्धति वस्तुतः अक्षरांक-पद्धति थी। यूनानी लिपि में कुल 24 अक्षर थे। इनमें से प्रथम 9 अक्षरों को उन्होंने 1 से 9 तक की संख्याओं के मान दिए, 10, 20, 30.....90 के लिए आगे के 9 अक्षर निर्धारित किए और 100, 200, 300.....900 के लिए शेष 9 अक्षर। इस प्रकार अपनी अंक-पद्धति के लिए उन्हें 27 अक्षरों की जरूरत थी, अतः उन्होंने 3 अक्षर और गढ़े। लिपि-संकेतों से अंक-संकेतों को स्पष्ट करने के लिए इनके ऊपर प्रायः एक आड़ी लकीर खींच दी जाती थी। 1000, 2000.....9000 संख्याएं वर्णमाला के प्रथम 9 अक्षरों की बाईं ओर एक तिरछी लकीर खींचकर व्यक्त की जाती थीं। 10,000 के लिए यूनानी अंक-पद्धति में रोमन 'एम' (M) जैसा चिह्न था। यह मिरियड (10,000) शब्द का आद्य अक्षर था। दश-सहस्र वाली संख्याएं इसी संकेत के ऊपर इकाई के संकेत रखकर व्यक्त की जाती थीं।

यही थी यूनानी अंक-पद्धति। वस्तुतः यह एक अक्षरांक पद्धति थी और इसमें शून्य के लिए कोई स्थान नहीं था। आगे हम देखेंगे कि भारत में भी कई अक्षरांक पद्धतियों का अस्तित्व रहा है। यूनानियों का अनुकरण करते हुए हिब्रू यहूदी लोगों ने भी अपनी हिब्रू लिपि के आधार पर एक अक्षरांक-पद्धति को जन्म दिया था।

रोमन अंक-पद्धति

शून्य एवं स्थानमान युक्त भारतीय अंक-पद्धति के सामने संसार की कोई भी अंक-पद्धति टिक नहीं पाई, परंतु आज भी थोड़ी बहुत मात्रा में हम रोमन अंक-पद्धति का यत्र-तत्र प्रयोग होता देखते हैं। रोमन अंक-पद्धति के संकेत हैं :

I	V	X	L	C	D	M
1	5	10	50	100	500	1000

रोमन-काल के आरंभ में ही ये अंक-संकेत अस्तित्व में आ गए थे। रोमन साम्राज्य के विस्तार के साथ ही सारे यूरोप में इन अंकों का प्रचार व प्रसार हुआ था। ईसा की आरंभिक शताब्दियों में अलेक्ज़ेंड्रिया वाले भारतीय अंकों के बारे में सुन चुके थे। अंत में अरबों मूरों के माध्यम से दक्षिण-पश्चिम यूरोप के देश भी 9वीं शताब्दी में भारतीय अंक-पद्धति से परिचित हो गए थे। फिर भी यूरोप में अभी रोमन अंक-पद्धति का ही बोलबाला था। बहुत पहले पश्चिमी रोमन साम्राज्य का अंत और 15वीं शताब्दी में पूर्वी रोमन साम्राज्य का अंत हो जाने पर भी यह अवैज्ञानिक रोमन अंक-पद्धति, ईसाइयत की छत्रच्छाया में, अभी जीवित थी। वस्तुतः यूरोप से इस रोमन अंक-पद्धति को हटाने के लिए भारतीय अंक-पद्धति को 17वीं शताब्दी के अंत समय तक संघर्ष करना पड़ा। इस संघर्ष के बारे में अधिक हम आगे बतलाएंगे ही।

संक्षेप में यही थीं पुरातन जगत की अंक-पद्धतियां। चीनी अंक-पद्धति भी शून्य रहित थी। लेकिन कितने लोग जानते हैं कि मध्य-अमेरिका में, यूरोपवासियों के आगमन के लिए पहले, एक ऐसी विकसित सभ्यता का अस्तित्व रहा है जिसकी अंक-पद्धति में शून्य के लिए एक संकेत था और यह यूरोप की प्राचीन अंक-पद्धतियों से कई गुना बेहतर थी।

मय-सभ्यता की अंक-पद्धति

स्पैनिश लोगों के आगमन के पहले की मध्य-अमेरिका की मय-सभ्यता की वैज्ञानिक उपलब्धियों की चर्चा तो यहां संभव नहीं है, किंतु इतना बता देना जरूरी है कि मय लोगों का पंचांग ग्रेगोरी-पंचांग से कई गुना बेहतर था। मय पुरोहित काल-निर्धारण की समस्या को काफी सफलता से सुलझा चुके थे। असल में उनके सभी व्यापार काल-निर्धारण से व्याप्त थे। इसी सूक्ष्म काल-निर्धारण के लिए उन्होंने शून्य संकेत युक्त एक वैज्ञानिक अंक-पद्धति को जन्म दिया था। शून्य का आविष्कार करने का श्रेय केवल भारतीय पंडितों को ही नहीं है। स्वतंत्र रूप से मय-सभ्यता के पंडित-पुरोहित भी शून्य को जन्म दे चुके थे।

लेकिन मय-सभ्यता की अंक-पद्धति 20 पर आधारित थी। इसमें कोई आश्चर्य की बात नहीं ही है। बहुत-सी सभ्यताओं ने दोनों हाथों की 10 अंगुलियों के आधार पर दाशमिक अंक-पद्धतियों को जन्म दिया, तो मय लोगों ने हाथों की 10 दस अंगुलियों के साथ दोनों पैरों की 10 अंगुलियां और जोड़कर एक विंशतिमान अंक-पद्धति का निर्माण किया था।

इस अंक-पद्धति में कुल तीन ही संकेत हैं : 1 के लिए एक बिंदु (.), 5 के लिए एक आड़ी लकीर (–) और शून्य की धारणा के लिए एक कौड़ीनुमा चिह्न। इस प्रकार 19 के लिए चिह्न बनता था तीन समांतर आड़ी लकीरों के ऊपर एक पंक्ति में चार शून्य। 20 के लिए

संकेत था शून्य (कौड़ीनुमा) के चिह्न के ऊपर एक बिंदु। इस अंक-पद्धति की 20 के आगे की उच्च इकाइयां थीं क्रमशः 20, 360, 7200 और 144000। उच्च इकाइयां इस प्रकार लिखी जाती थीं कि सबसे बड़ी इकाई सबसे ऊपर रहती थी। उदाहरणार्थ :

१ × १४४,००० = १४४,०००

५ × ७,२०० = ३६,०००

१४ × ३६० = ५,०४०

४ × २० = ८०

० × १ = ०

= १८५,१२०

लेकिन यह विकसित अंक-पद्धति भी अब पुराशास्त्र के अध्ययन की चीज बनकर रह गई है।

भारतीय अंक-पद्धति की महत्ता को समझने के लिए ही ऊपर संसार की प्रमुख अंक-पद्धतियों का संक्षिप्त परिचय दिया गया है। इनमें केवल रोमन अंक-पद्धति को छोड़कर शेष सभी अंक-पद्धतियां आज अतीत के गर्भ में विलीन हो गई हैं। रोमन अंक-पद्धति का आज घड़ियों के अंक-संकेतों तथा पुस्तकों के प्रकरणों आदि में ही थोड़ा-बहुत इस्तेमाल होता है। वस्तुतः आज भारतीय अंक-पद्धति का ही सार्वभौम राज्य है। आइए, अब हम भारतीय अंक-पद्धतियों पर विचार करें।

भारतीय अंक-पद्धतियां

सिंधु लिपि के अंक

सिंधु सभ्यता का उद्‌घाटन हुआ 1920-22 में। यह सभ्यता उतनी ही प्राचीन है जितनी कि मिस्र और सुमेर की सभ्यताएं। इस बात के लिए भी प्रमाण मौजूद है कि ई.पू. तीसरी सहस्राब्दी के मध्यकाल में सिंधु सभ्यता[5] और सुमेरी सभ्यता के बीच व्यापारिक संबंध थे। सुमेरी लोगों की तरह सिंधु जनों की भी अपनी लिपि थी। इस लिपि की हजारों अक्षरांकित मुद्राएं मोहन-जोदड़ो, हड़प्पा तथा अन्य स्थानों की खुदाई से मिली हैं। लेकिन भारतीय पुरातत्वशास्त्र का यह दुर्भाग्य ही समझिए कि अभी तक इस लिपि का उद्‌घाटन नहीं हुआ है। अभी तो हम यह भी नहीं जानते कि सिंधु सभ्यता के लोगों की भाषा कौन-सी थी। कई विद्वानों ने सिंधु लिपि के उद्‌घाटन के प्रयास किए हैं, किंतु ये सारे प्रयास परिकल्पनाओं तक ही सीमित हैं। ऐसी स्थिति में सिंधु सभ्यता की अंक-पद्धति के बारे में क्या कहा जाए!

वैसे, किसी भी पुरालिपि की खोज करते समय सबसे पहले प्रायः इसकी अंक-पद्धति का ही उद्‌घाटन होता है, जैसे कि मय-सभ्यता की अंक-पद्धति और क्रीट की रैखिक-ब लिपि की

अंक-पद्धति के बारे में हुआ है। लेकिन प्रयास करने पर भी सिंधु सभ्यता की अंक-पद्धति के बारे में वैसा संभव नहीं हो पाया है। सिंधु लिपि के संकेतों के साथ जो खड़ी पाइयां मिलती हैं, उन्हें बहुत से पुरालिपिविद् अंक-संकेत मानते हैं। 1 से 13 तक के अंकों को दर्शाने वाली इस प्रकार की खड़ी पाइयों के संकेत हैं :

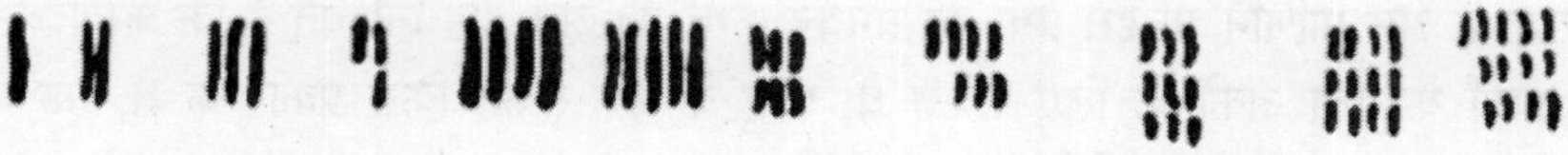

चित्र 19.1 : सिंधु सभ्यता के 1 से 13 तक के अंक-संकेत

20, 30 तथा सैकड़े की संख्याएं ठीक किस प्रकार लिखी जाती थीं, यह अभी जाना नहीं जा सका है। लेकिन इतना निश्चित है कि सिंधु-सभ्यता वालों की अंक-पद्धति सुमेरी अंक-पद्धति से कम विकसित नहीं ही रही होगी। सिंधु-सभ्यता के नगरों की तथा इनके मार्गों एवं गतियों की योजनाबद्ध व्यवस्था को देखकर कोई भी यह स्वीकार करेगा कि उन्हें रेखागणित का अच्छा ज्ञान था। लेकिन जब तक सिंधु लिपि का उद्घाटन नहीं होता, तब तक इस सभ्यता के बारे में बहुत-सी बातें विचार-कोटि में ही रहेंगी।

वैदिक-कालीन अंक-पद्धति

सिंधु सभ्यता के अंत (लग. 1500 ई.पू.) के बाद और सम्राट अशोक[6] (ई.पू. तीसरी शताब्दी) के धर्मलेखों के पहले के बीच के काल का भारत में कोई निर्विवादास्पद अभिलेख नहीं मिलता। अतः इस बीच अंकों के लिए संकेत रहे भी होंगे, तो वे किस प्रकार के थे, इसके बारे में हमारे पास कोई प्रमाण नहीं है। लेकिन इस लंबे काल के साहित्य के अनुशीलन से इतना जरूर पता चलता है कि अंक-संकेतों का अस्तित्व रहा है।

भारत में आए आर्यों को आरंभ में लेखन-कला का ज्ञान न रहा हो, तो इसमें कोई आश्चर्य की बात नहीं है। ई.पू. दूसरी सहस्राब्दी के उत्तरार्ध में आर्यजनों की शाखाएं जिस देश में भी जाकर बसीं, उन्होंने उस-उस देश की लिपि को ही अपनाया है। यूनान और क्रीट में पहुंचे आर्यों ने आरंभ में क्रीट की लिपि के आधार पर अपने लिए एक वर्णमालात्मक लिपि बनाई, बाद में उन्होंने उत्तरी सेमेटिक लिपि के आधार पर अपने लिए एक लिपि का निर्माण किया था। ई.पू. 14वीं शताब्दी में उत्तर-पश्चिम मेसोपोटामिया के हित्ती, मितानी आदि आर्य-शासकों ने बेबीलोन की कीलाक्षर लिपि के आधार पर अपने लिए एक लिपि बनाई थी। भारतीय आर्यों के ईरानी भाईबंदों के पास भी अपनी कोई मूल लिपि नहीं थी। ईरान के हख़ामनी शासन-काल (ई.पू. छठी शताब्दी) में ही पहली बार ईरानी आर्यों ने अपनी आर्य भाषा के लिए कीलाक्षरों के आधार पर एक 'पारसी' कीलाक्षर-माला को जन्म दिया था। प्रसिद्ध हख़ामनी सम्राट दारयवुश (डेरियस) की बेहिस्तुन शिलालेख की तीन लिपियों में से एक यही लिपि है।

अतः आर्यों की जो शाखा या शाखाएं भारत पहुंचीं, उनके पास भी कोई लिपि न रही हो, तो इसमें कोई आश्चर्य की बात नहीं है। ये मंगोलों की तरह घुमक्कड़ ही थे। ऐसे लोगों को लिपि की जरूरत भी क्या? लेकिन आदिवासियों की तरह घुमक्कड़ जनों को भी अंकों की जरूरत पड़ती है। ऋग्वेद के अध्ययन से पता चलता है कि आर्यों के पास सरल-सी संख्याओं

के लिए अंक-संकेत अवश्य थे। ऋग्वेद का एक ऋषि कहता है : 'सहस्र मे ददतो अष्टकर्ण्यः' (10.62.7) अर्थात्, मुझे ऐसी सहस्र (गायें) दो जिनके कानों में 8 लिखा हो। गायों के साथ अपने मालिक का संबंध स्थापित करने के लिए वैदिक-काल में गायों के कानों पर अंकों के या अन्य कोई निशान बनाने की प्रथा थी। अथर्ववेद में भी कानों पर 'मिथुन' बनाने का उल्लेख मिलता है और पाणिनि भी इस प्रथा का समर्थन करते हैं। अतः यह निश्चित है कि ऋग्वैदिक-काल में आर्यों के पास अंकों के लिए संकेत थे, परंतु ये अंक-संकेत किस प्रकार के थे, यह जानने के लिए आज हमारे पास कोई साधन नहीं है।

ऋग्वेद में 'अयुत' (10,000) तक की संख्याओं के नाम मिलते हैं। इससे बड़ी इकाई के लिए कोई संज्ञा नहीं मिलती। एकादश, त्रिंशत्, चतुःऽशत, पंच पंच, आदि शब्दों पर विचार करने से स्पष्ट हो जाता है कि उस समय की गणना का आधार दस ही था। लेकिन ऋग्वेद में 'शून्य' शब्द नहीं मिलता। ऋग्वेद में 'खे' शब्द आया है, परंतु वहां इसका अर्थ 'सूराख' है।

वह यजुर्वेद संहिता (वाजसनेयी) में परार्ध तक की संख्याओं की एक लंबी सूची ही मिलती है, यथा : एक (1), वश (10), सहस्र (1000), अयुत (10,000), नियुत (100,000), प्रयुत (1,000,000), अर्बुद (10,000,000), यर्बुद (100,000,000), समुद्र (1,000,000,000), मध्य (10,000,000), अंत (100,000,000,000) और परार्ध (1,000,000,000,000)। यही सूची तैत्तिरीय-संहिता में दो स्थलों पर और कुछ अंतर के साथ मैत्रायणी और काठक संहिताओं में भी मिलती है। इन सभी संहिताओं में आगे की संज्ञा पहले की संज्ञा से दस गुना बढ़कर है, इसीलिए इसे 'दशगुणोत्तर संज्ञाएं' कहते हैं। यजुर्वेद के एक अन्य मंत्र में प्रथम, द्वितीय, तृतीय आदि शब्दों का एक क्रम में द्वादश तक प्रयोग देखने को मिलता है। यजुर्वेद के ही एक अन्य मंत्र में 4 को 4 से ही 12 बार इस प्रकार जोड़ा गया है, मानो 4 का 12 तक (4 × 12) पूरा पहाड़ा ही दिया गया हो।

वैदिक साहित्य में संख्याओं की संज्ञाओं के इस प्रकार के अनेकानेक उल्लेख मिलने पर भी हम नहीं ही जानते कि उस समय के अंक-संकेत किस प्रकार के थे।

सम्राट अशोक (ई.पू. तीसरी शताब्दी, उत्तरार्ध) के अभिलेखों के साथ पहली बार हम भारतीय अंक-संकेतों की ठोस भूमि पर पैर रखते हैं। अशोक के अधिकांश धर्मलेख ब्राह्मी लिपि में ही हैं, परंतु उसके मानसेहरा और शाहबाज़गढ़ी ये दोनों स्थान अब पश्चिमी पाकिस्तान में हैं दो लेख खरोष्ठी लिपि में हैं। अतः, ब्राह्मी अंकों का परिचय प्राप्त कर लेने के पहले हम खरोष्ठी के अंकों पर दृष्टिपात कर लेंगे।

खरोष्ठी अंक

खरोष्ठी लिपि की उत्पत्ति आरमेई लिपि से मानी जाती है। अशोक के समय में भारत के वायव्य प्रदेश (गंधार देश) में इस लिपि का प्रचार था, इसीलिए अशोक ने इस प्रदेश के अपने धर्मलेख इसी लिपि में खुदवाए थे। अशोक के बाद शक एवं कुषाण राजाओं ने भी अपने अभिलेखों तथा सिक्कों के लिए इसी लिपि का इस्तेमाल किया था। पूर्वी मध्य-एशिया के तरिम में भी इस लिपि का प्रचार था जहां से खरोष्ठी में लिखे हुए अनेक काष्ठ-फलक तथा हस्तलिपियां मिली हैं। सामान्य रूप से हम कह सकते हैं कि ई.पू. की चौथी शताब्दी से ईसा

की चौथी-पांचवीं शताब्दी तक खरोष्ठी लिपि का उत्तर-पश्चिम भारत से लेकर मध्य-एशिया तक के प्रदेश में व्यवहार होता रहा।

अशोक के उपरोक्त दो शिलालेखों में 1, 2, 4, तथा 5 के लिए इतनी ही खड़ी पाइयों वाले अंक-संकेत मिलते हैं। लेकिन बाद के शक एवं कुषाण राजाओं के खरोष्ठी लेखों की अंक-प्रणाली कुछ भिन्न है। इसमें 1, 2 और 3 के लिए इतनी ही खड़ी पाइयां हैं, किंतु 4 के लिए गुणन के चिह्न (×) जैसा संकेत है। 5, 6 और 7 को क्रमशः 4 के चिह्न के बाईं ओर इतनी ही खड़ी पाइयां रखकर व्यक्त किया गया है (××)। यहां हमें यह जान लेना चाहिए कि खरोष्ठी लिपि दाईं ओर से बाईं ओर की लिखी जाती थी, इसीलिए 4 के आगे के इन अंकों की पाइयां इस चिह्न के बाईं ओर लिखी गई हैं। 8 के लिए 4 के चिह्न को दो बार लिखा जाता था। 9 के लिए कोई चिह्न था। इसी हुक के नीचे और एक हुक जोड़ने से 20 का चिह्न बनता था। 100 के लिए भी एक स्वतंत्र चिह्न था और इसी चिह्न के दाईं ओर एक, दो आदि अतिरिक्त पाइयां खींचकर 200,300 आदि को व्यक्त किया जाता था। स्पष्ट है कि यहां गुणन के सिद्धांत का सहारा लिया गया है। लेकिन 1 से 100 तक की संख्याओं को लिखने के लिए योग के सिद्धांत का ही उपयोग होता था।

एक उदाहरण से खरोष्ठी अंक-पद्धति स्पष्ट हो जाएगी। 274 संख्याकों, दाईं ओर से बाईं ओर को, क्रमशः 2, 100, 20, 20, 20, 10 और 4 [अर्थात्, (2 × 100) 20 20 20 10 4] के संकेतों से व्यक्त किया जाता था, यथा : स्पष्ट ही है कि खरोष्ठी अंक-पद्धति न तो स्थानमान-युक्त थी और न इसमें शून्य के लिए कोई संकेत था।

ब्राह्मी अंक

अशोक के अभिलेखों के साथ कुछ अंक-संकेत तो मिले हैं, किंतु यहां भी हमें स्थानमान पद्धति तथा शून्य के दर्शन नहीं होते। ब्राह्मी लिपि तथा इसके अंकों की उत्पत्ति के विशद विवेचन में हम यहां नहीं ही उतरेंगी। अशोक के शिलालेखों में निम्नलिखित ब्राह्मी अंक-संकेत मिलते हैं :

चित्र 19.2 : अशोक के ब्राह्मी अभिलेखों के अंक-संकेत

अशोक के लगभग सौ साल बाद नासिक के पास की नानेघाट गुफ़ाओं में जो लेख खोदा गया था, उसके ब्राह्मी अंक-संकेत हैं :

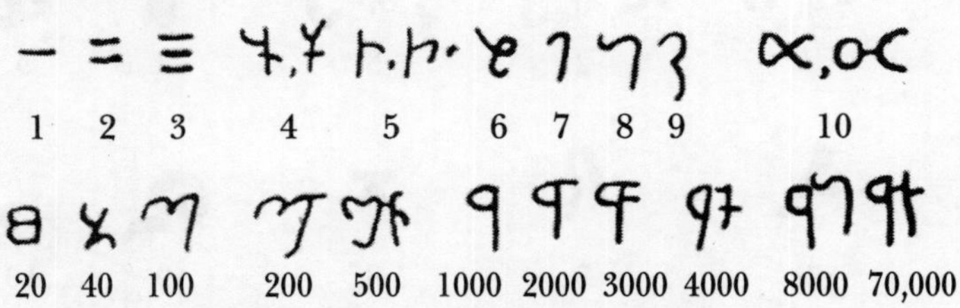

चित्र 19.3 : नासिक की गुफाओं के ब्राह्मी अंक-संकेत

अभी इन अंक-संकेतों में शून्य के लिए कोई संकेत नहीं है और न यह अंक-पद्धति स्थानमान युक्त ही है। शून्य संकेत सहित किसी भी दाशमिक स्थानमान अंक-पद्धति का काम केवल दस अंक-संकेतों से ही चल जाता है। भारत में शून्य तथा स्थानमान पद्धति का आविष्कार (जिसकी चर्चा हम आगे करेंगे) होने के बाद इन्हीं पुराने ब्राह्मी अंक-संकेतों से केवल 9 अंक-संकेत–1 से 9 तक के अंकों के संकेत–चुनना एक स्वाभाविक बात थी। शून्ययुक्त स्थानमान अंक-पद्धति का आविष्कार किसी अन्य देश में हुआ होता तो हम इस आविष्कार के साथ-साथ दस अंक-संकेत भी बाहर के ले लेते। लेकिन जब आविष्कार देश में ही हुआ और 1 से 9 तक की संख्याओं के अंक-संकेत पहले से ही मौजूद थे, तो यही ब्राह्मी संकेत इस नए आविष्कार के लिए अपनाए गए। केवल यही एक प्रमाण शून्य एवं स्थानमान पद्धति की भारतीय उत्पत्ति के लिए एक ज्वलंत प्रमाण है।

दूसरी ओर आज यूरोप की भाषाओं के साथ जिन अंकों का इस्तेमाल होता है और जिन्हें आज हमने 'भारतीय अंतर्राष्ट्रीय अंकों' का नाम दिया है, उनके स्रोत भी ईसा की आरंभिक शताब्दियों के ब्राह्मी अंक-संकेत ही हैं। इसके बारे में आगे विस्तार से बताया जाएगा।

शून्य तथा स्थानमान पद्धति का आविष्कार

अभिलेखों में स्थानमान पद्धति का सर्वप्रथम प्रयोग छठी शताब्दी के उत्तरार्ध का है, परंतु भारतीय साहित्य में शून्य एवं स्थानमान पद्धति के उल्लेख इससे अधिक प्राचीन हैं। आचार्य पिंगल के छंदःसूत्र के एक उदाहरण में 'शून्य' शब्द का प्रयोग हुआ है, किंतु उस समय यदि शून्य के लिए कोई संकेत रहा हो, तो वह कैसा था, यह जानने के लिए आज हमारे पास कोई साधन नहीं है।

पंजाब के यूसफ़ज़ईं जिले (पाकिस्तान) से भक्षाली गांव में गणित की एक हस्तलिपि मिली थी। इस हस्तलिपि में शून्य एवं स्थानमान-युक्त नवीन शैली के अंकों का प्रयोग हुआ है। इस हस्तलिपि के संपादक प्रसिद्ध विद्वान डॉ. हौनले इस हस्तलिपि का रचना-काल ईसा की तीसरी या चौथी शताब्दी मानते थे। कुछ अन्य विद्वान हौनले के इस मत से सहमत नहीं हैं, इसीलिए डॉ. बूलर ने लिखा था, यदि हौनले का अंकगणित की इस कृति के रचना-काल के बारे में व्यक्त संभावित अनुमान सही है, तो इस नवीन अंक-पद्धति के आविष्कार का समय ईसा के आरंभ काल या इससे भी पहले सिद्ध होता है[7], (इंडियन पैलिओग्राफी, पृ. 125)। पाठकों की जानकारी के लिए हम नीचे इस भक्षाली हस्तलिपि के अंक-संकेत दे रहे हैं :

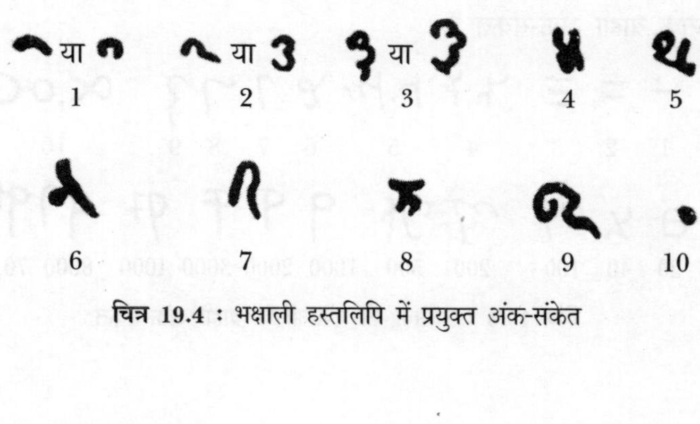

चित्र 19.4 : भक्षाली हस्तलिपि में प्रयुक्त अंक-संकेत

प्रसिद्ध ज्योतिषी वराहमिहिर ने अपने 'पंचसिद्धांतिका' (ल. 550 ई.) ग्रंथ में शून्य का अनेक बार प्रयोग किया है। वराहमिहिर के समकालीन जैन लेखक जिनभद्र गणि ने भी शून्य युक्त संख्याओं के कई उदाहरण दिए हैं। महाकवि सुबंधु के काव्य-ग्रंथ वासवदत्ता में एक स्थान पर तारों की उपमा शून्य बिंदुओं से दी गई है। अतः यही संभव जान पड़ता है कि शुरू से ही शून्य के लिए बिंदु का चिह्न रहा है। भक्षाली हस्तलिपि में भी शून्य के लिए बिंदु ही मिलता है।

स्थानमान-युक्त दाशमिक अंक-पद्धति का सर्वप्रथम प्रयोग जिस अभिलेख में मिलता है, वह है संखेड़ा से प्राप्त किसी गुर्जरवंशी राजा का दानपत्र। यह दानपत्र कलचुरी संवत् 346 (594 ई.) का है। इसमें तिथि लिखी है : 'संवत्सरशतत्रयंये षट्चत्वारिंशोशदुत्तरके। 346। यहां स्थानमान शैली के अंकों का प्रयोग तो हुआ है, किंतु इन अंकों में शून्य नहीं ही है।

① 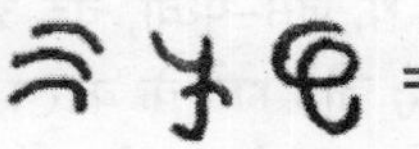 = 346

सबसे पहले जिस पुरालेख में शून्य के लिए संकेत मिलता है, वह है 8वीं शताब्दी का जयवर्धन द्वितीय का राघोली का दानपत्र। इस लेख में संख्या 30 दाशमिक पद्धति में है और शून्य के लिए एक लघुवृत्त का चिह्न है। भोजदेव के काल के लेख (870 ई.) में 1 से 26 तक श्लोकों की संख्या दशमलव संकेतों में दी गई है और यहां भी शून्य के लिए लघुवृत्त का ही संकेत है।

दाशमिक स्थानमान पद्धति के अंकों का प्रयोग सुदूर पूर्व के भारतीय उपनिवेशों में भी देखने को मिलता है। ये अभिलेख सातवीं शताब्दी के हैं और श्रीविजय, पालंबंग (सुमात्रा) तथा लंका द्वीप से मिले हैं। इनमें शकाब्द 605, 606 और 608 दाशमिक अंक-पद्धति में लिखे गए हैं। इनके अलावा कंबोडिया के संबोर नगर से एक पुरालेख मिला है, जिसमें शकाब्द 605 इन नवीन शैली के अंकों में है। उसी प्रकार, चंपा द्वीप के पौ नगर का एक पुरालेख, जो शकाब्द 735 का है, इन्हीं नए अंकों में है।

इन उदाहरणों से पता चलता है कि भारतीय अभिलेखों में पहली बार दाशमिक अंकों का प्रयोग होने के बाद सौ साल के भीतर ही यह नई अंक-पद्धति भारतीय लोगों के साथ सुदूर पूर्व के देशों में फैल गई थी। लेकिन भारत में नवीन तथा प्राचीन दोनों ही अंक-प्रणालियों का प्रयोग 10वीं शताब्दी तक साथ-साथ चलता रहा। इसके बाद सर्वत्र नवीन शैली के अंकों का ही प्रयोग देखने को मिलता है।

उपरोक्त साहित्यिक एवं पुरालेख संबंधी प्रमाणों पर विचार करने से किसी को भी यह स्पष्ट हो सकता है कि ईसा की प्रथम शताब्दी में भारत में शून्ययुक्त स्थानमान अंक-पद्धति का आविष्कार हो चुका था। इस आविष्कार के बाद भी चार-पांच सौ साल तक पुरानी शैली के ही अंकों का प्रयोग होते रहना, एक स्वाभाविक बात है। पुरातन का मोह, भारत में ही नहीं, सभी देशों में देखने को मिलता है। यूरोप के देश 11वीं शताब्दी में भारतीय अंक-पद्धति से परिचित हो गए थे, किंतु फिर भी 17वीं शताब्दी तक उन्होंने अवैज्ञानिक रोमन अंक-पद्धति का मोह नहीं छोड़ा।

शून्ययुक्त इस दाशमिक स्थानमान अंक-पद्धति का आविष्कार किस पंडित ने, किस स्थान पर और ठीक किस साल किया, इसके बारे में हमें कहीं भी कोई जानकारी नहीं मिलती।

इस नवीन भारतीय अंक-प्रणाली के साथ पहले अरब देशों की और बाद में यूरोप के देशों की सैर पर निकलने के पहले भारतीय ही अन्य दो-तीन अंक-पद्धतियों का अल्प परिचय प्राप्त कर लेना उचित होगा।

शब्दांक-पद्धति

प्राचीन भारत में गणित और ज्योतिष के ग्रंथ भी पद्य में लिखे आते थे। इन ग्रंथों में अंक-संकेतों से काम नहीं चल सकता था, इसलिए ईसा की आरंभिक शताब्दियों में एक शब्दांक-पद्धति अस्तित्व में आई। इस पद्धति के अनुसार, संख्याओं को ऐसे शब्दों से सूचित किया जाता था जो शास्त्रों के अनुसार अंक-बोधक होते थे, जैसे–पृथ्वी, चंद्र आदि, एक-एक होने के कारण, अंक 1 के बोधक होते थे, हाथ, आंख आदि, जोड़े होने के कारण, अंक 2 के बोधक थे, इत्यादि।

स्पष्ट ही है कि इस पद्धति में एक संख्या को कई प्रकार से व्यक्त किया जा सकता है और इसीलिए कवियों के लिए यह अंक-पद्धति बड़ी सुविधाजनक थी। जैसे 1230 संख्या को निम्न प्रकारों से व्यक्त किया जा सकता है :

1. खगुणकरादि (ख-गुण-कर-आदि)
2. खलोककर्णचंद्र (ख-लोक-कर्ण-चंद्र)
3. आकाशकालनैत्रघरा (आकाश-काल-नैत्र-चरा), आदि

इन उदाहरणों से यह भी पता चलेगा कि इस शब्दांक-पद्धति में अंक दाईं ओर से बाईं ओर को व्यक्त होते थे। साहित्य में और अभिलेखों में 1 से 49 तक की संख्याओं के लिए इस प्रकार के शब्दांक मिलते हैं। इन शब्दों का प्रयोग अधिकतर स्थानमान के साथ ही हुआ है। कंबोडिया के कुछ पुरालेखों में भी इस शब्दांक-पद्धति का प्रयोग हुआ है।

अक्षरांक-पद्धति

हम पहले बता चुके हैं कि यूनानी अंक-पद्धति वस्तुतः अक्षरांक पद्धति ही थी। भारत में भी 5वीं शताब्दी के आगे संस्कृत की वर्णमाला के आधार पर कई अक्षरांक-पद्धतियों का निर्माण किया गया था। किंतु जहां यूनानी अक्षरांक-पद्धति का प्रयोग जनसाधारण में भी होता था, वहां भारतीय अक्षरांक पद्धतियों का प्रयोग केवल पंडितों तक ही सीमित रहा।

सर्वप्रथम प्रसिद्ध ज्योतिषी आर्यभट ने अपने 'आर्यभटीय' ग्रंथ में, जिसकी रचना 499 ई. में हुई थी, एक अक्षरांक पद्धति को जन्म दिया था। यहां आर्यभट की इस अक्षरांक पद्धति का विवेचन संभव नहीं है, हम केवल दो उदाहरण देते हैं :

'चयगियिड्ड.शुछलृ'			'ङि.शिबुण्लृएबृ'		
च	=	6	ङि	=	500
य	=	30	शि	=	7000
गि	=	300	बु	=	230000
यि	=	3000	ण्लृ	=	150000000

ङु	=	50000	एबृ	=	82000000
शु	=	700000			1582237500
छलृ	=	57000000			
		57753336			

इन दो उदाहरणों से ही स्पष्ट हो जाएगा कि आर्यभट की यह अक्षरांक-पद्धति बड़ी जटिल थी। कुछ संख्याओं के शब्दों का तो उच्चारण करना भी संभव नहीं था।

अक्षरांक-पद्धति का एक सुधरा हुआ प्रकार कटपयादि पद्धति के नाम से प्रसिद्ध है। इसमें वर्णमाला के व्यंजनों को 1 से 9 तक के अंकों के मान दिए गए हैं। और शून्य के लिए ञ, न् एवं केवल स्वरों का प्रयोग होता था। यह पद्धति स्थानमान सिद्धांत पर आधारित थी और इसमें उतनी दिक्कत नहीं थी जितनी कि आर्यभट की अक्षरांक-पद्धति में थी। इसमें शब्द प्रायः सार्थक और मधुर बनते हैं, जैसे :

क्, ट्, प्, य्	**= 1**
ख्, ठ्, फ्, र्	**= 2**
ग्, ड्, ब्, ल्	**= 3**
घ्, ढ, भ्, व्	**= 4**
ङ्, ण्, म्, श्	**= 5**
च्, त, ष्	**= 6**
छ, थ्, स	**= 7**
ज्, द्, ह	**= 8**
झ्, ध्, ल्	**= 9**
ञ्, न् और स्वर	**= 0**

अक्षरपल्ली

प्राचीन हस्तलिपियों में पृष्ठों की संख्याओं को सूचित करने के लिए प्रायः उसी लिपि के अक्षरों को इस्तेमाल होता था जिसमें यह हस्तलिपि लिखी होती थी। 'अंकपल्ली' (दाशमिक अंक-पद्धति) से इसे स्पष्ट करने के लिए जैनियों ने इसे यह 'अक्षरपल्ली' नाम दिया था। अक्षरपल्ली अंक-पद्धति में अक्षरों के आकार-प्रकार के बारे में कोई तारतम्य नहीं था। वैसे, यह पद्धति बहुत प्राचीन है और जैन हस्तलिपियों में 16वीं शताब्दी तक इसका प्रयोग देखने को मिलता है। मलाबार में तो अभी पिछली शताब्दी के अंत समय तक एक प्रकार की अक्षरपल्ली का प्रयोग होता रहा। कुछ हस्तलिपियों में अक्षरों के साथ-साथ दशमलव पद्धति के अंक-संकेतों का भी प्रयोग देखने को मिलता है, यथा :

	ला		सु	सु
33	= 3,	100	= 0, 131	= ला,
			0	1

संक्षेप में यही है भारतीय अंक-पद्धतियों का परिचय। इस परिचय से स्पष्ट हो जाता है कि भारत में कई प्रकार की अंक-पद्धतियों का प्रचलन रहा है। दाशमिक स्थानमान अंक-पद्धति

का आविष्कार होने पर भी हमारे यहां पुरानी अंक-पद्धतियों का शताब्दियों तक इस्तेमाल होता रहा। इसे हम पुरातन के मोह के अलावा, और क्या कहें? खैर!

अब हमें भारतीय अंक-पद्धति और अंक-संकेतों के साथ अरब तथा यूरोप के देशों की यात्रा करनी है।

भूमध्यसागरीय देशों में भारतीय अंक

622 ई. में मुहम्मद साहब के मक्का से मदीना पलायन करने के साथ अरब लोगों का क्रमबद्ध इतिहास आरंभ होता है। अरब साहित्य एवं विज्ञान की नींव डाली गई 750 और 850 ई. के बीच, जबकि यूनानी एवं भारतीय ग्रंथों का अरबी में अनुवाद हुआ। इसी समय अरब लोग भारतीय विज्ञान के साथ-साथ भारतीय अंकों के संपर्क में आए।

लेकिन अरबों के भी पहले अलेक्ज़ेंड्रिया के निवासी भारतीय अंकों के संपर्क में आ चुके थे। अरबों के भी बहुत पहले पश्चिम एशिया के देशों में और भूमध्यसागरीय देशों में भारतीय अंकों की ख्याति फैल चुकी थी। ईसा की आरंभिक शताब्दियों में अलेक्ज़ेंड्रिया के साथ भारत के व्यापारिक संबंध थे।[8] भारतीय सामान और व्यापारियों के साथ वहां भारतीय अंकों का पहुंचना एक स्वाभाविक बात है। पाश्चात्य विद्वान भी यह स्वीकार करते हैं कि ईसा की पहली-दूसरी शताब्दी में भारतीय अंक अलेक्ज़ेंड्रिया पहुंच चुके थे। लेकिन ये अंक-संकेत शून्य सहित और स्थानमान-युक्त थे या नहीं, इस प्रश्न को लेकर वाद-विवाद हैं।

एक यूरोपिय गणितज्ञ बोयेथियस (लग. 510 ई.) की क्षेत्रगणित के बारे में एक हस्तलिपि मिली है, जो दसवीं शताब्दी की मानी जाती है। इस पुस्तक की कई हस्तलिपियां उपलब्ध हैं। इनमें अनेक स्थानों पर भारतीय अंकों का प्रयोग हुआ है और कुछ हस्तलिपियों में शून्य भी मिलता है। ये हस्तलिपियां यदि मूल पुस्तक की प्रामाणिक प्रतियां हैं तो हमें स्वीकार करना पड़ेगा कि 500 ई. के पहले भारतीय अंक दक्षिण यूरोप में पहुंच गए थे।

अरबों के भी बहुत पहले पश्चिम एशिया के देशों में भारतीय अंकों की कीर्ति फैल गई थी, इसके लिए सशक्त प्रमाण है सीरिया देश के एक विद्वान सेवेरूस सेबोख़्त (662 ई.) का कथन। सेबोख़्त फ़रात नदी के तट पर बसे एक मठ में रहता था। यूनानी विद्वान सीरियाई ज्ञान को नीची निगाह से देखते थे। इससे सेबोख़्त बड़ा आहत था। वह कहता था वू खल्दियन लोग यूनानियों के गुरु थे और सीरियाई लोग मूलतः खल्दियन ही हैं। इसी संदभ में वह, यूनानियों का घमंड चूर करने के लिए, हिंदू अंकों के बारे में कहता है :

मैं हिंदुओं के शास्त्रों के सारे विवेचन को छोड़ देता हूं—उन हिंदुओं के जो सीरियाई लोगों से भिन्न हैं—न उनकी ज्योतिष विषयक विलक्षण गवेषणाओं के विषय में कहूंगा जो यूनानी लोगों की गवेषणाओं की अपेक्षा अधिक कौशलपूर्ण है, और न उनकी वर्णनातीत गणना के विषय में ही। मैं केवल यही कहना चाहता हूं कि यह गणना नौ चिह्नों की सहायता से की जाती है। यदि वे लोग, जो केवल यूनानी भाषा बोलने के कारण ही यह समझते हैं कि वे विद्या की सीमा पर पहुंच गए हैं, इन बातों को जानें तो उन्हें विश्वास हो जाएगा कि उन लोगों के अतिरिक्त भी ऐसे लोग हैं जो कुछ जानते हैं।

भारतीय अंकों के बारे में यह प्रामाणिक उल्लेख अत्यंत महत्व का है। सेबोख़्त ने यहां नौ अंकों की चर्चा की है। वैसे आज भी शून्य को प्रायः अंक-संकेत नहीं माना जाता, इसलिए

सेबोख़्त ने नौ ही अंक-संकेतों का उल्लेख किया है। नौ अंक-संकेतों का उल्लेख यह भी सिद्ध करता है कि सेबोख़्त को जिस भारतीय अंक-पद्धति का परिचय मिला था, वह दाशमिक स्थानमान अंक-पद्धति थी। भारत की यह वैशिष्ट्यपूर्ण अंक-पद्धति उसके सामने थी इसीलिए उसने यूनानियों का गर्व चूर करने के लिए इसका उल्लेख किया है। अतः यह निर्विवाद सिद्ध होता है कि ईसा की सातवीं शताब्दी के आरंभ में भारतीय अंक-पद्धति की ख्याति फरात नदी के तट पर पहुंच चुकी थी।

अरबों को सर्वप्रथम जिन भारतीय अंकों का परिचय मिला वे अलेक्ज़ेंड्रिया और पश्चिमी एशिया में पहुंचे हुए भारतीय अंक-संकेत थे। बगदाद के ख़लीफ़ाओं के दरबार में सीरियाई विद्वान अनुवाद का कार्य करते थे। इन्हीं के माध्यम से सर्वप्रथम अरबों में भारतीय अंकों का प्रचार हुआ था। अरब लोग इन भारतीय अंक-संकेतों को गोबार अंक (हरूफ़ अल् गोबार) कहते थे। यही गोबार अंक-संकेत कालांतर में अरबों (मूरों) के साथ स्पेन में पहुंचे थे। गोबार का अर्थ है धूलि। धूलि पर इन अंक-संकेतों के साथ गणनाएं होती होंगी, इसीलिए यह नाम। हमारे देश में भी प्राचीन समय में जमीन या फलक पर धूल बिछाकर अंगुली से अंक-संकेत लिखे जाते थे, इसीलिए प्राचीन गणित-साहित्य में पाटीगणित के लिए 'धूलिकर्म' शब्द का भी प्रयोग मिलता है।

अरब में भारतीय अंक

अरब के ख़लीफ़ाओं का मिस्र और पश्चिम एशिया पर जब शासन आरंभ हुआ, तो उनके पास अपने कोई संतोषजनक अंक-संकेत नहीं थे। मिस्र में काप्टिक अंक और सीरिया में यूनानी अंकों का प्रचलन था। इसीलिए ख़लीफ़ा वालिद (699 ई.) ने अपनी राजघोषणा में यूनानी लिपि का प्रयोग तो रुकवा दिया था, किंतु यूनानी अंकों को कायम रखा था। इसी समय सेबोख़्त जैसे विद्वानों से और अलेक्ज़ेंड्रिया से अरबों को भारतीय अंकों का ज्ञान हुआ होगा, किंतु भारतीय अंक-पद्धति को, इसकी अमूर्त धारणा के कारण, आरंभ में वे समझ नहीं पाए। इस बीच अरबों के अपने अंक-संकेत भी अस्तित्व में आ गए थे। अरबों को भारतीय अंक-पद्धति का सही ज्ञान तब हुआ जब कुछ भारतीय विद्वान संस्कृत ग्रंथों के साथ बगदाद पहुंचे।

ख़लीफ़ा अलमंसूर (753-774 ई.) के शासन-काल में सिंध से बगदाद कुछ दूत गए थे, जिनमें कुछ भारतीय पंडित भी थे। पता चलता है कि ये अपने साथ ब्रह्मगुप्त (628 ई.) द्वारा लिखित ब्राह्म-स्फुट-सिद्धांत और खंडखाद्य ग्रंथ ले गए थे। अरबी विद्वानों की सहायता से इन ग्रंथों का अरबी में अनुवाद हुआ था। अरबी विद्वानों के साथ भारतीय विद्वानों का सीधा संबंध स्थापित होने का यह पहला अवसर था। इसी समय अरबों को भारतीय अंक-पद्धति का असली परिचय मिला। किंतु इसके पहले ही भारतीय उत्पत्ति के गोबार अंक अरब देश में प्रसिद्ध थे। इसलिए भारतीय अंक-पद्धति को पूर्ण रूप से अपनाने का अवसर आया तो नया शून्य-संकेत लेकर शेष अंकों के लिए पुराने गोबार अंक-संकेत ही अपनाए गए।

अरबी लिपि दाईं ओर से बाईं ओर को लिखी जाती है। इसलिए ये गोबार अंक अरबों के लिए कुछ दिक्कत के ही थे। अतः उन्होंने इन्हीं गोबार अंकों के आधार पर दाईं ओर से बाईं

ओर को लिखने के लिए नए अंक बनाए जिनका प्रयोग अधिकतर पूर्वी अरब प्रदेशों में होता था। पश्चिमी अरब में गोबार अंकों का ही प्रयोग चलता रहा। और बाद में पश्चिम अरब के यही गोबार अंक-संकेत मूरों के हाथों यूरोप में पहुंचे।

अरब में प्रचलित गोबार अंक निम्न प्रकार के थे :

इन्हीं के आधार पर बने अरबी के अंक-संकेत थे :

١ ٢ ٣ ٤ ٥ ٦ ٧ ٨ ٩ ١٠

प्रसिद्ध अरब गणितज्ञ अल्-ख़्वारेज्मी (825 ई.) ने गोबार अंकों का ही इस्तेमाल किया था। उसने इन अंकों के महत्व को समझकर इनके बारे में एक पुस्तक भी लिखी थी जिसका बाथ के एदेलार्द (लग. 1120 ई.) ने लैटिन में 'लिबेर अल्गोरिज़्मी दे नूमेरो इंदोरम' (हिंदू अंकों पर अल्-ख़्वारेज्मी की पुस्तक) शीर्षक से अनुवाद किया था। अन्य अरबी लेखकों के भी भारतीय अंकों के बारे अनेकानेक उल्लेख मिलते हैं। इब्न वहसिया (855 ई.) तीन प्रकार के भारतीय अंकों का उल्लेख करता है। अरब दार्शनिक जाहिज (मृत्यु 869 ई.) अंकों को 'हिंद के स्वरूप' कहता है और पूछता है कि, हिंद के स्वरूपों का आविष्कारक कौन है? अबुल हसन अल्-मसौदी 912 ई. में मुलतान आया था। वह लिखता है कि 'ब्रह्मा के आदेश से ऋषियों ने नौ अंकों का निर्माण किया था।

प्रसिद्ध अरब पर्यटक अल्बेरूनी लगभग तेरह साल (1017-30 ई.) भारत में रहकर यहां के ज्ञान-विज्ञान का अध्ययन करता रहा। उसने हिंदू अंकों के बारे में दो पुस्तकें भी लिखी थीं। अपने तारीख़ अल् हिंद (भारत का इतिहास) ग्रंथ में वह लिखता है : जिस प्रकार भारत में भिन्न-भिन्न स्थानों में वर्णमाला के आकार भिन्न-भिन्न हैं, ठीक उसी प्रकार अंकों के आकारों में भी भिन्नता है। हम लोग जिन अंकों का प्रयोग करते हैं वे हिंदू अंकों के सर्वोत्तम आकारों से व्युत्पन्न हैं। अन्य स्थान पर वह लिखता है : मैंने एक पुस्तक लिखी है जिसमें मैंने बतलाया है कि 'हिंदू लोग इस विषय में हम लोगों से कितने आगे हैं।' 'अल्बेरूनी में इन नए अंकों को अल अरकाम अल हिंद' (हिंद के अंक) कहा है।

अल-कलसादी (मृत्यु 1486 ई.) का उल्लेख है : ये नौ चिह्न जो गोबार (धूल) के चिह्न कहलाते हैं, वे चिह्न हैं जो हमारे स्पेन के प्रांतों तथा मगरीब और अफ्रीका के देशों में बहुधा प्रयोग किए जाते हैं। इनकी उत्पत्ति परंपरा से भारत के एक व्यक्ति को आरोपित की गई है। लोगों का कथन है कि उस व्यक्ति ने कुछ बारीक धूल लेकर एक पटरे पर फैला दी और लोगों को गुणा, भाग तथा गणित की अन्य क्रियाएं सिखाईं।

उपरोक्त उल्लेख से पता चलता है कि अरबों के माध्यम से स्पेन में पहुंचे हुए अंक-संकेत भारतीय उत्पत्ति के ही थे। अब इन्हीं अंकों की खोज में हम यूरोप पहुंचेंगे।

यूरोप में भारतीय अंक

पश्चिम यूरोप में गाथ लोगों की शक्ति क्षीण पड़ जाने पर 8वीं शताब्दी के पूर्वार्ध में अरबों ने स्पेन पर अधिकार कर लिया था। स्पेन पर अधिकार करने वाले ये अरब ही मूर कहलाते हैं। प्राचीन यूनानी और भारतीय ज्ञान से अब अरब भी ज्ञान-विज्ञान के क्षेत्र में आगे बढ़ते जा रहे थे। मूरों ने स्पेन में कारदोवा, ग्रेनेवा, तोलेदो आदि स्थानों में विद्या के प्रसिद्ध केंद्र स्थापित किए थे। इन्हीं विद्याकेंद्रों में ईसाई लोग अरबी विज्ञान के संपर्क में आए। पहले पहल अरबी के माध्यम से ही यूरोप वालों को यूनानी संस्कृति का ज्ञान हुआ था। भारतीय अंक-पद्धति का परिचय भी उन्हें मूर विद्वानों से ही मिला। यह भी संभव है कि स्पेन के पहले व्यापारी मार्ग से भारतीय अंक पहले ही इटली में पहुंच गए हों।

जो भी हो, भारतीय उत्पत्ति के गोबार अंका को विधिवत् उल्लेख करने वाला पहला यूरोपीय व्यक्ति गैर्बर्ट नाम का एक फ्रांसीसी विद्वान था, जो बाद में (999 ई.) सिल्वेस्तर-द्वितीय के नाम से पोप भी निर्वाचित हुआ था। 967 ई. में वह स्पेन गया था और संभव है कि वहां बार्सेलोना के विद्याकेंद्र में उसने गोबार अंकों का परिचय प्राप्त किया हो। वह इटली में भी कई उच्च पदों पर रह चुका था। यह भी संभव है कि व्यापारी मार्ग से इटली में पहुंचे गोबार अंकों का ही उसे परिचय मिला हो। वस्तुतः गैर्बर्ट ने अपने ग्रंथ में रोमन अंकों का ही इस्तेमाल किया है, उसे ये गोबार अंक अधिक अच्छे नहीं लगे थे। लेकिन एबैकस की गणना में उसने गोबार संकेतों का प्रयोग किया था।

यूरोप की जिस प्राचीनतम हस्तलिपि में भारतीय अंक मिलते हैं, वह स्पेन में 976 ई. में लिखी गई थी। सेवाइल के आइसोदोर की ओरिजिंस पुस्तक की इस हस्तलिपि में प्रथम अध्याय रोमन अंकों से संबंधित है और इसी के परिशिष्ट में गोबार अंकों का परिचय है। इसी पुस्तक की स्पेनिश प्रतिलिपि (992 ई.) में भी उसी स्थान पर गोबार अंक दिए गए हैं। इनमें केवल 9 संकेत हैं, शून्य-संकेत नहीं है। आइसोदोर इन अंकों का परिचय देते हुए कहता है : ऐसा ही अंकगणित के चिह्न के विषय में है। यहां यह देखने योग्य है कि भारतीयों की बुद्धि अत्यंत प्रखर है। अन्य राष्ट्र अंकगणित, क्षेत्रगणित तथा ललित कलाओं में उनसे हीन हैं। उनके नौ अंक चिह्नों से तो यह स्पष्ट ही है, जिनका प्रयोग करके वे किसी भी बड़ी संख्या को व्यक्त कर सकते हैं। इन अंकों के आकार ये हैं :

रब्बी बैन एजरा (1092-1167 ई.) अपने ग्रंथ सिफ़र-ह-मिस्पर (अंकों की पुस्तक) में लिखता है कि भारत के विद्वानों ने अपने संपूर्ण अंकों को 9 के द्वारा विशेषित किया है। इन उल्लेखों से पता चलता है कि 8वीं-10वीं शताब्दी में यूरोप वालों को जिन भारतीय अंकों का परिचय मिला, वह स्थानमानयुक्त दाशमिक अंक-पद्धति ही थी।

लेकिन भारतीय अंकों का यूरोप में सर्वाधिक प्रचार करने का महान श्रेय प्राप्त है महान गणितज्ञ पीसा के लियोनार्दो फिबोनकी को। पीसा उस समय एक प्रसिद्ध व्यापारिक केंद्र था। लियोनार्दो के पिता बुगिया (अफ्रीका के उत्तरी तट पर) में एक अढ़तिया थे। यहीं पर एक मूरिश पंडित से लियोनार्दो को आरंभिक शिक्षा मिली थी। तरुणावस्था में उसने मिस्र, यूनान, सीरिया, सिसिली, फ्रांस आदि देशों की यात्राएं करके विद्वानों से संपर्क स्थापित किया था। इन्हीं यात्राओं में उसने विभिन्न देशों के व्यापारियों की अंक-पद्धतियों का भी परिचय प्राप्त

किया। उसका कहना है कि हिंदू अंक-पद्धति के सामने शेष सभी अंक-पद्धतियां निम्न कोटि की हैं। पीसा लौटने 1202 ई. में उसने **'लिबेर एबकी'** नाम से एक पुस्तक लिखी, जिसे 1228 ई. में उसने पुनः लिखा। इस पुस्तक में उसने भारतीय अंकों का इस्तेमाल करके इनका परिचय दिया है। लेकिन लियोनार्दो के समय में यूरोप में उसकी इस पुस्तक का बहुत स्वागत नहीं ही हुआ। इसका प्रमुख कारण यह है कि भारतीय अंक-पद्धति जनसाधारण और व्यापारियों के लिए अभी काफी जटिल थी। लेकिन बाद में जब इस नई अंक-पद्धति का महत्व समझ में आया तो 'फिबोनकी' के ग्रंथ का खूब प्रचार हुआ।

पीसा के लियोनार्दो की तरह ही **अलेक्ज़ेंदर द विला दाई** (लग. 1240 ई.) ने भी यूरोप में भारतीय अंकों के प्रचार में महत्वपूर्ण योग दिया है। यह विद्वान अपने एक ग्रंथ में कहता है : यह पुस्तक जनसाधारण के (उच्चारण) अनुसार अलगोरिम या आगरिम कहलाती है। इसका विषय अंकविद्या है, जिसे अलगोरिम भी कहते हैं। भारत में अलगौर नाम का एक राजा था, उसी ने इस अलगोरिम विद्या का आविष्कार किया था। इस विद्या में हम लोग हिंदुओं के दस अंक चिह्नों का प्रयोग करते हैं।

वस्तुतः अलगोरिन शब्द अल्-ख़्वारेज़्मी शब्द से व्युत्पन्न है। पहले हम बता चुके हैं कि अरबी गणितज्ञ अल्-ख़्वारेज़्मी ने भारतीय अंकों पर एक पुस्तक लिखी थी। इस पुस्तक का लैटिन में अनुवाद होने पर भारतीय अंकों के लिए यूरोप में अलगोरिम शब्द रूढ़ हो गया था। अरबों ने भारतीय अंकों को हमेशा 'हिंदसा' कहकर याद किया है। यूरोपीय विद्वान भी जानते थे कि ये अंक उन्हें मूलतः भारत से ही मिले हैं। **मैक्सिम प्लामुदेस्** (लग. 1330 ई.) लिखता है : 9 अंक चिह्न भारतीयों से प्राप्त हुए हैं।

नीचे हम 12वीं शताब्दी से 1442 ई. तक यूरोप में प्रचलित भारतीय अंक दे रहे हैं :

15वीं शताब्दी में यूरोप में जब पुस्तकें छपनी शुरू हुईं तो इन अंक-संकेतों के टाइप बने और तब इन्हें स्थिर रूप मिले। 15वीं शताब्दी में ही 4 और 5 के अंक-संकेतों में थोड़ा-सा फरक किया गया था। तब से अब तक इनमें जो थोड़ा-सा फरक आया है वह टाइपों के डिजाइन के कारण ही।

यूरोप के गणितज्ञों ने यद्यपि भारतीय अंकों का स्वागत किया था, फिर सामान्य जनता अभी रोमन अंकों का ही इस्तेमाल करती थी। बहीखातों में 18वीं शताब्दी तक रोमन अंकों का ही इस्तेमाल होता था। 1300 ई. में तो यूरोप के कुछ नगरों की बैंकों में भारतीय अंकों का प्रयोग गैर-कानूनी करार दिया गया था। इस कानून के लिए तर्क यह पेश किया गया था कि केवल एक लकीर से आसानी से 6 को 9 में बदला जा सकता है। लेकिन जब पुस्तकें छपने लगीं तो भारतीय अंकों का प्रचार बढ़ता गया। फिर भी लगभग 1600 ई. तक यूरोप के स्कूलों में रोमन-अंकों का ही प्रयोग होता था। लेकिन उसके बाद भारतीय अंक अपना लिये गए।

आज सारे यूरोप की सारी भाषाओं के साथ इन भारतीय अंकों का ही प्रयोग होता है। अब ये 'अंतर्राष्ट्रीय अंक' बन गए हैं। हमारे संविधान में हमने इन्हें 'भारतीय अंतर्राष्ट्रीय अंकों' का नाम देकर इन्हें पुनः 'राष्ट्रीय अंकों' के रूप में स्वीकार किया है।

जिन भारतीय अंकों ने आज संसार के सारे देशों को एक सूत्र में बांधा है, क्या उन्हीं अंकों को आज हम अस्वीकार करेंगे।

मैं गणित का विद्यार्थी। गणित में ही अंक-संकेतों का सर्वाधिक प्रयोग होता है। यदि हम सहृदयता से अपने अंकों के इस अंतर्राष्ट्रीय स्वरूप को पुनः स्वीकार करते हैं तो हम **'वसुधैव कुटुंबकम्'** की भावना के सच्चे प्रतिपादक सिद्ध होते हैं। देवनागरी अंक और अन्य भारतीय भाषाओं के अंक भी ब्राह्मी अंकों से ही व्युत्पन्न हैं। ये अंतर्राष्ट्रीय अंक भी ब्राह्मी अंकों से ही व्युत्पन्न हैं। ये अंतर्राष्ट्रीय अंक भी हमारे ही अंक हैं। इन्हें स्वीकार करके हम न केवल सारे भारत को, अपितु सारे संसार को अपना समझ सकते हैं।

संदर्भ और टिप्पणियां

1. ऑन द फाउंडेशन एंड टेकनीक ऑफ अरिथमेटिका, शिकागो, 1912, पृष्ठ संख्या 20।
2. प्राचीन मिस्र में सबसे पहले कृषि और पशुपालन का विकास हुआ। मिस्र अफ्रीका महाद्वीप के उत्तर-पूर्वी भाग में स्थित है। यहां के पिरामिड देखने योग्य हैं और इन पिरामिडों को विश्व के सात चमत्कारों में माना जाता है।
   मिस्री लोग सूर्य को देवता मानते हैं। अंक-गणित और ज्यामिति को मिस्र ने जन्म दिया। मिस्रवासियों ने अपना पंचांग भी बनाया।
3. आर्थर इवांस एक अंग्रेज पुरातत्ववेत्ता था, जिसका जन्म 1851 ई. में हुआ। आर्थर इवांस ने क्नोसोस की खुदाई करवाई। खुदाई में मिट्टी के अक्षरांकित फलक मिले। इसलिए इवांस ने उनका नाम रैखिक लिपियां रखा। उन्होंने तीन-तीन लिपियों की खोज की। एक मुहरों पर उत्कीर्ण चित्रलिपि, जो क्रीट की सबसे प्राचीन लिपि थी। रैखिक लिपि को दो भागों में विभाजित किया—रैखिक-अ और रैखिक-ब। इसके अभिलेख केवल क्रीट द्वीप में ही मिले। मिट्टी के फलकों के अलावा, प्रस्तरों तथा कांस्य पत्रों पर भी इस लिपि के लेख मिले हैं। रैखिक-ब के लेख पत्थरों या कांस्य पात्रों पर नहीं मिलते। रैखिक-अ का सबसे बड़ा संग्रह क्रीट द्वीप के हागिया-जिएदा नामक स्थान से मिले हैं। यहां इस लिपि के 150 मिट्टी के फलक मिले हैं। आर्थर इवांस की मृत्यु 1941 ई. में हुई थी।
4. माइकेल वेंट्रिस एक पुरातत्ववेत्ता और इंग्लैंड का निवासी था। इसका जन्म 12 जुलाई, 1922 को इंग्लैंड के सुखी परिवार में हुआ था। उनके पिता भारत में सैनिक थे। अधिकारी थे। माइकेल की शिक्षा जर्मन तथा फ्रांसीसी भाषाओं के माध्यम से हुई। द्वितीय महायुद्ध के समय माइकेल रॉयल एयर फ्रांस में भर्ती हो गए। इन्होंने क्रीट द्वीप की रैखिक-ब लिपि की खोज की और उस पर ग्रंथ लिखा। 6 सितंबर, 1956 को कार दुर्घटना में माइकेल वेंट्रिस का देहांत हो गया। यह ग्रंथ उनके देहांत के बाद प्रकाशित हुआ था।
5. सिंधु सभ्यता का उद्‌घाटन सिंध के लरकाना जिले में मोहन-जोदड़ो तथा हड़प्पा से हुआ। यह सभ्यता 2500 ई.पू. से 1500 ई.पू. की बीच की है। यह सुसभ्य नागरिक सभ्यता थी। लोग विकसित सुख-सुविधाओं का उपयोग करते थे, जैसे—चौड़ी सड़कें, नालियों की उत्तम व्यवस्था और सार्वजनिक स्नानागार। नगरों में सभागार, पूजा-स्थान भी होते थे। मकान पक्की ईंटों से बनाए जाते थे जो दो मंजिले होते थे। लोग मूर्तियों की पूजा करते थे। सिंधु-सभ्यता के लोग तांबा, कांसा, चांदी, जस्ता और सोने का उपयोग करते थे। सूती व ऊनी कपड़ों का प्रयोग करते थे, मिट्टी के बर्तन बनाते थे। गेहूं, जौ, दूध-फल तथा मांस का प्रयोग करते थे। वे लेखन कला भी जानते थे। लेकिन उनकी लिपि अभी तक पढ़ी नहीं जा सकी। वे मृतकों को गाड़ते तथा दाह-संस्कार भी करते थे। इनकी सभ्यता फरात घाटी की सभ्यता से मिलती-जुलती थी और वैदिक सभ्यता की पूर्ववर्ती थी।

6. सम्राट अशोक : ई.पू. तीसरी शताब्दी में राजा बिंदुसार के बेटे का नाम अशोक था। अशोक ने युद्धों में विजय पर विजय प्राप्त की और युद्ध में हिंसात्मक वातावरण पैदा किया। अशोक ने श्रेष्ठी वंश की कन्या से विवाह किया। अशोक के एक पुत्र महेंद्र तथा पुत्री संघमित्रा हुई। जो बाद में बौद्ध बन गए क्योंकि उनकी माता भी बौद्ध धर्म को मानने वाली थीं। भीष्म युद्धों की दुर्दशा और कलिंग की लड़ाई का दुर्दशा को देखकर अशोक को बड़ा दुख हुआ और वह भी बौद्ध धर्म का अनुयायी बन गया। उन्होंने धर्मशालाएं और चिकित्सालय बनवाए और मानव की सेवा एक पिता की तरह से की। अशोक शासकों में महानतम शासक था। सारनाथ स्थित अशोक स्तंभ आज भी अशोक की महानता का प्रतीक है। यह धर्मचक्र हमारे राष्ट्रीय ध्वज पर बना हुआ है।
7. जी बिह्लर, इंडियन पैलिओग्राफी, पृष्ठ संख्या 125।
8. अलेक्ज़ेंड्रिया नगर की स्थापना ईसा से 332 वर्ष पूर्व यूनान के सिकंदर महान ने की थी। इसे भूमध्य सागर की परी कहा जाता है। अलेक्ज़ेंड्रिया अत्यंत सुंदर प्राचीन नगर है। इसके चारों ओर पक्की दीवार बनी हुई थी और उसमें चार सुंदर द्वार थे। यहां अत्यंत ऊंचा प्रकाश स्तंभ बना हुआ है जिससे जहाजों का पथ-प्रदर्शन हो सके। ईसा की आरंभिक शताब्दियों में अलेक्ज़ेंड्रिया के भारत के साथ व्यापारिक संबंध थे।

20

भारत की विभिन्न भाषाओं के अंक-संकेत

भारत एक विशाल देश है। जहां पर हिंदू, मुस्लिम, सिक्ख, ईसाई, सभी धर्मों के लोग रहते हैं। यहां विभिन्न जातियां और भाषाएं भी हैं। उनकी लिपि तथा अंक-संकेत भी अलग-अलग हैं। अर्थात् एकता में अनेकता है। अब हम भारत की भाषाओं के अंक-संकेतों के बारे में जानेंगे। भारत के संविधान[1] राजभाषा 343(1) संघ की राजभाषा हिंदी और लिपि देवनागरी होगी। संघ के राजकीय प्रयोजनों के लिए प्रयोग होने वाले अंकों का रूप भारतीय अंकों का अंतर्राष्ट्रीय रूप होगा। भारतीय अंकों के अंतर्राष्ट्रीय रूप के साथ-साथ देवनागरी रूप का प्रयोग प्राधिकृत कर सकेगा।

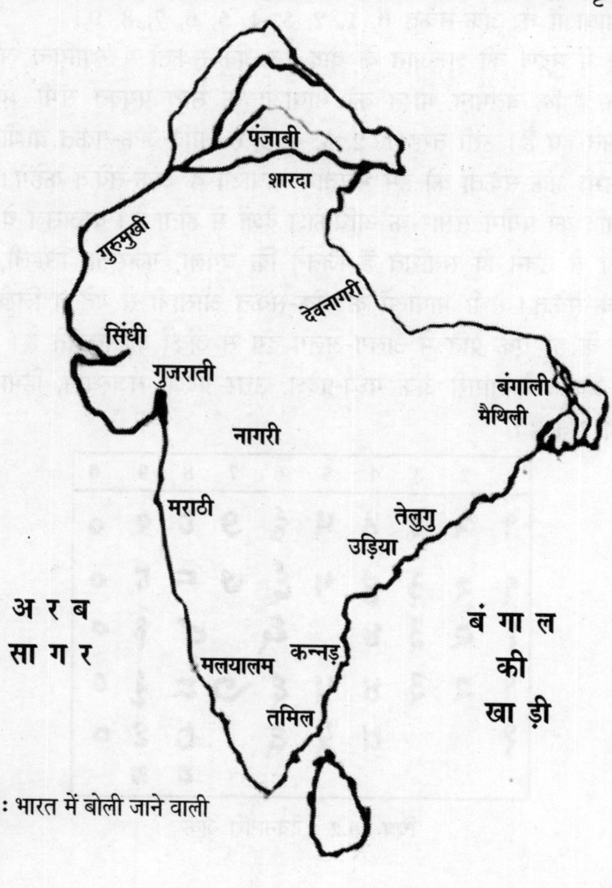

चित्र 20.1 (नक्शा) : भारत में बोली जाने वाली भाषाओं के प्रांत

अष्टम अनुसूची के अनुसार अनुच्छेद 344(1) और 351 में भारत देश में 14 भाषाएं संविधान में रखी गई थीं। 1. असमिया, 2. उड़िया, 3. उर्दू, 4. कन्नड़, 5 कश्मीरी, 6. गुजराती, 7. तमिल, 8. तेलुगु, 9. पंजाबी, 10. बंगला, 11. मराठी, 12. मलयालम, 13. संस्कृत, 14. हिंदी।

लेकिन (इक्कीसवां संशोधन) अधिनियम 1967 की धारा द्वारा संशोधन के पश्चात् इसमें तीन भाषा संस्कृत, सिंधी और हिंदी जोड़ दी गई। भारत में आज लगभग 29 राज्य हैं, तो यह स्वाभाविक ही है कि सभी राज्यों की भाषाओं की लिपि व अंक-संकेत भी भाषानुसार अलग ही लिखे जाते होंगे।

मूल अंक-संकेत ब्राह्मी के हैं। ब्राह्मी भाषा के अक्षरों के साथ-साथ इसके अंकों का भी विकास होता गया। ब्राह्मी लिपि मूलतः संस्कृत या प्राकृत भाषा को लिपिबद्ध करने के लिए अस्तित्व में आई। बाद में इन्हें अन्य भाषाओं ने भी अपनाया।

दक्षिण भारत की द्रविड़ परिवार की तमिल, तेलुगु, कन्नड़ और मलयालम भाषाओं के लिए भी ब्राह्मी लिपि को अपनाया गया।[2] आज जिन लिपियों में ये भाषाएं लिखी जाती हैं, वे ब्राह्मी से ही विकसित हुई हैं।

दरअसल, उर्दू भाषा अरबी-फारसी[3] लिपि के अलावा वर्तमान भारत की सभी लिपि ब्राह्मी लिपि से विकसित हुई हैं। ब्राह्मी लिपि जहां भी गई, वहां उसके अंक-संकेत भी गए। तिब्बत, श्रीलंका, वर्मा आदि देशों के अंक-संकेत भी ब्राह्मी अंक-संकेत हैं।

विभिन्न भाषाओं के अंक-संकेत 0, 1, 2, 3, 4, 5, 6, 7, 8, 9।

15वीं सदी में मुद्रण की शुरुआत के बाद इन अंक-संकेतों में स्थायित्व आ गया।

हम जानते हैं कि वर्तमान भारत की भाषाओं के साथ प्रयुक्त सभी अंक-संकेत ब्राह्मी अंकों से विकसित हुए हैं। उसी तरह 1, 2, 3, 4, 5, 6 आदि अंक-संकेत ब्राह्मी अंक-संकेत ही हैं। अतः इन सभी अंक-संकेतों को हम भारतीय भाषाओं के अंक-संकेत कहेंगे। इनमें से 1, 2, 3, 4, 5, 6 आदि का प्रयोग संसार के अधिकांश देशों में होता है। दरअसल ये अंक आजकल देवनागरी[4] अंकों से उतने ही संबंधित हैं जितने कि बंगला, गुजराती, सिंहली, तिब्बती आदि भाषाओं के अंक-संकेत। सभी भाषाओं के अंक-संकेत आसानी से पढ़े व लिखे जा सकते हैं।

हमारे देश के हर एक प्रांत में अलग-अलग ढंग से अंकों को लिखते हैं।

देवनागरी अंक : देवनागरी अंक मध्य-प्रदेश, उत्तर प्रदेश, राजस्थान, हिमाचल प्रदेश और दिल्ली में प्रयोग होते हैं।

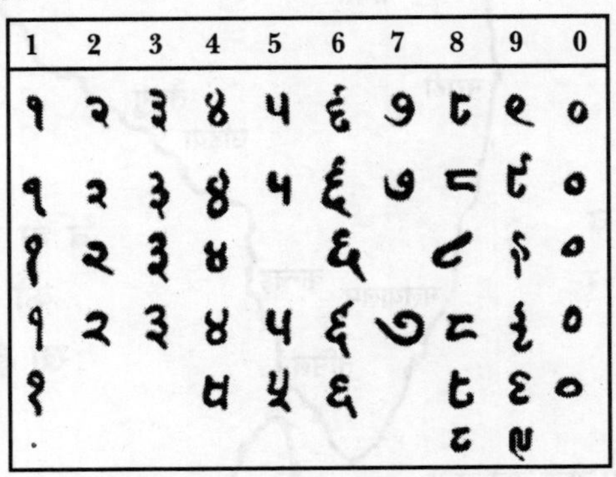

चित्र 20.2 : देवनागरी अंक

गुजराती अंक : यह गुजरात, अहमदाबाद, समुद्री किनारे के प्रांतों में लिखे जाते हैं। जैसे मुंबई तथा पाकिस्तान के बॉर्डर के प्रांतों में इस्तेमाल होते हैं।

1	2	3	4	5	6	7	8	9	0

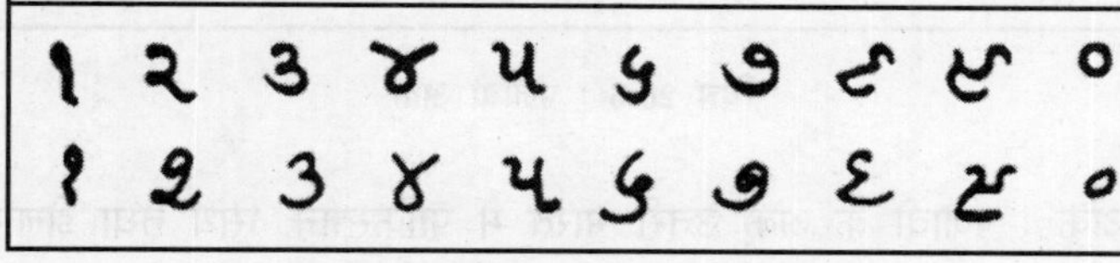

चित्र 20.3 : गुजराती अंक

बंगाली अंक : भारत के उत्तर क्षेत्र में लिखे जाते हैं। बिहार, नेपाल, असम, सिक्किम, भूटान और बंगाल की खाड़ी तथा ब्रह्मपुत्र के क्षेत्र में यह अंक देवनागरी से मिलते-जुलते हैं। आधुनिक बंगाली अंक पश्चिमी बंगाल और कलकत्ता में इस्तेमाल होते हैं।

1	2	3	4	5	6	7	8	9	0

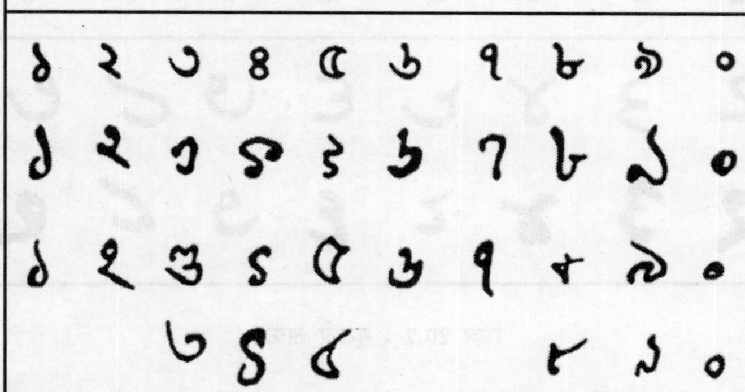

चित्र 20.4 : बंगाली अंक

गुरुमुखी अंक : गुरुमुखी सिंध तथा पंजाब के इलाकों में लिखे जाते हैं। ये सिंधु नदी तथा कराची के पूर्वी क्षेत्र में भी इस्तेमाल होते हैं।

व्यपारी लोग जो हैदराबाद तथा आंध्र प्रदेश में बस गए हैं, वे भी गुरुमुखी के अंकों का प्रयोग करते हैं।

1	2	3	4	5	6	7	8	9	0

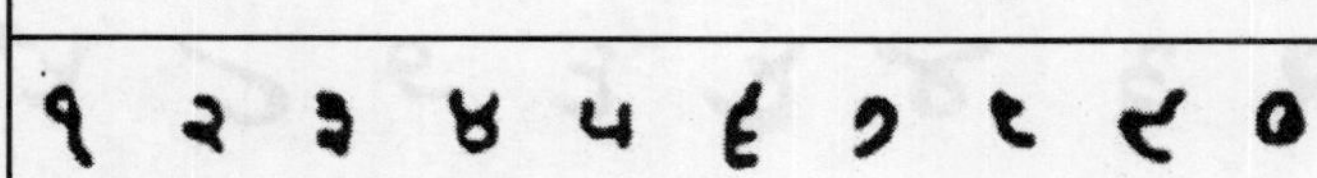

चित्र 20.5 : गुरुमुखी अंक

1	2	3	4	5	6	7	8	9	0
੧	੨	੩	੪	੫	੬	੭	੮	੯	੦

चित्र 20.6 : पंजाबी अंक

पंजाबी अंक : पंजाबी के अंक उत्तरी भारत में पाकिस्तान, सिंध तथा झेलम नदी तथा चेनाब और रावी, सतलुज तथा हिमाचल प्रदेश, हरियाणा में प्रयोग होते हैं।

मराठी अंक : ये अंक भारत के पश्चिमी तट के प्रांतों में प्रयोग होते हैं। महाराष्ट्र, मुंबई में देवनागरी की तरह लिखे जाते हैं तथा 2, 3 और 0 इनके स्वयं के अंक हैं। ये अंक कोंकन के किनारे और दमन तथा गुजरात और मध्य प्रदेश तथा कर्नाटक तथा दक्षिणी आंध्र प्रदेश में भी प्रयुक्त होते हैं।

1	2	3	4	5	6	7	8	9	0
१	२	३	४	५	६	७	८	९	०
१	२	३	४	५	६	७	८	९	०

चित्र 20.7 : मराठी अंक

सिंधी अंक : ये अंक सिंधु नदी के प्रांतों से आए हैं और नागरी अंकों की तरह हैं। ये अंक दक्षिणी पंजाब, सिंधु नदी के किनारे के प्रांतों, ओमान तथा थार के मरुस्थल में प्रयोग होते हैं।

1	2	3	4	5	6	7	8	9	0

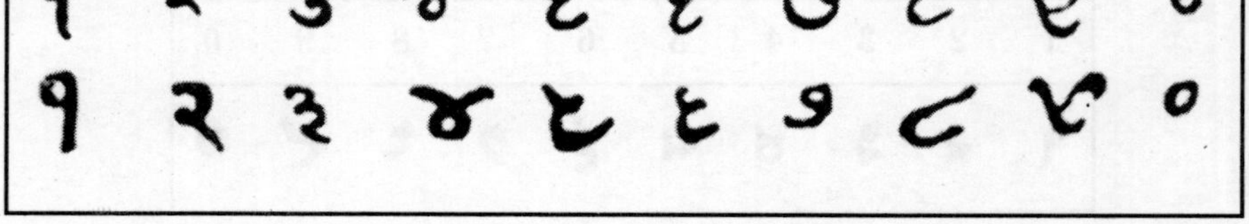

चित्र 20.8 : सिंधी अंक

रवेयी अंक : ये अंक बिहार और पूर्वी भारत में प्रयोग होते हैं। कहीं-कहीं गुजराती में भी। ये अंक देवनागरी से लिये गए हैं।

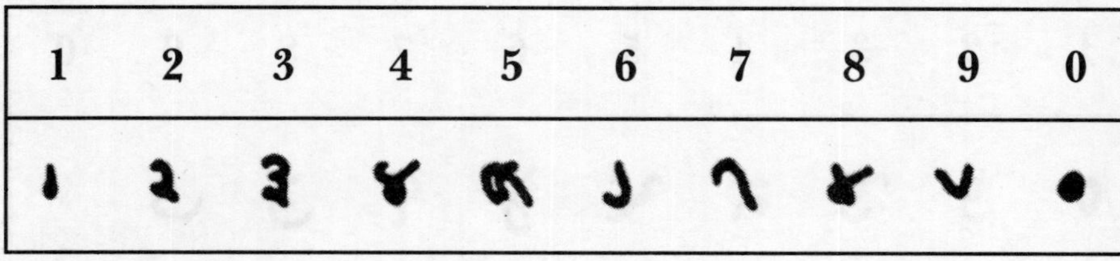

चित्र 20.9 : रवेयी अंक

मैथिली अंक : उत्तरी बिहार में प्रयोग होते हैं। ये अंक ज्यादातर बंगाली से लिये गए हैं।

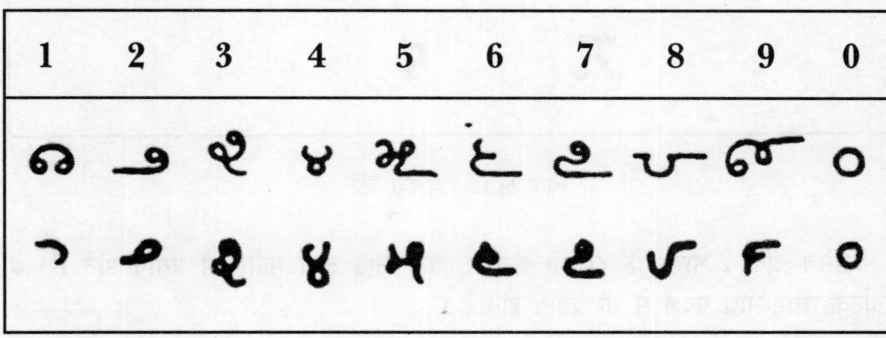

चित्र 20.10 : मैथिली अंक

उड़िया अंक : ये अंक उड़ीसा तथा भुवनेश्वर में प्रयोग होते हैं। ये बंगाल, बिहार के उत्तरी बॉर्डर में भी तथा मध्य प्रदेश और दक्षिण आंध्र प्रदेश।

ये भी नागरी अंकों से मिलते हैं।

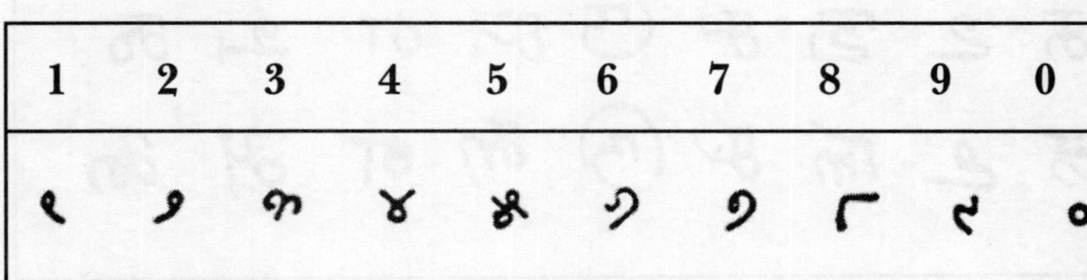

चित्र 20.11 : उड़िया अंक

शारदा अंक : ये कश्मीर और पंजाब में इस्तेमाल होते थे। ये अंक डोगरी और तेकारी से लिये गए हैं।

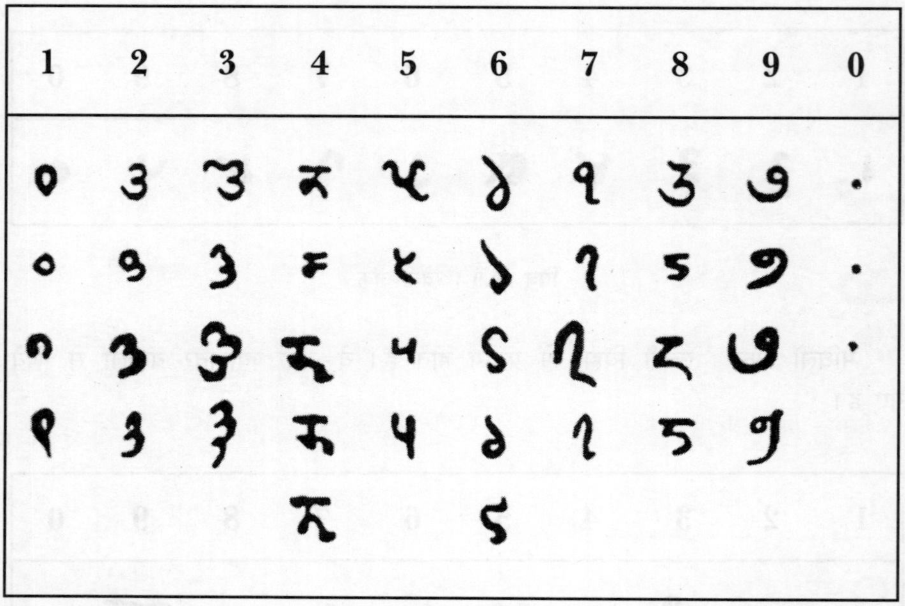

चित्र 20.12 : शारदा अंक

तमिल अंक : भारत के दक्षिणी क्षेत्र में, तमिलनाडु तथा मद्रास में प्रयोग होते हैं। ये कर्नाटक तथा आंध्र प्रदेश में भी प्रयोग होते हैं।

चित्र 20.13 : तमिल अंक

मलयालम अंक : ये भारत के दक्षिणी किनारे में तथा केरल, मालाबार में प्रयोग होते हैं।

1	2	3	4	5	6	7	8	9	0

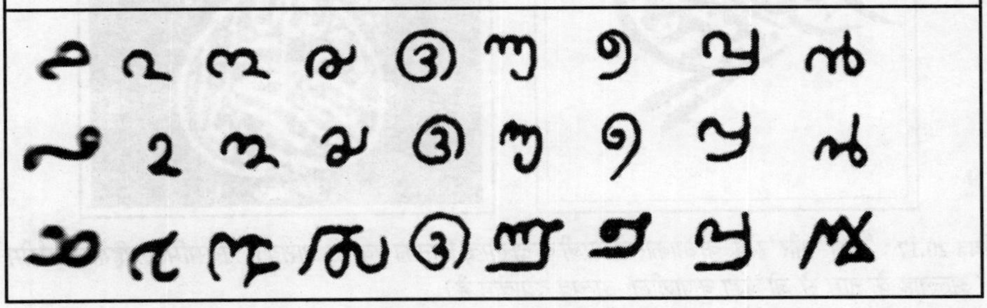

चित्र 20.14 : मलयालम अंक

तेलुगु अंक : ये तेलंगाना, आंध्र प्रदेश (हैदराबाद) में प्रयुक्त होते हैं।

1	2	3	4	5	6	7	8	9	0

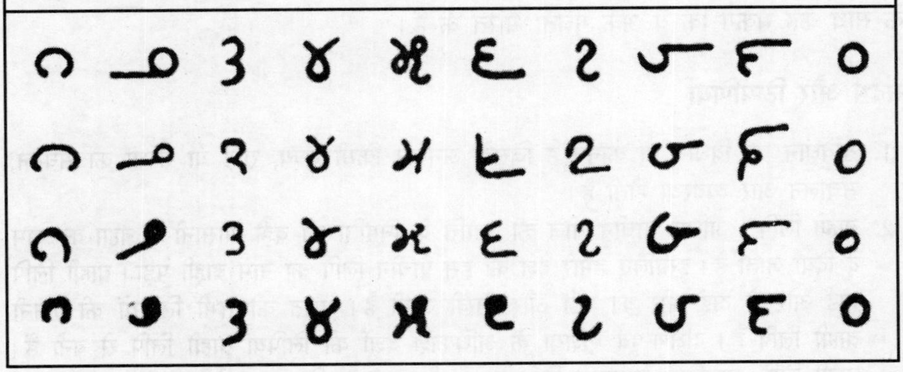

चित्र 20.15 : तेलुगु अंक

कन्नड़ अंक : कर्नाटक तथा आंध्र प्रदेश में तथा बंगलौर में इस्तेमाल होते हैं।

1	2	3	4	5	6	7	8	9	0

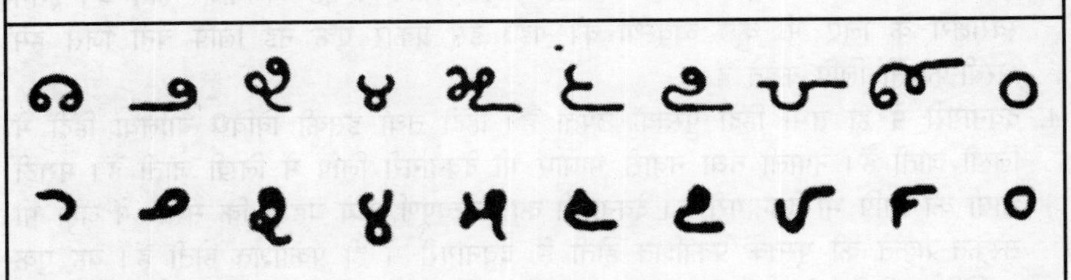

चित्र 20.16 : कन्नड़ अंक

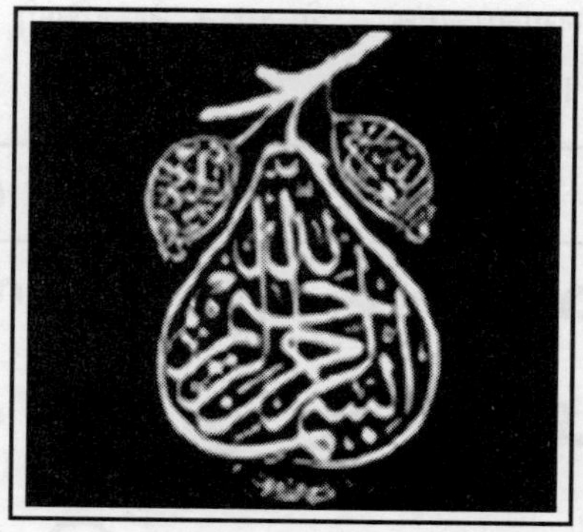

चित्र 20.17 : *'पक्षी' और 'सेब' के आकार में अरबी के दो लेख, जिनका एक ही आशय है : बिसमिल्लाहिर्रहमानिर्रहीम (अल्लाह के नाम से जो बड़ा कृपाशील, अत्यंत दयावान है)*

अतः सभी भाषाओं के अंक-संकेत लगभग एक-दूसरे से मिलते-जुलते हैं और उनकी जननी भी एक है। लेखन का तरीका ही थोड़ा-बहुत भिन्न होता है।

अब हिंदी के अनेक प्रकाशनों में भारतीय अंतर्राष्ट्रीय अंकों का इस्तेमाल होता है। जब सारे देश के सारे प्रकाशनों में इन अंतर्राष्ट्रीय अंकों को अपना लिया जाएगा तो हम बड़े गर्व के साथ कह सकेंगे कि ये अंक मूलतः भारत के हैं।

संदर्भ और टिप्पणियां

1. संविधान वह विधान या कानून है जिसके अनुसार किसी राज्य, राष्ट्र या संस्था का संघटन, संचालन और व्यवस्था होती है।
2. ब्राह्मी लिपि : अधिक प्राचीन चीज की उत्पत्ति के निर्माता को बड़ी आसानी से ब्रह्मा का नाम दे दिया जाता है। इसीलिए हमारे देश की इस प्राचीन लिपि का नाम ब्राह्मी पड़ा। ब्राह्मी लिपि बाईं ओर से दाईं ओर को पढ़ी और लिखी जाती है। भारत की सभी लिपियों की जननी ब्राह्मी लिपि है। दक्षिण-पूर्व एशिया के अधिकांश देशों की लिपियां ब्राह्मी लिपि से बनी हैं। ब्राह्मी लिपि आधुनिक देवनागरी लिपि का प्राचीन रूप है, जिसका प्रयोग संस्कृत, उत्तरी तथा पश्चिमी भारत की अन्य भाषाओं के लिए होता था।
3. अरबी-फारसी लिपि उर्दू, कश्मीरी तथा सिंधी भाषा में इस्तेमाल होती है। रोमन लिपि की तरह अरबी-फारसी एक जीवित लिपि है और संसार के अनेक देशों में इसका व्यवहार होता है। इस लिपि को अरबी लिपि कहना बेहतर है क्योंकि मूलतः यह अरब भाषा की लिपि है। अरबी भाषा सेमेटिक भाषा परिवार की है। अरबी लिपि में 28 व्यंजनाक्षर होते थे। इसमें स्वराक्षरों के लिए भी कुछ व्यवस्था की गई। इस प्रकार एक नई लिपि बनी जिसे हम अरबी-फारसी लिपि कहते हैं।
4. देवनागरी में ही सभी हिंदी पुस्तकें छपती हैं। हिंदी तथा इसकी विविध बोलियां हिंदी में लिखी जाती हैं। नेपाली तथा नवारी भाषाएं भी देवनागरी लिपि में लिखी जाती हैं। मराठी भाषा की लिपि भी देवनागरी है। देवनागरी का महत्त्वपूर्ण तथ्य यह है कि संसार में जहां भी संस्कृत-प्राकृत की पुस्तकें प्रकाशित होती हैं, देवनागरी में ही प्रकाशित होती हैं। यह एक सार्वदेशिक लिपि थी।

तृतीय भाग

भारतीय गणितशास्त्र का संक्षिप्त इतिहास

नाकरिष्यद्यदि ब्रह्मा लिखितं चसुरूत्तमम्।
तत्रेयभस्म लोकस्य ना भविष्यत् शुभा गतिः।।

—नारद-स्मृति

21

भारतीय गणितशास्त्र का संक्षिप्त इतिहास

यहां मैं भारतीय गणितशास्त्र का विस्तृत विवेचन करना नहीं चाहता। जो पाठक भारतीय गणित के बारे में विस्तृत जानकारी प्राप्त करना चाहते हैं, वे डॉ. दत्त और डॉ. सिंह के ग्रंथों[1] का अध्ययन कर सकते हैं। यहां मैं भारतीय गणित की एक संक्षिप्त रूपरेखा ही प्रस्तुत करूंगा–विशेषतः भारतीय गणित की उन उपलब्धियों की, जिनके लिए पाश्चात्य गणित भारत का ऋणी है। पाश्चात्य गणितज्ञों ने भी भारत के इस ऋण को मुक्तकंठ से स्वीकार किया है। गणित-इतिहासज्ञ काजोरी (Cajori) ने अपने गणित के इतिहास (History of Mathematics) में लिखा है कि :

यह ध्यान देने की बात है कि भारतीय गणित ने हमारे वर्तमान विज्ञान में किस हद तक प्रवेश किया है। वर्तमान बीजगणित और अंकगणित दोनों की विधि तथा भाव भारतीय हैं, यूनानी नहीं। गणित के उन संपूर्ण और शुद्ध चिह्नों, भारतीय गणित की उन क्रियाओं, जो आज प्रचलित क्रियाओं की तरह संपूर्ण हैं, और उनके बीजगणित की विधियों पर विचार तो करो और फिर सोचो कि गंगा के तीर पर रहने वाले ब्राह्मण किस श्रेय के भागी नहीं हैं! दुर्भाग्य से भारत के कई अमूल्य आविष्कार यूरोप में बहुत बाद में पहुंचे, जिनका प्रभाव, यदि वे दो-तीन सदी पहले पहुंचते, तो बहुत पड़ता।

डि मार्गेन लिखता है : "हिंदू गणित यूनानी गणित से बहुत उच्च कोटि का है। भारतीय गणित वह है, जिसे आज हम प्रयुक्त करते हैं।"

अफलातून (Plato) की 'अकादमी' के प्रवेश-द्वार पर लिखा हुआ यह कथन कि 'ज्यामिति से अनभिज्ञ व्यक्ति का अकादमी में प्रवेश मना है।' हमें ग्रीक जाति के गणित-प्रेम का दर्शन कराता है। अब देखिए, प्राचीन भारतीयों द्वारा गणितशास्त्र को दिया गया ऊंचा सम्मान :

लगधकृत **वेदांग-ज्योतिष ग्रंथ** का एक श्लोक है :

यथा शिखा मयूराणां नागानां मणयो यथा।
तद्वद्वेदांगशास्त्राणां गणितं मूर्धनि स्थितिम्॥

अर्थात्, जिस प्रकार मयूरों की शिखाएं और नागों की मणियां सबसे ऊंचे स्थानों पर रहती हैं, ठीक उसी प्रकार वेदांग-शास्त्रों में गणित-ज्योतिष का स्थान सबसे ऊंचा है। जैनियों के चार अनुयोगों में से एक है–गणितानुयोग। 'संख्यान' (अंकगणित और ज्योतिष) का ज्ञान जैन मुनियों की मुख्य साधना मानी गई है। बौद्ध-साहित्य में भी अंकगणित को एक श्रेष्ठ कला माना गया है।

नवीं शताब्दी के दाक्षिणात्य जैन गणितज्ञ महावीराचार्य ने अपने गणितसार-संग्रह (850 ई.) में गणित की महिमा जिन शब्दों में व्यक्त की है, वह भारतीय गणित के 'स्वर्ण-युग' का सर्वोत्तम प्रतीक है। महावीराचार्य लिखते हैं :

'लौकिक, वैदिक तथा सामयिक जो-जो व्यापार हैं उन सबमें गणित (संख्यान) का उपयोग है। कामशास्त्र, अर्थशास्त्र, गांधर्वशास्त्र (गायन), नाट्यशास्त्र, पाकशास्त्र, आयुर्वेद, वास्तुविद्या आदि में, छंद, अलंकार, काव्य, तर्क, व्याकरण इत्यादि में तथा कलाओं के समस्त गुणों में गणित अत्यंत उपयोगी है। सूर्य आदि 'ग्रहों' की गति में, ग्रहण में, ग्रहों की युति में, प्रश्न ('दिक्, देश और काल' को ज्ञात करने) में, चंद्रमा के परिलेख में, सर्वत्र गणित अंगीकृत है। द्वीपों, समुद्रों और पर्वतों की संख्या, व्यास और परिधि; लोक, अंतर्लोक, स्वर्ग और नरक के रहने वाले सबके श्रेणीबद्ध भवनों, सभी-भवनों एवं गुंबदाकार मंदिरों के प्रमाण तथा अन्य विविध प्रमाण गणित की सहायता से ही जाने जा सकते हैं। वहां पर प्राणियों के संस्थान, उनकी आयु और आठ गुणा इत्यादि, यात्रा आदि तथा संहिता आदि से संबंध रखने वाले विषय, सभी गणित पर निर्भर हैं। अधिक कहने का क्या प्रयोजन। सरासर त्रैलोक्य में जो कुछ भी है, उसका अस्तित्व गणित के बिना संभव नहीं हो सकता।

''कृतार्थ, पूज्य और जगत के स्वामी तीर्थंकरों की शिष्य-प्रशिष्यात्मक प्रसिद्ध गुरु-परंपरा से आए हुए संख्यानरूपी समुद्र में से—समुद्र से रत्न की भांति, पाषाण से कांचन की भांति तथा शक्ति से मुक्ताफल की भांति—कुछ सार निकालकर, मैं (महावीर) गणितसारसंग्रह ग्रंथ अपनी मति-शक्ति के अनुसार कहता हूं, जो लघु होते हुए भी अनल्पार्थक है।''

प्राचीन भारत में विद्यार्थियों को प्रारंभिक अवस्था में ही गणित की शिक्षा दी जाती थी। कौटिल्य[2] ने अपने अर्थशास्त्र में लिखा है कि चूड़ाकर्म के बाद विद्यार्थी को लिपि और संख्यान (अंकगणित) सिखाना चाहिए। राजकुमार गौतम ने 8 वर्ष की आयु में अध्ययन प्रारंभ किया था—''पहले लेखन सीखा था और उसके पश्चात् अंकगणित, जो उस समय के 72 विज्ञानों और कलाओं में सबसे अधिक महत्व के थे।'' प्राचीन ग्रंथ संक्षिप्त सूत्रों में होते थे, इसलिए विद्यार्थी को पहले गणित के सूत्र कंठस्थ कराए जाते थे—जैसे, आज भी गणित के विद्यार्थी सूत्रों को रटते हैं। फर्क केवल इतना ही कि उस समय के सूत्र (नियम) भाषा में होते थे और आज के गणित के विविध संकेतों में।

हम देख चुके हैं कि यूनानी और रोमन लोग ट्रे में बालू बिछाकर या 'पाटी' पर मोम मलकर 'एबैकस' की सहायता से गणना करते थे। भारत में प्राचीन काल में तख्ती पर धूल बिछाकर गणना की जाती थी अथवा भूमि पर ही धूल बिछा दी जाती थी। फिर अंगुली के अग्रभाग से या लकड़ी की नुकीली कील से अंक लिखे जाते थे। कभी-कभी 'पाटी' पर खड़िया से या पांडुलेख (पिंडोर मिट्टी) या श्वेतवर्णी (soap stone) से लिखा जाता था। संस्कृत में 'पाटी' शब्द बाद में आया है। प्राचीन शब्द हैं, 'फलक' और 'पट्ट'। चूंकि पाटी पर धूलि बिछाकर गणनाएं होती थीं, इसलिए अंकगणित के लिए 'पाटी गणित' और 'धूलिकर्म' शब्द बने। अरबी में जब संस्कृत के गणित-ग्रंथों का अनुवाद हुआ, तो ये शब्द भी ज्यों-के-त्यों अनूदित हुए—'इल्म-हिसाब अल्-तख्त' और हिसाब अल्-गुबार।

प्राचीन साहित्य में 'लेखनी' शब्द व्यापक अर्थ में प्रयुक्त हुआ है। इसी धातु के प्राचीन शब्द हैं लेखा (लेखन) और लेखक। ये शब्द प्राचीन बौद्ध-साहित्य (पालि) में मिलते हैं। इसके

अतिरिक्त, अशोक के शिलालेखों में और पाणिनि के व्याकरण में लिपि, लिबि, दिपि, दिपति, दिपपति, लिपिकर और लिबिकर शब्द मिलते हैं।[3]

स्याही के लिए गृह्यसूत्र में मषि या मसि शब्द मिलता है जिसका अर्थ होता है 'चूर्ण' (powder)। एक दूसरा शब्द 'मेला' भी मिलता है। अतः दवात के लिए कोषग्रंथों में मेलामंदा, मेलांधु, मेलांधुका शब्द और पुराणों में मसिपात्र, मसि कूपिका शब्द मिलता है।[4]

भारत में लिखने के लिए भोजपत्र (भूर्ज-पत्र) का प्रयोग बहुत प्राचीन काल से होता रहा है। भारत पर सिकंदर के आक्रमण के समय (325 ई.पू.) के एक ग्रीक विद्वान ने भूर्ज पत्र का उल्लेख किया है। अफगानिस्तान से ई.स. पहली शताब्दी में लिखा हुआ जो धम्मपद मिला है वह भूर्जपत्र पर ही है। यह स्याही से खरोष्ठी लिपि में लिखा हुआ है। ईसा की पहली शताब्दी में चीन देश में बांस से कागज बनने लग गया था। सिकंदर के साथ आया हुआ नियरकोस (Nearchos) नामक एक ग्रीक लेखक लिखता है कि भारतीय लोग कपास की गुद्दी से कागज बनाते हैं। वैसे, कागज पर लिखा हुआ उपलब्ध हस्तग्रंथ, जो दसवीं शताब्दी का है, नेपाल से प्राप्त हुआ है और कलकत्ता विश्वविद्यालय के पुस्तकालय में रखा हुआ है।[5]

भूर्जपत्र और कागज के अलावा प्राचीन भारत में लिखने के लिए कपड़ा, चर्मपट, प्रस्तर, धातु (स्वर्ण, चांदी, तांबा, पीतल) आदि का भी उपयोग हुआ है। बीह्लर[6] और ओझाजी ने अपने ग्रंथों में इस प्रकार की लेखन सामग्री का विस्तृत विवेचन किया है।

प्रसंगवश मैं लेखन-सामग्री की ओर बढ़ गया था। खैर, भारतीय गणित में से अंक तथा पूर्णांकों की चर्चा हम कर ही चुके हैं। अब अपूर्णांक या भिन्न :

भिन्न (fractions)

प्राचीन मिस्र के लोग भी भिन्नों का प्रयोग करते थे, परंतु भिन्नों को लिखने में वे हमेशा अंश स्थान में एक (1) ही रखते थे। अतः मिस्र के विद्यार्थी को यदि $\frac{2}{43}$ लिखना होता, तो वह लिखता :

$$\frac{2}{43}=\frac{1}{42},\frac{1}{86},\frac{1}{129},\frac{1}{301}$$ यहां (1, h +) का अर्थ है।

ग्रीक गणितज्ञ भी भिन्नों को लिखने की कोई सरल पद्धति नहीं खोज पाए उन्होंने मिस्री पद्धति का ही अनुकरण किया। चूंकि ग्रीक अंक-पद्धति अक्षर-अंक-पद्धति थी, इसलिए वे अक्षर-अंकों के दाहिनी ओर ऊपर दो चिह्न (") लगाकर ǂ इकाई वाले भिन्नों को व्यक्त करते थे; यथा :[7]

$\Delta' = 4$ और $\Delta'' = \frac{1}{4}$

परंतु प्राचीन भारतीयों का ज्ञान केवल इकाई वाले भिन्नों तक ही सीमित नहीं रहा। नीचे हम प्राचीन ग्रंथों की भिन्न संज्ञाओं को उद्धृत करते हैं :

ऋग्वेद : अर्ध ($\frac{1}{2}$), त्रिपाद ($\frac{3}{4}$)

मैत्रायिणी-संहिता : कला ($\frac{1}{16}$), कुष्ठ ($\frac{1}{12}$), शफ ($\frac{1}{8}$), पाद ($\frac{1}{4}$)

शुल्वसूत्र[8]—बौधायन त्रिभाग ($\frac{1}{3}$), पंचम भाग ($\frac{1}{5}$), द्विगुण ($\frac{1}{2}$)

कात्यायन त्रिगुण ($\frac{1}{3}$), चतुर्गुण ($\frac{1}{4}$), त्रि-अष्ठम ($\frac{3}{8}$)

आपस्तंब त्रिगुण $(\frac{1}{3})$, चतुर्गुण $(\frac{1}{4})$ त्रि. द्वष्ठम $(\frac{3}{8})$

मानव द्वि सप्तम $(\frac{2}{7})$ चतुर भागोण $(1-\frac{1}{4}=\frac{3}{4})$

चतुरदस प्रक्रभस - त्रिश्च प्रकभसप्तभाग $(14\frac{3}{7})$

अर्ध नवम $(9\frac{1}{2})$, अर्ध दशम $(10\frac{1}{2})$

चतुर्थ-सावशेषार्ध $\left\{\frac{1}{2}\left(\frac{1}{4}\sqrt{2}\right)\right\}$

चतुर्थ सविशेष सप्तम $\left\{\frac{1}{7}\left(\frac{1}{4}\sqrt{2}\right)\right\}$

शुल्वसूत्रों में आए हुए ये भिन्न गणना में प्रयुक्त हुए हैं।

भझाली हस्तलिपि : त्र्यष्ट $(\frac{3}{8})$, त्रयस् त्र्यष्ट $(3\frac{3}{8})$

काल विभाजन का एक उदाहरण हम पहले दे चुके हैं; अब देखिए स्थान विभाजन का एक उदाहरण। **ललित विस्तर** में लिखा है कि बुद्ध ने निम्नलिखित रेखा-मापों का उपदेश किया था :

7	परमाणु-रज	=	1 रेणु
7	रेणु	=	1 त्रुटि
7	त्रुटि	=	1 वातायन-रज
7	वातायन-रज	=	1 शश-रज
7	शश रज	=	1 एडक-रज
7	एडक-रज	=	1 गोरज
7	गोरज	=	1 लिक्षा-रज
7	लिक्षा-रज	=	1 सर्षप
7	सर्षप	=	1 यव
7	यव	=	1 अंगुली पर्व
12	अंगुली-पर्व	=	1 वितस्ति
2	वितस्ति	=	1 हस्त
4	हस्त	=	1 धनु
1000	धनु	=	1 क्रोश
4	क्रोश	=	1 योजन

इस सारणी के अनुसम् लंबाई की सबसे छोटी भारतीय नाप परमाणु है, जो 1.3×6^{-10} इंच के बराबर है।

प्राचीन काल में भारतवर्ष में भिन्नों को लिखने की रीति वैसी ही थी जैसी कि आज है। अंतर केवल इतना ही है कि उस काल में अंश और हर के बीच में आड़ी लकीर नहीं रहती थी। यदि किसी प्रश्न में भिन्नों का प्रयोग करना होता, तो उन्हें ऊर्ध्वाधर और क्षैतिज रेखाओं द्वारा अलग कर दिया जाता था। कालांतर में भारतीय गणितज्ञों ने भिन्न-गणित (Quiling Set) में महत्वपूर्ण खोजें की हैं।[9]

आधुनिक गणितशास्त्र में सामान्य भिन्नों की बजाय दशमलव भिन्नों (Decimal fraction) का ही प्रायः प्रयोग होता है, जैसे : $\frac{1}{2}=0.5, \frac{3}{4}=0.25, 3\frac{513}{10000}=3.0513$ इत्यादि। इस पद्धति की सबसे बड़ी सुविधा यह है कि इसमें जोड़, गुना आदि परिकर्म पूर्णांकों जैसे ही किए जाते हैं। दशमलव भिन्नों वाली इस अंक-पद्धति का आधार यद्यपि भारतीय दशमलव अंक-पद्धति ही है, परंतु इसका वर्तमान रूप यूरोप में 16वीं शताब्दी में अस्तित्व में आया है। जर्मन लेखक **क्रिस्टोफ रूडोल्फ** (Christoft Rudolff) ने 1530 में एक पुस्तक प्रकाशित की, जिसमें उसने दशमलव भिन्नों पर लिखा है। उसमें आज के बिंदु के स्थान पर प्रयुक्त हुआ है जैसे 393.75 के लिए 393। 75।[10] 1582 में नीदरलैंड से **सिमोन स्टेविन** (Simon Stevin) नामक एक गणितज्ञ की पुस्तक (La Practique d' Arithmatique) प्रकाशित हुई है। इसमें 37.875 के लिए 37(.) 8(1) 7(2) 5(3) जैसी संकेत-व्यवस्था है। कालांतर में **नेपियर** (Nepier) तथा **ब्रिग्ज** (Briggs) जैसे गणितज्ञों के प्रयासों से आधुनिक दशमलव-भिन्न संकेत-प्रणाली अस्तित्व में आई।[11]

दाशमिक या मीटर प्रणाली (Matric System) फ्रांस में राज्यक्रांति के दिनों में 1800 के आसपास अस्तित्व में आई। संसार के सभी देशों ने अब इस प्रणाली को स्वीकार कर लिया है। हमारे देश के नाप-तौल में भी अब यही प्रणाली प्रचलित हो गई है।

अंकगणित

ब्रह्मगुप्त के **ब्राह्म-स्फुट-सिद्धांत** (628 ई.) के अनुसार गणक वही है जो 'संकलित' से आरंभ होने वाले बीस परिकर्मों को तथा 'छाया' में अंत होने वाले आठ व्यवहारों को पृथक्-पृथक् जानता है। 20 परिकर्म ये हैं : (1) संकलित (जोड़), (2) व्यवकलित या व्युत्कलित (बाकी), (3) गुणन, (4) भागहार, (5) वर्ग, (6) वर्गमूल, (7) घन, (8) घनमूल, (9-13) पंचजाति अर्थात् पांच प्रकार के भिन्नों को सरल करने के नियम, (14) त्रैराशिक, (15) व्यस्त त्रैराशिक, (16) पंचराशिक, (17) सप्तराशिक, (18) नवराशिक, (19) एकदशराशिक, (20) भांड-प्रति-भांड।

8 व्यवहार ये हैं : (1) मिश्रक व्यवहार, (2) श्रेढ़ी व्यवहार, (3) क्षेत्र-व्यवहार, (4) खात-व्यवहार, (5) चिति व्यवहार, (6) क्राकचिक व्यवहार, (7) राशि व्यवहार और (8) छाया व्यवहार।

पाटी गणित के उपलब्ध ग्रंथ :

ग्रंथकर्ता	**ग्रंथ**	**रचनाकाल**
—	भक्षाली हस्तलिपि	ल. 200 ई.
आर्यभट	आर्यभटीय (गणिताध्यायं)	499 ई.
ब्रह्मगुप्त	ब्राह्म-स्फुट-सिद्धांत (अंशतः)	628 ई.
श्रीधर	त्रिशतिका	750 ई.
महावीराचार्य	गणितसार संग्रह	850 ई.
श्रीपति	गणित-तिलक	1039 ई.
भास्कराचार्य (द्वितीय)	लीलावती	1150 ई.
नारायण	गणित कौमुदी	1356 ई.
मुनीश्वर	पाटीसार	1658 ई.

भास्कर-प्रथम ने लिखा है कि 'गणित यद्यपि चार प्रकारों में व्याप्त है, तदपि वह मूलतः दो ही प्रकार का है—वृद्धि और ह्रास। जोड़ वृद्धि है और घटना ह्रास है। इन्हीं दो भेदों से गणित व्याप्त है।' संकलन (जोड़) के लिए मिश्रण, सम्मेलन, प्रक्षेपण, संयोजन, युक्ति, योग और अभ्यास (शुल्व शब्द) शब्दों का प्रयोग देखने को मिलता है। संकलन की दो विधियां प्रचलित थीं—क्रम और उत्क्रम। क्रम-संकलन वह है जो इकाई से आरंभ करके किया जाता है और उत्क्रम-संकलन वह है जो बाईं ओर के अंतिम स्थान से आरंभ करके किया जाता है। व्यवकलित (घटना) – अन्य शब्द : व्युत्कलित, व्युत्कलन, शोधन, पातन, वियोग आदि—के लिए भी यही दो विधियां स्वीकृत थीं।

'गुणन' शब्द अत्यंत प्राचीन है। वैदिक साहित्य में यह शब्द मिलता है। 'हवन', 'क्षय' और 'वध' इसके पर्याय हैं। जिस संख्या को गुणा किया जाता है वह 'गुण्य' और जिस संख्या से गुणा किया जाता है उसे 'गुणक' या 'गुणकार' कहते हैं। गुणा करने से जो संख्या प्राप्त होती है, उसे 'गुणनफल' या 'प्रत्युत्पन्न' कहते हैं। जिस पद्धति से पहले गुणा की क्रिया की जाती थी, उसमें गुण्य राशि के अंक एक-एक कर मिटा दिए जाते थे (उनका 'हनन' होता था) और प्राप्त राशि 'प्रत्युत्पन्न' होती थी। शुल्वसूत्र में 'अभ्यास' शब्द संकलन तथा गुणन दोनों क्रियाओं के लिए आया है—उस समय गुणन-क्रिया संभवतः संकलन पर आधारित थी। भक्षाली हस्तलिपि में गुणन के लिए 'परस्परकृत' शब्द मिलता है। भारतीय गणित ग्रंथों में गुणन-क्रिया की गई विधियों का विवेचन है—कपाट-संधि विधि, क्रम विधि, उत्क्रम विधि, तिर्यक् विधि, स्थान-खंड गुणन, गोमूत्रिका विधि, रूप-खंड गुणन, बीजीय विधि आदि। इनमें कपाट-संधि विधि सबसे प्रसिद्ध है। पाश्चात्य गणित में इसे (गेलोशिया विधि) (gelosia method) कहते हैं, जो गलेशिया विधि कपाट-संधि विधि से व्युत्पन्न है। यह भारतीय विधि अरब से होकर यूरोप में प्रविष्ट हुई है। अरबी गणितज्ञों ने इस विधि का प्रयोग किया है। अल-नदवी (ल. 1025 ई.) ने इसे 'अल्-अलम अल-हिंदी' तथा 'तारिक अल-हिंदी' (हिंदुओं की विधि) कहा है।

कपाट-संधि विधि में गुण्य में जितने अंक होते हैं उतने खाने आड़ी लकीर पर और गुणक में जितने अंक हों उतने खड़ी लकीर खींचकर वर्ग बनाये जाते हैं। गुणक के प्रत्येक अंक से गुणा करके वर्गों में लिखते हैं, फिर तिर्यक् वर्गों के अंकों के वर्गों के अंकों के वर्गों को जोड़ लेते हैं; यथा—'लीलावती'[12] पर गणेशदैवज्ञ की टीका से एक उदाहरण :

$(135 \times 12) = 1620$

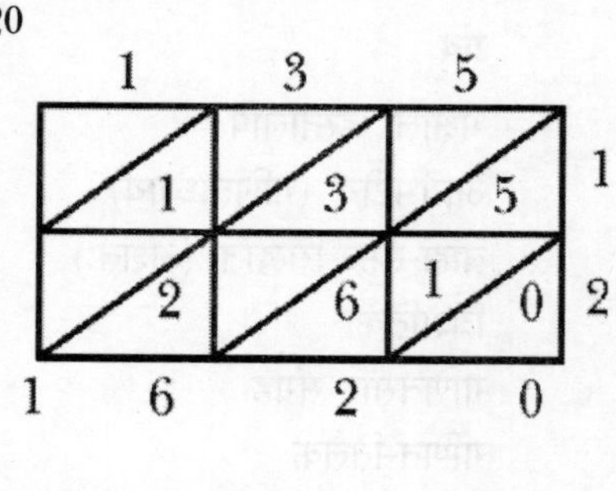

भाग

पर्यायवाची शब्द – भागहार, भाजन, हरण, छेदन। जिस संख्या को भाग दिया जाता है उसे 'भाज्य' या 'हार्य' और जिस संख्या से भाग दिया जाता है उसे 'भाजक', 'भागहार' या 'हार' कहते हैं। भाग देने पर जो उत्तर आता है उसे 'लब्धि' या 'लब्ध' कहते हैं। 16वीं शताब्दी तक

यूरोप में भाग-क्रिया कठिन समझी जाती थी; परंतु हमारे देश में ईसवी सन् की प्रारंभिक शताब्दियों से भागहार कर्म का प्रचलन देखने को मिलता है। यह विधि भारत से अरब पहुंची और वहां से यूरोप, जहां यह गैली, गैलिया या बटैलो (gally, galea or batello) विधि के नाम से प्रसिद्ध हुई।

वर्ग और घन

"वर्गाकार क्षेत्र और उसका वर्गफल वर्ग कहलाता है। दो समान संख्याओं का गुणन भी वर्ग है। वर्ग के अर्थ में 'कृति' (करना या बनाना) शब्द का भी प्रयोग हुआ है।"

"तीन समान संख्याओं का गुणनफल तथा बारह बराबर कोणों और भुजाओं वाला ठोस भी घन है (आर्यभटीय)। वर्ग तथा घन की विधियों का भारतीय गणित-ग्रंथों में विस्तृत वर्णन मिलता है।"

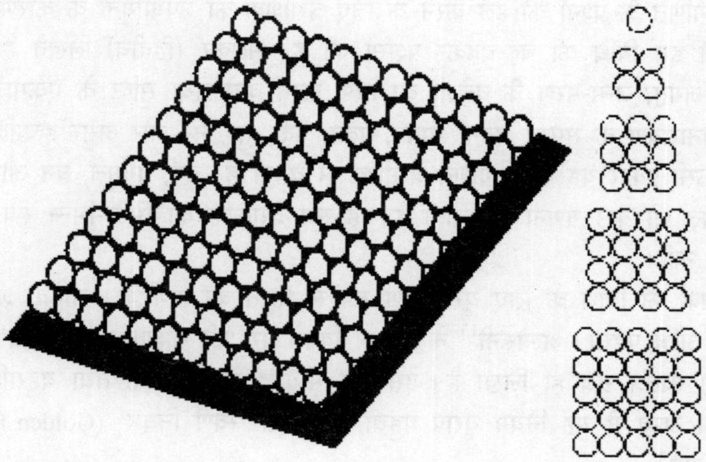

चित्र 21.1 : वर्गचितिघन (बाएं), और इसके ऊपर से नीचे क्रमशः पांच स्तर (दाएं)

वर्गमूल और घनमूल

वर्गमूल क्रिया के लिए संस्कृत के शब्द हैं 'मूल' और 'पद'। कृति (वर्ग) का पद (मूल) वह है, जिसका वर्ग कृति है (ब्रह्मगुप्त)। 'मूल' शब्द अरबी में 'जध्र' (Jadhr) बना जो जड़ (मूल) का पर्यायवाची है। लैटिन का 'रैडिक्स' (Radix) शब्द इसी 'मूल' का पर्याय है। आधुनिक गणित में हम 'वर्गमूल' या घनमूल या किसी भी 'मूल' के अर्थ में $\sqrt{\ }$ चिह्न का प्रयोग करते हैं। वर्गमूल हो तो केवल $\sqrt{\ }$ और घनमूल हो तो $\sqrt[3]{\ }$ चिह्न। यह चिह्न है तो यूरोप की उत्पत्ति का, किंतु इसके पीछे भारतीय 'मूल' शब्द की ही धारणा निहित है। यूनानी लोग 'वर्गमूल' के लिए 'मूल' (Root) धारण का प्रयोग नहीं करते थे। वे 3 को 9 की भुजा (side) कहते थे। अल्-ख्वारेज्मी[13] के ग्रंथ का, जो भारतीय गणित पर आधारित था, जब लैटिन अनुवाद हुआ तो 'जड़' (मूल) शब्द लैटिन में Radix बना। मध्ययुग में जब गणित में संक्षिप्तीकरण के उद्देश्य से शब्दों के संकेत बनने लगे तो Radix का संक्षिप्त रूप Rx बना; अतः Rx 25 = 5 बाद में R के स्थान पर उसका लघु रूप x प्रयुक्त होने लगा। इसी x से आधुनिक $\sqrt{\ }$ चिह्न अस्तित्व में आया है।[14]

शुल्वसूत्रों तथा प्राकृत साहित्य में वर्गमूल के लिए 'करणी' शब्द मिलता है। 'घनमूल' के लिए एक अन्य शब्द 'घनपद' भी मिलता है। आर्यभट ने वर्गमूल तथा घनमूल निकालने की विधियों का विवेचन किया है।

त्रैराशिक

भक्षाली हस्तलिपि, आर्यभटीय और गणित के सभी परवर्ती ग्रंथों में 'त्रैराशिक' शब्द मिलता है। ''क्योंकि इसमें तीन राशियों की आवश्यकता पड़ती है, अतएव यह नियम त्रैराशिक (तीन राशियों का नियम) कहलाता है'' (भास्कर प्रथम)। आर्यभट ने त्रैराशिक का नियम दिया है : 'त्रैराशिक के प्रश्नों में फलराशि (फ) को इच्छाराशि (इ) से गुणा करना चाहिए और प्राप्त गुणनफल को प्रमाणराशि (प्र) से भाग देना चाहिए। इस प्रकार जो लब्धि प्राप्त होती है, वही उत्तर है।' गणित के प्रश्नों को हल करने के लिए त्रैराशिक की उपयोगिता के कारण भारतीय गणितज्ञों ने इस विधि की बढ़-चढ़कर प्रशंसा की है। भास्कर (द्वितीय) लिखते हैं : 'जिस प्रकार यह जगत्, जन्म-मरण के क्लेशों का हरण करने वाले तथा सृष्टि के एकमात्र कारण, भगवान श्रीनारायण के समस्त भुवन, भावन, पर्वत, नदी, सुर, नर और असुर इत्यादि भेदों से व्याप्त है, उसी प्रकार यह संपूर्ण गणित त्रैराशिक से व्याप्त है। वर्ग, वर्गमूल, घन और घनमूल के अतिरिक्त जो कुछ गणना की जाती है, वह सब त्रैराशिक का भिन्न-भिन्न रूप हैं, कोई दूसरी वस्तु नहीं।

त्रैराशिक की विधि के लिए यूरोप पूर्ण रूप से भारत का ऋणी है। आठवीं शताब्दी में यह नियम अरब पहुंचा। **अल्बेरूनी**[15] ने तो इस विषय पर 'फ्री राशिकाल अल्-हिंद' (हिंदुओं के राशिक) स्वतंत्र ग्रंथ ही लिखा है। इस ग्रंथ में हिंद के त्रैराशिक तथा बहुराशिकों का विवेचन है। अरब से यह नियम यूरोप पहुंचा, जहां इसे 'स्वर्ण नियम' (Golden Rule) की उपाधि दी गई।

शून्य और अनंत

शून्य की धारणा एवं संकेत का हम परिचय प्राप्त कर चुके हैं। अब गणित में इसका प्रयोग : ब्रह्मगुप्त ने शून्य की परिभाषा दी है : अ-अ = 0। हिंदू गणितज्ञों ने अंकगणित में शून्य द्वारा किसी संख्या के भाग को अवैध माना है; परंतु बीजगणित में वैध माना है। भास्कर ने लीलावती में लिखा है :

''शून्य में किसी संख्या को जोड़ने पर योगफल जोड़ी हुई संख्या के तुल्य आता है। शून्य का वर्ग, वर्गमूल, घन और घनमूल करने पर भी फल शून्य मिलता है। किसी संख्या को शून्य से भाग देने पर हर में शून्य हो जाता है; परंतु बाद में यदि और परिकर्म करते हैं तो गुणनफल को शून्य न लेकर शून्य को गुणक की तरह रखना चाहिए। यदि किसी संख्या का गुणक शून्य हो और हर भी शून्य हो तो समझना चाहिए कि उस संख्या में कोई परिवर्तन नहीं हुआ है। इसी प्रकार शून्य को जोड़ने या घटाने पर भी संख्या में कोई परिवर्तन नहीं होता।''

भास्कर के इस उपरोक्त कथन में 'शून्य' को एक 'परमाल्य' (infinitesimal) मान के रूप में स्वीकार किया गया है। इसीलिए उन्होंने $\frac{\text{अ}}{0}$ जैसी राशि को 'स्व-हर' (जिसके हर में

ख अर्थात् 0 हो) कहा है। यह अनंत (infinity) का पर्यायवाची है। आधुनिक गणित के अनुसार :

$\frac{\text{अ}}{0} = \infty$ (अनंत); जहां 'अ' कोई भी एक संख्या है, E और $\infty \pm$ क $= \infty$; अर्थात् अनंत में कोई भी संख्या बढ़ाई या घटाई जाए तो 'अनंत' अनंत ही रहता है। इसी बात को भास्कर ने अपने बीजगणित में कहा है :

"जिस प्रकार अनंत और अच्युत ईश्वर में प्रलय के समय बहुत से भूतगणों का प्रवेश होने से अथवा सृष्टि के समय उनके निकल जाने से कोई विकार पैदा नहीं होता, उसी प्रकार इस ख-हर (अनंत) राशि में बहुत बड़ी संख्या को भी जोड़ने अथवा घटाने पर कोई परिवर्तन नहीं होता।"

बीजगणित

बीजगणित की शक्ति उसके सांकेतिक स्वरूप में निहित होती है। अतः सांकेतिकता को सामने रखकर ही हमें बीजगणित के विकास का सिंहावलोकन करना चाहिए।

आज से लगभग 4000 वर्ष पहले लिखे गए प्राचीन मिस्र के आह्मोस पेपीरस (A'h-mose papyrus) में एक सवाल मिलता है :

'हाऊ, इसका संपूर्ण, इसका सप्तमांश, यह उन्नीस के बराबर है।'

यहां 'हाऊ' कोई शोकबोधक या संबोधन-बोधक उद्गार नहीं है; बल्कि प्रस्तुत सवाल की एक अव्यक्त राशि (unknown quantity) का द्योतक एक शब्द संकेत है। 'हाऊ' को यदि हम 'क्ष' अव्यक्त राशि मानें तो उपरोक्त सवाल निम्नलिखित रूप में प्रस्तुत कर सकते हैं :

$$\text{क्ष} + \frac{\text{क्ष}}{7} = 19$$

आह्मोस पेपीरस में यह सवाल बड़े लंबे तथा जटिल क्रमों में हल किया हुआ मिलता है; परन्तु आधुनिक बीजगणित की सुलभ संकेत प्रचुरता के कारण यह सवाल एक चुटकी में हल हो जाता है;

यूं :

$$\text{क्ष} + \frac{\text{क्ष}}{7} = 19$$

$$\text{या } 7\text{क्ष} + \text{क्ष} = 19 \times 7$$

$$\text{या } 8\text{क्ष} = 19 \times 7$$

$$\text{या क्ष} = \frac{19 \times 7}{8} = \frac{133}{8} = 16\frac{5}{8}$$

अर्थात् क्ष = 'हाऊ' = $16\frac{5}{8}$! हम देख चुके हैं कि मिस्री गणितज्ञ केवल इकाई के भिन्नों का ही प्रयोग करते थे, इसलिए आह्मोस ने उपरोक्त सवाल का उत्तर दिया है : $16 + \frac{1}{2} + \frac{1}{8}$ । 'हाऊ' का शाब्दिक अर्थ होता है 'ढीग'। इसी प्रकार उनके पास –, +, = के लिए भी शब्द-संकेत थे।

ई. सन् 250 के आसपास अलेक्ज़ेंड्रिया में डायोफैंटस (Diophantus) नाम का एक गणितज्ञ पाश्चात्य-जगत् में बीजगणित को एक नूतन सांकेतिक स्वरूप प्रदान कर रहा था। उसके जीवन के बारे में हमें कोई विशेष विवरण नहीं मिलता; लगभग 400 ई. में संगृहीत एक यूनानी काव्य-संग्रह (Greek Anthology) में उसके जीवन-काल के बारे में एक सूक्ति (epigram) मिलती है : "उसका बाल्यकाल उसकी संपूर्ण आयु का छठा हिस्सा था; आयु के बारहवें भाग की उम्र में उसे दाढ़ी निकली; जीवन की सप्तमांश आयु में उसने विवाह किया; पांच वर्ष बाद उसे पुत्र पैदा हुआ, पुत्र पिता की आधी आयु तक जीवित रहा; और पुत्र की मृत्यु के चार वर्ष बाद पिता की मृत्यु हुई; तो बताइए, मृत्यु के समय डायोफैंटस की आयु कितनी थी?" "क्योंकि, हमारे लिए यह जानना लाभप्रद होगा कि यह महान गणितज्ञ कितने वर्षों तक जिया; इसलिए आइए, हम पता लगाएं : मान लीजिए कि क्ष = डायोफैंटस की संपूर्ण आयु। तो उपरोक्त कथन के अनुसार :

$$\therefore \frac{\text{क्ष}}{6} + \frac{\text{क्ष}}{12} + \frac{\text{क्ष}}{7} + 5 + \frac{\text{क्ष}}{2} + 4 = \text{क्ष}$$

अब, सारे पदों को 84 से गुणा कर दीजिए, तो प्राप्त होगा :

$$14\text{क्ष} + 7\text{क्ष} + 12\text{क्ष} + 420 + 42\text{क्ष} + 336 = 84\ \text{क्ष}$$

$$\therefore 9\text{क्ष} = 756$$

$\therefore$ क्ष = 84 डायोफैंटस की आयु।

डायोफैंटस ने 'अरिथमेटिका' (Arithmetica) नामक 13 खंडों में एक गणित ग्रंथ लिखा था; परंतु आज इसके 6 खंड ही उपलब्ध हैं। इनमें ऐसे संख्या-प्रश्न हैं, जो समीकरणों से हल किये जाते हैं। मिस्री और यूनानी बीजगणित में प्रश्नों के हल, गद्य की तरह पूर्ण शब्दों तथा वाक्यों में लिखे जाते थे। यूनानी गणितज्ञ अव्यक्त राशि के लिए, जैसे–क्ष या × के लिए, 'अरिथमोस' (Arithmos, यूनानी शब्द, जिसका अर्थ होता है संख्या) शब्द का प्रयोग करते थे। डायोफैंटस इस शब्द का बार-बार प्रयोग करते-करते ऊब गया और वह इसका संक्षेप (abbreviation) रूप ar, अर्थात् ग्रीक में लिखने α δ लगा। यह संक्षेप भी हजारों बार लिखना पड़ता था, इसलिए अंत में इसने क्रमशः υ, ξ, ζ रूप धारण कर लिये। इसी प्रकार, जब डायोफैंटस 'अरिथमोस × अरिथमोस' अर्थात् अव्यक्त राशि का वर्ग लिखना चाहता था, तो वह ग्रीक शब्द dunamis (= Power) को DU, अर्थात् ग्रीक में Δr या Δ^r(क्ष^2) लिखता था। इस प्रकार, बीजगणित की अनेक राशियों को डायोफैंटस ने संक्षेप-रूप प्रदान किए।

डायोफैंटस के लगभग 1400 वर्ष बाद उसके बीजगणित ने यूरोप के फर्मा (Fermat) 1601-1665, डेकार्ट (Descartes) 1516-1560, वियेटा (Vieta) 1540-1603 जैसे गणितज्ञों के मस्तिष्कों को प्रभावित किया है। इस बीच यूरोप के मस्तिष्क ने बीजगणित में एक ग्राम भर भी प्रगति नहीं की। हां, डायोफैंटस की मृत्यु के बाद यूरोप वालों ने डायोफैंटस को 'बीजगणित के पितामह' की पदवी से अवश्य विभूषित किया। फिर भी यूनानी गणित के दो धुरंधर पंडितों–डॉ. नेसेलमान और सर थॉमस हीथ–ने स्वीकार किया है कि इस प्रकार के समीकरणों का प्रयोग करने वाला डायोफैंटस पहला ही व्यक्ति नहीं था, और न यह भी कहा जा सकता है कि उसके द्वारा प्रयुक्त विधियों ने ही आधुनिक बीजगणित की विधियों को जन्म दिया है; उसके पंद्रह सौ वर्षों बाद आधुनिक विधियों का विकास प्रारंभ हुआ है।[16]

अब देखिए भारतीय बीजगणित

भास्कर के 'बीजगणित' (1150 ई.) के पूर्व भी भारत में बीजगणित के ग्रंथ विद्यमान थे। बीजगणित का प्रयोग आर्यभट के समय (499 ई.) में होता था। उसे वर्ग-समीकरणों (quadratic equations) को पूर्ण वर्ग करके हल खोजने की विधि ज्ञात थी। कोलब्रुक (Colabrooke) ने डायोफैंटस से भारतीय बीजगणित का श्रेष्ठत्व सिद्ध करते हुए लिखा है :

(1) एक से अधिक अज्ञात राशियों का बीजगणित उन्हें (भारतीयों को) ज्ञात था।

(2) उच्च क्रम वाले समीकरणों के हल में यद्यपि उन्हें अल्प यश मिला है, फिर भी वे प्रभास के तथा द्वि-वर्ग समीकरण (Biquadratic equation) के आधुनिक हल का आभास दिलाने के यशभागी तो हैं ही।

(3) प्रथम तथा द्वितीय क्रम के अव्यक्त प्रश्नों के हल में वे डायोफैंटस से बहुत आगे बढ़ गए थे और उन्होंने आधुनिक बीजगणितज्ञों की खोजों का पथ-प्रदर्शन किया है।

(4) ज्यामिति के प्रश्नों की सिद्धियों में तथा ज्योतिषीय खोजों में उन्होंने जिन बीजगणितीय विधियों का प्रयोग किया है; वही विधियां आधुनिक काल में पुनः खोजी गई हैं।

जिस प्रकार, आजकल बीजगणित में अव्यक्त राशियों के लिए क्ष, य, र या x, y, z, आदि अक्षर-संकेतों का प्रयोग होता है, उसी प्रकार भास्कराचार्य ने अपने 'बीजगणित' में यावत्-तावत् आदि शब्द-संज्ञाओं का प्रयोग किया है। वे लिखते हैं : अव्यक्त संख्याएं 6 प्रकार की होती हैं—यावत्-तावत्, कालक, नीलक, पीतक और लोहितक। यह इसलिए हैं कि वे आपस में मिल न जाएं। संक्षेप में, यावत्-तावत् = या, कालक = का नीलक = नी इत्यादि। ज्ञातमान 1, 2, 3 इत्यादि को 'रूप' शब्द से व्यक्त किया जाता था, जिसे संक्षेप में 'रू' लिखा जाता था। एक उदाहरण देखिए :

गुणक = या 5 रू 1	5क्ष − 1
गुणक = या 3 रू 2	3क्ष + 2
याव 15 या 3	15क्ष^2 − 3क्ष
या 10 रू 2	10क्ष − 2
गुणनफल = याव 15 या 7 रू 2	1 × क्ष^2 + 7क्ष − 2

गुणनफल = याव 15 या 7 रू 2

याव का अर्थ है, यावत्-तावत् का वर्ग। ऋण पद को अंक के ऊपर बिंदु रखकर प्रकट किया जाता था।

करणी (Suross) के लिए परिभाषा दी गई है : 'यस्य राशेर्मूलऽपेक्षिते निरग्रं मूलं न संभवति स करणी' अर्थात् जिस राशि का निरग्र अर्थात् पूरा मूल न मिले, उसे करणी कहते हैं। भास्कर ने अपने 'बीजगणित' में करणी संबंधी संकलन, व्यवकलन, गुणन, भागाहार, वर्ग और वर्गमूल निकालने की विधियों का विस्तृत विवेचन किया है।

समीकरण (Equations) के लिए ब्रह्मगुप्त (628 ई.) ने 'समकरण' और 'समीकरण' दोनों शब्दों का, पृथुदक-स्वामी (860 ई.) ने 'साम्य' शब्द का, श्रीपति (1401) ने 'सदृशीकरण' और नारायण (1350 ई.) ने 'समीकरण', साम्य और 'समत्व' शब्दों का प्रयोग किया है। समीकरणों के दो पक्षों (rides) के लिए 'पक्ष' शब्द का प्रयोग श्रीधर (750 ई.) और भास्कराचार्य ने किया है। समीकरणों में अव्यक्त-राशियां यावत्-तावत् (या), कालक (का), नीलक (नी), पीतक (पी),

लोहितक (लो), हरीतक (ह), श्वेतक (श्वे), चित्रक (चि), कपिलक (क), पिंगलक (पि), धूम्रक (धू), पाटलक (पा), शवलक (श), श्यामलक (श्या), मेचक (मे) आदि से व्यक्त की जाती रही हैं। इसके अतिरिक्त वर्णमाला के अक्षरादि (नारायण) और रत्नों के नामों के प्रथमाक्षरों का (भास्कर) भी प्रयोग होता रहा है।

अब समीकरणों के कुछ उदाहरण देखिए :

शुल्वसूत्र-ग्रंथों में यज्ञ-वेदियों की रचनाओं के लिए वर्ग-समीकरणों के अनेक प्रयोग देखने को मिलते हैं; जैसे :

(1) $\text{कय}^2 + \text{खय} = \text{ग}$

(2) $7\text{य}^2 + - \ \text{य} = 7 - \ + \text{म}$

कात्यायन ने इसका हल दिया है :

$\text{य}^2 = 1 + \frac{\text{म}}{7}$, जो सन्निकटतः (approximately) सही है।

ई.पू. के जैन-ग्रंथों में $4\,\text{ख}^2 - 4\ \text{गरव} = -\ \text{च}^2$ समीकरण मिलता है, जिसका उमास्वामी (ई.पू.) ने हल दिया है :

$$\text{ख} = \frac{1}{2}\left(\text{ग} - \sqrt{\text{ग}^2 - \text{च}^2}\right)$$

भक्षाली हस्तलिपि में अव्यक्त के लिए 0 संकेत का प्रयोग हुआ है। जैसे, निम्नलिखित समीकरण में–

0	2	3	4	दृश्य 200
1	1	1	1	1

अर्थात्, क्ष + 2क्ष + 3क्ष + 4क्ष = 200

भक्षाली हस्तलिपि में व्यवकलन (subtraction) के अर्थ में + चिह्न, जो आज 'धन' का द्योतक है, प्रयोग देखने को मिलता है। क्योंकि, भक्षाली हस्तलिपि में व्यवकलन के अर्थ में 'क्षय' (क्षय) शब्द अनेक बार आता है, इसलिए डॉ. दत्त का मत है कि, यह चिह्न (+), जो ब्राह्मी लिपि के 'क' अक्षर के समान है, 'क्षय' का संक्षिप्तीकरण है।[17] भक्षाली हस्तलिपि में योग (युत) के लिए 'यु' और मूल के लिए 'मू' शब्द-संकेतों का भी प्रयोग हुआ है; जैसे निम्नलिखित प्रश्न में –

11 यु	5 मू	4
1	1	1

अर्थात, $\sqrt{11+5} = 4$

भक्षाली हस्तलिपि में वर्ग-समीकरणों के भी हल मिलते हैं। 'आर्यभटीय' (499 ई.) में $\text{तय}^2 + \text{पय} - \text{कय} = 0$ का हल दिया हुआ है :

$$\text{य} = \frac{\sqrt{\text{क त त} + \left(\frac{\text{प}}{2}\right)} - \frac{\text{प}}{2}}{\text{त}}$$

ब्रह्मगुप्त (627 ई.) ने ज्योतिष की समस्याओं को हल करने के लिए वर्ग-समीकरणों का प्रयोग किया है। कय^2 + खय = ग के उन्होंने दो हल दिए हैं :

$$\text{य} = \sqrt{\frac{4\,\text{क}\,\text{ग} + \text{ख}^2 - \text{ख}}{2\,\text{क}}}$$

$$\text{य} = \sqrt{\frac{\text{क}\,\text{ग} + \left(\frac{\text{ख}}{2}\right)^2 - \left(\frac{\text{ख}}{2}\right)}{\text{क}}}$$

इसके बाद श्रीधर, भास्कराचार्य आदि गणितज्ञों ने भारतीय बीजगणित को अपनी चरमोन्नति पर पहुंचा दिया। भास्कराचार्य का 'बीजगणित' (1150 ई.) अपने समय का, न केवल भारत का बल्कि संसार का, सर्वश्रेष्ठ बीजगणित ग्रंथ था, इसमें तनिक भी संदेह नहीं है। भास्कर के बीजगणित में न केवल सरल और वर्ग-समीकरणों का विवेचन है; अपितु घन (cubic) वर्ग-वर्ग (biquadratic), संक्रमण (simultaneous eqations) का विवेचन मिलता है।

प्रथम घात के अनिर्धारित विश्लेषण (indeterminate analysis of the first degree) को भारतीय गणित में 'कुट्ट', 'कुट्टाकार' और 'कुट्टु' नाम दिये गये हैं। 'कुट्ट' शब्द का अर्थ है कूटना या पीसना। गणेश के अनुसार कुट्टक वस्तुतः गुणक या गुणाकार (multiplier) है। यदि किसी दी हुई संख्या को किसी ऐसी अज्ञात संख्या से गुणा करें और फिर इसमें कोई क्षेपक घटाएं या बढ़ाएं और फिर किसी दिए भागाहार से भाग दें कि अंत में शेष कुछ न बचे, तो उस गुणक को कुट्टक कहते हैं।

रेखागणित

भारतीय रेखागणित का आरंभ **शुल्वसूत्र-ग्रंथों** से होता है। वेदों के साहाय्यार्थ वेदांग-ग्रंथों की रचना हुई। 6 वेदांगों में से एक है—कल्पसूत्र। कल्पसूत्र के दो भाग हैं—गृह्यसूत्र और श्रौतसूत्र—और प्रत्येक श्रौतसूत्र से संलग्न है एक शुल्वसूत्र। अतः प्रतीत होता है कि पहले बहुत से शुल्वसूत्र अस्तित्व में रहे होंगे; परंतु आज जो थोड़े-से शुल्वसूत्र ग्रंथ उपलब्ध हैं उनमें **बौधायन**, **आपस्तंब**, **कात्यायन**, **मानव**, **मैत्रायण** आदि प्रमुख हैं। इन ग्रंथों में वेदिकाओं की आकृतियों के लिए सूक्ष्म ज्यामितीय विधान हैं। इनमें 'पाइथेगोर का प्रमेय तो मिलता ही है, य^2 + र^2 = ल^2 सूत्र के भी कई संख्यात्मक संबंध दिए हुए हैं। इतना ही नहीं, कात्यायन शुल्वसूत्र में $\sqrt{2}$ का मान दिया हुआ है :

$$\text{करणी } 2 = \sqrt{2} = 1 + \frac{1}{3} + \frac{1}{3\times 4} - \frac{1}{3\times 4\times 34} = 1.4142156863$$

तो **कात्यायन** का टीकाकरण **राम** सूक्ष्म मान देता है :

$$\sqrt{2} = 1 + \frac{1}{3} + \frac{1}{3\times 4} - \frac{1}{3\times 4\times 34} - \frac{1}{3\times 4\times 34} + \frac{1}{3\times 4\times 34\times 34} = 1.414213502$$

और आधुनिक मान है = 1.4142135600000

शुल्वविदों को न केवल सरल समीकरणों का अपितु वर्ग-समीकरणों का ज्ञान था, यह बात हम पहले लिख चुके हैं।

कुछ पाश्चात्य विद्वानों (गणित-इतिहासज्ञ ग्यार्ग कांतोर 1845-1918 ई.) का मत है कि शुल्वसूत्रों पर अलेक्ज़ेंड्रिया वालों के रेखागणित का प्रभाव है। इस भ्रामक मत के उत्तर में मैकडोनल का मत ही उद्धृत करना पर्याप्त होगा : "शुल्वसूत्रों की ज्यामिति और यूनानियों की ज्यामिति में इतनी अधिक समानता है कि गणित-इतिहासज्ञ ग्यार्ग कांतोर के मतानुसार किसी न किसी ने यह विज्ञान एक-दूसरे से उधार लिया है। ग्यार्ग कांतोर के मतानुसार शुल्वसूत्रों पर अलेक्जेंड्रिया के हाइरो (Heiro : लग. 250 ई.पू.) की ज्यामिति का प्रभाव है और यह 100 ई.पू. के बाद भारत में आई है। परंतु तथ्य यह है कि शुल्वसूत्रों की रचना संभवतः इससे बहुत पहले की है; क्योंकि वे श्रौतसूत्रों के अभिन्न अंग हैं और उनकी ज्यामिति ब्राह्मण कर्मकांड का एक अंग है। व्याकरण की तरह उपयोगिता के आधार पर ही इस ज्यामिति का निर्माण हुआ है। ब्राह्मण ग्रंथों और यजुर्वेद के गद्यांश वेदिकाओं के निर्माण के लिए सूक्ष्म विधानों की बार-बार चर्चा करते हैं; यदि वेदिका के निर्माण में यत्किंचित् भी गलती हो तो महान संकट की संभावना बतलाई गई है। मैं नहीं समझता कि कट्टरवादी ब्राह्मणों ने अपने धर्म से संबंधित किसी चीज को विदेशियों से उधार लेना पसंद किया होगा।"[18]

शुल्वसूत्रों के बाद सिद्धांत-ग्रंथों का काल और उसके बाद आर्यभट (499 ई.) से लेकर भास्कराचार्य (1150 ई.) तक भारतीय गणित के 'स्वर्णयुग' का काल। भास्कराचार्य के बाद भारतीय गणित की अवनति प्रारंभ हुई। गणित जैसे विषय का विकास तभी संभव है जब देश में सुख और शांति हो। जब विदेशी आक्रमणों, आंतरिक युद्धों तथा अयोग्य शासन व्यवस्था से देश में अशांति का सामाज्य स्थापित हो गया, तो गणित और वस्तुतः सभी विज्ञानों का अध्ययन शिथिल पड़ गया। भास्कराचार्य के बाद भारत में बहुत ही कम मौलिक कार्य हुआ है।

गणित-संसार में भारत को पुनः सम्मान प्राप्त हुआ तो बीसवीं शताब्दी में और इसका संपूर्ण श्रेय है, अल्पायु प्रतिभा रामानुजन (1887-1920) को। एक भारतीय राजनीतिज्ञ (मैं उसका नाम नहीं ही लूंगा!) के शब्दों में, 'रामानुजन की अल्पायु तथा मृत्यु भारतीय परिस्थितियों का एक प्रतीक है। हमारे लाखों-करोड़ों लोगों में से कितनों को शिक्षा मिल पाती है, कितने भूखे पेट जीवन व्यतीत करते हैं। जो थोड़े से लोग शिक्षण पा भी लेते हैं, तो उनमें से ऐसे कितने हैं जिन्हें किसी दफ़्तर में क्लर्की की अपेक्षा अधिक की आशा रहती है। यदि ऐसे लोगों के लिए जीवन द्वार खुल जाते हैं और इन्हें भोजन तथा स्वास्थ्य की सुविधाएं, शिक्षा एवं विकास का अवसर मिलता भी है तो इन लाखों लोगों में से कितने लोग महान वैज्ञानिक, शिक्षाशास्त्री, साहित्यकार और कलाकार होंगे जो नए भारत और नए संसार का निर्माण करने में सहयोग देंगे।

संदर्भ और टिप्पणियां

1. Dr. Dutta and Dr. Singh, History of Hindu Mathematics, Vols I-II और प्रथम खंड का अनुवाद : हिंदी समिति, उत्तर प्रदेश सरकार ने प्रकाशित किया है।

2. कौटिल्य को चाणक्य या विष्णुगुप्त भी कहते हैं। कौटिल्य एक ब्राह्मण, जो तक्षशिला का निवासी था। तक्षशिला में उसने विद्याध्ययन किया और वहां आचार्य भी रहा। कौटिल्य के ग्रंथ का नाम अर्थशास्त्र यानी आर्थिक लाभ का शास्त्र। यह शास्त्र किसी व्यक्ति के आर्थिक लाभ के लिए नहीं, बल्कि एक राज्य के आर्थिक लाभ के लिए लिखा गया था। सन् 1905 में इस महान ग्रंथ को पुनः खोज निकाला गया। कहते हैं कौटिल्य की सलाह पर चलकर चंद्रगुप्त ने एक बड़ा साम्राज्य खड़ा किया था। अर्थशास्त्र में राज्य के जिस आर्थिक ढांचे का वर्णन किया है उसकी शुरुआत चंद्रगुप्त के समय हो जाती है। कौटिल्य का अर्थशास्त्र साम्राज्यों के उदय के काल का अर्थशास्त्र है। इस ग्रंथ की खोज होने पर चंद्रगुप्त के और बाद के भारतीय साम्राज्यों का इतिहास नए सिरे से लिखा गया। इतने महत्व का है यह ग्रंथ।

चित्र 21.2 : चाणक्य

3. G. Biihler, Indian Paleography, p.p. 22-23.
4. दत्त और सिंह : हिंदू गणित का इतिहास, भाग 1, पृष्ठ संख्या-146.
5. दत्त और सिंह : हिंदू गणित का इतिहास, भाग 1, पृष्ठ संख्या-139-47.
6. ओझा जी, भारतीय प्राचीन लिपिमाला, पृष्ठ संख्या 66.
7. Smith and Ginsbury, Numbers and Numere Numerals, Wishington, p. 35.
8. Dr. Dutta : Science of The Sulba.
9. दत्त और सिंह : हिंदू गणित का इतिहास, भाग 1, पृष्ठ संख्या 175-92.
10. Smith and Ginsbury, Numbers and Numers Numerals, Washington p. 36.
11. A Hooper; Maker of Mathematics, p. 80, Modern library paper back, Newyork.
12. लीलावती गणित की एक अद्भुत पुस्तक संस्कृत भाषा में है। यह लगभग साढ़े आठ सौ साल पहले लिखी गई। इस पुस्तक का अब तक देश-विदेश की कई भाषाओं में अनुवाद हुआ। अकबर के आदेश से कवि अबुल फैज फैजी ने 1581 ई. में लीलावती का फारसी भाषा में अनुवाद किया। लीलावती प्रमुखतया अंकगणित की पुस्तक है जिसे भास्कराचार्य ने लिखी है। इसमें 273 श्लोक हैं।
13. **अल्-ख़्वारेज्मी** : पश्चिमी मध्य-एशिया में ख़्वारेज्म नामक प्रदेश में खीवा नाम के नगर में 783 ई. में जन्म हुआ। इनका परिवार गरीब था। भारत के साथ अच्छे संबंध थे। इसलिए यहां बौद्ध धर्म का काफी प्रचार था।

    अल्-ख़्वारेज्मी गणित ज्योतिष, भूगोल और इतिहास के विद्वान थे। इन्होंने बगदाद में एक विद्यापीठ की स्थापना की और उसमें एक भव्य ग्रंथालय भी खड़ा किया तथा वह उस ग्रंथालय के प्रमुख बने।

चित्र 21.3 : मुहम्मद अल्-ख़्वारेज्मी (783-850 ई.)

अल्-ख़्वारेज्मी ने अरबी भाषा में गणित, बीजगणित, भूगोल, ज्योतिष, इतिहास विषयों पर ग्रंथों की रचना की। उन्होंने भारतीय आविष्कार शून्य के साथ दस अंकों को दुनिया में फैलाने का काम किया। बगदाद में उन्होंने हिसाब अल्-हिंद, यानी हिंद के हिसाब के बारे में पुस्तक लिखी। और इसमें शून्य तथा अंक-पद्धति की जानकारी दी। यूरोप में 1125 के आस-पास इस पुस्तक का लैटिन में अनुवाद हुआ। कंप्यूटर ने इसे अलगोरिज़्म कहा और बीजगणित को अलजिब्रा। इस विद्वान की 850 ई. में मृत्यु हुई।

14. A Hooper : Maker of Mathematics, P. 74-75.
15. अल्बेरूनी (973-1050 ई.) : अल्बेरूनी रबीवा का रहने वाला था। सुलतान महमूद के समय (997-1030 ई.) में उसे कैदी अथवा बंधक के रूप में गजनी लाया गया था। वह महमूद की सेना के साथ भारत आया और पंजाब में रहा। उसका असली नाम अब रैहान मुहम्मद था। मगर उसे प्रसिद्धि अल्बेरूनी के नाम से मिली जिसका अर्थ उस्ताद होता है। भारत में रहकर उसने संस्कृत पढ़ी और हिंदू दर्शन और शास्त्रों का अध्ययन किया। 'तारीख-उल-हिंद नामक पुस्तक लिखी जिसमें हिंदुओं के इतिहास, आचार-व्यवहार, परंपराओं और वैज्ञानिक ज्ञान का वर्णन किया है।

चित्र 21.4 : अल्बेरूनी (973-1050 ई.)

16. Hooper, Maker of Mathematics, p. 80.
17. Dutta and Singh : History of Hindu Mathamatics, Vol. II, p. 14.
18. Arther A. Macdonell : A History of Sanskrit Literature, Motilal Banarasidas Varanasi, pp. 360-61.

चतुर्थ भाग

संख्या-सिद्धांत

''गणित एक ऐसा विज्ञान है जिसमें हम कदापि यह नहीं जान पाते कि हम किस चीज के बारे में कह रहे हैं और न ही यह जानते हैं कि जो बात हम कह रहे हैं वह सत्य ही है।''

बर्ट्रंड रसेल (Bertrand Russell)

''यद्यपि यह कहा जाता है कि गणितशास्त्र स्वतःसिद्ध अकारों–परम, निर्विवाद और नियत–का विज्ञान है, गणितज्ञ अपने इस विज्ञान पर पूर्ण रूप से कभी भी एकमत नहीं हो पाए हैं। गणित के विकसित होने वाले स्वरूपों पर वे हमेशा वाद-विवाद करते रहे हैं, और उन्होंने अपने काल को हमेशा संकट का काल कहा है।''

हेनरी लेबेग (Henri Lebesgue)

''पिछली पच्चीस शताब्दियों से गणितज्ञ अपनी गलतियों को सुधारते आ रहे हैं और अपने विज्ञान को अकिंचन की बजाय संपन्न ही बनाया है। अतः उन्हें यह अधिकार मिल जाता है कि वे भविष्य के बारे में भी गंभीरता से सोचें।''

निकोलस बौरबाकी (Nicolas Bourbaki)

22

संख्या-सिद्धांत

आज गणितशास्त्र इतनी अधिक उन्नति कर चुका है कि अब यह केवल दस अंक-संकेतों और जोड़, गुणा, भाग आदि सरल परिकर्मों के दायरे में ही सीमित नहीं है। उच्च-गणित की आधुनिक पुस्तकों में धारणा-संकेतों की इतनी अधिक बहुलता है कि सामान्य व्यक्ति को ऐसी पुस्तकों के पन्ने इंद्रजाल से ही प्रतीत होंगे। आज का गणितशास्त्र, अपने स्वयंभू-सौंदर्य तथा भौतिक-जगत् के उद्घाटन की अपनी अद्भुत क्षमता के कारण, इतना अधिक 'रहस्यमय' लगने लगता है कि स्वयं गणित के अध्येता के मन में भी, कभी-कभी विचार आ ही जाता है : यदि इस भौतिक-विश्व का कोई 'कर्ता' है, तो वह अवश्य एक 'महान गणित-मस्तिष्क' ही हो सकता है।

किंतु केवल दस अंक-चिह्नों तथा जोड़, गुणा, भाग आदि सरल परिकर्मों से व्युत्पन्न कुछ परिणाम भी कुछ कम रहस्यमय नहीं है। चीन, भारत, मिस्र, यूनान प्राचीन सभ्यताओं के गणितज्ञ सहस्रों वर्षों से इन अंक-संकेतों से खेलते चले आ रहे हैं। खेल-खेल में ही सहस्रों अंक-चमत्कारों का उद्घाटन हुआ है। इनकी संख्या इतनी अधिक है कि एक स्वतंत्र ग्रंथ तैयार हो सकता है। यहां हम केवल चंद चमत्कारों की ही चर्चा करेंगे।

आज संख्या-सिद्धांत (Theory of Numbers) एक जटिल विषय बन गया है। तर्कशास्त्र के अत्याधुनिक साधनों से इसे तराशा जा रहा है। प्रसिद्ध जर्मन गणितज्ञ गौस (1777-1855 ई.) ने संख्या-सिद्धांत (या आधुनिक अंकगणित) को 'गणित की सम्राज्ञी' (The Queen of Mathematics) कहा था। ई.टी. बेल ने कहा है कि, ''संख्या-सिद्धांत गणितशास्त्र का अंतिम अज्ञेय महाखंड है। यह असंख्य प्रदेशों में विभक्त है। ये सारे प्रदेश अपने आप में उर्वर तो हैं; परंतु इन्हें एक-दूसरे से कोई सरोकार नहीं; और न इन पर किसी एक केंद्रीय सरकार का शासन ही है। यदि कोई तकदीर का सिकंदर[1] नये जगत की विजय

चित्र 22.1 : कार्ल फ्रेडरिक गौस (1777-1855 ई.)

के लिए रो रहा है, तो यह जगत उसके सामने पड़ा हुआ है। अंकगणित को तो अभी उसका दकार्त (Descartes) ही नहीं मिला है, न्यूटन (Newton) की बात तो दूर रही।[2] डिक्सन (Dickson) महाशय अपनी पुस्तक 'संख्या-सिद्धांत की भूमिका' (Introduction to the theory of Numbers) के प्राक्कथन में ही लिखते हैं : "पिछली बीस शताब्दियों से संख्या-सिद्धांत गणितज्ञों तथा हौसियों का प्रिय विषय रहा है। आधुनिक गवेषणाओं की तुलना प्राचीन उपलब्धियों से की जा सकती है। भविष्य की उपलब्धियां और भी अधिक महत्तम होंगी।"

बहुतों का ख्याल है कि अंकगणित गणितशास्त्र का सबसे सरल उपयोग है। परंतु सत्य एकदम विपरीत है। प्रारंभिक अंकगणित के परिकर्म हमें भले ही सरल प्रतीत हों, परंतु अंकगणित की मौलिक क्रियाओं का विश्लेषण बहुत ही जटिल कार्य है। संख्या तथा गणना संबंधी धारणाओं ने बड़े-बड़े विचारकों की बुद्धि को झकझोर दिया है। संख्या-सिद्धांत संबंधी सवाल देखने में तो इतने सरल प्रतीत होते हैं कि एक बालक विद्यार्थी भी उन्हें समझ सकता; परंतु, अनेक गणितज्ञों के अथक प्रयासों के बावजूदा उनका हल अब भी हम सबको चुनौती दे रहा है। यह सच है कि आज भी संख्याओं के गुणधर्मों के बारे में हमें बहुत कम जानकारी है। यद्यपि हम उनका व्यवहार करते हैं; परंतु वे हमें चकित भी करती हैं। इस प्रकरण का प्रारंभ हम कुछ सरल अंक-चमत्कारों से ही करेंगे; तदनंतर संख्या-सिद्धांत के कुछ अनुत्तरित प्रश्नों का भी परिचय प्राप्त करेंगे।

संख्या 987, 654, 321 को लीजिए। इस संख्या के अंकों को उलटे क्रम में रखने के बाद जो संख्या प्राप्त होगी, उसे पहले की संख्या से घटाइये :

987, 654, 321...............(1)
123, 456, 789...............(2)
864, 197, 532...............(3)

} इन तीनों संख्याओं का जोड़ समान हैं अर्थात् 451

यदि कहा जाय कि 100 को 1 से 9 तक के केवल नौ अंकों में अंकगणित के चिह्नों (+, –, ×, ÷) द्वारा व्यक्त कीजिए तो इसे निम्न रूप में लिखा जाएगा :

$$100 = 1 + 2 + 3 + 4 + 5 + 6 + 7 + 8 + 9।$$

निम्नलिखित अद्भुत अंक-चमत्कार देखिए :

$3 \times 37 = 111$	और	$1 + 1 + 1 = 3$
$6 \times 37 = 222$	और	$2 + 2 + 2 = 6$
$9 \times 37 = 333$	और	$3 + 3 + 3 = 9$
$12 \times 37 = 444$	और	$4 + 4 + 4 = 12$
$15 \times 37 = 555$	और	$5 + 5 + 5 = 15$
$18 \times 37 = 666$	और	$6 + 6 + 6 = 18$

अब आप बड़ी आसानी से फौरन बतला सकते हैं कि 21×37 या 24×37 या 27×37 का गुणनफल क्या होगा!

777 888 999

नीचे की गुणन-क्रिया को देखने के बाद, 15873 गुणा 28 या 35 या 7 × न का गुणनफल आप फौरन बता सकेंगे :

$15873 \times 7 = 111{,}111$

$15873 \times 14 = 222{,}222$

$15873 \times 21 = 333333$

$15873 \times (7 \times \text{न}) = \text{न न न न न न}$

जहां 'न' 1 से 9 तक कोई भी अंक हो सकता है।

उसी प्रकार,

$0 \times 9 + 8 = 8$

$9 \times 9 + 7 = 88$

$98 \times 9 + 6 = 888$

$987 \times 9 + 5 = 8888$

$9876 \times 9 + 4 = 88888$

अब तो आप बता ही सकते हैं कि 98765 × 9 + 3 कितना होगा?

$= 888888$

इसी प्रकार,

$1 \times 8 + 1 = 9$

$12 \times 8 + 2 = 98$

$123 \times 8 + 3 = 987$

$1234 \times 8 + 4 = 9876$

$12345 \times 8 + 5 = 98765$

तो 123456 × 8 + 6 = 987654 कितना होगा यह तो आप बता ही देंगे; किंतु यह भी देख लीजिए कि, इस प्रकार आप कहां तक आगे बढ़ सकते हैं?

ठीक इसी तरह :

$1 \times 9 + 2 = 11$

$12 \times 9 + 3 = 111$

$123 \times 9 + 4 = 1111$

$1234 \times 9 + 5 = 11111$

$12345 \times 9 + 6 = 111111$

$123456 \times 9 + 7 = 1111111$

$1234567 \times 9 + 8 = 11111111$

$12345678 \times 9 + 9 = 111111111$

और

$6 \times 7 = 42$

$66 \times 67 = 4422$

$666 \times 667 = 444222$

$6666 \times 6667 = 44442222$

इत्यादि

$$
\begin{aligned}
1^2 &= 1\\
11^2 &= 121\\
111^2 &= 12321\\
1111^2 &= 1234321\\
11111^2 &= 123454321\\
111111^2 &= 12345654321\\
1111111^2 &= 1234567654321
\end{aligned}
$$

शतरंज का खेल

इस शताब्दी के महान दार्शनिक-गणितज्ञ बर्ट्राण्ड रसेल[3] गणितशास्त्र को केवल एक 'तार्किक खेल' मानते हैं। रसेल के इस कथन से सभी गणितज्ञ सहमत हों या न हों, हमें यह स्वीकार करना ही होगा कि मानव के बौद्धिक-विलास ने शतरंज से बेहतर शायद ही किसी अन्य तार्किक खेल को जन्म दिया हो। आज न 'शतरंज', 'शाइ', फरज़ीन (वजीर), 'प्यादा' इत्यादि शब्द हमारे रह गए हैं और न हम शतरंज के जागतिक 'चैंपियन' ही हैं। हमारे लिए अभिमान की यदि कोई चीज़ रह गई है तो वह यही कि इस शतरंज (चतुरंग) खेल के 'आविष्कर्ता' हमारे पूर्वज ही थे। ईसा के जन्म के पहले ही शतरंज, चौसर आदि खेलों का भारत में जन्म हो चुका था। हिजरी सन् की पहली शताब्दी (ई.स. सातवीं) में यह खेल ईरान से अरब पहुंचा। याकूबी और मसऊदी ने इस खेल का विस्तृत विवेचन किया है। याकूबी ने लिखा है कि चौसर और शतरंज कोरे खेल ही नहीं हैं, बल्कि ये गणित तथा नक्षत्र विद्या के सूक्ष्म-सिद्धांतों पर आधारित हैं। चौसर का खेल आकाश की राशियों, 360 दिनों, 24 घंटों, 12 घंटे का दिन और 12 घंटे के रात का पूरा चित्र है। शतरंज का आधार कुल 64 घरों, फिर 32, फिर 16, फिर 8, फिर 4 घरों पर हैं। किंतु गणित के इन दांव-पेंचों के अलावा इस बात पर बहुत कम विचार किया गया है कि ये दोनों खेल भारत की दो धार्मिक-विचारधाराओं के द्योतक हैं।

याकूबी ने लिखा है कि पहले एक पंडित ने चौसर (पासा) बनाकर एक राजा को भेंट की थी और इसके द्वारा भाग्य और मनुष्य की परवशता की पुष्टि की थी। इसके बाद एक दूसरे पंडित ने शतरंज (चतुरंग) बनाकर राजा को भेंट की, जिससे सिद्ध होता था कि मनुष्य के हाथ में ही सब कुछ है‡; वह जो चाहे कर सकता है। तात्पर्य यह कि, इन दोनों खेलों ने यह सिद्ध कर दिया है कि, जिस प्रकार मनुष्य अपने गंभीर तर्कों एवं दार्शनिक विचारों की सहायता से भाग्य एवं पराक्रम के प्रश्नों का निर्णय नहीं कर सकता, उसी प्रकार खेलों के तर्कों से भी वह प्रकृति के इस खेल का पता नहीं लगा सकता।[4]

उचित यही होगा कि हम 'भाग्य' का अर्थ फलित-ज्योतिषियों के सड़े-गले निर्णयों से न जोड़ें। याकूबी यदि आज जीवित होता तो वह इन खेलों की धारणाओं का संबंध आधुनिक विज्ञान के दो प्रमुख वादों–नियतत्ववाद (Determinism) और अनियतत्ववाद (Indeterminism) से ही जोड़ता। खैर! विदेशी शब्द 'शतरंग', 'शाह', 'फरज़ीन' आदि के बावजूद 'हाथी' और 'रुख़' (रथ) शब्द निर्विवाद रूप से सिद्ध करते हैं कि 'खेल' हमारा है; इसलिए आइए इस खेल से संबंधित एक प्रसिद्ध अंक चमत्कार भी देख लीजिए :

कहते हैं कि शतरंज के खेल का आविष्कार करने वाला पंडित इसे राजा बरानी के पास ले गया। बरानी को अन्य 'भाग्यवादी' खेलों की अपेक्षा यह 'बुद्धिवादी' खेल अधिक पसंद आया। राजा ने उस पंडित से कहा :

"तुम्हारी इस अद्‌भुत खोज के लिए मैं तुम्हें इनाम देना चाहता हूं। मांगो, जो चाहे मांगो," राजा ने कहा।

पंडित ने अपना इनाम मांगा : "महाराज! इस चतुरंगपटल में कुल 64 घर हैं। पहले घर के लिए आप मुझे गेहूं का केवल एक दाना दें; दूसरे घर के लिए 2 दाने, तीसरे घर के लिए 4 दाने, चौथे घर के लिए 8 दाने और.....। इस प्रकार 64 घरों के संपूर्ण दानों से मेरा इनाम पूरा हो जाएगा।"

"मूर्ख! बस इतना ही?" राजा कुछ चिढ़-सा गया, "खैर, कल सुबह तक तुम्हारा इनाम तुम्हारे घर पहुंच जाएगा।"

पंडित-प्रवर मुस्कराते हुए दरबार से अपने घर लौटे और पुरस्कार की प्रतीक्षा करने लगे।

राजा ने अपने दरबार के एक हिसाब-पंडित को गणना करने का हुक्म दिया। पंडितजी ने हिसाब लगाया—

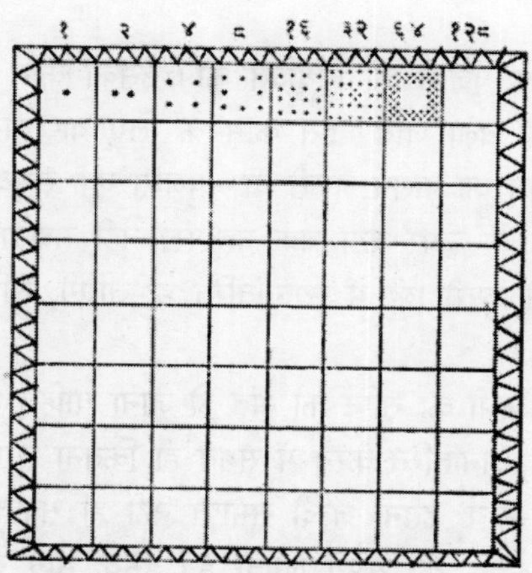

चित्र 22.2 : शतरंज पटल और गेहूं के दाने

1 + 2 + 4 + 8 + 16 + 32 + 64 + 128 +...(64 घरों तक)

अर्थात् $1 + 2 + 2^2 + 2^3 + 2^4 + 2^{63} = 2^{64}-1$।

= 18, 446, 744, 073, 709, 551, 615 गेहूं के दाने।

अपनी संपत्ति के गरूर में मदहोश राजा ने हुक्म सुनाया :

"दे डालो।"

परंतु नम्र गणक-पंडित ने निवेदन किया : "महाराज! गेहूं के इतने दाने हमारे राज्य में तो क्या, संपूर्ण संसार के राज्यों में भी नहीं हैं। गेहूं के दानों की यह संख्या इतनी अधिक है कि इतने गेहूं से पृथ्वी के सारे भूपटल को लगभग एक इंच मोटी परत से ढका जा सकता है!"

इस उत्तर को सुनकर राजा का क्या हाल हुआ होगा, इसका अंदाजा आप स्वयं लगा लीजिए!

सृष्टि का अंत

बहुत प्राचीन काल की बात है। उस समय काशी में एक विशाल मंदिर था। किंवदंती है कि 'ब्रह्मा' ने जब इस सृष्टि की रचना की, तो उसने इस मंदिर में हीरे की बनी हुई तीन छड़ें रखीं और फिर इनमें से एक में सोने के 64 चक्र रखे – ऐसे क्रम से कि बड़ा चक्र छोटे के हमेशा नीचे ही रहे।

चित्र 22.3 : हीरे की 3 छड़ें और सोने के 64 चक्र

फिर ब्रह्मा ने वहां एक पुजारी की नियुक्ति की। उसका काम था कि वह एक छड़ के चक्र दूसरी छड़ में बदलता चला जाय। इस काम के लिए वह तीसरी छड़ की सहायता ले सकता था। परंतु एक नियम का पालन जरूरी था–पुजारी एक समय केवल एक ही चक्र उठा सकता था और छोटे चक्र के ऊपर बड़ा चक्र वह रख नहीं सकता था। इस नियम से जब सभी 64 चक्र एक छड़ से दूसरी छड़ में स्थानांतरित हो जाएंगे, सृष्टि का अंत हो जाएगा–ब्रह्मा ने घोषणा की।

आप कहेंगे–तब तो कभी का सृष्टि का अंत हो जाना चाहिए था। आखिर 64 चक्रों को एक छड़ से दूसरी छड़ में स्थानांतरित करने में समय ही कितना लगता है।

किंतु नहीं, यह 'ब्रह्म-कार्य' इतना जल्दी समाप्त नहीं हो सकता। मान लीजिए कि एक चक्र को बदलने में एक सेकंड का समय लगता है। इसके माने यह हुआ कि एक घंटे में 3600 चक्र बदले जाएँगे और एक दिन में लगभग 10,00,00 चक्र।

आप कहेंगे–इतने स्थानांतरणों में तो 64 चक्र निश्चित रूप से एक छड़ से दूसरी छड़ में पहुंच जायेंगे।

लेकिन आपका अनुमान गलत है। गणना कराने पर ज्ञात होता है कि कुल स्नानांतरणों की संख्या है : $2^{64}-1$ अर्थात् 18, 446, 744, 073, 709, 551, 615 वही शतरंज वाली संख्या।

ब्रह्मा द्वारा नियुक्त पंडित प्रति-सेकंड एक चक्र स्थानांतरण के हिसाब से रात-दिन 24 घंटों और वर्षों के 365 दिन भी निरंतर काम करता रहे तो 64 चक्र एक छड़ से दूसरी छड़ में स्थानांतरित करने में उसे 58, 454, 204, 60906 वर्ष और शेष कुछ दिन लगेंगे।

निःसंदेह; जब उस पंडित-पुजारी को ब्रह्मा की इस चतुराई का पता चला होगा तो वह इस काम को छोड़-छाड़कर भाग गया होगा। शायद इसीलिए आज काशी में किसी भी मंदिर में न तो हीरे की वे छड़ें ही नज़र आती हैं और न सोने के वे 64 चक्र ही।

विशाल संख्याएं

वैसे तो प्राचीन सभ्यताओं की स्थानमान-रहित अंक-पद्धतियों की तुलना में हमारी वर्तमान दशमलव स्थानमान पद्धति ही संख्याओं को संक्षेप में व्यक्त करने की एक उत्तम रीति है; परंतु इससे भी एक संक्षिप्त पद्धति–घातांक पद्धति–गणितज्ञों ने खोज निकाली है। इसमें छोटी और बड़ी सभी संख्याएं 10 के घातों (powers) से व्यक्त की जाती हैं, जैसे :

$10^2 = 100$ उसी प्रकार $10^{-2} = \frac{1}{100}$

$10^3 = 1000$ $10^{-3} = \frac{1}{1000}$

$10^4 = 10000$ $10\text{-}4 = \frac{1}{10000}$

इत्यादि।

ऐसी बड़ी-बड़ी संख्याओं को परस्पर गुणा या भाग करने के लिए हम केवल घातांकों को जोड़ देते हैं, जैसे :

$$10^{14} \times 10^{12} = 10^{(14 + 12)} = 10^{26}$$

और $$10^{16} \div 10^2 = 10^{(16 - 2)} = 10^{14}$$

इस पद्धति के अनुसार :

$$8{,}000{,}000{,}000 = 8 \times 10^9$$

और $34{,}870{,}000{,}000 = 3,\ 487 \times 10^7$ इत्यादि

अब एक सवाल लीजिए : केवल 2 से लिखी जाने वाली सबसे बड़ी संख्या कौन-सी होगी? कुछ संभावनाएं निम्न प्रकार की होंगी :

$222,\ 22^2,\ 2^{22}$ और 2^{2^2}

इन चार संख्याओं में सबसे छोटी संख्या है : $2^{2^2} = 2^4 = 16$। इसके बाद 222 का स्थान आता है। फिर $22^2 = 484$ का। सबसे बड़ी संख्या है : $2^{22} = 4{,}194{,}304$

× × ×

अब देखिए, नीचे की संख्या को –

$$9^{9^{9^9}}$$

प्रत्यक्षतः ये संख्याएं आपको बड़ी नहीं ही लगती होंगी; परंतु, आइए, देखें कि असल में यह कितनी विशाल हैं!

9^9 का अर्थ है : $9 \times 9 \times 9 \times 9 \times 9 \times 9 \times 9 \times 9 \times 9 = 387,\ 420,\ 489$

अब 9^{9^9} का मान निकालने के लिए हमें इस संख्या को 9 के घातस्थान में रखना होगा; अर्थात् $9^{387,\ 420,\ 489}$।

इस संख्या का अर्थ होगा 9 को स्वयं से 387, 420, 489 बार गुणा करना। जानते हैं आप कि यह संख्या कितनी बड़ी होगी। नहीं, आप नहीं ही बतला सकते; मैं भी नहीं बतला सकता; गणितज्ञ भी नहीं बतला सकते। गणितज्ञ केवल इतना ही बतला सकते हैं कि इस संख्या (9^{9^9})

में लगभग 300,000,000 अंक रहेंगे; और इस विशाल संख्या के प्रथम सत्ताईस अंक होंगे : 428, 124, 773, 175, 747, 048, 036, 987, 115 और अंतिम दो अंक होंगे 89। परंतु इन दोनों छोरों के बीच क्या-क्या रहेगा, इसके बारे में हम कुछ भी नहीं बतला सकते। शायद आज के विशाल विद्युत-गणक (Electronic Computers) बतला सकें। किंतु तब यदि इस संपूर्ण विशाल संख्या-क्रम को कागज की एक पट्टी पर छापा जाय, तो यह पट्टी लगभग 1200 किलोमीटर लंबी होगी। और, यदि इस संख्या को पुस्तक के पृष्ठों पर छापना हो और प्रत्येक पृष्ठ पर 1400 अंक रहें, तो आठ-आठ सौ पृष्ठों की 33 जिल्दें तैयार हो जाएंगी।

किंतु यह तो केवल प्रारंभ है; यह तो केवल 9^{9^9} का ही हाल है। इसके बाद, 1200 किलोमीटर लंबे इस संख्या-क्रम को हमें 9 के घात-स्थान पर चढ़ाना है। इस गुणनफल की हम केवल कल्पना ही कर सकते हैं।

फिर भी यह संख्या ($9^{9^{9^9}}$) 'अनंत' (infinity) नहीं ही कही जाएगी। महान जर्मन गणितज्ञ गौस (Gauss : 1777-1855) के शब्दों में यह 'परिमेय अनंत' (measurable infinity) कही जाएगी।[5]

इस प्रकार हम देखते हैं कि केवल एक अंक-संकेत को केवल चार बार लिखकर व्यक्त की गई संख्या इतनी विशाल होती है कि किसी भी एक आदमी के लिए, सारा जीवन लगाने पर भी, उसे पूर्ण लिख पाना संभव नहीं ही है।

चित्र 22.1 : कार्ल फ्रेडरिक गौस (1777-1855 ई.)

अभाज्य संख्याएं

1, 2, 3, 4,.....100,.....278,.....इन प्राकृतिक-संख्याओं का अनुक्रम अनंत है; क्योंकि, चाहे कितनी भी बड़ी संख्या ले लीजिए, उसमें यदि 1 जोड़ दिया जाए तो आगे की बड़ी संख्या प्राप्त होगी और इसे आगे का कोई अंत नहीं।

प्राकृतिक संख्याओं के इस अनुक्रम में कुछ विशिष्ट गुणधर्मों वाली संख्याएं भी निहित हैं, जैसे—सम (even) और विषम (odd) संख्याएं। इन संख्याओं की 'संख्या' भी अनंत ही है। इसके अलावा इस प्राकृतिक संख्या-वर्ग में निम्नलिखित संख्याएं भी हैं :

2, 3, 5, 7, 11, 13, 17, 19, 22, 29..... (अ)

इन संख्याओं की यह विशेषता है कि, 1 और स्वयं अपने अलावा, अन्य किसी भी संख्या से इन्हें भाग देना संभव नहीं है; इसीलिए गणितज्ञों ने इन्हें 'अभाज्य संख्याओं' (prime numbers) का नाम दिया है। अब प्रश्न है : क्या प्राकृतिक-संख्याओं की तरह, उसी में से चुनी हुई इन अभाज्य संख्याओं का अनुक्रम भी अनंत है? हां अनुक्रम (अ) भी अनंत है; और आज से लगभग 2300 वर्ष पहले यूनानी गणितज्ञ यूक्लिड (Euclid) ने अपने ग्रंथ में (Elements IX20) में इसकी बहुत ही सुंदर उपपत्ति (proof) प्रस्तुत की है :

वस्तुतः अभाज्य संख्याएं (मुझे इन्हें 'परमाणु-संख्याएं' कहने की इच्छा हो रही है। क्यों? आगे बतलाऊंगा।) ऐसी मौलिक सख्याएं हैं जिनसे गुणन-क्रिया द्वारा प्राकृतिक अनुक्रम की सभी संख्याएं जन्म लेती हैं, जैसे—$666 = 2 \times 3 \times 3 \times 37$। कोई भी संख्या, तो जो स्वतः अभाज्य नहीं है, कम से कम किसी एक अभाज्य-संख्या द्वारा भाग दी जा ही सकती है। अब हमें सिद्ध करना है कि इन अभाज्य-संख्याओं की 'संख्या' अनंत है‡; अर्थात् अनुक्रम (अ) का कभी भी अंत नहीं होता।

तो यूक्लिड महाराज कहते हैं : पहले यही मान लीजिए कि इस अनुक्रम का अंत होता है‡; (चलो भाई, मान लिया; अपना क्या जाता है?)

और 2, 3, 5, 7, 11..... न

अनुक्रम अंतिम अभाज्य-संख्या 'न' पर समाप्त होता है। अब इस परिकल्पना के आधार पर एक ऐसी 'त' संख्या को निर्धारित कीजिए जिसका मान निम्नलिखित सूत्र द्वारा व्यक्त होता है :

$$त = (2 \times 3 \times 5 \times 7 \times 11 \times .... \times न) + 1$$

अब यह स्पष्ट है कि त को 2,3,5, ... न में से किसी भी संख्या द्वारा पूर्ण भाग देना संभव नहीं है; क्योंकि इनमें से किसी भी संख्या से भाग दिया जाय तो 1 शेष बचेगा। यदि 'त' स्वयं एक अभाज्य-संख्या नहीं है, तो इसे किसी अन्य अभाज्य-संख्या से भाग देना संभव होना चाहिए; परंतु यहां हम देखते हैं कि 'त' से छोटी किसी भी अन्य अभाज्य-संख्या से 'त' को पूर्ण भाग देना संभव नहीं है। अतः 'त' एक अभाज्य-संख्या है। और 'त' कोई भी संख्या हो सकती है; इसलिए अभाज्य-संख्याओं का अनुक्रम अनंत है। अतः हमारी परिकल्पना सत्य के विपरीत थी।

चित्र 22.4 : गॉडफ्रे हार्डी (1877-1947 ई.)

यह उपपत्ति गणितीय तर्क की एक विशिष्ट विधि—अनिष्ट प्रदर्शन (reductio and absurdum)—से फलित हुई है। और अनिष्ट प्रदर्शन, जिसे यूक्लिड बेहद पसंद करता था, गणितज्ञों का सबसे सबल शस्त्र है। डॉ. हार्डी[6] लिखते हैं : 'शतरंज के खेल से भी इस खेल का दांव बड़ा है। शतरंज का खिलाड़ी तो केवल फरज़ीन या प्यादे की ही बलि चढ़ाने को तैयार हो सकता है; किंतु गणितज्ञ तो अपने संपूर्ण 'खेल' का ही बलिदान करने को तैयार हो जाता है।'

यह जान लेने पर कि अभाज्य-संख्याओं का अनुक्रम अनंत है, गणितज्ञों के लिए यह स्वाभाविक ही था कि वे एक ऐसे सूत्र की खोज करें जो केवल अभाज्य संख्याओं को ही जन्म दे सकें; अर्थात् ऐसा कोई तरीका ज्ञात किया जाय जिससे यह प्रकट हो कि अमुक संख्या

चित्र 22.5 : पियरे द फर्मा (1601-1665 ई.)

अभाज्य है या नहीं। पिछले 2300 वर्षों से संसार के सभी गणितज्ञ इस सूत्र की खोज करने का प्रयास कर चुके हैं; परंतु अब तक किसी को भी पूर्ण सफलता नहीं मिली है।

फ्रेंच गणितज्ञ, फर्मा (Fermat : 1601–1665) आधुनिक संख्या-सिद्धांत का जन्मदाता है। फर्मा ने अभाज्य-संख्याओं के लिए एक सूत्र प्रस्तुत किया :

$$\text{फ}_\text{न} = 2^{2^\text{न}} + 1,\ \text{न} = 1, 2, 3, \ldots,$$

इस सूत्र के अनुसार :

$$\text{फ}_0 = 2^{2^0} + 1 = 2^1 + 1 = 3$$
$$\text{फ}_1 = 2^{2^1} + 1 = 2^2 + 1 = 5$$
$$\text{फ}_2 = 2^{2^2} + 1 = 2^4 + 1 = 17$$
$$\text{फ}_3 = 2^{2^3} + 1 = 2^8 + 1 = 257$$
$$\text{फ}_4 = 2^{2^4} + 1 = 2^{16} + 1 = 65,537$$
$$\text{फ}_5 = 2^{2^5} + 1 = 2^{32} + 1 = 4,294,967,297$$

यद्यपि फर्मा ने इस सूत्र की सत्यता के लिए कोई सिद्धि नहीं दी है, फिर भी उसका विश्वास था कि इस सूत्र से प्रकट होने वाली सभी संख्याएं अभाज्य हैं। $\text{फ}_\text{न}$ (न = 1, 2, 3, 4) तक तो स्पष्टतः अखंड संख्याएं ही हैं। परंतु फ_5 के बारे में फर्मा का अनुमान गलत था। 1732 में आयलर[7] (Enler : 1707-1783) ने फ_5 के दो गुणन-खंड (factors) बतलाए :

$$\text{फ}_5 = 641 \times 6,700,417$$

फिर (1880 में) यह सिद्ध किया गया कि फ_6 भी अभाज्य-संख्या नहीं है; क्योंकि :

फ_6 = 274,17767,280,421,310,721 कालांतर में यह सिद्ध किया गया कि न = 7, 8, 9, 11, 12, 18, 23, 36, 38, 73 के लिए भी $\text{फ}_\text{न}$ अखंड-संख्याएं

चित्र 22.6 : लिओन्हार्ड आयलर (1707-1783 ई.)

नहीं हैं। $फ_{73}$ इतनी बड़ी संख्या है कि संसार के सारे पुस्तकालयों में भी वह समा नहीं सकती।

फर्मा की अखंड संख्याओं की तरह उसके समकालीन एक अन्य फ्रेंच गणितज्ञ मेरसेन (Mersenne : 1588-1648 ई.) की संख्याएं भी संख्या-सिद्धांत के इतिहास में प्रसिद्ध हैं। मेरसेन एक फ्रेंच गणितज्ञ तथा दर्शनशास्त्री थे। ये खास अभाज्य-संख्या के बारे में भी प्रसिद्ध हैं। इन संख्याओं को मेरसेन अभाज्य-संख्याएं कहते हैं। इसकी परिभाषा है :

$म_{अ} = 2^{अ}-1$, अ = 2, 3, 5, 7, 11, 13,....., 257,..... जहां अ अभाज्य-संख्या है। मेरसेन ने प्रतिपादित (1644 में) किया कि केवल निम्नलिखित 'अ' के लिए ही $म_{अ}$ अभाज्य-संख्याएं हैं :

अ = 2, 3, 5, 7, 13, 17, 19, 31, 67, 127, 257

257 के पहले, इनके अलावा 44 और अभाज्य-संख्याएं हैं; परंतु मेरसेन के अनुसार इनमें से किसी के लिए भी $म_{अ}$ एक अभाज्य-संख्या नहीं है। परंतु बाद में ज्ञात हुआ कि मेरसेन की यह धारणा गलत थी; क्योंकि 1880 ई. में यह सिद्ध किया गया कि $म_{61}$ अभाज्य-संख्या है। इतना ही नहीं 1903 में कोले (Cole : 1861-1927) सिद्ध कर दिखाया कि, मेरसेन की धारणा के विपरीत, $म_{67}$ एक अभाज्य-संख्या नहीं है; क्योंकि

$म_{67} = 2^{67}-1 = 193,707,721 \times 761,838,257,287$।

कोले से जब यह पूछा गया कि यह सिद्ध करने के लिए उन्हें कितना समय लगा, तो उन्होंने उत्तर दिया : ''रविवारों के तीन वर्ष।'' मेरसेन की अंतिम संख्या 257 भी गलत निकली; 1931 में डी.एच. लेहमेर (D.H. Lehmer) से सिद्ध किया कि $म_{257}$ अभाज्य-संख्या नहीं है।

ई. 1742 में गोल्डबाख़ (Goldbakh : 1690-1764) ने, केवल चंद उदाहरणों के आधार पर 'अनुमान' प्रकाशित किया कि : 2 से बड़ी कोई भी सम (even) संख्या दो अभाज्य-संख्याओं का योग होती है। जैसे, 4 = 2 + 2, 6 = 3 + 3, 8 = 3 + 5,..., 30 = 13 + 17,... इत्यादि इस प्रकार के असंख्य उदाहरण दिए जा सकते हैं और वस्तुतः अब तक एक भी ऐसा उदाहरण नहीं मिला है कि गोल्डबाख़ का अनुमान गलत सिद्ध हो सके; फिर भी, बड़े-बड़े गणितज्ञों का मस्तिष्क भी, यह 'सिद्ध' करने में पूर्ण सफलता प्राप्त नहीं कर सका कि गोल्डबाख़ का अनुमान सभी सम-संख्याओं के लिए सत्य है।

आधुनिक गणित के पास बड़े-बड़े शस्त्र मौजूद हैं, लेकिन गोल्डबाख़ के इस 'सरल अनुमान' को सिद्ध करने के लिए वे अब तक असमर्थ ही सिद्ध हुए हैं। रूस के जीवित गणितज्ञ विनोग्राडोव (Vinogradov) 1937 में केवल यही सिद्ध कर पाए कि, प्रत्येक 'पर्याप्त बड़ी' विषम-संख्याएं तीन विषम अभाज्य-संख्याओं का योग होती हैं। उन्होंने यह भी सिद्ध किया है कि प्रत्येक बड़ी संख्या अधिक से अधिक चार अभाज्य-संख्याओं का योग होती है, जैसे : 43 = 2 + 5 + 17 + 19।

अब मैं बीसवीं शताब्दी के महान भारतीय गणितज्ञ रामानुजन की चर्चा करना चाहूंगा। रामानुजन एक शुद्ध गणितज्ञ थे और लिटलवुड के शब्दों में–प्रत्येक संख्या के साथ उनकी घनिष्ठ मित्रता थी। रामानुजन ने स्वतंत्र रूप से और डॉ. हार्डी के सहयोग से संख्या-सिद्धांत के अनेक सूत्रों की खोज की है। यहां हम केवल उनकी एक प्रसिद्ध उपलब्धि की चर्चा करेंगे।

संख्या-सिद्धांत का यह सवाल पूर्णांकों के विभाजन से संबंधित है। संख्या 3 को ही लीजिए। इसे हम तीन विभिन्न रूपों में व्यक्त कर सकते हैं, जैसे : 3 = 3 + 0 = 1 + 2 = 1 + 1 + 1। इसी प्रकार, 4 = 4 + 0 = 3 + 1 = 2 + 2 = 2 + 1 + 1 और 5 = 5 + 0 = 4 + 1 = 3 + 2 = 3 + 1 + 1 = 2 + 2 + 1 = 2 + 1 + 1 + 1 = 1 + 1 + 1 + 1 + 1; इत्यादि। यहां पर हम देखते हैं कि 3 के तीन, 4 के पांच और 5 के सात विविध विभाजन संभव हैं। किंतु यह तो केवल लघु संख्याओं की बात हुई। यदि हमें किसी बड़ी संख्या, मान लीजिए कि 200 के सभी संभव विभाजनों की संख्या ज्ञान करनी हो, तो कैसे पता चले? प्रत्यक्षतः करके देखना संभव नहीं ही है; क्योंकि यदि 200 के ही सभी विभाजनों की संख्या ज्ञात करनी हो तो किसी कुशल गणितज्ञ का संपूर्ण जीवन भी इसके लिए अधूरा पड़ेगा। हमें एक सूत्र की ही खोज करनी होगी।

परंतु ऐसे सूत्र की खोज भी सरल नहीं है। 'गणितज्ञों का गणितज्ञ' रामानुजन केवल सन्निकट मानों के लिए ही एक सूत्र खोज पाया है। मान लीजिए कि प्रदत्त संख्या न है और उसके समस्त संभव विभाजनों की संख्या व (न) है, तो उपरोक्त उदाहरणों के अनुसार :

व (3) = 3

व (4) = 5

व (5) = 7

स्पष्ट ही है कि न की वृद्धि के साथ व (न) की तेज़ी से वृद्धि होती जाती है; और :

व (200) = 3972999029388! (इस गणना के लिए एक महीने का समय लगा है)

रामानुजन की महानता इसी में है कि उन्होंने व (न) के लिए 1917 में एक सूत्र की खोज की, जिसका प्रमुख पद है :

$$\text{व}\ (\text{न}) = \frac{1}{2\pi\sqrt{2}}\ \frac{\text{व}}{\text{वन}}\ \frac{\left\{\frac{2\pi}{\sqrt{6}}\sqrt{\left(\text{न}-\frac{1}{24}\right)}\right\}}{\sqrt{\left(\text{न}-\frac{1}{24}\right)}}$$

इस सूत्र से घबड़ाने की कोई जरूरत नहीं। मैं जानता हूं कि इस ग्रंथ में पहली बार आपके सन्मुख मैंने आधुनिक गणित का 'हौआ' पेश किया है। परंतु यह तो रामानुजन द्वारा खोजे गए उस बड़े सूत्र का एक अंश मात्र है। रामानुजन थे ही ऐसे। एक बार का किस्सा है। उस समय रामानुजन इंग्लैंड में बीमार थे और लंदन के समीप एक स्वास्थ्य-केंद्र में स्वास्थ्य-लाभ कर रहे थे। डॉ. हार्डी टैक्सी में बैठकर उनसे मिलने गए और टैक्सी का नंबर था, 1729। रामानुजन से मिलते ही डॉ. हार्डी ने उनसे कहा : 'यह तो एक अशुभ संख्या है!' (इस संख्या में एक गुणन-खंड 13 है और परंपरा से यह संख्या अशुभ मानी जाती रही है।) किंतु रामानुजन ने फौरन उत्तर दिया : ''नहीं; यह तो एक अद्भुत संख्या है। यह एक ऐसी सबसे छोटी संख्या है, जिसे दो घन (cube) संख्याओं के योग में दो विभिन्न रूपों में व्यक्त किया जा सकता है; जैसे–

$$\begin{aligned} 1729 &= 7 \times 13 \times 19 \\ &= 12^3 + 1^3 \\ &= 10^3 + 9^3 \end{aligned}$$

हार्डी को बड़ा आश्चर्य हुआ। उन्होंने रामानुजन से पूछा कि क्या चतुर्थ घात के लिए भी वे इसी तरह की कोई संख्या बता सकते हैं? उत्तर में रामानुजन ने सिर्फ़ यही कहा कि, चतुर्थ घात के लिए ऐसी संख्या बहुत बड़ी होनी चाहिए। आयलर ने इस प्रकार की संख्या का एक उदाहरण दिया था : $158^4 + 59^4 = 134^4 + 133^4$।

× × ×

फर्मा के 'अंतिम प्रमेय' (Fermat's Last Theorem) की चर्चा के बिना संख्या-सिद्धांत[8] का यह संक्षिप्त विवेचन भी अधूरा ही माना जाएगा। हम जानते हैं कि यदि किसी समकोण त्रिकोण की तीन भुजाएं 3, 4 और 5 की लंबाई की हों तो उनमें $3^2 + 4^2 = 5^2$ संबंध संभव है। वस्तुतः $\text{य}^2 + \text{र}^2 = \text{ल}^2$ संबंध के अनेक उदाहरण मिल सकते हैं। इस संबंध की खोज का श्रेय हम प्रायः पाइथेगोर को ही देते हैं; परंतु तथ्य यह है कि, ई.पू. दसवीं शताब्दी के शुल्वसूत्र ग्रंथों में इस प्रकार के अनेक संबंध उपलब्ध हैं और बेबीलोनकालीन गणित में भी यह तथाकथित 'पाइथेगोर का प्रमेय' मिलता है।

तो क्या घात-स्थान पर 3, 4, 5.....100 आदि के लिए भी यह समीकरण सत्य है? जैसे :

$\text{य}^3 + \text{र}^3 = \text{ल}^3$

$\text{य}^4 + \text{र}^4 = \text{ल}^4$

$\text{य}^{100} + \text{र}^{100} = \text{ल}^{100}$ जहां, य, र, ल कोई भी पूर्णांक संख्याएं हैं।

सन् 1637 में फर्मा यूनानी गणित की एक पुस्तक पढ़ रहा था। वह पुस्तक थी, डायोफेंटस (Diophantus) की 'अरिथमेटिका' (Arithmetica), जिसका उल्लेख हम पहले कर चुके हैं। पृष्ठ के हाशिए पर कुछ न कुछ लिखते रहने की उसकी आदत थी। तो डायोफेंटस की इस पुस्तक के एक पृष्ठ के हाशिए पर उसने (लैटिन में) लिखा :

"किसी घन (cube) संख्या को या चतुर्थ घात वाली संख्या को या सामान्यतः दो से ऊपर की किसी भी घात वाली संख्या को उसी घात की दो संख्याओं में विभक्त करना असंभव है। मैंने इसके लिए एक 'सिद्धि' की खोज भी कर ली है, परंतु उसके लिए हाशिए का यह स्थान बहुत ही कम है।"

फर्मा से लेकर आज तक के संसार के महानतम् गणितज्ञ फर्मा के इस कथन पर माथा-पच्ची करते रहे, परंतु किसी को भी यह सिद्ध करने में सफलता नहीं मिली कि

$\text{य}^{\text{न}} + \text{र}^{\text{न}} = \text{ल}^{\text{न}}$

संबंध य र ल संख्याओं (शून्य के अलावा कोई भी पूर्णांक संख्याएं) के लिए और न के 2 से बड़े मान के लिए असंभव है। जहां तक न = 2 की बात है, आज से लगभग चार हजार वर्ष पहले बेबीलोन के पुरोहित-पंडित ही यह सिद्ध कर चुके थे कि यह संबंध संभव है। फर्मा के बाद पिछले लगभग तीन सौ वर्षों में गणितज्ञों को केवल इतनी ही सफलता मिल पाई है कि वे अब तक न = 2 से बड़ी कोई भी ऐसी संख्या नहीं खोज पाए जिसके लिए यह संबंध सत्य हो। अब तक केवल इतना ही ज्ञात हो सका है कि, न के 617 मानों तक के लिए फर्मा का यह तथाकथित 'अंतिम प्रमेय' सत्य है। लेकिन फर्मा साहब तो उस हाशिए में फ़रमा गए थे कि यह न के सभी मानों (2 को छोड़कर) के लिए सत्य है। और, जिस पर उनका दावा कि इस 'असंभव' के लिए वे प्रमाण भी दे सकते थे; किंतु स्थानाभाव के कारण नहीं दे पाए।

इस प्रकार वे गणित-संसार में अपने पीछे एक बहुत बड़ी पहेली को छोड़ गए, जो आज भी अनुत्तरित है।

चलो, अच्छा ही हुआ। यद्यपि हम अभी तक फर्मा के 'अंतिम प्रमेय' का रहस्योद्घाटन नहीं कर पाए हैं; परंतु प्रयासों में गणितशास्त्र को जो 'महत्वपूर्ण उपलब्धियां' मिली हैं, उनका मूल्य इस 'अंतिम प्रमेय' से अधिक ही है।

फर्मा के 'अंतिम प्रमेय' की गणितशास्त्र को सबसे बड़ी देन है, बीजीय-संख्या-सिद्धांत (Theory of Algebraic Numbers)। इसी सिद्धांत ने आधुनिक बीजगणित में 'आइडियल्स' (Ideals) जैसी आधुनिक संख्या को जन्म दिया है, जो आज आधुनिक गणितीय भौतिकी में उपयोगी सिद्ध हो रही है। मैं नहीं ही समझ पा रहा हूं कि 'आइडियल्स' (और इसी प्रकार के आधुनिक गणितशास्त्र के अनेक धारणा-शब्दों) के लिए राष्ट्रभाषा में कौन-सा शब्द उपयुक्त होगा? आइडियल (ideal = आदर्श) से इस गणितीय 'आइडियल्स का लेशमात्र भी संबंध नहीं है। भारत सरकार द्वारा प्रकाशित 'पारिभाषिक शब्द-संग्रह' में भी 'आइडियल्स' के लिए कोई पर्याय नहीं है।

फर्मा के 'अंतिम-प्रमेय' को हल करने के प्रयास में कुमेर (Kummer 1810-1813) ने 'आइडियल संख्याओं को जन्म दिया है। 'अ-गणितीय भाषा में कुमेर की इन 'संख्याओं' को व्यक्त करना एक लगभग असंभव प्रयास है' (बेल)।

मैंने 'बीजीय संख्याओं' का नाम लिया है और मुझे वे अभाज्य संख्याएं भी याद आ रही हैं जिन्हें 'परमाणु-संख्याओं' की संज्ञा प्रदान करने की मेरी इच्छा हुई थी। इसलिए विभिन्न संख्या प्रकारों का भी संक्षिप्त विवरण प्रस्तुत करता हूं।

1, 2, 3, 4... अनुक्रम से सभी परिचित हैं और सभी जानते हैं कि प्राकृतिक संख्याओं का यह अनुक्रम (sequence) सीमाहीन अर्थात् अनंत है। इस अनंत क्रम में से कुछ विशिष्ट गुणधर्मों वाली संख्याओं को चुनकर गणितज्ञों ने उन्हें विशिष्ट नाम दिए हैं; जैसे–सम-संख्याएं, विषम-संख्याएं, परिपूर्ण (perfect)-संख्याएं, अभाज्य-संख्याएं...इत्यादि। विषम, सम और अभाज्य-संख्याओं से आप परिचित हो चुके हैं; परंतु संभवतः इन परिपूर्ण संख्याओं के बारे में न जानते हों, इसलिए पहले उनकी थोड़ी-सी चर्चा करेंगे।

इन तथाकथित परिपूर्ण-संख्याओं की खोज पाइथेगोरियनों ने की थी। संख्या 6 पर विचार कीजिए : 6 = 1 + 2 + 3; साथ ही 6 एक ऐसी संख्या है जिसे, स्वयं के अलावा, केवल 1, 2 और 3 से ही पूर्ण भाग देना संभव है और इन तीन भाजकों का योग है, 6। यहां हमने क्या देखा? हमने एक ऐसी संख्या देखी जिसके समस्त भाजकों का योग स्वयं उस संख्या के बराबर है। इसी प्रकार की एक अन्य संख्या है, 28। 28 को, स्वयं 28 के अलावा 1, 2, 4, 7 और 14 से पूर्ण भाग दिया जा सकता है; साथ ही, 1 + 2 + 4 + 7 + 14 = 28। सबसे बड़ी ज्ञात परिपूर्ण संख्या है : 144740111546645244279463731260859884815736774914748358890663543491311991521128। इन गुणधर्मों से युक्त संख्याओं, जैसे 6 और 28, को परिपूर्ण-संख्याओं का नाम दिया गया है। यहां पर हम देखते हैं कि 6 और 28 दोनों सम-संख्याएं हैं तो क्या सभी परिपूर्ण-संख्याएं सम-संख्याएं ही हैं? हम नहीं ही जानते। और फिर, विषम-संख्याएं? क्या कोई विषम-संख्या भी परिपूर्ण-संख्या हो सकती है। 2300

वर्षों का दीर्घ काल बीत जाने पर और आधुनिक गणितशास्त्र की अद्भुत उपलब्धियों के बावजूद हमारा विनम्र उत्तर होगा—हम नहीं ही जानते। ऐसी हैं ये परिपूर्ण-संख्याएं और ऐसा है यह संख्या-सिद्धांत। फिर भी, इस 'बच्चों-सी पहेली' को सुलझाने में असमर्थ सिद्ध होने पर भी, हम बड़े गर्व के साथ कहते ही हैं कि अंकगणित सरल है।

हां, तो प्राकृतिक-संख्याओं के अनंत अनुक्रम से ही हम सम, विषम, अभाज्य आदि संख्याओं का चुनाव करते हैं। हम (यूक्लिड) सिद्ध कर चुके हैं कि अभाज्य-संख्याओं की संख्या अनंत है। तो क्या सम या विषम संख्याओं की संख्या भी अनंत है?

महान जर्मन गणितज्ञ कांतोर (Cantor : 1845-1918 ई.) ने अनंत संबंधी एक नए गणितशास्त्र को जन्म दिया है। कांतोर की विधि के अनुसार प्राकृतिक-संख्याओं के साथ सम या विषम संख्याओं को हम निम्न पद्धति से स्थापित करेंगे :

1,	2,	3,	4,	5,	6,	7,	.....	य,	.....
↕	↕	↕	↕	↕	↕	↕		↕	
1,	3,	5,	7,	9,	11,	13,	.....	(2य-1),	.....

ऊपर की पक्ति में प्राकृतिक-संख्याओं का 'वर्ग' (Class) है और नीचे की पंक्ति में विषम-संख्याओं का वर्ग। इस प्रकार की स्थापना को गणितशास्त्र में 'एकैकी संगति' (one-to-one correspondence) कहते हैं। यहां पर हम देखते हैं कि, 'एकैकी संगति' के कारण प्राकृतिक-संख्याओं के वर्ग की तरह विषम-संख्याओं का वर्ग भी अनंत है। इसी प्रकार यह सिद्ध किया जा सकता है कि, सम-संख्याएं, प्राकृतिक संख्याओं की वर्ग-संख्याएं ($1, 2^2, 3^2, 4^2.....$) भी अनंत हैं।

उपरोक्त उदाहरण में प्राकृतिक-संख्याओं के वर्ग को उसके एक उपवर्ग के साथ एकैकी संगति में रखा गया है। परंतु वर्ग और उसी वर्ग का एक भाग—दोनों कैसे बराबर हो सकते हैं? यहां पर तो यही दरशाया गया है कि संपूर्ण और उसका एक भाग, दोनों समान हैं। दैनंदिन जीवन की घटनाओं में तो हम इस तरह की कोई बात नहीं देखते। परंतु हमें यह याद रखना चाहिए कि दैनंदिन व्यापार परिमित व्यापार होते हैं और यहां पर हम अपरिमित (infinite) की चर्चा कर रहे हैं। सामान्यतः तो हम यही कहते हैं कि, अनंत एक ऐसा वर्ग है, जिसकी गिनती का कोई अंत नहीं। परंतु कांतोर के अनुसार, अनंत एक ऐसा वर्ग (class) है जिसकी हम इसी के एक उपवर्ग (sub-class) के साथ एकैकी संगति स्थापित कर सकते हैं।

अब भिन्नों (fractions) पर विचार कीजिए। किंहीं भी दो भिन्नों के बीच एक तीसरा भिन्न रखना हमेशा संभव है। आधुनिक गणित की भाषा में अ/ब स्वरूप के भिन्नों को जिसमें अ और ब पूर्णांक-संख्याएं हैं, परिमेय (rational) संख्याओं का नाम दिया गया है। आश्चर्य की बात है कि परिमेय संख्याओं के बीच हम चाहे जितनी (अनंत) परिमेय संख्याएं रख सकते हैं, जैसे—0 और 1 के बीच हम निम्नलिखित परिमेय संख्याएं रख सकते हैं :

और $\frac{1}{2}, \frac{2}{3}, \frac{3}{4}, \frac{4}{5}, \frac{न}{न + 1}$ .... (अनंत तक)

0 और $\frac{1}{2}$ के बीच नीचे की संख्याएं : $\frac{1}{3}, \frac{2}{5}, \frac{3}{7}, \frac{4}{9}, \frac{न}{2न + 1}$ ....(अनंत तक)

यहां तो हम देखते हैं कि, 0 और $\frac{1}{2}$ के बीच और वस्तुतः इससे भी कम अंतर के बीच, अनंत परिमेय संख्याएं हैं। तो क्या परिमेय-संख्याओं का अनंत वर्ग प्राकृतिक-संख्याओं के

अनंत वर्ग से बड़ा है? कांतोर ने उत्तर दिया—नहीं, इन दोनों वर्गों की 'अनंतता' (infinity) समान कोटि की है, क्योंकि इन दोनों वर्गों में भी 'एकैकी संगति' संभव है। और इस संबंध के लिए कांतोर ने एक विशिष्ट योजना प्रस्तुत की। यह योजना नीचे दी गई है। प्रथम पंक्ति में सभी अंश संख्याएं हैं और हर संख्याएं क्रमशः 1, 2, 3, 4.....। दूसरी पंक्ति में अंश संख्या है, 2 और हर संख्याएं हैं, 1, 2, 3, 4.....। इस प्रकार हम आगे बढ़ते हैं और निम्नलिखित योजना प्राप्त करते हैं :

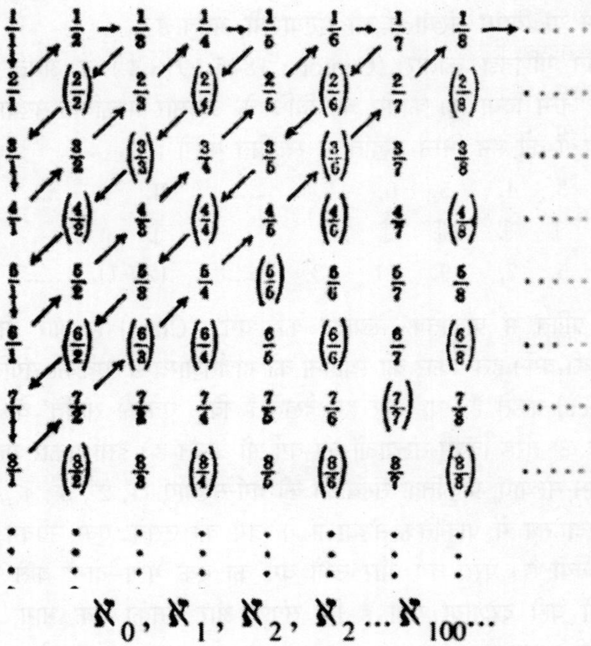

चित्र 22.7 : कांतोर का परिमेय संख्याओं का जाल

हमने उन सभी भिन्नों को कंसों कोष्ठक (brackets) में रख दिया है जिनके हरों और अंशों में सार्व-गुणन-खंड (common factors) है। कोष्ठक-युक्त इन सभी भिन्नों को यदि त्याग दिया जाय, तो उपरोक्त चौखट में शेष कोई भी परिमेय संख्या, एक और केवल एक ही बार आएगी। अब हमारे लिए केवल यही करणीय रह जाता है कि कोई ऐसी विधि खोज निकाली जाए, जिससे इन संख्याओं में से एक भी संख्या न छूट पाए और इन सबकी प्राकृतिक-संख्याओं के अनुक्रम से 'एकैकी संगति' स्थापित हो सके।

उपरोक्त योजना में तीरों की दिशाएं गणना के क्रम को दरशाती हैं और हम निम्नलिखित 'एकैकी संगति' प्राप्त करते हैं :

1	4	9	16	25	36	49	...न^2...	(वर्ग संख्याएं)
↕	↕	↕	↕	↕	↕	↕	↕	
1	2	3	4	5	6	7	...न...	(पूर्णांक)
↕	↕	↕	↕	↕	↕	↕	↕	
2	4	6	8	10	12	14	...2न...	(सम संख्याएं)

अतएव यह सिद्ध होता है कि समस्त परिमेय-संख्याएं भी उसी कोटि का एक अनंत वर्ग हैं जिस कोटि का प्राकृतिक-संख्याओं का वर्ग है। प्राकृतिक-संख्याओं के 'अनंत' को तथा उन सभी अनंत वर्गों को जिन्हें प्राकृतिक संख्याओं की अनंतता के साथ 'एकैकी संगति' से स्थापित किया जा सकता है, कांतोर ने हिब्रू वर्णमाला के प्रथम अक्षर $\aleph_0$ (कांतोर ने वस्तुतः आलेफ् का प्रयोग किया है)—आलेफ्—द्वारा व्यक्त किया है। ऐसे अनंत वर्ग गणित की भाषा में 'गणनीय-वर्ग' (countable या denumesable classes) कहे जाते हैं।

इसके पहले कि हम आगे बढ़े, एक नई संख्या पर विचार कीजिए। वह संख्या है, $\sqrt{2}$ ।

यदि किसी समकोण-त्रिकोण की दो लघु भुजाएं एक-एक की इकाई की हों तो पाइथेगोर के प्रमेय के अनुसार उस त्रिकोण के कर्ण की लंबाई होगी : $(\text{कर्ण})^2 = 1^2 + 1^2 = 2$ अर्थात् कर्ण = $\sqrt{2}$ । उसी प्रकार $x^2 + 1 = 3$ समीकरण में $x = \pm\sqrt{2}$ । अतएव $\sqrt{2}$ एक ऐसी संख्या है जिसका वर्ग 2 के बराबर है। $\sqrt{3}$, $\sqrt{5}$, $\sqrt{7}$, $\sqrt{11}$ ... इत्यादि इसी प्रकार की संख्याएं हैं। तो क्या ये संख्याएं भी परिमेय (rational) कोटि की ही संख्याएं हैं? अर्थात्, क्या इन्हें भी $\frac{\text{अ}}{\text{ब}}$ के भिन्न के रूप में देखा जा सकता है? हाथ कंगन को आरसी क्या? आइए देखें, जैसा कि यूक्लिड के अनुसार पाइथेगोर ने आज से 2500 वर्ष पूर्व देखा था। $\frac{\text{अ}}{\text{ब}}$ में कोई सार्व-गुणनखंड (common factor) नहीं है।

अब मान लीजिए कि, $\sqrt{2} = \frac{\text{अ}}{\text{ब}}$ (संबंध सत्य है।)

$$\text{या } \sqrt{2}\,\text{ब} = \text{अ}$$

$$\text{या } 2\text{ब} = \text{अ} \quad \text{.............(क)}$$

(क) को देखने से पता चलता है कि अ^2 एक सम-संख्या है (क्योंकि 2ब^2 को 2 से भाग दिया जा सकता है), अतएव अ भी एक सम-संख्या है। (क्योंकि किसी भी सम-संख्या का वर्ग सम-संख्या ही होता है)। अब यदि अ एक सम-संख्या है, तो

$$\text{अ} = 2\,\text{स} \quad \text{...........(ख)}$$

जहां स एक पूर्णांक संख्या है।

$$\text{अतः } 2\text{ब}^2 = \text{अ}^2 = (2\text{स})^2 = 4\text{स}^2 \quad \text{...........(ग)}$$

$$\text{या } \text{ब}^2 = 2\text{स}^2 \quad \text{...........(घ)}$$

(घ) के अनुसार ब^2 एक सम-संख्या है, अतः ब भी एक सम-संख्या है। अर्थात् अब यह प्रकट हुआ कि अ और ब दोनों सम-संख्याएं हैं, और यदि ये दोनों संख्याएं सम हैं तो $\frac{\text{अ}}{\text{ब}}$ में एक सार्व-गुणनखंड 2 अवश्य होना चाहिए। किंतु हम तो यह मानकर चले थे कि $\frac{\text{अ}}{\text{ब}}$ में कोई सार्व-गुणनखंड नहीं है; अतः हमारी परिकल्पना कि $\frac{\text{अ}}{2} = \sqrt{2}$ असत्य सिद्ध हुई।

$\sqrt{2}$ एक परिमेय या भिन्न (rational) संख्या नहीं है....; क्योंकि इसे $\frac{\text{अ}}{\text{ब}}$ के रूप में नहीं रखा जा सकता। यूक्लिड ने इस प्रकार की संख्याओं को अपरिमेय (irrational) संख्याएं कहा है। वस्तुतः $\sqrt{2} = 1.4142$.....में दशमलव संख्या क्रम का कोई अंत नहीं। अपरिमेय संख्याओं का वर्ग भी एक अनंत वर्ग है।

परिमेय (rational) तथा अपरिमेय (irrational) वर्गों के सम्मिलित वर्ग को गणितज्ञों ने वास्तविक (real) संख्याओं के वर्ग का नाम दिया है। वस्तुतः किंहीं भी दो संख्याओं के बीच, जैसे 0 और 1 के बीच, 'अनंत' वास्तविक संख्याएं हैं। 0 और 1 के बीच ही क्यों, इसके अरबवें अनंत? क्या प्राकृतिक और वास्तविक-संख्याओं के बीच भी 'एकैकी संगति' संभव है।

कांतोर ने एक विशिष्ट विधि[9] से प्राकृतिक और वास्तविक संख्याओं के बीच 'एकैकी संगति' स्थापित करके देखा है कि इस प्रकार का संबंध स्थापित करने पर अनेक, वस्तुतः अनंत, वास्तविक संख्याएं बिना संबंध के ही छूट जाती हैं। अतः यह सिद्ध होता है कि वास्तविक-संख्याओं के वर्ग की 'अनंतता' प्राकृतिक-संख्याओं की 'अनंतता' से उच्च कोटि की है। इसलिए कांतोर ने वास्तविक संख्याओं की अनंतता को $\aleph_0$ द्वारा व्यक्त किया है।

किंतु अब भी संख्या-प्रकारों का अंत नहीं हुआ है। परिमेय पूर्णांक (0, ± 1, ± 2,...) गुणांकों-खंडों वाले बीजीय समीकरण (algebraic equation) की कोई भी मूल (root) संख्या 'बीजीय-संख्या' (algebraic number) कहलाती है। इस प्रकार $\sqrt{2}$, $\sqrt{-1}$, 2.78 बीजीय-संख्याएं हैं; क्योंकि ये क्रमशः $क्ष^2-2 = 0$, $क्ष^2+1=0$, 50 क्ष - 139 = 0 समीकरणों की मूल (roots) हैं। इस प्रकार की संख्याओं की संख्या भी अनंत है – $\aleph_0$ कोटि का अनंत।

लेकिन, फिर भी, संख्या प्रकारों का अंत नहीं हुआ। हमारी सुपरिचित संख्या, या संख्या संकेत ग $\left(= \text{वृत्तकी} \frac{\text{परिधि}}{\text{व्यास}}\right)$ पर ही विचार कीजिए। यह संख्या ऐसे किसी बीजीय-समीकरण का मूल नहीं ही है। जिसके गुणांक पूर्णांक हों। ग एक बीजातीत (trancendental) संख्या है। इसका विस्तार, ग = 3.141592653581732..... सीमारहित एवं अनावृत (non-recoring) है। इसी प्रकार की एक अन्य प्रसिद्ध बीजातीत संख्या है, e = 2.71828... । वस्तुतः बीजातीत-संख्याओं की संख्या भी अनंत है।[10]

अब भी संख्या-प्रकारों का अंत नहीं हुआ है। $क्ष^2+1 = 0$ समीकरण पर ही विचार कीजिए : क्ष = $\sqrt{-1}$ के लिए ही इस समीकरण का हल है। नहीं; कम से कम डेकार्ट (Descartes) परंतु यह –1 है क्या बला? क्या किसी ऋणराशि का वर्गमूल भी संभव है? नहीं; इसीलिए उसने इस वर्ग की संख्याओं ($\sqrt{-2}, \sqrt{-3} .... \sqrt{-}$) को 'काल्पनिक संख्याओं' (imaginary numbers) का नाम दिया। चूंकि $\sqrt{-2} = \sqrt{-1} \times \sqrt{2}$, $\sqrt{-} = \sqrt{-1} \times \sqrt{-}$, इसलिए मौलिक 'काल्पनिक-संख्या' (imaginary numbers) है $\sqrt{-1}$ । इसलिए 1748 में आयलर (ruler) ने $\sqrt{-1}$ के लिए i संक्षेप का व्यवहार किया। इस संख्या के लिए यद्यपि आज भी गणितशास्त्र में 'काल्पनिक' नाम ही चल रहा है; फिर भी, हम जानते हैं कि ये तथाकथित 'काल्पनिक संख्याएं' उतनी ही वास्तविक हैं जितनी कि अन्य वास्तविक (real) संख्याएं वास्तविक हैं। इन काल्पनिक-संख्याओं के बिना आज गणितशास्त्र तथा भौतिकी की हम कल्पना भी नहीं कर सकते। वस्तुतः $i = \sqrt{-1}$, $i^2 = 1$, $i^3 = \sqrt{-1}$ .....। 1832 में महान जर्मन गणितज्ञ गौस ने इन तथाकथित 'वास्तविक-संख्याओं' और

चित्र 22.8 : रैने दकार्त (1596-1650 ई.)

तथाकथित ही 'काल्पनिक-संख्याओं' के संयुक्त वर्ग को 'सम्मिश्र-संख्याओं' (complex numbers) का नाम प्रदान किया, जैसे–अ + iब। सभी संख्यां-प्रकारों को निम्नलिखित तालिका में व्यक्त किया गया है :

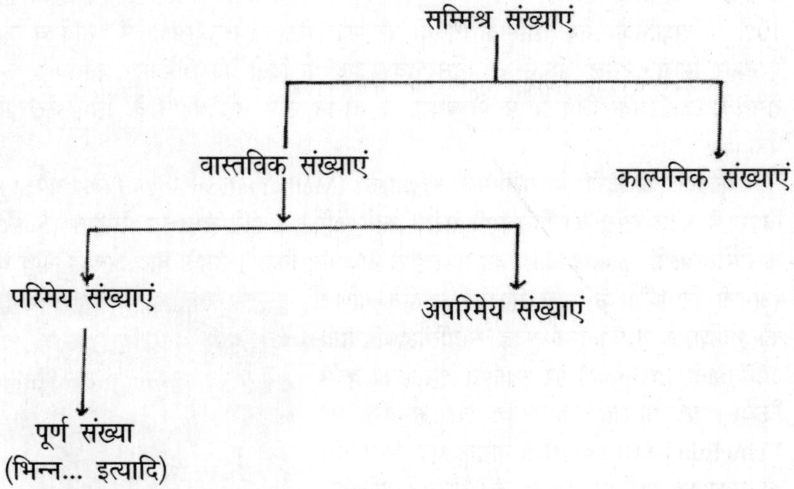

डेमोक्रिटस[10] (Democritus ल. 460-362 ई.पू.) ने पदार्थ की मौलिक सत्ताओं को 'एटम' (A-tom = अ-खंडनीय) का नाम दिया था। फिर भी, आज हम जानते हैं कि 'एटम' या 'परमाणु' अखंडनीय नहीं रहा; उसके भीतर से तीस से भी अधिक परमाणुकण (atomic particles) निकल आए हैं। उसी प्रकार इन संख्या प्रकारों का हाल है। स्वयंतथ्यमूलक विधियों (axiomatic methoos) ने गणितशास्त्रों में अनेक संख्या-प्रकारों को, जैसे, अतिसम्मिश्र (hyper-complex) संख्याएं, जन्म दिया है। यदि ओस्वाल्ड स्पेंगलर के शब्दों में कहें तो " 'संख्या' नाम की कोई वस्तु ही नहीं है और न हो सकती है। जैसे संस्कृति-जगतों की संख्या अनेक हैं, उसी प्रकार संख्या-जगत भी अनेक हैं।"

संदर्भ और टिप्पणियां

1. सिकंदर : 323-356 ई.पू. सिकंदर का जन्म मकदूनिया राज्य में हुआ। पिता फिलिप मकदूनिया के राजा थे। सिकंदर को लड़ाई की अच्छी शिक्षा मिली और यूनान के प्रख्यात दार्शनिक अरस्तू के शिष्य थे। बचपन से सिकंदर विश्व-विजय के सपने देखा करता था। 20 साल की उम्र में मकदूनिया की गद्दी पर बैठा। कुछ समय बाद ही यूनानी सेना को लेकर विश्व-विजय के लिए चल पड़ा। मिस्र को जीतकर सिकंदर ने सिकंदरिया नगर की स्थापना की। 331 ई.पू. में ईरान के सम्राट दारयवहु तृतीय को अरबेला की लड़ाई में हराया फिर सिकंदर सिंधु की द्रोणी में पहुंचा और वहां काबुल और वलख के कबीलाई संघों को कुचल दिया। तक्षशिला के राजा आम्भि ने सिकंदर का साथ दिया। पुरु जनपद के राजा पोरस की सेना देखकर सिकंदर चकित रह गया। सिकंदर ने रात के अंधेरे में नदी पार कर पुरु की सेना पर हमला बोल दिया और पुरु राजा को बंदी बना लिया पर उसे वीरोचित ही सम्मान किया। बेबीलोन में 323 ई.पू. सिकंदर की मृत्यु हुई।

2. E.T. Bell, Mathematics Queen and Servant of Science Articate Queen of Mathematics (The World of Maths), P. 411
3. बर्ट्रंड रसेल (Bertrand Russell : 1872-1970 ई.) : इंग्लैंड के एक ऊंचे कुल में जन्म। कैंब्रिज विश्वविद्यालय में गणित का अध्ययन और वहीं पर 1895 ई. में अध्यापक। सन् 1920 से दार्शनिक और वैज्ञानिक विषयों पर प्रचुर लेखन। सन् 1950 में साहित्य का नोबेल पुरस्कार मिला। रसेल जीवन-भर (दूसरे विश्वयुद्ध के दिनों को छोड़कर) शांतिवाद के पुरजोर समर्थक रहे; इसके लिए प्रथम विश्वयुद्ध के दौरान उन्हें छह महीने के लिए जेल भी जाना पड़ा।

   कैंब्रिज के दिनों में गणितीय तर्कशास्त्र (Mathematical logic) के अपेक्षाकृत नए विषय में बर्ट्रंड रसेल की दिलचस्पी बढ़ी। आगे जाकर उन्होंने समुच्चय सिद्धांत (Set theory) के विरोधाभासों (paradoxes) का गहराई से अध्ययन किया। उसके बाद अल्फ्रेड नॉर्थ व्हाइटहेड (अगली टिप्पणी) के साथ मिलकर उन्होंने गणित को तर्कशास्त्र से व्युत्पन्न सुदृढ़ स्वयंसिद्धियों यानी अभिगृहीतों (axioms) पर स्थापित करने का काम किया। परिणामतः व्हाइटहेड के सहयोग से **Principia Mathematica** नामक एक भव्य ग्रंथ का प्रकाशन हुआ (1910-13 ई.), जिसने गणितीय तर्कशास्त्र को एक नई ऊंचाई पर पहुंचा दिया।

चित्र 22.9 : बर्ट्रंड रसेल (1872-1970 ई.)

   दूसरे विश्वयुद्ध के बाद बर्ट्रंड रसेल परमाणु बमों के इस्तेमाल पर प्रतिबंध लगाने के लिए चलाए जा रहे आंदोलन के एक प्रमुख नेता बन गए। रसेल ने हाइड्रोजन बम के परीक्षण और नाभिकीय हथियारों के खतरों को उजागर करने के प्रयोजन से एक घोषणापत्र तैयार किया था। घोषणापत्र के बारे में आइंस्टाइन के विचार जानकर उस पर उनके हस्ताक्षर प्राप्त करने के लिए दोनों के बीच 1955 ई. में 11 फरवरी से 11 अप्रैल तक पत्र-व्यवहार चला था। अंत में 11 अप्रैल, 1955 को आइंस्टाइन ने घोषणापत्र पर हस्ताक्षर कर दिए और रसेल को लिखा : "आपके 5 अप्रैल के पत्र के लिए धन्यवाद। आपके उत्तम वक्तव्य पर मैं प्रसन्नतापूर्वक हस्ताक्षर कर रहा हूं। हस्ताक्षर करने वालों की संभाव्य सूची से भी मैं सहमत हूं।"

   आइंस्टाइन ने रसेल को लिखे उपर्युक्त पत्र और घोषणापत्र के नीचे 11 अप्रैल, 1955 को जो हस्ताक्षर किए वे उनके जीवन के अंतिम हस्ताक्षर थे। दो दिन बाद वे गंभीर रूप से बीमार हो गए और 15 अप्रैल को उन्हें अस्पताल में भर्ती किया गया। 18 अप्रैल, 1955 को आइंस्टाइन का देहांत हुआ।

   18 अप्रैल, 1955 को बर्ट्रंड रसेल रोम से पेरिस की हवाई-यात्रा में थे। हवाई जहाज के कप्तान ने यात्रियों को आइंस्टाइन के निधन का समाचार सुनाया। रसेल को आइंस्टाइन के निधन से अपार दुःख हुआ; उन्हें अपने घोषणापत्र के विफल रहने का भी बड़ा रंज हुआ। लेकिन जब वे पेरिस में अपने होटल में पहुंचे, तो वहां उन्हें लंदन से भेजा एक पत्र मिला, जिसमें घोषणापत्र–**रसेल-आइंस्टाइन घोषणापत्र**–पर आइंस्टाइन के हस्ताक्षर थे।

4. मौलाना नदवी : अरब और भारत के संबंध : हिंदुस्तानी एकेडमी 1930, पृष्ठ संख्या 148-52।
5. कार्ल फ्रेडरिक गौस : कार्ल फ्रेडरिक गौस का जन्म बुंसनिक नगर (ब्राउन स्वाइम जर्मनी) के एक निर्धन परिवार में 30 अप्रैल, 1777 ई. को हुआ था। गौस के दादा माली और पिता राजमिस्त्री का काम करते थे। वह गौस को भी राजमिस्त्री या माली बनाकर छोड़ते, क्योंकि वह कठोर स्वभाव के थे। लेकिन मां को विश्वास था कि उसका बेटा बहुत बड़ा आदमी बनेगा। मां के पूछने पर बेटे के मित्र बोल्फगांग बोल्याई ने कहा–गौस तो यूरोप के बहुत बड़े गणितज्ञ हैं। मां की आंखों में आंसू आ गए।

   गौस ने गणित के आविष्कार को संक्षेप में अपनी डायरी में लिखे, जिससे उनकी मृत्यु के बाद उनकी गणित की खोजों का पता चला। वास्तविक-संख्याएं, सम्मिश्र संख्याएं (कॉम्प्लेक्स नंबर्स) की खोज की। गौस पहले गणितज्ञ थे जिन्होंने सम्मिश्र संख्याओं के लिए ज्यामितीय आधार प्रस्तुत किया। गौस का डिस्क्विजिशिओनेस अरिथमेटिकाई ग्रंथ बड़ा जटिल है। इसी कृति से गौस को यूरोप का सर्वश्रेष्ठ गणितज्ञ कहा जाता है। गौस ने सिरेस की कक्षा निर्धारित की और कहा करीब एक साल बाद सिरेस पुनः आकाश को खोज लिया गया। इससे गौस का नाम यूरोप भर में मशहूर हो गया। 23 फरवरी, 1855 में 78 साल की आयु में उनका गॉटिंमेन वेधशाला के उनके निवास-स्थान पर उनका देहांत हुआ। उसके तुरंत बाद हान्नोवर के शासक ने गौस के सम्मान में एक स्मृति-पदक तैयार करने का आदेश दिया।

   उस पर अंकित है– 'हान्नोवर के राजा जॉर्ज पंचम की ओर से गणितज्ञ के राजा के लिए' तभी से महान गौस 'गणितज्ञों के राजा' के राजा कहे जाते हैं।
6. गॉडफ्रे हेरोल्ड हार्डी का जन्म सर्रे (इंग्लैंड) में फरवरी 1877 में हुआ। उनके माता-पिता अध्यापक थे और गणित में दिलचस्पी रखते थे। हार्डी की पढ़ाई विंचेस्टर और कैंब्रिज में हुई। बाद में लंबे समय तक कैंब्रिज में ही वे गणित के प्राध्यापक रहे। करीब एक दशक तक ऑक्सफोर्ड में भी प्राध्यापक रहे। उनके गणितीय अंवेषण के मुख्य विषय थे–विश्लेषण और संख्या-सिद्धांत। डॉ. हार्डी के दो प्रसिद्ध ग्रंथ है : **ए कोर्स ऑफ प्यूअर मैथेमेटिक्स और रामानुजन् : ट्वेल्व लेक्चर्स।**

   डॉ. हार्डी निरीश्वरवादी थे। गणितज्ञ टिट्शमार्श ने लिखा है कि हार्डी ईश्वर को अपना निजी शत्रु मानते थे। क्रिकेट, टेनिस आदि गेंद-खेलों में हार्डी की गहरी दिलचस्पी थी।

   डॉ. हार्डी 1910 ई. में रॉयल सोसायटी के फेलो चुने गए थे। उनका निधन, रामानुजन् के निधन के 27 साल बाद, 1 दिसंबर, 1947 को हुआ। उसी दिन उन्हें रॉयल सोसायटी का सर्वोच्च सम्मान–**कोपले पदक**–दिया जाना था।

   डॉ. हार्डी अपने जीवन की जिस चीज को सर्वाधिक महत्वपूर्ण मानते थे, वह थी लिटलवुड और रामानुजन् के साथ उनका सहयोग।

   डॉ. हार्डी विशुद्ध गणित के आराधक थे। वे गणित के ऐसे किसी क्षेत्र में गवेषण-कार्य करना नहीं चाहते थे जो उपयोगी हो। उन्होंने गणित संबंधी अपने दृष्टिकोण और कार्य को **ए मैथेमेटिशियंस एपॉलोजी** (एक गणितज्ञ की क्षमायाचना) निबंध में व्यक्त किया है।

   डॉ. हार्डी के बारे में अधिक जानकारी के लिए देखिए, सी.पी. स्नो की पुस्तक **बेरायटी ऑफ मेन** में जी.एच. हार्डी लेख।
7. आयलर : आयलर का जन्म स्विट्जरलैंड के बासेल नगर में 15 अप्रैल, 1707 ई. को ईसाइयों के कैल्विन संप्रदाय के धार्मिक प्रवृत्ति के परिवार में हुआ। इसीलिए आयलर भी धार्मिक प्रवृत्ति के थे। जब जीवन के अंतिम कई सालों में वह दोनों आखों से अंधे हो गए तो

धार्मिक आस्था से उन्हें बड़ा बल मिला। उन्होंने अपने पिता और योहान बर्नूली से गणित की शिक्षा प्राप्त की। 17 की आयु में विश्वविद्यालय से मास्टर की उपाधि प्राप्त की और उन्नीस साल में पेरिस की विज्ञान अकादमी के लिए एक प्रबंध लिखा, 1727 ई. में आयलर ने पीटर्सवर्ग विज्ञान अकादमी में चिकित्सा-विज्ञानी का पद ग्रहण किया। कुछ सालों के बाद गणित विभाग में आयलर को स्थान मिला। 1735 में पेरिस की विज्ञान अकादमी ने गणित-ज्योतिष से संबंधित एक जटिल सवा़ल हल करने के लिए पुरस्कार घोषित किया। विज्ञान-अकादमी से पुरस्कार मिला। आयलर ने सबसे अधिक शोध ग्रंथ लिखे। 18 सितंबर, 1783 को 77 साल की आयु में उन्होंने अंतिम सांस ली।

8. पियरे द फर्मा का जन्म तुलूस (फ्रांस) के चमड़े के व्यापारी के यहां हुआ। उनकी आरंभिक पढ़ाई घर पर ही हुई। बाद में वे पेशे से वकील और तुलूस की प्रांतीय संसद के सदस्य रहे। फर्मा ने अपना अतिरिक्त समय गणितीय अनुसंधान में खर्च किया और गणित की विभिन्न शाखाओं को समृद्ध बनाया। फर्मा की गवेषणाओं से उन्हें 17वीं सदी का एक महान गणितज्ञ माना जाता है। उन्हें आधुनिक संस्था-सिद्धांत का जनक माना जाता है। फर्मा ने महान न्यूटन से पहले ही कलन-गणित की नींव डाली।

   फर्मा के प्रमेय को हल करने के लिए एक लाख जर्मन मार्क का पुरस्कार घोषित होने के बाद वर्तमान सदी में सैकड़ों विद्यार्थियों और दर्जनों गणितज्ञों ने प्रयास किए हैं। हर साल गणितज्ञ और विद्यार्थी फर्मा के प्रमेय को प्रमाणित करने का दावा करते आ रहे हैं। इससे पता चलता है आधुनिक गणित में प्रमाण या उपपत्ति का कर्य कितना कठिन होता है।

   फर्मा के प्रमेय को हल करने के प्रयास भले ही पूर्ण सफल न हुए हों, पर इससे गणित के नए विषयों का जन्म हुआ।

   आज फर्मा के प्रमेय को सिद्ध करने की इनाम की राशि निरर्थक है। लेकिन सुलझाने वाले का सबसे बड़ा पुरस्कार है उसका नाम इतिहास में फर्मा के साथ जुड़ जाना।

9. देखिए–Dan Pedoe; The Gentle Art of Mathematics, Felican Bork, pp. 69-71.

10. देखिए–श्री गुणाकर का लेख : "π-3.1415926....", विज्ञान-लोक वर्ष 5, अंक 6।

23

गणित की संकेतावली

गणितशास्त्र मानव मस्तिष्क की एक महान सृष्टि है और तर्कशास्त्र से अधिक तार्किक है। गणित का विकास मानव समाज के विविध क्रिया-कलापों की जरूरतों के जरिए ही हुआ है। गणित एक जड़बद्ध विषय नहीं बल्कि एक विकासशील अध्ययन है।

आकारवादी गणित मात्र आकारवात संकेतों पर आधारित है। इसमें तर्कशास्त्र को सर्वोपरि नहीं माना जाता बल्कि तर्कशास्त्र का गणित का एक अंग माना जाता है, इनमें संकेत ही शब्द होते हैं और इन संकेतों पर अंक आधारित है। गणित विषय की किसी भी शोध-पत्रिका को देखें तो चिह्नों और संकेतों की भरमार होगी। इसलिए गणित विषय को समझने और रुचि रखने के लिए गणित की संकेतावली को जानना आवश्यक है।

गणित में संकेतावली कई प्रकार की हैं :

गणित की पुस्तकों में जो संकेत होते हैं वे बेसिक संकेत कहलाते हैं, जैसे—गणित में जमा = 4 + 6 का मतलब है 4 और 6 को जोड़ना। सेट सिद्धांत में गणित में जोड़ को $A_1 + A_2$ का मतलब और $A_1 + A_2$।

अंकगणित में घटा का चिह्न से 9-4 का मतलब 9 में 4 घटाएं। नकारात्मक चिह्न में घटा को -3 को नकारात्मक नंबर 3 गणित में होता है।

सेट सिद्धांत में घटा को अंकगणित में A – B का मतलब सभी का मूलतत्व A है जो कि B नहीं। अंकगणित में जोड़ और घटा में 6 + 3 का अर्थ दोनों होता है जैसे 6 + 3 और 6 – 3। नाप-तौल में घटा, जमा हम इस तरह से करते हैं 10 + 2 और 10 – 2।

अंकगणित में जमा और घटा $6 \pm (3 + 5)$ का मतलब $6 + (3 - 5)$ और $6 - (3 + 5)$

अंकगणित में गुणा का अर्थ 3×4 या 3.4 का मतलब 3 को 4 से गुणा करना। भाग में $6 \div 3$ या 6/3 का अर्थ है 6 को 3 से भाग करो। x4 का मतलब है x4 से कम और xy का अर्थ xy से बड़ा है।

x = y का मतलब x y से लगभग बराबर है।

ज्यामिति में ABC – DEF का त्रिकोण में ABC के बराबर DEF हैं।

अब गणित में विशेष चिह्न (संकेत)

∞ ∫ !

∅ ∪ ∩ ⊂ %

∈ ∉ Σ √ ½

लैटिन भाषा में गणित की संकेतावली

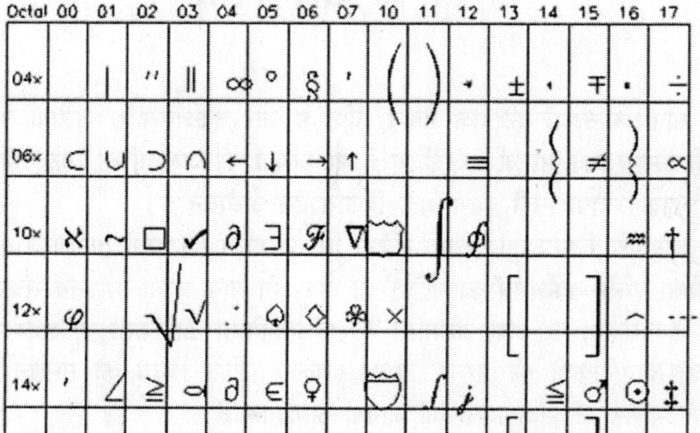

ग्रीक भाषा में संकेतावली

α	φ	Ε	Σ
β	π	Η	Τ
χ	ψ	Γ	Θ
δ	ρ	Ι	Υ
ε	σ	Κ	Ξ
η	τ	Λ	Ζ
γ	θ	Μ	ε
ι	υ	Ν	φ
κ	ξ	Ω	ϖ
λ	ζ	Ο	ς
μ	Α	Φ	ϑ
ν	Β	Π	
ω	Χ	Ψ	
ο	Δ	Ρ	

नए गणित के प्रमुख नए चिह्न

⇒	का तात्पर्य है
⇔	समतुल्य है...के
∧	और
∨	या
∀	समस्त के लिए
∃	कम से कम एक का अस्तित्व है।
∈	घटक या सदस्य है...का
∉	सदस्य नहीं है...का
⊃	समाविष्ट है।
⊆	में समाविष्ट है या उप-समुच्चय है...का
⊂	वास्तविक उप-समुच्चय है
∩	प्रतिच्छेद
CA	'ए' का संपूरक
∅	रिक्त समुच्चय
∪	संयोजन

अंत में हम यही कहेंगे जब तक गणित की संकेतावली का ज्ञान नहीं होता तब तक गणितशास्त्र का ज्ञान नहीं हो सकता, इसलिए गणितशास्त्र को समझने के लिए संकेतावली आवश्यक है।

24

गणना के यांत्रिक साधन

अब तक की 'अंक-कथा' में हमने अनेक अंक-पद्धतियों के दर्शन किए हैं। हमने आदिम मानवों की अंक-पद्धतियां देखीं, प्राचीन काल की सभ्य-संस्कृतियों की अंक-पद्धतियां देखीं... और अंत में यह भी देख लिया कि वर्तमान दशमान अंक-पद्धति ने सभी प्राचीन अंक-पद्धतियों पर विजय प्राप्त करके अपने लिए एक सार्वभौमिक सम्मान प्राप्त कर लिया है। आज संसार के सभी संस्कृत देशों में और सभी वैज्ञानिक ग्रंथों में इसी दशमान अंक-पद्धति का प्रयोग होता है।

यह तो ठीक है; किंतु हमारे पास इस बात के लिए कौन-सा परम तर्क विद्यमान है कि यही दशमान पद्धति सर्वश्रेष्ठ अंक-पद्धति है? इस अंक-पद्धति की उत्पत्ति का स्रोत तो हमें यही बतलाता है कि यदि-मानव ने पहले-पहल अपने हाथों की अंगुलियों पर अंक-गणना चालू की थी और दोनों हाथों की अंगुलियां 10 होती हैं। मैं नहीं ही जानता कि डारविन का विकासवाद[1] या अन्य कोई आंशिक-विकासवाद मनुष्य के एक पंजे की पांच और केवल पांच ही अंगुलियों के अस्तित्व के लिए क्या प्रमाण प्रस्तुत करता है? परंतु थोड़ी देर के लिए कल्पना कीजिए कि मनुष्य के पंजे की अंगुलियों की संख्या 5 न होती; 4, 2, 6 या अन्य कोई भी संख्या होती! क्या तब भी हमारी वर्तमान अंक-पद्धति दशमान-पद्धति ही होती? निस्संदेह, नहीं। 'नहीं' इसलिए भी कि इस दशमान अंक-पद्धति में कोई मौलिक गुण, सौंदर्य और शक्ति निहित नहीं ही है।

मान लीजिए कि हमारे हाथ की अंगुलियां 5 की बजाय 6 होतीं और हमारी वर्तमान अंक-पद्धति का आधार 12 होता; तब 2 अंक-संकेत और बढ़ जाते और वर्तमान सेंटीमीटर-ग्राम-सेकंड-पद्धति की बजाय हम फुट-पौंड-सेकंड पद्धति को अधिक पसंद करते। और यदि गणितीय सुविधा की दृष्टि से देखा जाय, तो यह द्वादशमान अंक-पद्धति दशमान अंक-पद्धति से कुछ मानों में बेहतर भी है। गुणन के पहाड़े अधिक सरल होंगे और $\frac{1}{3}$ जैसे भिन्न, जो दशमलव अंक-पद्धति में 0.333..... के रूप में लिखे जाते हैं, द्वादशमान-पद्धति में 0.4 के रूप में लिखे जाएंगे।

दस की बजाय सोलह (16) अंक-संकेतों वाली पद्धति भी बेहतर मानी जा सकती है। 1862 ई. में फिलाडेल्फिया में एक पुस्तक प्रकाशित हुई, जिसमें एक ऐसी नई अंक-पद्धति का समर्थन किया गया था जिसका आधार 16 हो। लेखक ने इन 16 अंक-संकेतों को नए नाम भी दिए थे : आन्, डे, टी, गो, सू, बाई, रा, मे, नि, को, हू, वाइ, ला, पो, फाई, टॉन (An, De, Ti, Go, Su, By, Ra, Me, Ni, Ko, Hu, Vy, La, Po, Fy, Ton) और फिर, टॉन-आन् (16), टॉन-डे (18),

टॉन-गो (19)...इत्यादि। इतना ही नहीं, इस महाशय ने वर्ष का भी 16 महीनों में विभाजन किया और इन महीनों के लिए, उपरोक्त संख्या-नामों के अनुसार नए नाम निर्धारित किए।[2]

किंतु, 'अंत में जो कुछ होता है, भले के लिए ही होता है'। आज संसार के सभी सभ्य जन आदि-मानवों द्वारा आविष्कृत और भारतीयों द्वारा परिष्कृत दशमान अंक-पद्धति के ही दास हैं। परंतु दासों के दास—मानव द्वारा निर्मित आधुनिक विद्युत गणक-यंत्र—इस दशमान अंक-पद्धति के दास नहीं ही हैं। यंत्र का और शायद 'प्रगति' का भी अर्थ ही है—न्यूनतम स्थिति तथा महत्तम गति। किसी भी विद्युत-यंत्र को अपनी गति की चरम सीमा ज्ञात है—186000 मील या 300000 किलोमीटर प्रति सेकंड। परंतु विद्युत-प्रवाह के लिए यह बड़ी दिक्कत की बात है कि वह एक साथ दस प्रकार के नाच नाचे। इसलिए हमारी वर्तमान दशमान पद्धति विद्युत-गणक के लिए अयोग्य है।

यदि अंगुलियों और एबैकस[3] को हम गणक-यंत्र नहीं मानते हैं तो इतिहास का पहला गणक-यंत्र है—पास्कल (Pascal : 1623-1662) द्वारा 1642 में तैयार किया गया गणक-यंत्र। यह गणना की दशमान पद्धति पर आधारित था। पास्कल की मशीन में 6 चक्र थे और इनमें से प्रत्येक चक्र में दस दंतुर। गणक की योजना इस प्रकार की थी जोड़ में यदि इकाई वाला एक चक्कर पूरा लगा लेता, अर्थात् 10 संख्या पूरी हो जाती तो दहाई वाला दंतुर घूम जाता,

चित्र 24.1 : पास्कल अपने गणक-यंत्र के साथ

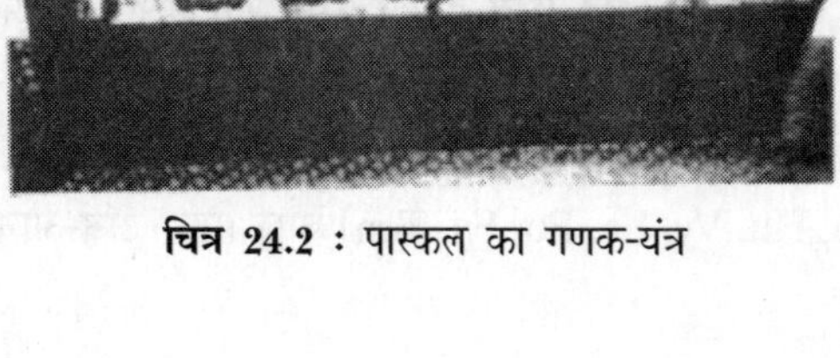

चित्र 24.2 : पास्कल का गणक-यंत्र

तो सैकड़े वाले चक्र का एक दंतुर आगे घूमता। और इसी प्रकार यह क्रम चलता रहता है। पास्कल का यह गणक-यंत्र हैंडलों को हाथ से घुमाने से चलता था और इसमें केवल जोड़ने की क्रिया की ही व्यवस्था थी।

1671 ई. में लाइबनिट्ज ने एक ऐसा गणक-यंत्र तैयार किया जो उसी के शब्दों में 'गणना कर सकता है, जोड़, बाकी, गुणा करना और भाग कर सकता है'। परंतु गणक-यंत्रों के लिए लाइबनिट्ज की प्रमुख देन थी—द्विमान अंक-पद्धति और उसके संकेतों की उपयोगिता को पहचानना।

चित्र 24.3 : लाइबनिट्ज (1646-1716 ई.)

पास्कल और लाइबनिट्ज 1716 ई. के बाद आंग्ल-गणितज्ञ चार्लेस बैबेज (Charles Babhags : 1792-1871) ने एक नया गणक-यंत्र बनाया। बैबेज ने अनुभव किया कि मनुष्य का मस्तिष्क कभी-कभी थक जाता है और संख्याओं की गणना—जिसे उसने मानव मस्तिष्क का निकृष्ट काम कहा है—में भूल कर बैठता है। अतएव, बैबेज ने एक विशाल गणक-यंत्र की, जो गणित के कठिन सवालों को हल करके उन्हें प्रिंट कर सकता था, एक योजना तैयार की। बैबेज की कल्पना के अनुसार इस गणक-यंत्र में लगभग 50,000 कल-पुर्जे होते। सरकारी सहायता के बावजूद बैबेज अपने इस 'गणक-यंत्र' (calculating engine) को पूरा नहीं

चित्र 24.4 : चार्लेस बैबेज (1792-1871 ई.)

कर पाया। और यदि वह इसे पूरा भी कर ले तो, तब भी इस दैत्य को गति नहीं दे सकता था। उस समय तक यंत्र-संचालन के लिए विद्युत-शक्ति उपलब्ध नहीं हो पाई थी। फिर भी, जहां तक सैद्धांतिक उपलब्धि का प्रश्न है, बैबेज का कल्पित गणक-यंत्र पहला आधुनिक गणक-यंत्र था। बैबेज निकट भविष्य के लिए एक सपना छोड़कर मृत-देह हुआ।

इस बीच गणितज्ञ गणक-यंत्रों के लिए उपयोगी गणित की रचना करते रहे।

सन् 1935 में टेक्नोलॉजी ने एक अद्भुत इलेक्ट्रोनिक-ट्यूब (electronic tube) नलिका का निर्माण किया। इस निर्वात ट्यूब को जनसाधारण ने 'फ्लिप-फ्लॉप' (flip-flop) का नाम दिया। इस यथा-नाम-तथा-गुणों वाली दो नलिकाओं को यदि आपस में संलग्न किया जाय तो विद्युत-धारा एक सेकंड में दस लाख बार चालू और बंद (on and off) हो सकती है।

गणितज्ञों ने इलेक्ट्रोनिक-नलिका के इन अद्भुत गुणधर्मों में गणक-यंत्रों के मौलिक गुणधर्मों के दर्शन किए। एक नलिका जो एक सेकंड में दस लाख अंक-पद्धति की गणना के लिए उपयोग में लाई जा सकती है। 'प्लिप-फ्लॉप' गणितीय गणनाएं विद्युत गति से होने लगेंगी।

कहते हैं कि, 'आवश्यकता आविष्कार की जननी है'। मानव-जाति के आरंभकाल से लेकर आज तक, व्यक्ति और व्यक्ति के बीच तथा व्यक्ति-समूह और व्यक्ति-समूह के बीच पता नहीं कितने संघर्ष–कितने युद्ध–हुए हैं। संघर्ष–युद्ध–ही यथार्थता है; शांति एक आदर्श मात्र है। विज्ञान की ही नहीं, अपितु आदिकाल से आज तक की सभी मानवीय उपलब्धियां मानवीय संघर्ष से व्युत्पन्न हैं। 'द्वितीय-महायुद्ध' बीसवीं शताब्दी की कुछ महान वैज्ञानिक उपलब्धियों का एक महान जनक है। अणुशक्ति (तथा अण्वास्त्र भी), रेडार (radar), विद्युत-गणक आदि वैज्ञानिक उपलब्धियां द्वितीय महायुद्ध की 'आवश्यकता' से जनित आविष्कार हैं।

जब ई. 1939 द्वितीय महायुद्ध का प्रारंभ हुआ, 'अमेरिकन ब्यूरो ऑफ स्टैंडर्ड्स' (U.S. Bureau of Standards) के वैज्ञानिक डॉ. जॉन मौडस्ले (Dr. John Manodsley) ने एक नए गणक-यंत्र की योजना प्रस्तुत की। 1944 में पहला विद्युत-गणक-यंत्र–गोल्डस्टाइन का एनियक (eniac)– तैयार हो गया–बमों और अन्य प्रक्षेपास्त्रों के प्रक्षेप-पथों (trajectory) से संबंधित सारणियों की गणनाओं के लिए। माना कि मानव मस्तिष्क ही सबसे अधिक समर्थ गणक-यंत्र है, परंतु यह सबसे अधिक धीमी गति वाला यंत्र है। चित्रों के जिस अनुक्रम को हमारी दृष्टि ग्रहण करती है उसके प्रति सेकंड केवल आठ से तेरह चित्र ही आंख की रेटिना (retina) पर प्रक्षेपित होकर मस्तिष्क तक पहुंचते हैं। एक कुशल टाइपिस्ट भी एक सेकंड में चार या पांच से अधिक अक्षर टाइप नहीं कर सकता। विपरीत, एक विद्युत-गणक एक सेकंड में 60,000 तथ्य-इकाइयों को ठिकाने लगा देता है। 'एनियक गणक-यंत्र प्रक्षेपास्त्र के अपने गंतव्य स्थान पर पहुंचने के पहले ही, उसके प्रक्षेप-पथ की गणना कर देता है। यह पहला विद्युत-गणक पांच वर्षों में तैयार हुआ था। इसके शरीर में 200 मील लंबे तार, 3,000 रिले (relays), 150 मोटर (motors), 23,000 इलेक्ट्रॉनिक नलिकाएं, 3-3 टाइप-रायटर हैं, और इसका तौल है, 100 टन।

परंतु 'एनियक' की क्षमता सीमित ही थी। यह एक समय में केवल 20 संख्याओं को ही स्मरण रख सकता था। छिद्रित पत्रकों (punched cards) के कारण इसकी गति भी मंद पड़ जाती थी। एक घंटे में यह केवल 24,000 पत्रकों को ही उपयोग में ला सकता था। सुधार के लिए बहुत गुंजाइश थी।

परिणामतः अमेरिका में मार्क-I (Mark-I)-II, III, 'बिझमाक' (Biymac), 'यूनिवाक' (Univac), 'इर्‌मा' (ERMA), 'झेफिर' (Jhephir) इत्यादि विभिन्न प्रकारों के विद्युत-गणकों का निर्माण हुआ। अत्याधुनिक गणक-यंत्रों में अब छिद्रित और इलेक्ट्रॉनिक नलिकाओं का उपयोग नहीं होता। क्योंकि, गणक-मस्तिष्क की गति प्रति-सेकंड 10 लाख स्पंदन (pulses) की है और एक स्पंदन एक अंक को धारण करने की क्षमता रखता है, इसलिए वैज्ञानिकों ने अनुभव किया कि छिद्रित पत्रकों से अधिक उपयोगी होंगे–चुंबकीय फीते (magnetic tapes)। एक सेकंड में छिद्रित पत्रकों के केवल 130 तथ्यों की ही गणना संभव है, परंतु उसी एक

चित्र 24.5 : मार्क-I कंप्यूटर

चित्र 24.6 : मार्क-II कंप्यूटर

चित्र 24.7 : 'बिझमाक' कंप्यूटर

चित्र 24.8 : 'यूनिवाक' कंप्यूटर

चित्र 24.9 : 'इर्‌मा' फ्लैक्सो राइटर

सेकंड में, चुंबकीय-फीते पर लौह-चुंबक के बिंदुओं के रूप में अंकित 60,000 तथ्यों की गणना संभव है। आज, एक सेंटीमीटर चौड़ी चुंबकीय-फीते की एक गुंडी चुंबकीय स्वरूप में 25,000 छिद्रित पत्रकों के तथ्यों का संग्रह कर सकती है। इसके अलावा, इस फीते के कारण गणना की गति भी बढ़ जाती है। परंतु आधुनिक गणक-यंत्रों की सबसे अद्‍भुत चीज है, इसका 'स्मृति-कोश' (Memory-drum)। इसके एक वर्ग इंच स्थान पर चुंबकीय बिंदुओं के रूप में संगृहीत सहस्रों तथ्य उत्तरित प्रश्नों के रूप में किसी भी समय एक सेकंड के हजारवें अंश में हाजिर हो जाते हैं। IBM-704 गणक-यंत्र में 60,000 शब्दों का संग्रह किया गया है। इसमें 1,179,648 स्मृति कोष (memory cells) हैं। Zephir एक अनुवादक प्रतिभा है। यह अंग्रेजी का तीन विदेशी भाषाओं में अनुवाद करता है।

आज के विद्युत-गणकों में अब इलेक्ट्रॉनिक-नलिकाओं का प्रयोग नहीं होता। 1948 में 'ट्रांजिस्टर' (transistor) नाम की एक अद्‍भुत चीज का आविष्कार हुआ। इस ट्रांजिस्टर ने सभी विद्युत-यंत्रों को उच्च्व गति एवं निम्न स्थिति प्रदान की। एक निर्वात नलिका में जितनी विद्युत-शक्ति की जरूरत है, उसके दस-लाखवें हिस्से की शक्ति से ट्रांजिस्टर बहुत ही कम जगह घेरता है और इसका जीवन-काल भी निर्वात-नलिका से अधिक लंबा होता है।

आधुनिक विद्युत-गणक यंत्र 2 मिनट 59 सेकंडों में उन सभी भिन्न समीकरणों को हल कर देता है जिनके द्वारा 5 अरब वर्ष पूर्व हुए सूर्य के उद्‍भव पर प्रकाश पड़ता है। इस प्रश्न को हल करने के लिए लगभग 8 करोड़ गणनाएं करनी पड़ती हैं। यह यंत्र 13 अंकों वाली दो संख्याओं का गुणनफल 1 सेकंड में निकाल देता है; साथ ही इसी प्रकार के अन्य 4 हजार प्रश्नों को भी हल कर देता है। आज विज्ञान, चिकित्सा, इंजीनियरिंग, अणु-शक्ति, अंतरिक्ष-अनुसंधान, यातायात आदि अनेक क्षेत्रों में विद्युत-गणकों का उपयोग हो रहा है। जो गणनाएं किसी एक गणितज्ञ या गणितज्ञ-समूह के लिए उनके संपूर्ण जीवन-काल में भी संभव नहीं हैं; उन्हें विद्युत-गणक अल्प समय में ही हल कर देते हैं।

अब मानव का मतलब केवल उसका दैहिक ढांचा ही नहीं है। उसकी 'आंख' का अर्थ है—सूक्ष्मदर्शी (electron microscope) और दूरदर्शी (telescops), उसके हाथों का मतलब है—नियंत्रण-मेज पर बैठे-बैठे विशाल उत्पादक-यंत्रों का होने वाला स्वयं-संचालन और उसके मस्तिष्क का मतलब है—विद्युत-गणक यंत्र।

क्या विद्युत-गणक मानव-मस्तिष्क को निष्क्रिय बना देंगे? यह प्रश्न, और आधुनिक विज्ञान से जनित इस प्रकार के सभी प्रश्न—गलत हैं। आवश्यकता है 'मानव' की 'परिभाषा' को बदलने की। इन तमाम प्रश्नों के उत्तर अपने आप मिल जाएंगे।

संदर्भ और टिप्पणियां

1. देखिए अध्याय संख्या 10 अंगुली-गणना। टिप्पणी संख्या I, पृष्ठ संख्या 186।
2. D. Pedoc : The Gentle Art of Mathematics, p. 18.
3. एबैकस : आज स्कूलों में गणक-यंत्रों का प्रयोग होने लगा। अब एबैकस से गणना सिखाया जाता है, एबैकस शब्द यूनानी भाषा के 'एबैकस शब्द' से बना है। सेमेटिक भाषा 'अ, ब, क', शब्द मिलता है जिसका अर्थ था 'धूलि'। प्राचीन काल में पट्ट पर धूलि फैलाकर इस पर अंक-संकेत लिखे जाते थे और गणनाएं की जाती थीं।

25

कंप्यूटरों की द्वि-आधारी अंक-पद्धति

योग्य अंक-पद्धति कौन-सी है? वही जिसमें न्यूनतम अंक-संकेत हों। और न्यूनतम अंक-संकेतों की संख्या होगी दो और केवल दो क्योंकि स्थानमान के लिए 'शून्य' संकेत परमावश्यक है और उसी प्रकार परम मान के लिए 'एकम्' भी परमावश्यक है। केवल इन्हीं दो अंक-संकेतों–0 और 1 से समस्त संख्याओं को–उन सभी संख्या प्रकारों को जिनकी चर्चा हम पहले कर चुके हैं–व्यक्त करना संभव है। केवल दो अंक-संकेतों वाली इस 'नूतन' अंक-पद्धति को हम द्विमान अंक-पद्धति (Binary system) का नाम देंगे।

द्वि-आधारी अंक-पद्धति

हमारी वर्तमान अंक-पद्धति दशाधारी यानी दस की गणना पर आधारित है। इसमें शून्य सहित केवल दस अंक-संकेत हैं। इस दशाधारी अंक-पद्धति में किसी भी संख्यांक को बाईं ओर के समीप के स्थान में सरकाया जाए तो वह दशगुणोत्तर हो जाता है। हम यह भी जानते हैं कि हमारे दोनों हाथों की अंगुलियां दस हैं, इसीलिए यह दशाधारी अंक-पद्धति अस्तित्व में आई है। आज सर्वत्र इसी अंक-पद्धति का व्यवहार होता है।

लेकिन क्या केवल इसी एक दशाधारी अंक-पद्धति का अस्तित्व है? नहीं; गणना के लिए किसी भी आधार को चुना जा सकता है। वस्तुतः प्राचीन काल में अन्य आधारों का भी अस्तित्व रहा है। मेसोपोटामिया में गणना का आधार 60 था। वृत्त को 60 डिग्रियों में, प्रत्येक डिग्री को 60 मिनटों में और प्रत्येक मिनट को 60 सेकंडों में बांटा जाता था। सुमेरी-अक्कदियों की यह करीब पांच हजार साल पहले की गणना-पद्धति आज भी हमारे बीच जीवित है।

मध्य-अमेरिका की मय-सभ्यता की अंक-पद्धति बीस की गणना पर आधारित थी। उन्होंने एक प्रकार के शून्य का चिह्न भी बना लिया था। हमारे दोनों हाथों और दोनों पैरों की अंगुलियां बीस हैं, इसीलिए बीस पर आधारित यह अंक-पद्धति अस्तित्व में आई थी। हमारे देश के बड़े-बूढ़े, जो पढ़ना-लिखना नहीं जानते, कभी-कभी 'कोटि' अथवा 'कौड़ी' (20) से आज भी गणना करते हैं।

दरअसल, गणना में बारह या सोलह का आधार दस के आधार से बेहतर है। अभी कुछ साल पहले तक अपनी कुछ मापन-प्रणालियों में हम इन आधारों का इस्तेमाल करते थे। एक फुट में 12 इंच होते हैं। एक रुपया सोलह आने का होता था। इस बात की भी काफी संभावना है कि सिंधु सभ्यता वालों की गणना सोलह पर आधारित थी।

क्या गणना के लिए दस से भी कम का आधार चुना जा सकता है? हां, गणना के लिए किसी भी आधार को चुना जा सकता है। सबसे पहले आदिम मानव ने एक के आधार को ही चुना था। वह केवल एक ही अंक-संकेत का इस्तेमाल करता था। यह संकेत था–एक खड़ी या आड़ी लकीर। इस एकाधारी अंक-पद्धति में केवल एक संकेत था और इसी को दोहराकर संख्याएं लिखी जाती थीं। जैसे, संख्या 13 को तेरह रेखाएं खींचकर व्यक्त किया जाता था। बच्चे अपने कुछ खेलों में आज भी एक एकाधारी अंक-पद्धति का इस्तेमाल करते हैं।

गणना के लिए दो, तीन, चार या अन्य किसी भी आधार को चुना जा सकता है। गणना का आधार यदि चार है, तो उसमें शून्य सहित चार अंक-संकेत रहेंगे और बाईं ओर के स्थान क्रमशः चार गुना बढ़ते जाएंगे। उदाहरणार्थ, दशाधारी अंक-पद्धति में 23 का अर्थ होता है $2 \times 10 + 3 = 23$, किंतु चार पर आधारित अंक-पद्धति में 23 का अर्थ होगा $2 \times 4 + 3 = 11$।

द्वि-आधारी अंक-पद्धति को समझने के पूर्व हम अपनी दशमान अंक-पद्धति पर पुनः एक नजर डाल लेते हैं। इस अंक-पद्धति में केवल दस अंक-संकेत होते हैं और प्रत्येक अंक-संकेत का मान उसके स्थान (इकाई, दहाई, सैकड़ा, हजार... इत्यादि) से निर्धारित होता है।

यदि हमारी गणना का आधार 8 होता तो इसी संख्या (5207.345) का अर्थ होता :

$$(5 \times 10^3) + (2 \times 10^2) + (0 \times 10^1) + (7 \times 10^0) + (3 \times 10^{-1}) + (4 \times 10^{-2}) + (5 \times 10^{-3})$$

द्वि-आधारी अंक-पद्धति में केवल दो अंक-संकेत–0 और 1 – रहते हैं। इसमें, स्थानमान के लिए, 2 के घातों (powers) का प्रयोग होता है। किसी भी संख्या को यदि हम 2 से भाग दें, तो अंत में केवल 1 या 0 ही बचेगा, यदि शेष 1 से अधिक बचता है, तो हम उसे पुनः 2 से भाग दे सकते हैं और अंत में 1 या 0 शेष प्राप्त कर सकते हैं। इस प्रकार की भाग-क्रिया प्रदत्त संख्या को 2 के घातों में व्यक्त करने में सहायक होती है; जैसे :

$$\frac{5}{2} = 2 + \frac{1}{2} = (1 \times 2^1) + \left(\frac{1}{2} \times 2^0\right)$$

$$\frac{2}{2} = 1 \times 2^0$$

$$5 = 1 \times 2^2 + 0 \times 2 + 1$$

$$6 = 1 \times 2^2 + 1 \times 2 + 0$$

$$7 = 1 \times 2^2 + 1 \times 2 + 1$$

$$8 + 1 \times 2^3 + 0 \times 2^2 + 0 \times 2 + 0$$

$$9 = 1 \times 2^3 + 0 \times 2^2 + 0 \times 2 + 1$$

$$10 = 1 \times 2^3 + 0 \times 2^2 + 1 \times 2 + 0$$

$$11 = 1 \times 2^3 + 0 \times 2^2 + 1 \times 2 + 1$$

इत्यादि।

अब हम, जैसा कि दशमान अंक-पद्धति में करते हैं, उपरोक्त विस्तारों में से 2 के घातों को छोड़ दें और केवल उनके गुणांकों (coefficients) को ही यथास्थान लिखें, तो :

5 = 101

6 = 110

7 = 111

8 = 1000

9 = 1001

10 = 1010

11 = 1011 इत्यादि।

हम कहेंगे कि हमने संख्याओं को द्विआधारी अंक-पद्धति में व्यक्त किया है। इस पद्धति में केवल दो ही अंक-संकेत हैं–0 और 1। और दशमान अंक-पद्धति की तरह, प्रत्येक अंक 2 के विशिष्ट घात को व्यक्त करता है। जैसे : 1011001 का अर्थ होगा :

$$1 \times 2^5 + 0 \times 2^4 + 1 \times 2^3 + 1 \times 2^2 + 0 \times 2^1 + 1 \times 2^0$$

$$= 32 + 0 + 8 + 4 + 0 + 9 = 45$$

इस द्विमान अंक-पद्धति में अंकगणित के परिकर्म भी आसान हो जाते हैं, देखिए :

दशमान पद्धति में	द्विमान पद्धति में
$\begin{array}{r} 7 \\ +\ 5 \\ \hline 12 \\ \hline \end{array}$	$\begin{array}{r} 111 \\ +101 \\ \hline 212 \\ \hline \end{array}$

परन्तु, 212 का अर्थ है : $2 \times 2^2 + 1 \times 2 + 2 = 1 \times 2^3 + 1 \times 2^2 + 0 \times 2^1 + 0 \times 2^0 = 1100 = 12$। सिद्धांत यह कि जहां भी दो प्रकट हो वहां 0 रखकर बाईं ओर के अंक के साथ जोड़ दीजिए। इसी प्रकार,

$$\begin{array}{r} 7 \\ \times\ 5 \\ \hline 35 \\ \hline \end{array} \qquad\qquad \begin{array}{r} 111 \\ \times 111 \\ \hline 111 \\ \hline 111 \\ 111 \\ \hline 12329 \\ \hline \end{array} = 100011$$

अर्थात् $1 \times 2^5 + 0 \times 2^4 + 0 \times 2^3 + 0 \times 2^2 + 1 \times 2 + 1$

$32 + 0 + 0 + 2 + 1 = 35$।

इस प्रकार हम देखते हैं कि गणना के लिए किसी भी आधार को चुना जा सकता है। इनमें द्वि-आधारी यानी दो पर आधारित अंक-पद्धति का विशेष महत्त्व है। आधुनिक विद्युत-संगणकों (कंप्यूटरों) में इसी द्वि-आधारी अंक-पद्धति का इस्तेमाल होता है।

द्वि-आधारी अंक-पद्धति में केवल दो संकेत होते हैं–'0' और '1'। इन्हीं दो अंकों से सारी गणनाएं होती हैं। अतः पहले हम यह जानेंगे कि दशाधारी संख्याओं को द्वि-आधारी संख्याओं में किस प्रकार बदला जाता है।

द्वि-आधारी अंक-पद्धति में दो चिह्न हैं–0 और 1। इनमें 0 का कोई मूल्य नहीं। दशाधारी पद्धति की तरह इस द्वि-आधारी पद्धति में भी दाईं ओर से बाईं ओर स्थानमान बढ़ते जाते हैं। दाईं ओर के प्रथम स्थान में यदि हम '0' रखते हैं, तो उसका अर्थ होगा 'कुछ नहीं'। यदि वहां 1 को रखते हैं तो उसका अर्थ 'एक' होगा। अब यदि इस अंक 1 को हम बाईं ओर के दूसरे स्थान में रखते हैं तो द्वि-आधारी अंक-पद्धति में उसका मान दो गुना यानी 2×1 हो जाएगा। दशाधारी पद्धति में उसका मान दस गुना हो जाता है।

अतः

$10 = 2$ (द्वि-आधारी अंक-पद्धति में)

$10 = 10$ (दशाधारी अंक-पद्धति में)

अब द्वि-आधारी अंक-पद्धति में 1 का वही अंक बाईं ओर से तीसरे स्थान में पहुंच जाता है तो उसका मान होगा $2 \times 2 = 4$। दशाधारी अंक-पद्धति में उसका मान 100 हो जाता है। इसी प्रकार द्वि-आधारी अंक-पद्धति में स्थानमान के अनुसार 1 का मान दो गुना के क्रम में घटता या बढ़ता जाता है।

अब हम दशाधारी संख्याओं को बड़ी आसानी से द्वि-आधारी संख्याओं में या द्वि-आधारी संख्याओं को दशाधारी संख्याओं में बदल सकते हैं। जैसे, द्वि-आधारी संख्या 110101 का अर्थ होगा : $1 \times 2^5 + 1 \times 2^1 + 0 \times 2^3 + 1 \times 2^2 + 0 \times 2^1 + 1 \times 2^0 = 43$ (दशाधारी अंक-पद्धति में)

नीचे हम 1 से 15 तक की दशाधारी संख्याओं को द्वि-आधारी अंक-पद्धति में दे रहे हैं :

दशाधारी	द्वि-आधारी
00	0000
01	0001
02	0010
03	0011
04	0100
05	0101
06	0110
07	0111
08	1000
09	1001
10	1010
11	1011
12	1100
13	1101
14	1110
15	1111

द्वि-आधारी अंक-पद्धति में पंद्रह के आगे संख्याएं होंगी : 10000 (16), 10001 (17), इत्यादि। यहां हम देखते हैं कि द्वि-आधारी संख्याएं काफी लंबी हो जाती हैं। जैसे, $1727_{10} = 11010111111_2$। यहां संख्या के दाईं ओर नीचे प्रयुक्त अंक (2 व 10) उस अंक-पद्धति का आधार दर्शाते हैं।

द्वि-आधारी अंक-पद्धति में संख्याएं भले ही लंबी हो जाती हों, परंतु आजकल इस अंक-पद्धति की बड़ी उपयोगिता है। इस अंक-पद्धति का आधुनिक संगणकों (कंप्यूटरों) में इस्तेमाल होता है। ये कंप्यूटर बिजली से चलते हैं। विद्युत के प्रवाह की केवल दो अवस्थाएं हैं—चालू या बंद। कंप्यूटरों में प्रवाहित विद्युत की 'चालू' अवस्था को 'एक' माना जा सकता है और 'बंद' अवस्था को 'शून्य'। इस प्रकार, ऐसे संगणकों में द्वि-आधारी अंक-पद्धति को स्थापित किया जा सकता है।

मान लीजिए कि ● चिह्न प्रकाशित बल्ब यानी '1' को दर्शाता है और □ चिह्न अप्रकाशित बल्ब यानी '0' को व्यक्त करता है। तब– ● □ ● □ का अर्थ होगा 1010_2 या 8 + 2 या 10, □ ● ● ● का अर्थ होगा 0111_2 या 4 + 2 + 1 या 7, इत्यादि।

द्वि-आधारी अंक-पद्धति में जोड़ और गुणन की क्रियाएं बड़ी आसान हैं। जैसे, द्वि-आधारी अंक-पद्धति में 1 + 1 = 2 को लिखा जाएगा–

$$\begin{array}{r} 0001 \\ +\,0001 \\ \hline 0010 \end{array}$$

इसी प्रकार, 8 + 3 = 11 को लिखा जाएगा–

$$\begin{array}{r} 1000 \\ +\,0011 \\ \hline 1011 \end{array}$$

द्वि-आधारी अंक-पद्धति में गुणन की क्रिया भी सरल है। दरअसल, जोड़ और गुणन की सारी क्रियाओं को निम्नांकित दो सरल तालिकाओं से संपन्न किया जा सकता है :

जोड़ की तालिका	गुणन की तालिका
0 + 0 = 0	0 × 0 = 0
0 + 1 = 1	0 × 1 = 0
1 + 0 = 1	1 × 0 = 0
1 + 1 = 10	1 × 1 = 1

द्वि-आधारी अंक-पद्धति में गुणन की क्रिया का एक उदाहरण लीजिए। 27 × 13 = 351 का अर्थ होगा :

$$\begin{array}{r} 11011 \\ +\,1101 \\ \hline 11011 \\ 00000 \\ 11011 \\ 11011 \\ \hline 101011111 \end{array}$$

दशाधारी अंक-पद्धति में गुणन और जोड़ के पहाड़ों में 100 क्रियाओं को स्मरण रखना पड़ता है। जैसे, $0 + 0$ और 0×0 से लेकर $9 + 9$ और 9×9 तक। परंतु द्वि-आधारी अंक-पद्धति में हमें केवल चार क्रियाओं को ही स्मरण रखना पड़ता है और वे क्रियाएं भी बड़ी सरल हैं।

अंकगणित के मूल परिकर्म जोड़ और गुणन ही हैं। घटाना और भाग देना क्रमशः जोड़ और गुणन की ही उलटी क्रियाएं हैं।

द्वि-आधारी अंक-पद्धति में संख्याएं कुछ बड़ी अवश्य हो जाती हैं, परंतु संगणकों के लिए इसमें कोई कठिनाई नहीं है। उनमें विद्युत की गति से गणनाएं होती हैं। जिन गणनाओं के लिए कई गणितज्ञों को कई घंटे लग सकते हैं, उन्हें आधुनिक संगणक चंद मिनटों में हल कर देते हैं। इन गणनाओं को संगणकों में स्थापित करने के पहले इन्हें दशाधारी अंक-पद्धति से द्वि-आधारी अंक-पद्धति में बदल दिया जाता है। अंत में संगणक से जो उत्तर द्वि-आधारी अंकों में प्राप्त होते हैं, उन्हें दशाधारी अंकों में बदला जाता है।

आज के वैज्ञानिक युग में संगणकों का इस्तेमाल दिनोदिन बढ़ता जा रहा है। भविष्य में मानव अपने अधिकांश कार्यों को संगणकों के जिम्मे सौंप देगा। तब आज की दशाधारी अंक-पद्धति की बजाय द्वि-आधारी अंक-पद्धति का ही अधिक महत्त्व होगा।

द्वि-आधारी अंक-पद्धति का पिछले करीब सौ साल से बीजगणित के ग्रंथों में समावेश होता आ रहा है। लेकिन द्वि-आधारी अंक-पद्धति का आविष्कार बहुत पहले हो चुका था और गणितज्ञ इससे भली-भांति परिचित थे। जानकारी मिलती है कि आज से करीब दो हजार साल पहले चीन के गणितज्ञ द्वि-आधारी अंक-पद्धति से परिचित थे। मध्ययुगीन यूरोप के गणितज्ञ भी इस अंक-पद्धति से परिचित थे।

जर्मनी के महान दार्शनिक-गणितज्ञ **लाइबनिट्ज** (1646-1716 ई.) को न्यूटन[1] (1642-1727 ई.) के साथ-साथ कलन-गणित का आविष्कर्ता माना जाता है। उन्हें जब द्वि-आधारी अंक-पद्धति के बारे में जानकारी मिली तो उनके आनंद की सीमा न रही। आस्तिक थे। 'कुछ नहीं' से 'ईश्वर' की उत्पत्ति के लिए उन्हें कोई प्रमाण चाहिए था। उन्होंने सोचा– ईश्वर '1' है और सबका अभाव '0'। अंत में 'अभाव' से 'ईश्वर' की सृष्टि हुई। लाइबनिट्ज़ ने द्वि-आधारी अंक-पद्धति के इन ऐच्छिक संख्यांकों में ईश्वर और सृष्टि की उत्पत्ति के दर्शन किए!

कहते हैं कि लाइबनिट्ज़ ने ईश्वर के अस्तित्व का यह 'गणितीय प्रमाण' चीन के तत्कालीन सम्राट के पास भेजा। उन्होंने सोचा कि इस प्रमाण को देखकर चीन का सम्राट और उसकी प्रजा आस्तिक बन जाएगी। बाद में लाइबनिट्ज़ को यह जानकर बड़ा आश्चर्य हुआ कि चीन के लोग इस द्वि-आधारी अंक-पद्धति को पिछले करीब डेढ़ हजार साल से जानते हैं।

अंतरिक्ष-यात्रा का युग शुरू हो गया है। देर-सवेर दूरस्थ तारों के ग्रहों के 'बुद्धिमान प्राणियों' के साथ हमारे संपर्क स्थापित होंगे ही। ऐसे ब्रह्मांडीय संपर्क के लिए द्वि-आधारी अंक-पद्धति में परिवर्तित संदेश बड़े उपयोगी सिद्ध होंगे। ऐसी ब्रह्मांडीय भाषा के निर्माण के प्रयास जारी हैं। अमेरिका का पायोनियर-10 नामक जो मानव-रहित अंतरिक्ष-यान अब बृहस्पति ग्रह के परे पहुंच गया है[2], उसके साथ एक प्लेट जुड़ी हुई है। इस प्लेट पर नर-नारी की

आकृतियां उकेरी गई हैं और कई बातें द्वि-आधारी अंक-पद्धति से दर्शाई गई हैं। आशय यही कि यदि यह प्लेट अंतरिक्ष के किसी ग्रह के बुद्धिमान प्राणियों के हाथ लगती है तो वे समझ जाएंगे कि यह कहां से आई है और किस प्रकार के प्राणियों ने भेजी हैं। 'वे लोग' समझेंगे कि पृथ्वी के लोग द्वि-आधारी अंक-पद्धति का ही इस्तेमाल करते हैं।

मानव ने गणना का आरंभ एकाधारी अंक-पद्धति से किया। अब मानव द्वारा निर्मित संगणक यंत्र द्वि-आधारी अंक-पद्धति का इस्तेमाल करते हैं। भविष्य के मानव जब पूर्णतः संगणकों पर निर्भर रहेंगे तो आज की दशाधारी अंक-पद्धति को भी काफी हद तक भुला दिया जाएगा। लेकिन आज तो सारे संसार में शून्य पर आधारित भारतीय दाशमिक स्थानमान अंक-पद्धति का ही इस्तेमाल होता है।

संदर्भ और टिप्पणियां

चित्र 25.1 : आइजेक न्यूटन (1642-1727 ई.)

1. न्यूटन : न्यूटन का जन्म इंग्लैंड के लिंकनशायर इलाके के छोटे-से गांव वूल्सथोर्पे में क्रिसमस के दिन 25 दिसंबर, 1642 में हुआ। न्यूटन जब पेट में थे तभी उनके पिता गुजर गए थे। जन्म के समय वह बहुत कमजोर थे। मगर बाद में न्यूटन का बदन काफी मजबूत बना और उन्होंने 85 साल की लंबी आयु पाई। न्यूटन ने अपनी दादी के पास रहकर पढ़ाई की। क्योंकि उनकी मां ने दूसरी शादी कर ली थी। पति के देहांत के बाद न्यूटन अपनी मां के पास जमींदारी के लिए गए लेकिन उनका मन तो छोटे-मोटे यंत्र बनाने में लगता था। न्यूटन ने द्विपद प्रमेय 'न' के भिन्नात्मक तथा ऋणात्मक घातांक की खोज 1665 ई. में की। न्यूटन ने कलन-गणित, गुरुत्वाकर्षण तथा प्रकाशिकी से संबंधित आविष्कार किए। उन्होंने लैटिन भाषा में प्रिंसिपिया ग्रंथ तैयार किया। पहले भाग में न्यूटन ने गति के नियमों को स्पष्ट किया। इसमें गैसों तथा द्रवों के गणितीय सिद्धांत की स्थापना तथा तीसरे में गुरुत्वाकर्षण के सार्वभौमिक सिद्धांत की स्थापना करके सौर-मंडल की विविध घटनाओं की व्याख्या की है। आज न्यूटन को संसार का एक महानतम वैज्ञानिक माना जाता है। 20 मार्च, 1727 ई. को लंदन में न्यूटन का देहांत हुआ।
2. मार्च 1972 में बृहस्पति ग्रह और आगे के अंतर्नक्षत्रीय आकाश की ओर रवाना किए गए अमेरिकी अंतरिक्षयान पायोनियर-10 के साथ जोड़ी गई प्लेट पर अंकित संदेश। "हमारा

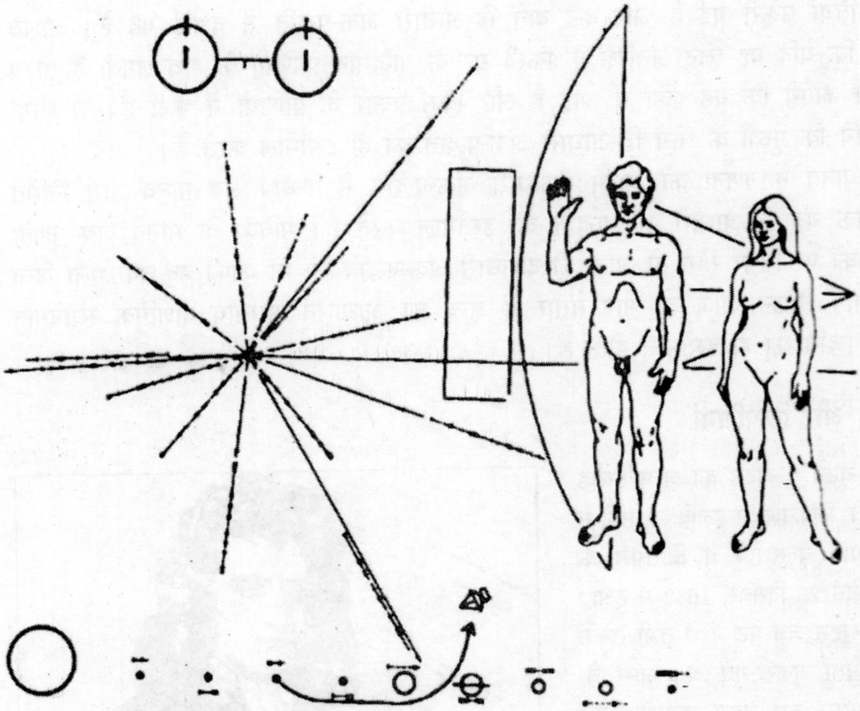

चित्र 25.2 : अमेरिकी अंतरिक्षयान पायोनियर-10 की आकृति

अस्तित्व है और हम यहां हैं" जैसे आशय वाले इस संदेश में प्लेट के बाईं ओर के अर्धांश के मध्य में एक पल्सर-मैप के जरिए अंतरिक्ष में पृथ्वी की स्थिति स्पष्ट की गई है। नीचे सौर-मंडल का अंकन है और दर्शाया गया है कि पायोनियर यान की यात्रा तीसरे ग्रह (पृथ्वी) से शुरू हुई है। ऊपर बाईं ओर हाइड्रोजन परमाणु की दो निम्न स्थितियों का अंकन है। दाईं ओर नग्न स्त्री-पुरुष की आकृतियां हैं। यह संदेश अमेरिकी खगोलविद् कार्ल सार्गो ने तैयार किया था।

26

अंक-अंधविश्वास

इस ग्रंथ के प्रथम प्रकरण की सामग्री के लिए मैं टेलर के महान ग्रंथ 'आदिम संस्कृति' (Primitive Culture) की शरण में गया था; और अब इस अंतिम प्रकरण के लिए भी मुझे पुनः उसी आदिम संस्कृति के पन्ने पलटने पड़े हैं। मन और शरीर का तो यही तकाजा है कि टेलर का उल्लेख कर देने के बाद आगे कुछ भी न लिखूं; क्योंकि इस समय मेरी हालत वैसी ही है जैसी कि परीक्षा के अंतिम प्रश्न-पत्र के अंतिम प्रश्न का उत्तर देते समय किसी विद्यार्थी की होती है। किंतु बुद्धि का तकाजा है कि मैं भ्रष्ट-बुद्धियों के बारे में भी लिखूं!

मानव की संपूर्ण संचित ज्ञान-राशि प्रकृति-जनित ही है; प्रकृति के परे कुछ भी नहीं है। प्रकृति में भी परिवर्तन होता है, परंतु दिक्काल के विशाल प्रांगण में ही वह प्रकट होता है। प्रागैतिहासिक मानव के लिए—दिन में जंगल में भटकने वाले, रात में गुफा में रहने वाले, कंद-मूल और कच्चा मांस खाने वाले, नंगे रहने वाले, आदिम मानव के लिए—भी पार्थिव-प्रकृति लगभग वही थी, जो आज है। अंतर यदि कुछ है तो यही कि; आदिम मानव की 'नग्नता' ने

चित्र 26.1 : आदि-मानव का जीवन

प्रकृति के प्रघातों को अधिक तीव्रता से अनुभव किया है और आज हमने कुछ 'आवरणों' को खोज लिया है। आदिम मानवों के इन अनुभवों एवं संस्कारों को यदि आप प्रत्यक्ष देखना चाहें, तो वे आज भी, अधिकांशतः आदि-जातियों में, अंशतः आदमी के बच्चे में और पूर्णतः अंधविश्वासियों की खोपड़ी में, देखने को मिलेंगे। मैं उन संस्कारों की बात नहीं कर रहा हूं जो पशु-जगत के आविष्कार हैं। संस्कारों से मेरा मतलब केवल मानव-जनित संस्कारों से ही है।

अंधविश्वासों का अर्थ है—आधुनिक मानव-मस्तिष्क द्वारा स्वीकृत एवं प्रयुक्त वे अविकसित संस्कार, अनुभव तथा आविष्कार जो आदिम-मानव की 'संस्कृति' थे। लेकिन इतना ही नहीं, अंधविश्वासों का अर्थ है, आधुनिक आविष्कारों एवं अनुभवों से पराङ्मुख होना। उदाहरणार्थ : कृत्रिम वर्षा के आधुनिक प्रयासों से विमुख होकर वेद-मंत्रों से वरुण का आह्वान करना; आधुनिक दूरदर्शी, सूक्ष्मदर्शी, वर्ण-विश्लेषक आदि से विश्व विस्तार को स्वयं अपनी दृष्टि से देखना पाप समझकर आदिम-मानव की नग्न-दृष्टि को 'दिव्यदृष्टि' समझना; आधुनिक गणित के स्वयं-शक्तिमान सूत्रों एवं समीकरणों से मुंह मोड़कर आदि-मानव के अल्प संख्या-ज्ञान में अपने भाग्य का रहस्योद्घाटन करना—ये सब अंधविश्वास ही हैं। अंधविश्वास अंधविश्वासियों की तिजोरी में बंद रहे तो मुझे कोई ऐतराज नहीं; किंतु यदि दुकान में सजकर खुलेआम बिकने भी लगें तो किसी भी बुद्धिवादी के लिए असह्य हैं।

प्रकृति के साथ संघर्ष करने में आदि-मानव भाग्यवादी कम और प्रयत्नवादी अधिक था। उसका एकमात्र पेशा था—प्रकृति से संघर्ष करके अपने अस्तित्व को कायम रखना।[1] कालांतर में संस्कृति का विकास हुआ तो एक वर्ग को प्रकृति के साथ संघर्ष करने का काम सौंप दिया गया और दूसरे वर्ग को संघर्ष-जनित उपलब्धियों का उपभोग करने का। पहले वर्ग को 'वैज्ञानिक' का नाम दिया गया तो दूसरे वर्ग को 'पुरोहित' का। यही कारण है कि आज, खगोलवेत्ता रात-रात भर जागकर ग्रह...नक्षत्रों का सूक्ष्म वेध करके उनकी भौतिक गति-स्थिति का ज्ञान अर्जित करता है, तो निठल्ला फलित-ज्योतिषी केवल पंचांग के पन्ने पलटकर ही भोली-भाली जनता को 'भाग्य' बेचता है—पहले भी बेचता रहा है।

प्रश्न है—फिर स्वयं वैज्ञानिक भी क्यों फलित के प्रतिपादक रहे हैं; जैसे, पाइथेगोर, वराहमिहिर, केपलर आदि। उत्तर के लिए मुझे केपलर का कथन स्मरण आता है—'प्रकृति की ओर से प्रत्येक पशु को जीविका के लिए कोई न कोई पेशा मिला हुआ है, अतः पेट पालने के लिए गणित-ज्योतिषी को भी फलित-ज्योतिष का पेशा प्रकृति का दान है। पेट भरने के बाद मनुष्य की दूसरी बड़ी आवश्यकता है 'प्रसिद्धि'। यदि ईमानदारी से यह कहा जाए कि गणित एक विशुद्ध विज्ञान है तो हार्डी और रामानुजन जैसे विशुद्ध गणितज्ञ जन साधारण के लिए अपरिचित ही रह जाते हैं; परंतु उसी विशुद्ध विज्ञान को सड़े-गले दार्शनिक तर्कों का जामा पहनाकर यदि हम रसेल और राधाकृष्णन की तरह बेचना शुरू कर दें तो जगत-प्रसिद्ध हो जाते हैं।

मैं देख रहा हूं कि मैं विषय से हटता चला जा रहा हूं। वह 'अंक-कथा' ही क्या जिसके प्रत्येक पृष्ठ से कम से कम एक भी अंक-चिह्न न हो?

पाइथेगोर (569-500 ई.पू.) एक महान गणितज्ञ था; वह संख्या-सिद्धांत का जनक भी था; परंतु दार्शनिक क्षेत्र में उतरकर उसने प्रतिपादित किया कि संख्याएं ही विश्व के मूलतत्व हैं, संख्याएं ही सृष्टि की मौलिक सत्ताएं हैं। इसीलिए उसने संख्याओं को आह्वान किया :

"देवत्ताओं और मानवों को जन्म देने वाली, हे संख्याओ! मुझे आशीर्वाद दो।"

यहां तक तो गनीमत है; परंतु मसीहा पाइथेगोर आगे बढ़कर कहता है : विषम-संख्याएं (3, 5, 7, 9...) पुरुष-प्रकृति और सम-संख्याएं (2, 4, 6, 8...) नारी-प्रकृति‡ हैं। आगे वह कहता है कि, 1, जो समस्त संख्याओं का स्रोत है, चिंतन या तर्क का द्योतक है; 2, जो एक उभय संख्या है, अभिमत का द्योतक है; 2 और 3 क्रमशः नारी तथा पुरुष के द्योतक होने के कारण (2 + 5) = 5 पुरुष और नारी का सम्मिलन, अर्थात् विवाह का द्योतक है। चीनी और भारतीयों की तरह पाइथेगोर भी 5 को एक शुभ संख्या मानता था; उसके 'स्कूल' का प्रतीक था, एक पंच-तारक चिह्न (2 × 2) = 4 को वह न्याय का द्योतक मानता था; क्योंकि 4 एक वर्ग संख्या है। प्रथम चार संख्याओं के योग (1 + 2 + 3 + 4) = 10 को वह 'सब संख्याओं की जननी' समझता था।

इस प्रकार पाइथेगोर ने एक सभ्य-संस्कृति में अंक-अंधविश्वासों को स्थापित किया। ''प्रकृति की अंधशक्तियों के अलावा संसार में ऐसा कुछ भी नहीं है जिसका स्रोत यूनान न'' हो मान्यता वाले यूरोपवासियों ने यूनानी अंधविश्वासों को, न केवल अपनाया ही, उनको बढ़ाया भी है। शेक्सपियर के 'विंडसर की मौजी पत्नियां' (The Mery Wines of Windsor) नाटक में फालस्टाफ (Falstaff) बोलती है :

''यह तीसरी बार है; मैं विश्वास करती हूं कि विषम-संख्याएं शुभ हैं... वे कहते हैं कि विषम-संख्याओं में दैविक-गुण होते हैं...।''

परिपूर्ण संख्याओं के बारे में हम पढ़ चुके हैं। वह संख्या जो केवल अपने भाजकों का योग हो, परिपूर्ण संख्या कहलाती है। इस प्रकार की सबसे छोटी संख्या है, 6 = 1+2+3। सेंट आगस्टिन (St. Augustine) ने लिखा है कि ''ईश्वर ने इसलिए 6 दिनों में सृष्टि की रचना की कि यह एक परिपूर्ण संख्या है।''

संख्या-सिद्धांत में 'परिपूर्ण संख्याओं' का जनक है, पाइथेगोर। परंतु किसी ने जब पाइथेगोर से पूछा कि, सच्चा 'मित्र' कौन है, तो उसने उत्तर दिया : ''वह जो कि एक का दूसरा है, जैसे–220 और 284!'' 220 के भाजकों का योग 284 हैं और 284 के भाजकों का योग 220 है। अक्षर अंक-प्रणाली के अनुसार जिनके नामों के अंकों में ये गुण हों वे सच्चे मित्र।

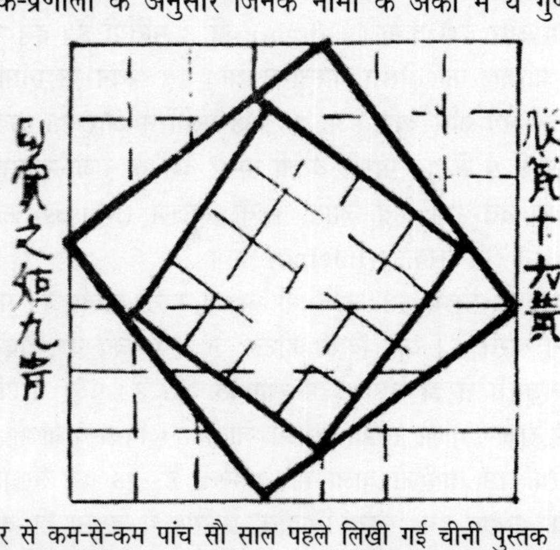

चित्र 26.2 : पाइथेगोर से कम-से-कम पांच सौ साल पहले लिखी गई चीनी पुस्तक 'चाऊ पेई सुआन्-किङ्' में ठप्पों से छपा हुआ यह 'पाइथेगोर का प्रमेय'। यह प्रमेय मोज़ाइक-फर्श पर खींचा गया है।

एक राजकुमार, जिसका नाम सचमुच ही संख्या 284 का द्योतक था, एक ऐसी राजकुमारी से विवाह करने को इच्छुक था जिसके नाम की संख्या 220 हो—और उसे मनचाही राजकुमारी मिल भी गई।

प्राचीन काल से ही प्रायः सभी देशों में दशक के भीतर की 3, 5, और 7 संख्याएं रहस्यमय मानी जाती रही हैं। इन संख्याओं का धार्मिक कर्मकांडों से बड़ा संबंध रहा है। इसका प्रमुख कारण यह है कि 1 से 10 के बीच 3, 5 और 7 ही ऐसी संख्याएं हैं जो अभाज्य हैं; अर्थात् 1 और स्वतः के अलावा अन्य किसी भी अंक से इन्हें पूर्ण भाग देना संभव नहीं है। हमारे देश में इस 3 ने पता नहीं त्रिनेत्र, त्रिशूल, त्रिमूर्ति, त्रिलोक, त्रिगुण, त्रिकाल जैसे कितने शब्दों को जन्म दिया है। यही हाल पाश्चात्य देशों का है—ट्रिनिटी (Trenity), 'ट्राइडेंट' (trident, वरुण का राजदंड), जैसे बाइबल तथा ईसाई धर्म कितने शब्द 3 से संबंधित हैं। इसी प्रकार, पंचतत्व, पंचप्राण, पंचकन्या, पंचव्रत, पंचपवन आदि अनेक शब्द 5 के प्रभाव से व्युत्पन्न हैं। यूनान में तो 5 पूजनीय संख्या रही है, परंतु आधुनिक यूरोप, भारत तथा चीन की तरह, 5 को एक दैवी-संख्या शायद नहीं मानता।

3 के बाद सबसे 'रहस्यमय' संख्या है 7, 7 के रहस्य ने हमारे देश में सप्तर्षि, सप्तशैल, सप्तवार, सप्तधातु, सप्तद्वीप इत्यादि को जन्म दिया तो पाश्चात्य जगत में 'यूनान को सात महापुरुषों', 'संसार के सात महान आश्चर्यों', 'सात विद्याओं' आदि को जन्म दिया है। यूनान में 7 देवी एथेना का भी घोतक रहा है।

हमारे देश की समृद्धशाली वैशाली नगरी में (7777) प्रासाद, 7777 कूटागार, 7777 आराम और 7777 पुष्करिणियां थीं[2], तो वाल्डसास्सेन (बेबारिया) में एक ऐसा ट्रिनिटी-चर्च है जिसमें 3 बुर्ज और 3 शिरोगृह—जिसमें से प्रत्येक में 3 वातायन और 3 खिड़कियां—हैं। इसमें 3 बड़े और 3 छोटे क्रॉस हैं; 3 छतें और प्रत्येक छत में 3 सूराख हैं। इस भवन के प्रत्येक भाग में 3 द्वार और 3 खिड़कियां हैं, प्रत्येक बुर्ज और शिरोगृह में 3 भाग हैं। भवन के भीतर 3 वेदियां, 3 कलश, 3 प्रकाशस्तंभ, 3 सोपान, 3 द्वारमार्ग, 3 मेहराब, 3 स्तंभ, 3 ताख, 3 कशिओं में 3 खिड़कियां और देवी कुमारी (Virgin) की 3 मूर्तियां हैं। इस भवन का निर्माता जॉर्ज डिंटजोफ़र अपने परिवार का तीसरा वास्तुविद् था। इस भवन के निर्माण में 33 महीने, 33 सप्ताह और 33 दिन लगे और व्यय हुआ 33,333 फ्लोरिन और 33 क्रेडझेर[3]।

पाइथेगोर के अनुयायी 9 से दूर भागते थे तो हमारे देश के राजा-महाराजा अपने दरबारों में 'नौ-रत्नों' को आश्रय देते थे। हिब्रू जाति ने नौ म्यूजेज (Muses) को जन्म दिया तो महाकवि दांते (Dante) ने 'नौ नरकों' (Inferno) को।

यूरोप के सभ्य देशों में संख्या 13 आज भी अशुभ मानी जाती है। पढ़े-लिखे लोग भी 13 से बचने का प्रयत्न करते हैं। यदि किसी होटल के कमरे का या थिएटर की कुर्सी का नंबर 13 हो तो बड़ी मजबूरी से ही लोग उनमें स्थापित होते हैं। परंतु यूरोप के ही एक देश इटली में 13 एक शुभ लक्षण वाली संख्या समझी जाती है। विघ्न-बाधाओं को दूर रखने के लिए इटली की कुमारियां 13 तावीज़ों वाला हार पहनती हैं; 13 की संख्या के बारे में डॉ. हार्डी और रामानुजन का संवाद हम 'संख्या-सिद्धांत' प्रकरण में बतला ही चुके हैं। रामानुजन 13 के अशुभ होने का खंडन तो करते हैं; परंतु दूसरी ओर एक बड़े अंधविश्वास की स्थापना

करते हैं: रामानुजन कहा करते थे कि नामगिरि देवी उनके सपनों में आकर गणित के सूत्र खोजने में उन्हें मदद करती है; गणित के इतिहास में इस प्रकार के 'करिश्मों' की कमी नहीं है। मैं नहीं जानता कि गणितज्ञों के ये तमाम करिश्मे किस कोटि के करिश्मे हैं। इनका विश्लेषण शायद मनोवैज्ञानिक ही कर सकते हैं।

हम देख ही चुके हैं कि विभिन्न कालों में और विभिन्न सभ्यताओं में विभिन्न गणना-पद्धतियां विद्यमान रही हैं। प्राचीन सुमेर-बेबीलोन में गणना का आधार 60 था। इसलिए वे लोग 60 को पूजनीय मानते थे। इतना ही नहीं, 60 तक की सभी संख्याओं को उन्होंने अपने किसी न किसी देवता के साथ जोड़ रखा था। इसी प्रकार माया-सभ्यता में 20 को विशेष महत्व दिया जाता था; क्योंकि, उनकी गणना-पद्धति 20 पर आधारित थी।

अंक-पद्धतियों के विकास में एक समय ऐसा भी रहा है जब कि वर्णमाला के अक्षरों या भाषा के शब्दों द्वारा अंकों को व्यक्त किया जाता था। फिनीशियन, ग्रीक, हिब्रू, गोथिक आदि अंक-पद्धतियों और शब्दांक-पद्धतियों का प्रचलन रहा है। इन अक्षर अंक-पद्धतियों ने भी संख्याओं को शुभ और अशुभ पदवियों से विभूषित किया है। जैसे, यदि किसी शब्दांक या अक्षर-अंक-पद्धति में कृष्ण, राम, शंकर, विष्णु आदि नामों को दरशाने वाली संख्याएं शुभ मानी गईं, तो दैनिक व्यवहार की वस्तुओं के लिए भी इन संख्याओं को शुभ माना गया।

फलित-विद्याओं के समर्थकों के जब सब तर्क खत्म हो जाते हैं, तो उनका अंतिम सवाल होता है–"अपने ही देश में क्यों? यूरोप के 'सभ्य' देशों में भी तो 'फलित ज्योतिष', 'फलित-संख्यान' (Numerology), 'हस्तरेखा-विज्ञान' आदि का जोर-शोर से प्रचलन है? क्यों वे भी अंधविश्वासी हैं?"

"कैसे कहूं कि, न केवल आज, बल्कि पहले भी पाश्चात्य-जगत के लोग हमसे कुछ अधिक ही अंधविश्वासी रहे हैं। यूनानी अक्षर अंक-पद्धति के अनुसार पेट्रोक्लस (Petroclus), हेक्टर (Hector) और एकिलीज (Achilles) क्रमशः 87, 1225 और 1276 संख्याओं को सूचित करते हैं। क्योंकि, इन तीनों संख्याओं में 1276 ही सबसे बड़ी संख्या है, इसलिए यूनानी कल्पित-कथाकारों ने मान लिया कि इन तीनों में एकिलीज ही सबसे अधिक शक्तिशाली होना चाहिए।" अब आइए आधुनिक यूरोप के जॉन (JOHN) और बिल (BILL) पहलवानों पर। यदि इन्हें (इनके नामों के अक्षरों को) यूनानी अंक-पद्धति के मान देते हैं, तो–

JOHN	और	BILL
10 + 70 + 8 + 50 = 138		2 + 10 + 30 + 30 = 72

मैं नहीं ही जानता कि इसमें से किस पहलवान की विजय होगी; परंतु यूरोप के कुछ फलित-संख्याज्ञ आपको अवश्य बता देंगे।

पुरानी बाइबल में 666 संख्या को 'पशु-संख्या' (Number of the Beast) की उपाधि दी गई है। हिब्रू अक्षर-अंक-पद्धति के अनुसार यह संख्या 'सीज़र नीरो' के नाम को प्रकट करती है। कालांतर में बहुत से लेखकों ने अपने विरोधियों के लिए इस 'पशु-संख्या' का प्रयोग किया है। इस प्रकार, मार्टिन लूथर, मुहम्मद पैगंबर और ग्लैडस्टोन आदि 'पशु-संख्या' से विभूषित हो चुके हैं। बाइबल में संख्या 40 की भी बड़ी भरमार है।

अब 'सभ्य' यूरोप के 'अति सभ्य' लोगों का एक उदाहरण लीजिए : लंदन की रॉयल सोसायटी संसार प्रसिद्ध है। एक बार की बात है। सोसायटी के सदस्य विचार करने बैठे कि, प्रतिवर्ष कितने विद्वानों को सोसायटी का फेलो (Fellow) बनाया जाय? 15 का प्रस्ताव आया; किंतु 15 ही क्यों? गैलोवे महाशय, जो सोसायटी के फेलो थे, बोले–"15 ही क्यों? क्या इसलिए कि 7 + 8 = 15 जो पुरानी बाइबल....." और फिर उन्होंने बाइबल के 12 'पवित्र' उदाहरण प्रस्तुत कर दिए। मैं समझता हूं बाइबल की उस नामावली को यहां उद्धृत करने से कोई लाभ नहीं, जिनको फुर्सत हो वे इस प्रकार के अनेक संख्या-संबंध रामायण और महाभारत के कथानकों में खोज सकते हैं।

संदर्भ और टिप्पणियां

1. "Except the blind forces of nature; nothing moves in the world which is not Greek in its origin" Sir Henry James Summer Maine.
2. अत्रिदेव विद्यालंकार 'आयुर्वेद का वृद्ध इतिहास' पृष्ठ संख्या 98
3. Ripley's 'Believe it or not' 6th Series, P.-34

27

अंकफल विद्या का गोरखधंधा

फलित-ज्योतिष की ही तरह अंधविश्वास का एक और पेशा है–'न्यूमरोलॉजी' यानी अंकफल विद्या। इस पेशे के किसी आदमी के पास जाइए, पहले वह आपका नाम पूछेगा, आप से संबंधित व्यक्तियों और स्थानों के नाम भी जान लेगा। उसके बाद कुछ गणनाएं करके वह आपका परिचय आपके सामने पेश कर देगा। भविष्य हासिल करने की खुशी में आप यह जानना भूल जाते हैं कि वह पेशावर व्यक्ति संख्याओं के साथ असल में क्या करता है, कैसे हिसाब लगाता है और नतीजे कैसे निकालता है। आइए, हम शुरू से ही देखें कि अंकफल विद्या का यह गोरखधंधा कैसे अस्तित्व में आया।

हजारों साल पहले का आदिम मानव हाथ की अंगुलियों पर गणनाएं करता था। दोनों हाथों में दस अंगुलियां हैं, इसीलिए अधिकांश प्राचीन सभ्यताओं में गणना का आधार दस रहा है। हमारे देश में वैदिक काल से ही गणना का आधार दस है, इसीलिए एक, दश, शत, सहस्र, दशसहस्र जैसे दशगुणोत्तर संख्या-नाम अस्तित्व में आए थे। लेकिन सभी लोगों की अंक-पद्धतियां दशाधारी नहीं रही हैं। सुमेर-बेबीलोन के लोग दस के अलावा 60 पर आधारित अंक-पद्धति का भी इस्तेमाल करते थे। मध्य अमेरिका की मय-सभ्यता में गणना का आधार 20 था, क्योंकि मय लोगों ने हाथ की दस अंगुलियों के साथ-साथ पैरों की दस अंगुलियों को भी शामिल कर लिया था। हमारे देश के कुछ अनपढ़ बुजुर्ग हिसाब करने में आज भी कौड़ी या बीसा (20) के आधार का उपयोग करते हैं।

सुमेर-बेबीलोन और मिस्र वालों के पास अपने-अपने अंक-संकेत थे, परंतु यूनानियों के पास वैसे स्वतंत्र अंक-संकेत नहीं थे। यूनानियों ने फिनीशियन लिपि के आधार पर अपनी भाषा के लिए एक लिपि का निर्माण किया था। अक्षर तो बन गए, मगर अंक कैसे बनाते? उन्होंने अपनी नई वर्णमाला के अक्षरों को ही संख्या-मान प्रदान किए। फिनीशियन लिपि के आधार पर बनाई गई यूनानी लिपि में 24 अक्षर थे, जिसमें 3 नए अतिरिक्त अक्षर जोड़े गए। यूनानियों ने पहले 9 अक्षरों (अल्फा, बीटा, गामा आदि) को क्रमशः 1 से 9 तक की संख्याओं के मान दिए। आगे के नौ अक्षरों को 10, 20, 30, 90 के मान दिए। उसके आगे के नौ अक्षरों को 100, 200, 300, 900 के मान दिए। इन्हीं 27 यूनानी अक्षरांकों से 999 तक की संख्याएं लिखी जाती थीं। इन्हीं अक्षरांकों के साथ अतिरिक्त चिह्न जोड़कर हजारों और दस-हजारों वाली संख्याएं व्यक्त की जाती थीं। यूनानी अक्षरांक-पद्धति में शून्य नहीं था।

अक्षरों और अंकों के लिए एक ही प्रकार के संकेत होने से इतिहास में पहली बार नामों (शब्दों) और अंकों का संबंध स्थापित हुआ। लेकिन अभी अंकों से संबंधित अंधविश्वास ने अधिक जोर नहीं पकड़ा था। वस्तुतः अंक-अंधविश्वास को प्रोत्साहन देने वाला यूनान का पहला

विचारक है, दार्शनिक-गणितज्ञ पाइथेगोर (ई.पू. छठी सदी)। दूसरे यूनानी दार्शनिकों ने जल, वायु आदि को विश्व का मूलतत्व माना, तो पाइथोगोर संख्याओं को विश्व का मूलतत्व मानता था।[1] उसका विश्वास था कि यह विश्व संख्यामय है और विश्व की हर वस्तु को संख्याओं–प्राकृतिक संख्याओं में–व्यक्त किया जा सकता है। लेकिन बाद में उसे पता चला कि संसार में ऐसी वस्तुएं भी हैं जिन्हें हम ठीक-ठीक माप ही नहीं सकते। किसी समकोण त्रिभुज की दो भुजाएं एक-एक सेंटीमीटर लंबी हों, तो उसके कर्ण की लंबाई होगी : □ 2 (2 का वर्गमूल)। यह एक ऐसी लंबाई है जिसे हम ठीक-ठीक माप ही नहीं सकते, क्योंकि $\sqrt{2} = 1.4142156$, अनंत तक। अन्य शब्दों में, यह एक अपरिमेय संख्या है। ऐसी अपरिमेय संख्याएं अनंत हैं। पाइथोगोर ने संख्याओं के बारे में अनेक अंधविश्वासों को जन्म दिया था। ई.पू. पांचवीं सदी के पाइथेगोर-अनुयायी फिलोलाउस का कथन है–"संख्या 10 (दशक) में जो शक्ति अंतर्निहित है उसी के अनुसार संख्याओं के कार्य और सारतत्व पर विचार कीजिए। यह संख्या महान है, स्वयं परिपूर्ण है, सर्वशक्तिमान है, प्रथम तत्व है और ईश्वर तथा मानव की पथप्रदर्शक है। इसके बिना सभी कुछ असीम, अस्पष्ट और अज्ञेय है। संख्याओं की शक्ति को आप न केवल दानवों और देवों के कृत्यों में, अपितु संगीत और सभी मानव-व्यापारों में भी देख सकते हैं।" फिलोलाउस का विश्वास था कि संख्या 5 रंग की द्योतक है, 6 शीत की, 7 स्वास्थ्य की और 8 प्रेम की।

प्राचीन काल की वर्णमालाओं के अक्षरों को संख्यामान देकर गणना में उनका उपयोग करने के साथ ही संख्या-संबंधी अंधविश्वासों की शुरुआत हुई थी। यूनानियों की तरह प्राचीन हिब्रू लोगों ने भी अपनी वर्णमाला के अक्षरों को संख्यामान दिए थे। हिब्रू लोगों में अंकुल विद्या का खूब बोलबाला था। यदि दो व्यक्तियों के नामों के संख्यामान एक ही होते थे, तो इसे उनके बीच में साम्य होने का सूचक समझा जाता था। नई बाइबल के प्रकाशन (रेविलेशन) प्रकरण में संख्या 666 का उल्लेख है, जिसे 'हिंस्र पशु की संख्या' कहा गया है। वस्तुतः शुरू में यह संख्या हिब्रू अक्षरांकों में किसी ऐसे व्यक्ति के नाम की द्योतक थी जिससे ईसाई लोग घृणा करते थे। किंतु वह नाम कुछ ही ईसाइयों को ज्ञात था और गुप्त रखा गया था। चूंकि हिब्रू अक्षरांक पद्धति के अनुसार हिब्रू लिपि में लिखा गया नीरो सीजर[2] का नाम संख्या 666 को भी व्यक्त करता है, इसलिए बहुत-से ईसाई मानते हैं कि बाइबल की यह संख्या नीरो के नाम की ही सूचक है। आगे के लगभग दो हजार वर्षों तक बाइबल की इस संख्या (666) की उपाधि ऐसे अनेक व्यक्तियों को दी गई जो ईसाइयों के कैथोलिक संप्रदाय को ही मानते थे। ऐसे व्यक्तियों में मुहम्मद पैगंबर और मार्टिन लूथर भी शामिल हैं।

यूरोप में ऐसे अनेक समाधि-स्मारक मिलते हैं जिन पर मृतक के नाम के साथ-साथ अक्षरांक पद्धति का उपयोग करते हुए, मृतक के नाम को अंक-संकेतों में भी अंकित किया गया है। ईसाई धर्म की प्रार्थनाओं के अंत में कहा जाने वाला 'आमेन' (तथास्तु शब्द यूनानी अक्षरांकों में संख्या 99 का सूचक है, इसलिए कुछ ईसाई हस्तलिपियों के अंत में 'आमेन' के स्थान पर संख्या 99 लिखी हुई देखने को मिलती है।

पुराने जमाने में यूरोप के अनेक लोगों का विश्वास रहा कि 1666 ई. में दुनिया का अंत हो जाएगा। इस अंधविश्वास का कारण! रोमन अंक-पद्धति के अंक-संकेतों का उतरात क्रम है MDCLXVI; अर्थात् 1000 + 500 + 100 + 50 + 10 + 5 + 1 = 1666।

प्राचीन भारत में भी विभिन्न प्रकार की अक्षरांक और शब्दांक पद्धतियों का प्रचलन रहा है। हमारा अधिकांश प्राचीन साहित्य पद्य में होने के कारण संख्याओं को सूचित करने के लिए अक्षरांक

और शब्दांक पद्धतियों का निर्माण करना पड़ा था। गणितज्ञ-ज्योतिषी आर्यभट (499 ई.) ने एक नई प्रकार की अक्षरांक-पद्धति को जन्म दिया था। उन्होंने संस्कृत की वर्णमाला को सुनिश्चित संख्यामान देकर उस पद्धति को अपने आर्यभटीय ग्रंथ में प्रयोग किया। उदाहरणार्थ, आर्यभट की अक्षरांक-पद्धति के अनुसार ख्युधृ = 43,20,000, जो एक महायुग में वर्षों की संख्या है।

आर्यभट की अक्षरांक-पद्धति जटिल थी, इसलिए अन्य गणितज्ञ-ज्योतिषियों ने उसे नहीं अपनाया। पद्यबद्ध रचना के लिए अक्षरांक-पद्धति की आवश्यकता थी ही, इसलिए अन्य गणितज्ञ-ज्योतिषियों ने सरल अक्षरांक-पद्धतियों को जन्म दिया। इनमें 'कटपयादि' नामक अक्षरांक-पद्धति अधिक प्रसिद्ध रही। इस अक्षरांक पद्धति के आरंभिक अक्षर 'क-ट-प-य' हैं, इसलिए इसका नाम पड़ा है। उदाहरण के लिए, एक प्रकार की कटपयादि पद्धति में राम=52 और रावण = 542।

अब देखिए अंकुल विद्या का एक नमूना। यदि राम के नाम वाली संख्या (52) दूसरे नामों में पाई जाती है, तो वे संख्याएं भी शुभ मानी जाएंगी। यदि संयोग से रावण के नाम वाली संख्या (542) किसी अन्य नाम में पाई जाती है, तो वह अशुभ मान ली जाएगी। इस प्रकार, शुभ और अशुभ संख्याओं के समूह अस्तित्व में आए और बाद में ये कुछ लोगों के लिए भाग्य बेचने का पेशा बन गए।

आज के सभ्य समाज में भी कुछ संख्याएं इतनी 'अशुभ' हैं, 'बदनाम' हैं कि खासे पढ़े-लिखे लोग भी उनसे प्रयत्नपूर्वक बचते हैं। इसी तरह की एक 'अशुभ' संख्या 13 है। यूरोप के पढ़े-लिखे लोग भी इस संख्या से बचने की कोशिश करते हैं। यूरोप का यह रोग अब हमारे देश में भी फैल गया है।

किस्सा सन् 1968 का है। किसी पगले ने सर्वोच्च न्यायालय के न्यायाधीश ग्रोवर पर हमला किया। दूसरे दिन अखबार के जिस कमरे में समाचार छपा—"न्यायाधीश ग्रोवर को सबसे पहले विलिंगडन नर्सिंग होम में भर्ती किया गया था, उसका नंबर 13 था। अब उन्हें कमरा नं. 12-ए में स्थानांतरित किया गया है। न्यायाधीश ग्रोवर को जब 13 नंबर के कमरे में ले जाया जा रहा था, तो उन्होंने सुझाव दिया कि इस नंबर को बदल दिया जाए। उन्होंने यह भी बताया कि सर्वोच्च न्यायालय के जिस कक्ष में यह घटना घटी उसका भी नंबर 13 ही था। एक संवाददाता, जो कि वहीं मौजूद था, बोला—सर, आज 13 मार्च है।"

कमरे का नंबर 13 या 13 तारीख का अर्थ क्या है? यदि हम विश्व की सारी वस्तुओं पर विचार करें, तो इनमें हर तेरहवीं वस्तु का नंबर 13 होगा। तो क्या संसार की हर तेरहवीं वस्तु अशुभ है? क्या हम संसार की हर तेरहवीं वस्तु का त्याग करेंगे? यदि 13 की संख्या इतनी अधिक अशुभ है, तो देश के सारे अस्पतालों में 13 नंबर के कमरों में ताले क्यों नहीं लगा दिए जाते? हर महीने की 13 तारीख को सार्वजनिक छुट्टी का दिन क्यों नहीं घोषित कर दिया जाता?

इस प्रकार के प्रश्नों का कोई अंत नहीं। मनुष्य ही वस्तुओं के साथ संख्याओं को जोड़ता है। कोई 'ऊपर वाला' आकर हमें नहीं बताता कि अमुक कुर्सी को या अमुक कमरे को 13 नंबर का नाम दो या अमुक दिन को 13 तारीख मानो। वस्तुओं के साथ जब संख्याओं का संबंध स्थापित हो जाता है, तब सभी वस्तुओं की तरह ये संख्यामय वस्तुएं भी एक न एक दिन नष्ट हो ही जाती हैं। 13 नंबर का कमरा या 13 नंबर की कुर्सी एक न एक दिन नष्ट हो ही जाएगी। इसके विपरीत, संख्याओं की अपनी विशेषताएं सदैव कायम रहेंगी। संख्या एक अमूर्त धारणा है भौतिक वस्तुओं के बिना भी इनका स्वतंत्र अस्तित्व संभव है।

आकाश के ग्रह-नक्षत्र भौतिक पिंड हैं। हम इन पिंडों के द्रव्यमान की गणना कर सकते हैं, इनसे उत्सर्जित विकिरण को ग्रहण करके उसका अध्ययन कर सकते हैं। लेकिन संख्या 13—महज एक संकेत—का हमारे ऊपर क्या असर पड़ सकता है? और फिर, हमारी वर्तमान दाशमिक स्थानमान अंक-पद्धति में ही संख्या ऐसी लिखी जाती है। दूसरे प्रकार की अंक-पद्धतियों का भी अस्तित्व है। आजकल के कंप्यूटरों की सारी गणनाएं केवल दो संकेतों—0 और 1—से संपन्न होती हैं। कंप्यूटरों की इस द्वि-आधारी अंक-पद्धति में संख्या 13 को 1101 के रूप में लिखा जाएगा। किसी होटल के 13 नंबर के कमरे से संबंधित सारा विवरण वहां स्थापित कंप्यूटर के अपने 1101 नंबर के फाइल में ही दर्ज होगा। दूसरी अंक-पद्धतियों में यह संख्या (13) दूसरे प्रकार से लिखी जाएगी।

वस्तुतः यह अंकफल विद्या भी, फलित-ज्योतिष की ही तरह, प्राचीन सभ्यताओं के आधे-अधूरे ज्ञान पर आधारित है। ज्योतिष (खगोलशास्त्र) की तरह गणितशास्त्र की निरंतर उन्नति होती रही है। परंतु कुछ लोग अब भी पुरानी अवैज्ञानिक धारणाओं से चिपके हुए हैं और उन्हें अपना पेशा बनाकर लोगों को मूर्ख बनाते रहते हैं।

संदर्भ और टिप्पणियां

1. पाइथेगोर का जन्म एशिया माइनर के सामोस द्वीप में ई.पू. छठी सदी में हुआ। उनके गुरु थेल ने पाइथेगोर को विदेश यात्रा के लिए कहा। वह 22 वर्ष की उम्र में विश्व-यात्रा पर निकले और बहुत ज्ञान अर्जित किया। वह 34 वर्षों तक यात्रा करते रहे और अंत में एशिया माइनर की तरह दक्षिणी इटली में भी यूनानी उपनिवेश में बस गए।

   कांटोना में एक विद्यालय की स्थापना की। पाइथेगोर की मान्यता थी कि विश्व संख्यामय है। वास्तव में पाइथेगोर ने संख्या-सिद्धांत की स्थापना की। संख्या ही विश्व का मूलतत्व है।

2. नीरो सीजर का जन्म 15 दिसंबर, 37 ई.पू. इटली प्रांत में हुआ था। जिसे आज अनजीमों और नीटूनो कहते हैं। नीरो की मृत्यु 9 जून, '68 ई.पू. 30 साल की आयु में हुई थी। उसे रोम के बाहर रोम के पेनसियाना हिल पर उसकी मां की कब्र के पास दफनाया गया था। जूलियस सीजर उसके बड़े ताऊ और सौतेले पिता थे। नीरो ने यहूदियों के विरुद्ध पहली लड़ाई लड़ी जिसमें 64 A.D. में रोम जलकर खत्म हो गया।

   नीरो सीजर के नाम की संख्या 666 को भी व्यक्त करती थी जो बाइबल की संख्या थी। ऐसे व्यक्ति को कैथोलिक संप्रदाय का मानते थे। 68 ई.पू. में हिसपानियां के शासक ने राजगद्दी से उतार दिया। नीरो सीजर ने कूटनीति, व्यापार तथा सांस्कृतिक जीवन की ओर ध्यान दिया। उसने रोम रंग-शाला बनवाई और ओलंपिक खेलों को आरंभ किया।

चित्र 27.1 : नीरो सीजर

परिशिष्ट : 1

गणित के विकास की सारणी

इस तालिका में कांस्य युग से लेकर बीसवीं सदी के अंतिम चरण तक के संसार भर के प्रमुख गणितज्ञों और गणितीय उपलब्धियों का उल्लेख है। ई.पू. के वर्षों को ऋण चिह्न (–) से दर्शाया गया है। हर स्थिति में ठीक-ठीक काल-निर्धारण संभव नहीं था। तालिका में अंकों के विकासक्रम का इतिहास है। गणितीय उपलब्धियों के साथ-साथ ऐतिहासिक एवं सांस्कृतिक महत्त्व की कुछ अन्य घटनाओं का भी उल्लेख है।

–4000 (लगभग) धातु (तांबे) की खोज।

–3500 लेखन का प्रचलन।

–3102 कलियुग संवत् (सैद्धांतिक) का प्रारंभ।

–2700 हड़प्पा-पूर्व संस्कृति : कृषि में हल का प्रयोग, पत्थर व तांबे के औजार, लेखन का प्रारंभ।

–2500 गिजा (मिस्र) का महान पिरामिड; पंचांग, लिपि और अंक-संकेतों का अस्तित्व।

–2400 उर (मेसोपोटामिया) से प्राप्त हिसाब से संबंधित कीलाक्षर-फलक; षाष्टिक और दशाधारी अंक-पद्धति।

–2350 हड़प्पा संस्कृति के वैभव-युग का प्रारंभ। तांबे और कांसे के औजारों का उपयोग। लिपि और अंक-संकेतों का प्रचलन; लिपि और भाषा आज भी अज्ञात। पकाई गई निश्चित आकार की ईंटों का उपयोग। मापपट्टी, तराजू और निश्चित तौल के बाटों का इस्तेमाल। नौ-परिवहन, लोथल की गोदी, मेसोपोटामिया से व्यापार। क्षेत्रमिति के ज्ञान का नगर-निर्माण और भवन-निर्माण में उपयोग।

–2200 निप्पुर (मेसोपोटामिया) से प्राप्त गणित संबंधी कीलाक्षर-फलक।

–1850 **मास्को पेपीरस,** जिसमें प्राचीन मिस्र के गणित से संबंधित 25 प्रश्न हैं।

–1750 हड़प्पा संस्कृति का अवसान। भारत में आर्यभाषियों का आगमन आरंभ। बेबीलोन का शासक हम्मूराबी (1792-50 ई.पू.), जो अपनी 'विधि-संहिता' के लिए प्रसिद्ध है।

–1650 *रिहंड* या *आह्मोस पेपीरस।* इसमें आह्मोस नामक लिपिक द्वारा प्राचीन मिस्र की हाइरैटिक लिपि में लिखे गए व्यावहारिक गणित के 85 सवाल हैं। ए. हेनरी रिहंड ने यह पेपीरस-पुस्तक मिस्र से 1858 ई. में प्राप्त की थी।

−1500 (लगभग) वैदिक साहित्य का प्रारंभ। *ऋग्वेद* में सबसे बड़ी इकाई अयुत (10,000) का उल्लेख। अंक-पद्धति दशाधारी। *यजुर्वेद* में परार्ध (10^{12}) तक की दशगुणोत्तर संख्या-संज्ञाओं का उल्लेख।

−1100 (लगभग) भारत में लौहयुग का प्रारंभ।

−800 (लगभग) महात्मा लगध का *वेदांग-ज्योतिष* (ऋक् और यजुष्) : पांच साल का युग, नक्षत्र-सूची, त्रैराशिक का नियम।

−700 (लगभग) ब्राह्मी लिपि की सृजन।

−600 (लगभग) चीन से उपलब्ध गणित के प्राचीनतम ग्रंथ : **झोउ बी सुआन जिङ्** (गोल व वृत्तीय पथों का गणित) और **जियू झाङ् सुआन् शू** (गणितशास्त्र पर नौ प्रकरण)। इन कृतियों में 'पाइथेगोर का प्रमेय' भी है। दंड-संकेतों का प्रयोग। मायावर्ग। थेलस् : निरूपणात्मक ज्यामिति का प्रारंभ। (लगभग) **शुल्व-सूत्र** (बौधायन, आपस्तंब आदि), जिनमें वेदियों की रचना के लिए ज्यामिति के नियम दिए गए हैं। शुल्व-सूत्रों में तथाकथित 'पाइथेगोर का प्रमेय' भी है। द्विकरणी $\left(\sqrt{2}\right)$ का मान 1.4142156...है।

−540 पाइथेगोर : ज्यामिति, अंकगणित, संख्या-सिद्धांत।
गौतम बुद्ध (563-483 ई.पू.)।

−450 जेनो की गति से संबंधित पहेलियां।
पाणिनि की *अष्टाध्यायी* तक्षशिला के गुरुकुल।

−380 अफलातून (प्लेटो) की एकादमी : गणित के लिए तार्किक आधार।

−370 यूदोक्सु : अनुपात सिद्धांत, निश्शेष विधि।

−340 अरस्तू : निगमनात्मक तर्कशास्त्र।

−332 सिकंदरिया की स्थापना। मिस्र पर तालेमी-सोतेर् का शासनारंभ।

−327 सिकंदर का भारत पर हमला; बेबीलोन में 323 ई.पू. में उसकी मृत्यु।

−305 चंद्रगुप्त मौर्य का शासन। सेल्यूकस निकेटर का भारतीय अभियान। यूनानी दूत मेगास्थनीज का पाटलिपुत्र में निवास।
पंचमार्क सिक्कों का प्रचलन।

−300 यूक्लिड : ज्यामिति के **मूलतत्व।**

−280 अरिस्टार्कस : सूर्यकेंद्रवादी सिद्धांत।

−250 अशोक का शासन : ब्राह्मी लिपि के स्तंभलेख-शिलालेख, खरोष्ठी लेख। अभिलेखों में ब्राह्मी अंकों में संख्या 256 (पुरानी पद्धति में)।

−230 इराटोस्थनीज : सिकंदरिया में ग्रंथपाल, अभाज्य संख्याओं की 'छलनी', पृथ्वी का आकार।

−225 एपोलोनियस : शांकव-गणित। आर्किमीदीज : वृत्त व गोल का मापन, $\pi = 3.14$
आर्किमीदीज का सर्पिल, यांत्रिकी, द्रवस्थिति विज्ञान, आर्किमीदीज का स्क्रू।

−175 आचार्य पिंगल के छंदःसूत्र में मेरुप्रस्तार (पास्कल का त्रिभुज) और 'शून्य' का प्रयोग।

−140 हिप्पार्कस : खगोल विज्ञान, त्रिकोणमिति, अयन-चलन की खोज, तारा-सूची।

−58 विक्रम-संवत् का प्रारंभ।

+78 शक-संवत् का प्रारंभ। पंजाब में कुषाण वंश के शासन का आरंभ। ईसा की प्रथम सदी : शून्ययुक्त दाशमिक स्थानमान अंक-पद्धति की खोज; आविष्कारक अज्ञात।

150 तालेमी : सिकंदरिया के मिस्री-यूनानी ज्योतिषी, *सिटैक्सिस* (अल्मजिस्ती) ग्रंथ, त्रिकोणमिति, तारा-सूची।

200 (लगभग) ज्योतिष के प्राचीन पांच सिद्धांत : *सौर, पैतामह, वासिष्ठ, रोमक* और *पौलिश,* जिनकी जानकारी बाद में वराहमिहिर ने अपनी *पंचसिद्धांतिका* में दी।

250 (लगभग) डायोफैंटस : संख्या-सिद्धांत, बीजगणित।

263 लिउ हुई : चीनी ज्यामितिकार, π =3.1416।

300 पाप्पुस् : ज्यामिति, टीकाएं।

भारत में गुप्त वंश के शासन का आरंभ।

410 हाइपेशिया : सिकंदरिया की गणितज्ञा, हत्या : 415 ई. में। सिकंदरिया के विद्याकेंद्र का अवसान। फाहियान की भारत-यात्रा (405-411 ई.)।

470 झु छोङ् झी : चीनी गणितज्ञ $\pi = \frac{355}{113}$, नया पंचांग, कृति : *झुई शु।*

499 आर्यभट (जन्म 476 ई.) द्वारा 23 साल की आयु में *आर्यभटीय* की रचना। वर्णांक पद्धति, π =3.1416, ज्या-सारणी, प्रथम घात का अनिर्धार्य समीकरण, क्षेत्रफल, भूभ्रमण का सिद्धांत, ग्रहणों की सही व्याख्या।

510 (लगभग) वराहमिहिर : *पंचसिद्धांतिका* (505 ई.) *बृहत्संहिता, वृहज्जातक* आदि। बोएथियस : रोमन नागरिक, ज्यामिति और अंकगणित की पाठ्य-पुस्तकें।

594 एक गुर्जर राजा के ताम्रपत्र में पहली बार दाशमिक स्थानमान अंक-पद्धति का अभिलेख-प्रमाण (कलचुरी संवत् 346)।

600 (लगभग) भास्कर (प्रथम) की कृतियां : *महाभास्करीय, लघुभास्करीय, आर्यभटीय-टीका।*

622 हिजरी सन् का प्रारंभ। उत्तर भारत में हर्षवर्धन का शासन।

628 ब्रह्मगुप्त (जन्म : 598 ई.) द्वारा 30 साल की आयु में *ब्राह्मस्फुट-सिद्धांत* की रचना। अनिर्धार्य वर्ग-समीकरण के हल के लिए प्रमिकाएं, चक्रीय चतुर्भुज का क्षेत्रफल, वेधकर्ता; करण *ग्रंथ : खंड-खाद्यक।*

629 युवान् च्वाङ् की भारत-यात्रा का प्रारंभ, नालंदा विद्यापीठ में अध्ययन, 645 ई. में चीन वापसी।

662 सेवेरुस सेबोख़्त (सीरियाई बिशप) द्वारा भारतीय अंक-पद्धति की स्तुति।

700 लगभग आधुनिक *सूर्य-सिद्धांत।*

762 राजधानी बगदाद की स्थापना—अल्-मंसूर द्वारा।

772-73 बगदाद में ब्रह्मगुप्त के ग्रंथों का अरबी में अनुवाद।

819 अल्-मामू 36 साल के अल्-ख़्वारेज्मी को मध्य एशिया से अपने साथ बगदाद ले गए। अल्-ख़्वारेज्मी के ग्रंथ : *हिसाब अल्-हिंद, अल्-जब्र* व *अल्-मुकाबिल :* समीकरणों का विवेचन, ज्योतिष-सारणी।

850 महावीराचार्य : जैन गणितज्ञ, ग्रंथ : *गणितसार-संग्रह*—अंकगणित, बीजगणित (कुट्टाकार) और क्षेत्रव्यवहार का पाठ्य-ग्रंथ।

900 (लगभग) *भक्षाली हस्तलिपि* : एक अधिक प्राचीन मूल कृति की प्रतिलिपि, कुल 70 खंडित भोजपत्र, शारदा लिपि, अशुद्ध संस्कृत, विषय : अंकगणित, बीजगणित, शून्ययुक्त दाशमिक स्थानमान पद्धति के अंक-संकेतों का प्रयोग।

991 (लगभग) श्रीधराचार्य की कृतियां—*पाटीगणित* और *त्रिशतिका,* गुणन की कपाट-संधि विधि, वर्ग-समीकरण के हल की नई विधि। श्रीपति (लगभग 1000 ई.) की कृति *गणित-तिलक।*

1040 अल्बेरूनी (973-1048 ई.) के *भारत* में भारतीय गणित और ज्योतिष की जानकारी। चीनी गणितज्ञ जिया खियान द्वारा तथाकथित 'पास्कल के त्रिभुज' का प्रयोग।

1100 उमर खय्याम : घन समीकरणों का ज्यामिति हल, पंचांग-सुधार, रुबाइयां।

1130 (लगभग) बाथ-निवासी एदेलार्द और चेस्टर-निवासी रॉबर्ट द्वारा अल्-ख़्वारेज़्मी की कृतियों का लैटिन में अनुवाद।

1150 भास्कराचार्य (जन्म 1114 ई.) द्वारा 36 साल की आयु में *सिद्धांत-शिरोमणि (लीलावती, बीजगणित, ग्रहगणित व गोलाध्याय)* की रचना। द्वितीय घात के अनिर्धार्य समीकरण के हल की चक्रवाल विधि। शून्य और अनंत की व्याख्या। तात्कालिक गति की धारणा में आधुनिक अवकल गणित का बीजारोपण।

उनहत्तर साल की आयु में *करण कुतूहल* की रचना।

(लगभग) क्रेमोनो-निवासी गेरार्डो द्वारा अरबी ग्रंथों का लैटिन में अनुवाद।

1202 लियोनार्दो 'फिबोनकी' द्वारा भारतीय अंकगणित से संबंधित *लिबेर एबेकी ग्रंथ* की रचना। फिबोनकी-अनुक्रम।

1250-1300 चीनी गणितज्ञ किन् जुईशाओ : अनिर्धार्य समीकरणों के संख्यात्मक हल, चीनी शेषफल प्रमेय।

लिये : समीकरणों के गुणांकों के लिए एक प्रकार के मैट्रिक्स की रचना, ज्यामितीय सवालों के हल के लिए बीजगणित का उपयोग।

याङ् हुइ : दशमलव भिन्न, 'पास्कल के त्रिभुज' का उपयोग। झु शिजी : गणित की पाठ्य-पुस्तक, समीकरणों के संख्यात्मक हल, 'पास्कल के त्रिभुज' का उपयोग।

1350 (लगभग) नारायण पंडित की कृतियां : *गणित-कौमुदी* और *बीजगणितावतंस।*

1435 उलूग बेग : समरकंद में वेधशाला, ज्योतिष-सारणी।

1500 (लगभग) केरलीय गणित-ग्रंथ : *करण-पद्धति, गणितयुक्तिभाषा, सद्रत्नमाला* और *तंत्रसंग्रह* (लेखक : नीलकंठ सोमसुत्वा), जिनमें पहली बार त्रिकोणमितीय ज्या, कोटिज्या, स्पर्शज्या तथा π-श्रेणियों का विवेचन किया गया है, इनके लिए नियम दिए गए हैं।

1525 (लगभग) गणेश दैवज्ञ : ज्योतिष-ग्रंथ *ग्रहलाघव* और *लीलावती* पर *बुद्धिविलास* नामक टीका।

सूर्यदेव : *गणितामृत-कूपिका (लीलावती* पर टीका), भास्कर के *बीजगणित* पर भी टीका।

1530 कोपर्निकस का सूर्यकेंद्रवादी सिद्धांत (प्रकाशन : 1543 ई.)।

1545 फेरारी : चतुर्थ घात का समीकरण।

तार्ताग्लिया : घन समीकरण।

कार्दानो : घन समीकरण।

1585 फ्रांसीसी गणितज्ञ **फ्रांस्वा विए** (वीएटा) : बीजगणित, समीकरण-सिद्धांत, त्रिकोणमिति, π का नौ दशमलव स्थानों तक शुद्ध मान और $\frac{2}{\pi}$ का अनंत गुणनफल। यूक्लिड के *मूलतत्व* की टीका, पंचांग-सुधार।

1587 कवि फैजी द्वारा *लीलावती* का फारसी में अनुवाद।

1593 सिमोन स्टेविन : दशमलव भिन्न, द्रवस्थिति विज्ञान, सैनिक इंजीनियरी।

1600 ज्योर्दानो ब्रूनो (सूर्यकेंद्रवाद के प्रचारक) को रोम में जिंदा जला दिया गया।
गैलीलियो : पेंडुलम, खगोल विज्ञान, यांत्रिकी, दूरबीन (1609 ई.)।
लंदन में ईस्ट इंडिया कंपनी को अधिकार-पत्र।

1610 केपलर : ग्रहों की गतियों के नियम।

1614 नेपियर : लॉगरिथ्म्स, गणना-दंड।
हेनरी ब्रिग्स : लॉगरिथम-सारणियां (1615 ई.)।
रंगनाथ : *सूर्य-सिद्धांत* पर टीका (1603 ई.)।

1630 मेरसेन : संख्या-सिद्धांत, मेरसेन संख्याएं, गणितीय पत्र-व्यवहार।
औफट्रेड : स्लाइड रूल की खोज, लॉगरिथ्म्स।
माइदोर्ग : ज्यामिति।

1635 फर्मा : संख्या-सिद्धांत, प्रायिकता सिद्धांत, उच्चिष्ठ व अल्पिष्ठ, वैश्लेषिक ज्यामिति, फर्मा का 'अंतिम प्रमेय'।

1637 दकार्त : वैश्लेषिक ज्यामिति, नए चिह्न।

1640 देसार्ग्यू : प्रक्षेपीय ज्यामिति।

1650 पास्कल : ज्यामिति, प्रायिकता, संख्या-त्रिभुज, गणक-यंत्र।
जोन वालिस : बीजगणित, श्रेणियां, समाकलन।
जोन पेल : बीजगणित, तथाकथित 'पेल समीकरण'।
(लगभग) ज्योतिषी रंगनाथ के पुत्र मुनीश्वर (जन्म : 1603 ई.) : *लीलावती* पर *निसृष्टार्थदूती* नामक टीका, अंकगणित की स्वरचित पुस्तक *पाटीसार*।
कमलाकर (जन्म 1608 ई.) : *सिद्धांततत्वविवेक* (1658 ई.), इस्लामी गणित-ज्योतिष से परिचित।

1662 रॉयल सोसायटी (लंदन) की स्थापना।

1666 फ्रांसीसी विज्ञान अकादमी की स्थापना।

1670 आइजेक बारो : स्पर्शज्याएं, कलन-गणित, यूनानी ग्रंथों का संपादन।
जेम्स ग्रेगोरी : द्विपद प्रमेय, श्रेणियां।
हाइगेंस : पेंडुलम घड़ियां, भौतिकी, प्रायिकता, खगोल-विज्ञान।
क्रिस्टफर रेन : स्थापत्य, खगोल-विज्ञान, भौतिकी।

1680 सेकी कोवा, जापानी गणितज्ञ : कलन गणित, सारणिक (डिटर्मिनेंट) का उपयोग।
आइजेक न्यूटन : कलन गणित, गुरुत्वाकर्षण का सिद्धांत, श्रेणियां, परावर्ती दूरबीन, *प्रिंसिपिया, प्रकाशिकी*।
रॉबर्ट हुक : भौतिकीविद्, यंत्रविद्, माइक्रोस्कोप।

1682 लाइबनिट्ज : कलन गणित, सारणिक, प्रतीकात्मक तर्कशास्त्र, नए चिह्न, गणक-यंत्र।

1690 एडमंड हेली : खगोल-विज्ञान, तारा-सूची, *प्रिंसिपिया* का प्रकाशन (1786 ई.), हेली का धूमकेतु।

कलकत्ता की स्थापना।

याकोब बर्नूली : प्रायिकता, वक्र।

1700 योहान बर्नूली : कलन गणित।

1706 विलियम जोंस : वृत्त की परिधि और व्यास के अनुपात के लिए पहली बार π का उपयोग।

1720 ब्रूक टेलर : श्रेणी।

दे मॉव्र : प्रायिकता, बीमा-गणित, सम्मिश्र संख्याएं।

1723-27 सवाई जयसिंह द्वितीय (1686-1743 ई.) द्वारा जयपुर, दिल्ली, मथुरा, वाराणसी और उज्जैन में वेधशालाओं (जंतर-मंतरों) का निर्माण।

जयसिंह के दरबार के गणितज्ञ-ज्योतिषी पंडित जगन्नाथ (जन्म 1652 ई.) ने टॉलमी के *अल्मजिस्ती* का *सम्राट-सिद्धांत* के नाम से और यूक्लिड के *मूलतत्व* का *रेखागणित* के नाम से अरबी से संस्कृत में अनुवाद किया।

1733 साच्चेरी : अयूक्लिडीय ज्यामिति की स्थापना।

1740 मेक्लौरिन : बीजगणित, श्रेणियां, शांकव गणित।

फ्रेडरिख महान : प्रशिया का सम्राट।

1745 वाल्तेयर : न्यूटन के सिद्धांतों का प्रचार।

एमिली दु शातले : *प्रिंसिपिया* का फ्रांसीसी में अनुवाद।

1750 आयलर : $e^{i\pi} + 1 = 0$, बहुफलक, नए चिह्न, कोनिग्सबर्ग के पुलों का हल, टॉपोलॉजी की शुरुआत, संख्या-सिद्धांत, फलन सिद्धांत।

डेनियल बर्नूली : गणित-भौतिकी।

1760 देलांबर : अवकल समीकरण, खगोल-विज्ञान, भौतिकी, विश्वकोश।

1770 लैंबर्ट : अ-यूक्लिडीय ज्यामिति, हाइपरबोलिक फलन, π की अपरिमेयता।

मारिया जाएताना आन्याजी : ज्यामिति।

1780 लाग्रांज : विचरण कलन, अवकल गणित, यांत्रिकी, संख्या-सिद्धांत।

1784 कलकत्ता में एशियाटिक सोसायटी की स्थापना।

1789 फ्रांसीसी क्रांति।

1799 फ्रांस ने माप-तौल की मीट्रिक प्रणाली को अपनाया।

चौथा मैसूर युद्ध, टीपू की मृत्यु।

1800 गौस : संख्या-सिद्धांत, अवकल ज्यामिति, अयूक्लिडीय ज्यामिति, बीजगणित का आधार प्रमेय, खगोल-विज्ञान।

त्रिकोणमितीय सर्वेक्षण विभाग (मद्रास) की स्थापना।

1805 लाप्लास : खगोल यांत्रिकी, प्रायिकता, अवकलन समीकरण।

लेजंद्र : ज्यामिति का ग्रंथ, संख्या-सिद्धांत, दीर्घवृत्तीय फलन।

1806 आरगां : सम्मिश्र संख्याओं का ज्यामितीय निरूपण।

1822 फूरिए : ऊष्मा का सिद्धांत, फूरिए श्रेणी।
सोफी जेरमी : प्रत्यास्थ तल।
पांसले : प्रक्षेपीय ज्यामिति।
बोलजानो : श्रेणियां, *अनंत की पहेलियां* (1851 ई.)

1826 *क्रेल्ले का जर्नल*
आबेल : चतुर्थ घात के समीकरण, दीर्घवृत्तीय फलन, द्विपद प्रमेय, अभिसरण परीक्षण।

1827 कोशी : विश्लेषण, सम्मिश्र चर के फलन, अनंत श्रेणी, सारणिक।

1829 लोबाचेवस्की : अयूक्लिडीय ज्यामिति।

1830 चार्ल्स बैबेज : संगणक।
याकोबी : दीर्घवृत्तीय फलन, सारणिक।
प्वासों : प्रायिकता, गणितीय भौतिकी।
मेरी सोमेरविल : खगोल-यांत्रिकी।

1832 बोल्याई : अयूक्लिडीय ज्यामिति।
गाल्वा : ग्रुप सिद्धांत, समीकरण सिद्धांत।

1834 स्टाइनेर : उच्च ज्यामिति।

1837 ब्राह्मी लिपि का उद्‌घाटन।

1843 विलियम रोवेन हैमिल्टन : चतुष्टयी (क्वाटर्‌निओन)।

1844 ग्रासमान : विस्तार-कलन, जर्मन काव्य में *ऋग्वेद* का अनुवाद (1876-77), *ऋग्वेद-शब्दकोश,* ग्रासमान महाप्राण नियम (1863)।

1849 डिरिख्ले : संख्या-सिद्धांत, श्रेणी।
कुम्मेर : 'आइडियल' सिद्धांत।

1854 जॉर्ज बूल : *चिंतन के नियम।*
दे मोर्गेन : तार्किक गणित, गणित का इतिहास।
रीमान : विश्लेषण, अयूक्लिडीय ज्यामिति, रीमान ज्यामिति।

1857 केली आव्यूह (मैट्रिक्स) बीजगणित, उच्च ज्यामिति।
भारतीय स्वातंत्र्य संग्राम; कलकत्ता, बंबई व मद्रास में विश्वविद्यालयों की स्थापना।

1872 फेलिक्स क्लाइन का *एरलांगेन प्रोग्राम।*
डेडेकिंड : अपरिमेय संख्याएं।

1873 हर्मिट : e अबीजीय संख्या है।

1874 कांतोर : समुच्चय सिद्धांत, अपरिमेय संख्याएं, अबीजीय संख्याएं, परिमितातीत संख्याएं।

1876 महेंद्रलाल सरकार द्वारा कलकत्ता में 'इंडियन एसोसिएशन फॉर द कल्टिवेशन ऑफ साइंस' की स्थापना।

1877 सिल्वेस्टर : बीजगणित, निश्चर सिद्धांत।

1881 गिब्स : सदिश (वेक्टर) विश्लेषण।

1882 लिंडेमान : π अबीजीय संख्या है, अतः वृत्त को वर्ग में बदलना असंभव है।

1889 पिएनो : अंकगणित के लिए अभिगृहीत।
सोफिया कोवोलेवस्काया : अवकल समीकरण, आबेलीय फलन, शनि के वलय।

1890 वायरस्ट्रास : विश्लेषण का अंकगणितीकरण।

1891 पं. सुधाकर द्विवेदी (1860-1922 ई.) : *गणक-तरंगिणी,* गणित-ज्योतिष के भारतीय ग्रंथों का संपादन।

1895 प्वांकारे : टॉपोलॉजी, खगोल यांत्रिकी, फुख्सीय फलन, प्रायिकता।

1899 हादामार और दे ला वाली पूसीं द्वारा अभाज्य-संख्या प्रमेय की उपपत्ति।

1900 डेविड हिल्बर्ट : पेरिस में आयोजित अंतर्राष्ट्रीय गणित कांग्रेस में हल के लिए 23 सवालों की प्रस्तुति, *ज्यामिति के आधारतत्व* (1899), *जाह्‌रेस्‌बेरिख्ट* (1892), निश्चर समाकल, *गणित के आधारतत्व।*
मिंकोवस्की : चार विमाओं वाली भौतिकी।

1903 लेबेग अवकलन।

1906 फ्रेचे : अमूर्त समष्टियां।

1910 व्हाइटहेड और रसेल : *प्रिंसिपिया मैथेमेटिका*।

1914 हाउसडोर्फ : सेट टॉपोलॉजी, अमूर्त समष्टियां।

1916 आइंस्टाइन : आपेक्षिकता का व्यापक सिद्धांत।

1917 हार्डी और रामानुजन् (जन्म 1887) : वैश्लेषिक संख्या-सिद्धांत।
रूसी क्रांति।

1923 बानाख समष्टियां।

1924-28 क्वांटम यांत्रिकी का विकास। रामन-प्रभाव (1928 ई.)

1931 गोडेल : अपूर्णता प्रमेय।

1933 जर्मनी में हिटलर की सत्ता। प्रिंसटन में 'उच्च अध्ययन संस्थान' की स्थापना। जर्मनी से वैज्ञानिकों का पलायन आरंभ।
एम्मी नोएथेर : उच्च बीजगणित।
कोल्मोगोरोव : प्रायिकता सिद्धांत के आधारतत्व।

1938 सुब्रह्मण्यम् चंद्रशेखर : *तारों की संरचना,* 'चंद्रशेखर सीमा', नोबेल पुरस्कार (1983 ई.)।

1944 जोहन फोन न्यूमान : खेल सिद्धांत (गेम्स थ्योरी), कंप्यूटर सिद्धांत।

1949 शान्नोन और वीवर : संचार का गणितीय सिद्धांत।

1957 (4 अक्टूबर) : पहले कृत्रिम उपग्रह स्पूतनिक-1 की अंतरिक्ष-यात्रा।

1963 कोहेन : सांतत्यक अनुमान का समाधान।

1969 नील आर्मस्ट्रांग और एल्ड्रिन अपोलो-II यान से 21 जुलाई को चंद्रतल पर उतरे।

1976 केन्नेथ एप्पेल और वूल्फगांग हाकेल ने कंप्यूटर का उपयोग करके सिद्ध किया कि मानचित्रों के लिए 4 रंग पर्याप्त हैं।

1989 चुद्‌नोवस्की-बंधुओं ने सुपरकंप्यूटर का उपयोग करके π का मान 1,01,11,96,691 दशमलव स्थानों तक प्राप्त किया!

परिशिष्ट : 2

सहायक ग्रंथ-सूची

हिंदी

1. प्राचीन भारतीय लिपिमाला	गौरीशंकर हीराचंद ओझा
2. हिंदू गणितशास्त्र का इतिहास, भाग 1	दत्त और सिंह
3. वैज्ञानिक विकास की भारतीय परंपरा	सत्यप्रकाश
4. भारतीय ज्योतिष	दीक्षित
5. अरब और भारत के संबंध	नदवी
6. आर्यभटीय	आर्यभट
7. लीलावती + बीजगणित	भास्कराचार्य
8. गणित की पहेलियां	गुणाकर मुळे
9. महान गणितज्ञ	गुणाकर मुळे
10. हिंदी गणितशास्त्र का इतिहास, भाग-I डॉ. अवधेशनारायण सिंह	डॉ. विभूतिभूषण दत्त
11. गणित का इतिहास	डॉ. ब्रज मोहन
12. गणित जगत की सैर	डॉ. ब्रह्मदेव शर्मा
13. भारतीय ज्योतिष	शंकर बालकृष्ण दीक्षित
14. अंकों की कहानी	गुणाकर मुळे
15. भारतीय विज्ञान की कहानी	” ”
16. भारतीय लिपियों की कहानी	” ”
17. अक्षर कथा	” ”

अंग्रेज़ी

1. History of Hindu Mathematics (2 Vols.)	Datta & Singh
2. A Concise History of Science in India	(Ed.) Bose, Sen & Subbarayappa
3. History of Mathematics (2 Vols.)	D.E. Smith
4. Mathematics in the Making	Lancelot Hogben
5. The World of Mathematics (4 Vols.)	(Ed.) James R. Newman

6. Makers of Mathematcs — Alfred Hooper
7. Indian Palaeography — G. Buhler
8. The Hindu Arabic Numeralas — Simith & Karpinski
9. The Exact Sciences in Antiquity — O. Neugebauer

1. Primitive Culture Vol. I — E.B. Taylor
2. science Awakening — B.L. Van der Waeden
3. Our Oriental Heritage — Woll Durant
4. The Alphabet — David Diringer
5. Ancient Rome — C.L. Burland
6. Ancient Greece — C.L. Burland
7. Ancient Egypt — C.L. Burland
8. History of Science — Dampier
9. Studies in Proto-Indo-Mediteranean Culture — H. Heras
10. Numbers and Numerals — Smith and Ginsburg
11. Hindu-Arabic Numerals — Smith and Karpinski
12. History of Mathematics, (Vols I and II) — Smith
13. History of Hindu Mathematics, (Vols I and II) — Dutta and Singh
14. Science of the sulba — Dutta
15. Men of Mathematics — E.T. Bell
16. The Gentle Art of mathematics — Dan Pedoe
17. Indian Paleography — G. Biihler
18. Indian Paleography (Vol I) — Raj Bali Pandey
19. What Happened in History — Gerold Childe
20. A History of Science and Technology (Vols I and II) — Forbes and Dijkstarhuis
21. The Modern Aspects of Mathematics — Lucienne Felix
22. The World of Mathematics (4 Vols) — (editor) J.R. Newman
23. Eneyelopaedia Britannica; Articles 'Numerals', 'Alphahet', 'Algebra', 'Mathematics', etc.
24. The Universal History of Number, Modern Number System– Georges Ifran Vol. I, II, III.
25. Harper's Science Encyclopadia Articles : 'Numerals', 'Mathematics', etc.
26. A Consolidated Glossary of Technical Terms (पारिभाषिक शब्द-संग्रह) Central Hindi Directorate, Min. of Edu. Gov. of India 1962 Erition.
27. China : The Art of the Book, Courier Magzine.
28. The Story of Numbers, Courier Magzine.

परिशिष्ट : 3

हिंदी-अंग्रेजी पारिभाषिक शब्दावली

1. अंक	Numeral
2. अंकगणित	Arithmetic
3. अंक-पद्धति	Numeral System
4. अंक-संकेत	Numeral Symbol
5. अक्षरांक, वर्णांक	Letter Numerals, Alphabetic Numberals
6. अनंत	Infinity
7. अनंत श्रेणी	Infinite Series
8. अभिलेख, लेख	Inscription, Epigraph, Recoros$
9. अर्धव्यास, त्रिज्या	Radius
10. आधार संख्या	Base Number
11. एकैक संगति, एक-एक संबंध	One-to-One Correspondence
12. एबैकस, गिनतारा, अंकगणक	Abacus
13. कलन-गणित	Calculus
14. गणना	Counting
15. गणना-पद्धति	Counting System
16. गणित	Mathematics
17. गणितज्ञ	Mathematician
18. गुणन	Multiplication
19. चित्रलिपि	Pictorial Script
20. जोड़, योग	Addition
21. ज्यामिति, रेखागणित	Geometry
22. ताम्रपत्र, ताम्रशासन	Copper-plate charter
23. ताम्रयुग	Copper Age
24. त्रिकोणमिति	Trigonometry
25. दाशमिक, दशमलव	Decimal
26. दानपत्र	A deed of gift

27. द्वि-आधारी पद्धति	Binary System
28. नवपाषाण युग	Neolithic Age
29. परिकलन	Calculation
30. परिधि	Circumference
31. पाषाण युग	Stone Age
32. पूर्णांक	Integers
33. प्रशस्ति	Eulogy, Panegyric
34. प्राकृतिक संख्याएं	Natural Numbers
35. बीजगणित	Algebra
36. भाग	Division
37. भारतीय अंतर्राष्ट्रीय अंक	Indian International Numerals
38. भावचित्रात्मक लिपि	Ideographic Script
39. मूल्य, मान	Value
40. राशि	Quantity
41. रेखागणित, ज्यामिति	Geometry
42. वर्ग	Square
43. वर्णमालात्मक लिपि	Alphabetic Script
44. विश्व-यांत्रिकी	Celestial Mechanics
45. वृत्त	Circle
46. व्यास	Diameter
47. शब्दांक	Word Number
48. शिलालेख	Rock Inscription
49. शून्य	Zero
50. संकेत, चिह्न	Symbol
51. संख्यांक	Numerals
52. संख्या	Number
53. संख्या-सिद्धांत	Theory of Numbers
54. संख्या-चिह्न	Number Sign
55. संख्या-संकेत	Number Sign
56. संगणक	Computer
57. समीकरण	Equation
58. स्थानमान	Position Value
59. सूत्र	Formula
60. हस्तलिपि	Hand-written book

❑❑❑